长江设计文库

岩石边坡工程

Rock Slope Engineering

[加] 邓肯·C.怀利（Duncan C. Wyllie）著
郭麒麟 向能武
孙云志 卢树盛 等译

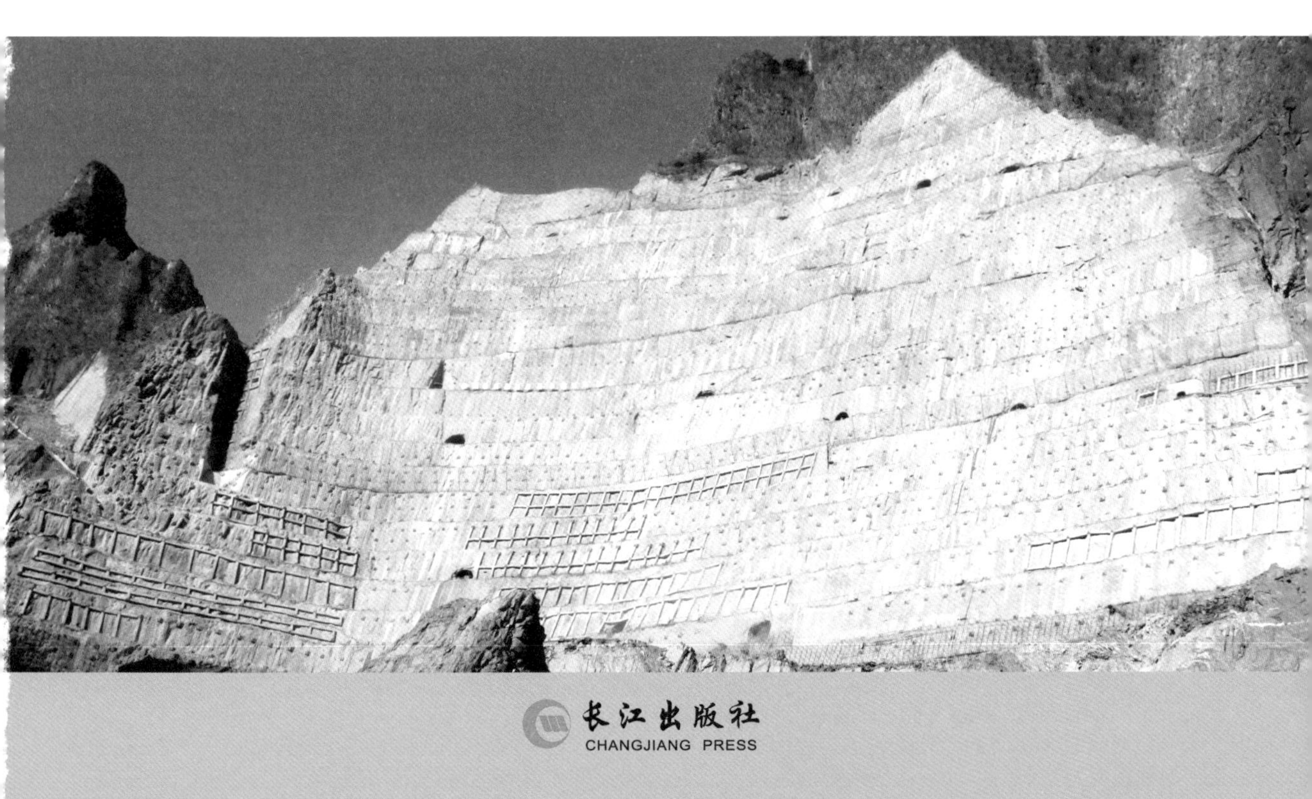

长江出版社
CHANGJIANG PRESS

图书在版编目（CIP）数据

岩石边坡工程 / [加] 邓肯 · C. 怀利（Duncan C. Wyllie）著；
郭麒麟等译 . —武汉 ：长江出版社，2023.12
书名原文：Rock Slope Engineering
ISBN 978-7-5492-9268-4
Ⅰ. ①岩… Ⅱ. ①邓… ②郭… Ⅲ. ①岩石－边坡 Ⅳ. ① P642.2

中国国家版本馆 CIP 数据核字 (2024) 第 003228 号

湖北省版权局著作权合同登记号：图字 17-2023-168 号
Rock slope engineering : civil applications 5th Edition/by Duncan C.Wyllie/ISBN 9781498786287
Copyright © 2017 by CRC Press.
Authorized translation from English language edition published by CRC Press, part of Taylor&Francis Group LLC;All rights reserved; 本书原版由 Taylor & Francis 出版集团旗下 ,CRC 出版公司出版，并经其授权翻译出版 . 版权所有，侵权必究 .
Copies of this book sold without a Taylor & Francis sticker on the cover are unauthorized and illegal.
本书封面贴有 Taylor & Francis 公司防伪标签，无标签者不得销售 .

岩石边坡工程
YANSHIBIANPOGONGCHENG
[加] 邓肯 · C. 怀利 [Duncan C. Wyllie] 著　郭麒麟等 译

责任编辑： 李春雷
装帧设计： 刘斯佳
出版发行： 长江出版社
地　　址： 武汉市江岸区解放大道 1863 号
邮　　编： 430010
网　　址： https://www.cjpress.cn
电　　话： 027-82926557（总编室）
027-82926806（市场营销部）
经　　销： 各地新华书店
印　　刷： 湖北金港彩印有限公司
规　　格： 787mm×1092mm
开　　本： 16
印　　张： 32.5
字　　数： 780 千字
版　　次： 2023 年 12 月第 1 版
印　　次： 2024 年 2 月第 1 次
书　　号： ISBN 978-7-5492-9268-4
定　　价： 368.00 元

（版权所有　翻版必究　印装有误　负责调换）

序

PREFACE

岩石边坡是一类成因复杂且岩性、结构、变形稳定条件各异的地质体，也是基础设施的重要组成部分。在重大工程建设中，由于岩石高边坡失稳导致的重大人员伤亡、巨大经济损失乃至延误建设工期等事件屡见不鲜。岩石边坡的稳定与工程安全关系密切，对于土木交通、水利水电、资源开采等重大工程建设来说，没有高边坡的稳定，就没有工程安全。

随着我国重大工程基础设施建设的迅猛发展，特别是在地质条件更为复杂、环境条件更为恶劣的西部地区，大型水利水电、公路、铁路、矿山和新能源等工程建设中的高边坡问题尤为突出，甚至成为制约工程可行性和建设进度的关键因素。准确分析评判岩石边坡的稳定性及其演化规律，提出安全可靠、经济合理、技术先进和环境友好的工程治理措施，既是重大工程建设的迫切需求，也是岩土工程的学术前沿。近 40 年来，我国在高边坡岩体工程作用机制与效应、复杂环境下高边坡变形与稳定性演化机制、高边坡全生命周期性能评估与安全控制等方面取得了重要进展，形成了一套基于全生命周期性能演化的边坡设计、开挖加固、监测预警与安全控制的理论方法与技术，我国高边坡工程的能力和水平迈上了新台阶。

我国高边坡工程的科技进步，一方面是由我国一大批重大工程建设需求催生，另一方面也得益于国内外广泛的学术交流与合作。20 世纪 70 年代，Evert Hoek 教授和 John Bray 博士出版了 *Rock Slope Engineering* 一书，深受国内外岩土工程师和学者的喜爱。相信许多中国读者读过这本书的中文版，此书也成为本人从事边坡工程教学和研究的基础性书籍。随着工程建设发展与科技进步，*Rock Slope Engineering* 也在不断完善，现已更新至第五版。该版由 Duncan C. Wyllie 教授结合土木工程应用编写完成，较第四版新增了岩石风化、抗震设计、数值分析、顺向坡和岩石边坡工程新技术进展等主要内容，系统地介绍了岩石边坡工程的基本原理、设计方法和地质特征分析，深入探讨了地质数据收集、地下水影响、岩石强度参数测定等实际应用问题，反映了岩石边坡工程的重要研究进展和经典案例。该书不仅为工程师提供了解决实际问题的技术支持，而且为研究者拓展了研究思路和技术路线，对于推动学术发展和工程实践具有重要的理论意义和实用价值。

鉴于该书在岩石边坡工程方面的经典性，长江设计集团有限公司岩土公司组织团队将 *Rock Slope Engineering* 第五版进行了翻译并出版，得到了 Duncan C.

Wyllie 教授的大力支持与授权。将英文原版翻译成中文是一项充满挑战的工作。首先，该书涉及岩土工程领域的众多专业术语和相关理论，确保专业术语的准确性和理论表述的严谨性是翻译的重要任务。其次，考虑到不同母语的阅读习惯和理解方式的差异，译者突破了直译的局限性，通过意译，更加有效地传递作者的原旨和学术内涵。据我所知，翻译团队还与多位岩土工程领域的专家学者紧密合作，对一些难以准确转换的技术概念进行了深入讨论和反复校对，确保翻译的准确性和权威性。

对于从事岩石边坡工程教学、科研的学者以及从事工程设计与施工的工程师而言，重要的是准确理解和掌握边坡设计与分析评价的研究方法、边坡开挖加固的关键技术及实际工程应用等。我坚信，本书中文版的出版发行对此具有重要的参考价值和借鉴意义。

故乐为之序，以求证于读者和工程实践。

中国工程院院士 周丰峻

2013 年 12 月

第五版简介

第五版的《岩石边坡工程》距 Evert Hoek 和 John Bray 于 1974 年创作的第一版已有 42 年，距 2004 年的第四版也有 12 年。这 42 年时间由伦敦采矿与冶金学会出版的前三个版本是为露天矿的设计而准备的，反映了露天矿工程领域的发展。当时，得益于钻探、铲车和卡车的发展，低品位矿床开采具有经济上的可行性，从而形成了几百米深的露天矿。目前，露天矿的深度已经达到 1000m，其岩石强度比地质构造重要得多，一些新的方法被用于设计这些边坡。这些方法在《露天矿边坡设计指南》(2009) 等出版物中有所记载。

在土木工程中，岩石边坡的高度通常可达几百米。在这种情况下，地质构造通常是最重要的设计参数。由于土木工程和采矿工程涉及的岩质边坡在规模和设计程序上存在区别，因此第五版的《岩石边坡工程》将只涉及土木工程应用方面。并且该版保留了由 Evert Hoek 和 John Bray 在前三版中成书的结构和技术方法。

在编写第五版时，我在之前版本的基础上加入了许多小的编辑和修正，而且其中的许多信息由世界各地的读者来信提供，对此我深表感激。有趣的是，本版几乎每一页都在某种程度上与 2004 版有所不同。

第五版在以下方面进行了重要补充：

• 风化岩石——风化岩石是前四个版本的一个重大遗漏。这种地质条件存在于热带地区，而且风化岩石的边坡设计程序与新鲜岩石的边坡设计程序略有不同。因此，增加了一个新的章节（第 3 章）来论述风化岩石的产状和特征。另外，风化岩石的性质也在其他章节中讨论，如抗剪强度、地下水和稳定性分析。

• 抗震设计——增加了关于岩石边坡抗震设计的新章节（第 11 章），这是第四版中平面破坏章节中所述内容的扩展。由于地震地面运动对岩石边坡稳定性有重要影响，并且关于这方面的大量文献都针对土质边坡，并不适用于岩石边坡，所以新版中增加了更加详细的信息。

• 数值分析——对岩质边坡数值分析的章节（第 12 章）进行了大量更新，第四版的章节侧重于露天矿的应用，而本版则主要解决土木工程应用问题。本章节由明尼阿波利斯 Itasca 公司的 Loren Lorig 和加拿大本拿比西蒙弗雷泽大学的 Douglas Stead 编写。

• 顺向坡——一类重要的岩石边坡，指层面或其他贯通结构面倾向平行于坡面，边坡失稳需要在结构面和坡面之间形成破裂面。本章材料由 Brendan Fisher 博士提供，将在第 7 章中介绍。

• 岩石边坡工程的发展——自第四版编制以来的 12 年里，这一领域最重要的发展在遥感方向，如激光雷达和数字地形模型的编制。这些技术使地质测绘和位移监测能够远程、高精度地进行。这些新技术将在本版中介绍。然而，人们发现，Evert Hoek 和 John Bray 首次提出的稳定性分析的基本方法——平面、楔形、圆弧和倾倒破坏分析至今仍然适用。多年来，为了分析这些边坡开发出许多计算机程序。

第四版的合著者是 Chris Mah。Chris 已和我在一个办公室共事近 20 年，我很感激他为本书贡献的相关材料。我是第五版唯一作者的原因是我对岩石力学的细节研究和写作产生了一种痴迷，也许很不幸。然而，只有陷入这种痴迷，才能写好这本书。

在编写这个新版本时，我要感谢许多为本书作出贡献的人。首先，关于风化岩石的章节，我到热带地区进行了多次访问，在那里了解了用于开挖风化岩石边坡的特殊技术。我非常感谢马来西亚吉隆坡的 Shaik Wahed 先生、累西腓的 Pernambuco 联邦大学的 Roberto Coutinho 博士、巴西圣保罗的 Tarcisio Celestino 博士和 Jaoa Pimenta 先生及其同事，他们都为本书的编写提供了重要信息。

关于地震地面运动对边坡稳定性影响的章节，很多内容和想法来自多年来与科罗拉多州戈尔登市美国地质调查局的 Randall Jibson 博士及其同事以及亚利桑那州坦佩市亚利桑那州立大学的 Ed Kavazanjian 博士的讨论。我也很感谢 Uppal Atukorala 博士和 Bob Pyke 博士的评阅。

Itasca 公司的 Loren Lorig 和 Simon Fraser 大学的 Douglas Stead 博士编写了有关数值分析的新章节，我非常感谢他们为编写该部分所付出的时间和精力。

Sonia Skermer 女士也提供了宝贵的帮助，她为本书和前几版的书中准备了许多插图。她的准确性和对细节的关注确保了插图在所有版本中都无缝衔接。Calla Jamieson 女士和 Glenda Gurtina 女士在整理最终文件方面提供了极大的帮助。最后，如果没有 Chen－wen Tina 女士的协助，本书不可能完成，Chen－wen Tina 女士不仅在诸如边坡稳定性分析和风化岩石抗剪强度等技术问题上提供了帮助，还在参考文献以及编写和审核手稿方面付出了巨大的心血。

最后，我要感谢我的家人，他们还要再陪伴和忍受我另一本书的艰辛写作。

Duncan C. Wyllie

加拿大温哥华

2016 年

第五版前言

非常高兴看到经典书籍《岩石边坡工程》的第五版问世。第一版于1974年由伦敦帝国学院的Evert Hoek教授和John Bray博士编写。自20世纪70年代以来，岩石工程领域以及岩石边坡工程这一具体学科都有了突飞猛进的发展，随着该学科的理论和实践成果不断增加，该书也需要不断更新（第二版到第四版），从而使它成为关于土木和采矿工程中岩石边坡的主要出版物。在此背景下，2009年出版了另一本关于岩石边坡的书籍——《露天开采边坡设计指南》，该书专注于采矿工程应用。因此，Wyllie博士做出了明智的决定，将第五版岩石边坡工程限制在与土木工程相关的岩石边坡上。

本书的结构遵循岩石边坡工程的逻辑，即边坡设计、地质、现场调查、岩石强度、地下水、边坡失稳模式、地震分析、数值分析、边坡开挖和稳定性，加上监测和案例。Wyllie教授除了提供最新信息外，还提供了新的课题，特别是数值建模/模拟方面。这一领域取得了巨大进步，结合相关的图像技术，目前几乎所有大型岩石工程项目在整个设计和施工过程中都使用某种形式的数值模拟。因此，本书的一个特点是对不同的计算机代码及其输出都进行了很好的解释。

泰勒和弗朗西斯出版集团在岩石工程学科方面有很多书籍可供选择，这部关于土木岩石边坡工程的新书及其扩展的内容非常符合他们的专业水准。本书将确保读者能够最大限度地获取信息，特别是书中包含了一些说明性的工作示例。此外，我们在文本和图形内容的平衡以及数学方程式呈现方面要特别注意，从而最大限度地提高可读性。这本书内容全面，基于Wyllie教授近50年来实践经验以及良好的地质和工程学科发展，并成功地将现代知识融入许多解释和说明中。

本书内容全面且逻辑清晰，建议甲方、咨询工程师以及承包商的土木边坡工程从业人员将此书作为主要参考手册。此外，本书可供土木工程专业学生阅读和参考。

英国伦敦帝国理工学院名誉教授 John A. Hudson

2007—2011年国际岩石力学学会会长

第四版前言

早在30多年前，我便成为英国伦敦帝国理工学院岩石力学教授，开始了岩石边坡工程方面的研究工作。针对这一课题，我开展了一项由全球23家矿业公司赞助的为期4年的研究项目，其目的是开发大型露天矿山岩石边坡的设计方法，这些方法在低品位矿床的开发中越来越重要。随后，与我的同事John Bray博士合作撰写的《岩石边坡工程》于1974年首次出版，后于1977年和1981年再次修订。

虽然岩石边坡工程仍然是一个重要课题，但我自己的兴趣已转向隧道开挖和地下工程开挖。因此，当Duncan C. Wyllie提出他和Christopher Mah愿意在岩石边坡方向编写一本新书时，我认为这是一个很好的想法。他们长期从事岩石边坡工程(主要是土木工程建设项目)研究，熟悉分析和稳定方法的最新发展。他们的文稿从《岩石边坡工程》到美国联邦公路管理局《岩石边坡设计手册》的演变过程在介绍中已经进行了描述，在此不再重复。

本书是岩石边坡工程各个方面的综合性参考工具书。它不仅体现了我的所有初始观点，而且它还对这些观点进行了扩展，并为采矿和土木工程以及一些新的案例研究引入了大量新材料。因此，我相信它将是未来多年内学生和设计师基础和实用信息重要的参考来源。

我赞赏作者们为出版这本书所做的努力，并期待我自己的书架上能有一本。

Evert Hoek

温哥华，2003年

符号命名规则

A	平面的面积(m^2)
a	岩体强度参数;地面加速度(m/s^2)
a_H	峰值水平地面加速度,PHGA(g)
B	爆破孔负荷距离(m)
b	坡面顶部张裂缝宽度(m);节理间距(m)
C_d	分散系数
c	内聚力(kPa);阻尼系数
D	岩体强度扰动因子;深度(m)
d	直径(mm);位移(cm)
E_m	岩体变形模量(GPa)
e	节理张开度(mm)
F	形状系数
F_{PGA}	加速度谱零周期的场地系数
F_v	加速度谱长周期范围的场地系数
FS	安全系数
G	剪切模量(GPa)
GSI	地质强度指标
g	重力加速度(m/s^2)
H	边坡高度(m)
h	高于基准面的水位(m)
I_a	阿里亚斯烈度(m/s)
i	粗糙角(°)
JRC	节理粗糙系数
K	体积模量(GPa);渗透率(cm/s); 侵蚀寿命常数(μm),边坡移动速率常数
k	地震系数;爆炸振动的衰减常数;刚度
k_y	屈服加速度(g)
k_{max}	最大加速度(g)
L	观测线、观测面、钻孔的长度(m)
l	结构面延伸长度(m);单位矢量
M	地震震级
M_L	地震局部震级或里氏震级

M_w	地震矩震级
m	质量(kg)；单位矢量
m_b	岩体强度的材料常数
m_i	完整岩石的材料常数
N	标准贯入阻力；节理数量，读数
n	单位矢量
P	概率
PGA	峰值地面加速度(g)
PGD	峰值地面位移(cm)
PGV	峰值地面速度(cm/s)
p	压力(kPa)；概率
Q	外部荷载(kN)
R	结果矢量；孔半径(mm)；重现期(a)；断裂长度(km)
R_H	震源距离(km)
r	测压管半径(mm)
S	形状因子；爆破孔间距(m)
S_1	在 1s 时段的频谱加速度
SD	标准差
s	结构面间距(m)；岩体强度的材料常数
T	岩石锚杆拉力(kN)
t	时间(s,a)
t_0	持续时间(s)
U	由水压产生的在滑动平面上的浮托力(kN)
V	由水压引起的张裂缝中的推力(kN)；地震波速度(m/s)，边坡移动
v_s	剪切波速(m/s)
W	滑块重量(kN)；每次延迟的爆破重量(kg)
X	单元厚度损失，侵蚀(μm)
z	张裂缝深度(m)
z_w	张裂缝中水深(m)
α	平面的倾向(°)；地震边坡高度折减系数
β	爆炸振动的衰减常数；计算地震高度折减系数的因子
δ	位移(mm)
ε	热膨胀系数(℃$^{-1}$)

φ	摩擦角(°)
ϕ	荷载和阻力系数(LRFD 设计)
γ	重度(kN/m^3)
μ	泊松比
σ	法向应力(kPa)
σ_{cm}	岩体抗压强度σ_{CI} (kPa)
σ_{ci}	完整岩石的抗压强度(kPa)
σ_1'	有效最大主应力
σ_3'	有效最小主应力
τ	剪切应力(kPa)
ψ	平面倾角(°)
υ	水的黏度(m^2/s)

目录

CONTENTS

第 1 章　岩石边坡设计原则

1.1　引言

各种工程活动需要开挖岩石边坡。土木工程领域中的边坡工程常见于公路和铁路等交通系统、用于发电和供水的水利工程以及工业和城市发展项目。岩石边坡的设计、开挖及边坡稳定性与场地地质条件密切相关。存在于从含有明显结构面的坚硬块状岩石到含残余结构面的软弱强风化岩石这两个极端条件之间的各种各样的地质条件，这些条件必须量化并适当地纳入设计方案中。

图 1.1 和图 1.2 展示了关于岩石强度和地质构造方面的岩石边坡对比实例。

(a)混凝土挡墙和锚索

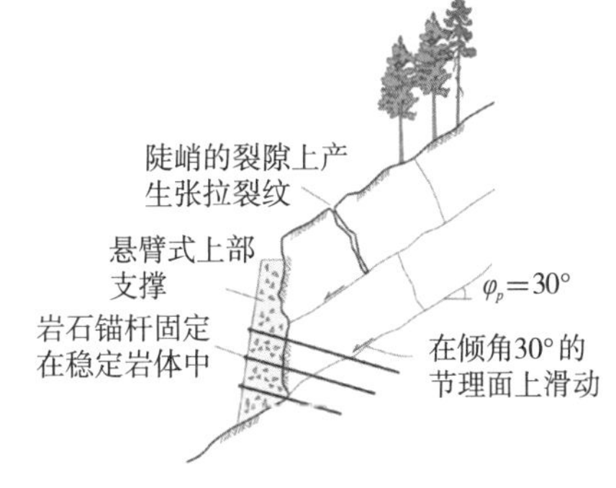

(b)滑块、锚杆长度和支护结构的几何尺寸

图 1.1　非常坚硬的花岗岩边坡，其中上部岩石可以在约 30°的平滑节理处从右向左滑动（位于加拿大不列颠哥伦比亚省阿加西斯附近）

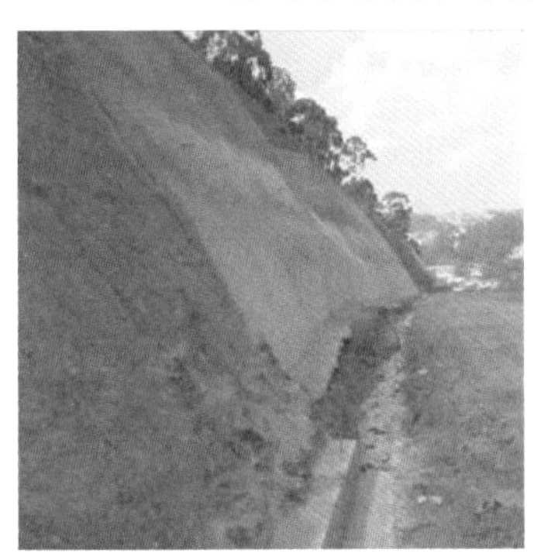

(a)用土钉和喷射混凝土加固坡面(巴西圣保罗)

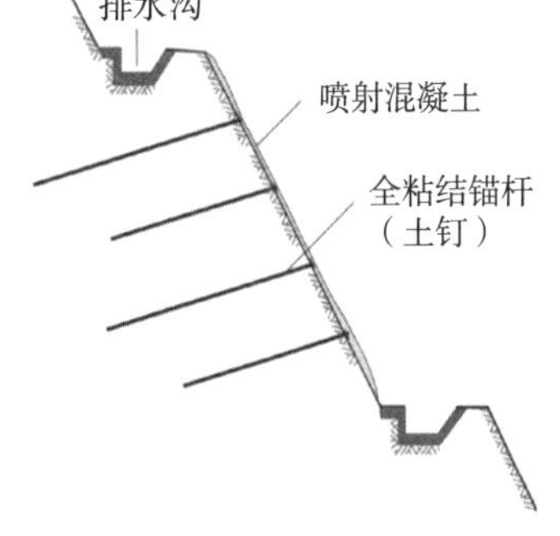

(b)坡面土钉的位置

图 1.2　公路建设开挖 56°强风化岩石边坡

在图 1.1 中，岩石是非常坚硬的块状花岗岩，其中包含一组延伸较长的平面节理，从右向左倾斜约 30°。沿这些光滑平面节理位移的岩石块体会在另一组正交方向的陡倾节理上形成张裂缝。光滑节理上的抗剪强度从峰值降低到残余强度仅需要几毫米的位移，因此该地区之前发生破坏时没有任何预警。边坡加固工程包括钢筋混凝土支护，下部用张拉锚索将岩石锚固在滑面以下的岩体中，上部作为悬臂防止岩块下滑。

图 1.2 显示了在强风化片岩中开挖 56°的坡面，其中一部分面用土钉(全粘结锚杆)加固，上下和左右间距 2m，表面用 100mm 厚的喷射混凝土加固。土钉长度为 5～6m，以避免相同长度的土钉在末端形成潜在软弱面。

该地区采用的其他加固措施包括在每个马道上布置衬砌沟槽，在裸露的岩石表面上种草，以防止这种低强度岩石发生风化侵蚀。

除了人工开挖之外，山区天然岩石边坡的稳定性也值得关注。区域构造背景是影响天然岩石边坡稳定性的因素之一。例如，发生地块迅速抬升和河流下切的地区，天然边坡的安全系数可能仅略大于 1。此外，地震产生的地面运动可能会使表层岩石松散并引起边坡位移。这种情况存在于环太平洋、喜马拉雅山脉和中亚等地震活跃地区。

岩石边坡所需的稳定条件将根据工程类型和破坏结果而变化。例如，对于大流量的高速公路边坡，要求整个边坡必须都是稳定的，并且不能有滚石掉落到车道上。这通常需要在施工期间小心地爆破，并且安装岩石锚杆等加固措施。这种加固措施的使用寿命可能只有 10～30 年，这取决于当地气候和岩石的弱化速率，为了长期安全可能需要定期维护。

在边坡设计中，通常不可能调整边坡坡向以适应其地质条件。例如，在高速公路的设计中，路线主要由可用的路权、路面坡度以及垂直和水平曲率等因素决定。因此，边坡设计必须适应沿途遇到的特定地质条件，这可能需要在道路沿线或两侧设计不同的坡度。有些情况下可能需要根据地质条件而变更设计，重新规划路线，比如路线穿越大型滑坡带时，施工可能诱发滑坡灾害。

岩石边坡的通用设计要求是确定最大边坡高度时的最大安全坡度。设计过程是稳定性和经济性之间的权衡。也就是说，由于开挖方量少，运输成本低，开挖面积小，陡坡通常比缓坡更经济。但是，陡坡可能需要大量的加固措施，比如锚杆和喷射混凝土，以降低滑坡和崩塌灾害的风险。

1.1.1 本书的范围

岩石边坡设计包括收集岩土数据、采用适当的设计方法、实施适合特定场地条件的开挖方案和加固(支护)措施。为解决这些问题，本书分为 3 个独立的部分，包括设计资料、设计方法以及开挖和加固。各部分主要内容如下：

(1)设计资料

①地质资料:其中坚硬岩石中的地质构造通常是最重要的。这些资料包括结构面产状及其长度、间距、粗糙度和充填特征。第 2 章内容主要为这些数据的解释,第 3 章讨论岩石风化及其成因、分类以及与岩性有关的不同风化产物,第 4 章介绍新鲜岩石和风化岩石的数据采集方法。

②岩石强度:最重要的参数是剪切强度。边坡条件可以包括坚硬岩石中的结构面,或者含密集结构面的岩体,或者单一结构面不起控制作用的风化岩石(第 5 章)。

③地下水条件:包括边坡内的地下水位、潜在滑动面上产生的水压以及边坡排水过程(第 6 章)。

(2)设计方法

岩石边坡的设计方法分为极限平衡法(LEA)和数值分析法两类。LEA 根据抗滑力和下滑力之比计算边坡的安全系数。不同的 LEA 程序可用于计算平面、楔形、圆弧和倾倒破坏,破坏类型由边坡地质构造确定(第 7 章至第 10 章)。在第 11 章中讨论了 LEA 分析方法在岩石边坡抗震设计中的适用性,包括对 Newmark 位移分析的讨论。数值分析考察边坡产生的应力和应变,通过比较边坡的应力与岩石的强度来评价稳定性(第 12 章)。

(3)开挖和加固

①与边坡稳定有关的爆破问题包括施工爆破、最终面上的控制爆破以及城市地区地面振动、飞石和噪声影响的控制(第 13 章)。

②加固方法包括用岩石锚杆和土钉进行加固、清除危岩(人工清除和光面爆破)以及滚石防护措施,包括沟槽、拦挡和顶棚等(第 14 章)。

③边坡变形监测用以识别边坡的加速位移,其异常可以作为边坡失稳的前兆。监测通常是露天矿山边坡和重要基础设施上方大型低速滑坡预警的重要组成部分。第 15 章讨论了地表和地下监测方法以及数据的解释。

④土木工程应用介绍了 6 个土木工程项目的边坡设计和加固方法实例。这些工程实例阐述了前几章中讨论的针对不同地质条件的设计过程,这些地质条件包括坚硬的块状岩石以及含节理的软弱岩体(第 16 章)。

书中还包括一系列演示数据分析和设计方法的示例。

1.1.2　边坡失稳的社会经济后果

人工和自然岩石边坡的失稳形式包括滚石、整体失稳、滑坡、泥石流以及风化岩石中的浅层滑坡。其失稳破坏的结果包括直接经济损失(如搬运堆积体和边坡加固)和各种各样的间接经济损失，比如高速公路和铁路上的车辆损坏、乘客受伤、交通延误、工作中断、土地价格下降导致的税收损失、洪水泛滥以及滑坡阻塞河流导致的供水中断等。

在人口密度大的城市化地区，边坡失稳造成的经济损失最大，即使是小型滑坡也可能破坏房屋或封锁交通线路（交通研究委员会，1996）。相比之下，农村地区的滑坡除了耕地损失外，一般间接经济损失较小。导致严重经济损失的一个滑坡案例是犹他州 1983 年的蓟城滑坡，其滑坡体堵塞西班牙福克河，切断了铁路和公路，淹没了蓟城，造成了约 2 亿美元的经济损失。滑坡造成人员伤亡和经济损失的另一个案例是 1963 年意大利的瓦依昂滑坡。瓦依昂滑坡淹没了水库，在大坝的顶部掀起一股巨浪，摧毁了 5 个村庄并夺走了大约 2000 人的生命（Kiersch，1963；Hendron 等，1985）。

日本既有高度发达的基础设施，又处于陡峭的山地地形中，因此由岩体崩塌和山体滑坡造成的经济损失较高。此外，频繁的强降雨、岩土体冻融循环和地震是滑坡的诱发因素。1938—1981 年发生的重大滑坡中共有 4834 人丧生，188681 座住宅被毁（日本建设部，1983）。

在韩国，类似的情况也时有发生，每年平均有 60 人死亡，损失高达 10 亿美元（Lee，2012）。

在南美洲，强风化基岩地区在发生强降雨的情况下，类似的设施破坏和人员伤亡也时常发生。例如，在哥伦比亚麦德林，自然灾害造成的人员死亡中有 74% 由边坡失稳造成，1974 年的一次边坡失稳事件导致至少 770 人死亡（Carvajal 等，2012）。

1.2 岩石边坡工程原理

本节介绍土木工程岩石边坡设计中需要考虑的问题。高速公路和铁路等项目需要高度的安全性和可靠性，不允许出现边坡失稳甚至是坠石的情况。

此外，这些边坡的设计寿命通常为数十年，有些可能会超过 100 年，管理和运营部门希望在此期间将维护成本降至最低，并减少运营中断的时间。为了达到这些目的，通常在最终面上控制爆破精度，以尽量减少对坡后岩石的损伤，并在边坡底部开挖足够宽的沟槽以容纳坠落的滚石。这些措施的额外建设成本通常来源于长期运营成本。

图 1.3 为露天矿山边坡、自然边坡和工程边坡中坡高和坡度之间的关系，用于岩石边坡设计的参考框架，显示了对自然边坡、工程边坡和露天矿山边坡的坡高、坡度和稳定条件的调查结果。从图中可以看出，许多边坡在坡度和坡高小于最大稳定值时仍然处于不稳定状态，这是因为软弱岩石或不稳定的结构也会导致低缓边坡失稳。重要的是，这些图还表明，稳定边坡的坡高和坡度无关，不同的边坡要根据其特点进行评价。

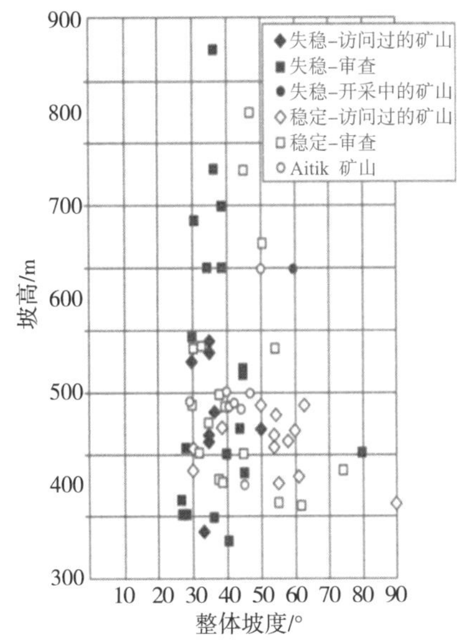

(a)露天矿山边坡和落顶开采边坡(Sjöborg,1999)

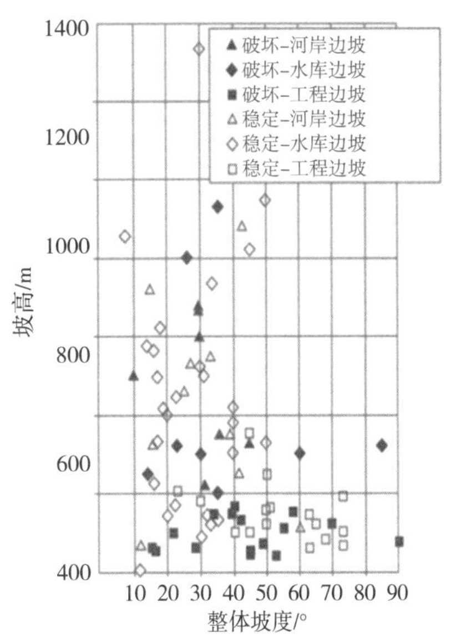

(b)中国的自然边坡和工程边坡(Chen,1995)

图1.3 露天矿山边坡、自然边坡和工程边坡中坡高和坡度之间的关系

1.2.1 地质构造控制边坡稳定性

高速公路和铁路等工程的岩石边坡设计需要其地质构造资料,即在岩石表面之下的裂隙、层面和断层的产状和特征(如延伸长度或连续性、粗糙度和充填物)。例如,图1.4为坡面与页岩中连续的低摩擦角层理面一致的情况,含有光滑层理面的页岩边坡,该层面在整个边坡高度范围内连续并以约50°的倾角向公路倾斜。这些结构面的摩擦角为20°~25°,如果以更陡的坡度进行切坡,则会导致岩块产生顺层滑动;能够自稳的最大坡度角就等于层面的倾角。然而,随着道路的线路改变,岩层走向与坡面成直角时(图片右侧),就不可能产生顺层滑动,于是可以开挖陡峭的边坡。

图1.4 坡面与页岩中连续的低摩擦角层理面一致的情况
(横贯加拿大公路,靠近路易斯湖,艾尔伯塔省)(图片由A. J. Morris提供)

土木工程中，对于坡高小于100m的大多数岩石边坡，岩体中的应力远小于岩石强度，因此岩石发生破碎的可能性较小。因此，边坡设计主要关注由结构面切割形成的岩块的稳定性。完整岩石强度不能直接用于边坡设计，但它关系到岩体剪切强度、结构面粗糙度以及开挖方法和成本。

图1.5显示了地质条件对岩石边坡稳定性的影响，并阐述了对设计工作比较重要的几类信息。

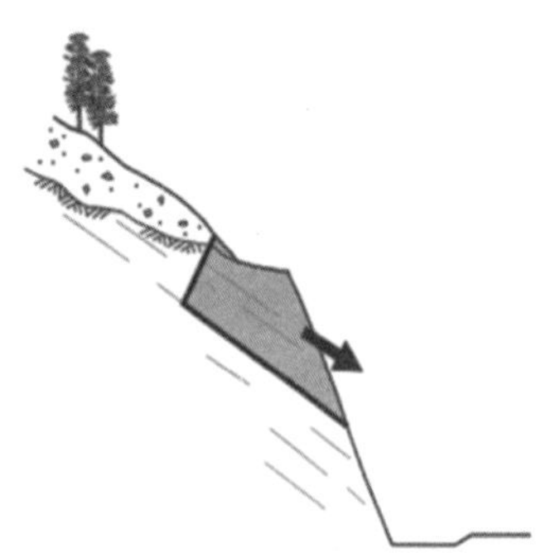

(a)可能失稳——结构面出露地表

(b)稳定坡面——平行于结构面开挖

(c)稳定边坡——主要结构面倾向坡内

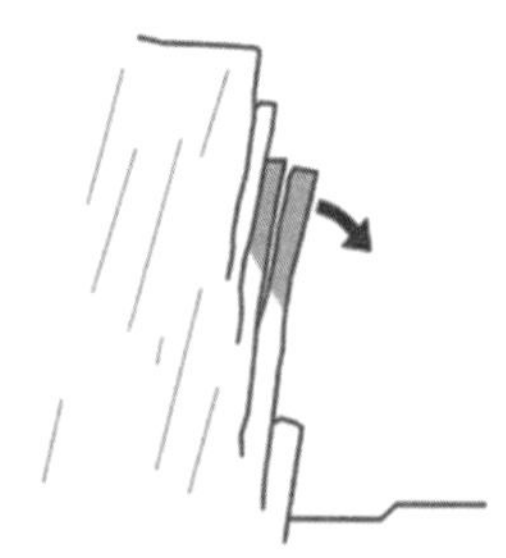

(d)薄板状岩层陡倾角倾向坡内，倾倒破坏

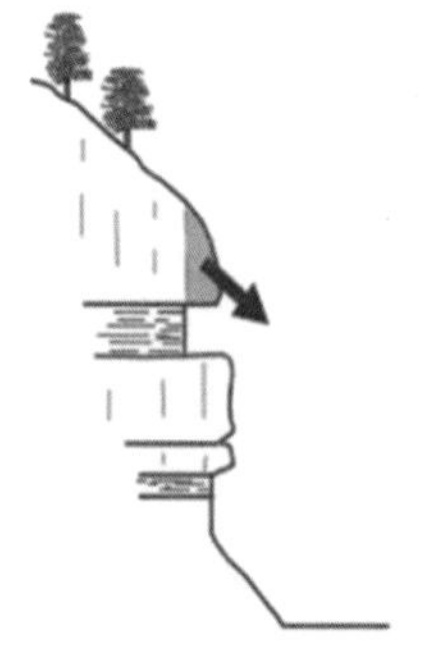

(e)在水平层沉积地层中，页岩风化剥蚀，坚硬的砂岩形成危岩

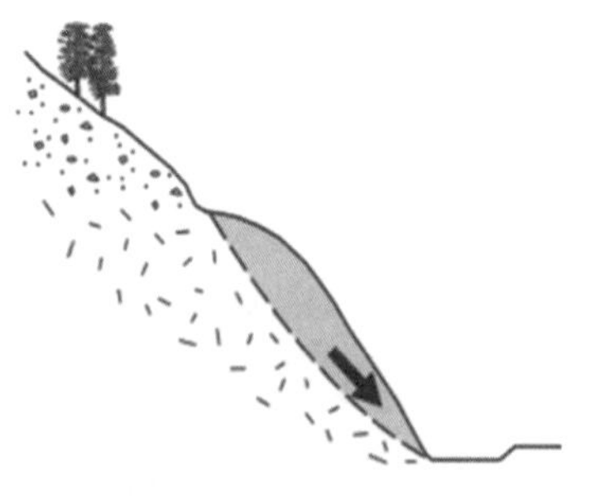

(f)节理发育、软弱岩层或风化岩层中潜在的圆弧滑动面

图1.5　地质条件对岩石边坡稳定性的影响

图 1.5(a)和图 1.5(b)显示了沉积岩的典型特征，如砂岩和石灰岩含有连续的层面，如果层面的倾角比结构面的内摩擦角更陡，那么可能发生滑动。在图 1.5(a)中，在陡倾坡面上的块体会沿层面滑动，而在图 1.5(b)中，坡面与层面一致，边坡稳定。

对于图 1.5(c)，由于主要的一组结构面倾向坡内，整个边坡也是稳定的。然而，倾向坡外的共轭节理切割岩石形成的块体在边坡表面可能失稳，特别是在施工期间爆破损伤内部岩石的情况下。

对于图 1.5(d)，主节理组也倾向坡内，但以大倾角切割形成一系列薄板，当块体重心位于基础外侧时，岩体可能发生倾倒。

图 1.5(e)为一个典型的水平层状砂岩—页岩层序，其中页岩比砂岩更易风化，砂岩出现一部分悬空，由应力释放形成一系列垂直节理，进而发生突发性失稳破坏。

图 1.5(f)为切割软弱岩层形成的边坡，岩层中节理发育但延伸较短，未形成连续的滑动面。开挖坡度较陡时，可能产生浅层圆弧滑动，一部分滑动面沿节理，一部分滑动面贯穿完整岩石。同样的破坏机制也发生在强风化的软弱岩层中，岩层中残余地质构造已经丧失。值得注意的是，对于大内摩擦角的岩石材料，浅层破坏面是大半径圆弧(见第 9.4 节)，而小摩擦角的黏土中，破坏面是较深的小半径圆弧。

1.2.2 边坡特征和定义

对于岩石边坡工程建设来说，使用标准术语来描述边坡特征并采用常规程序设计开挖是有必要的。

根据在坚硬的新鲜岩石和软弱的风化岩石中开挖边坡的长期工程经验，我们总结了一些常规的边坡形式。这些形式适用于山区公路和铁路工程的施工，适用于常规的施工设备和方法。

在坚硬岩石边坡中开挖时需要进行钻爆，顶部有一定坡度的土壤覆盖层(图 1.6)。此外，在岩石边坡顶部开挖一个平台，以防土体在后期发生小型滑塌；也可以作为设备维护的工作平台。

在坚硬的岩石中，通过钻爆法开挖的坡面通常由一系列台阶组成，在土建工程中这些台阶的垂直高度为 6～10m。台阶最大高度由最终面上爆破孔的对准精度决定，另外施工设备的安全操作要求坡面高度不得超过设备最大伸展距离的 1.5 倍。在每个台阶的底部，坡面之间的马道宽度要么足够宽，以容纳滚落的岩石，并且为施工设备提供运移通道(最小 5m)，要么尽可能窄，以避免可能滚落在公路或铁路上的滚石在下落过程中出现“滑雪跳跃”。当以最终面的倾角布置爆破孔时，钻头头部间距大于 0.75m。

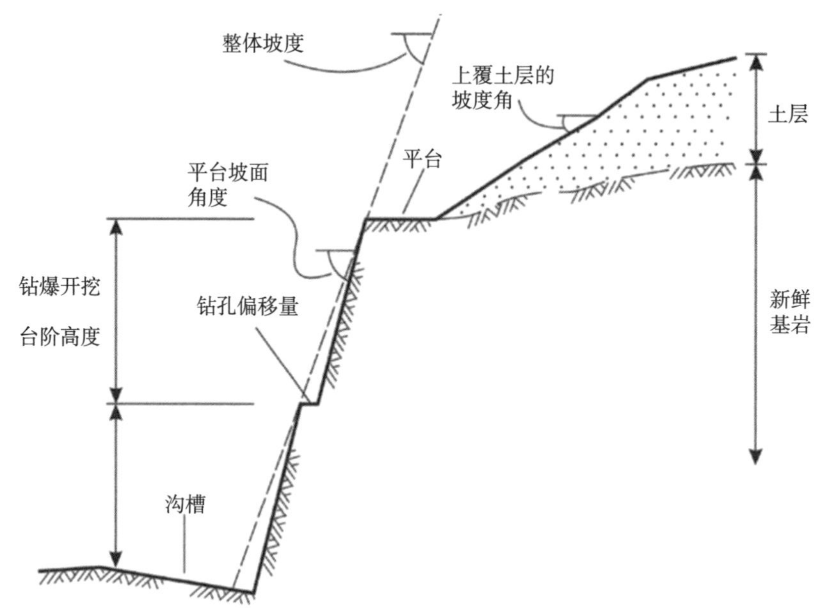

图 1.6　岩石边坡几何示例——钻爆法开挖的两级台阶，沿顶部有浅层土壤覆盖，岩石顶部有一个平台以防止土坡坍塌

一般岩石边坡的坡角为 76°。研究发现，在坚固的块状岩石中以这个角度切坡通常是稳定的，并且该面可容纳一些最终管线爆破孔的偏差，这些偏差可在下一级台阶开挖时纠正。相比之下，开挖垂直面需要非常精确地对齐钻孔，以避免形成倒转面(钻孔向内倾斜)或开挖宽度损失(钻孔向外倾斜)。

必要的情况下，可以在边坡底部开挖一个容纳落石的沟槽，沟槽的宽度和深度由岩石坡面高度和坡角决定(见第 14.6.2 节)。最好在易于清理的斜坡底部设置沟槽，而不是在设备难以进入的斜坡台阶上设置沟槽。

术语：在北美，每一个台阶处的角度由台阶高度和宽度，以及平台坡面角度确定。在澳大利亚，对应术语是台阶高度、护坡宽度和倾斜角。

1.3　滑坡的标准定义

国际工程地质协会对滑坡的特征和规模进行了定义，见图 1.7、图 1.8(IAEG 滑坡委员会，1990；美国交通运输研究会，1996)和表 1.1、表 1.2。虽然上述图表描绘了圆弧滑动的土质滑坡，但是这些滑坡中的许多特征同样适用于岩质滑坡和风化软岩中的边坡失稳现象。图 1.7 和图 1.8 所示的定义为提倡使用一致的术语，使同行在调查及报道岩石边坡和滑坡时，可以清楚地理解该术语。

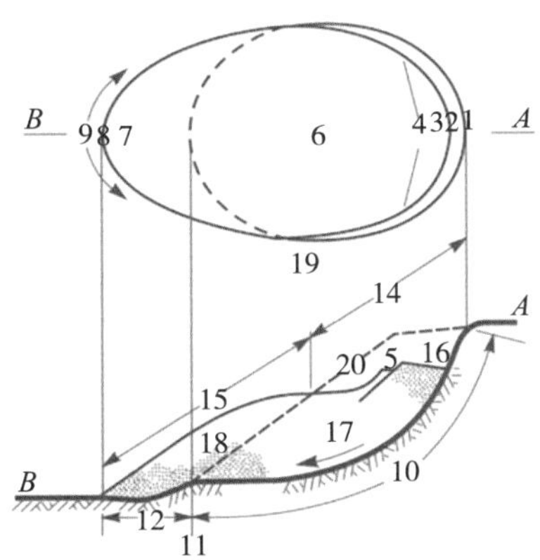

图 1.7　滑坡特征的定义

注：上部——典型滑坡平面图，虚线表示原始地表发生破坏的范围；下部——剖面图，虚线表示未受扰动的地面，点状区域表示边坡移动的范围。图中数字为表 1.1(IAEG 滑坡委员会，1990)中定义的滑坡几何要素。

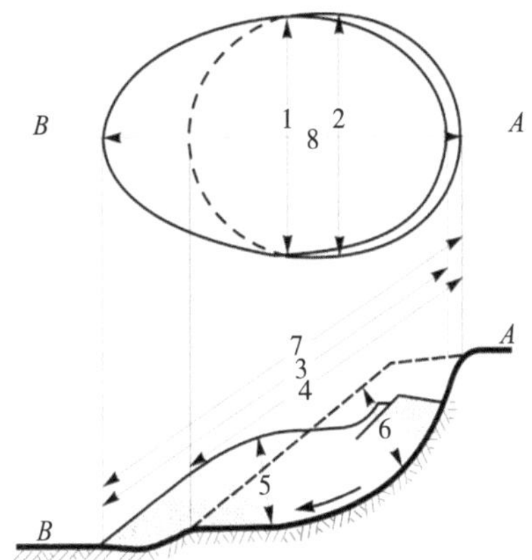

图 1.8　滑坡规模(尺寸)的定义

注：上部——典型滑坡平面图，其中虚线表示原始地表上的破裂面；下部——剖面图，虚线表示未受扰动的地面，点状区域表示边坡移动的范围，而虚线表示原始地面。图中数字指表 1.2 中定义的尺寸(IAEG 滑坡委员会，1990)。

表 1.1　　滑坡特征要素表

序号	名称	定义
1	顶部	滑坡壁的最高部分
2	滑坡壁	因发生位移的岩土体(13，点画区)滑离下伏岩土体在上边缘形成的陡坡面，为破裂面(10)的可见部分
3	最高点	滑坡体(13)和滑坡壁(2)之间的最高接触点
4	头部	滑坡体与滑坡壁(2)之间接触的滑坡上部
5	次级陡坎	由滑坡体(13)内部的差异运动产生的滑坡体(13)上的陡坎面
6	主体	覆盖在滑坡壁(2)和滑动面顶部之间的滑动部分
7	滑坡舌	超出滑动面(11)并覆盖原始地面(20)的部分滑坡体

续表

序号	名称	定义
8	底端	距离滑坡体顶部(3)最远的部分(9)
9	坡趾	滑坡体较低的部分，通常有弯曲的边缘，离滑坡壁(2)最远
10	破裂面	在原始地面(20)以下形成(或已经形成)滑坡体(13)下边界面；在稳定性分析中，破裂面为滑动面
11	破裂面底部	滑坡破裂面(10)下部与原始地面(20)的交点(通常掩埋)
12	分离面	部分原始地表面(20)现由滑坡舌(7)覆盖
13	滑坡体	边坡中从原始位置发生滑移的物质；形成搬运物(17)和堆积物(18)
14	搬运区	滑坡体(13)位于原始地面(20)以下的滑坡区域
15	堆积区	滑坡体(13)位于原始地面(20)以上的滑坡区域
16	搬运体积	以滑坡壁(2)、搬运体(17)和原始地面(20)为界的体积
17	搬运体	覆盖破裂面(10)但位于原始地面(20)之下的滑坡体的体积
18	堆积体	位于原始地面(20)上方的滑坡体(13)的体积
19	侧翼	靠近破裂面两侧的未扰动岩土体；在描述侧翼时，最好使用方向法，如果使用左和右，则指从顶部看的侧翼
20	原始地面	发生滑坡前存在的边坡表面

表 1.2　　滑坡尺寸的定义

编号	名称	定义
1	滑体宽度 W_d	垂直于长度 L_d 方向的滑体的最大宽度
2	破裂面宽度 W_r	垂直于长度的滑坡侧翼之间的最大宽度 L_r
3	滑体长度 L_d	从滑坡体顶部到底部的距离
4	破裂面长度 L_r	从破裂面顶部到底部的距离
5	滑体深度 D_d	垂直于 W_d 和 L_d 构成的平面测量的地表到破裂面的距离
6	破裂面深度 D_r	垂直于 W_d 和 L_d 构成的平面测量的原始地面距离到破裂面的最大深度
7	总长度 L	从滑坡底部到冠部的最小距离
8	中线长度 L_{CL}	从坡顶点到滑坡尖端点的距离，两点连线到左右侧边等距

1.4　岩石边坡设计方法

本节总结了设计岩石边坡的 4 种不同程序，并展示了分析边坡稳定性所需的基本数据。

1.4.1　设计方法总结

所有边坡设计方法的基本特点是假设剪切破坏沿着不连续面滑动或沿滑动面后的剪切带发生。如果剪切力(下滑力)大于该滑动面上岩石的抗剪强度(抗滑力)，则边坡将不稳定。这种不稳定性会表现为一定的允许或不允许的边坡位移量。边坡失稳可能缓慢发展，也可能突然发生。边坡失稳的定义取决于实际情况。例如，一个农村地区的滑坡可能会经历几米的缓慢位移而不会造成危害，而支撑桥墩的边坡几乎不允许任何位移。另外，如果边坡底部的沟槽能容纳滚石，那么从公路旁的边坡上掉下的落石就不重要；但如果边坡大范围失稳并冲到路面上，则可能会导致严重的后果。

边坡的稳定性可以用下列一个或多个术语表示：

①安全系数（FS）：由安全因子量化的稳定系数，即总抗滑力与下滑力的比值，如果 $FS=1$，则称为边坡极限平衡，如果 $FS>1$，则稳定。

②允许应变：足以引起边坡失稳的临界应变值。容许应变值取决于实际情况，如桥梁或建筑物的基础容许应变较低(Wyllie，1999)。

③失稳概率：通过抗滑力和下滑力之差（安全度）的概率分布得到量化的稳定性数据，抗滑力和下滑力用概率分布表示。

④荷载和阻力系数设计（LRFD）：由大于等于荷载系数总和的阻力系数定义的稳定性。

截至2016年，安全系数法是土木工程最常用的边坡设计方法，被广泛应用于各种地质条件的岩土边坡。此外，在不同的边坡开挖工程中，安全系数法被普遍接受，这促进了边坡设计的统一性。表1.3给出了Terzaghi和Peck(1967)以及加拿大岩土学会(1992)提出的最小安全系数的范围。

表1.3　最小安全系数值

破坏类型	类别	安全系数
剪切	土方工程	1.3～1.5
	挡土结构，开挖	1.5～2.0
	地基	2.0～3.0

注：范围取值包含下限不包含上限。

在表1.3中，安全系数的上限值适用于常规的荷载和现场条件，而较小的数值适用于最大荷载和最不利的地质条件。对于临时性边坡，如果边坡失稳没有严重后果，安全系数一般采用1.2～1.4。

虽然岩石边坡的概率设计法最初是在20世纪70年代开发的(Harr，1977；加拿大能源和矿产资源部，1978)，但它并没有被广泛使用（截至2016年）。原因可能是“5%的破坏概率”这个术语没有得到很好的理解，在设计中使用可接受概率的经验有限（见第1.4.5节）。对于涉及边坡工程的业主来说，更容易接受的说法是“95%的可靠性”，但实际上，没有人想听到他们的边坡可能会失稳。

边坡应变计算是边坡设计中最新的进展。该技术源于数值分析方法的发展，特别是可以引入离散元算法的分析方法(Starfield等，1988)。它被广泛应用于深度达数百米的露天矿的设计中，计算中允许产生位移，并且边坡中应力产生的岩体应变足以引发边坡失稳（见第12章）。与此相比，在高度约100m的土木工程边坡中，边坡产生的应力通常远小于岩石强度。

LRFD方法已经开发并用于结构设计，现在正在推广到岩土设计，如基础和支护结构，上述结构中工程师都在使用 LRFD。第 1.4.6 节将详细讨论这种设计方法。

设计中使用的安全系数法、失稳概率法或容许应变法应适合每个场地。设计过程需要大量的判断，因为必须考虑各种地质因素和建筑因素。在表 1.3 中，以下几种情况需要采用安全系数上限进行设计：

①钻探工作受限，不能在现场充分取样，或岩芯出现大量机械断裂或岩芯损失。

②没有岩石露头，因此无法绘制地质构造，也没有关于局部稳定性的历史记录。

③无法获得用于强度测试的原状样，或难以将实验室测试结果推广应用至原位条件。

④缺乏关于地下水条件的信息，或地下水位存在显著的季节性波动。

⑤边坡破坏机理和分析方法的可靠性无法确定。例如，平面滑动破坏的分析结果相当可靠，而倾倒破坏的详细机制则不太明确。

⑥对建筑质量有一定要求，包括建筑材料、施工检查和天气状况。

⑦考虑失稳可能造成的后果，对于大坝和主要运输路线需采用更高的安全系数，而伐木和采矿作业的临时建筑或工业道路采用较低的安全系数。

本书不涉及使用岩体分级系统（Haines 等，1991；Duran 等，1999）进行边坡设计。截至 2016 年，结构面对稳定性的频繁影响可以而且应该直接纳入稳定性分析。

所有岩石边坡设计的一个重要方面是开挖爆破质量。设计通常假定岩体包括完整的岩块，其形状和大小由天然结构面定义。此外，这些结构面的特征可以通过观测地表露头和岩芯来预测。但是，如果过度使用爆破会导致结构面后的岩石受损，则稳定性可能取决于岩石的损伤情况。由于岩石的损伤性质不可预测，稳定性条件也不可预测。第 13 章讨论了爆破和爆破危害的控制。

1.4.2 极限平衡分析（确定性）

图 1.5(a)和图 1.5(f)所示的地质条件下岩石边坡的稳定性取决于沿滑动面产生的剪切强度。对于所有剪切破坏，可以假定岩石是 Mohr-Coulomb 材料，其中剪切强度用黏聚力 c 和摩擦角 φ 表示。对于有法向应力 σ' 作用的滑动面，在该表面上产生的剪切强度 τ 由 式(1.1)给出

$$\tau = c + \sigma' \cdot \tan\varphi \tag{1.1}$$

式(1.1)在法向应力—剪切应力图上用直线表示，见图 1.9(a)，其中内聚力由剪切应力坐标轴上的截距定义，摩擦角由直线的斜率定义。有效的法向应力为位于滑动面之上岩石重力的法向分量和作用在该表面上水的浮托力之差。

图 1.9(b) 中的边坡包含一条贯通节理，该节理延伸至地表并形成滑块。为了计算图 1.9(b)所示块体的安全系数，将作用在滑动表面上的力分解成垂直和平行于该表面的分力。也就是说，如果滑动面的倾角为 ψ_p，其面积为 A，位于滑动面上方的块的重量为 W，则在滑动平面上的法向和切向应力为

$$法向应力\ \sigma=\frac{W\cdot\cos\psi_p}{A};切向应力\ \tau_s=\frac{W\cdot\sin\psi_p}{A} \tag{1.2}$$

式(1.1)可以表示为

$$\tau=c+\frac{W\cdot\cos\psi_p\cdot\tan\varphi}{A} \tag{1.3}$$

或者

$$\tau_s\cdot A=W\cdot\sin\psi_p\ ,\ \tau\cdot A=c\cdot A+W\cdot\cos\psi_p\cdot\tan\varphi \tag{1.4}$$

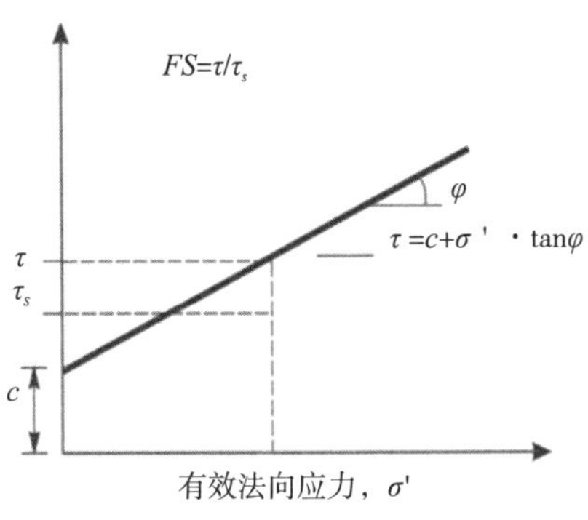

(a)由黏聚力 c 和摩擦角 φ 定义的剪切强度的莫尔曲线

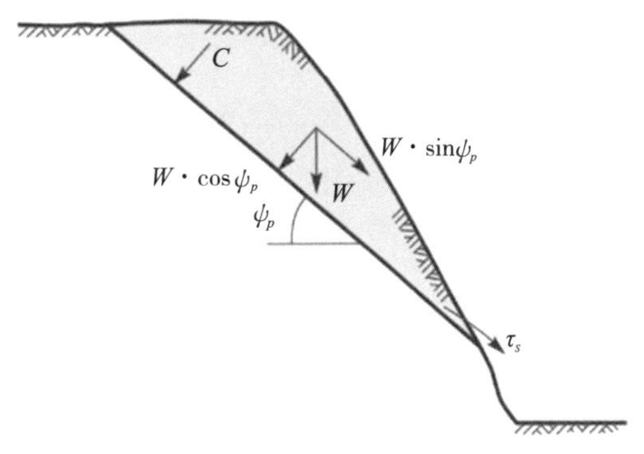

(b)将块体重量 W 分解为平行于和垂直于滑动平面(倾角 ψ_p)的分量

图 1.9　计算滑块安全系数的 LEA 方法

在式(1.4)中,($W\cdot\sin\psi_p$)定义了沿滑动平面作用的合力,称为“下滑力”($\tau_s\cdot A$),而($c\cdot A+W\cos\psi_p\cdot\tan\varphi$) 定义了抵抗滑动的平面上作用的总剪切强度力,被称为“抗滑力”($\tau\cdot A$)。图 1.9(b)中块体的稳定性可以通过称为安全系数 FS 的抗滑力和下滑力的比值量化。因此,安全系数的表达式为

$$FS=\frac{抗滑力}{下滑力} \tag{1.5}$$

$$FS=\frac{c\cdot A+W\cdot\cos\psi_p\cdot\tan\varphi}{W\cdot\sin\psi_p} \tag{1.6}$$

在图 1.9(a)中绘出了由式(1.4)定义的剪应力 τ_s 和抗剪强度 τ,表明抗剪强度超过剪应力($\tau>\tau_s$),因此安全系数大于 1.0,边坡稳定。

如果滑动表面干净并且不包含填充物,那么黏聚力可认为是 0,式(1.6)可简化为

$$FS\cdot\frac{\sin\psi_p}{\cos\psi_p}=\tan\varphi \tag{1.7}$$

或者

$$FS=1,\ \psi_p=\varphi \tag{1.8}$$

式(1.7)和式(1.8)显示,对于没有支护的干燥清洁滑动面,当滑动面的倾角等于其摩擦角时,岩石块将滑动,并且该稳定性与滑动块的大小无关。也就是说,当滑动力恰好等于抗滑力并且安全系数等于 1.0 时,滑块处于“极限平衡”的状态。因此,本节所述的边坡稳定性

分析方法称为极限平衡分析(LEA)。

LEA 可以应用于各种条件,并且可以引入作用于滑动表面的水压力以及由预应力岩石锚杆提供的外部锚固力。图 1.10(a)所示边坡含面积为 A 、倾角为 ψ_p 的滑动面和垂直张拉裂缝。该边坡部分饱和,使得张裂缝充满一半水,地下水位出露于滑动面和坡面的交线。

张裂缝和滑动面上的水压可以用三角矢量图近似计算,其中在张裂缝底部和滑动面上端的最大压力 P 由下式给出

$$P=\gamma_\omega\cdot b_\omega \tag{1.9}$$

式中:γ_w ——水的重度;

h_w ——张裂缝中水的垂直高度。

基于这个假设,作用在张裂缝 V 和滑动平面 U 上的水压力见图 1.10(a):

$$V=\frac{1}{2}\gamma_\omega\cdot b_\omega^2\text{ ,且 }U=\frac{1}{2}\gamma_\omega\cdot b_\omega\cdot A \tag{1.10}$$

通过修改式(1.6)来计算边坡的安全系数:

$$FS=\frac{c\cdot A+(W\cdot\cos\psi_p-U-V\cdot\sin\psi_p)\tan\varphi}{W\cdot\sin\psi_p+V\cdot\cos\psi_p} \tag{1.11}$$

同样,对于在滑动面下方安装了张拉锚索的加固边坡,可以建立一个方程。如果锚索的张力为 T ,锚索安装角度为 ψ_T ,则锚固张力作用在滑动面上的法向和剪切力分别为:

$$N_T=T\cdot\sin(\psi_T+\psi_p)\text{ ,且 }S_T=T\cdot\cos(\psi_T+\psi_p) \tag{1.12}$$

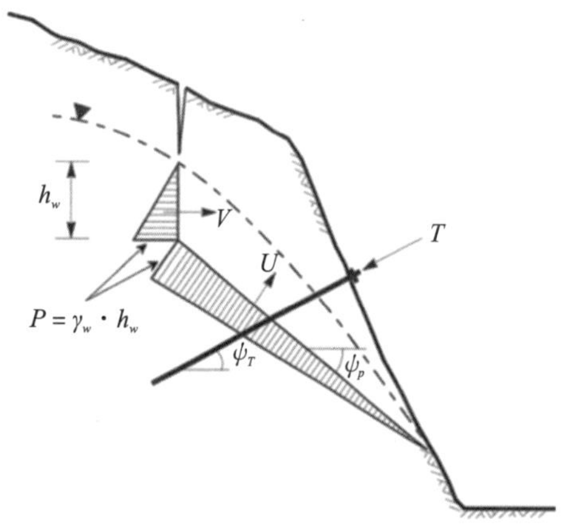

(a)作用于滑动面的地下水压力和锚固力

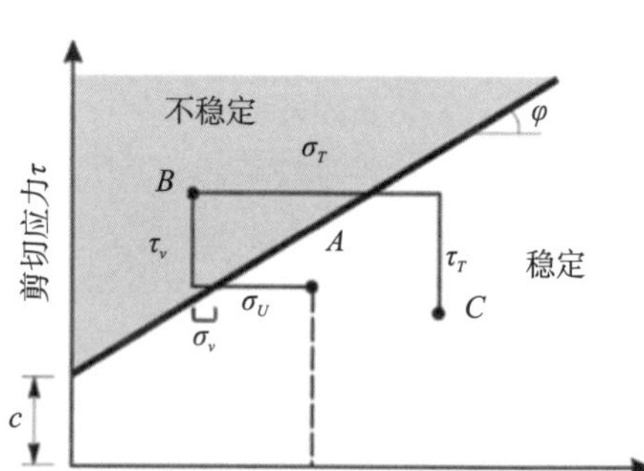

(b)作用于滑动面的应力莫尔图显示稳定和不稳定的条件

图 1.10　地下水和锚杆对岩石边坡安全系数的影响

确定锚固部分饱和边坡安全系数的方程为:

$$FS=\frac{c\cdot A+[W\cdot\cos\psi_p-U-V\cdot\sin\psi_p+T\cdot\sin(\psi_T+\psi_p)]\tan\varphi}{W\cdot\sin\psi_p+V\cdot\cos\psi_p-T\cdot\cos(\psi_T+\psi_p)} \tag{1.13}$$

图 1.10(b)显示了莫尔图上由水和锚固力产生的滑动面上的法向和剪切应力的大小及其对安全系数的影响。对于排水边坡,由于黏聚力和摩擦导致的滑动面上的抗滑力超过下滑力,边坡是稳定的(A 点)。将水压力引入边坡会产生不利于稳定的力,从而降低法向应力并增加

剪切应力,可能导致合力超过极限强度,边坡不稳定(B 点)。相反,利于稳定的力(锚固和排水)会增加法向应力并降低剪切应力,并导致合力低于极限强度,边坡稳定(C 点)。

图 1.10(b)也可以用来表明锚杆的最佳插入角($\psi_{T(\mathrm{opt})}$),即给定的岩石锚固力能产生最大安全系数的插入角:

$$\psi_{T(\mathrm{opt})} = \varphi - \psi_p \text{ 或者 } \varphi = \psi_p + \psi_{T(\mathrm{opt})} \tag{1.14}$$

式(1.14)表明锚杆应沿水平面向上安装,即 ψ_T 为负值。但实际上,通常最好沿水平面向下安装锚杆,这有利于钻孔和灌浆,并提供更可靠的施工方案。

这些用于计算岩石边坡稳定性的 LEA 实例表明,极限平衡法是一种可应用于各种条件的多功能方法。极限平衡法的一个局限性是所有的力都被假定为通过块体的重心,并且没有力矩产生。

本节中描述的分析适用于在平面上滑动的块体。然而,在某些几何条件下,块体可能会倾倒而不是滑动,在这种情况下,必须使用不同形式的极限平衡法。图 1.11 显示了区分块体稳定、滑动和倾倒的条件,这些条件与块体的宽度 Δx 和高度 y、块体所在的平面的倾角 ψ_p 和该表面的摩擦角 φ 相关。在这个图中,假定的摩擦角是 35°,所以块体只会在平面倾角大于 35°时滑动。第 7 章对滑块进行平面破坏分析,第 8 章对滑块进行楔形破坏分析,而第 10 章将对倾倒破坏进行分析。

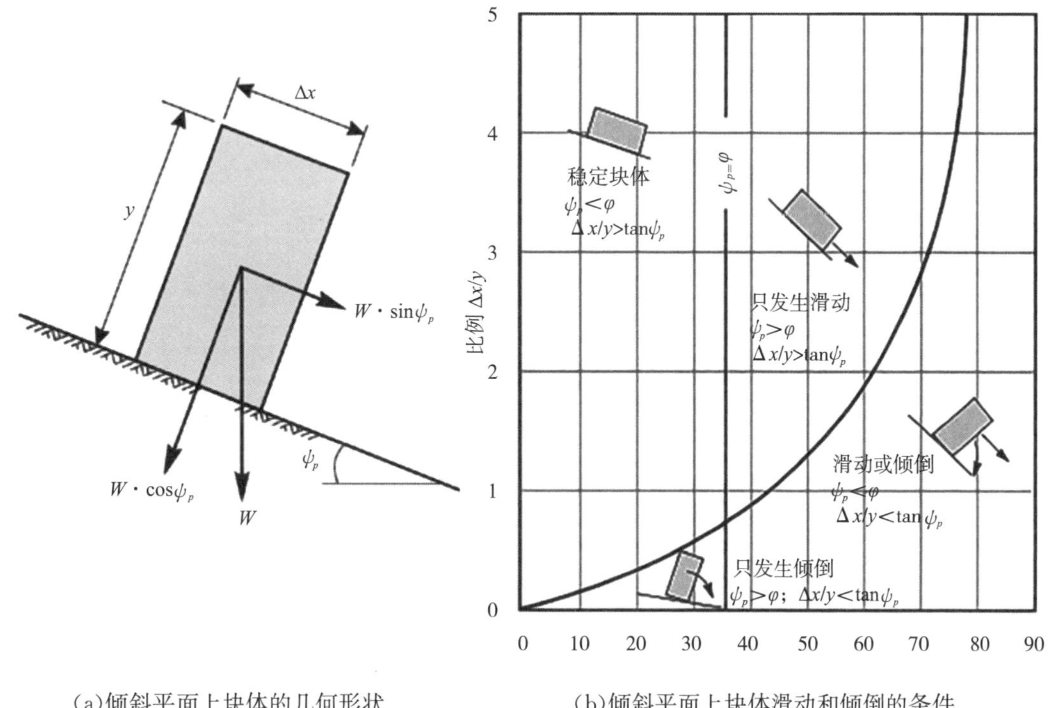

(a)倾斜平面上块体的几何形状　　(b)倾斜平面上块体滑动和倾倒的条件

图 1.11　块体滑动和倾倒的标识

图 1.11(b)表明,在一个倾角小于摩擦角的平面上,薄板状的块体重心线位于底部外侧

时，块体发生倾倒。正如图上相对较小的倾倒不稳定区域所示，块体发生倾倒的条件有限，与滑动破坏相比，这是一种较少见的破坏类型。

1.4.3 敏感性分析

上述安全系数分析需要为每一个参数选取一个单一的值，用来计算滑体的下滑力与抗滑力。实际上，每个参数都有一个取值范围，其真值并不确定。对设计中的关键参数使用上限值和下限值进行灵敏度分析，以确定是否会出现安全系数过低的情况，这是检查这种可变性和不确定性对安全系数影响的一种方法。然而，对 3 个以上参数进行灵敏度分析比较麻烦，而且很难检查各参数之间的关系。因此，通常的设计方法中需要综合分析和判断设计参数对稳定性的影响，然后选择合适的安全系数。

本书第 5.4 节中给出了一个敏感性分析的例子，该例于描述了采石场边坡的稳定性分析中对内摩擦角(范围 15°～25°)和水压(干燥至饱和状态)(图 5.20)进行的敏感性分析。该图显示水压对稳定性的影响比内摩擦角更大。也就是说，当内摩擦角低于 15°时，干燥的垂直坡面是稳定的，而即使内摩擦角为 25°，完全饱和的 60°边坡也不稳定。

敏感性分析的价值在于评估哪些参数对稳定性影响最大，从而更好地指导在调查和勘测中收集数据，更精确地定义这些参数。如果重要的设计参数值存在不确定性，则可以在设计中考虑使用适当的安全系数。

1.4.4 灾害和失稳后果

大多数岩石边坡的设计应考虑现场特定条件下的失稳风险等级，风险等级定义如下：

$$\text{风险等级}=\text{灾害等级}\times\text{灾害后果} \tag{1.15}$$

如表 1.4 所示，高风险地区是高危险、后果又严重的地区，而低风险地区则是低危险、后果不严重的地区。当不能确定风险数值时，可以运用表 1.4 进行定性分析(CSIRO，2009)。

根据式(1.15)所示的关系，设计方法是对高风险边坡选取较高的安全系数，对低风险边坡选取相对较低的安全系数，并根据实际需要判断并选取安全系数(表 1.3)。选择边坡设计安全系数的指导原则见图 1.12。

表 1.4　　边坡失稳的危险与后果之间的关系

危害/后果	非常高危险	高危险	中等危险	低危险
非常严重后果				
严重后果				
中等严重后果				
稍微严重后果				

从图 1.12 可以看出，边坡年失稳概率和发生边坡失稳时可能引起的死亡人数之间的明

确关系。第 1.4.5 节对概率设计和图 1.12 进行了介绍。

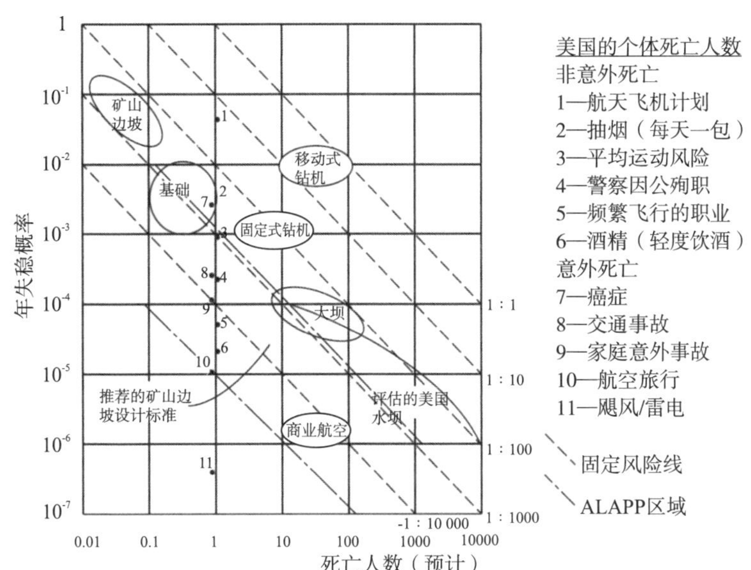

图 1.12 选定工程项目的风险，并与个体风险进行比较

（改编自 Whitman，1984；Steffan 等，2015）

岩石边坡可能发生的灾害类型和引起的后果受众多因素影响。岩体中含有倾向坡外的贯通结构面、降水量较高、地震较常见的地区危险性较高。相反，在沙漠气候中的坚硬巨大岩层危险性较低。如第 1.4.5 节所述，可以使用概率设计计算近似年失效概率来量化危险性。另外，一些公路和铁路系统记录了过去的坠石频率，这些也可以用来量化危险性，如计算某个区域每个岩石边坡的年失稳概率。

边坡失稳的后果与边坡底部的设施有关。也就是说，若边坡底部是永久性住房和高流量的交通运输路线，那么边坡失稳将造成严重后果；若边坡底部为伐木道路，那么后果较轻微。边坡失稳的后果可通过确定边坡失稳造成的损失（如房屋损坏和人员伤亡）以及边坡加固所需的间接成本和由交通延误造成的商务损失来量化。

一旦确定了边坡年失效概率和失稳损失（后果），可使用式（1.15）计算风险，该风险可表示为事件的预期成本。由于失稳概率和失稳损失的不确定性，边坡失稳风险也呈概率分布，得出的风险可能用于决策分析如何使边坡加固的工作最优化（Wyllie 等，1979；Wyllie，2014）。

为限制边坡破坏风险，可采取的进一步措施是制定和实施风险管理计划。这样的计划可能涉及诸如定期检查边坡的危险等级等工作，这些危险等级的确定可取决于最近观察到的拉张裂缝的位移量和岩石坠落等因素。该计划还可能需要资金投入，然后在危险性较高时采取边坡加固措施，如安装岩石锚杆。如果难以将风险定量分析，那么管理计划可以是定性的，如果可以计算风险值，则管理计划可定量分析。如果边坡的使用寿命长达数十年，而边坡稳定性随时间而降低，并且无法实施长效的治理措施如将边坡削减到一个稳定的角度，那么管理计划就很有价值(见第 1.4.3 节)。

1.4.5 概率设计方法

概率设计是用于检查各参数变化对边坡稳定性影响的系统操作,计算安全系数的概率分布,由此确定边坡失稳概率(PF)。

概率分析出现于 20 世纪 40 年代,用于结构和航空工程领域,以检验复杂系统的可靠性。早期在岩土工程中的应用之一是露天矿边坡设计,在矿山边坡设计中可以接受一定的破坏风险,这种分析结果可以方便地纳入工程经济预算中(加拿大 DEMR,1978;Pentz,1981;Savely,1987)。其在土木工程中的应用案例是交通运输系统中边坡加固方案的预算(Wyllie 等,1979;McGuffey 等,1980)、滑坡灾害(Fell,1994;Cruden,1997)以及危险废弃物仓储设施的设计(Roberds;1984,1986)。

有时候,设计数据量有限并且可能不代表总体情况,而又不得不采用概率设计法,可以使用主观评估的方法,从小样本中找出合理可靠的概率值(Roberds,1990)。这些方法基于现场专家或专家组对现有数据进行评估和分析,最终对数据的概率分布达成共识。分析结果的可靠程度往往随着分析花费的时间和成本的增加而增加。例如,评估意见可以是最简单的非正式专家意见,也可以来自如德尔菲小组(Rohrbaugh,1979)这样的更可靠、更专业的评估团队。德尔菲小组由一批专家组成,每个专家需要对相同的一组数据进行书面评估。然后将这些文件匿名提供给其他所有的评估人,并且要求评估人根据同行评估结果调整他们自己的评估结果。在这个过程反复几次之后,有可能达成一个匿名且独立的共识。

在设计中使用概率分析要求对于不同类型的结构有一个普遍认同的失稳概率取值范围,比如安全系数的范围。为了帮助选择适当的失稳概率值,图 1.12 给出了各种工程项目的年失稳概率水平与失稳后果之间的关系($F-N$ 图)。对于岩土工程项目,可接受的年度失稳概率为 10^{-2},对于失稳后果轻微的土木工程基础,可接受的年度失稳概率为 10^{-2};而对于可能导致数百人死亡的大坝,年度失稳概率不应超过 10^{-4}。预计土木工程边坡的目标失稳概率将小于矿山边坡的失稳概率,并等于破坏后果中等严重的土木工程基础失稳概率。

如图 1.12 所示,工程项目的失稳概率可以参考意外和非意外死亡人数。尽管图 1.12 所示的值范围很广,但这种方法为概率设计法的持续发展提供了一个有用的基础(Salmon 等,1995)。图 1.12 包含两条定义“ALARP(尽可能低)区域”的直线,其上限为 1/1000 的定值。对于在 ALARP 区域内的风险,必须能够证明进一步降低风险所需的成本与获得的收益极不相称。

(1)概率分布函数

在概率分析中,对于每个参数(如设计值不确定的内摩擦角和内聚力),将使用由概率密度函数定义的范围来设置数值。适用于岩土数据的分布函数类型包括正态分布、β 分布、对数正态分布和三角形分布。最常见的类型是正态分布，其中均值是最常见的值，见图 1.13(a)。正态分布的密度函数如下：

$$f(x)=\frac{1}{SD\cdot\sqrt{2\pi}}\mathrm{e}^{-1/2\left(\frac{x-\overline{x}}{SD}\right)^2} \tag{1.16}$$

其中 x 为均值，由下式计算：

$$\overline{x}=\frac{\sum_{x=1}^{n}x}{n} \tag{1.17}$$

SD 为标准差，由下式计算：

$$SD=\left[\frac{\sum_{x=1}^{n}(x-\overline{x})^2}{n}\right]^{1/2} \tag{1.18}$$

如图 1.13(a)所示，数据散点用曲线覆盖的横坐标宽度表示，用标准差量化。正态分布的重要特征是曲线下的总面积等于 1.0。也就是说，所有值都落入曲线范围内。而且，68%的数据将落在位于平均值两侧的一倍标准差范围内，95%的数据将落在位于平均值两侧的两倍标准差范围内。

相反，可以通过说明其发生的概率来确定由正态分布定义的参数值。在图 1.13(b)中，$\varphi(z)$ 是均值为 0 和标准差为 1.0 的分布函数。例如，一个值在所有值中出现概率大于50%，那么这个值就等于均值，并且某个值出现概率大于 16%，那么该值等于均值加一倍标准差。

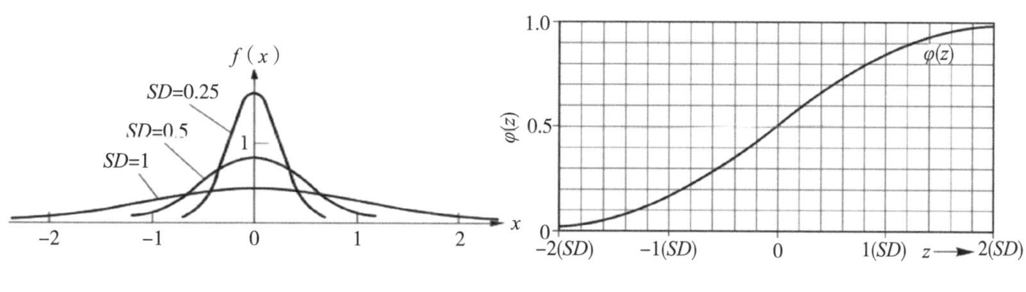

(a)均值 $x=0$，标准差(SD)为 0.25、0.5 和 1.0 的正态分布密度

(b)正态分布的均值为 0，标准差为 1.0 (Kreyszig，1976)的分布函数 $\varphi(z)$

图 1.13 正态分布的特性

正态分布曲线在正负两个方向上延伸至无穷大，但岩土体参数通常可以定义其上下限。对于这些情况，可以使用具有最大、最小值的 β 分布，曲线可以是左右对称的"U"形，或者是单侧的"J"形(Harr，1977)。当只有少量数据分布信息的时候，可以使用一个简单的三角形分布，它由众数、最小值和最大值 3 个值定义。概率分布的案例见第 7.6 节。

(2)破坏概率

以与安全系数类似的方式计算破坏概率，即计算边坡下滑力与抗滑力的相对大小(见第 1.4.2 节)。计算失效概率和相应的可靠性系数的两种常用方法是安全度法和蒙特卡罗法,如下所述。

1)安全度法

安全度是抗滑力和下滑力之差,如果安全度为负,则边坡不稳定。在图 1.14(a)中,如果抗滑力和下滑力分别是数学上定义的概率分布 $f_D(r)$ 和 $f_D(d)$,那么可以计算第三个概率分布即安全度的概率分布。如图 1.14(a)所示,如果抗滑力分布 $f_D(r)$ 的下限小于下滑力分布 $f_D(d)$ 的上限,则可能发生破坏。这表示为图 1.14(a)中的阴影区域,破坏的概率与阴影区域的面积成比例。计算阴影区面积的方法是计算安全度的概率密度函数:该函数负值部分的面积为破坏概率,见图 1.14(b)。

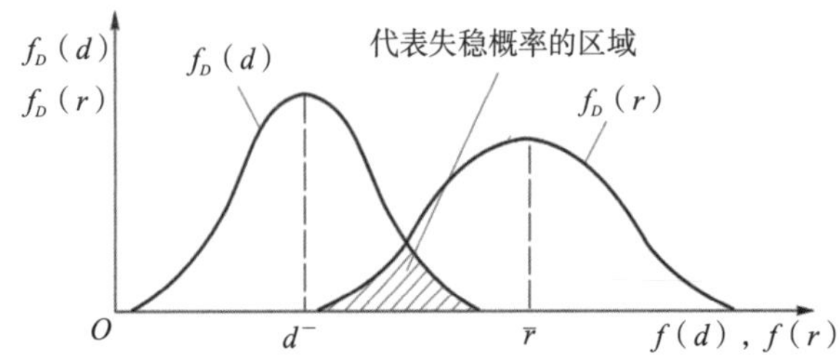

(a)边坡中抗滑力 $f_D(r)$ 和滑力 $f_D(d)$ 的概率密度函数

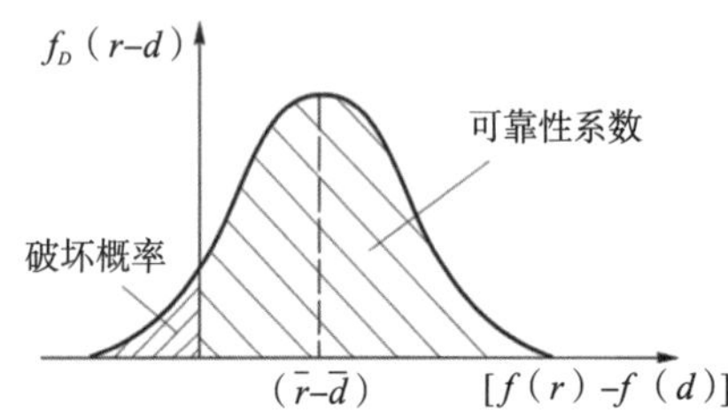

(b)抗滑力和下滑力分布 $[f(r)-f(d)]$(安全度)之差的概率密度函数

图 1.14 使用正态分布计算破坏概率

如果抗滑力和下滑力由正态分布定义,则安全度也是正态分布,其均值和标准差计算如下(加拿大 DEMR,1978):

$$\text{安全系数均值} = \overline{f_r} - \overline{f_d} \tag{1.19}$$

$$\text{安全系数标准差} = (SD_r^2 + SD_d^2)^{1/2} \tag{1.20}$$

式中:$\overline{f_r}$ 和 $\overline{f_d}$ ——抗滑力和下滑力的均值;

SD_r 和 SD_d ——抗滑力和下滑力的标准差。

请注意,确定性的安全系数的定义由($\overline{f_r}/\overline{f_d}$)给出。

确定了安全度的平均值和标准差后,可以利用正态分布的特性计算破坏概率。例如,如果平均安全度为 2000MN,标准差为 1200MN,则安全度在(2000−0)/1200 即 1.67 倍标准差处为零。从图 1.13(b)可以看出,安全度分布由 $\varphi(z)$ 表示,破坏概率为 5%。

请注意,本节讨论的安全度的概念只能用于抗滑力和下滑力是独立变量的情况。比如下滑力是滑动体重量,而抗滑力是钢筋锚固力的情况。此外,如果抗滑力是岩石的抗剪强度,那么这个力和下滑力都是边坡重量的函数,而不是独立变量。在这些情况下,需要使用如下所述的蒙特卡罗法。

2)蒙特卡罗法

蒙特卡罗法是计算破坏概率的另一种方法,它比上述安全度法更通用。蒙特卡罗法避免了可能变得复杂的综合运算，在β分布的情况下不能得到显式解。蒙特卡罗法的优势在于能够处理任意分布类型混合、任意数量变量的情况，无论这些变量是否相互独立(Harr，1977；Athanasiou－Grivas，1979，1980)。

蒙特卡罗法是一个迭代过程，包括以下几个步骤(图 1.15)：

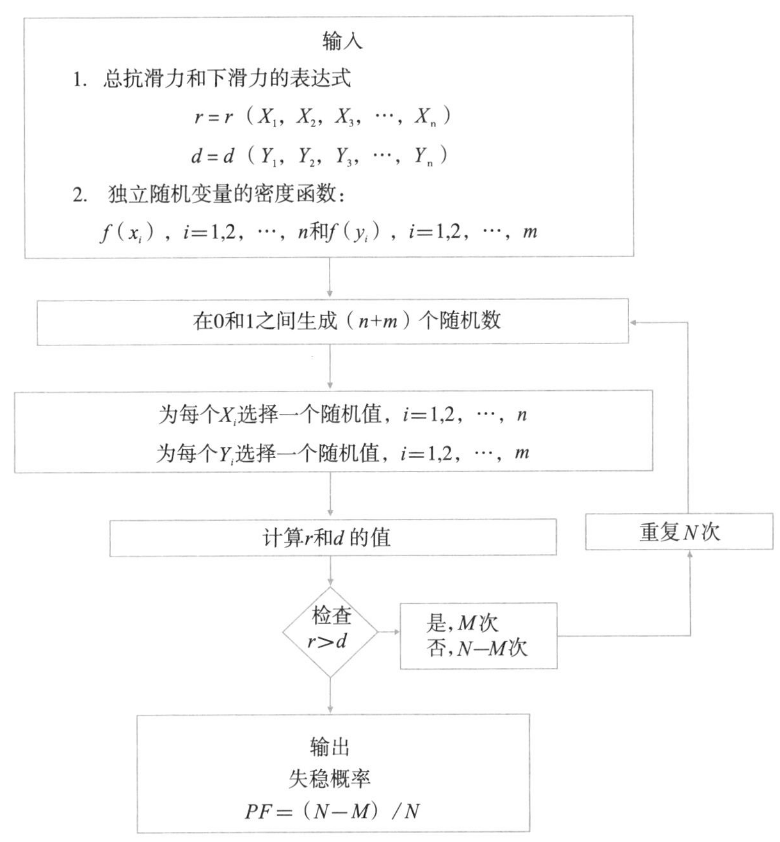

图 1.15 蒙特卡罗法模拟计算边坡破坏概率的流程图(Athanasiou－Grivas，1980)

①估计每个输入变量的概率分布。

②为每个变量生成随机值；图 1.13(b)反映了正态分布下 0～1 的随机数与相应参数值之间的关系。

③计算下滑力和抗滑力的值，并判断抗滑力是否大于下滑力。

④重复该过程 N 次($N>100$)，然后由式(1.21)确定破坏概率 PF ：

$$PF = \frac{N-M}{N} \tag{1.21}$$

式中：M——抗滑力大于下滑力的次数(即安全系数大于 1.0)。

第 7.6 节中给出了一个使用蒙特卡罗法计算边坡抗滑可靠性系数的例子。这个例子显示了定值分析和概率分析之间的关系。安全系数由输入变量的均值或众数计算得出，而概率分析用概率密度函数表示输入变量，计算安全系数的概率分布。对于自然边坡，定值分析得到安全系数为1.4，而概率分析显示安全系数可以从最小值0.69到最大值2.52。这个分布中小于1.0的比例为3.4%，这代表了边坡失稳概率。这个概率可以通过假设边坡设计寿命为50年来表示，因此年失稳概率为($p=0.034/50=0.0007$ 或 7×10^{-4})，在图1.12中位于“基础”和“固定式钻机”的概率范围内。

1.4.6 荷载和阻力系数设计

LRFD方法基于概率理论，为结构设计构建了一个合理的设计基础，并考虑了荷载和阻力的变化。目的是为不同的荷载条件下的钢结构、混凝土结构(如桥梁)以及岩土结构(如地基)提供统一的安全系数。LRFD方法已经在结构工程中得到发展，并正被广泛应用于桥梁等主体结构设计(加拿大标准协会，1988；欧洲标准化委员会，1995；TRB，1999；FHWA，2011；AASHTO，2012)。近年来，LRFD方法已延伸到岩土工程中，主要用于基础设计，以实现与桥梁和建筑结构设计的一致性(Fenton等，2015)。

早期的岩土工程LRFD工作由Meyerhof开展，他使用了极限状态设计这个术语，并且定义了如下两个极限状态。第一，在预期的使用寿命期间，结构及其部件必须具有足够的安全度，以防止其在可能出现的最大荷载下坍塌。第二，结构及其部件必须满足设计功能，而不会过度变形和劣化。这两个服役状态分别是最终极限状态和可用极限状态，其定义如下：

①最终极限状态——结构坍塌和边坡失稳，包括滑动、倾倒和严重风化引起的失稳。

②可用极限状态——开始过度变形和劣化。

LRFD设计的基础是荷载和阻力乘以反映参数不确定性和变化程度的因子。设计的要求是阻力系数等于或大于荷载系数。用数学术语表述如下：

$$\varphi_g \cdot R \geqslant \sum (I_i \cdot \eta_i \cdot \alpha_i \cdot F_i) \tag{1.22}$$

式中：φ_g——岩土阻力系数；

R——额定岩土阻力或岩土抗剪强度；

I_i——结构重要性因子；

η_i——荷载组合因子；

α_i——荷载系数；

F_i——额定荷载。

“额定”这个词表示阻力和荷载可以在一定范围内变化，这种变化的不确定性可以由概率分布来量化；设计中使用的R值没有明确定义，但常用的方法是使用“均值的保守估计”。在式(1.22)中，阻力系数小于1，而结构恒载和活载的荷载系数大于1，因此它们对稳定性不利。

在此基础上，滑动面抗剪强度的Mohr-Coulomb方程如下：

$$\tau = (\varphi_c \cdot c) + (\varphi_\sigma \cdot \sigma') \cdot (\varphi_\varphi \cdot \tan\varphi) \tag{1.23}$$

其中黏聚力c和摩擦系数$\tan\varphi$分别乘以单独的部分因子φ_c和φ_φ，其值小于1。对于岩体，内聚力通常比摩擦角更难定义，所以 φ_c 的值比 φ_φ 要小。滑动面上的有效法向应力 σ'（滑体质量减去水的浮托力）与有利于抗滑的斜坡的质量有关，因此部分荷载因子 φ_σ 大于 1，该值取决于滑坡尺寸的准确程度。

2016 年，LRFD 方法在岩土工程设计中主要用于基础设计，是结构设计的一个组成部分。由于校准设计参数困难，LRFD 在边坡设计中的应用受到限制，这些参数与钢筋混凝土的强度以及结构恒载和活载相比，具有很大的变化范围和不确定性。此外，服役状态和极限状态很难适用于岩石边坡，因为很难确定其允许位移量。

作为 LRFD 设计的替代方案，可以通过概率分析将每个设计参数使用显式概率分布表示，再进行边坡设计，并通过蒙特卡罗法模拟计算失稳概率（或可靠性系数）。计算出的失稳概率可以与图 1.12 所示的工程项目普遍接受的风险进行比较。

在本书的第 7.6 节详细介绍了边坡平面滑动概率设计的一个例子。

（卢树盛　文喜雨　彭正权）

第2章 地质构造和数据解释

2.1 地质调查目标

边坡开挖时，岩石边坡的稳定性往往受到岩石地质构造的显著影响。地质构造指岩石中自然发生的断裂，如层理、节理和断层，通常将其称为结构面。与稳定性相关的结构面的性质包括产状、延伸长度、间距、粗糙度和充填物。结构面的重要性在于，它们是坚固、完整的岩石中的软弱面，因此破坏往往优先沿着这些面发生。结构面可能会直接影响稳定性，见图 2.1。在图 2.1(a)中，坡面由在整个开挖高度上连续的层理面形成——这种情况称为平面破坏，会在第 7 章详细讨论。此外，边坡破坏可能发生在坡面后两个相交结构面上——这种情况被称为楔形破坏，见图 2.1(b)，会在第 8 章详细讨论。

(a)在北卡罗来纳州罗宾斯维尔附近的 19 号公路上，由平行于坡面的页岩中的层理面形成的平面破坏，层理的长度超过边坡的整体高度

(b)在亚利桑那州凤凰城附近的 60 号公路上，由两个在沉积岩中相交的平面形成的楔形破坏(C. T. Chen 的图片)

图 2.1 由贯通结构面形成的岩石表面

此外，当结构面长度比边坡尺寸短得多时，由于没有哪一条单一结构面能控制边坡稳定性，因而它可能只是间接地影响边坡稳定性。但是，结构面的性状仍会影响开挖边坡的岩体强度。

几乎所有的岩石边坡稳定性研究都涉及现场的地质构造，这些研究包括下述的两个步骤。首先，确定结构面的性质，包括测绘露头和现有剖面（如果有的话），并根据现场情况查看岩芯。其次，确定结构面对稳定性的影响，包括研究结构面的产状与坡面之间的关系。这项研究称为矢量分析，目的是确定可能的边坡失稳模式。

地质测绘的总体目的是确定一组或多组结构面，或者某一能控制边坡稳定性的结构面特征（如断层）。例如，层理可能会从坡面出露并形成平面破坏，或者一对节理组可能会相交形成一系列楔形体。通常，结构面呈三组正交（相互成直角）产出，并且可能还有第四组。建议边坡设计时最多考虑四组结构面，其他额外的结构面组更有可能是结构面产状离散性的表现。在岩体中偶尔出现的结构面基本不会对边坡整体稳定性产生重大影响，只会引起局部失稳，因此可以在设计中适当忽略。但是，一定要能识别对边坡稳定起控制作用的某个因素，比如贯通的、产状不利的断层。

在某些地质条件下，结构面产状可能是随机的。例如，在流动状态下迅速冷却的玄武岩可能具有“气孔”构造，其中节理很短且不定向。另外，一些火山岩表现出结构面仅在几米范围内延伸组合，而在相邻区域又出现其他结构面的组合。

在土木工程的岩石边坡设计中，一般建议各边坡全长均按统一的坡角设计，开挖坡角变化的边坡是不现实的，因为这样会使勘察和爆破孔的布置工作复杂化。这就要求在利用地质资料进行边坡设计时，要考虑主要的地质构造（如层面或正交节理组）。可能出现一种例外情况，就是边坡内岩石类型显著变化，那么这时需要针对不同情况分别进行设计。然而，即使在这种情况下，选择两种边坡设计方案中较缓的坡度开挖整个边坡，或是在欠稳定岩土体中安装支护，都会在工程造价方面更经济。

布置地质测绘工作方案的另一个问题是应该测绘多少结构面来定义结构面组。通常可以通过检查自然坡面或现有剖面来确定结构面是有序的还是随机的。在岩石露头良好且构造均一的地区，结构面产状只需 20 组数据，延伸长度、间距、充填物等主要特征需要 50～100 组数据。在断层或褶皱构造地区，或不同类型岩石接触地区，应该测绘更多的结构面。这种情况下，可能需要测绘数百个结构面才能确定每个单元的属性。Stauffer(1966)详细描述了如何确定要测绘的节理数量。

本书有两章专门论述了地质构造，第 2 章介绍了结构面的性质以及它们如何用于动力学分析，第 4 章讨论了收集地质构造数据（包括测绘和钻孔）的方法。

2.2 节理形成机理

在露头和开挖过程中观察到的所有岩石都经历了数亿年甚至数十亿年的演化历史。如沉积岩演化过程，通常是在地表经过沉积，然后在受热和受压的条件下逐渐向下埋藏至数千米的深度，之后又抬升至地表（图 2.2）。在整个过程中，岩石也会产生包括褶皱和断层在内的变形。这些过程通常导致岩石中的应力多次超过其强度，岩石断裂并形成节理和断层。

在沉积岩中，会形成与沉积过程一致的层理。

图 2.2(a)描述了岩石中的应力随着埋藏而增加的情况，假设岩石中没有水、热或构造应力作用(Davis 等，1996)。

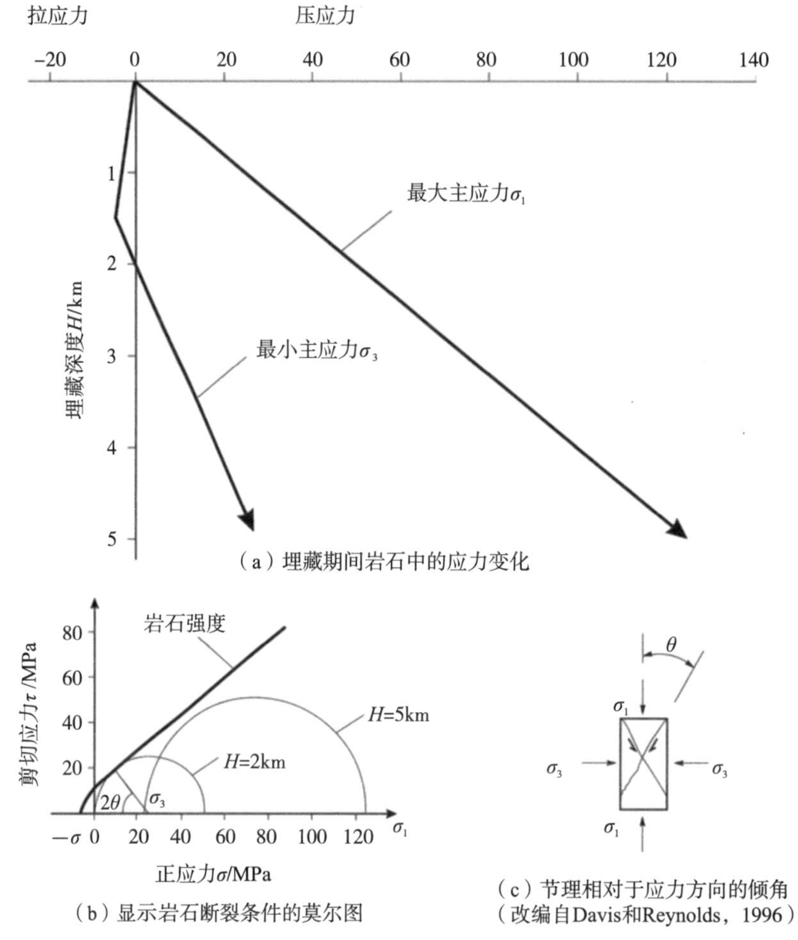

(a) 埋藏期间岩石中的应力变化

(b) 显示岩石断裂条件的莫尔图

(c) 节理相对于应力方向的倾角（改编自Davis和Reynolds，1996）

图 2.2　由岩石埋藏和抬升引起的节理发育

垂直应力，即最大主应力 σ_1 ，等于上覆岩石的重量，由下式给出：

$$\sigma_1 = \gamma_r \cdot H \tag{2.1}$$

式中：γ_r ——岩石重度；

H ——埋藏深度。

由于泊松比 μ 和温度增加，水平应力(即最小主应力) σ_3 也随着埋藏深度的增加而增加。在理想条件下，σ_3 与 σ_1 关系如下：

$$\sigma_3 = \left(\frac{\mu}{1-\mu} \cdot \sigma_1\right) + \left(\frac{E}{1-\mu} \cdot \varepsilon \cdot \Delta T\right) \tag{2.2}$$

式中：E ——岩石的弹性模量；

ε ——热膨胀系数；

ΔT——上升的温度。

式(2.2)的第一项表示重力引起的水平应力。例如,如果泊松比为0.25,则 $\sigma_3 = 0.33 \cdot \sigma_1$。如果岩石有侧限,且弹性模量为50GPa和ε值为 15×10^{-6} 的岩石中出现100℃的升温,则将产生100GPa的温度应力。实际上,随着构造作用产生褶皱、断层等变形,主应力也会变化。

在图2.2(a)中,σ_1 的值由式(2.1)定义。σ_3 的值随深度变化如下:在沉积物尚未固结成岩石的深度小于1.5km范围内,σ_3 为拉应力;在1.5km深度以下,如果没有温度变化,σ_3 按式(2.2)增加。

在图2.2(a)所示的埋藏抬升过程中,岩石中节理的形成取决于岩石强度与所受的应力。判断岩石断裂条件的一种方法是使用莫尔图,见图2.2(b)。在图2.2(b)中,岩石强度在压应力下为一条直线,在拉应力下为一条曲线,这是因为在拉应力作用下,岩石内的微裂缝会产生应力集中,岩石强度降低。在莫尔图上,圆代表不同深度处的应力 σ_1 和 σ_3,圆与强度线相交处将发生破坏。应力条件表明,由于没有水平约束作用,在2km深度(σ_1 =52MPa; σ_3 = 0)处岩石会发生断裂;而在高围压下,深度5km时(σ_1 =130MPa; σ_3 =25MPa),岩石强度超过应力,岩石不会断裂。与深处 σ_1 和 σ_3 均为压缩(正值)的情况相比,σ_3 较低或为拉力(负值)的情况下岩石更容易发生破坏。

莫尔图也显示了断裂面相对于应力方向的产状,见图2.2(c)。由于主应力相互垂直,所以节理组容易以正交方向形成。

2.3 结构面对边坡稳定性的影响

虽然结构面产状是影响稳定性的主要地质因素,并且是本章的主题,但其他特性(如延伸长度和间距)在设计中也很重要。例如,图2.3显示了在含两组节理的岩体中开挖的3个边坡:J_1 倾角45°,倾向坡外;J_2 倾角60°,倾向坡内。这些边坡的稳定性有以下差异:在图2.3(a)中 J_1 间距较宽,并且延伸长度大于坡高,整体边坡形成潜在的平面滑动;在图2.3(b)中,J_1 和 J_2 两组节理延伸短、间距小,因此小块体从坡面清除后,边坡不会发生整体失稳;在图2.3(c)中,J_2 延伸长、间距小,形成一系列倾向坡内的薄板,从而形成倾倒破坏。

图2.3的意义在于,虽然分析节理组 J_1 和 J_2 的产状时,在赤平投影上出现的结果相同,但在设计中还必须考虑这些结构面的其他特征。这些特征将在第4章中进一步讨论,并作为岩石边坡设计的地质资料收集工作的一部分予以详细描述。

2.4 结构面产状

调查边坡中的结构面的第一步是分析它们的产状,并识别可能形成不稳定块体的结构面组或单个结构面。关于结构面产状的信息可以从诸如地表和地下测绘、钻探和地球物理方法等途径获得,并且用成熟的方法综合分析这些数据。要用一种简单而明确的方法来表示结构面产状，从而进行分析。

(a) 节理 J_1 长度大、倾向坡外，形成潜在滑动块体

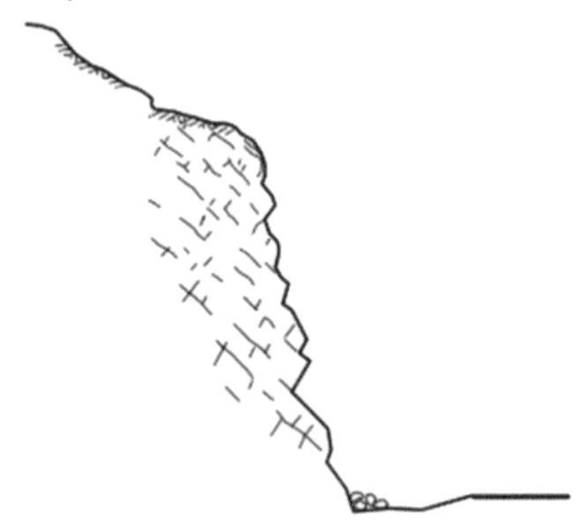

(b) 间距小、长度短的节理引起小块体剥落

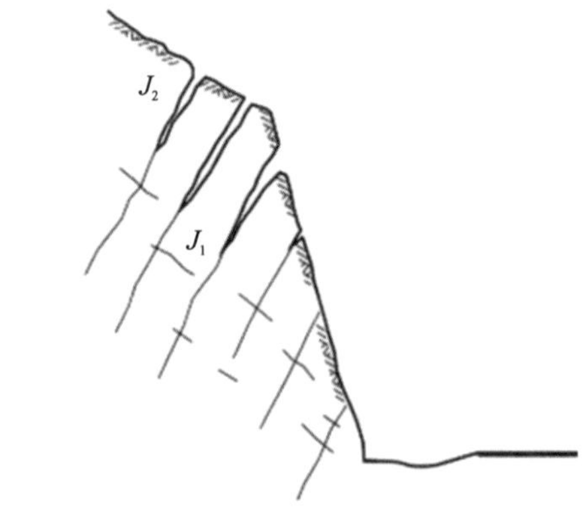

(c) 节理 J_2 长度大、倾向坡内，形成潜在的倾倒破坏

图 2.3　节理特性对边坡稳定性的影响

推荐使用倾角和倾向描述结构面产状，定义见图 2.4(a)和图 2.4(b)。

①倾角是结构面与水平面的最大夹角(角度 ψ)。

②倾向是倾角线的水平投影方向，从北开始按顺时针方向测量(角度 α)。

如第 2.5 节所述，倾角/倾向便于现场测绘，绘制赤平投影和分析结构面产状数据。

③走向是定义平面产状的另一种方法，是倾斜平面与水平参考平面的交线。

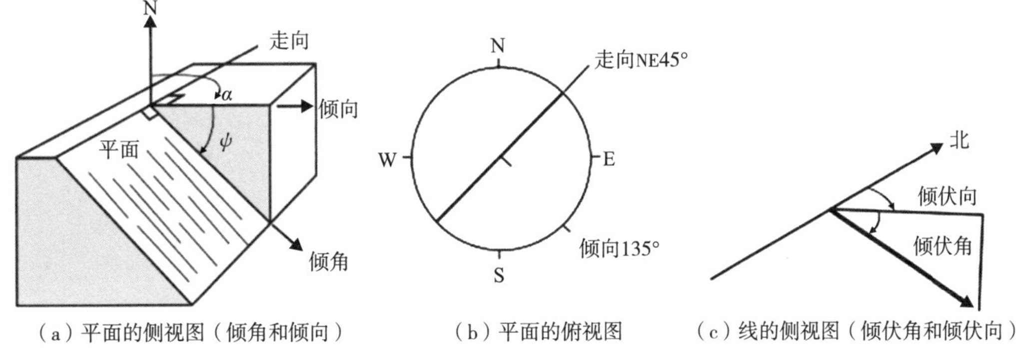

（a）平面的侧视图（倾角和倾向）　　（b）平面的俯视图　　（c）线的侧视图（倾伏角和倾伏向）

图 2.4　定义结构面产状的术语

走向与倾向成直角，走向与倾向之间的关系见图 2.4(b)，其中平面的走向为 NE45°，倾角为 50°。就倾角和倾向而言，平面的产状为 135°∠50°，这是一个更简单的术语，也便于使用赤平投影分析。如果使用该测绘方法，走向和倾角数据可以轻松转换为倾角和倾向数据。

在确定一条线的产状时，使用倾伏角和倾伏向，见图 2.4(c)。倾伏角是直线的倾角，正值向水平面下方，负值向水平面上方。倾伏向是从正北开始顺时针旋转测量的直线水平投影的方向，与平面的倾向对应。

在野外绘制地质构造时，有必要区分平面的真倾角和视倾角。真倾角是平面最大的倾角，而且总是比视倾角更大。真倾角特征如下：如果一块卵石或一股水流沿着平面向下运动，它将始终朝着与倾向一致的方向下落，这条线的倾角是真倾角。

2.5　地质构造的赤平投影分析

前几节介绍了影响岩石边坡稳定性的地质构造特征。这些数据通常以三维方式呈现，具有一定的自然离散度。为了能够在设计中使用这些数据，需要一种能够解决这些问题的分析技术。研究发现，赤平投影是理想的分析工具。

本节介绍了使用赤平投影来分析地质构造数据以识别结构面的方法，并研究它们对边坡稳定性的影响。

2.5.1　赤平投影

赤平投影可以用二维平面来表示和分析三维产状数据。赤平投影法降低了一个维度，线或点可以表示平面，点可以表示线。赤平投影的一个重要限制条件是它们只考虑线和平面之间的角度关系，并不代表物理位置或尺寸。

赤平投影包括一个参考球，其赤道面水平，正北方向固定(图 2.5)。

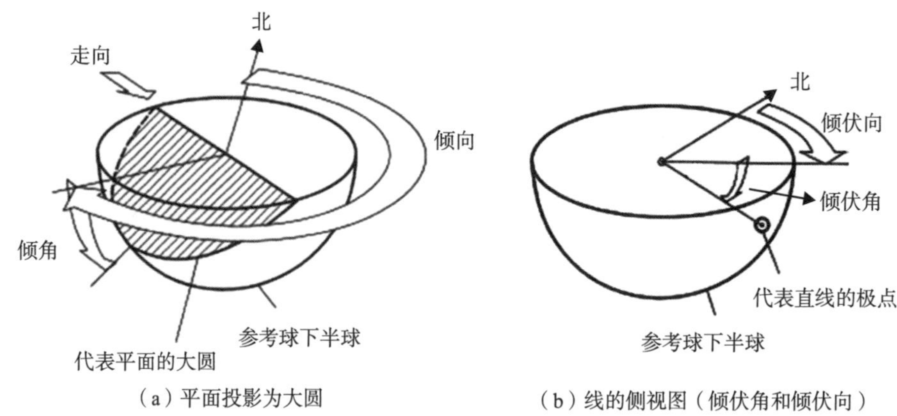

(a) 平面投影为大圆　　(b) 线的侧视图(倾伏角和倾伏向)

图 2.5　参考球下半球的平面和线的表示

具有特定倾角和倾向的平面和线以假想的方式定位,使其穿过参考球的中心。该平面或直线与参考球的下半部分在球的表面上形成一条交线或交点。对于一个平面,与参考球的交点是一个圆弧,称为大圆;而对于一条直线,与参考球面的交点是一个点。为了绘制平面或直线的赤平投影,将其与参考球的交点向下旋转到球体底部的水平面上(图 2.6)。旋转的线和点在平面上的位置是唯一的,可以代表平面(线)的倾角(倾伏角)和倾向(倾伏向)。在使用赤平投影进行边坡稳定性分析时,平面用于表示结构面和坡面。

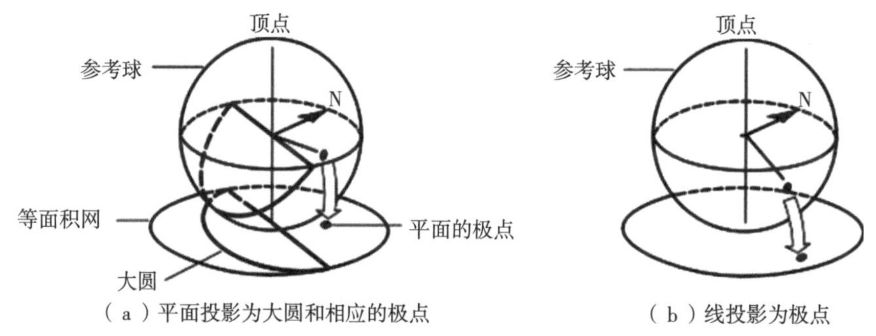

(a) 平面投影为大圆和相应的极点　　(b) 线投影为极点

图 2.6　平面和线的等面积投影

表示平面产状的另一种方法是用平面的极点,见图 2.6(a)。极点是参考球表面上的一个点,该点是平面法线和参考球的交点。极点的投影是一个点,可以表示一个平面的产状。如第 2.5.2 节所述,与大圆相比,使用极点有助于分析大量平面。

为帮助理解赤平投影所示信息,从图 2.5 和图 2.6 可以看出,在赤平投影中,用于表示缓倾角的平面和线的大圆和点,绘制在赤平投影的圆周附近;而那些表示陡倾角的平面和线的大圆和点,则绘制在圆心附近。相反地,缓倾角平面的极点靠近圆心,而陡倾角平面的极点靠近圆周。

构造地质学中使用的两种赤平投影是极坐标投影和赤道投影,见图 2.7。极坐标网只能用于绘制极点,而赤道网可以用来绘制平面和极点。在赤道投影下,最常见的赤平投影类型是等面积或 Lambert(Schmidt)网。在该网中,参考球表面上的任意点都按相等面积投影到赤平投影上。该网格的这一特性用于绘制极点密度等值线图，便于找出代表结构面优势产状或数量的极点分布密度。另一种类型的赤道投影是等角投影或 Wulff 网，Wulff 和 Lambert 网都可用于研究角度关系，但只有 Lambert 网可用于绘制极点密度等值线。

附录Ⅰ中绘制了极坐标和赤道赤平投影，其大小便于绘制和分析构造数据。对于手绘构造数据，通常的步骤是将描图纸放在网格上，然后在描图纸上绘制极点和平面，见图 2.8。由于绘制大圆需要在网格上旋转描图纸，如下文所述，可以在中心点固定一个图钉，以便在不失真的情况下绘制曲线。

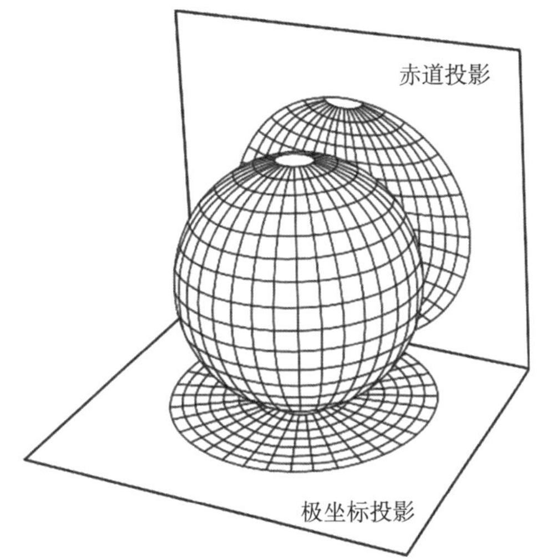

图 2.7　球的极坐标投影和赤道投影

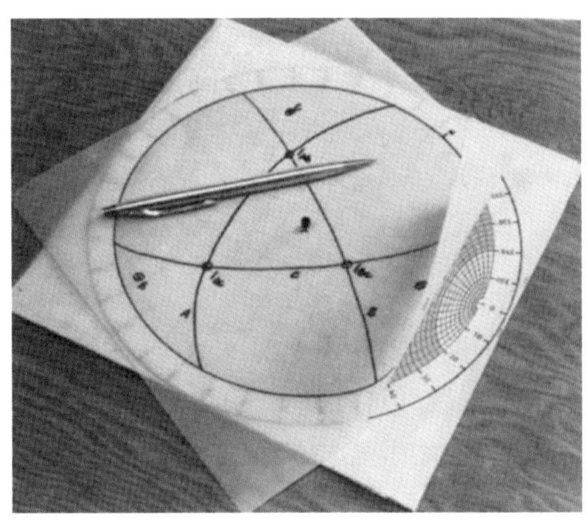

图 2.8　在赤平投影网格上覆盖一张描图纸，绘制和分析地质数据，用一个图钉可以方便纸张旋转

Phillips(1971)对立体投影的细节进行了进一步描述，并讨论了该技术的理论背景，Leyshon 和 Lisle(1996)展示了该技术在地质填图中的应用。Goodman 和 Shi(1985)展示了通过赤平投影识别岩石楔形体的技术，这些楔形体能够在表面上滑动或“可移动”。这种技术被称为“关键块体理论”。

2.5.2 极点图和等值线图

如图 2.6 所示，平面的极点可以用一个点表示平面的产状。在极点图中，每个平面都由一个点表示，这是研究大量结构面产状最方便的方法。极点图提供了代表结构面组产状的极点密度的直观视图，并对不同类型的结构面使用不同符号以便于分析。

如图 2.9 所示，极点可以手绘在极坐标投影网上。在网格上，围绕圆周的倾向刻度（0°～360°），在竖轴底部刻度为零，投影网顶部刻度为 180°。这样标记方便绘图，可以直接绘制极点，而无须旋转描图纸。经证实，同一极点绘制在极点网和赤道网上时位置相同①。

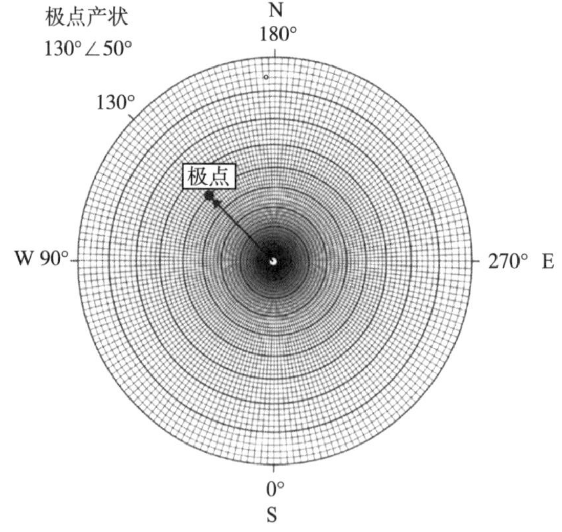

图 2.9 极坐标网格上的极点

注：绘制产状 130°∠50°的平面极点——从竖轴的下端开始，绕圆周顺时针定位 130°倾向。在 130°半径线上，从网格中心向外数 50°，并在 130°半径线和 50°圆之间的交点处绘制一个点。

极点图通常由计算机绘图程序生成，见图 2.10。这是一个下半球投影，由 421 个极点等角投影而成，测绘地区岩石为层状石灰岩，测绘的面积约为 $1km^2$。岩体包含层理和两组节理，以及一些大致与层理一致的断层。在图 2.10 中，每一组结构面都使用了不同的符号。虽然在极点产状上有相当大的离散，但仔细检查可以发现一些集中区域，特别是在西南象限。为了识别较离散的极点图上的结构面，有必要绘制极点密度的等值线，如下一节所述。

---

① 在偏远酒店房间里，当电脑断电而且无法用来绘制赤平投影时，人们发现电视屏幕是一种合适的替代品。如果屏幕调到“雪花”，静电将纸张吸附在屏幕上，这时可以在赤平投影上旋转描图纸。

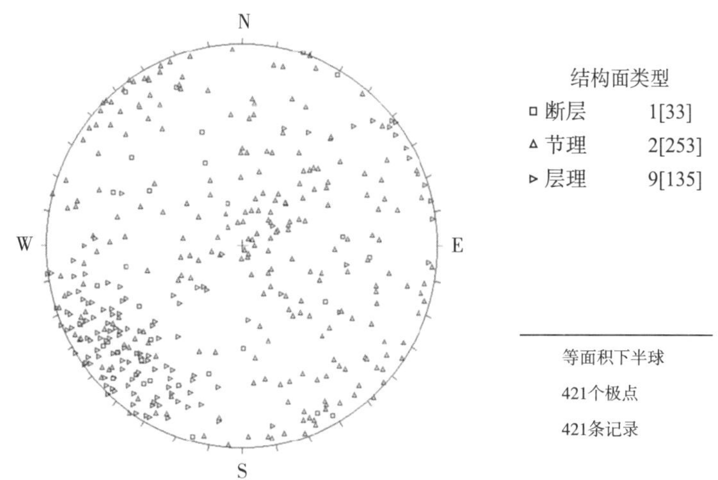

图 2.10　含层理、节理和断层的 421 个平面的极点图示例

2.5.3　极点密度

所有自然结构面的产状都有一定的变化，这导致了极点的离散。如果图中包含多组结构面的极点，则很难区分不同组的极点，也很难找出每个结构面组的优势产状。但是通过绘图，可以更容易地识别极点高度集中区域。常用的生成等值线的方法是使用大多数赤平投影软件自带的等值线程序，也可以使用计数网(如由相互重叠的六边形组成的 Kalsbeek 网)手工绘制等值线，每个六边形的面积为整个赤平投影总面积的 1/100(Leyshon 等，1996)。

Kalsbeek 计数网见附录Ⅰ。通过将计数网叠加在极点图上并计算每个三角形中的极点数来进行等值线绘制。例如，如果 421 个极点中有 8 个极点出现在一个三角形中，那么三角形中的密度为 2%。一旦确定了每个三角形中的密度百分比，就可以绘制等值线。

图 2.11 显示了图 2.10 中绘制的极点等值线。等值线图显示，层理产状的分散性相对较小，最大密度为 5%～6%，层理平均倾角为 75°，倾向为 50°。与此相反，节理产状显示出更多的离散性，在极点图上很难识别节理组。但在等值线图上，可以清楚地区分两组正交节理。*A* 组倾角约为 26°，倾向约为 219°，与层理倾向成 180°角。*B* 组倾角近垂直，倾向 326°，与 *A* 组大致成直角。*B* 组的极点集中出现在等值线图相对的两侧，因为一些节理陡倾节理倾向北西，而另一些节理倾向南东。

在图 2.11 中，用不同颜色表示每 1%的极点密度等值线间隔。极点密度指下半球表面上每 1%面积的极点数。

赤平投影计算机软件分析构造数据的另一个作用是从收集的总体数据中绘制相关数据图表。例如，长度远小于边坡尺寸的节理基本不会对稳定性产生重大影响。

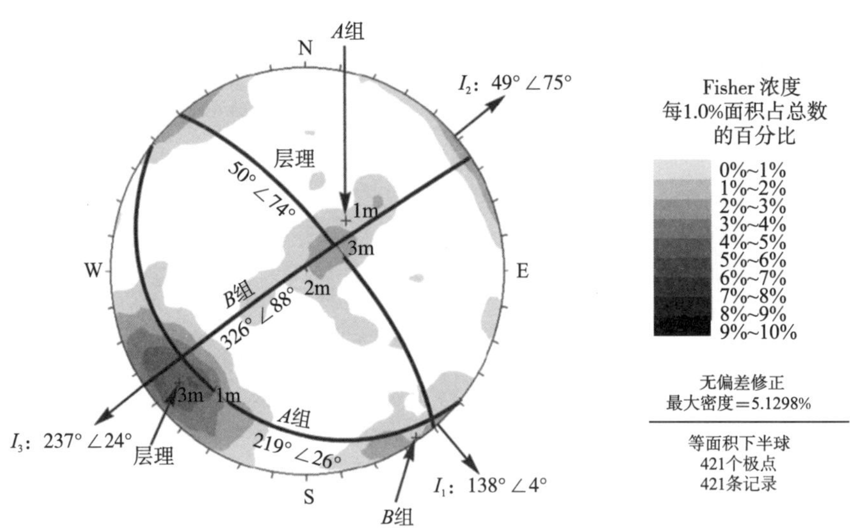

图 2.11　图 2.10 所示数据的等值线(其中大圆对应于层理和两个正交节理组)以及结构平面交线的平均产状(I_n)

断层通常比节理延伸更长、内摩擦角更小。因此,绘制一张仅显示断层的赤平投影(图 2.12)会对设计人员有所帮助。该图显示,有 33 个结构面是断层面,其产状与层理产状近似。同时,也可以从中选取具有某种特征的结构面,如含某类充填物、有擦痕、渗流痕迹等,这需要在测绘时能提供每个结构面的详细信息。附录Ⅱ列出了用于记录结构面详细特征的野外调查表,其中特征均用代码表示,这些代码可以直接输入赤平投影分析软件。

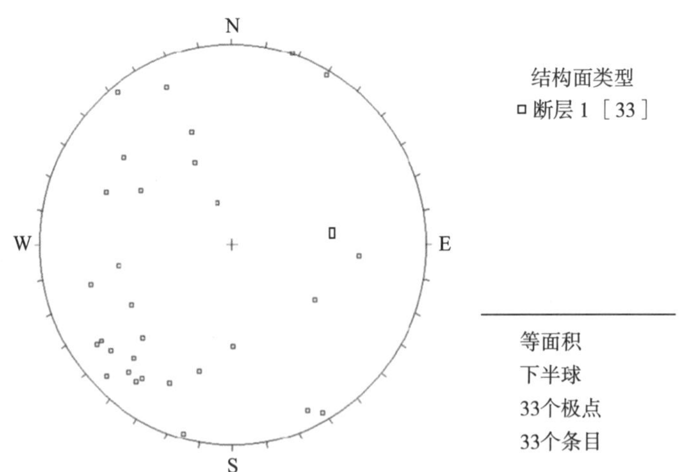

图 2.12　从图 2.10 数据中选择的断层面极点

将极点配置为结构面组通常需要结合等值线、赤平投影和现场地质条件综合分析,这些通常会呈现结构面组产状的分布趋势。也可以通过对产状数据进行严格客观的聚类分析来识别结构面组。Mahtab 和 Yegulalp(1982)提出了一种技术,利用泊松分布从随机的产状中识别结构面组。但在应用这项技术时,如果识别出超过 4 组结构面,那么在设计前需要仔细检查这一结果。

2.5.4　大圆

一旦在极点图上确定了结构面组以及某个重要结构面(如断层)的产状,下一步分析就是确定这些结构面是否在坡面上形成潜在的不稳定块体。该分析需要绘制每个结构面组和坡面产状的大圆。这样,所有对稳定性有影响的结构面的产状都表示在一张图上。图 2.11 显示了由图 2.10 中的极点等值线识别出的三组结构面的大圆。通常一个图上最多只能有 5 个或 6 个大圆,因为数量越多,识别大圆所有交点的难度就越大。

虽然计算机生成大圆很方便,但手绘对于理解赤平投影很有价值。

图 2.13 介绍了在等面积网上绘制大圆的步骤。与图 2.8 相同,该步骤需要用描图纸覆盖赤平投影,并在描图纸上绘制大圆。

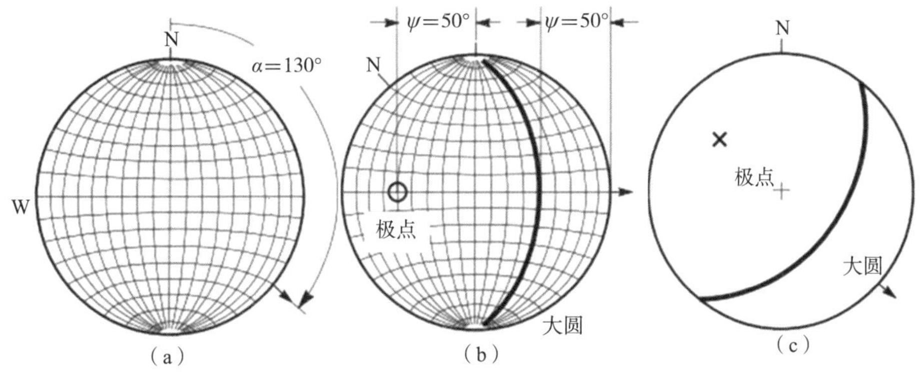

图 2.13　在等面积网上绘制产状 130°∠50°的平面的大圆和极点

注:(a)用圆心图钉将描图纸固定在赤平投影网上,在描图纸上描绘圆周,标记北方向,从正北顺时针测量 130°的倾向,并在网格圆周上标记该位置;(b)围绕圆心图钉旋转描图纸,直到倾向标记位于网格的 W—E轴上,即将描图纸逆时针旋转 40°。从网格的圆周测量 50°并沿着网格描绘该倾角的平面对应的大圆。极点倾角为 90°～50°,从网格中心测量 50°或从圆周测量 40°来确定极点的位置。极点位于倾向线的投影上,此时该方向与网格的 W—E 轴重合;(c)现在将描图纸旋转回其原来位置,描图纸和网格的北方向标记重合。表示 130°∠50°的平面的大圆和极点最终图像如图所示。

在边坡上绘制结构面组的主要目的是确定由相交结构面形成的块体形状以及它们可能的滑动方向。例如,在图 2.1 中,仅当单个结构面[图 2.1(a)]或一对相交的结构面[图 2.1(b)]倾向坡外时,才会发生边坡破坏。当然,在发生位移和失稳之前,识别这些潜在的破坏是很重要的。这需要能够由原始边坡表面的结构面迹线形成楔形体的可视化三维形状。赤平投影是进行所需的三维分析的一种简便方法,该方法只检查结构面的产状,而不检查其实际位置或尺寸。先通过赤平投影显示边坡可能出现潜在不稳定块体,然后在地质图上检查结构面的位置,从而确定它们是否贯通。

2.5.5 交线

两个结构面的交线确定了一条以倾伏向(0°～360°)和倾伏角(0°～90°)为特征的空间直线。在赤平投影中,这条相交线由两个大圆的交点表示(图 2.14)。两个相交结构面可形成图 2.1(b)所示的楔形体,该块体的滑动方向由交线的倾伏向决定。然而,在赤平投影上存在两个相交的大圆并不一定意味着会发生楔形破坏。影响楔体稳定性的因素包括坡面与滑动方向的相对关系、结构面倾角与其内摩擦角的相对关系、地下水等外力以及结构面实际相交的位置是否位于坡面之后,这些因素将在第 2.6.3 节中进一步讨论。

图 2.14 为测量等面积赤平投影上两个结构面交线的倾伏向和倾伏角的步骤,图 2.15 所示为测量两个结构面间夹角的步骤。在这两个测量值中,交线的方向表示滑动方向,结构面之间的夹角表示两个结构面相交处的楔形作用。如果结构面之间的夹角很小,形成窄而紧的楔形体,则其安全系数比宽而开的楔形体(结构面夹角大)的安全系数大。

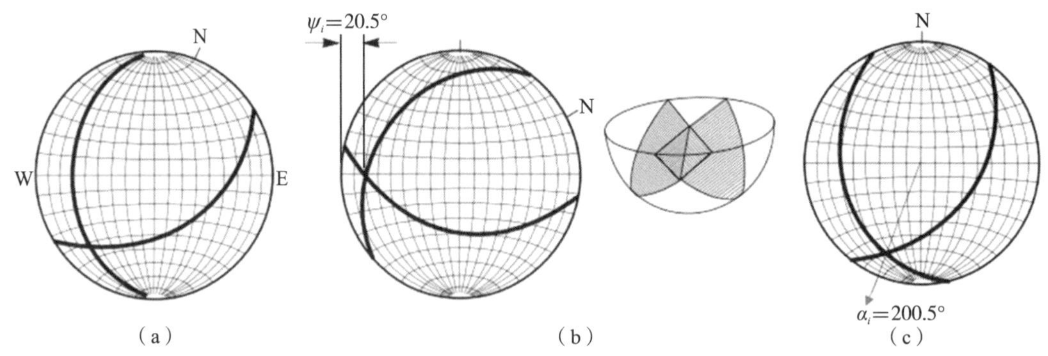

图 2.14 确定产状为 130°∠50°和 250°∠30°的两个结构面交线的产状(倾伏角和倾伏向)

注:(a)第一条结构面已在图 2.13 中绘制。绘制第二条结构面的大圆时,先在描图纸上标记倾向 250°,再旋转描图纸使标记点位于 W—E 轴上,描出对应倾角 30°的大圆;(b)旋转描图纸,使两个大圆的交点位于赤平投影的 W—E 轴上,测出交线的倾伏角为 20.5°;(c)旋转描图纸,使描图纸和网格的北方向标记点重合,测出交线的倾伏向为 200.5°。

根据图 2.10 和图 2.11 所示的数据,层理和节理组 A (I_1)、层理和节理组 B (I_2)以及节理组 A 和 B (I_3)相交,3 条交线的产状见图 2.11。交线 I_3 倾伏向 237°、倾伏角 24°,节理组 A 和 B 可能形成楔形破坏,沿着交线倾伏向滑动。交线 I_1 几乎是水平的(倾伏角 4°),因此由层理和节理组 A 形成的楔块不太可能滑动,而交线 I_2 近垂直(倾伏角 75°),在坡面形成一个薄楔块。

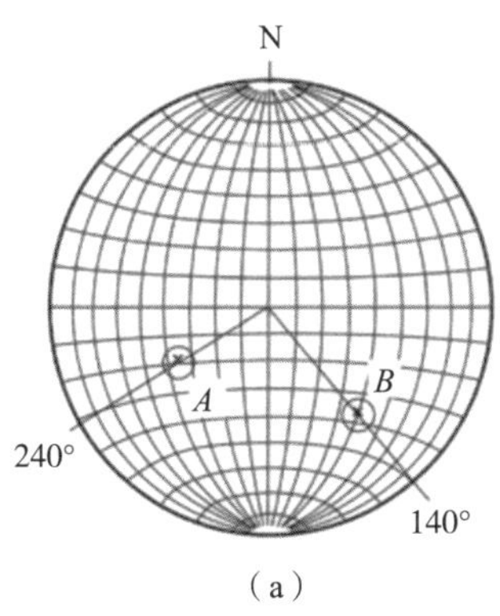

(a)

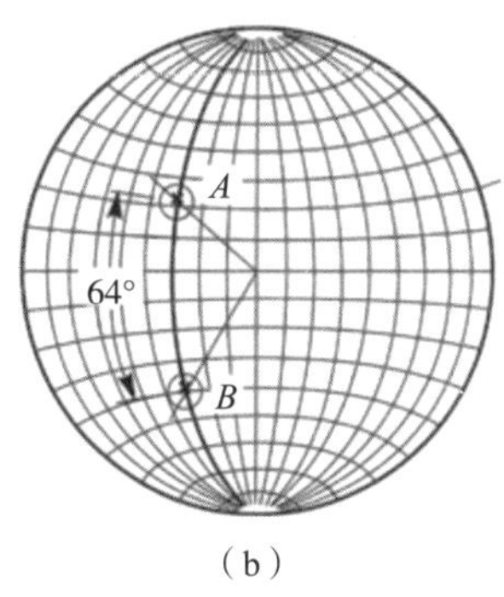

(b)

图 2.15　确定产状为 240°∠54°和 140°∠40°的两条线之间的夹角

注:(a)按照图 2.13 所示绘制极点的方法,绘制这两条线在赤平投影上的极点 A 和 B;(b)旋转描图纸,使两个极点位于赤平投影网格的同一个大圆上。直线之间的夹角通过计算 A 和 B 之间沿着大圆的分段数量得到,角度是 64°。A 和 B 所在的大圆确定了这两条直线所在的平面。该平面的倾角和倾向分别为 60°和 200°。

2.6　边坡失稳模式识别

不同类型的边坡失稳与不同的地质构造有关,边坡设计者能够在项目的早期阶段认识到潜在的稳定性问题是非常重要的。以下章节概述了检查极点图时应该识别出的一些边坡失稳模式。

图 2.16 描述了本书中考虑的 4 种失稳类型,以及可能导致此类失稳的地质条件的典型极点图。注意,在评估稳定性时,边坡的坡面必须包含在赤平投影中,因为滑动只能沿切削产生的自由面发生。区分这 4 种类型的边坡失稳的重要性在于,对每种类型的失稳都应使用特定的稳定性分析方法,如第 7 章至第 10 章所示,在设计中使用正确的分析方法至关重要。

为了清晰起见,图 2.16 中给出的图已被简化。在实际的岩石边坡中,可能存在几种类型的地质构造,这可能会导致其他类型的失稳。例如,在图 2.11 中,节理组 A 可能发生平面破坏,而层理面会在该边坡上形成倾倒破坏。

在一个典型的现场调查中,构造数据被绘制在赤平投影上,可能出现多处极点集中区域。这时需要识别代表潜在破坏面的构造,并剔除那些与边坡失稳无关的构造。Markland(1972)和 Hocking(1976)研究了确定重要极点集中区的试验。这些试验确定了楔形破坏的可能性,其中滑动沿两条结构面的交线发生,见图 2.16(b)。图 2.16(a)中显示的平面破坏也包含在该试验中,因为它是楔形破坏的特例。楔形破坏的两个平面都保持接触,楔体沿着两个平面的交线滑动。无论是平面还是楔形破坏,有一个基本条件,就是滑动面倾角(平面破坏)或交线倾伏角(楔形破坏)小于坡度角(即 $\psi_i < \psi_f$),见图 2.17(a)。也就是说,滑动面在坡面上出露。

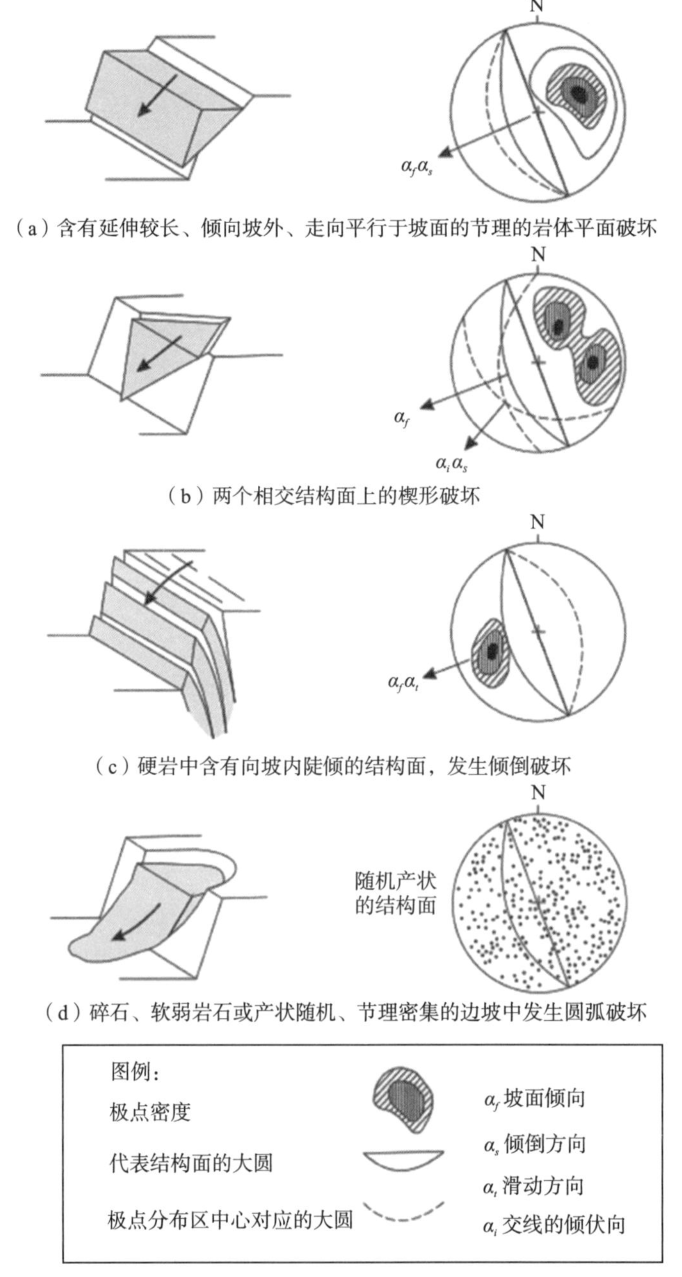

图 2.16　边坡块体破坏的主要类型以及可能导致这些破坏的构造地质条件

试验还可以区分发生楔形破坏时，楔体是沿两个平面的交线滑动，还是仅沿其中一个平面滑动(即平面破坏)。如果两个平面的倾向位于 α_i (交线倾伏向)和 α_f (坡面倾向)的夹角之外，则楔块沿两个平面滑动，见图 2.17(b)。如果一个平面(A)的倾向位于 α_i 和 α_f 之间，则楔块仅沿该平面滑动，见图 2.17(c)。

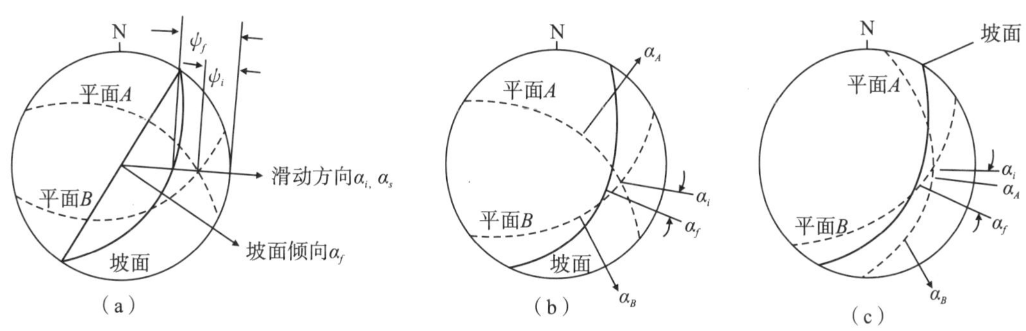

图 2.17 在赤平投影上识别平面和楔形破坏

注:(a)可能沿着平面A和平面B的交线(α_i)滑动,交线的倾伏角小于沿滑动方向的坡度角,即$\psi_i<\psi_f$;(b)坡面倾向α_f,边坡沿着交线(倾向α_i)发生楔形破坏,因为平面A和平面B的倾向(α_A和α_B)在α_i和α_f的夹角之外;(c)坡面倾向α_f,边坡沿平面A倾向α_A发生平面滑动,因为平面A的倾向在α_i和α_f之间。

2.6.1 运动学分析

在赤平投影上识别出块体失稳类型后,该图表也可用于检查块体的滑动方向,并判断稳定性情况。这个过程称为运动学分析。图 2.18(b)所示的岩石边坡是运动学分析的一个应用,其中两个节理面形成一个楔形体,从坡面滑出。如果坡面角度小于两个结构面交线的倾伏角,或坡面走向与交线实际走向呈 90°角,那么尽管这两个结构面形成了一个楔形体,也不会从坡面滑出。

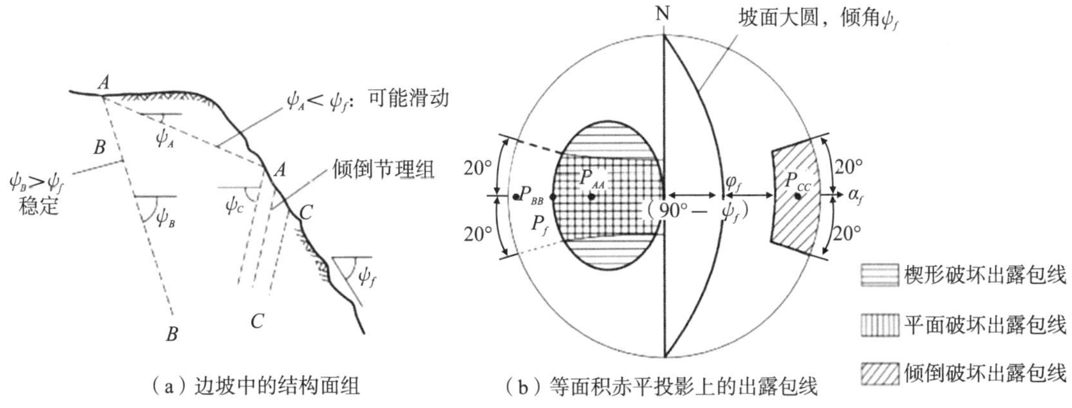

(a) 边坡中的结构面组　(b) 等面积赤平投影上的出露包线

图 2.18 边坡岩块的运动学分析

在赤平投影上,岩块可能滑动的方向和坡面产状之间的关系很明显。然而,尽管赤平投影的分析能很好地反映稳定条件,但它并不能考虑外力(如水压或由预应力锚索提供的锚固力)对稳定性产生的重大影响。通常的设计步骤是用运动学分析识别潜在的不稳定块体,然后使用第 7 章至第 10 章中介绍的步骤对这些块体进行详细的稳定性分析。

图 2.18 中的岩石边坡包含 3 组结构面。这些结构面导致边坡失稳的可能性取决于它们相对于坡面的倾角和倾向;在赤平投影上可进行边坡稳定条件研究,如下所述。

2.6.2 平面破坏

在图 2.18(a)中，结构面 AA 形成了一个潜在的滑动面，该面倾角小于坡面 $\psi_A < \psi_f$，即称为平面 AA 在坡面上出露。但是，块体在比坡面陡（$\psi_B > \psi_f$）的结构面 BB 上不可能滑动，BB 未出露于坡面；类似地，结构面组 CC 向坡内倾斜，虽然这些结构面上有可能发生倾倒，但不会发生滑动。

图 2.18(b)中的赤平投影上绘制了坡面和结构面组（符号 P）的极点，并假设所有结构面走向平行于坡面。这些极点相对于坡面的位置表明，所有在边坡出露且潜在不稳定结构面的极点都位于坡面的极点以内，该区域被称为出露包线，可用于快速识别潜在的不稳定块体。

结构面组的倾向也会影响稳定性。如果结构面倾向与坡面倾向相差 20°以上，则不可能发生平面滑动。也就是说，由节理形成的块体有一端是完整岩石，有足够的强度来维持稳定。在赤平投影上，结构面倾向的限制范围由两条倾向为（$\alpha_f + 20°$）和（$\alpha_f - 20°$）的线确定。在图 2.18(b)中，这两条线是出露包线的侧向限制。

平面失稳在第 7 章进一步讨论。

2.6.3 楔形破坏

楔形破坏的运动学分析可用类似于平面破坏的方式进行研究，见图 2.16(b)。在这种情况下，将两个结构面交线的极点绘制在赤平投影上，如果极点在坡面上出露，即 $\psi_I < \psi_f$，则可能发生滑动。由于两个平面之间的范围很宽，可以形成自由表面，因此运动学分析对楔形破坏滑动方向的限制比平面破坏要小。交线的出露包线比平面破坏的包线宽。楔形破坏出露包线包括倾向在坡面范围以内的所有结构面交线的极点[图 2.18(b)]。

楔形破坏在第 8 章进一步讨论。

2.6.4 倾倒破坏

若要发生倾倒破坏，坡内的结构面倾向必须和坡面倾向相差在 20°范围以内，这样才能形成一系列平行于坡面的薄板。此外，结构面的倾角必须足够陡，从而形成层间滑动。如果各岩层的表面具有摩擦角 φ_j，那么只有当施加压应力方向与岩层法线夹角大于 φ_j 时，才会发生滑动。由于最大主应力方向平行于坡面（倾角 ψ_f），当结构面倾角 ψ_p 满足以下条件时，会发生层间滑动和倾倒破坏（Goodman 等，1976）：

$$(90° - \psi_f) + \varphi_j < \psi_p \tag{2.3}$$

图 2.18(b)中确定了可能发生倾倒破坏的结构面倾角和倾向条件。在赤平投影上，定义这些结构面产状的包线位于滑动包线的另一侧。

倾倒破坏在第 10 章进一步讨论。

2.6.5　摩擦锥

根据出露包线确定边坡中块体滑动的可能性之后，还可以在该赤平投影中检查其稳定性条件。该分析假设滑动面的抗剪强度仅由摩擦力提供，且黏聚力为零。考虑在斜面上静止的块体，块体与平面之间的摩擦角为 φ，见图 2.19(a)。要达到静止状态，垂直于平面的力矢必须位于摩擦锥内。当块体只有重力作用时，平面极点和法向力的方向相同，当极点位于摩擦圆内时，块体将保持稳定。

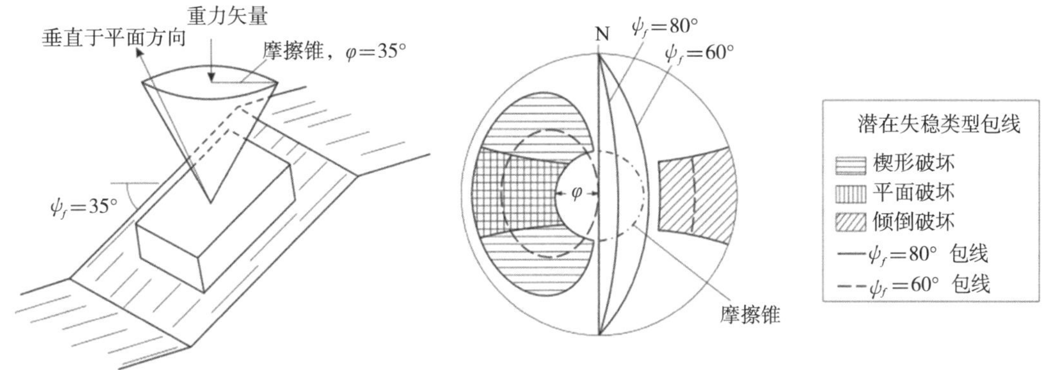

（a）斜面上块体静止时的摩擦锥（即$\varphi>\psi_p$）　（b）叠加在出露包线上的摩擦锥赤平投影

图 2.19　采用摩擦锥概念的组合运动学和简单稳定性分析

图 2.19(b)中的包络线显示了可能形成不稳定块体的极点的位置。图中已经绘制了 60°和 80°边坡的包络线，表明随着坡度变陡，包线范围变大，即边坡失稳风险变高。此外，随着摩擦角的减小，潜在失稳区的包线范围变大，表明低摩擦角的平面更容易发生失稳。包线还表明，对于简单的重力荷载条件，失稳只在有限的几何条件下发生。

2.6.6　运动学分析的应用

采用图 2.16 至图 2.19 中所展示的技术识别边坡上潜在不稳定块体和失稳类型可以很容易地应用于边坡设计的初步阶段。下面举两个例子进一步说明。

(1)公路

一条拟建的南北向公路通过一个岩石山脊，需要沿线开挖路堑来保证公路等级，见图 2.20(a)。

金刚石钻探和测绘表明，该山脊的地质条件是一致的，因此每个坡面出露相同的地质构造。主要的地质构造是南北走向的层理，与公路平行，倾向正东，倾角 70°～80°(即倾角70°～80°/倾向 90°)。

图 2.20(b)中的赤平投影显示了表示层理倾角和倾向的极点，以及代表左右开挖坡面产状的大圆。还绘制了一个摩擦锥，表示层理摩擦角为 35°。这些赤平投影显示，在左侧(西

侧)坡面上,层理倾向坡外并且倾角大于摩擦角,因此可能沿层面产生滑动。沿层理面已经形成了一个稳定的开挖面。

左边　　　　　　　　　　　　　　　　　　　　　　　　右边

(a)沿线开挖的边坡,显示了两种破坏机制——阿兹州环球60号公路左侧(西侧)的平面滑动和右侧(东侧)的倾倒破坏(C.T.Chen拍摄)

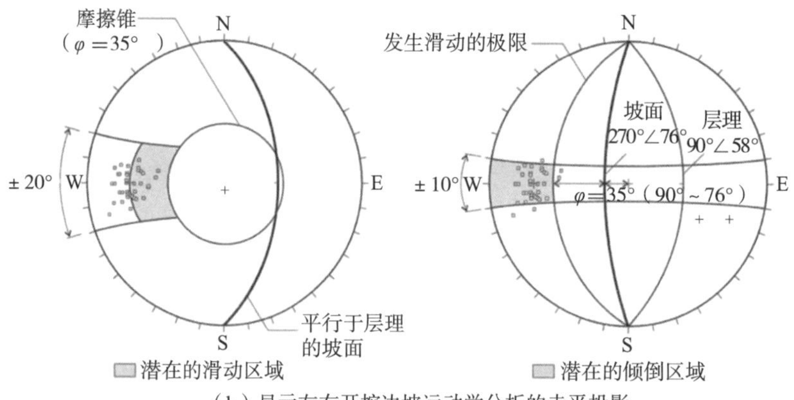

(b)显示左右开挖边坡运动学分析的赤平投影

图 2.20　开挖边坡构造地质与稳定条件的关系

在右侧(东侧)坡面,层理向坡内陡倾,由这些节理形成的岩板可能发生倾倒破坏。根据式(2.3),如果[$(90°-\psi_f)+\varphi_j<\psi_p$],则可能发生倾倒。如果切坡角度为76°(0.25V∶1H),摩擦角为35°,则公式左侧等于49°,小于层理倾角(70°~80°)。层理面的极点位于倾倒包线以内,说明存在潜在倾倒破坏。

初步分析表明,右侧(东侧)边坡存在潜在倾倒破坏,在最终确定设计之前,需要对构造地质条件进行更详细的调查。本次调查的第一步是检查层理的间距,并确定岩板的重心是否位于底面之外,在这种情况下可能发生倾倒,见图1.11。由于基本不可能通过改变路线来克服稳定性问题,需要减小右坡的坡度,或者对坡进行加固。

(2)采石场边坡

在拟建矿山的可行性研究中,初步矿坑布置需要估算安全边坡角度。在这个阶段可用的构造信息只能从地表露头测绘和定向钻探岩芯中获得。尽管这些信息有限，但它确实为边坡初步设计提供了依据。

赤平投影上的地质构造展现以及拟建采石场边坡稳定性的初步评估见图 2.21，取得的构造数据的赤平投影也叠加在该图上。两个区域构造分区已经确定，分别用 A 和 B 表示，区域边界也在图上标出。为简洁起见，并没有画出主要断层。但是，所有与断层有关的信息都应在大比例尺平面图上表示出来，并且需要评估与这些断层相关的潜在稳定性问题。

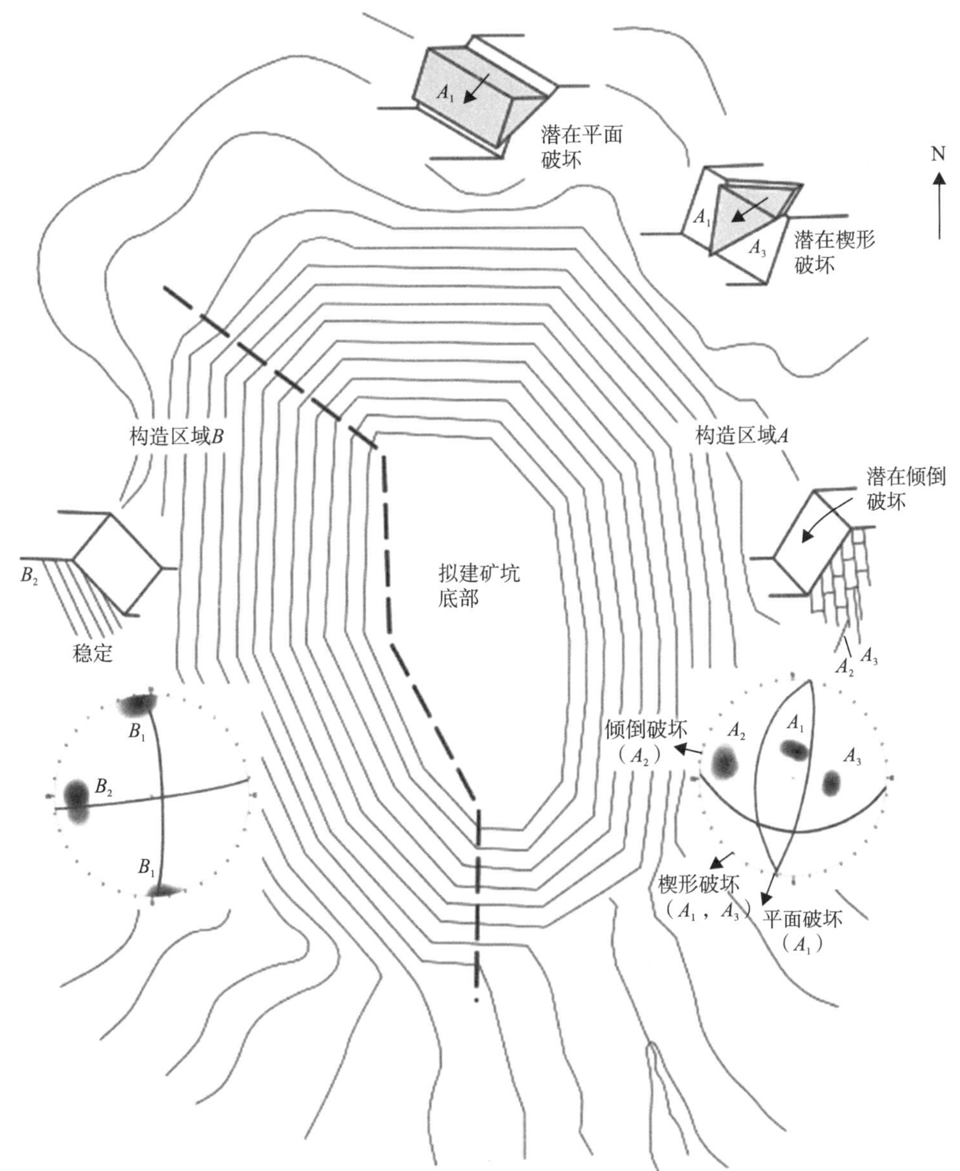

图 2.21　赤平投影上的地质构造展现以及拟建采石场边坡稳定性的初步评估

代表东侧和西侧采石场边坡坡面的大圆绘制在赤平投影上，假设整体坡度为 45°。图上还画出了一个 30°的摩擦锥，假设此角为结构面的平均摩擦角。

对于采石场的西部和南部，赤平投影表明，边坡在45°坡度时会稳定，因为与边坡平行的节理组 B_2 的倾角大于45°，且不在坡面出露。这表明，如果岩石坚硬且没有重大断层，这些边坡可以更陡，或者将这部分采石墙用作运料道路，其上方和下方均为陡倾坡面。

不过在开挖区东北部有一些潜在的稳定性问题。北部边坡可能会沿节理组 A_1 发生平面滑动，因为该节理组倾角大于摩擦角，并且在坡面出露。

在矿坑的东北角，A_1 和 A_3 相交形成的楔形可能失稳；在东侧边坡，节理组 A_2 可能形成倾倒破坏。

拟建矿山东北部的潜在失稳表明，为了降低平面和楔形破坏的可能性，边坡角度应该小于45°。

有趣的是，根据坡面倾向的不同，在同一个构造区域中可能出现3种不同的边坡失稳类型。

2.7 风化岩体的地质构造

在热带气候条件下，岩石的深度风化很常见，在稳定的地质条件下，持续高温（大于18℃）、强降雨（每年大于600mm）等会随着时间的推移逐渐改变岩石。风化的主要过程是化学风化，它会弱化完整岩石，并最终将岩石变成各种黏土和沙土。其他风化过程是物理风化和生物风化，物理风化使岩石破碎成小块，表面积增加，加速化学侵蚀，生物风化包括根须作用和植物腐蚀作用等（见第3章）。风化的深度可达数十米至数百米。

风化过程始于节理和层理，通过降低岩石表面的强度，逐渐改变更多的完整岩石，直到所有的岩石都转化为土壤。这是一个原位过程，其中原生结构面作为残余构造保留在风化岩石中。风化过程可分为6个等级，从Ⅰ级—新鲜岩石至Ⅵ级—残积土（见表2.1和附录Ⅱ中表Ⅱ.4），地质构造在Ⅱ～Ⅴ级中保留。

大多数风化岩石（除表层残积土外）保留了残余地质构造，因此在风化岩石切坡设计中考虑这些特征很重要。由于风化是一个原位过程，风化岩石中的结构面产状与新鲜的原岩相同。但结构面的剪切强度将小于新鲜岩石，因为节理面强度的降低会减小摩擦角和粗糙度。此外，随着风化过程的进行，节理面上的岩石可能会转化为黏土，形成低剪切强度的黏土充填物，随着初始节理的张开和伸长，结构面的延伸长度也会增加。在这些条件的作用下，风化岩石的结构性失稳可能比新鲜岩石更严重。

如果计划在风化的岩石中进行切坡，调查残余地质构造非常重要，并且要特别注意低强度充填物。可采用的调查方法包括低缓边坡中的坑探、强风化岩石和全风化岩石中的标准贯入试验（SPT）取样以及在风化程度较低岩石中的三层套管钻探（可在内岩芯管中安装塑料内衬）。如果要进行室内测试，应在收取岩芯后立即用塑料封装和蜡封来保持样品的原位含水率。

表 2.1　　岩石风化程度的划分

等级	术语	描述
Ⅰ	新鲜岩石	没有岩石风化的明显迹象；主要结构面上可能有轻微变色
Ⅱ	微风化岩石	变色表明岩石和结构面的风化。所有岩石可能因风化而变色，风化后的外部岩石强度可能比其新鲜状态时弱
Ⅲ	中风化岩石	一小半的岩石材料分解和/或崩解成土壤。新鲜或变色的岩石形成连续的骨架或者核心岩块
Ⅳ	强风化岩石	一大半的岩石材料分解和/或崩解成土壤。新鲜或变色的岩石形成连续的骨架或核心岩块
Ⅴ	全风化岩石	所有岩石分解和/或崩解成土壤。原始的岩体结构仍然基本完好
Ⅵ	残积土	所有岩石都转化为土壤。岩体结构和颗粒结构被破坏。岩石体积大幅度减少，但转化成的土壤没有被显著搬运

来源：国际岩石力学学会（ISRM）于1981年编写的《定量描述岩体结构面的建议方法》。

2.7.1　地质构造数据的赤平投影

（1）概述

拟建公路构造地质测绘的结构面产状见表2.2。

表 2.2　　拟建公路构造地质测绘的结构面产状（格式：倾向∠倾角）

80°∠40°	90°∠45°	160°∠20°	310°∠80°	312°∠83°	305°∠82°
175°∠23°	78°∠43°	83°∠37°	150°∠20°	151°∠21°	74°∠39°
300°∠70°	305°∠75°	180°∠15°	10°∠80°	81°∠31°	

（2）要求

①用等面积投影网和描图纸将每个结构面的产状绘制为赤平投影上的极点。
②估计并绘制三组结构面中每组的平均极点位置。
③计算最陡、最缓倾角之间的平均极点。
④在等面积投影网上绘制每组结构面平均极点对应的大圆。
⑤最陡的节理组和中等倾角的节理组形成交线，计算交线的倾角和倾向。
注：赤平投影网格见附录Ⅰ。

（3）求解

①图2.22中绘制的17个平面的极点表明，结构面产状分为3组。
②每个结构面组的平均极点如下：
1组：305°∠78°；2组：81°∠40°；3组：163°∠20°。

10°∠80°的极点不属于3个结构面组中的任何一个。

③节理组1和3的平均极点之间的角度通过旋转赤平投影网格来计算，将两个极点旋转到赤平投影网上的同一个大圆上。如图2.22中的虚线所示，大圆上的刻度数为94°。

④3个平均极点的大圆见图2.23。

⑤图2.23中还显示了节理组①和②的交线的倾伏角和倾伏向：

倾角 ψ_i =27°；倾向 ψ_i =29°。

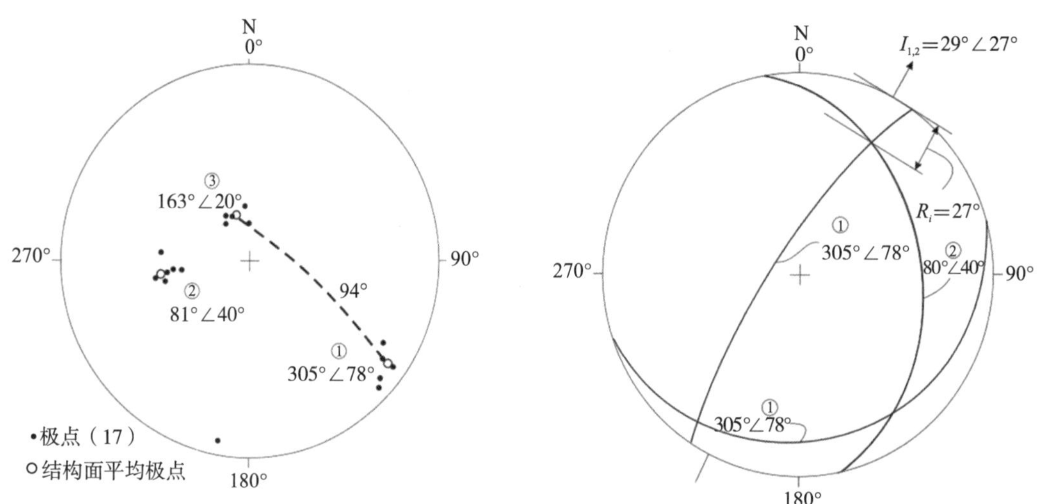

图2.22　构造数据的极点(下半球投影)　　图2.23　用等面积投影绘制的平均极点的大圆

2.7.2　与地质构造相关的边坡稳定性评估

(1)概述

为了在公路上建造90°的弯道，在公路沿线开挖岩石边坡，坡面倾角50°(图2.24)。现场岩石中3组节理产状如下：

1组：305°∠78°；2组：81°∠40°；3组：163°∠20°。

(2)要求

①在一张描图纸上绘制代表50°坡面的大圆和25°的摩擦圆。

②确定下述边坡上最可能的破坏模式，即平面、楔形或倾倒破坏：

a. 向东倾的边坡。

b. 向北倾的边坡。

③说明在每个斜坡上发生滑动的一组或多组节理。

④假设只需考虑结构面的产状和摩擦角，计算这两个边坡的最大稳定坡度。

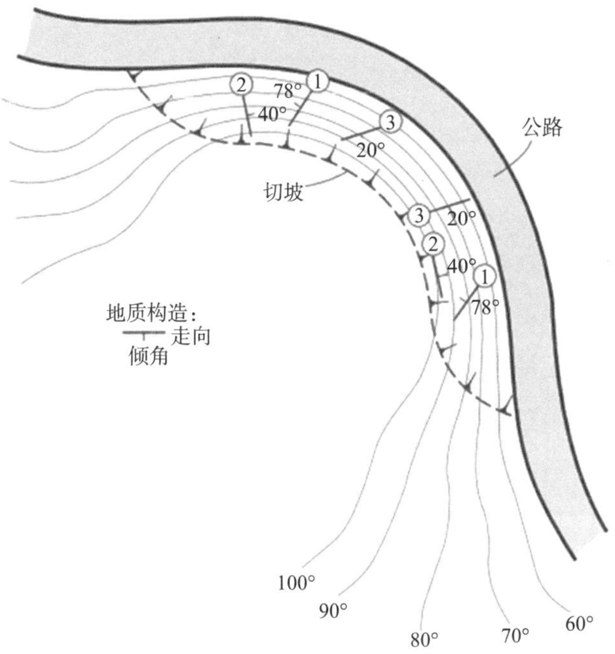

图 2.24　开挖边坡及地质构造

(3)求解

①图 2.25 显示了向东倾、倾角 50°的边坡坡面大圆以及 25°摩擦圆。

②稳定性评估时首先用描图纸在等面积投影网上描绘大圆(图 2.23),然后描绘坡面和摩擦圆(图 2.25)。将坡面大圆的轨迹旋转到坡面对应的方向,得出相关结果。

③东倾边坡:节理组 2 可能发生平面破坏(图 2.26)。可按照 40°倾角(即节理面倾角)进行切坡来防止滑坡。如果摩擦角大于 40°,则这些节理面一般不会发生滑动。

④北倾边坡:节理组①和②可能出现楔形破坏(图 2.27)。可按 27°倾角进行切坡来防止滑坡,此时不会形成楔形体。

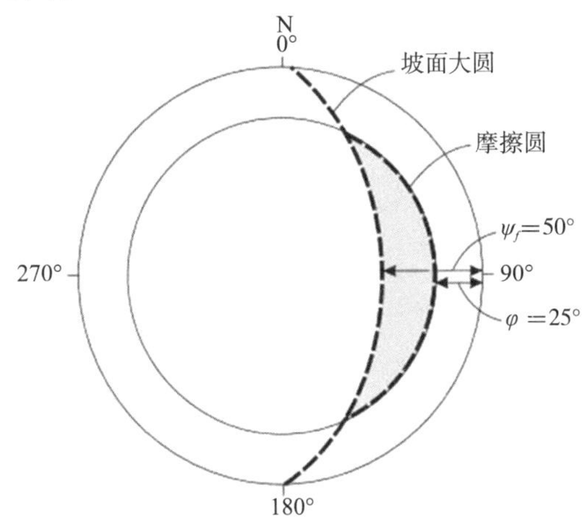

图 2.25　向东倾、倾角 50°的边坡坡面大圆以及 25°摩擦圆

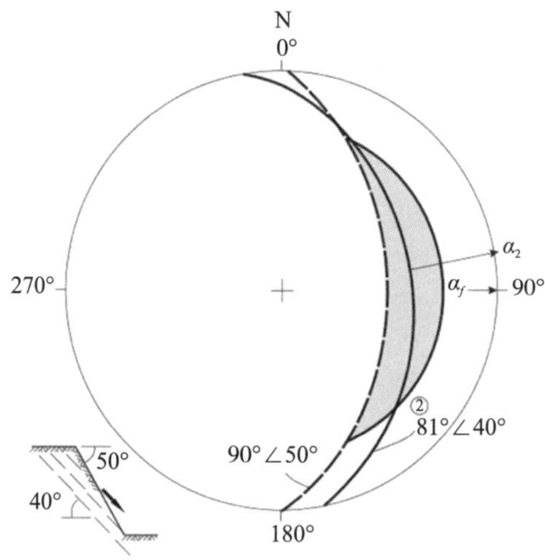

图 2.26　东倾边坡上的稳定性条件——节理组②上的平面破坏

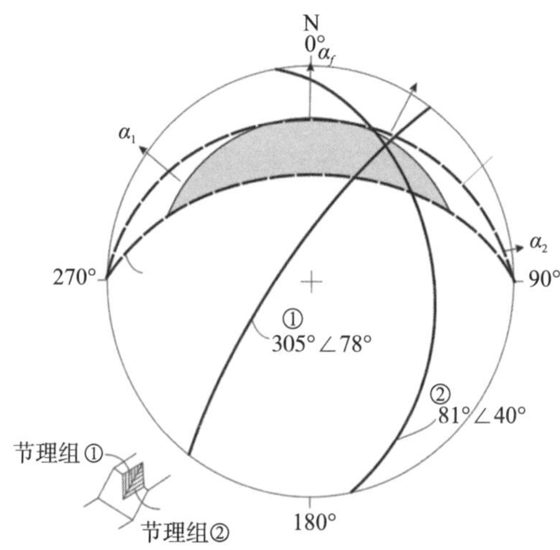

图 2.27　北倾边坡上的稳定性条件——节理组①和节理组②的楔形破坏

（张少锋　雷世兵）

第 3 章　岩石风化和边坡稳定性

3.1　风化过程和风化作用

本章内容主要包括岩石风化过程、风化作用的类型及其在世界各地的发生情况，介绍风化岩石在各种地质条件下的典型剖面以及风化程度对边坡稳定性的影响。对世界热带地区的边坡进行设计时，其重点在于解决岩石的风化问题。在这些地区进行边坡设计时，有必要考虑风化岩石的工程特性。虽然这些设计与本书讨论的新鲜岩石原理相同，但新鲜岩石和风化岩石的设计方法有很大的不同，因此本章需要单独处理。

第 2 章讨论了岩体结构，即坚硬岩体中结构面的产状和特征，这些特征对土木工程开挖边坡设计具有重要影响，尤其是当岩石的强度大于边坡所受应力时。这种情况通常发生在先前已受冰川侵蚀的区域，薄弱的表层岩石经过冰川的刮擦被磨蚀，从而露出新鲜岩石。然而在季节性强降雨和高温热带地区，经过数百万年的物理、化学和生物风化作用，岩石最终风化形成残积土。风化是一个渐进的过程，风化程度随着埋深而降低，并且岩石性质也会相应发生改变。

3.1.1　岩石风化对边坡设计的影响

风化岩石边坡设计必须考虑风化剖面随深度的变化以及各类风化岩石的特性。表 2.1 划分了岩石风化程度。这就意味着边坡设计需要随深度而变化，对于边坡表部要求坡度较缓，而深处的岩石边坡坡度可以较陡。此外，设计必须考虑风化级别之间的渐变接触以及这些接触带在短距离内的高程变化。另一个需要考虑的问题是除了完全风化的残积土外，风化岩石通常含有残余的地质构造，类似于新鲜岩石中的节理裂隙发育的情况，可能导致岩体结构失稳。此外，如果岩石在项目的使用周期内会继续风化，设计可能还要考虑岩石强度随时间降低的因素。

如图 3.1 所示，边坡开挖的风化剖面上部为强风化岩石，几乎看不到原岩，而在下部强风化岩石基质中存在新鲜—微风化结核块石。这个剖面显示了风化岩石剖面的典型变化。

由于大多数风化岩石存在于强降雨多发的热带地区，低强度岩石和残积土会受到侵蚀，强降雨迅速冲刷边坡会形成大量冲沟，并导致边坡失稳。因此，在进行风化岩石边坡设计时，应建造有衬砌的沟渠以汇聚地表径流，并铺设植被以保护地表免受侵蚀。

图 3.1 风化岩石开挖剖面，强风化岩石基质中存在新鲜—微风化结核块石(Recife，巴西)

3.1.2 边坡工程中的残积土/风化岩

风化岩在地表为残积土，深部风化程度逐渐降低。在热带地区，风化岩质边坡失稳一般发生在深度 2～3m 的残积土中，有时会导致财产和生命损失。因此，土力学界广泛研究了残积土及残积土边坡稳定性问题(Huat 等，2012)。

残积土的工程方法已经很成熟，而且残积土涉及土力学问题，所以不在本书的讨论范围之内。本书涉及的风化岩石边坡工程问题，即表 3.1 所示的风化等级Ⅱ～Ⅴ，其中许多工程项目可能需要大量开挖。这些边坡设计涉及的重要问题是不同等级风化岩石的抗剪强度不同，以及在项目使用期间抗剪强度如何降低。第 5.5 节和第 5.6 节讨论了新鲜岩体和风化岩体的抗剪强度。

3.1.3 风化岩石的分类

对于风化岩石，若有一种方法既可以描述风化程度又可以描述各种风化岩石的特征，对工程应用是很有意义的。此外，风化岩石的描述应以现场勘察和简易试验为基础，并使用既明确又通用的术语。附录Ⅱ列出了国际岩石力学学会所采用的描述岩石风化的标准化术语。例如，完整岩石的强度由“极强”($\sigma_{ucs}>250$MPa)到“极弱”($\sigma_{ucs}=0.25\sim1$MPa)，而岩石结构可以表征为“块状”或“片状”(国际岩石力学学会，1981)。这些明确的术语在整个地质工程界中广泛使用，可以避免“声音”或“破碎”等意义不明确的术语。

分类系统的另一个要求是具有普遍适用性，即适用于所有或大多数地质条件。这需要描述岩石的工程特性(如强度)而不是岩性等。例如，如果高强度的砂岩和高强度的片岩在风化和结构面特征方面类似，那么力学行为也相似。

最后，风化岩石标准化分类系统的价值在于它促进了专业人员之间的沟通，因为它们在表征现场条件时都有相同的参照系。此外，分类可用于比较不同地点的情况。

目前已经发展出许多用于不同地区如巴西、香港和尼日利亚等地区的学术研究和工程应用等的风化岩石现场地质分类方法。

Deere 和 Patton(1971)总结了 1953—1969 年共计 17 年的 12 个分类系统，并提出了一

个包含早期分类系统和工程特性的分类系统。Deere 和 Patton 提出了 3 个风化类别：Ⅰ——残积土；Ⅱ——风化岩石；Ⅲ——未风化岩石，每一个大类含有子类。Vaz(1998)进一步提出了考虑开挖方法(如刀盘法、爆破法)的风化岩分类标准。

为了将这些分类系统统一，国际岩石力学学会(ISRM，1981b)提出了表 2.1 中所示的分类系统，图 3.2 对风化等级进行了相应描述。图 3.2 显示了新鲜岩石(Ⅰ级)如何在有水流通过的结构面处发生风化(Ⅱ级)，随着风化进一步发展，一大半岩石分解成土壤并且原岩仅剩下结核块石(Ⅲ和Ⅳ)。在Ⅴ级全风化岩石中，除局部存在结核块石外，所有的岩石都被分解成土壤，但岩体的原始结构得以保留，而Ⅵ级完全是土壤，没有岩石残留。

ISRM 分类系统通常广泛适用于各类地质条件，读者可以使用该方法对风化岩石进行标准化描述。

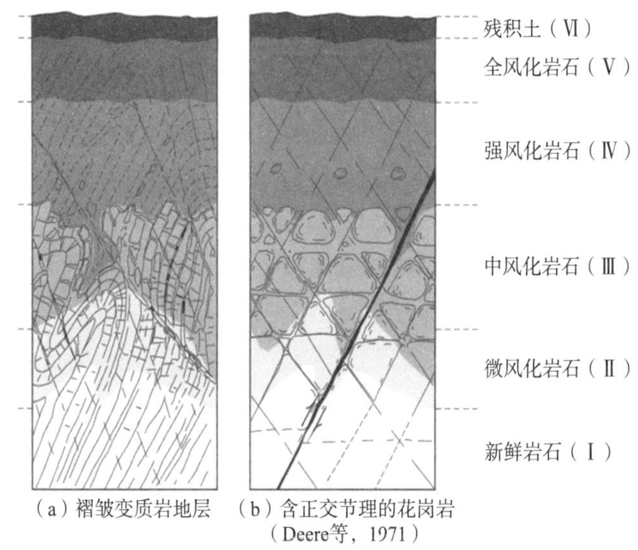

图 3.2 新鲜岩石(Ⅰ级)至完全风化残积土(Ⅵ级)的风化级别定义

3.1.4 风化岩石的形成

风化岩石的形成与热带地区的气候条件有关，风化岩石的产生一般局限于北纬 20°和南纬 20°之间的赤道地区，见图 3.3。在中美洲(如墨西哥南部和巴拿马)、南美洲北部(如委内瑞拉和巴西)、非洲中部(如刚果和乌干达)和东南亚(如印度南部、泰国和澳大利亚北部)有深度风化发生。除此之外，在目前的温带气候下，偶尔会发现冰川作用遗留的古风化岩石。

造成岩石风化的热带气候条件是温度始终高于 18°C，每月至少 600mm 的降雨量，降雨量与温暖、潮湿、不稳定的气团和高湿度有关。按年降雨量划分的 3 类热带气候如下(Huat 等，2012)：

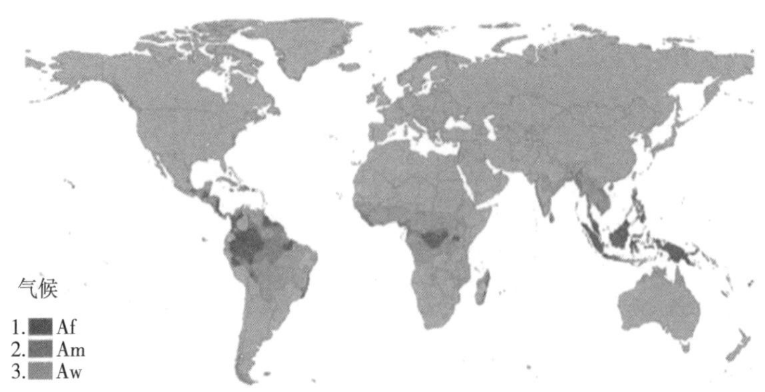

图 3.3 全球热带气候区风化岩石位置图(Peel 等,2007)

1. 热带雨林气候(Af):全年雨量充沛;

2. 热带季风气候(Am):旱季短而雨季降雨多;

3. 热带草原气候(Aw):旱季长且明显,雨季降雨少。

深度风化的另一个条件是风化作用的长期稳定性,为渐进风化过程的发展提供足够的时间。基于这一点,深度风化通常不会发生在活火山地区,因为这些地区的基岩经历短暂风化就会被新的岩层覆盖。

由于气候和地质稳定性对岩石风化产生的影响,在最热、最潮湿的气候条件下,低缓、稳定的边坡中风化作用会持续相当长的时间,风化程度也最高。在这些条件下,风化的深度可以达到数百米。

3.2 风化过程

岩石风化的基本条件首先是基岩长期处于风化过程中,这些过程足够活跃以引起岩石变化;其次,这些过程中风化产物未发生搬运,风化的岩石保持在原位。风化是渐进过程的组合,其中物理和化学变化的持续作用使岩石随着时间的推移变得越来越破碎,风化逐渐深入。以下内容将讨论可能导致新鲜岩石风化至图 3.2 所示的风化岩石和残积土的风化过程。

3.2.1 物理风化

母岩的物理风化指岩石崩解为碎块的机械过程,破碎岩石增加了可发生风化的接触面。下面讨论典型的物理风化过程。

(1)热膨胀和收缩

加热和冷却循环导致岩石膨胀和收缩,尤其是当岩石中的矿物具有不同的膨胀/收缩系数时,矿物会沿晶粒分界面产生应力,最终可能使岩石破裂。

(2)机械剥离

随着风化的进展,表层岩石剥离导致应力释放,碎片脱落导致新鲜表面被风化。在切向应力集中的花岗岩基岩区域,岩体的剥落现象十分普遍,这些地方岩石表面的切应力普遍大于正应力。这种情况在里约热内卢普遍存在,那里常建造混凝土扶壁来支撑剥离板,而且在津巴布韦的花岗岩小丘也是如此。

作者还在温哥华史丹利公园强度较低的块状砂岩陡坡上观察到厚度为1～2m的剥离板。在这些边坡上,机械风化过程主要为流水冲走部分砂粒,导致突发性的剥离板失稳。

(3)干湿循环

岩石遇水后,水分子进入矿物颗粒之间导致岩石膨胀,而干燥时则发生收缩,岩体中产生张应力。处于干燥状态时,松散颗粒可能发生崩解。

(4)冲刷

岩石表面和岩体上的水流可以冲走松散的风化岩石颗粒,从而露出新鲜岩面。

3.2.2 化学风化

化学风化指水与母岩中的矿物之间发生化学反应,矿物溶解或形成新化合物。迄今为止,化学风化是导致岩体弱化的最主要原因。

化学风化的速度和类型取决于温度和水中的溶解物,热带地区的高温会增加化学反应的速度,水中溶解的化合物如二氧化碳(形成碳酸)、氨气、氯化物和硫酸盐会形成不同类型的风化。化学反应也容易发生在具有相对较大表面积的小颗粒中,以及在高温高压下形成的矿物中,如橄榄石和斜长石等。

化学风化侵蚀岩石的部分矿物,通过产生新的、较软弱的化合物来削弱岩体,在反应过程中引起岩石膨胀或可溶性矿物的溶解而形成内应力。风化岩石的风化速率和风化后的成分取决于母岩。

3.2.3 生物风化

生物过程加速了风化剖面上部物质(多相,松散表层物质)的风化。这些过程包括植被腐烂形成腐植酸,以及植物、动物的生长和生活活动使空气进入土壤,增强了土壤和岩石中水的流动和循环。生物风化也会促进化学风化。

3.2.4 地形

坡角和坡向也可以对风化程度造成影响。例如,在坡角大于20°的边坡上,暴雨期间其上部2～3m的地方会出现侵蚀和滑动,并带走表面严重风化的矿物,使新鲜岩石暴露以重新遭受风化作用,产生的风化产物沉积在坡下较平坦部位。相反,在平缓地形中,表面物质受扰动较小，风化作用将进一步向深处发展，最终导致平坦地形的风化深度可能大于陡峭地区的风化深度。

此外，如果边坡倾向能够获得更多降水量和日照，那么该边坡风化深度将超过降雨和日照较少的边坡，即那些位于降雨“阴影”区的边坡以及南半球倾向南或北半球倾向北的边坡。

3.2.5 持续时间

风化速率与前述的风化过程密切相关，但一般来说风化速率在酸性岩石（如花岗岩、流纹岩）中比在基性岩（如玄武岩）中慢，一部分原因是酸性岩石含有更多二氧化硅，耐风化能力强。风化速率的一般经验：在潮湿的热带气候条件下，风化 1mm 新鲜岩石，在酸性岩中平均需要 20～70 年，在基性岩中需要 40 年（Nahon，1991）。

3.3 岩性：岩石和土的风化产物

风化过程产生的风化物与母岩中矿物化学成分密切相关。地壳中两种含量最丰富的元素是氧（47.3%）和硅（27.7%）。这两种元素可以形成一个硅氧四面体，四面体含有一个硅原子和四个氧原子。四面体彼此结合，与相邻的四面体共享其氧原子，形成 SiO_2（图 3.4）。而 SiO_2 形成的石英矿物产量丰富，占火成岩成分的 12%。

地球上含量次丰富的元素则是铝（7.8%）和铁（4.5%）。铝离子是高岭石和蒙脱石等许多黏土矿物晶体结构的重要组成部分，而铁的风化形成了熟悉的红色风化土壤。铁的风化产物可能是红色的氧化铁（Fe_2O_3），也可能是少见的绿色 $Fe(OH)_2$。

图 3.4 所示的硅氧四面体在相对较低的温度 573℃下，结合形成稳定的晶体结构，因此石英是一种非常稳定的矿物，抗风化能力强。沙滩上的沙子主要由石英组成，这一事实也证明了石英的抗降解和耐磨性。

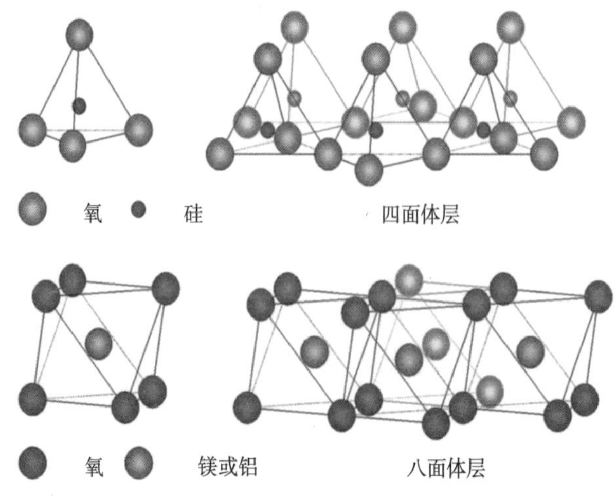

图 3.4　二氧化硅四面体和四面体排列成六边形网络

二氧化硅四面体也可以结合到其他晶体结构中，其中其他元素的阳离子（具有正电荷的离子)与硅结合或置换硅,形成其他矿物。这些矿物及其相应的结构和组成如下(Mitchell,1976)。

①橄榄石:含镁离子和铁离子的岛状结构。

②膨润土和绿柱石:分别由钡离子和钛离子(膨润土)及钡离子和铝离子(绿柱石)构成的环状结构。

③辉石:包含钙离子和镁离子的链状结构(如透辉石)。

④角闪石:由钙离子和镁离子及羟基官能团形成的带状结构。

⑤云母:片状结构,形成云母、绿泥石、滑石和黏土。含有钾离子、铝离子和羟基官能团的晶体形成白云母,而含有镁离子和铁离子的晶体形成黑云母。

所有这些矿物都广泛存在于岩石中,并且在第 3.2 节所述的物理、化学和生物风化过程中,其特征发生改变。风化过程中占主导地位的是化学作用,化学作用主要是水解反应以及岩石中的矿物离子与水中的 H^+ 和 $(OH)^-$ 离子之间的反应。H^+ 离子的小尺寸使其能够进入矿物晶格并取代现有的阳离子。水解不会在静水中发生,该反应是通过溶解矿物中的可溶性物质,并导致矿物离子浸出、络合、吸附或沉淀,接着再持续引入新的 H^+ 离子来实现。

在上述这些作用下,产生了以下 3 种常见的片状黏土矿物,其中一些还具有膨胀特性。膨胀的一般原因是水很容易渗透到硅氧四面体薄片的相邻氧离子之间,导致各层黏土颗粒分离和膨胀。

⑥高岭石:高岭石是一种非常常见的黏土矿物,由富含石英的酸性岩中长石和云母在风化作用下形成,不具有膨胀性。

⑦蒙脱石:蒙脱石矿物也非常普遍,其母岩为含碱性矿物较高的岩石,如基性岩、中性岩和火山灰;它们形成于蒸发超过降水的干旱和半干旱地区。常见的有蒙脱石和蛭石,两者都具有很高的膨胀性,而伊利石(水云母)也很常见,但不具有膨胀性。

⑧绿泥石:当 Mg^{2+} 阳离子被引入晶体结构时,蒙脱石蚀变形成绿泥石。火成岩和变质岩中的黑云母可以转变为绿泥石和绿泥石一蛭石混合岩层。绿泥石不具有膨胀性。

本节简化了风化作用的具体过程,因为渐进风化可能会导致风化产物进一步风化,出现新的风化产物。

矿物对风化的敏感性与图 3.5 所示的反应序列有关,其中橄榄石最不稳定,石英和白云母最稳定。例如,在片岩的风化土壤中可以看到微小的白云母片。橄榄石在高温下形成于岩浆中,随着温度降低至结晶温度以下,矿物结构变得欠稳定。一般来说,含有大量石英的花岗岩等酸性岩风化速率比玄武岩等基性岩要慢。此外,沉积岩(如砂岩)可能相对耐风化,因为它们由稳定的早期风化产物形成。

石灰岩—石灰石的风化作用与富含石英的火成岩和变质岩的风化不同,石灰岩含钙量高,遇水易溶解,特别是水中含有二氧化碳或硫化物时,水呈弱酸性。石灰岩在溶蚀作用下形成裂缝和洞穴,其方向与层理和节理平面有关,而岩石中的杂质如石英砂、黏土等则形成薄层土壤沉积物。

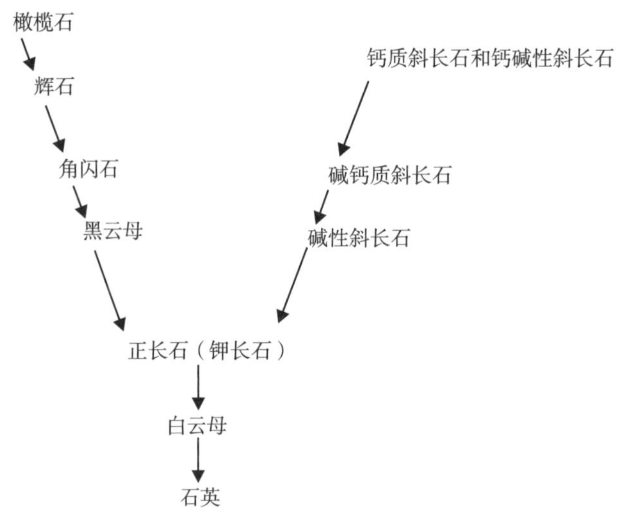

图 3.5　矿物稳定性序列与风化稳定性序列

3.4　风化地质剖面

本节介绍了多种岩石类型和地质条件的典型风化剖面：变质岩、花岗岩、玄武岩、页岩、页岩—砂岩互层和碳酸盐岩。针对每种岩石类型，讨论岩性、结构面和地下水对风化剖面的影响。本节的资料主要出自 Deere 和 Patton 的论文(1971)。

3.4.1　侵入岩：花岗岩

(1)地质概况

图 3.6 为典型的花岗岩风化剖面，含有两组正交节理，其中一组节理倾角与坡度大致相同。完整风化剖面包括地表残积物(Ⅵ级)、下伏含风化核的强风化岩体(Ⅲ级)以及深埋新鲜岩体(Ⅰ级)，如图 3.7 所示。正如 3.3 节所述，高岭石由酸性花岗岩风化形成，不具有膨胀性。

(2)地下水

图 3.6 中显示的为典型的旱季地下水位，位于中等风化岩石的下部，与上覆富含黏土的残积物相比，下部中风化岩体具有较高的渗透系数。中风化(Ⅲ级)与微风化岩体(Ⅱ级)优先沿结构面形成张开节理，因此其与上覆表层土和下伏新鲜岩体相比具有较高的渗透系数，风化产物将会被地下水搬运。

在强降雨和地表水大量入渗时，地下水位上升，可能加剧边坡失稳。

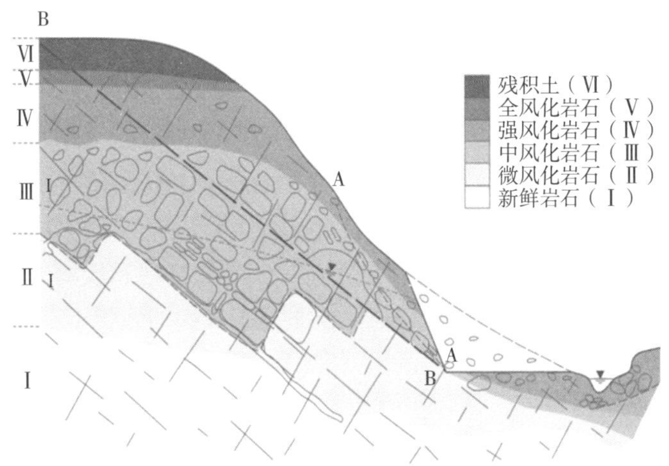

图 3.6 典型的花岗岩风化剖面(Deere 等,1971)

图 3.7 花岗岩中的风化序列,风化岩石和残积土与下伏新鲜花岗岩的不规则表面(巴西圣保罗)

(3)边坡稳定性

边坡的一个特征是水流可以侵蚀河谷下部的表层残积土,导致下伏的岩石裸露。持续的侵蚀可能会导致裸露的坡体出现变形进而失稳和坍塌,并堆积在坡脚。例如,道路施工开挖风化岩体可能导致上覆残留物(平面 $A-A$)滑动,或者沿风化残余节理形成滑动面并延伸至边坡顶部,形成大范围失稳(平面 $B-B$)。

整体边坡稳定性受平行于坡面的节理组产状和风化导致节理面抗剪强度折减两个方面的影响。如图 3.6 中 $B-B$ 所示,该节理组倾角 35°,可能超过这些风化岩表面的摩擦角,坡脚的下切可能会导致整体边坡失稳。

3.4.2 喷出岩:玄武岩

(1)地质概况

如图 3.8 所示,该地层由玄武岩和残积土互层组成。其中土壤可能是在没有火山活动的长时间内玄武岩原位风化作用下的产物,或是熔岩之间沉积的火山灰,或是熔岩顶部的沉积物。无论土层的成因如何,整个地层由强度相对较强的岩层和较弱的土层组成。边坡的上半部显示大部分近期形成的岩层逐渐被风化,形成了表层的残积土。

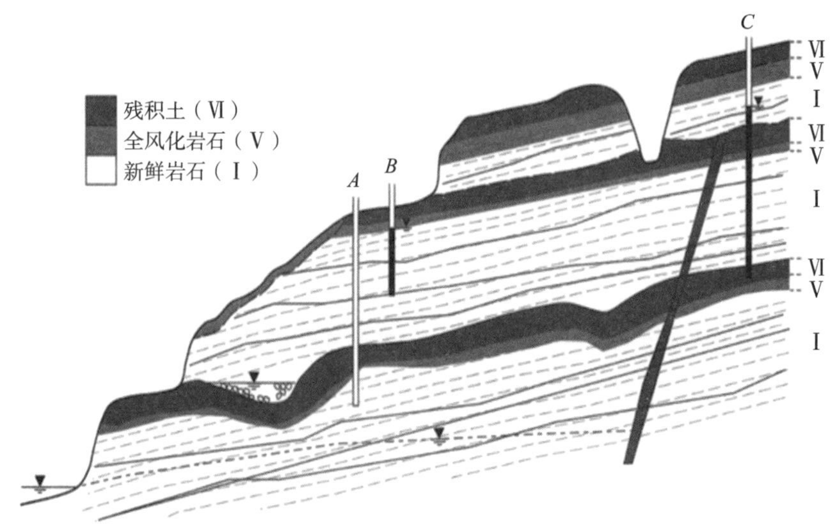

图 3.8 多层玄武岩地层的典型风化剖面(Deere 等,1971)

在夏威夷,熔岩分类为“渣状熔岩”或“绳状熔岩”,各自的特征如下:

1)渣状熔岩

渣状熔岩表面通常呈块状、角砾状或渣状,表面非常粗糙且不规则,下伏为中等厚度的相对致密的玄武岩,熔岩底部是角砾岩,其厚度可能比最上层更薄。有时候,熔岩可能只有角砾岩。熔岩整体厚度可能在几米到 20m 之间。

2)绳状熔岩

绳状熔岩流动性更强,含有较多气孔,形成光滑的表面。熔岩厚度从几厘米到几米不等。如果内部无柱状节理,则熔岩内部将会比较致密,渗透性较差(图 3.9)。

图 3.8 中出现的另一个地质特征是有一条切断了大部分熔岩的陡倾岩脉。岩浆流入熔岩—土壤层的裂隙中形成岩脉,并且其两侧形成一层厚度为 10～100mm 的烘烤和蚀变岩层。这些烘烤蚀变岩层比周围岩石更容易风化,并且渗透性较差。

图3.9　柱状玄武岩覆盖在已失稳玄武岩的风化土壤上方
(加拿大不列颠哥伦比亚省的海天公路)

(2)地下水

就渗透性而言,富含黏土的土层(埋藏的颗粒状冲积层除外)渗透性一般较差,玄武岩的渗透性可能高也可能较低,这取决于岩石的裂隙发育程度。此外,剖面中水平渗透系数往往大于垂直渗透系数,岩层之间的土层阻碍地下水向下入渗,这可能导致图3.8中干式测压管 A 测得的整体水位较低。

层状地层也可以形成一系列具有承压水性质的上层滞水,如图3.8中测压管 B 所示;地下水也可能从坡面流出形成泉水。地下水还可能出现与埋藏河道 C 和熔岩通道有关的局部较大流量。

图3.8所示的岩脉对地下水也可能有显著影响,具体取决于其渗透性。如果岩脉两侧岩石因烘烤而呈弱渗透性,则岩脉为隔水层,图中所示的岩脉左侧和右侧的水位存在显著水头差。测压管 C 显示由岩脉阻水效应导致岩脉右侧的高水位。或者,岩脉裂隙发育且具有很强的渗透性,则可作为排水通道。另一种高渗透性的情形是母岩富含石英,由于风化作用留下松散的石英碎片作为渗透通道。

若在开挖中遇到层状玄武岩地层中的地下水,则会产生涌水现象。如果水源是一个孤立的含水系统,涌水的持续时间可能会很短;如果涌水口由渗透通道与整个地下水系统相连,则涌水量难以确定。长时间的涌水可能将松散体冲走,边坡内部形成空腔,最终可能出现坍塌。

(3)边坡稳定性

多层玄武岩地层边坡的稳定性与熔岩的倾角及层间土壤沉积物的抗剪强度有关,也与水压力有关。在不利条件下,岩层倾向坡外,倾角超过土的摩擦角,加上土层中的高水压,大量岩石块可能从坡面滑落。Anderson 和 Schuster(1970)发现火山碎屑沉积物(岩浆爆炸破碎产生的物质)风化成含蒙脱石较高的黏土,其峰值剪切强度的黏聚力达到10kPa,摩擦角为43.5°,残余摩擦角为10°,残余内聚力为0。

3.4.3 变质岩

(1)地质概况

图 3.10 显示了风化的变质岩边坡中含抗风化能力较强的石英岩脉，岩性随风化深度而变化。在风化程度高和低的两种岩石类型中，风化程度较高的岩石中保留着发育良好的残余地质构造，这些地质构造影响边坡稳定性。变质岩中经常出现岩脉、岩床等不规则侵入体，其风化作用可能比母岩更快或更慢，这取决于它们所含矿物的性质。图中为一个较坚硬的石英岩脉在边坡表面形成了一个山脊。在不同的地质条件下，岩脉的风化深度可能会延伸到围岩以下 100m 的位置，南非约翰内斯堡地区就存在这样的现象。

山谷底部的陡倾断层可能含有断层泥(构造形成)的风化产物。

谷底风化产物的厚度取决于水文条件。河流侵蚀性河道、搬运风化岩石的部位，沿河岸完整的基岩裸露处风化深度有限。然而在河流坡度较小加积作用地区以及陡坡下的堆积区(堆积速度大于侵蚀速度)，河谷会逐渐抬升，风化作用会持续进行。

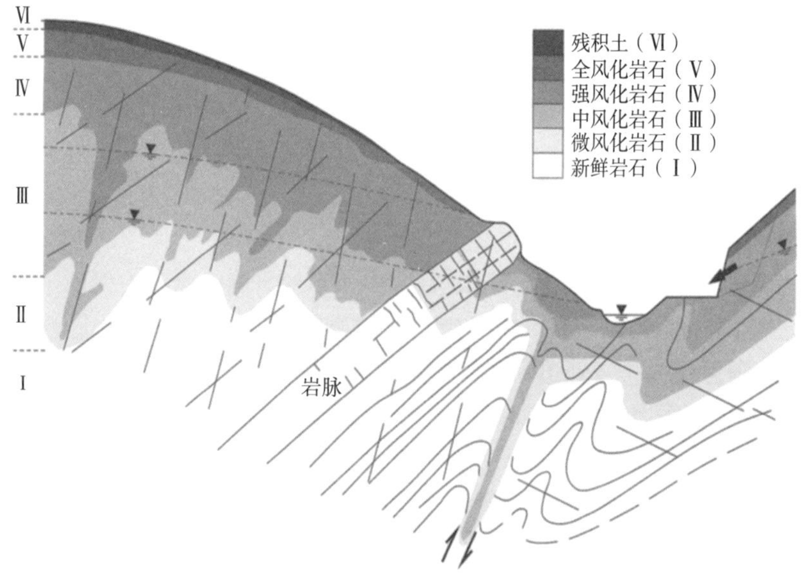

图 3.10　风化的变质岩边坡中含抗风化能力较强的石英岩脉(Deere 等，1971)

黑云母和白云母含量高的酸性变质岩风化形成黏土，其中黑云母风化形成高膨胀性蛭石，相对抗风化的白云母风化为无膨胀性的伊利石，伊利石是一种非常常见的黏土矿物。在残积土中常常可以观察到风化缓慢的白云母薄片，完整而具有光泽。

(2)地下水

地下水位很可能位于风化岩体内部，其渗透性高于上覆残积土和下伏新鲜基岩。

图 3.10反映了干湿季节地下水位可能的波动情况。在湿季,风化程度较低、渗透性较低的岩脉处可能有泉水出露。

已风化的陡倾断层也可能具有相对较弱的渗透性,并成为阻水屏障。

(3)边坡稳定性

风化变质岩的边坡稳定性通常与残余结构有关,易风化的节理降低了结构面抗剪强度,并且弱透水层中易出现高水压。在图 3.10 中,山谷左侧边坡中节理倾向坡内,右侧边坡中节理倾向坡外。因此,地质条件对于右侧边坡稳定性不利,如图 3.10 中箭头所示,沿倾向坡外的节理发生小型滑坡。

3.4.4 页岩

(1)地质概况

图 3.11 为沿风化的水平层状页岩变形位移的边坡,其中页岩工程性质变化很大,从强胶结页岩到较弱的压实黏土岩。大多数形成页岩的矿物如石英、黏土矿物和氧化铁本身都是源于其他岩石的风化产物。因此,页岩在新的风化环境中比较稳定,风化深度小于火成岩或变质岩。例如,在美国乔治亚州,页岩风化深度约 5m,而同一区域的花岗岩风化深度至少为 16m(Rodriguez 等,1988)。然而,在页岩中发现的一些矿物,如黄铁矿和白铁矿(硫化铁),其稳定性不如页岩,并在风化后会出现膨胀。此外,方解石在热带气候中会迅速溶解,在岩石中形成孔洞和张开裂隙。

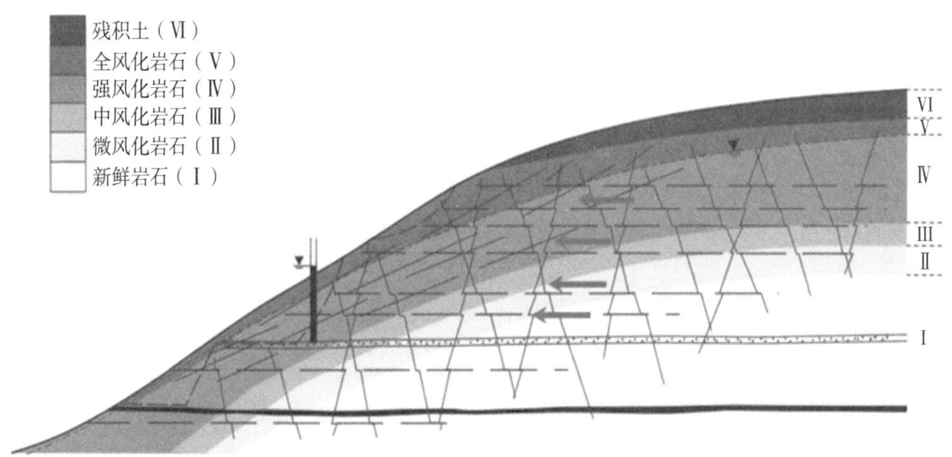

图 3.11 沿风化的水平层状页岩变形位移的边坡(Deere 等,1971)

页岩风化的一个特征是受其先前的风化历史影响,其组成矿物通常能够抵抗化学风化,所以主要的风化过程是物理—温度变化、干湿循环以及侵蚀。这些过程中岩石被分裂成小碎片，通常称为“崩解”，软弱的页岩被搬运，留下突出的层状或块状的砂岩。

图 3.11 所示的页岩风化剖面与其他风化剖面相似，其中包括弱渗透性的表面土层，下层为渗透性较高的节理裂隙发育的岩体；从残积土到风化岩的转变往往比其他岩石类型更加细致。地表土的性质与温度变化、干湿状态和化学分解等气候条件密切相关，其影响随深度的增加而减小。

对于页岩边坡中不受气候风化影响的深部岩石，可能会发生深层应变和应变能释放，从而产生光滑的裂隙和断裂；并且这些裂隙靠坡面越近密度越大。这些延伸长、平整度高的裂隙以及剪切强度低的黏土充填物会增加水平层面上的位移量。

边坡岩层水平运动的原因往往是河流或溪流的下切作用导致水平应力释放；图 3.11 中标出了水平移动的箭头。在隧道和其他地下构筑物设计时进行的应力测量证实了世界上许多地方的浅层岩体因竖向卸荷而形成水平应力。在这些测量中发现，地壳上部 100～300m 水平与垂直应力之比（k 值）为 2～4（Hoek 等，1995）。

在密苏里河流域（Fleming 等，1970）、巴拿马运河（Lutton 等，1970）和加拿大阿尔伯塔省阿德雷坝坝址（Brooker 等，1970）中均观察到页岩层中存在近似水平的剪切面，其中最深的剪切面位于山谷底部。

（2）地下水

风化页岩地层中地下水条件与其他类型的岩石风化剖面类似，即表层土渗透性较低，而下伏裂隙发育、节理张开的页岩具有较高的渗透性。图 3.11 为页岩中典型地下水位，因为页岩的渗透性相对较低，所以水位比花岗岩（图 3.6）和变质岩（图 3.10）的边坡更接近地表。如图 3.11 所示，测压管中承压水可能被局限在一个相对渗透率高的砂岩裂隙中，该砂岩层是地下水的通道，但是坡面出口被低渗透率的表层土堵塞。

（3）边坡稳定性

风化页岩边坡失稳可能由浅层滑移引起，见图 3.12 中的 A、B 和 C。滑坡 A 发生在浅层土中，通常与强降雨有关。滑坡 B 和 C 与某一地质特征有关，如砂岩裂隙中的高水压引起失稳（滑坡 B）或低剪切强度的膨润土失稳（滑坡 C）。由于剪切强度低、基底面水压高以及砂岩下方软弱页岩的承载力失效的共同作用，滑动体 B 和 C 出现近似水平的滑移。在低剪切强度的水平裂隙上形成的滑动可能是整个边坡失稳的重要组成部分。陡倾裂隙与水平面相交的位置出现深层水平位移（图 3.11）。

随着深层位移的产生以及岩石断裂和张开，地下水进一步渗入基岩。然而，低渗透性表层物质抑制水的排泄，导致边坡局部产生高水压。

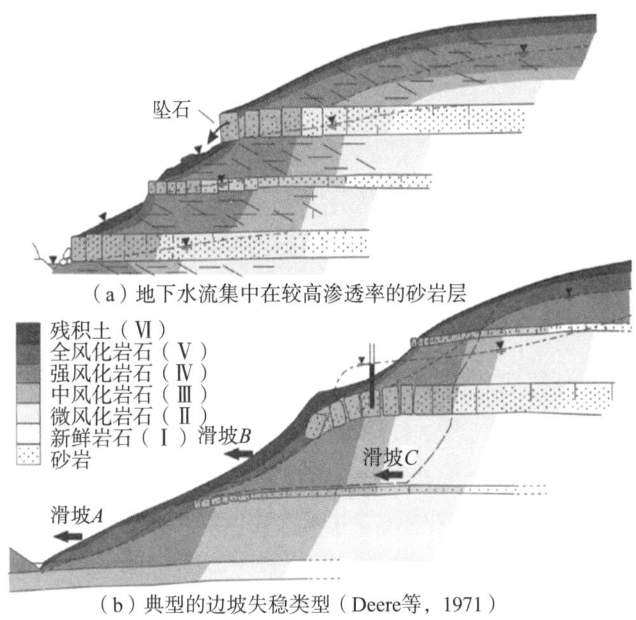

图 3.12　砂岩和页岩互层的典型边坡，表面为崩积层

3.4.5　砂岩和页岩互层

(1)地质概况

图 3.12 为两种砂岩和页岩水平互层的典型边坡，其中砂岩比页岩强度更大并具有更好的渗透性。这是一种常见的地质构造，如在美国中东部广大地区，包括宾夕法尼亚州和俄亥俄州等地广泛可见。在某些地层中，砂岩被硅质粉砂岩、石灰岩、煤或玄武岩取代，这些岩石在强度和渗透性等方面具有相似的特征。

岩石节理一般与岩层垂直，垂直节理的延伸方向与坡面平行，尤其在脆性较强的砂岩中较为突出。这些节理的形成降低了因河谷下切而产生的水平应力。应力释放的另一个结果是在弹性模量相对较低的页岩内形成剪切强度较低的剪切带，可能会导致滑动。

(2)地下水

砂岩和页岩互层的地下水条件主要与渗透性相对较高的砂岩有关。当节理张开，垂直应力释放时，地下水主要沿砂岩产生水平和垂直方向的渗流。相对而言，沿页岩层渗流不发生。因此，地层整体的渗透性具有各向异性，水平方向的渗透系数大于垂直方向。另外，边坡表面的地下水排泄位置往往位于砂岩层的底部，可以观察到沿边坡表面一系列水平线状渗流。这种现象在冬天更为明显，那时坡面可能形成冰柱。作为参考，图 3.13 为地下水在高渗透性和低渗透性的水平层状地层中形成流网的细节。

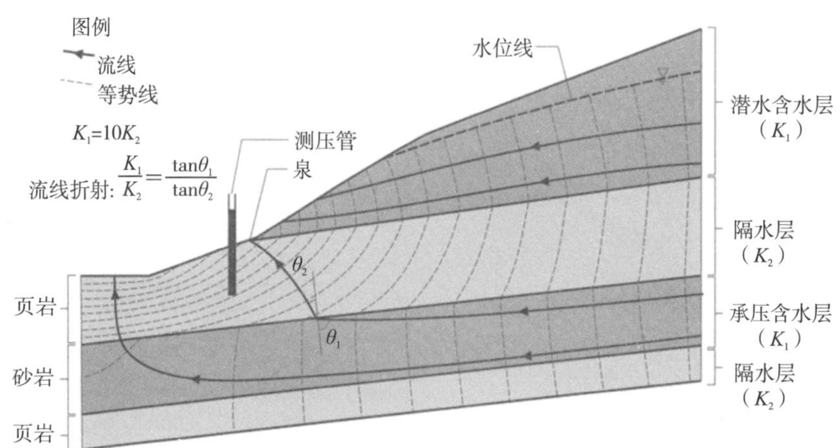

图 3.13　倾斜砂岩和页岩岩层形成含水层和隔水层中的水流和水压分布

(Dr. W. Ward，由 W. Zawadzki 绘制)

这些地层与风化有关的一个特征是在边坡表面堆积了低渗透性的页岩崩积物。该堆积物可以抑制地下水的排泄，导致边坡内的水压增加，见图 3.12(b)中砂岩的承压水压力。

(3)边坡稳定性

图 3.12 所示地层的稳定性与页岩相对较低的强度和较快的风化速度有关(滑坡 A)。页岩风化和崩解导致较坚硬的砂岩岩层失去支撑，砂岩地层悬空，边坡也会发生失稳(图 3.14)。砂岩的拉伸破坏和风化页岩的承载能力失效，共同导致滑动的产生(滑坡 B)。这种失稳模式可能会在没有任何预警的情况下发生，这会对边坡底部的设施造成危害。

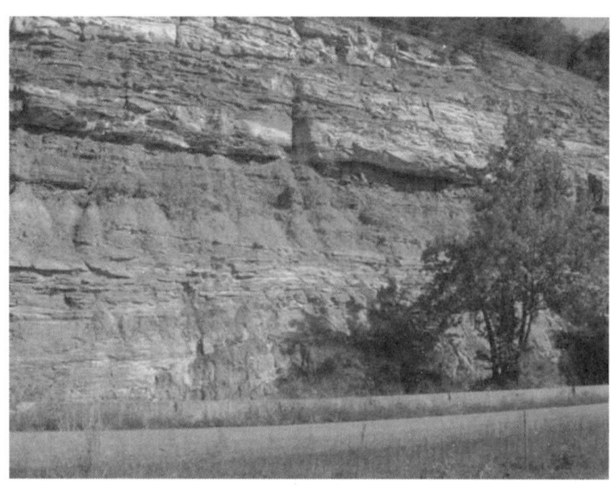

图 3.14　下伏页岩风化相对较快，形成悬空砂岩层(美国肯塔基州)

随着山谷不断下切和水平应力的释放(见第 3.4.4 节)，在页岩中的低剪切强度带可能发生深层滑动，特别是边坡内出现高水压时。如果构造作用形成褶皱、断裂或单斜地层，地层倾向坡外，则边坡失稳的可能性很大。

3.4.6 碳酸盐岩

(1)地质概况

图3.15显示了典型的碳酸盐岩风化剖面，包括石灰岩、白云岩和大理石等岩石。这些岩石的风化作用与本章前面所述的火成岩不同，碳酸盐会被地下水溶解，溶质被带走继而在岩石内形成空洞。风化作用形成的残积土是原岩中的难溶矿物，即石英、燧石、黏土和铁锰氧化物。形成残积土的风化产物主要是黏土，也可能含砂粒或卵石。由于大多数岩石中可溶物已被地下水带走，残积土的体积仅占原岩体积的一小部分。这与火成岩形成的残留土壤形成鲜明对比，火成岩中50%～70%的原岩成分依然保留在原地。

如图3.15所示，风化作用开始于地下水丰富的岩石结构面上，随着地下水带走岩石中的可溶物质，裂隙张开度逐渐变大。最终，在残积土中形成由完整岩石包围的空洞。该过程难以预测，并且在短距离内风化深度变化很大。碳酸盐岩风化形成的地貌称为“喀斯特”。

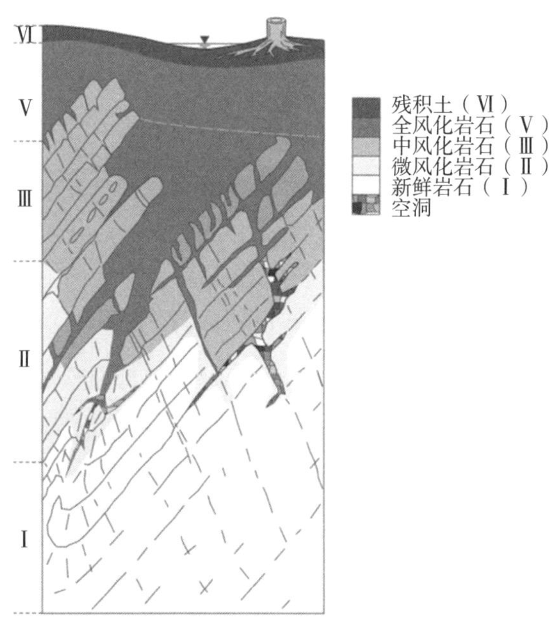

图3.15 典型的碳酸盐岩风化剖面(Deere等,1971)

与其他岩石类型相比，风化的碳酸盐岩的一个特征是新鲜岩石和残积土之间的接触通常是突变的，而中间的过渡带很少。图3.16为典型的风化石灰岩地层，从3.16(a)可以看出在宏观尺度上，岩体内发育空腔，地表高度不规则；从3.16(b)可以看出在微观尺度上，风化石灰岩已形成细密裂隙网络。

风化岩石中的大部分洞穴都被黏土充填，黏土呈软塑、饱和且通常受荷载作用，呈深红色，许多稳定性问题都与这些低强度物质有关。

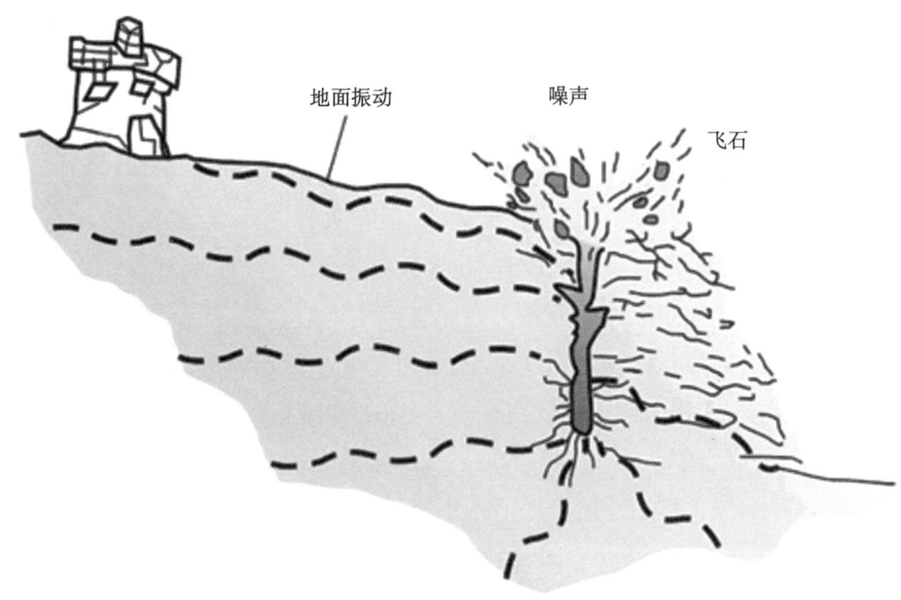

图 3.16 典型的风化石灰岩地层

资料来源：由 I. McDougall 提供。

(2)地下水

在风化的石灰岩中，地下水位将低于空隙和渗透性高的岩层。该岩层中的水向下渗流，持续风化岩石，带走岩石中的可溶物，扩大孔洞，导致在基岩中经常出现大流量的地下水。与高渗透性岩层相反，残积土的渗透率较低，土中可能存在上层滞水。在碳酸盐岩地层中，水流从地表向地下裂隙网络渗流，冲刷松散物质，是地层不稳定的主要原因。

岩溶地带勘察时一个重要现象是钻孔循环水流失，钻杆在空洞处阻力很小。

(3)边坡稳定性

图 3.17 显示了风化碳酸盐岩和残积土的普遍特征。边坡稳定条件与低强度黏土、岩石中的空洞、流经地层的水流以及基岩地质构造的共同作用有关。在图 3.17 中，石灰岩中的层理左倾约 45°，风化优先沿着这些结构面发生，一组正交节理向右倾。溶洞在地面上形成 3 处塌陷，分别处于不同的破坏阶段。

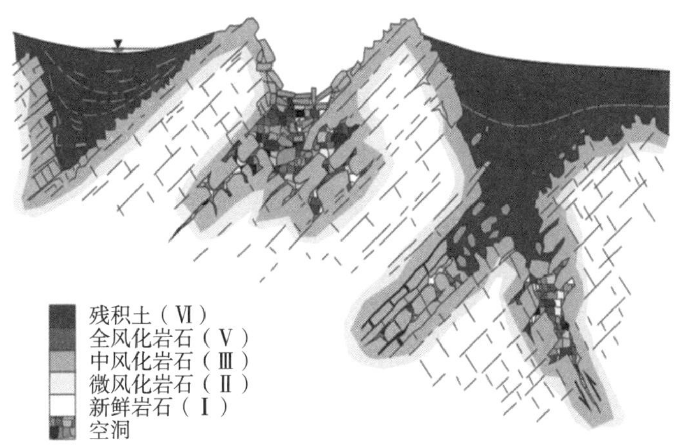

图 3.17 风化碳酸盐岩和残积土的普遍特征(Deere 等,1971)

首先,对于图 3.17 左侧的空腔,由于地下水向下冲刷,松散沉积物进入下层空洞,充填空洞的土壤开始沉降。最终,如图 3.17 中中间的塌陷所示,在强降雨时,当土壤运移速率超过土壤沉积速率,可能会形成落水洞。如果土壤逐渐被冲蚀,落水洞形成的速率可能会较慢;如果深处土壤被迅速冲刷,破坏上层土壤,导致上层土突然出现坍塌,形成落水洞较快。如果流经基岩的地下水继续冲刷土壤,溶洞将会扩张,这将增大地下水流量并加速岩石的溶蚀作用。

图 3.17 右侧为一个充填黏土的空洞。这是一个形成初期的落水洞,由于地下水流入下面的空洞可能逐渐带走土壤,将形成类似图中间的岩溶塌陷特征。

喀斯特地貌中突然出现落水洞在世界许多地区都有发生,如果它们位于城市地区,可能会导致财产损失和生命损失。喀斯特地貌的共同特征是地表极不规则,有岩石形成的孤峰,以及由落水洞形成的空洞。

图 3.17 所示的另一个稳定性问题是,包括自然边坡和开挖边坡在内的基岩边坡,其稳定性与地质构造有较大关系。对于图中间所示的落水洞,左侧的自然边坡较陡,层面倾向坡内,沿着正交的陡倾节理形成坡面。相反,沿层理面形成的右侧边坡坡度较缓。如果在基岩中沿着层面走向进行开挖,那么开挖坡度应适宜其地质构造。如果边坡设计为相对陡峭的 76°(1/4H : 1V),则可能会沿着浅层单斜构造出现平面滑动(见第 7 章)。

在岩石边坡设计中要考虑的另一个问题是临空面后存在空洞。这些空洞不利于边坡稳定,边坡上部的岩石可能出现崩塌,形成坠石或更大规模的失稳。对于这种情况,如果空洞尺寸小于 1～2m,可以喷射混凝土或用混凝土充填空腔,如果空腔分布较多,则必须在弱岩溶风化层中重新切坡。

3.5 风化岩石边坡设计

正如第 3.1.2 节所讨论的,在深度风化的热带地区,最常见的边坡失稳模式是残积土中的浅层滑动，其厚度一般约 3m。这些滑坡通常由热带的强降雨引发，当地表渗透速率超过地下排泄速率，地表水及浅层地下水难以在短时间内排泄到高渗透性的下伏风化岩体中，继而出现滑坡。这些类型的滑坡是一个土力学问题，有大量相关文献，在此不再赘述（Huat 等，2012）。

3.5.1 风化岩石边坡设计理念

本书论述了风化岩石边坡的稳定性，这类岩石通常位于表层土之下新鲜岩石之上，这里认为边坡设计包括了表层土失稳的治理措施。风化岩石的厚度可能从几米到几百米不等，其特征取决于风化程度和母岩性质。

风化岩石边坡设计中需要解决以下 3 个基本问题。

（1）残余地质构造

由于风化作用是原位过程，风化岩体中结构面产状将与新鲜母岩中的结构面相同，但由于节理中存在软弱夹层和充填黏土，其抗剪强度较低。因此，如第 2.6 节所述，应进行地质构造的运动学分析，以识别潜在的平面、楔形体或倾倒破坏。如果边坡稳定性不受构造影响，则应进行圆弧滑动分析。

（2）坡角

总体边坡稳定的坡角应与岩体强度、地质构造、地下水条件和坡高相适应。设计采用第 7 章（平面滑动）和第 8 章（楔形滑动）残余结构控制边坡稳定性和第 9 章（圆弧滑动）岩体失稳描述中的极限平衡分析（LEA）方法。风化岩体的圆弧滑动分析实例见第 9.7 节。

（3）边坡结构

风化岩质边坡的切坡通常需要设置一系列的平台以及收集和处理地表水的排水沟。另外，开挖面通常需要种植植被。在暴雨期间，排水沟和植被起稳定边坡的作用。对于需要加固的边坡，可以通过安装全粘结锚杆和喷射混凝土（“土钉”）来实现，见图 1.2。

3.5.2 浅层风化岩石边坡设计

风化岩石边坡的开挖面由风化层贯穿至新鲜岩石，仅通过种植植被来控制坡面侵蚀，此外无其他加固措施，见图 3.18。该设计方案可以用于岩体强度足够高的情况，以稳定的角度开挖边坡，而不采用支护措施。

对软弱且易遭受剥蚀的残积土（Ⅵ）和全风化岩体（Ⅴ），需要沿坡顶以较缓的角度进行开挖，以防止出现浅层滑动。从强风化至微风化岩体，其切坡角度可以比Ⅵ级和Ⅴ级岩体更大，如果厚度大于 8m，可在边坡中设置带有排水沟的平台来控制地表径流。

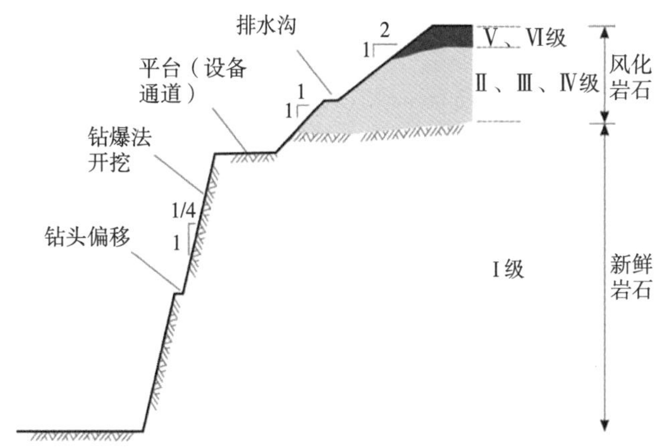

图 3.18 开挖边坡几何形状示例，从残积土到新鲜岩体的边坡中，开挖出不同的坡面角度和排水沟

该边坡坡度的设计将使用第 9 章所讨论的圆弧形破坏分析方法，其中假设岩体是均质的，没有明显的残余构造。但是，仍然建议分析母岩中结构面产状，来确定是否存在控制边坡稳定性的结构面，如平面破坏和楔形破坏（分别参见第 7 章和第 8 章）。在进行平面和楔形破坏分析时，要考虑这些面上已发生风化作用，滑动平面上抗剪强度有所降低。在Ⅴ级和Ⅵ级岩体中，风化作用可能会降低内聚力，进而导致粗糙度损失，摩擦角减小，节理面抗剪强度降低。

在微风化/新鲜岩体接触带，为谨慎起见，通常设计一个平台以容纳松散体的小型滑坡。应该保证施工机械可随时清理平台，防止崩积物或滑体堆积，否则堆积体可能滑至下方的岩石边坡。为便于机械的进出和安全操作，平台宽度通常约为 5m，要考虑坡顶岩土体滑移可能会占据平台。要记住，只需一个很小的滑体就可能切断进入平台的道路。在第 13 章中讨论了如何使用适当的爆破设计来防止对坡顶的损伤。

图 3.18 中边坡的一个重要的设计要求是开挖前必须准确地知道岩石顶部平台的高度，以便正确定位边坡坡顶。如果岩层顶部的高度比预期低，那么从顶部重新开始切坡是非常困难且昂贵的。而边坡风化的深度通常无法预测，这可能需要进行物探和钻探。

风化岩体边坡设计需考虑的另外一点是控制强降雨期间的侵蚀，这需要在每个平台上设置一条排水沟，并在开挖面上种植植被（见图 1.2、图 9.22 和图 9.23）。在马来西亚，边坡上种植植被的一种方法是在切坡面上开挖浅水平凹槽，这样便于用水力喷射播种草籽。这些凹槽可以防止种子在发芽之前被冲走。在热带气候区通常种植香根草，它们在地表上形成厚厚的一层草垫来控制土体被冲刷，其根系长达 1m，有助于加固地表风化岩体。

（李爱国　刘高峰）

第 4 章　现场勘察和地质数据收集

4.1　制定勘察方案

岩石开挖边坡的设计往往是一个反复迭代的渐进过程，开始是初步勘察，接着是初步设计和最终设计，然后是施工。根据现场条件和项目需要，逐步收集更加详细的设计数据。通常完整的勘察方案需要如下 3 个阶段：

(1)初步勘察

检查已出版的地质图和报告、航拍照片，收集当地工程经验资料，尽可能地实地考察，研究在类似地质条件下现有斜坡的特性，以及在露头有限的情况下进行地球物理研究。

(2)路线选择/边坡初步设计

如果项目涉及对备选路线的评估，则可以对每条路线进行一定的调查，调查方法包括地质填图、物探(确定覆盖层厚度)和岩石物理力学性质测试等。对于矿山边坡，在勘察阶段通常会收集大量的有关该矿山的地质信息。这些信息包括地质图、物探和钻探成果，从中可以获得岩土数据。在勘察阶段收集这些数据有利于矿山边坡的设计。

(3)详细勘察

最终设计通常需要详细绘制露头和现有剖面以研究地质构造，通过坑探获取覆盖层厚度和性质，通过钻探调查深部岩体。钻探时需要测量岩芯产状得到地质构造信息，安装测压管测量地下水位和渗透率。岩石强度测试包括岩芯室内试验，以确定结构面的内摩擦角、单轴抗压强度和崩解性。

图 4.1 中采用三层岩芯套管针对性地调查目标区的地质构造，并在节理发育的岩石中钻取高质量岩芯。2016 年，一些规范会要求钻探和取样工作收集所有循环水和钻屑(“零排放钻探”)，并完成现场和道路的修复。

由于现场条件和边坡设计具有多样性，对勘察方案的类型和工作量制定任何规则都不合适。也就是说，每项调查都是独特的。唯一适用于岩石边坡勘察的规则是需要有关地质、岩石强度和地下水的信息。这 3 组设计参数将在后面的章节中讨论。

图 4.1　典型的金刚石钻机垂直钻探，在现场进行岩芯编录(图片由 Norman Norrish 提供)

4.1.1　地质构造

许多岩石边坡勘察的显著特点是关注地质构造的细节。例如，一个倾向坡外的含黏土充填的断层会影响边坡稳定性。地质填图所提供的地质构造数据(在可用的情况下)往往比钻探提供的数据更可靠；与极小体积的岩芯相比，露头和剖面可以呈现更大规模的特征和未扰动的现场条件。

建议尽可能由完成边坡设计工作的个人或工作组进行测绘，这样可以使测绘工作的目标清晰，并且收集的数据均与设计相关。例如，大量的小规模断续结构面对岩体强度和稳定性影响较小，在测绘期间不需要十分关注。与此相比，少量的长度接近边坡高度的大型贯通剪切面却需要重点关注。负责分析数据并且不熟悉现场的设计师可能无法在赤平投影图上确定许多断续节理和大型剪切面之间的相对重要性(参见图 2.3)。因此，由边坡设计单位完成测绘可以很大程度地将这些边坡的特征外推到新设计项目中。此时，可能不需要收集其他数据，但要仔细记录边坡的特征并评估如何将其应用于设计中。或者，如果当地在边坡稳定性方面缺乏工程经验，则可能需要进行大量勘察，其中包括测绘、钻探和室内试验。随着该勘察方案的进行，应对其进行适当修改，以适应现场的特殊条件。例如，钻探和测绘可能表明，尽管岩石很坚硬，结构面也有利于稳定，但可能存在一些控制边坡稳定性的断层。然后，勘察方案将统一确定这些断层的位置和产状，以及它们的抗剪强度特性。

本章介绍地质勘察方法。

4.1.2 岩石强度

在边坡设计中使用的岩石强度参数主要是结构面和岩体的抗剪强度、风化特征以及抗压强度。结构面的抗剪强度可以在实验室中对岩芯样本进行测试，或从结构面切割形成的块体中取样测试。岩体的抗剪强度由边坡破坏反分析确定，也可以采用经验方法根据完整岩石强度、岩石类型和破碎程度等信息来计算。岩石的抗压强度可以在岩芯样品上测试，也可以在野外露头处进行指标测试。岩石对风化的敏感性也可以在实验室测试，或通过原位指标试验进行评估。

第 5 章介绍了岩石强度测试方法的详细内容。

4.1.3 地下水

地下水的勘察是所有边坡设计工作方案中的重要组成部分。在高降水量的气候条件下，设计应始终考虑水压力。设计水压力应考虑强降雨或融雪期间可能产生的峰值压力，而不是平均季节性地下水位产生的压力。此外，如果有排水设施，设计中应说明这些设施因年久失修而老化的可能性。

与地质构造勘察相似，地下水勘察的范围也取决于现场条件。在大多数情况下，安装测压管来测量水位及其变化就足够在设计中得到水压力的实际值。然而，如果设计建造大量的排水设施，如排水平硐，那么测量渗透率有助于评估平硐是否能够顺利排水，然后确定平硐和排水孔的最佳位置和布局。

第 6 章介绍了地下水勘察的详细信息。

4.2 现场踏勘

以下是对项目早期可能使用的一些勘测技术的讨论，主要用于项目评估。在项目的这一阶段收集的信息很少能在最终设计中充分使用，因此一旦最终确定了项目的总体布局，随后将进行详勘，如地质测绘和钻探。

现场踏勘的一部分工作是收集现场所有的相关资料，包括从政府和私人发布的数据到对现有自然边坡和人工边坡特征的观察。这些资料将提供岩石类型、风化深度、可能的边坡破坏模式以及岩石坠落的频率和大小等信息。

在一个项目的勘察阶段中，第一个重要步骤是界定区域，在每个区域中，根据项目需求，其地质特征应该是统一的(ISRM，1981)。区域之间的典型边界包括岩石接触面、断层或主要褶皱。岩体的分区应提供各区域之间边界的位置、产状、类型以及岩体工程特性等信息。通过定义每个区域的边界，可以确定稳定性条件沿着路线或整个场地变化的程度，并计划在不稳定区域进行更详细的勘察。

图 4.2 显示了基本的位置特征，包括通用横轴墨卡托（UTM）坐标系、河流、现有公路和铁路以及拟建的新路线。为清晰起见，地图上没有标出地形。地质数据包括岩石类型、一个滑坡、逆冲断层以及露头上的结构面产状。“10-3”等数字对应表格中的编号，该表格提供了有关每个结构面特征的详细信息；结构面的位置使用 GPS（全球定位系统）确定。层理和两个主要正交节理组的产状见图 2.10 至图 2.12 中的赤平投影。

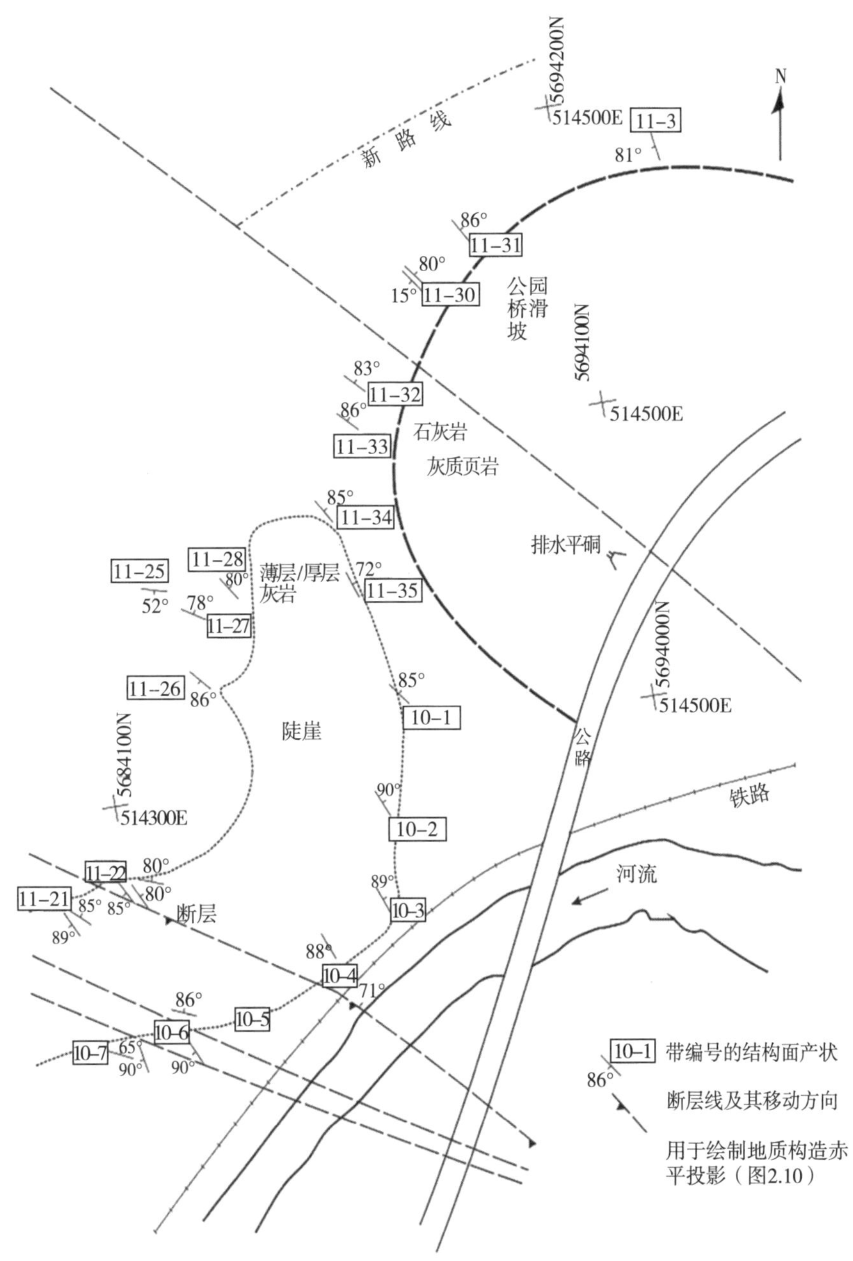

图 4.2　显示地质构造特征的典型踏勘阶段地质（由 CHB Leitch 绘制）

4.2.1 空中和地面摄影

垂直航拍照片或倾斜地面摄影的立体图像比对研究提供了场地大范围内大量有用的地质条件信息(Peterson 等,1982)。通常,在地表测绘中很难识别场地大范围特征,因为它们被植被、滚石或密集的结构面所掩盖。岩土工程中常用的照片是拍摄高度在 500～3000m 的黑白垂直照片,比例尺为 1∶10000～1∶30000。在一些项目中,有必要提供高空和低空照片,如用高空照片识别山体滑坡,而低空照片则提供更详细的地质构造信息。

航拍照片现在已经被谷歌地球所取代,谷歌地球覆盖了整个地球,并定期更新,以检查随时间变化的情况。2016 年,从谷歌地球图片中生成比对立体图像并非常规方法。但是,解译详细的边坡激光雷达扫描结果可以提供与航拍照片类似的信息(见第 4.2.3 节)。

航拍照片最重要的用途之一是识别潜在滑移或破坏的滑坡。在垂直航拍照片上,滑坡特征通常很明显,即沿滑坡顶部的陡坎、滑坡体中的丘状地形以及坡脚的新扰动区域,包括河流方向的突变。通过比较多年来拍摄的照片,可以确定滑坡的移动速度以及它的规模是否在增大。从 1965 年发生在不列颠哥伦比亚省 Hope 滑坡的航拍比对立体图像(图 4.3)可以看出,失稳的岩石体积约为 4700 万 m^3,一条 3.2km 长的公路被埋至约 80m 的深度,边坡沿着大约 30°倾向坡外的连续的页理面上发生滑动。

航拍照片上其他比较明显的特征是场地主要地质构造,如断层、层理面和连续的节理组。照片可提供这些特征的位置、长度和连续性信息(Goodman,1976)。

正如第 4.2.3 节所讨论的那样,激光雷达扫描创建数字地形模型(DTMs)比航空摄影应用得更加广泛。

图 4.3 不列颠哥伦比亚省 Hope 滑坡的航拍比对立体图像

(滑坡体积为 4700 万 m^3,掩埋 3.2km 长的公路)

4.2.2 强风化岩石边坡设计

整个坡面处于风化状态的岩石边坡通常需要设计多个台阶，其中稳定性所需的整体坡度角定义了台阶高度、平台宽度和平台间坡面角度的组合。实际上，台阶的垂直高度为 6～8m，包括排水沟所需的平台最小宽度约为 3m。此外，要在每个平台上修建排水沟，台阶的坡度比整体坡度陡，但仍然要保持边坡的稳定。

第 9.7 节提供了风化岩石边坡圆弧滑动稳定性分析的例子。这些边坡设计介绍了整体坡度和台阶的设置。

4.2.3 地球物理方法

地球物理方法通常用于踏勘或初步勘察阶段，可以提供风化层厚度、基岩面、密度存在显著差异的岩石之间的接触面、主要断层的位置和岩石破碎程度等。从地球物理勘探中获得的结果通常不精确，无法用于最终设计，最好通过设置一些探坑或钻孔进行校准，以抽查实际岩石性质和接触面位置。不过，地球物理勘探提供了地下连续剖面，这些信息可作为钻孔之间的补充。就岩质边坡工程而言，地震折射波法是最常用的地球物理勘探方法。

地震折射波法——地震勘探用于确定土壤和岩石层的大致位置和密度、地下水位或岩石的破碎程度、孔隙度和饱和度的方法。各种类型岩石的波速与它们的致密程度相关，这对选择岩石开挖方法非常有用，见图 4.4。地震折射波法在数十米到几百米的深度范围内是有效的。在结构面发生剪切位移，并且位移导致某一密度的岩土层发生明显变化的情况下，地震方法不会检测到结构面。

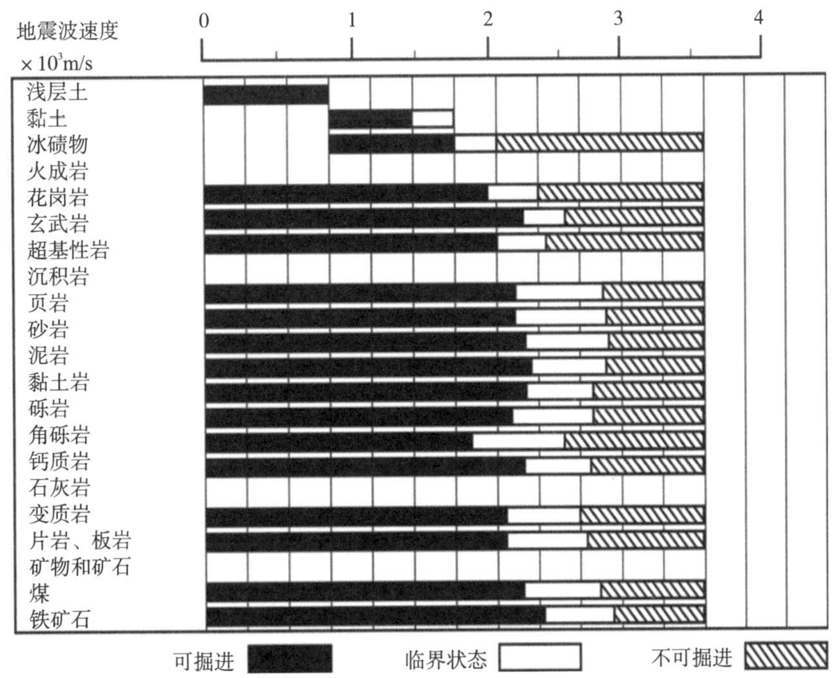

图 4.4 与掘进机开挖相关的常见岩土体的地震波速度近似范围(Caterpillar Inc. ,2015)

地震勘测测量需要布置浅能量源，沿着所测剖面直线布置若干传感器，测量能量源和传感器之间弹性波的相对到达时间，从而测量传播速度。能量来源可能是锤击、气枪中丙烷—氧气混合物爆炸或轻型炸药爆炸。在均质弹性地面附近受到瞬时应力的作用下，3 种弹性波以不同的速度向外运动。其中两种是体波，以球面波的形式传播，受地面自由表面的影响很小。第三种是局限于近地表区域的面波（瑞利波），其振幅随深度迅速下降。两种体波，即主波（P 波）和次波（S 波）在运动方向和速度方面都有差异。P 波是沿传播方向的纵波，而 S 波在介质中产生剪切应力。主波波速（V_p）和次波波速（V_s）与介质的弹性常数和密度相关：

$$V_p = \left\{\frac{[K + (4G/3)]}{\gamma_r}\right\}^{1/2} \tag{4.1}$$

$$V_s = \left(\frac{G}{\gamma_r}\right)^{1/2} \tag{4.2}$$

式中：K ——体积模量；

G ——剪切模量；

γ_r ——岩石密度。

在大多数岩石中，S 波速度约为 P 波的一半，而且 S 波在流体中不传播。主波波速（V_p）和次波波速（V_s）的比值 V_p/V_s（$V_p/V_s > 1$）仅取决于介质的泊松比。

根据波的特性可以评估岩石的一些特性，包括强度（或固结程度）、密度和破裂程度。例如，由于能量波在不断增大的波前区域传播，随着波与波源的距离增大，波的振幅减小。岩体的不完全弹性导致能量损失和地震波的衰减比单凭几何分布预计的要大。振幅衰减在较软的岩石中更为明显。地球物理特征和岩石性质之间的这些关系可将岩石的完整性与地震波速联系起来（图 4.4）。

与低密度、裂隙较密的岩石相比，高密度材料和大体积岩石中弹性波的波速较大。如果一层低密度材料覆盖在高密度材料上，如土壤覆盖在基岩上，那么基岩中的弹性波速将更大，两层之间的接触区域将成为折射面。在爆破点的特定距离范围内，距爆破点不同距离处的首次波到达时间将反映弹性波沿该接触面的传播。此结果可用于绘制两层材料之间的接触轮廓。

4.2.4 数字地形模型

截至 2016 年，使用数字图像和激光雷达（LiDAR）扫描创建数字地形模型（DTMs）是一项快速发展的技术。这些技术可用于诸如基岩远程地质填图（第 4.3.2 节）、测量喷射混凝土厚度、监测边坡位移（第 15 章）、确定与设计路线相关的超挖/欠挖以及测量开挖方量或落石体积等（Hiltunen 等，2007；Birch，2008；Fekete 等，2008）。这些测量的精度取决于多个因素，如是否将相机/激光雷达扫描仪安置在已调查过的稳定的、固定的参照点，以及是否获得单个或多个重叠图像。所需图像也可以通过无人机获取。三维模型还可用于记录施工进度。

应用数字地形模型技术时，需要匹配设备的复杂度、成本与要求的结果精度。使用便宜的数码相机获得的图像可以广泛应用，但精确、完整的地面扫描需要使用激光雷达设备。激光雷达扫描的局限性在于激光束无法轻易穿透植被、积雪和暴雨，这会限制测绘成果的使用价值，并且只能获得视线特征。但是在某些条件下，可以从数字地形模型中去除植被，生成地表模型。

4.3　地质测绘

在地质构造相似区域内开挖边坡，地表露头或现有剖面的地质测绘能提供边坡设计所需现场条件的基本信息。尽管地质测绘是调查方案的重要组成部分，但也不够精确，因为根据地表露头的少量信息获取整个边坡的地质条件需要进行大量的推断。

为了使设计采用的地质测绘信息更为可靠，在绘制地质图和描述岩体工程性质时，必须有一个明确的程序，该程序能够比较不同人员在多个工作现场获取的结果。为了满足这些要求，制定了标准测绘程序，其目标如下：

①提供一种语言，使观察人员能够表达他们对岩体的总体印象，特别是与预期的力学特性有关的印象。地质描述的语言必须明确，以便不同观察者以相同的方式描述同一种岩体。

②尽可能地包含能解决实际问题的定量数据。

③尽可能使用简单的测量方法，而不仅是目测。

④为工程目标提供完整的岩体描述。

4.3.1　线和窗口测绘

系统研究所有重要地质特征的构造填图方法是“线”和“窗口”测绘（另见附录Ⅱ）。

线测绘指沿剖面拉伸卷尺，并绘制与测线相交的每个结构面；测线长度通常为 50～100m。如果测线的两端被定位，则可以确定所有不连续面的位置。窗口测绘是绘制固定大小的代表性片段或“窗口”内的所有结构面，窗口沿剖面有规律地间隔。在间隔区域检查岩体结构的相似性。窗口的尺寸约为 10m。这两种测绘技术中的任何一种都可用于项目的勘察和最终设计阶段，选取哪一种方法取决于可测绘的地表范围。如果初步勘察确定了可能对稳定性产生重大影响的某些特征，如粗糙度和延伸性等，那么就需要对这些特征进行更详细的测绘。

4.3.2　结构面的立体摄影测绘

有时可能无法直接对岩壁进行测绘，如有坠石危险或者岩壁倒转。在上述情况下，可以使用地面摄影间接绘制地质图，其基本原理是获得每个结构面上至少 3 个点的坐标，由此计算其产状。

SIROJOINT（CSIRO，2001）是一个用于该工作的系统。在已知位置用摄像机拍摄坡面的数字图像，并将其转换为定义岩壁的三维空间数据。每个空间点在空间中都有一个位置（x,y,z 坐标），并且每 3 个局部空间点组成的集合定义一个三角形。根据这些坐标，三角形的产状可以根据倾角、倾向定义，同样其质心的坐标也可以得到。该软件允许使用鼠标勾勒出需要分析的结构面轮廓，计算出的倾角和倾向可以直接导入赤平投影中。

4.3.3 结构面类型

地质调查通常根据结构面的形成方式对其进行分类，这对岩土工程很有用，因为每类结构面在尺寸和抗剪强度特征等方面通常具有相似性，可用于现场稳定性条件的初步判断。以下是最常见的结构面类型的标准定义：

(1)断层

断层为发生明显位移的结构面。断层很少是单一的平面，通常它们以平行或似平行的结构面组的形式出现，断层沿结构面的移动范围或大或小。

(2)层理

层理为与沉积表面平行的面，可能有物理现象，也可能没有。请注意，不应假定层理面的原始状态是水平的。

(3)片麻理

片麻理由变质岩中板状矿物或条带状矿物定向排列而形成。

(4)节理

节理是两侧未发生明显位移的结构面。一般来说，节理面与原生结构面（如层理、解理和片理等）相交。一系列平行的节理称为节理组；两个或多个相交的节理组产生一个节理系；两组彼此大致成直角的节理组称为正交节理组。

(5)劈理

在一系列具有不同强度的岩层中，在软弱层中形成的平行结构面被称为劈理。一般而言，该术语意味着劈理面不受平行方向矿物颗粒的控制。

(6)片理

片岩或其他粗粒结晶岩中的层理，由片状或棱柱状矿物颗粒平行排列而形成，如云母。

4.3.4 地质术语

以下为用于完整描述岩体的特征信息以及对这些特征如何影响岩体特性的评价。这些信息主要基于 ISRM(1981)制定的规程。附录Ⅱ提供了更多的测绘数据细节,其中包括现场测绘表,以及将岩体特征描述与定量测量相联系的表。

图 4.5(a)阐明了地质构造的 13 个基本特征,本节对每个特征进行了更详细的描述。图 4.5中的图和照片显示,在岩石变形的应力场中,结构面通常以正交组(相互成直角)出现;照片显示了块状花岗岩中的 3 个正交节理。图 2.11 中的赤平投影也说明了正交结构的特征。在露头或赤平投影中识别正交结构的价值在于,这些特征通常在岩体中最为普遍,并可能控制着岩体稳定性。

定义岩体特征的参数见图 4.5(a)。

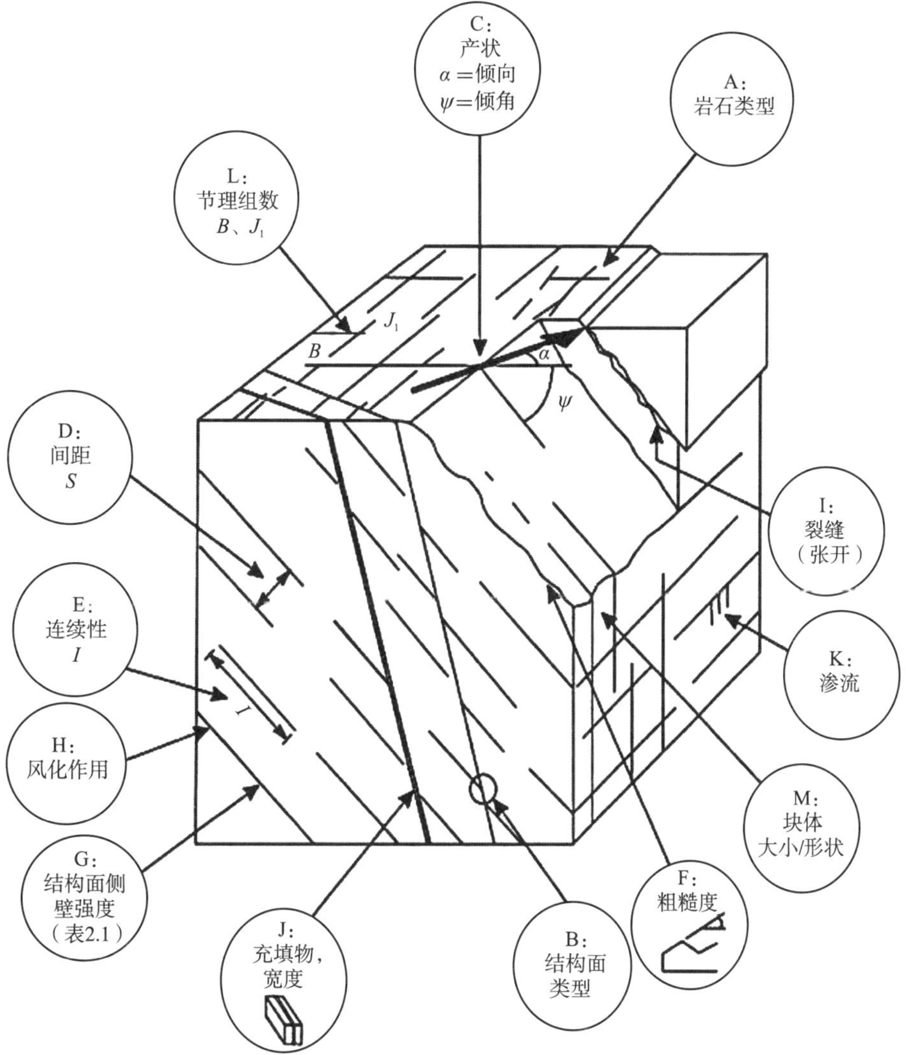

(a) 描述岩体的参数,字母(“A” 等)指文本中的描述参数(Wyllie,1999)

（b）含有3个正交方向节理的块状花岗岩照片（不列颠哥伦比亚省霍普附近）

图 4.5　岩体结构面特征

(1)岩石类型

岩石类型由岩石的成因(即沉积岩、变质岩或火成岩)、矿物、颜色和粒度(Deere 等，1966)确定。定义岩石类型的重要性在于能够从不同岩石类型的特性中广泛吸收经验(如花岗岩通常比页岩更坚硬、更完整)，能为研究岩石的性质提供有用的指导。

(2)结构面类型

结构面类型的范围从有限长度的无充填张节理到含有几米厚断层泥、长达数千米的断层;断层的抗剪强度通常小于节理的抗剪强度。第 4.3.3 节提供了 6 种最常见的结构面类型的定义。

(3)结构面产状

结构面的产状表示为倾角和倾向(或走向)。倾角是平面与水平面的最大夹角(角度 ψ)，而倾向是倾角线的水平投影的方向，从正北开始顺时针测量(角度 α)(图 2.4)。对于图 4.5所示的向东北倾斜的平面，结构面的方位可完全由几位数字定义：45°∠30°，其中倾角为 30°，倾向为 45°。这种定义结构面产状的方法有助于绘制地图，因为可以从罗盘直接读取倾角和倾向(图 4.6)。此外，可以直接在赤平投影图上绘制结果，以分析地质构造(第 2.5 节)。在使用图 4.6 所示的罗盘时，从顶盖和底座的铰链处刻度尺上读取倾角，同时从 0°到 360°的刻度尺上读取倾向。

为了考虑现场的磁偏角，一些罗盘可以旋转刻度盘，从而确保从正北方向测量倾向。如果罗盘没有此功能，则可以相应地调整读数：例如，对于 20°东磁偏角，将 20°添加到读数中，以获得正确读数。

(4)间距

可在岩石表面和钻孔岩芯中绘制相邻结构面间距，实际间距根据岩石表面的相邻结构面的视间距计算(另见第 4.4.1 节)；间距类别从极宽(大于 2m)到极窄(小于 6mm)。通过测量一组结构面的间距，能确定块体的尺寸和形状，并预估其失稳模式，如倾倒破坏等。此外，岩体强度与间距有关，因为在裂隙发育的岩体中，单个结构面更容易相互连接，并形成连续的软弱带。第 5.5 节讨论了考虑结构面间距的裂隙岩体强度计算方法。

(5)延续性

延续性是对结构面的延伸长度或展布范围的测量；延续性分类的范围从非常高(大于 20m)到非常低(小于 1m)。该参数定义了块体的大小和潜在滑动面的长度，因此测绘应集中于测量对稳定性影响最大的一组结构面的延续性。如果无法直接在观测面上测量结构面的长度，则可使用第 4.4.2 节中所述的方法来估计延伸至观测面以外的结构面的平均长度。

图 4.6　地质罗盘(Clar 型)用于直接测量结构面的倾角和倾向

注：将顶盖放在岩石表面，旋转底座直到水平，如水准泡所示；松开指针指向倾向，并在铰接处刻度盘上读取倾角。

(6)粗糙度

结构面的粗糙度通常是抗剪强度的重要组成部分,尤其是在结构面没有移位且结构面两边岩体紧密咬合的情况下。当结构面被填充或移位,结构面两边岩体不再紧密咬合时,粗糙度变得不那么重要。现场测量粗糙度时,应在长度至少为 2m 的裸露表面上(如果有可能),量测方向为预期滑动方向,测得的粗糙度可通过大尺寸和小尺寸特征的组合来描述,见表 4.1。

表 4.1　粗糙度的尺寸特征

形状	粗糙度
阶梯形	粗糙
波浪形	平坦
平直形	光滑

粗糙度可以用 $i°$ 值来量化,$i°$ 值表示结构面不规则(或粗糙)程度,见图 4.5(a)中的 F。粗糙结构面的总摩擦角为($\varphi + i$)。i 值可以通过直接测量结构面或将结构面与不规则节理面的标准轮廓进行比对来确定,第 4.4.3 节描述了这些方法。通常的做法是在初步测绘期间使用标准粗糙度轮廓进行测量。如果存在对边坡稳定性至关重要的结构面,则需使用大量详细的现场粗糙度测量值来校准估算值。

(7)结构面侧壁强度

形成结构面侧壁的岩石强度将影响粗糙表面的抗剪强度。如果在剪切过程中,在局部接触点处产生比结构面侧壁强度高的应力,则粗糙面将被剪切掉,从而降低内摩擦角的粗糙度分量。有水流集中的结构面在风化初始阶段,结构面两侧的岩石强度通常会降低,从而导致粗糙度降低。通常可以通过表 4.2(ISRM,1981)中所示的简单现场试验,或者岩芯、岩块试样的点荷载试验(见第 5.7.2 节)来估算侧壁岩石的抗压强度。施密特锤击试验也能估算结构面侧壁岩石的抗压强度。

计算第 5.5 节中讨论的岩体强度时,完整岩石的强度也是参数之一。

(8)风化作用

风化作用导致的岩石强度下降,也将降低上文(G)中所述的结构面抗剪强度。风化使完整岩石的强度下降,因此岩体的抗剪强度也降低了。岩石风化类型从新鲜岩石到残积土不等。岩石风化既有物理风化,也有化学风化。物理风化是气候环境作用的结果,如干湿循环、冻融循环。物理风化最常见于沉积岩,如砂岩和页岩,尤其是含有膨胀土的沉积岩和云母含量高的变质岩。化学风化指岩石中化学物质的变化,如氧化(如含铁岩石中的黄色褪色)、水化(如花岗岩中的长石分解为高岭土)和碳化(如石灰石溶蚀)。表 4.2 列出了根据破碎和分解程度对岩体进行分类的风化等级(另见第 3 章)。

表 4.2　　岩土强度分级

等级	类型	现场鉴定	单轴抗压强度的近似范围/MPa
R_6	极坚硬岩石	标本只能被地质锤敲断	＞250
R_5	较坚硬岩石	标本需要地质锤很多次敲击才破裂	100～250
R_4	坚硬岩	试件需要地质锤数次敲击才破裂	50～100
R_3	中等坚硬岩石	标本无法被小刀刮落或破碎，能被地质锤用力一次击碎	25～50
R_2	软岩	标本可以被小刀艰难地划开，被地质锤的尖头用力敲击会产生浅的凹痕	5.0～25
R_1	较软弱岩石	标本可被地质锤尖头用力击碎，可被小刀划开	1.0～5.0
R_0	极软弱岩石	标本可用指甲刻出印痕	0.25～1.0
S_6	坚硬黏土	标本很难用指甲刻出印痕	＞0.5
S_5	较硬黏土	标本容易用指甲刻出印痕	0.25～0.5
S_4	硬黏土	标本容易用指甲刻出印痕但很难压入	0.1～0.25
S_3	天然黏土	标本能被拇指用力压入几厘米	0.05～0.1
S_2	软黏土	标本容易被拇指用力压入几厘米	0.025～0.05
S_1	较软黏土	标本能轻易被拳头压入几厘米	＜0.025

资料来源：改编自 1981 年国际岩石力学学会（ISRM）出版的《岩体结构面定量描述的建议方法》，作者为 E. T. Brown 等。

注：结构面侧壁强度通常以 R_0～R_6 级（岩石）为特征。在转换为国际单位制时，对强度值进行了取整。

（9）张开度

裂缝张开度指张开结构面相邻岩壁间的垂直距离，充填于岩壁间的是空气或水；裂缝类别包括从洞穴状（大于 1m）到非常紧闭（小于 0.1mm）。因此，张开度与含充填结构面的“宽度”是不同的。通过预测岩体在应力变化下可能的行为（如渗透和变形），进而了解张开结构面的成因十分重要。张开结构面形成的可能原因包括充填物被冲刷、岩石溶蚀形成结构面侧壁、粗糙结构面发生剪切位移和剪胀、滑坡顶部张裂缝以及冰川后退或侵蚀后陡峭岩壁的应力松弛。裂缝张开度可在露头或隧道中测量，前提是要注意回避爆破引起的张开结构面；如果岩芯采取率较好，可在岩芯中测量裂缝张开度；如果孔壁清洁，则可在钻孔中使用钻孔摄像测量张开度。

（10）充填物/宽度

充填物指将结构面的相邻岩壁隔开的物质（如方解石或断层泥）；相邻岩壁之间的垂直距离称为含充填结构面的宽度。为了预测结构面的行为，需要对充填物进行完整描述，包括以下内容矿物、粒径、超固结比、含水量/导电率、结构面粗糙度、宽度以及围岩的破裂/破碎程度。如果充填物可能是边坡的潜在滑动面，则应收集充填物试样（尽可能取原状试样）进行剪切试验。

表 4.3　风化等级

术语	描述
新鲜	没有明显的岩石风化迹象；主要结构面上可能有轻微变色
微风化	变色表明岩石和结构面的风化。所有岩石可能因风化而变色，风化后的外部岩石强度可能比其新鲜状态时弱
中风化	一小半的岩石分解和/或崩解成土壤。新鲜或变色的岩石要么作为一个不连续的骨架存在，要么作为岩芯存在
强风化	一大半的岩石分解和/或崩解成土壤。新鲜或变色的岩石要么作为连续的骨架存在，要么作为核心存在
全风化	所有岩石分解和/或崩解成土壤。原始的岩体结构仍然基本完好
残积土	所有岩石材料都转化为土壤。岩体结构和材料结构被破坏。岩石体积大幅度减少，但其转化的土壤没有被显著搬运

资料来源：改编自 1981 年国际岩石力学学会（ISRM）出版的《岩体结构面定量描述的建议方法》，作者为 E. T. Brown 等。

（11）渗流

由于地下水几乎完全流通在结构面上（“次要”渗透），渗流位置提供了结构面的信息；结构面渗流等级包括从非常紧闭并干燥到有可以冲刷填充物的连续水流。这些观测结果也将表明潜水面的位置，或在隔水和透水岩层互层（如页岩和砂岩）的岩体中各个潜水面的位置。在干燥气候条件下，蒸发率可能超过渗透率，因此很难观察到渗流位置。在寒冷的天气，即使在非常低渗透率的条件下，冰柱也能很好地标示渗透位置。渗流量也有助于预测施工期间的情况，如涌水量和降水需求。

（12）节理组数

在完整岩块不破坏的情况下，相互交叉的节理组将影响岩体变形的程度。随着节理组数的增加和岩块尺寸的减小，在施加荷载时，岩块旋转、平移和压坏的机会增大。测绘时应区分系统的（作为节理组成部分）结构面与偶然的、随机产状的结构面。

（13）块体大小/形状

块体大小和形状由结构面间距、延续性以及节理组数决定。块体形状包括块状、板状、碎裂状和柱状，而块体大小从非常大（大于 8m^3）到非常小（小于 0.0002m^3）。块体大小可以通过选择几个典型的块体并测量它们的平均尺寸来估算。

使用本节概括的术语，岩石的典型描述如下：

中风化、软弱、细粒、深灰色至黑色碳质页岩。

请注意，岩石名称排在最后，因为岩石名称没有岩石的工程性质重要。

岩体描述示例如下：

页岩和砂岩的互层；通常，页岩层厚 200～400mm，砂岩层厚 1000～5000mm。在页岩中，页理为 100～200mm，许多页岩中含有宽度可达 20mm 的软黏土充填物；层理面平坦且基本光滑。砂岩呈块状，层理和两个共轭节理组的间距为 500～1000mm；层理和节理面光滑、起伏，不含填充物。页岩层的上部接触面潮湿并有滴水；砂岩干燥。

4.4　间距、延伸长度和粗糙度测量

岩石露头的地质测绘涉及结构面粗糙度、间距和延续性的详细测量。通常只对结构面组或某一特征进行详细测量，这些结构面组或特征会对岩体稳定性有重大影响（如延伸较长且倾向坡外）。

4.4.1　结构面间距

结构面间距决定边坡中块体的尺寸，这将影响坠石的大小和锚杆支护的设计。从地面测绘结构面间距时，要考虑的一个因素是坡面和结构面之间的相对方向。也就是说，相对方向会对结构面的数量和间距产生偏差，实际结构面间距小于视间距，实际结构面的数量大于绘制的数量。上述偏差产生原因是所有与坡面成直角的结构面将在坡面上可见，可以观察到实际间距；而少数间隔较宽、与坡面接近平行的结构面无法观察到，见图 4.5(a)和图 4.7。间距偏差可用下述公式纠正（Terzaghi，1965）：

$$S = S_{app} \cdot \sin\theta \tag{4.3}$$

式中：S ——同一组结构面之间的真实间距；

S_{app}——测得（视）间距；

θ ——观测面与结构面走向之间的夹角。

考虑到坡面与结构面走向之间的相对方向，可以对结构面组内结构面的数量进行调整，如式(4.4)：

$$N = \frac{N_{app}}{\sin\theta} \tag{4.4}$$

式中：N ——调整后的结构面数量；

N_{app}——测量的结构面数量。

例如，一个垂直钻孔很难与陡倾结构面相交，一个垂直面也很难和平行于该面的结构面相交；太沙基校正法将适当增加这些结构面的数量。一些赤平投影软件可以应用太沙基校正法来增加结构面的数量，以修正测量方向的偏差，并更准确地表示结构面的数量。

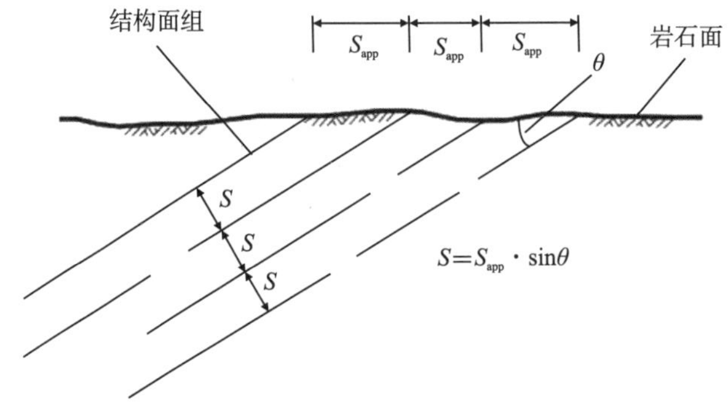

图 4.7　结构面组的视间距和实际间距关系

在岩石露头中，同一组内结构面的间距是可变的，下面讨论节理组平均间距的计算方法以及太沙基校正法的应用。图 4.8 显示了一个包含一组倾角 ψ 的节理组的岩石露头，计划在其中开挖陡坡。该节理组的特征用线测绘法确定，方法是将卷尺垂直悬挂在岩石表面，并记录与卷尺相交的每个节理的特征。卷尺可称为观测线，观测线的长度为 15m(见第 4.3.1 节)。

对于观测线垂直且不与节理正交的情况，使用式(4.5)计算图 4.8 中节理的平均实际间距($\bar{s}$)。如果倾角为 ψ 的 N' 节理与长度为 L_1 的观测线相交，则 $\bar{s}$ 的值由式(4.5)得出：

$$\bar{s} = L_1 \cdot \cos\psi / N' \tag{4.5}$$

在图 4.8 中，9 条平均倾角为 35°的节理($N'=9$)与观测线相交，观测线的长度为 15m($L_1=15$)。这些节理的平均间距为 1.5m，平均间距在图 4.8 中按比例绘制。

研究不同结构面组的间距的一种方法是沿着不同方向的观测线进行测量，最好是观测线与每个结构面组正交(Hudson 等；1979，1983)。

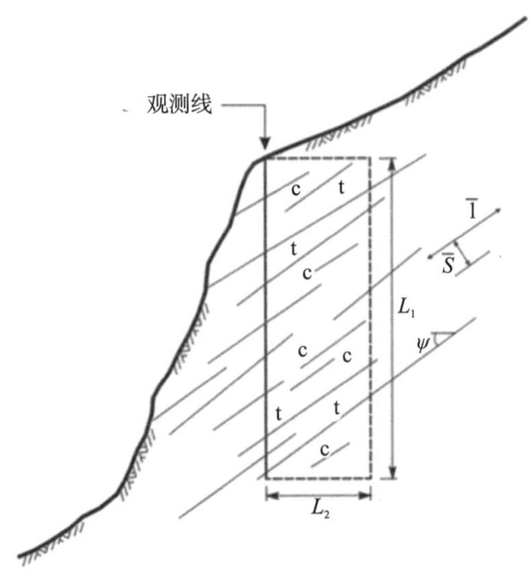

图 4.8　测量露头上倾角为 ψ 的一组结构面的平均间距和延伸长度

太沙基校正法可应用于观测线上的节理测量，如下所述。观测线与9条节理相交（$N_{app}=9$），平均倾角为35°的节理与垂直观测线之间的夹角为55°。于是由式（4.4）可得，大约11条节理与一条15m长的观测线正交。

4.4.2　结构面组的延伸长度

结构面的延伸性是最重要的岩体参数之一，因为它和结构面间距共同决定了滑动块体的尺寸。此外，因为岩石的强度通常比作用于边坡的剪应力高很多，所以短距离的结构面之间的小块完整岩石可能对稳定性产生重大影响。然而，延伸性是最难测量的参数之一，因为通常只有一小部分结构面在坡面上可见。岩芯上没有关于延伸性的相关信息。

许多计算程序可以通过测量一组结构面在坡面上某一区域内出露的迹线长度来计算一组结构面的近似平均延伸长度（Pahl，1981；Pristor 等，1981；Kulatilake 等，1984）。

Pahl（1981）开发的程序首先在坡面上定义一个测绘区域，尺寸为 L_1 和 L_2（图4.8）；然后，统计该区域内某一结构面组（倾角为 ψ）的结构面总数（N''），并识别完全位于该区域内的结构面数量（N_c）以及和区域边界相交的结构面数量（N_t），其中，完全位于该区域内的结构面较短，且两端可见，而和区域边界相交的结构面相对较长，且两端均不可见。根据式（4.6）至式（4.8）计算出一组结构面的近似平均长度（$\bar{l}$），上述方程与长度统计分布的假设形式无关。

$$\bar{l}=H'\cdot\frac{(1+m)}{(1-m)} \tag{4.6}$$

其中

$$H'=\frac{L_1\cdot L_2}{(L_1\cdot\cos\psi+L_2\cdot\sin\psi)} \tag{4.7}$$

且

$$m=\frac{(N_t-N_c)}{(N''+1)} \tag{4.8}$$

如上述方程所示，这种估算结构面平均长度的方法基于计算已知区域内结构面总数，而不涉及测量单个结构面的长度，那是一项更耗时的任务。

对于图4.8中描述的节理，其平均延伸长度可计算如下：观测区域内的节理总数（倾角 $\psi\sim35°$）为15（$N''=15$），其中5条位于观测区域内（$N_c=5$），4条横切观测区域（$N_t=4$）。如果观测区域的尺寸为 $L_1=15$、$L_2=5$，则 $m=-0.07$，$R'=4.95$。根据式（4.6），该组中节理的平均延伸长度为4.3m。平均延伸长度在图4.8中按比例绘制。

如果观测区域中出现第二组影响稳定性的结构面，可以使用相同的程序计算这个结构面组，以确定它们的平均间距和延伸长度。

4.4.3　岩石表面粗糙度

岩石粗糙表面的内摩擦角由岩石的内摩擦角（φ）和岩石表面的不规则体（粗糙度）产生

的咬合(i)两个部分组成。由于粗糙度是总摩擦角的重要组成部分,测量结构面粗糙度是测绘方案的重要组成部分。

在调查的初步阶段,符合要求的一贯做法是根据节理粗糙度系数(JRC)(Barton,1973年)对粗糙度进行目测评估。JRC 的变化范围从 0(平滑、平坦、极为光滑的表面)到 20(粗糙、起伏的表面)。JRC 值可通过将岩石表面与标准曲线进行目测比对来估算,比较内容为表面凸起体(几厘米的尺度)和波形起伏(几米的尺度),见图 4.9。

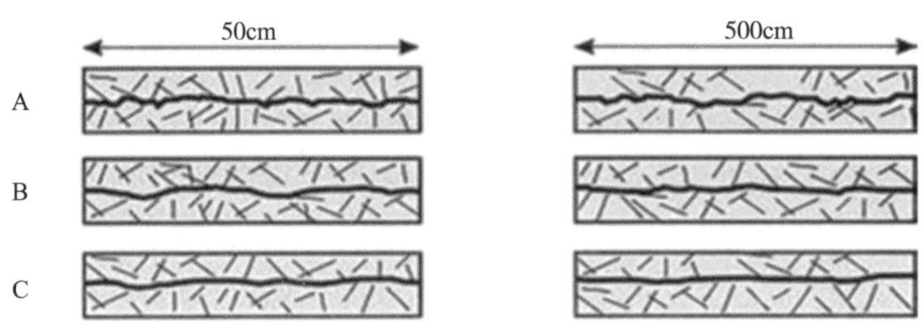

图 4.9　确定节理粗糙度系数的标准剖面(Barton,1973)

注:A. 粗糙的波状张节理,粗糙薄层,粗糙层面,JRC=20。

B. 平滑波状薄层,非平面页理,波状层理,JRC=10。

C. 光滑且接近平面的剪节理,平面页理,平面层理,JRC=5。

JRC 与结构面粗糙度 i 及结构面上岩石的强度有关,如式(4.9):

$$i = \mathrm{JRC} \cdot \log_{10}\left(\frac{\mathrm{JCS}}{\sigma'}\right) \tag{4.9}$$

式中:JCS——结构面(节理)上岩石的抗压强度,见表 4.2;

σ'——由上覆岩石的重量减去结构面上水的浮托力而在结构面上产生的有效正应力。

式(4.9)表明,当岩石强度与施加的法向应力相比较低时,随着结构面上的微凸体被研磨掉,i 减小。第 5.2 节更详细地讨论了式(4.9)在岩石表面抗剪强度测定中的应用。

在项目的最终设计阶段,可以确定一些对稳定性有显著影响的结构面,并使用一系列方法精确测量这些关键表面的粗糙度。Fecker 和 Renger(1971)开发了一种使用地质罗盘测量结构面产状的方法,该罗盘在顶盖上装有一系列不同直径的圆板。如果较大的圆板直径与粗糙起伏的波长大致相同,则测量的产状将与结构面的平均产状相同。相反,较小直径的圆板可以靠在较短波长的粗糙面上,测得的结构面产状会比较离散。如果在赤平投影上绘制测量结果,表示平均产状的极点离散程度可以表示粗糙度。

Tse 和 Cruden(1979)使用机械剖面仪建立了剖面的定量测量方法,Maerz、Franklin 和 Bennett(1990)开发了一种阴影剖面仪,用摄像机和图像分析器记录结构面的形状。

如图 4.10 所示,确定剖面的方法如下:在长度 M 的距离上以等间隔(Δx)确定采样点,测量采样点的地表与固定基准线之间的距离(y_i)。根据这些测量,定义系数 Z_2 为

$$Z_2 = \left[\frac{1}{M \cdot (\Delta x)^2}\sum_{i=1}^{M}(y_{i+1} + y_i)^2\right]^{1/2} \tag{4.10}$$

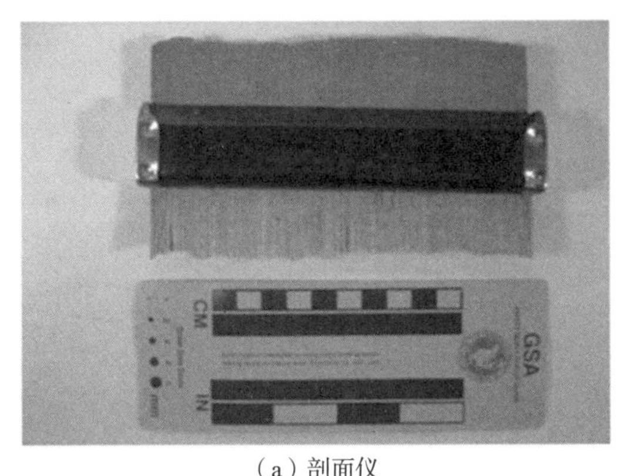

（a）剖面仪

0　1　2　3 cm

（b）JRC为11.4的节理剖面

图 4.10　节理粗糙度测量

此外，一项研究评估了剖面的采样间隔（Δx）对计算 JRC 值的影响（Yu 等，1991 年）。研究发现，JRC 的计算值取决于 Δx 的大小，在 Δx 很小时，可以得到最准确的 JRC 值。适当选取合理的 Δx，可以使用以下公式之一，通过系数 Z_2 计算 JRC 的值：

$$\mathrm{JRC}=60.32\cdot Z_2-4.51\quad 当\ \Delta x=0.25\mathrm{mm} \tag{4.11}$$

$$\mathrm{JRC}=61.79\cdot Z_2-3.47\quad 当\ \Delta x=0.5\mathrm{mm} \tag{4.12}$$

$$\mathrm{JRC}=64.22\cdot Z_2-2.31\quad 当\ \Delta x=1\mathrm{mm} \tag{4.13}$$

测量轮廓的一种方法是使用梳子，梳齿由一系列金属杆组成，放置在一个框架中，这样梳齿就可以上下相对滑动，见图 4.10(a)。如果梳子被压在岩石表面上，金属杆会上下滑动以使梳齿符合表面的形状。然后，剖面可以在纸上绘制，并通过测量每个杆距基准线的距离来量化岩石表面的形状。

图 4.10(b)表示用梳子测量的粗糙平坦的花岗岩节理的剖面。对节理剖面进行数字化处理，在 1mm 间距（$M=145$；$\Delta x=1$）上进行 145 次测量，根据式(4.13)计算得 Z_2 为 0.214，相应的 JRC 值为 11.4。

4.5　地质构造概率分析

如第 1.4.5 节所述，破坏概率是边坡稳定性的一个度量。破坏概率的计算需要用概率分布来表示设计参数，概率分布给出了每个参数的最可能值（如平均值），以及在可能值范围内（如标准偏差）发生破坏的概率。

本节介绍确定构造地质数据概率分布的方法。产状分布可根据赤平投影计算，而延伸性分布和间距分布可由现场测量结果计算得出。

4.5.1 结构面产状

绘制赤平投影图时，结构面产状的天然差异会导致极点位置离散。将这种离散纳入边坡的稳定性分析是有用的。例如，采用一对结构面组的平均产状进行楔形体稳定性分析，结果可能表明楔形体的交线不会出露于坡面，那么边坡就是稳定的。然而，使用平均值以外的产状分析表明，可能会形成一些不稳定的楔体。这种情况发生的风险将通过计算倾角、倾向的平均值和标准偏差来进行量化，如下所述。

测量结构面组的离散度和标准偏差时，可根据以下方向的余弦计算(Goodman，1980)。任意倾角 ψ 、倾向 α 的平面的方向余弦用单位向量 l 、m 和 n 表示，其中

$$\begin{cases} l = \sin\psi \cdot \cos\alpha \\ m = \sin\psi \cdot \sin\alpha \\ n = \cos\psi \end{cases} \tag{4.14}$$

对于多个极点，结构面组的平均产状的方向余弦是单个方向余弦的总和，如下所示：

$$l_R = \frac{\sum l_i}{|R|};m_R = \frac{\sum m_i}{|R|};n_R = \frac{\sum n_i}{|R|} \tag{4.15}$$

式中：$|R|$ ——合成矢量的大小。

$$|R| = \left[(\sum l_i)^2 + (\sum m_i)^2 + (\sum n_i)^2\right]^{1/2} \tag{4.16}$$

平均产状的倾角 ψ_R 和倾向 α_R 为

$$\begin{cases} \psi_R = \cos^{-1} n_R \\ \alpha_R = + \cos^{-1}(l_R/\sin\psi_R) \qquad 当\ m_R \geqslant 0 \\ \alpha_R = - \cos^{-1}(l_R/\sin\psi_R) \qquad 当\ m_R < 0 \end{cases} \tag{4.17}$$

估算由 N 个极点组成的结构面组的离差可由离散系数 C_d 获得，其计算公式如下：

$$C_d = \frac{N}{(N - |R|)} \tag{4.18}$$

如果在结构面方位上的离差是限定的，则 C_d 值很大，C_d 值随着离差的增加而减小。

根据离散系数，可以根据式(4.19)计算某个极点角度为 θ 或产状小于平均产状的概率 P 。

$$\theta = \cos^{-1}[1 + (1/C_d) \cdot \ln(1 - P)] \tag{4.19}$$

例如，平均角度两侧 1 倍标准准差范围内的角度出现概率 P 为 0.16，参见图 1.13，如果离散系数为 20，则 1 倍标准偏差位于距离平均角度 7.6°处。

式(4.19)适用于各散点关于平均值均匀分布的情况，即图 2.11 中节理组 A 的情况。然而，对于图 2.11 中的层理，倾角离散度比倾向离散度小。上述两个值的标准差可根据赤平投影用如下方法近似计算：首先，分别绘制两个相互垂直的大圆，分别代表倾角和倾向散点的分布范围；然后，统计大圆中点的数量，再分别将 7%和 93%概率之外的点移除，可以分别确定 7%和 93%概率所对应的角度。上述其中一个大圆标准差公式如下(Morriss，1984)：

$$SD = \tan^{-1}[0.34 \cdot (\tan P_{93} - \tan P_7)] \tag{4.20}$$

McMahon(1982)给出了确定标准偏差的更精确方法，但考虑到难以获得结构面组中结构面的代表性样本，式(4.20)给出的近似方法应该足够精确。

保证地质调查准确性的一个重要方面就是在平行于测线的结构面数量很少的情况下，测绘坡面或者编录钻孔时需要考虑偏差。如第4.4.1节所述，可应用太沙基校正法校正数据中的偏差。

4.5.2 结构面长度和间距

结构面的长度和间距决定了在边坡中形成的块体大小。设计通常涉及长大结构面，它可能形成尺寸足以影响整体边坡稳定性的块体。然而，结构面的规模有一个范围值，了解这些值的分布有助于通过小样本中获得的值预测极值。本节讨论了结构面长度和间距的概率分布，并讨论了在尺寸范围很大时，进行精确预测的局限性。

对结构面进行长度和间距测量的主要目的是估计这些结构面形成的岩块的尺寸(Priest等，1976；Cruden，1977；Kikuchi 等，1987；Dershowitz 等，1988；Kulatilake，1988；Einstein，1993)。如果有必要，可利用这些数据设计适当地加固措施，如岩石锚杆和坠石挡墙；这些数据还可以用来计算断续节理面的抗剪强度(Jennings，1970；Einstein 等，1983)。然而，后来发现计算岩体抗剪强度的 Hoek-Brown 方法更可靠(见第5.5节)。

4.5.3 长度和间距的概率分布

结构面通常沿着观测线绘制，如钻孔岩芯、坡面或隧道边墙。对每条裂隙的特征单独测量，包括其可见长度和每组结构面的间距(附录Ⅱ)。结构面的特征通常在很大范围内变化，可以通过概率分布来描述这些特性的分布。如果在某个特征值中，平均值是最常见的，则正态分布适用于这个特征值。这种情况表明，每个结构面的特性如产状都与相邻结构面的性质有关，结构面是由应力释放形成。对于正态分布的特征，其平均值和标准偏差由式(1.17)和式(1.18)给出。

负指数分布适用于描述结构面的长度和间距等随机分布的变量，这些变量是相互独立的。负指数分布表明，最常见的结构面是延伸较短、间距较小的，而延伸长、间距大的结构面则不常见。负指数分布的概率密度函数 $f(x)$ 的一般形式是(Priest 和 Hudson，1981)：

$$f(x) = \frac{1}{\overline{x}}(e^{-x/\overline{x}}) \tag{4.21}$$

小于某一间距或长度 x 的累积概率 $F(x)$：

$$F(x) = (1 - e^{-x/\overline{x}}) \tag{4.22}$$

式中：x ——长度或间距的测量值；

$\overline{x}$ ——该参数的平均值。

负指数分布的一个特征是标准差等于平均值。

根据式(4.22),对于平均间距为 2m 的一组结构面,间距分别小于 1m 和 5m 的概率为

$$F(x) = (1 - e^{-1/2}) = 40\% \text{ 和 } F(x) = (1 - e^{-5/2}) = 92\%$$

式(4.20)可用于估算特定长度的结构面出现概率。例如,该结果可用于确定结构面贯通边坡的概率。

另一种可以用来描述结构面尺寸分布的是对数正态分布,它适用于变量($x = \ln y$)是正态分布的情况(Baecher 等,1977)。对数正态分布的概率密度函数如下(Harr,1977):

$$f(x) = \frac{1}{y \cdot SD_x \cdot \sqrt{2\pi}} \cdot \exp\left[-\frac{1}{2}\left(\frac{\ln y - \bar{x}}{SD_x}\right)^2\right] \tag{4.23}$$

式中:$\bar{x}$ ——平均值;

SD_x ——标准差。

图 4.11 显示了寒武系砂岩中 122 条节理(长度小于 4m)的长度,它们的平均长度 $\bar{l}$ 为 1.2m(Priest 等,1981)。根据上述数据得出,指数曲线和对数正态曲线的相关系数分别为 0.69 和 0.89。虽然对数正态曲线具有较高的相关系数,但指数曲线在较长的结构面长度上具有较好的拟合性,这表明对于每一组数据,应该选择最合适的分布。

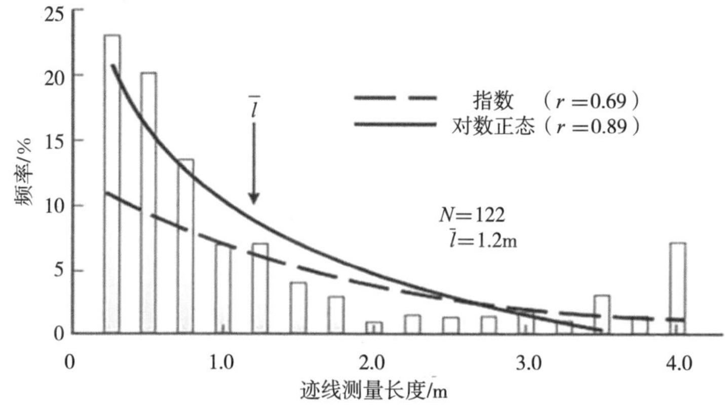

图 4.11　具有最佳拟合的指数和对数正态分布曲线的节理迹线(Priest 等,1981)

4.6　金刚石钻探

在许多工程中,通过钻探获取地下岩石的岩芯样本是对地表测绘的一个补充。钻探范围取决于土壤覆盖层、岩石出露情况以及利用地表数据推测整个开挖深度范围内的地质信息等因素。例如,如果地表的岩石风化或受到爆破扰动,则需要钻探以确定相应深度处的岩体状况。

钻探获得的信息可能与地表测绘信息有所不同。地表测绘是获取地质构造信息的主要手段,在岩芯中无法获得结构面延伸性的信息,定向钻探才能获得结构面的产状(见第 4.6.4 节)。岩芯提供的信息包括岩石原位强度、断裂程度和剪切带特征。岩芯也可用于

实验室强度测试(第 5 章),而且,压力计等仪器也可安装在钻孔中(第 6 章)。

岩土工程钻探的基本目的是发现岩体中最软弱的部分,如断层,因为这些是最可能影响稳定性的特征。因此,必须采用能将这些区域的岩芯损失风险降至最低的钻进技术。如下文所述,相应的技术包括使用三层取芯套管、适当的钻井液以及减缓推进速度。

4.6.1　金刚石钻探设备

钻机的主要部件包括一台发动机,通常由汽油或柴油驱动;一个向钻杆产生扭矩和推力的头;一个固定电线的竖杆;位于一系列钻杆下端的岩芯管和一个金刚石钻头(图 4.1)。钻杆为平接式,通常为 3m 长,北美常用的设备直径以及相应的钻孔和岩芯尺寸可以参考表 4.4。杆的直径由 4 个字母(如 BQTT)表示——第一个字母表示直径,第二个字母表示与电线设备一起使用,TT 表示三层取芯套管。表 4.4 还列出了套管直径,套管用于钻孔上部的土壤或风化岩石中,以防发生塌孔。套管和钻杆直径是配套的,比如 N 型杆能装入 N 型套管,B 型杆也能装入 N 型杆。这样随着钻孔推进,可以"缩小"成更小直径的钻孔(如果必要的话)。在岩土工程钻探中,如果岩石高度破碎,通常使用 NQTT 杆或 HQTT,因为较大直径的钻孔可获得更好的岩芯采取率。

表 4.4　　**金刚石钻孔设备三管芯筒尺寸**

钻孔尺寸	AQTT	BQTT	NQTT	HQTT	PQTT
孔径/mm	—	60	75,7	96	122.6
芯径/mm	—	33.5	45	61.1	83
井眼容积,l/100m	—	282	451	724	1180
套管内径/mm	48.4	60.3	76.2	101.6	127
套管外径/mm	57.1	73	88.9	114.3	139.7
套管重量/(kg/3m 长度)	17	31.3	38.4	50.5	64.3
钻杆内径/mm	34.9	46	60.3	77.8	103.2
钻杆外径/mm	44.5	55.6	66.9	88.9	117.5
钻杆重量/(kg/3m 长度)	14	18	23.4	34.4	47.2

资料来源:改编自 Christensen Boyles Corp 于 2000 年出版的《金刚石钻探产品——现场规范》。

表 4.4 还列出了可用直升机运输的钻杆和套管的重量。

岩土钻探的一个目标是查看岩石中最软弱的部分,因此,建议采用三层取芯套管。三层取芯套管包括与钻杆和钻头连接的外管,该外管在钻孔时随钻杆转动;中间管锁定在岩芯管顶部的一个滚珠轴承中,以便在钻杆旋转时保持静止;内管分为左、右两半,钻进时也保持静止。

钻进时高速旋转钻杆和钻头(高达 1000r/min),同时向钻头施加稳定的推力,并将水泵送至钻杆中心。这样，钻头在钻入岩石时，水可以冷却钻头，并清洗钻杆外环形空隙中的岩屑。随着钻头的前进，岩芯充填岩芯管，当岩芯管装满时，停止钻进，岩芯筒通常长3m。在深度小于约20m的孔中，每段行程结束时，可以从钻孔中取出钻杆后直接取出岩芯。对于较深的钻孔，通常的做法是将钢绳一端绑定安装一个取芯器，将其固定在岩芯管中，然后将钢绳和取芯器从钻杆中顺下去。在不移动杆的情况下，将岩芯管从钻孔中提起。将内拼合管从岩芯管中抽出，并掀开上半部分。岩芯就可以直接在岩芯管中进行编录，这样扰动最小。相反，如果使用双层岩芯管，则必须将岩芯挤出或敲出岩芯管，这不可避免地会导致岩芯损坏和造成扰动，尤其是对最需要查看的岩石软弱部分。

在岩体质量很差的情况下，可以通过在内拼合管内插入透明塑料衬管来改进三层岩芯管。岩芯被包含在塑料衬管中，可以进行编录并以最小的扰动进行存储。

4.6.2 金刚石钻探施工

以下是钻探施工中需要考虑的因素：首先，钻机应设置在水平地面上，如果地面不规则，应设置在水平平台上；此外，平台应坚固，钻机应牢固地固定在地面或平台上。如果钻机在钻井过程中发生移动，钻杆振动会降低岩芯质量，并可能导致钻杆损坏。

必须用液体（通常是水）连续冲洗钻头，以冷却钻头并清除钻屑。循环水还能润滑钻头，可以降低转动钻杆所需的扭矩，并降低钻杆的振动。如果钻至透水岩层，并且钻井液流失，则需要用钻井泥浆或水泥浆密封钻孔。

一般情况下，现场用水是从附近的河流抽水或用运水车供水。供水时要考虑的因素包括供水点与现场之间的水泵扬程、管道冻结以及运输通道。通常情况下，回流的钻井液收集在现场的沉淀池中，以去除岩屑，然后循环进入钻孔；这样减少了用水量，也消除了泥浆对环境的污染。

向钻井液中添加某些化学物质可以改善循环液的性能，这对于成功钻探高渗透性或不稳定地层至关重要（澳大利亚钻井工业，1996）。钻探中最常见的添加剂是具有触变性能的有机长链聚合物，当搅拌或泵送时，它们的黏度很低，但在搅拌或泵送结束后固化。这些特性使聚合物泥浆在孔中易于流通，可以清洗钻杆周围狭窄的环形空隙中的岩屑，最后凝胶形成一个密封和稳定的护壁。

正确应用这些具有双重性质的聚合物泥浆将大大提高钻探作业的效率。例如，如果钻孔穿过破碎和软弱岩层，则聚合物泥浆可以稳定孔壁，无须下套管支护。同样，如果循环液在高渗透性地层中滤失，则可以形成泥饼。理想情况下，泥饼薄且具有低渗透性，并进入地层中，不会因钻杆旋转而破碎。然后，钻孔中的流体压力有助于泥饼固定位置。如果聚合物泥浆的黏性不足以形成泥饼，泥浆中可加入添加剂（云母片或纸片），以密封孔壁岩石中的细孔。如果遇到承压水，可以用膨润土—重晶石混合物增加聚合物泥浆密度，从而使聚合物泥浆重量与承压水向上的压力保持平衡。

如果泥浆不能护壁，则通常用水泥浆将钻孔填充到破碎岩石区上方，使其稳固，然后再钻入灌浆区。

用于水文观测的钻孔，如测试渗透率和安装测压管，孔壁不应有泥饼。在这种要求下，可以使用可生物降解泥浆，这种泥浆会随着时间的推移而分解，使孔壁保持清洁。

在完成钻探和所有相关的井下测试后，通常要求用水泥浆填充钻孔，以防止孔内水流改变水文地质条件。

4.6.3 岩芯编录

记录取出的岩芯的性质，对岩石进行详细和完整的记录；图 4.12 为金刚石钻探编录，编录时应使用第 4.3 节中讨论的岩体的性质和描述方式，以确保岩体地表和地下的数据一致。这些数据包括岩石描述、结构面的性质及其相对于岩芯轴的产状；还可以测量如下所述的岩石质量指标(RQD)、断裂指数和岩芯采取率等岩体质量表征。此外，还需要记录孔内进行的所有测试，如渗透率测试、岩芯样强度测试结果和仪器(如测压管)的位置；最后，在有颜色和尺寸参照物的条件下，对岩芯拍照记录。

岩芯钻孔及试验记录表 钻孔编号：DH03-2

项目编号 031-106 名称 左岸边坡稳定性调查 日期 2003年3月

钻孔位置 见图2 记录者 SDW

高程 6.94m 参考点 结构顶部 数据资料 Hub34-01 钻机 HT500

倾斜 90° 方位角 N/A 钻头类型 HQ/NQ 冲洗 水 传送 液压

岩芯长度	套管长度	水文记录	冲洗液回收率/%	岩石类型			深度标尺	岩芯数据					结构面数据			强度数据			其他试验
				深度/高程/m	描述	填充图案		进尺回次	岩芯采取率/%	块状采取率/%	RQD	断裂系数	与岩芯轴的夹角/°	示意图案	类型和表面描述	风化等级	强度等级	点荷载强度/kPa	
							58									I	R4		
							59					0							
							60	23	96		83	0							
							61					1	70~80					3100	
							62					2							
							63					1							
							64	24	89		78	5				I			
							65					1							
							66					1						2900	
							67					3							
							68	25	83		64	5							
							69					10	5~10 75~85						
							70	26	90		70	3							
							71					2				I	R4		
				71 -14.7															

(a) 典型岩芯编录，柱状图显示岩芯采取率和RQD

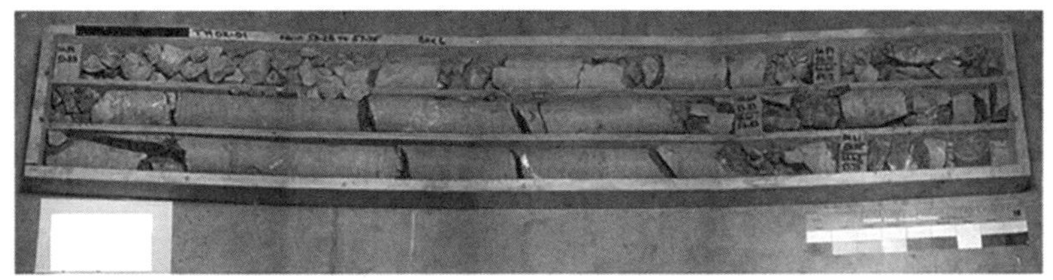

(b) 带颜色参考图的岩芯

图 4.12 金刚石钻探编录

如果岩石(如页岩)暴露于空气中时极易破坏,则需要在岩石编录后立即对其进行保护。保存岩芯样本很有必要,因为样本将被送至实验室进行强度测试,并且需要在接近原状的状态下进行测试。通常,强度最低的岩体会影响边坡设计,因此,这些岩芯样品不能被破坏而丧失强度,也不能在阳光下烘烤而提高强度。

一种岩芯的保存方法是用塑料薄膜包裹,然后将其浸入熔蜡中,以防止水分流失。最后,密封的岩芯可以嵌入硬塑料泡沫中,从而保证其在运输过程中不损坏。必要时需要采取进一步的预防措施防止样品冻结,因为结冰会使软岩破裂。

以下是为评估完整岩石强度和破碎程度而进行的常规岩芯测量:

①RQD是与岩芯破碎程度相关的指标。RQD是通过测量长度大于100mm的钻孔中所有岩芯的总长度来计算,该长度可反映钻孔产生的裂隙密度;总长度表示钻孔取芯进尺长度的百分比;RQD值较低表示岩石中裂隙较密,而RQD值为100%表示所有岩芯长度均大于100mm。RQD计算如下:

$$\mathrm{RQD}=\frac{\sum(\text{长度超过 100mm 的岩芯总长度})}{\text{取芯进尺总长度}} \tag{4.24}$$

②断裂指数是在0.5m的固定长度上测量的岩芯天然裂隙数量。该参数与RQD值有关,但因为以固定长度作为标准,所以不受取芯进尺长度的影响。

$$\text{断裂系数}=\frac{\text{天然断裂数量}}{0.5\text{m 长的岩芯}} \tag{4.25}$$

③岩芯采取率是衡量钻探过程中岩体损失程度的指标。岩芯损失可能是由钻井岩体液将软弱层冲出,或在钻井过程中对岩芯进行磨削,或钻井存在空洞造成。钻探人员经常可以探测到软岩或洞穴区域,因为在这些区域,钻进速度会突然增加,上述区域应该在编录表上注明。岩芯采取率是回收岩芯的长度与钻探的总长度之比。如果在编录岩芯时确定了一段岩芯丢失,最好在丢失岩芯的位置放置一个木制隔离物。

$$\text{岩芯采取率}=\frac{\text{采取岩芯的总长度}}{\text{钻探的总长度}}\times 100\% \tag{4.26}$$

在图4.12中,上述3个参数的值以图形方式显示,以便在查看编录表时识别出软弱或破碎岩石的区域。在测量RQD和断裂指数时,必须通过表能够识别岩芯中钻进断裂的位置,并且不计入上述指数中。

4.6.4 岩芯产状

当从地表测绘获得的结构面设计数据不足时,需要从钻芯中获取这些资料。这需要将岩芯定位,即沿着岩芯顶部标记一条直线,并确定该线的倾角和倾向。

定位岩芯的第一步是使用井下测量工具确定钻孔的倾角和倾向。这种工具包括一个铝质(非磁性)钻杆,它包含一个倾角测量仪和一个罗盘,两者都可以在指定的时间间隔被拍照。测量工具从钻具一端沿钻孔下降,并在摄像机拍摄的时间内保持静止。在每个时间间隔,都要拍摄一张倾角测量仪和罗盘的照片,并记录相应深度。当测量工具从钻孔中回收时,照片能够显示记录深度处的钻孔方位。其他测量钻孔定位的工具包括 Tropari 单点仪器和用于磁环境的陀螺仪(澳大利亚钻井工业,1996)。

大多数定位岩芯的方法都会在岩芯上标记一条线,以表示钻孔顶部。由于该线的方向由钻孔测量中得知,可以测出相对该线的岩芯中所有结构面的产状,从而计算出结构面的倾角和倾向(图 4.13)。图 4.13 表明,与岩芯相交的平面形状为椭圆,计算过程的第一步是标记孔底端、椭圆的长轴;然后,相对于岩芯轴测量该平面的倾角 δ,并沿岩芯周长顺时针(向下看孔)测量从岩芯线顶部到椭圆长轴的测量参考角 α。平面的倾角和倾向根据钻孔的倾角和倾向以及测得的角度 δ 和 α 计算。岩芯内结构面的真实倾角和倾向可通过赤平投影法(Goodman,1976)或球面/解析几何法(Lau,1983)确定。

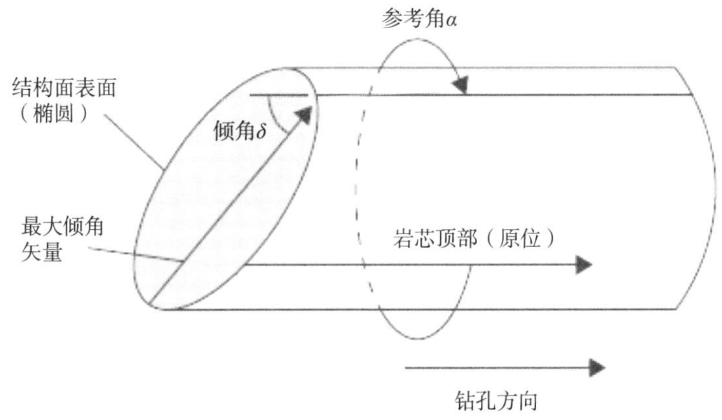

图 4.13　定向钻芯测量结构面的产状

在少数情况下,岩芯可能包含明显且一致的方位标志(如层理),则可用于确定岩芯方位和测量其他结构面的产状。然而,标志层产状微小和未知的变化都可能导致测量错误,因此,通常使用以下 3 种机械方法中的一种来确定岩芯顶部。

(1)黏土压印取芯筒

定位岩芯的黏土压印方法需要制作一端较重的钢丝绳岩芯管,以便岩芯管能够旋转并将重的一端对着孔底(图 4.14)(Call 等,1982)。将一块黏土放在岩芯管下端,当岩芯管沿钻杆下降到位时,黏土伸出钻头。然后在杆上施加一个较轻的压力,使黏土在钻孔末端的岩石表面形成印模。收回岩芯管,取出黏土印模,可以确定一条岩芯基线。下一次钻进正常进行。当下次取出岩芯时,岩芯顶部应该与黏土印模匹配,岩芯基线可以从黏土上延长至岩芯;最后,使用图 4.13 所示的方法将取芯进尺中的结构面相对于岩芯基线定位。

黏土压印岩芯管定位方法的优点是简单、设备成本低。然而,在每次钻孔时印模会减慢钻孔速度,而且这种方法只能用于倾角大于 70°的孔。此外,在任何岩芯断裂的位置,岩芯基线都将失效,并且无法将岩芯基线延伸跨过断裂处。

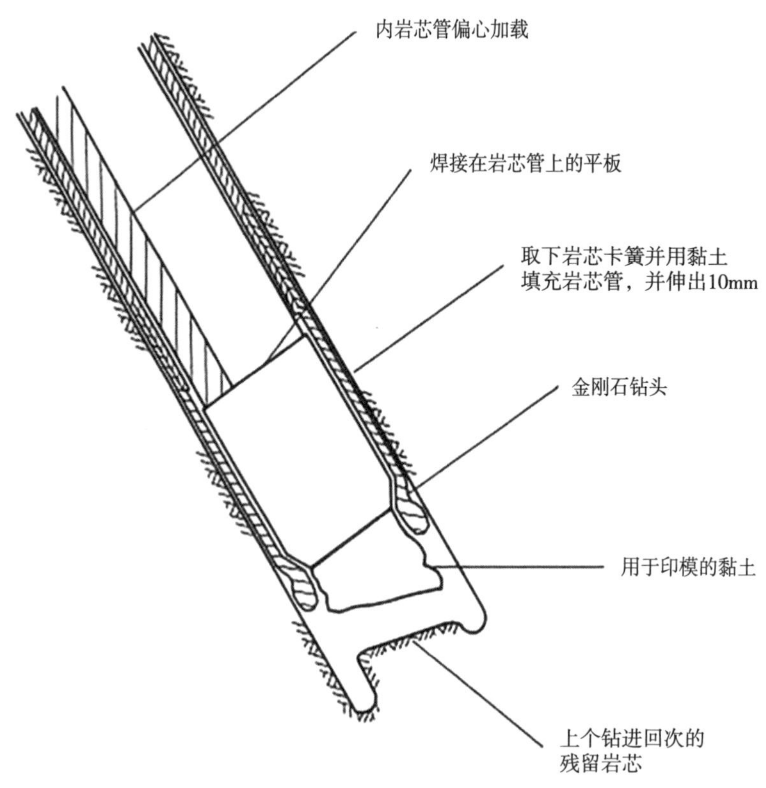

图 4.14　黏土压印取芯管,用于定位倾斜孔中的钻芯(Call 等,1982)

(2)Christiensen-Hugel 岩芯定位方法

一个更复杂的岩芯定位工具是 Christiensen-Hugel 装置,它在钻探过程中沿着岩芯划出一条连续的线;划出线的方位由拍摄岩芯管顶端的罗盘确定。该方法的优点是连续的岩芯基线可以保证岩芯基线不丢失;然而,这是一个比黏土压印岩芯管更昂贵和复杂的设备。

扫描钻孔照相机是 Colog 公司开发的一种扫描钻孔照相机。当照相机从钻孔放下时,可拍摄孔壁的 360°连续图像;然后对图像进行处理,显示岩芯的外观,该岩芯的外观可以在任意方向旋转和查看,并可“展开”(图 4.15)。在岩芯视图中,与岩芯相交的结构面呈椭圆形,而在展开视图中,每个结构面的轨迹呈正弦波动形式。与岩芯相交的结构面可以由钻孔的倾角和倾向确定,由罗盘测出的图像的方位也编入了相机的内部程序中。结构面的倾向由正弦波相对于罗盘读数的位置确定,结构面相对于岩芯轴的倾角可以通过正弦波的振幅确定。带有摄像系统的软件可以将正弦波指示的方位数据直接绘制在赤平投影上。

Colog 摄像系统的显著优点是在钻孔时,摄像机沿钻、孔向下运行,不会中断钻孔;此外,图像还提供岩石状况的连续记录,包括可能在回收的岩芯中丢失的空洞和破碎带的情况。该系统的缺点是成本较高,并且需要稳定的钻孔、干净的孔壁,钻孔要求干燥或有干净的水。

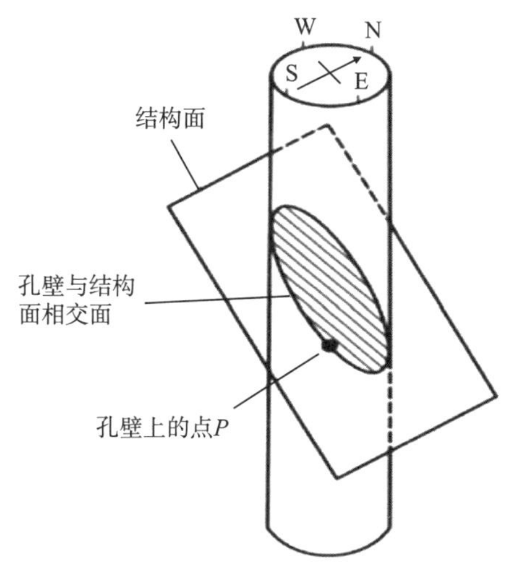

（a）显示结构面和岩芯椭圆线的钻孔岩芯图像

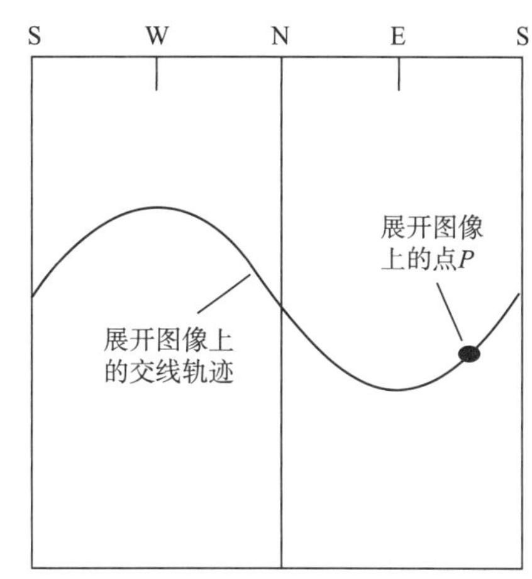

（b）结构面展开为正弦波的钻孔壁的“展开”图像
（Colog，1995）

图 4.15 使用 360°扫描摄像机的图像确定钻孔中结构面的方位

(3)反射定位系统

该岩芯定位系统是在钻孔结束时取回岩芯管进行定位(Ureel 等,2013)。首先在岩芯管中用特制管靴插入反射定位工具。在取芯过程中,该工具每分钟记录一次岩芯管的方位。固定在上部钻杆上的反射套管用内置加速度计测量钻孔顶部的方位。一段进尺结束后,岩芯保持未扰动的状态,地面通信工具将时间调到下一次读数时间,然后取出岩芯管。在地面上,反射定位工具插入岩芯管顶部,然后旋转岩芯管,直到工具根据之前记录的岩芯管方位表明岩芯管处于与钻孔中相同的深度。之后将内岩芯管打开,根据取回的岩芯管方位沿着岩芯标记基线展开。

反射定位系统是一种可靠的岩芯定位方法,但结果的好坏取决于岩芯回收率和在整个取芯进尺长度上标记基准线能力的强弱。

4.7 风化岩石勘察

第 3 章讨论了风化岩石的形成和性质,表 3.1 描述了风化等级的特征,从地表残积土(Ⅵ级)到深部微风化(Ⅱ级)。这些岩体的现场调查基本与本章所述的新鲜岩石的现场调查相同,但要注意以下情形:

①如果由残积土形成的边坡的稳定性很重要,可以将探坑挖掘至 2～3m,以调查残积土的特征。如果有必要的话,应该采集未扰动试样进行实验室测试。

②风化是一个原位过程,在风化岩石中原岩的地质构造或多或少地被保留下来,所以在边坡设计中必须考虑结构面的方向和抗剪强度特性。因此,野外调查通常应确定风化带内

的结构面产状。

③风化由水流穿过结构面引起，结构面两侧岩石会发生化学和物理变化。这些作用导致岩体弱化，最终转化为与原岩类型相关的各类黏土。这意味着，随着岩石风化程度的提高，岩体的抗剪强度会降低。且风化是一个渐进过程，在这个过程中，靠近地表的岩石比在深处的岩石风化程度更高，抗剪强度也会随着深度而变化。

为了考虑剪切强度随深度的变化，有必要根据边坡设计要求在相关深度范围内进行取样，并确定相应的强度参数。如果边坡包含了不同风化等级的岩层，设计中使用的岩石和结构面的强度参数很可能会随着深度的增加而增加。

（李俣继　胡钢）

第5章　岩石强度参数及其测定

5.1　前言

在分析岩质边坡的稳定性时，要考虑的最重要的因素是边坡岩体的几何形状。正如第4章所述，结构面产状和开挖面方向之间的关系将决定某一部分岩体是否会发生滑动或倾倒。除地质构造因素外，控制稳定性的第二个重要因素是潜在滑动面的抗剪强度，这是本章的主题。

5.1.1　尺寸效应和岩石强度

边坡中的滑动面可以由单一的连续平面组成，也可以由结构面和完整岩石中的节理组成。确定可靠的抗剪强度值是边坡设计的关键部分，因为抗剪强度的微小变化会导致边坡安全高度或稳定坡度发生显著变化，这一点将在后面的章节中阐述。抗剪强度值的合理选择不仅要依据试验数据的有效性，同时还要根据构成整个边坡的岩体特性，仔细研究这些数据。例如，边坡可能沿某个单一节理面失稳时，那么可以对类似的节理进行剪切试验，将试验结果用于边坡设计。但是，如果边坡的失稳过程复杂，涉及多条节理和完整岩石的破坏，就不能直接使用剪切试验结果进行设计。在本书中，"岩体"一词用于描述这种破坏过程复杂的岩石材料。

研究表明，边坡抗剪强度的取值在很大程度上取决于滑动面和地质构造之间的相对尺度。例如，在图5.1所示的深层多台阶开挖中，整个边坡的尺寸远大于结构面间距，因此所有破坏面都将通过节理岩体，且岩体强度是整体边坡设计需考虑的。相比之下，台阶高度约等于节理长度，因此台阶稳定性由单个节理面控制，在设计中应该将倾向坡外的节理组强度作为岩石强度。最后，在小于节理间距的范围内会出现完整岩块，在钻爆法评价中，需要完整岩块强度参数。

基于试样尺寸和岩石强度特性之间的关系，本章将探讨确定以下3类强度的方法：

(1)结构面——层面、节理或断层强度

影响抗剪强度的结构面特性包括结构面形态和粗糙度、结构面岩石的风化程度以及充填物强度。

(2)岩体强度

影响节理岩体抗剪强度的因素包括完整岩块的抗压强度和内摩擦角,以及结构面间距及其表面状态。

(3)完整岩石强度

完整岩石强度要考虑在设计寿命内,其强度值可能会因风化作用而逐渐降低。

在本书中,下标"i"用于完整岩块,下标"m"用于岩体;岩块和岩体的抗压强度分别表示为 σ_{ci} 和 σ_{cm} 。

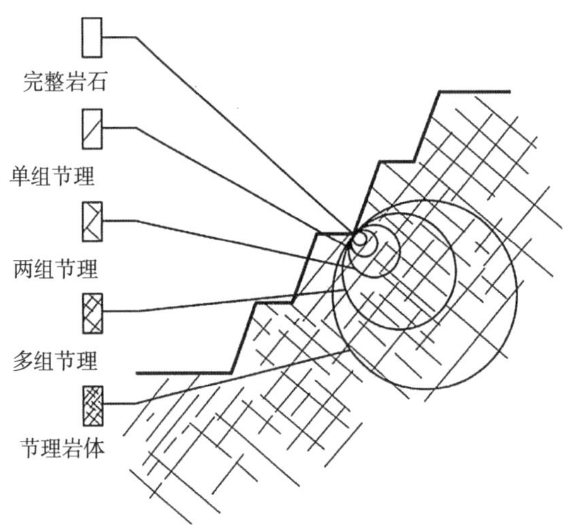

图 5.1　随着取样尺寸增大,完整岩体逐渐转变为节理岩体

5.1.2　岩体实例

图 5.2 至图 5.5 为岩石边坡设计中常见的 4 种不同地质条件。这些是岩体中比较典型的例子,室内试验得到的抗剪强度与现场整体滑动面剪切强度存在显著差异。在这 4 种情形中,边坡失稳都是由于岩体沿滑动面发生剪切位移,这些滑动面或是已有的结构面,或是部分(或全部)贯穿完整岩块。由图 5.2 至图 5.5 还可以看出,在裂隙岩体中,滑动面的形状受结构面产状和长度影响。

图 5.2 为坚硬的块状石灰岩,含一组外倾的结构面。由于近垂直的坡面比层理倾角更陡,层理在坡面出露,近垂直的正交节理组形成张裂缝,边坡沿层理产生滑动。在这种情况下,稳定性分析中所用的剪切强度就是层面的剪切强度。本章第 5.2 节讨论了结构面的强度特性,第 5.3 节描述了在试验室中测量摩擦角的方法。

图 5.3 为中风化、中等强度玄武岩边坡,含短距离密集节理,节理产状多变。由于节理不连续,边坡的稳定性不受单一节理控制。边坡中形成的滑动面将是一条阶梯形路径,部分

沿节理面，部分穿过完整岩块。这种复杂滑动面的抗剪强度无法用解析方法确定，因此需要用一套经验公式进行计算，可根据断裂程度和岩石强度计算内聚力和摩擦角。该方法将在第 5.5 节中论述。

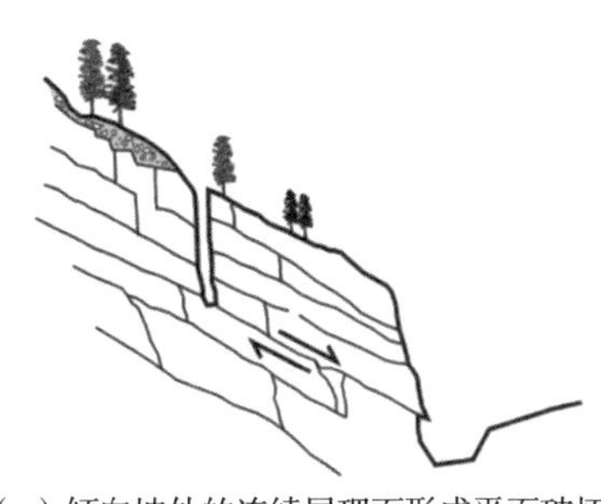

（a）倾向坡外的连续层理面形成平面破坏

（b）加拿大艾伯塔省克罗斯内斯特帕斯（Crowsnest Pass）的坚硬块状石灰岩

图 5.2　坚硬的块状石灰岩

（a）节理发育且产状随机的岩体中形成浅层破坏

（b）风化玄武岩（夏威夷，瓦胡岛）

图 5.3　中风化、中等强度玄武岩边坡

图 5.4 为风化岩石边坡，边坡上部为残积土，下部为强风化岩体，含完整的风化球岩块。在这种情况下，滑面主要位于边坡上部软弱层中。稳定性分析时需要对边坡上部和下部使用不同强度参数。由于风化岩的风化程度往往变化很大，因此岩体的强度也会变化，并且难以确定。确定风化岩石强度的一种方法是对类似地层的边坡进行反分析，该方法在第 5.4 节中论述。

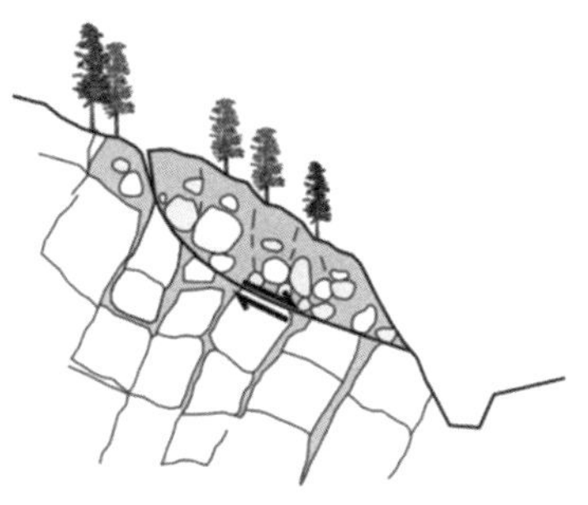

（a）残积土和风化岩中的圆弧破坏

（b）风化片麻岩（巴西，累西腓）

图 5.4　风化岩石边坡

第四种可能出现的地质条件是由不含结构面的完整、软弱的岩石形成的边坡。图 5.5 为凝灰岩边坡，凝灰岩由火山灰固结而成。地质锤通过几次锤击便可砸进岩石，岩石强度较低。然而，由于该岩石不含结构面，除了一定的内摩擦角之外，还具有显著的黏聚力，因此只要水压和侵蚀得到控制，就有可能在这种岩石中切割一个稳定、近垂直的坡面，其高度至少可达 20m。

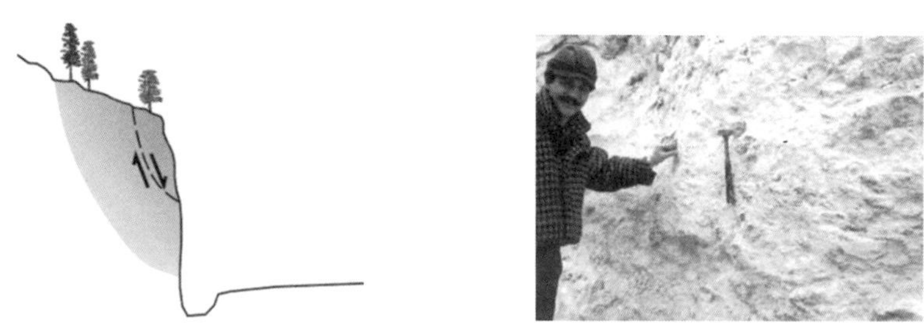

(a)不含结构面的软弱块状岩体中的浅层破坏　(b)横跨欧洲公路、在土耳其安卡拉附近的火山凝灰岩

图 5.5　凝灰岩边坡

5.1.3　岩石强度分类

根据前面讨论的尺寸效应和地质条件可以看出，滑动面可以沿结构面形成，也可以穿过岩体，图 5.6 所示分类表明在所有的边坡稳定性分析中，都需要使用结构面和岩体的抗剪强度特性，确定其强度特性步骤如下：

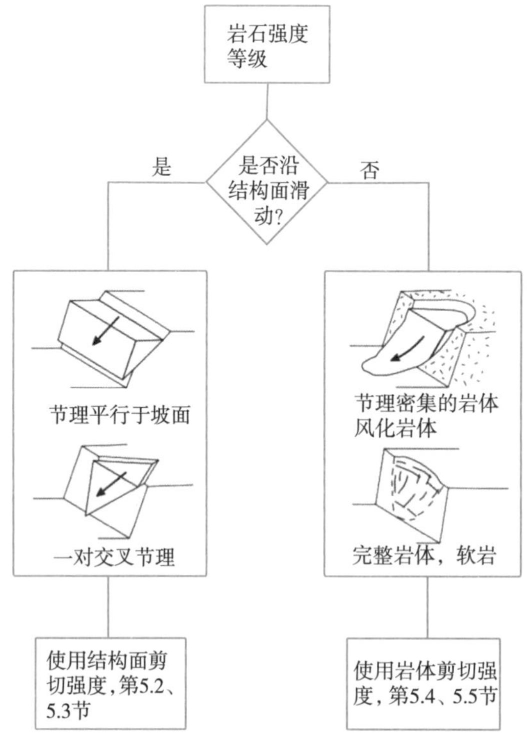

图 5.6　地质条件和岩石强度等级之间的关系

①如第 5.2 节和第 5.3 节所述，可以在现场及室内试验中测试结构面剪切强度。

②岩体抗剪切强度采用经验方法确定，包括对类似地质条件下的边坡进行反分析，或采用 5.4 节和 5.5 节所述的岩石强度指标来计算。

为进一步说明地质条件对抗剪强度的影响，图 5.7 莫尔图显示了 3 种结构面和两种岩体的典型强度参数。这些曲线的斜率表示摩擦角，与剪切应力轴的截距表示内聚力，见图 1.9(a)。

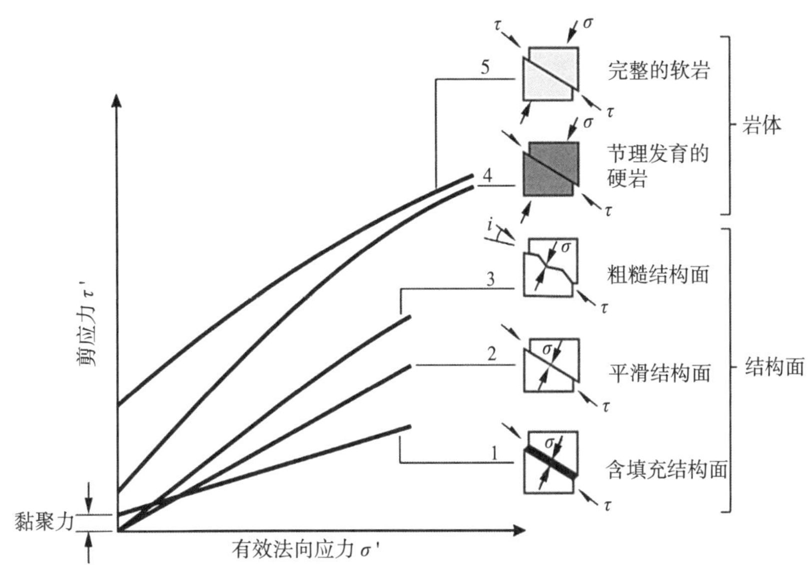

图 5.7　5 种不同地质条件下滑动面上剪应力和法向应力之间的关系

(Transportation Research Board, 1996)

对图 5.7 中抗剪强度描述如下：

曲线 1 含充填结构面：如果充填物是软黏土或断层泥，充填物内摩擦角 φ_{inf} 可能很小，未扰动情况下，充填物可能具有黏聚力。另外，如果充填物是高强度方解石，形成胶结结构面，那么黏聚力可能很大(见第 5.2.5 节)。

曲线 2 平滑结构面：平滑、干净的结构面黏聚力为零，内摩擦角是岩石表面的摩擦角 φ_r 。岩石的摩擦角与其粒度有关，在细粒岩石如页岩中，岩石的摩擦角通常比粗粒岩石如花岗岩等低(见第 5.2.2 节)。

曲线 3 粗糙结构面：干净、粗糙结构面黏聚力为零，内摩擦角由两个部分组成：首先是岩石材料的内摩擦角 φ_r ；其次是与表面粗糙度、岩石强度与正应力之比有关的分量 i 。随着正应力的增加，粗糙体逐渐被剪断，总摩擦角减小，从而形成弯曲的强度包络线(见第 5.2.4 节)。

曲线 4 裂隙岩体：裂隙岩体滑移面部分穿过结构面，部分穿过完整岩石，其抗剪强度可以用强度包络线来表示。在低法向应力条件下，裂隙岩体中某个碎块可能会移动和旋转，黏聚力较低但内摩擦角较大。在高法向应力下，岩石碎块开始变成碎片，内摩擦角减小。强度包络线的形状既与岩石破碎程度有关，也与完整岩石的强度有关(见第 5.5 节)。

曲线 5 软弱的完整岩石：图 5.5 所示的凝灰岩由细粒火山灰构成，火山灰颗粒相互胶结在一起。因此，虽然岩石摩擦角较小，但由于它不含结构面，因此内聚力可能高于裂隙发育的坚硬岩体的黏聚力。

图 5.2 至图 5.5 所示的是几种常见边坡，设计时要根据不同情形对抗剪强度取值，在现场勘察期间分析岩体结构面和岩石强度特征十分重要。

5.2 结构面的剪切强度特性

若在地质测绘或钻探时发现可能发生剪切破坏的结构面，必须确定滑动面的摩擦角和黏聚力，以便进行稳定性分析。在调查中还应获取滑动表面特征的资料，用于对剪切强度参数进行修正。结构面的主要特征包括延伸长度、表面粗糙度、充填物厚度和特性，以及水对充填物的影响。

以下部分描述了剪切强度与结构面特征之间的关系。

5.2.1 黏聚力和摩擦力的定义

在岩石边坡设计中，假定岩石采用 Mohr-Coulomb 本构模型，滑动面的剪切强度参数用黏聚力 c 和摩擦角 φ 表示(库仑，1773)。下面将讨论这两个强度参数在岩石边坡设计中的应用。

假设将一块含光滑平整结构面的岩体切割成许多试样，并且结构面含胶结充填物，必须对试样施加拉力才能将其分开。对每个试样中的结构面施加法向应力 σ，沿平行于结构面方向施加剪切应力 τ，测得剪切位移 δ_s，见图 5.8(a)。

在一定的法向应力下进行试验，其剪应力与剪切位移典型关系见图 5.8(b)。在位移较小时，试样表现出弹性特征，剪应力随剪切位移线性增加。当剪切须克服阻力时，曲线变为非线性，达到最大值即为结构面峰值剪切强度。此后，产生剪切位移所需应力减小并最终达到一个恒定的值，称为残余剪切强度。

绘制试验峰值剪切强度值随法向应力的变化图，则得到图 5.8(c)所示的关系，称为莫尔图(Mohr，1900)。

首先，该图中近似直线的倾角等于岩石结构面的峰值内摩擦角 φ_p。其次，与剪切应力轴的截距表示胶结材料的黏聚力 c。剪切强度中黏聚力分量与正应力无关，但摩擦分量随正应力增加而增加。根据图 5.8(c)所示的关系，由下式定义峰值剪切强度

$$\tau = c + \sigma \cdot \tan\varphi_p \tag{5.1}$$

如果将不同法向应力下的残余剪切应力值绘制在莫尔图上，得到残余剪切强度，见图 5.8(d)，由下式定义

$$\tau = \sigma \cdot \tan\varphi_r \tag{5.2}$$

式中：φ_r ——残余内摩擦角。

在残余强度下，一旦胶结物被剪坏，黏聚力就会迅速消失；黏聚力在莫尔图上由穿过原点的直线表示。此外，残余摩擦角小于峰值摩擦角，因为剪切位移磨碎了岩石表面上的小凸起，形成了更光滑、摩擦系数更小的表面。

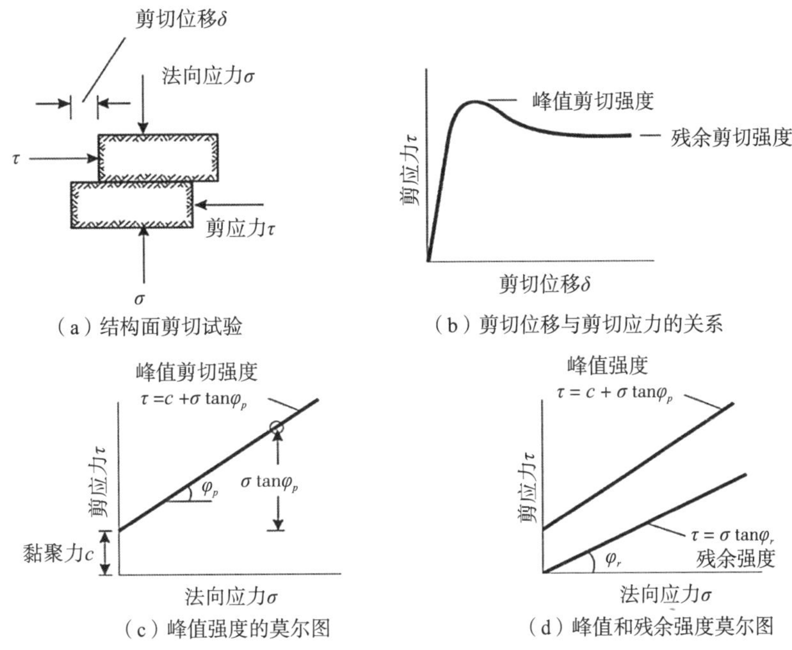

图 5.8 结构面剪切强度的定义

5.2.2 结构面内摩擦角

平整、无充填结构面的黏聚力为零，剪切强度仅由摩擦角决定。岩石材料的摩擦角与结构面表面上的颗粒大小和形状有关。因此，细粒岩石（如页岩）和片状排列的云母含量高的岩石（如千枚岩）摩擦角较小，而诸如花岗岩的粗粒岩石摩擦角较大。表 5.1 为各种岩石类型的摩擦角度取值范围标准（Barton，1973；Jaeger 等，1976）。

表 5.1 中列出的摩擦角取值仅作为参考，实际值随现场条件不同而变化。第 5.3 节中论述了摩擦角的试验测试方法。

表 5.1 各种岩石类型的典型的摩擦角度取值范围标准

岩石等级	摩擦角度范围	典型岩石
低内摩擦角	20°～27°	片岩（云母含量高），页岩，泥灰岩
中内摩擦角	27°～34°	砂岩，粉砂岩，白垩岩，片麻岩，板岩
高内摩擦角	34°～40°	玄武岩，花岗岩，石灰岩，砾岩

5.2.3 斜面剪切

在前一节中，假定发生剪切的结构面与剪切应力方向 τ 完全平行。现在考虑一个与剪切

应力方向呈角度 i 的结构面情况(图 5.9)。在这种情况下,作用在滑动面上的剪应力和法向应力 τ_i 和 σ_i 分别为

$$\tau_i = \tau \cos^2 i - \sigma \cdot \sin i \cdot \cos i \tag{5.3}$$

$$\sigma_i = \sigma \cos^2 i + \tau \cdot \sin i \cdot \cos i \tag{5.4}$$

如果假定结构面的内聚力为零,则剪切强度由下式计算

$$\tau_i = \sigma_i \cdot \tan\varphi \tag{5.5}$$

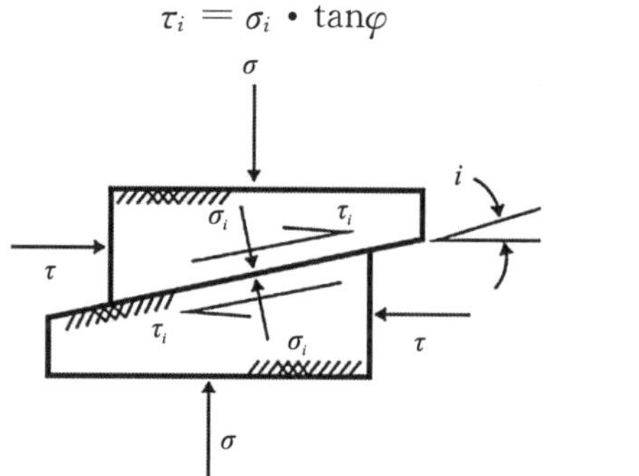

图 5.9 倾斜平面上的剪切位移

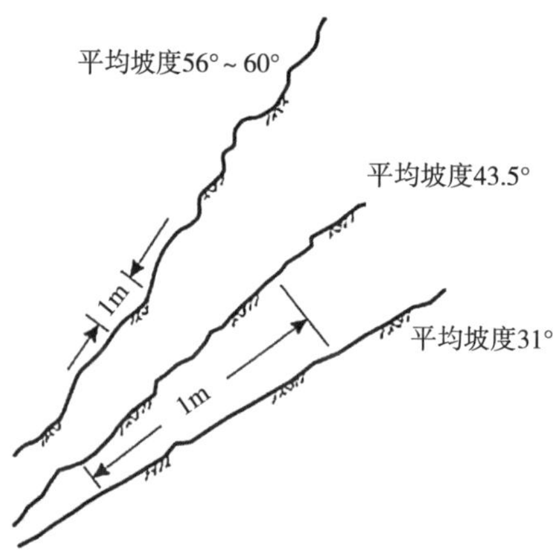

图 5.10 巴顿对不稳定灰岩边坡中层面起伏形态的观测(Patton,1966)

将式(5.3)和式(5.4)代入式(5.5),得到剪应力与正应力之间的关系

$$\tau = \sigma \cdot \tan(\varphi + i) \tag{5.6}$$

Patton(1966)对具有规则表面的结构面进行了一系列试验,证实了该方程的正确性,也强调了这一简单关系式在岩石边坡稳定性分析中的重要性。

Patton 通过测量图中不稳定灰岩边坡层理面平均角度 i,证明了这种关系的特殊意义。图 5.10 绘制了其中 3 个坡线,表明层理面越粗糙,边坡倾角越陡。巴顿发现层面迹线倾角约等于室内试验测试得到的岩石平面摩擦角 φ 和平均粗糙度 i 角之和。

5.2.4 结构面粗糙度

所有天然结构面均表现出一定程度的粗糙度,从粗糙度低的光滑剪切面到粗糙度较大

的不规则张拉节理。这些不规则被称为表面粗糙度，它们可能对边坡的稳定性有显著影响，所以在设计中应适当考虑它们的影响。

Patton 发现粗糙度可以分为一级和二级粗糙度两类(图 5.11)，在第 5.2.3 节中讨论时进行了简化。一级粗糙度是层面的主要起伏形态，二级粗糙度是表面的小型台阶和波纹，i 角更大。为了使图 5.10 中不稳定层理面倾角的野外观测结果和 $(\varphi+i)$ 值基本一致，只需测量一级粗糙度。

Bartom(1973)后来的研究表明，Patton 在 1966 年的研究结果与他所观察边坡的层理面法向应力有关。在低法向应力下，二级粗糙度发挥作用；在低法向应力 20～670kPa 时，巴顿得到$(\varphi+i)$值为 69°～80°(Goodman，1970；Paulding，1970；Rengers，1971)。假设岩石的摩擦角为 30°，这些结果表明在低法向应力水平时，有效粗糙角度 i 为 40°～50°。

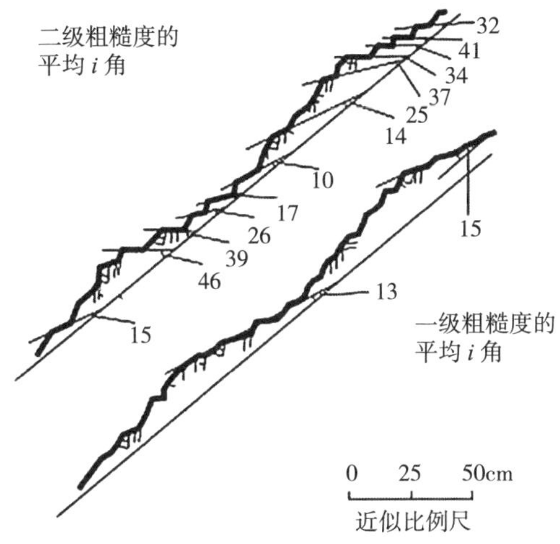

图 5.11 粗糙岩石表面一级和二级粗糙度的角度测量(Batton，1966)

岩石边坡结构面的实际剪切行为受表面粗糙度、岩石表面强度、法向应力和剪切位移等因素影响。在图 5.12 中，随着法向应力的增加，微凸体被剪坏，摩擦角减小。也就是说，岩石会产生剪胀到剪切的过程。剪切面粗糙度被剪切的程度既取决于法向力相对于裂隙岩体抗压强度的大小，也取决于剪切位移。最初未扰动并且咬合的粗糙面摩擦角为峰值$(\varphi+i)$。随着法向应力和剪切位移增加，微凸体被剪切掉，摩擦角逐渐减小到岩石本身的最小摩擦角或残余摩擦角。在莫尔图上，这种剪胀表示为初始斜率等于$(\varphi+i)$的强度包络曲线，在较高的正应力下减小到 φ_r 。

图 5.12 中显示的剪切应力—正应力关系可以使用 Barton(1973)建立的基于人造粗糙度、无充填"节理"的剪切强度曲线来量化。研究表明，粗糙岩石表面的抗剪强度取决于粗糙度、岩石强度与正应力之间的关系，可由以下经验公式定义：

$$\tau=\sigma'\cdot\tan\left(\varphi+\mathrm{JRC}\cdot\log_{10}\frac{\mathrm{JCS}}{\sigma'}\right) \tag{5.7}$$

式中：JRC——节理粗糙度系数；

JCS——岩石在节理表面的抗压强度；

σ'——有效法向应力。

JRC 的值使用第 4.4.3 节中的方法确定，即将表面的粗糙度与标准粗糙度剖面进行比较，或者对表面进行测量。岩石的抗压强度 JCS 可以通过表 5.1 中野外观测的简单描述来估算，或者用回弹仪测量岩石节理表面。作用在节理表面上的法向应力 σ_N 是垂直于表面的分量，等于岩石高度 H 与岩石重度的乘积，即 $\sigma_N = H \cdot \gamma_r \cdot \cos\psi_p$ 。

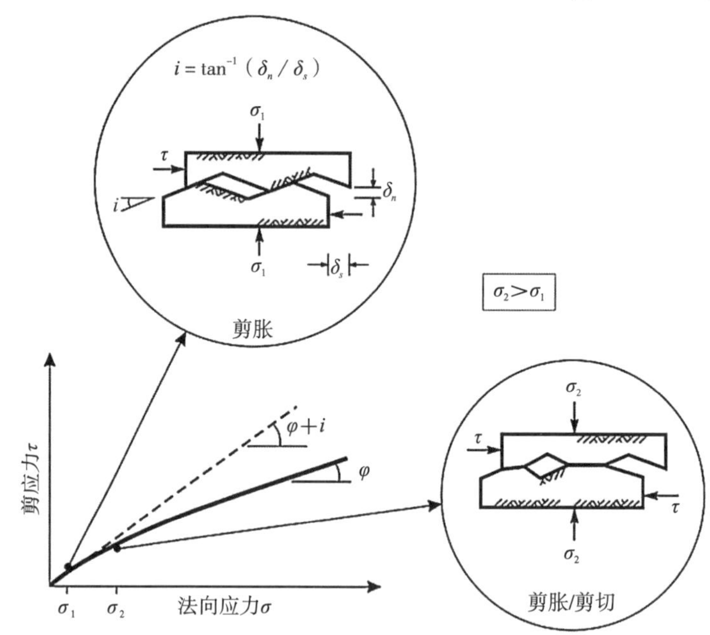

图 5.12　表面粗糙度和法向应力对结构面摩擦角的影响(Transportation Research Board,1996)

在式(5.7)中，$\mathrm{JRC} \cdot \log_{10}\mathrm{JCS}/\sigma'$ 等于式(5.6)中的粗糙角度 i 。在相当于岩石强度的高应力水平下，$\mathrm{JCS}/\sigma'=1$，微凸体被剪切掉，$\mathrm{JRC} \cdot \log_{10}\mathrm{JCS}/\sigma'$)等于零。在低应力水平下，JCS/σ' 趋于无穷大，剪切强度的粗糙度分量变得非常大。为了将粗糙度分量的实际值用于设计、$\varphi+i$ 不应超过 50°，JCS/σ' 的有效范围为 3～100。

研究发现，JRC 值和 JCS 值均受尺寸效应的影响，即随着结构面尺寸增大，JRC 值和 JCS 值均相应减小。其原因是，与结构面尺寸相比，表面小型粗糙度并不显著，大规模的起伏比粗糙度更重要(Barton 等，1983；Bandis，1993)。这与图 5.11 所示的一级粗糙度和二级粗糙度的性质一致。尺寸效应可以用下面两个方程来量化：

$$\mathrm{JRC}_n = \mathrm{JRC}_0 \cdot \left(\frac{L_n}{L_0}\right)^{-0.02 \cdot \mathrm{JRC}_0};\mathrm{JCS}_n = \mathrm{JCS}_0 \cdot \left(\frac{L_n}{L_0}\right)^{-0.03 \cdot \mathrm{JRC}_0} \tag{5.8}$$

式中：L_0 ——用于测量 JRC 的结构面尺寸，如线梳(图 4.10)；

L_n ——滑动面的尺寸。

下面是应用式(5.7)和式(5.8)的一个例子。考虑一个倾角 $\psi_p=35°$的结构面，尺寸为 10m (Ln) 。假设结构面平均深度在坡顶 20m 以下，岩石重度 γ_r 为 26kN/m³，干燥边坡的有

效法向应力 σ' 为

$$\sigma' = \gamma_r \cdot H \cdot \cos\psi_p = 26 \times 20 \times \cos35^\circ = 426\text{kPa}$$

如果使用线梳($L_0=0.2$m)测量的 JRC_0 值为 15，岩石具有的 JCS_0 值为 50000kPa 的强度，那么有

$$JRC_n = 15 \times \left(\frac{10}{0.2}\right)^{-0.02 \cdot 15} \approx 5\ ;\ JCS_n = 50000 \times \left(\frac{10}{0.2}\right)^{-0.03 \cdot 15} \approx 8600\text{kPa}$$

粗糙角度为

$$JRC \cdot \log_{10}(JCS/\sigma') = 5 \times \log_{10}(3050/426) \approx 4^\circ$$

本节讨论的粗糙节理抗剪强度和尺寸效应的概念可应用于岩石边坡设计，见图 5.13。例如，施工过程中的应力释放和可能出现的爆破扰动会导致岩石沿结构面产生剪切位移和剪胀。此外，滑动面上的应力水平可能足够高，并剪断一些微凸体，见图 5.13(a)。在这种情况下，首先未扰动表面的内聚力减小；其次粗糙表面上的咬合失效，二级粗糙度对剪切强度的影响减小。此时在设计中应使用对应于一级粗糙度的角度。

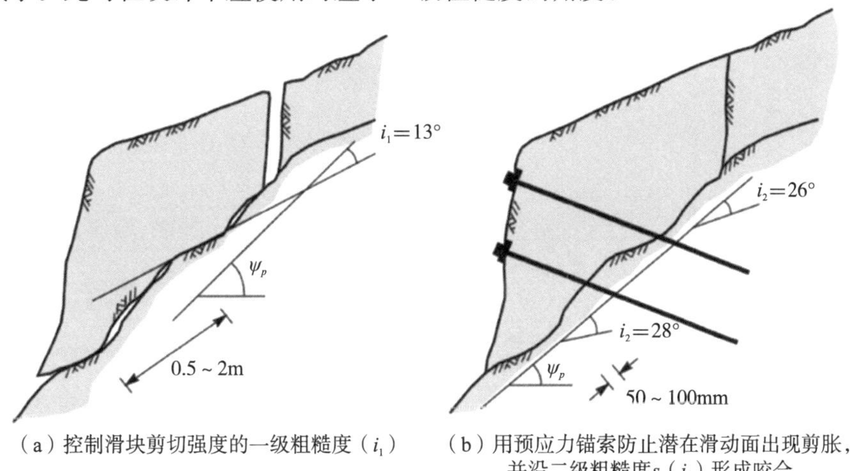

(a) 控制滑块剪切强度的一级粗糙度 (i_1)　(b) 用预应力锚索防止潜在滑动面出现剪胀，并沿二级粗糙度s (i_2) 形成咬合

图 5.13　粗糙度对滑块稳定性的影响

对图 5.13(a)所示的滑块，可以通过定向爆破(见第 13 章)以及安装预应力锚索或被动支护(如锚杆和挡墙)来防止岩体滑移和剪胀。这样可以保持滑动面的咬合状态，使二级粗糙度有助于提高潜在滑动面的剪切强度。

已产生位移和未扰动岩石总摩擦角的差异将对边坡稳定性和加固措施设计产生重大影响。使用上述措施可以最大限度地减少岩体的松弛和膨胀。

5.2.5　结构面充填物

上节讨论了粗糙、干净的结构面，岩石与岩石直接接触且无充填，其中剪切强度完全取决于岩石材料的摩擦角。如果结构面包含充填物，则结构面的剪切强度往往会发生变化，充填物厚度和性质会影响结构面的内聚力和摩擦角。例如，对于花岗岩中的黏土充填带，结构

面剪切强度是黏土的剪切强度，而不是花岗岩的剪切强度。对于方解石充填并胶结的结构面，设计时应使用较高的内聚力，但前提是确保爆破开挖扰动未对结构面造成破坏。

沿结构面的充填物可能会对边坡稳定性产生重大影响。在勘察工作中要确定充填物类型，并在设计中使用适当的强度参数。例如，意大利 Vajont 水库大规模山体滑坡导致约 2000 人死亡，其失稳原因之一是沿页岩层理面存在低剪切强度的黏土(Trollope，1980)。

充填物对剪切强度的影响取决于充填材料的厚度和强度性质。就厚度而言，如果它超过粗糙度起伏范围的 50%，两侧岩石几乎不会发生接触或者根本不发生接触，结构面剪切强度特性就是充填物的强度特性(Goodman，1970)。

图 5.14 为含充填结构面的剪切强度试验，该试验用于确定含充填结构面的峰值摩擦角和内聚力(Barton，1973)。试验结果表明，充填物大致可分为两组：

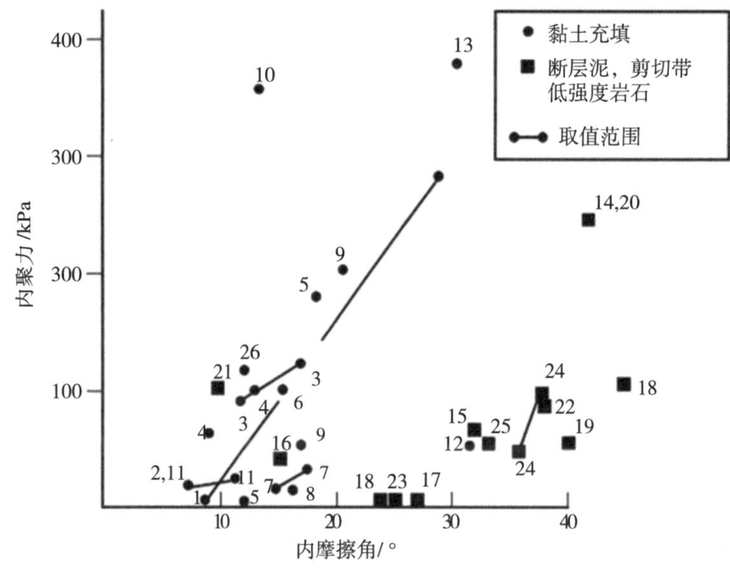

图例：

1. 泥质页岩
2. 白垩中的黏土缝合线
3. 黏土；薄层
4. 黏土；三轴测试
5. 从固结黏土
6. 灰岩；10～20mm 黏土充填
7. 褐煤和下伏黏土层接触
8. 煤层；黏土和糜棱岩接触面
9. 灰岩；小于 1mm 的黏土充填
10. 蒙脱土
11. 蒙脱土；白垩中 80mm 黏土接触面
12. 片岩/石英岩；成层厚黏土
13. 片岩/石英岩；成层厚黏土
14. 玄武岩；玄武角砾岩
15. 泥质页岩；三轴测试
16. 白云岩，变质页岩层
17. 闪长岩/花岗闪长岩；黏土角砾
18. 花岗岩；黏土充填的断层
19. 花岗岩；砂质断层充填物
20. 花岗岩；剪切带，岩石和角砾
21. 褐煤/泥灰的接触
22. 灰岩/泥灰岩/褐煤；褐煤层
23. 石灰石；泥灰质节理
24. 石英/高岭土/软锰矿；重塑土三轴测试
25. 板岩；完全压实和变质
26. 灰岩；10～20mm 黏土充填

图 5.14　含充填结构面的剪切强度试验(Barton，1974)

①黏土:蒙脱土和膨润土以及与煤层有关的黏土的摩擦角为 8°～20°,黏聚力为 0～200kPa。有一些黏聚力高达 380kPa 的黏土可能是硬黏土。

②断层、剪切带和角砾岩:在花岗岩、闪长岩、玄武岩和石灰岩等岩石的断裂带和剪切带中除了颗粒状的岩石碎片外,还可能含有断层泥。这些材料的摩擦角为 25°～45°,内聚力值为 0～100kPa。由花岗岩等粗粒岩石形成的断层泥比石灰岩等细粒岩石形成的断层泥摩擦角更大。

图 5.14 所示的一些试验也可以得到残余剪切强度值。研究发现,残余摩擦角仅比峰值摩擦角小 2°～4°,而残余内聚力基本上为零。

剪切强度—剪切位移特性是影响含充填结构面剪切强度的另一个因素。在分析边坡稳定性时,这种特性将决定抗剪强度是否会随位移增加而降低。在剪切强度随位移增加显著降低的情况下,发生一小段位移后,边坡会突然发生破坏。

根据结构面是否已发生过位移,含充填结构面可分为“已位移”和“未扰动”两大类(Barton,1973)。这些类别进一步细分为正常固结(N-C)或超固结(O-C)材料(图 5.15):

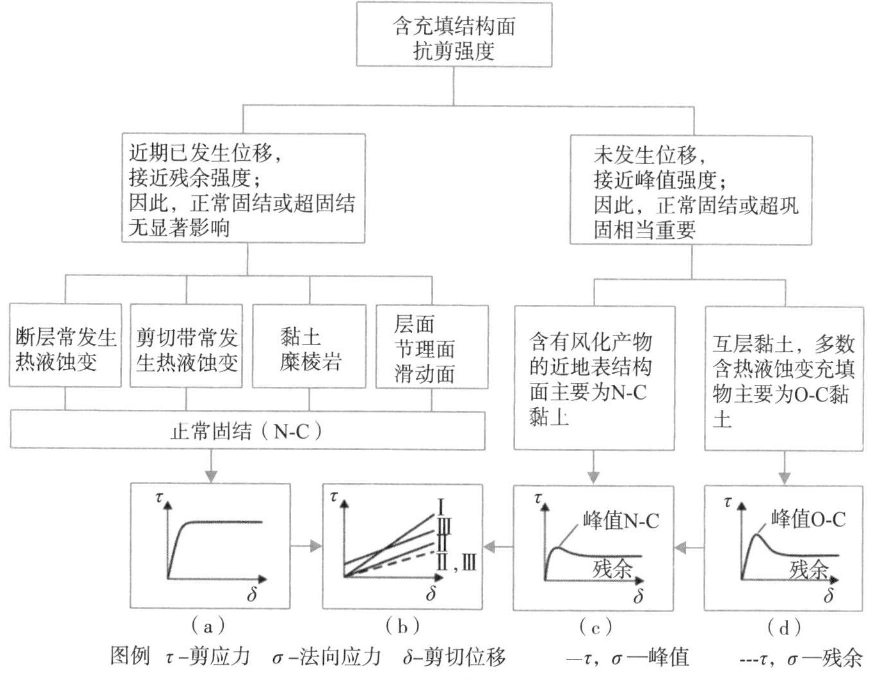

图 5.15 将含充填结构面划分为已位移和未扰动型,以及 N-C 和 O-C 型(Barton,1974)

(1)已位移结构面

这些结构面包括断层、剪切带、糜棱岩和层间滑动面。在断层和剪切带中,充填物由剪切作用形成,剪切作用可能发生过很多次,产生了较大的位移。在这个过程中形成的断层泥可能包括黏土颗粒和角砾岩,其中角砾岩的颗粒排列方向和条纹平行于剪切方向。相反,糜棱岩和层间滑动面最初就是黏土充填的,在褶皱或断裂过程中发生滑动。

这类结构面剪切强度处于或接近残余强度，如图 5.15 中图(a)所示。先前因超固结形成的黏聚力都已经被剪坏，其中充填物只相当于正常固结状态。另外，含水率增加时会出现应变软化，强度进一步降低。

(2)未扰动结构面

未扰动含充填结构面包括风化形成黏土层的火成岩和变质岩。例如，辉绿岩经风化形成角闪石，最终形成黏土。还包括薄黏土层和软弱页岩层，它们与砂岩互层。热液蚀变是另外一种形成充填物的过程，形成的充填物可以是蒙脱石等低强度材料或者是石英和方解石等高强度材料。

未扰动结构面充填物可分为正常固结(N-C)和超固结(O-C)两种材料，其峰值强度值存在显著差异。这种强度差异如图 5.15 中图(c)和图(d)所示。尽管超固结黏土充填物峰值抗剪强度可能很高，但卸荷时的软化、膨胀和孔隙压力变化会使强度大打折扣。比如边坡或地基开挖等都是卸荷过程。脆性材料(如方解石)产生位移时也会出现强度损失。

5.2.6 水对结构面剪切强度的影响

水对结构面最大的影响是使作用于结构面的有效法向应力减小，从而降低其抗剪强度。有效法向应力是上覆岩石的自重减去水的浮托力。水压 U 对剪切强度的影响可以纳入剪切强度公式中：

峰值强度：

$$\tau = c + (\sigma - U)\tan\varphi_p \tag{5.9}$$

或者残余强度：

$$\tau = c + (\sigma - U)\tan\varphi_r \tag{5.10}$$

这些方程假定结构面内聚力和内摩擦角不会因水的存在而改变。在大多数硬岩和许多砂土及砾石中，其强度特性会因水而改变。但随着含水量的变化，许多黏土、页岩和泥岩以及类似材料的强度会显著降低。因此，测试样品含水量应尽可能接近原状样(见第 4.6.3 节有关岩石样品的保存)，这一点很重要。

5.3 剪切强度的室内试验

结构面摩擦角可以在试验室中使用图 5.16 所示的直剪盒进行测试。这是便携式设备，可在现场使用，适用于最高约 75mm 的样品，如 NQ 和 HQ 岩芯。如果试样表面平整光滑，可以得到最可靠的数值，因为如果表面不规则，粗糙度的影响可能使测试结果难以解释。

测试时用熟石膏或熔融硫黄将样品的两半分别放入一对钢盒中(ISRM，1981)。需要特别注意的是，确保两段岩芯位于其原始的匹配位置，且结构面与剪切力的方向平行。然后利用悬臂梁施加恒定的法向荷载，逐渐增加剪切荷载，直到发生滑动破坏。测量上块相对于下块的垂直和水平位移最简单的方法是使用千分表，更精确的连续位移测量可以使用线性可变差动变压器（LVDT）（Hencher 等，1989）。

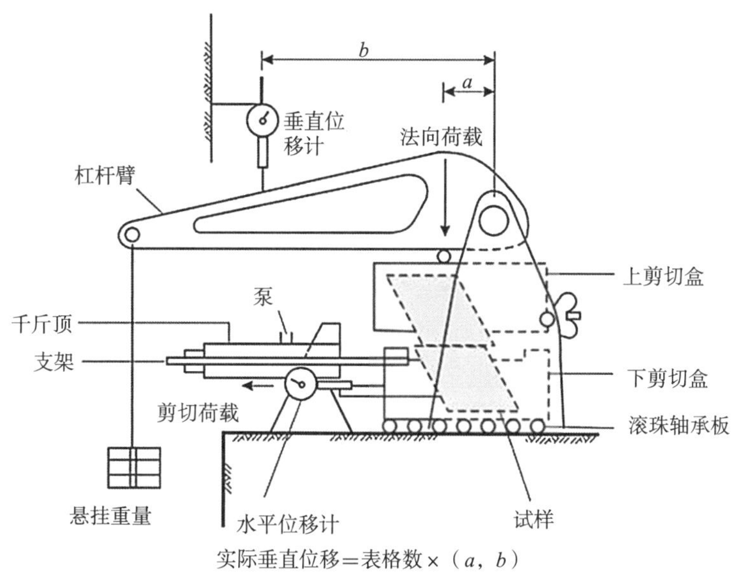

图 5.16　用于对最高 75mm 的岩石样品进行直剪试验的简单设备

每个试样通常在逐渐增加的法向荷载下测试 3～4 次。也就是说，当确定了某一法向荷载下的残余剪切应力后重置试样，再增加法向荷载并进行下一个剪切测试。测试结果表示为剪切位移与剪切应力关系曲线，并据此确定峰值剪切应力和残余剪切应力。每次试验都将产生一对剪切应力—法向应力值，将数据绘制成图像以确定结构面峰值和残余摩擦角。

如图 5.17 所示，试验在一个充填 4mm 厚砂质粉土的结构面上进行。第一张图中右侧是剪应力—剪切位移曲线，图中大致可以看出峰值剪应力和略低的残余剪应力。由于样品一开始是未扰动的，所以峰值强度大于残余强度（图 5.8）。根据所施加的法向荷载和接触面积，可以计算峰值剪应力和残余剪应力下的正应力值。在计算接触面积时，需要考虑剪切位移使接触面积减小。对于斜孔中金刚石钻头钻取的岩芯，结构面呈椭圆形，其接触面积的计算公式如下（Hencher 等，1989）：

$$A = \pi \cdot a \cdot b - \left[\frac{\delta_s \cdot b\,(4a^2 - \delta_s^2)^{1/2}}{2a}\right] - 2 \cdot a \cdot b \cdot \sin^{-1}\left(\frac{\delta_s}{2a}\right) \tag{5.11}$$

式中：A ——总接触面积；

$2a$ ——椭圆的长轴；

$2b$ ——椭圆的短轴；

δ_s ——相对剪切位移。

如图 5.17 第一张图左侧所示，在恒定法向荷载下，法向应力随位移而增加，残余剪应力下法向应力大于峰值剪应力下的法向应力。

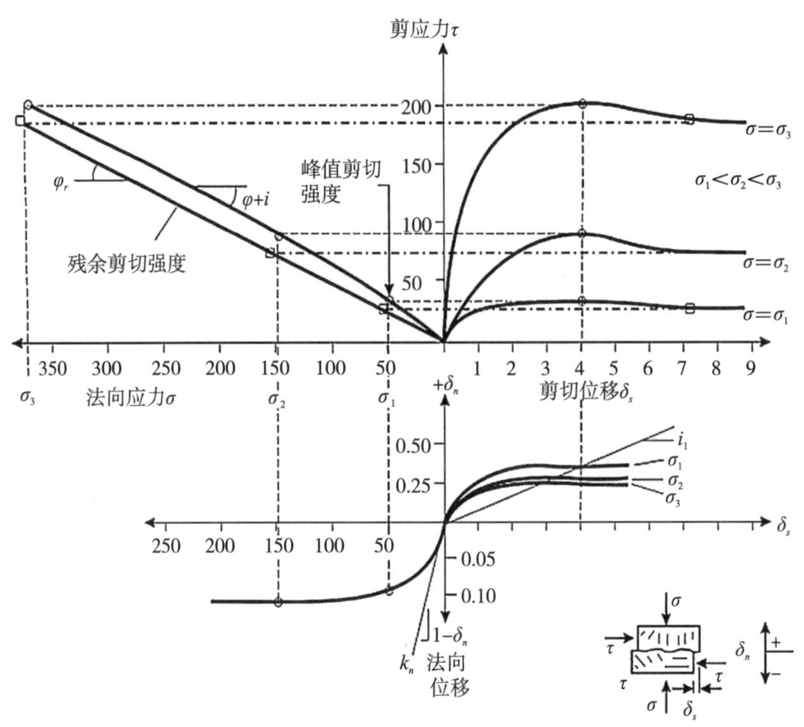

图 5.17　含充填结构面的直剪试验结果，包括剪切强度、粗糙度 i 和法向刚度 k_n 的测量结果

（由 Erban 和 Gill 修正，1988）

测量的摩擦角是岩石的内摩擦角 φ_r 和结构面的粗糙度 i 之和。根据剪切和法向位移（图 5.17 第二张图右侧的 δ_s 和 δ_n）计算表面粗糙度，公式如下：

$$i = \tan^{-1}\left(\frac{\delta_n}{\delta_s}\right) \tag{5.12}$$

根据破坏时的剪应力和法向应力图计算摩擦角，再从中减去这个 i 值，可以得到岩石内摩擦角。虽然剪切试验可以在粗糙度为零的切割试样上进行，但与天然结构面相比，刀片可能对表面进行抛光，导致摩擦角值偏低。

如图 5.17 所示，通常每个试样至少在 3 个法向应力下进行测试，样品在每次测试后重置到其原始位置。

在逐渐增大的法向应力下进行试验时，随着表面微凸体被逐渐剪坏，表面总摩擦角将逐渐减小。这就产生了一个上凹的法向－切向应力图，见图 5.17 第一张图左侧。表面微凸体的剪切程度将取决于法向应力与岩石强度的关系，即式(5.7)中的(JCS/σ)。试验中所使用的最大法向应力通常是边坡可能产生的最大应力水平。

在直剪试验中还可以测量结构面充填物的法向刚度，见图 5.17 第二张图左侧。法向刚度 k_n 是法向应力 σ 与法向位移 δ_n 之比，即

$$k_n = \frac{\sigma}{\delta_n} \tag{5.13}$$

图中 $\sigma-\delta_n$ 曲线是非线性的，k_n 的值是曲线起始部分的斜率。在岩石边坡设计中，结构面的法向刚度问题通常容易解决，常用于估算岩体的变形模量（Wyllie，1999）和进行数值分析（见第 12 章）。

用直接剪切试验测量结构面内聚力十分困难，因为如果内聚力非常低，可能无法获得原状样。如果内聚力高且样品完好无损，则装填试样的设备材料强度必须大于充填物的强度。如果要得到软弱充填物的内聚力，则可能需要进行现场试验。

5.4 边坡稳定性反分析计算岩体抗剪强度

图 5.3 所示的地质条件表明，在裂隙岩体中开挖一个边坡，且边坡没有明显的潜在滑动面。则该边坡的滑动面由天然结构面和完整岩块中的剪切破坏面组成。

在裂隙岩体中钻取大型试样（直径约 1m）并进行测试通常很困难且费用昂贵。因此需要采取两种经验方法确定岩体摩擦角和黏聚力：第一种为本节中描述的反分析法，第二种为第 5.5 节中讨论的 Hoek-Brown 强度准则。这两种方法都需要根据完整岩石强度和结构面特征对岩体进行分类。某些情况下可能需要对结果进行判断，建议工作中尽可能比较两种方法获得的强度值，以提高设计值的可靠性。

在一定程度上，确定岩体强度最可靠的方法是对失稳边坡进行反分析。反分析时利用滑动面位置，失稳时地下水条件以及所有外力（如地基荷载和地震地面运动）的资料进行稳定性分析。先将安全系数设置为 1.0，再通过稳定性分析来计算内摩擦角和内聚力。本节对石灰石矿山边坡失稳进行了反分析，并使用反分析得到的抗剪强度值来设计更深矿坑的坡度（Roberts 等，1971）。

图 5.18 为边坡失稳的几何形态，滑坡发生在走向与坡面平行的层面上，层面倾向坡外，倾角 20°。这些条件适用于图 2.16 所示的平面破坏条件，详见第 7 章。

边坡失稳时，在顶部平台上出现张拉裂隙，滑动体尺寸由 H、b、ψ_f 和 ψ_p 定义。根据这些尺寸和岩石重度 25.1kN/m^3 参数，计算滑体重量为 12.3MN/m。在边坡失稳前不久，强降雨淹没了顶部平台，张裂缝中充满水（$z_w=z$）。假设作用于张裂缝和层理面上的水压力分别为 $V=1.92$MN/m 和 $U=3.26$MN/m 的三角形分布。

在反分析中，滑动面的摩擦角和内聚力都是未知的，但可以通过以下方法估计。摩擦角的范围通常可以通过查表来估计（表 5.1），或通过对层面进行室内试验测试来估算。细粒灰岩中的光滑层理的摩擦角为 15°～25°。接着采用一定范围内的黏聚力进行一系列稳定性分析，取安全系数为 1.0。分析结果表明，在 20°的摩擦角下，相应的内聚力值约为 110kPa，而对于 15°和 25°的摩擦角，对应内聚力分别为 130kPa 和 80kPa（图 5.19）。

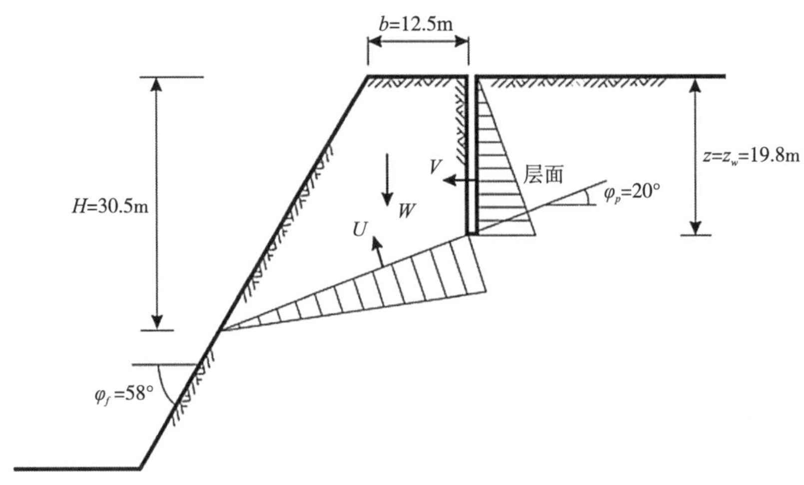

图 5.18 失稳矿山边坡的横截面

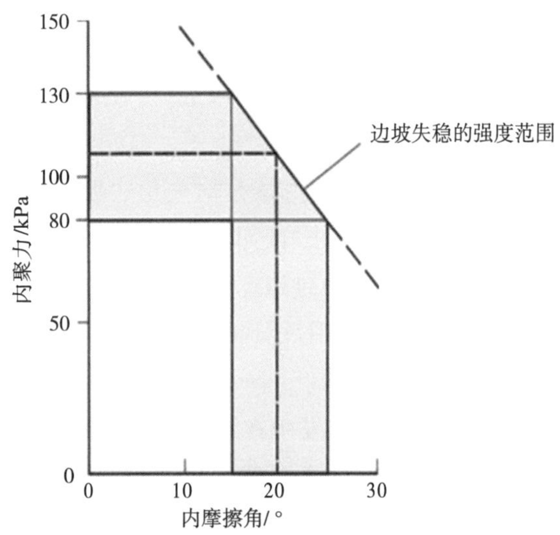

图 5.19 图 5.18 所示边坡滑移层面上的剪切强度

以这种方式计算的抗剪强度可以用来设计同种灰岩的开挖边坡，爆破开挖时需要特别注意避免损伤层面间内聚力。图 5.20 显示了 64m 边坡的安全系数与坡面角度之间的关系，假设边坡在倾向坡外、倾角 20°的层面上发生平面破坏。干燥状态下，坡面可以稳定在垂直状态；饱和状态下，最大的稳定坡度约为 50°。

在许多情况下，对类似地质条件下的边坡进行反分析可能不适用于开挖新边坡。在这些情况下，设计中可以使用公认的岩体抗剪强度值。图 5.21 显示了在各种地质条件下（表 5.2）边坡破坏反分析结果以及破坏时计算出的剪切强度参数（φ/c 值）。根据现场地质条件在图 5.21 中添加额外点，可以绘制一个适用于剪切破坏的岩石强度图。

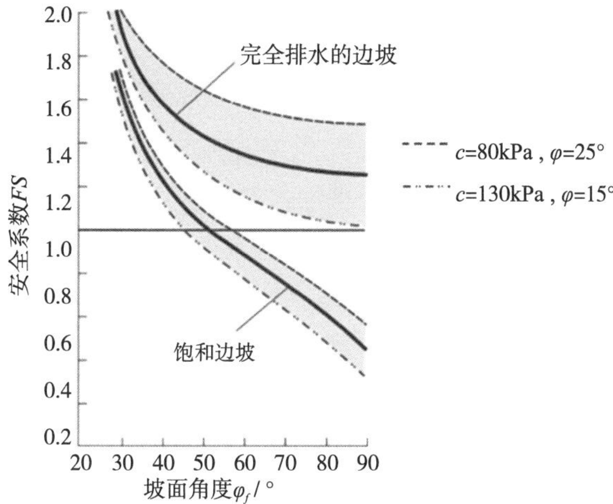

图 5.20　图 5.18 所示边坡干燥和饱和状态下,安全系数与坡面角度的关系

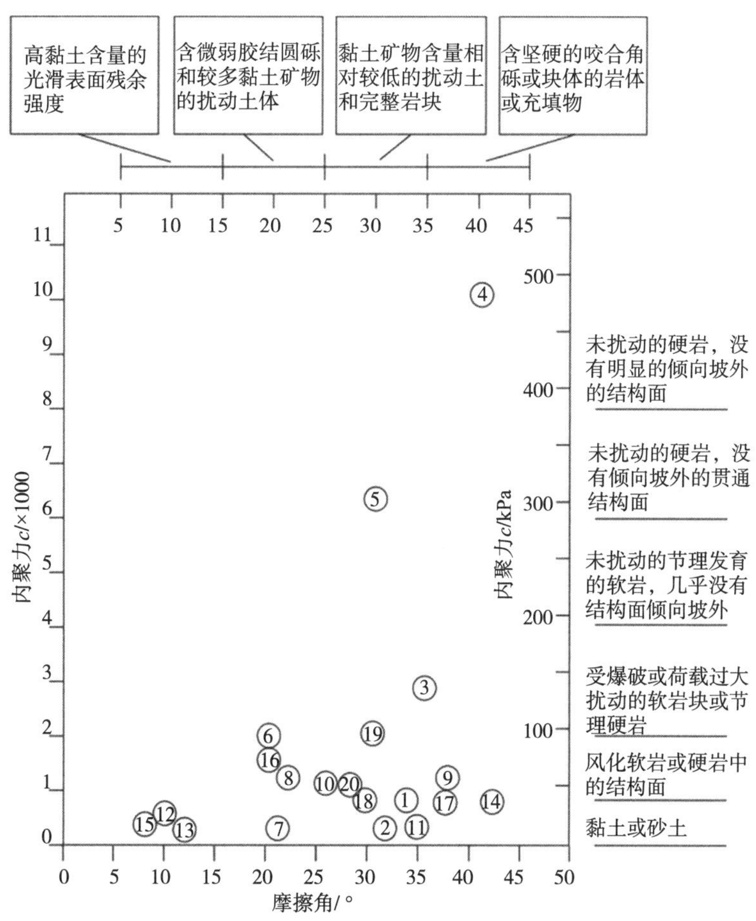

图 5.21　表 5.2 中案例边坡破坏时的摩擦角与内聚力之间的关系

表 5.2 图 5.21 中抗剪强度数据来源

点号	材料	位置	坡高/m	数据来源
1	受扰动板岩和石英岩	加拿大 Knob 湖	—	Coates、Gyenge 和 Stubbins(1965)
2	土	任意位置	—	Whitman 和 Bailey(1967)
3	节理发育的斑岩	力拓,西班牙	50～110	Hoek(1970)
4	花岗岩中矿壁	瑞典格兰斯伯格	60～240	Hoek(1974)
5	50°～60°岩质边坡	任意位置	300	Ross－Brown(1973)
6	灰岩层理面	英格兰萨默塞特郡	60	Robert 和 Hoek(1971)
7	伦敦黏土,偏硬	英国	—	Skempton 和 Hutchinson(1948)
8	砾岩覆盖层	皮马,亚利桑那州	—	Hamel(1970)
9	断层流纹岩	露丝,内华达州	—	Hamel(1971)
10	沉积岩系列	宾夕法尼亚州匹兹堡	—	Hamel(1971)
11	高岭土化的花岗岩	康沃尔郡,英格兰	75	Ley(1972)
12	泥质页岩	堡垒 Peck 水坝,蒙大拿	—	Middlebrook(1942)
13	泥质页岩	加拿大加德纳大坝	—	Fleming、Spencer 和 Banks(1970)
14	白垩岩	白垩悬崖,英格兰	15	Hutchinson(1970)
15	膨润土/黏土	南达科他州的 Oahe Dam	—	Fleming、Spencer 和 Banks(1970)
16	黏土	加利森水坝,北达科他州	—	Fleming、Spencer 和 Banks(1970)
17	风化花岗岩	香港	13～30	Hoek 和 Richards(1974)
18	风化火山岩	香港	30～100	Hoek 和 Richards(1974)
19	砂岩,粉砂岩	加拿大艾伯塔省	240	Wyllie 和 Munn(1979)
20	泥质板岩	加拿大育空地区	100	Wyllie(项目文件)

5.5 裂隙岩体的 Hoek-Brown 强度准则

Hoek 和 Brown(1980)提出用一种代替反分析确定裂隙岩体强度的经验方法,其中剪切强度表示为弯曲的莫尔包络线。这个强度准则由脆性岩石中的格里菲斯断裂理论推导而来(Hoek,1968),同时还结合了实验室和野外观察到的岩石特性(Marsal,1967,1973;Jaegar,1970;Brown,1970),见图 5.22。

Hoek 和 Brown 引入破坏准则,为硬岩地下开挖设计所需的分析提供输入数据,如完整岩体的性质,且根据岩体中节理特征引入相应的折减系数。Hoek 和 Brown 试图通过一种岩体分类方案将经验准则与地质现象联系起来,为此,他们选择了 Bieniawski(1976)提出的岩石质量等级。

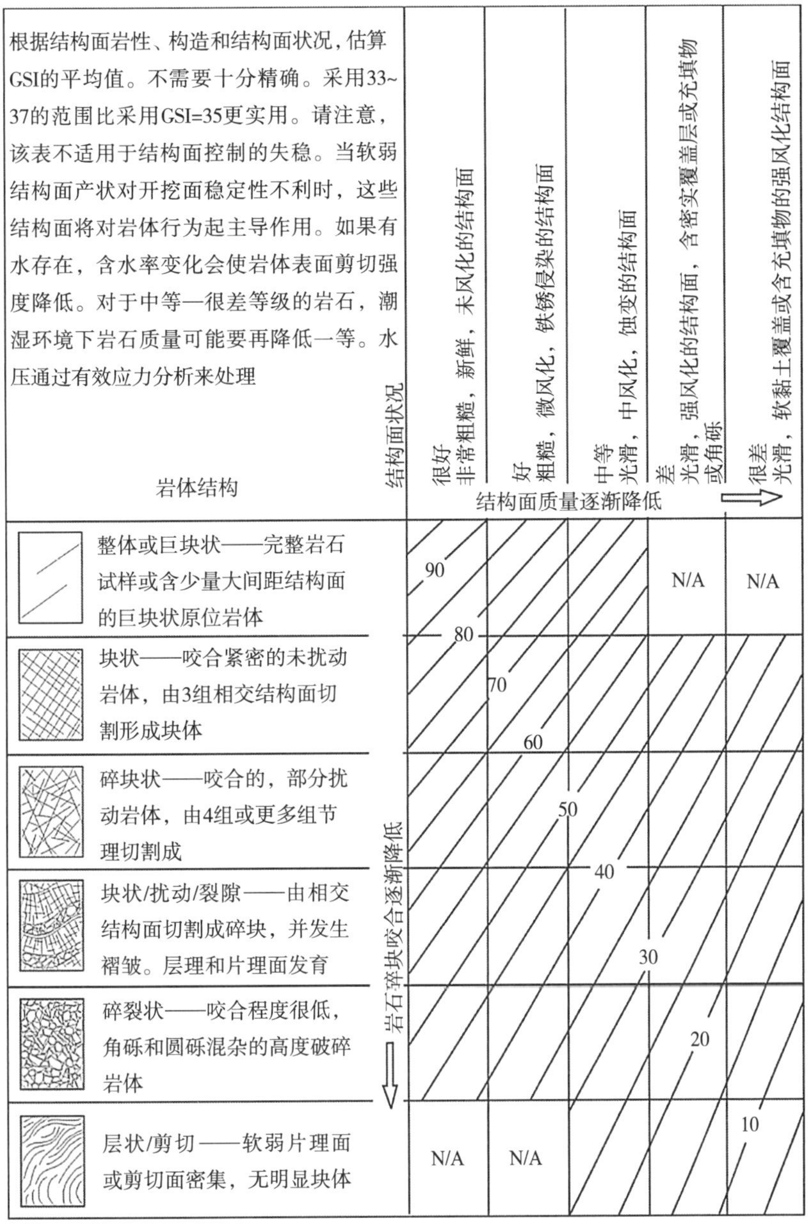

根据结构面岩性、构造和结构面状况，估算GSI的平均值。不需要十分精确。采用33~37的范围比采用GSI=35更实用。请注意，该表不适用于结构面控制的失稳。当软弱结构面产状对开挖面稳定性不利时，这些结构面将对岩体行为起主导作用。如果有水存在，含水率变化会使岩体表面剪切强度降低。对于中等—很差等级的岩石，潮湿环境下岩石质量可能要再降低一等。水压通过有效应力分析来处理

岩体结构 ＼ 结构面状况（结构面质量逐渐降低 ⇨）	很好 非常粗糙，新鲜，未风化的结构面	好 粗糙，微风化，铁锈侵染的结构面	中等 光滑，中风化，蚀变的结构面	差 光滑，强风化的结构面，含密实覆盖层或充填物或角砾	很差 光滑，软黏土覆盖或含充填物的强风化结构面
整体或巨块状——完整岩石试样或含少量大间距结构面的巨块状原位岩体	90 80			N/A	N/A
块状——咬合紧密的未扰动岩体，由3组相交结构面切割形成块体		70 60			
碎块状——咬合的，部分扰动岩体，由4组或更多组节理切割成			50		
块状/扰动/裂隙——由相交结构面切割成碎块，并发生褶皱。层理和片理面发育			40	30	
碎裂状——咬合程度很低，角砾和圆砾混杂的高度破碎岩体				20	
层状/剪切——软弱片理面或剪切面密集，无明显块体	N/A	N/A			10

（岩石碎块咬合逐渐降低 ⇩）

图 5.22　基于颗粒咬合和结构面条件的块状岩体的GSI值

由于缺乏合适的替代方案，岩石力学界很快就采用了该标准，其使用范围很快超过了用于推导强度折减关系的最初限制。因此，有必要重新审视这些关系并不时引入新的要素，以使该准则适用于广泛的实际问题(Hoek 等，2002)。最典型的优化方案是引入了“未扰动”和“扰动”岩体(Hoek 等，1988)的概念(图 5.23)，并在修正的准则中将岩体质量很差时的抗拉强度设为零(Hoek 等，1992)。

原始的 Hoek-Brown 强度准则根据主应力关系定义：

$$\sigma_1' = \sigma_3' + \sigma_{ci}\left(m \cdot \frac{\sigma_3'}{\sigma_{ci}} + s\right)^{0.5} \tag{5.14}$$

式中：σ_1' 和 σ_3' ——破坏时的最大和最小有效主应力；

σ_{ci} ——完整岩体的单轴抗压强度；

m 和 s ——材料常数，对于完整岩石，$s=1$。

但是许多岩土问题，特别是边坡稳定性分析，一般采用剪应力和正应力计算更加方便，在第 5.5.3 节中，介绍了由 J. W. Bray(由 Hoek 于 1983 年撰写报告)和之后的 Ucar(1983)推导的式(5.14)与失稳时的正应力和剪应力之间的精确关系。

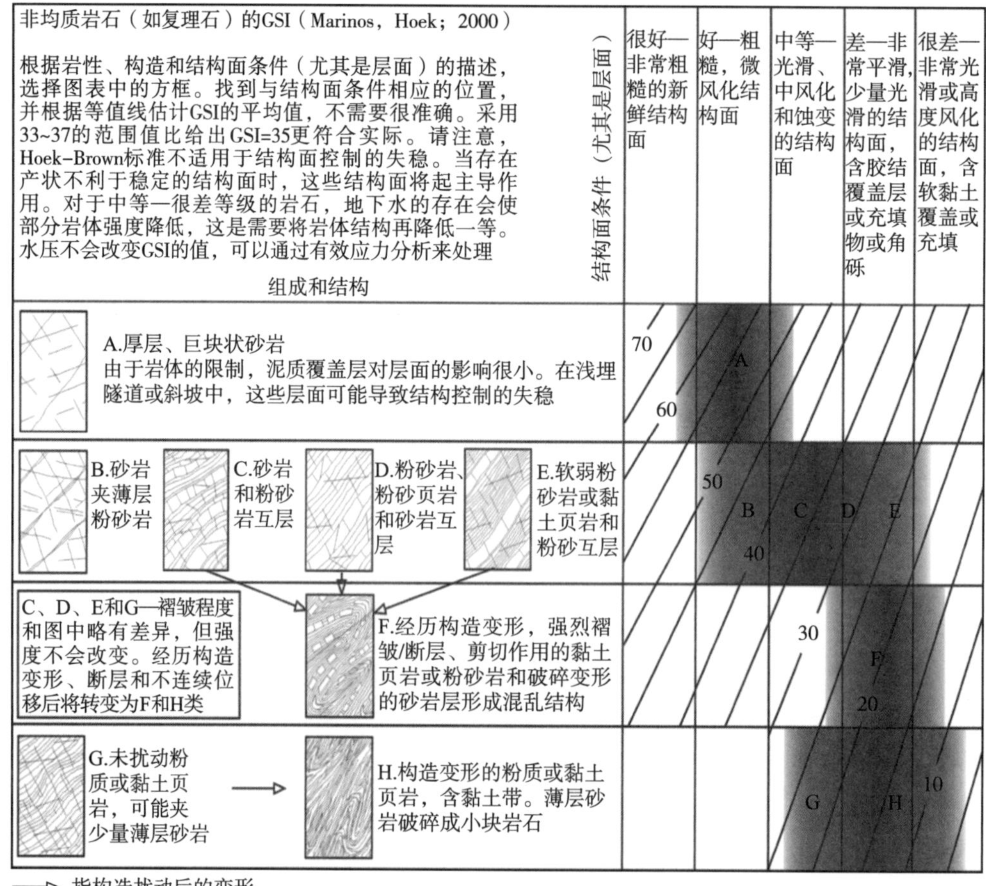

非均质岩石（如复理石）的GSI（Marinos，Hoek；2000）
根据岩性、构造和结构面条件（尤其是层面）的描述，选择图表中的方框。找到与结构面条件相应的位置，并根据等值线估计GSI的平均值，不需要很准确。采用33~37的范围值比给出GSI=35更符合实际。请注意，Hoek-Brown标准不适用于结构面控制的失稳。当存在产状不利于稳定的结构面时，这些结构面将起主导作用。对于中等—很差等级的岩石，地下水的存在会使部分岩体强度降低，这是需要将岩体结构再降低一等。水压不会改变GSI的值，可以通过有效应力分析来处理
组成和结构
结构面条件（尤其是层面）
很好—非常粗糙的新鲜结构面
好—粗糙，微风化结构面
中等—光滑、中风化和蚀变的结构面
差—非常平滑，少量光滑的结构面，含胶结覆盖层或充填物或角砾
很差—非常光滑或高度风化的结构面，含软黏土覆盖或充填
A.厚层、巨块状砂岩
由于岩体的限制，泥质覆盖层对层面的影响很小。在浅埋隧道或斜坡中，这些层面可能导致结构控制的失稳
B.砂岩夹薄层粉砂岩
C.砂岩和粉砂岩互层
D.粉砂岩、粉砂页岩和砂岩互层
E.软弱粉砂岩或黏土页岩和粉砂互层
C、D、E和G—褶皱程度和图中略有差异，但强度不会改变。经历构造变形、断层和不连续位移后将转变为F和H类
F.经历构造变形，强烈褶皱/断层、剪切作用的黏土页岩或粉砂岩和破碎变形的砂岩层形成混乱结构
G.未扰动粉质或黏土页岩，可能夹少量薄层砂岩
H.构造变形的粉质或黏土页岩，含黏土带。薄层砂岩破碎成小块岩石
70
60
50
40
30
20
10
A
B
C
D
E
F
G
H
指构造扰动后的变形

图 5.23　基于层理和结构面条件的非均质岩体 GSI 值

Hoek(1990)讨论了各种实际情况下等效摩擦角和凝聚力的推导，这些推导基于布雷提出的莫尔圆包络线的切线。Hoek(1994)认为通过拟合莫尔包络线切线确定的黏聚力是一个上限值，在稳定性计算中会得到更加稳定的结果。因此，通过最小二乘法拟合的线性Mohr-Coulomb曲线确定的平均值可能更合适。在 1994 年的论文中，Hoek 提出了广义Hoek-Brown 准则的概念，其中主应力图或莫尔包络图可以用变量系数 a 代替式(5.14)中的 0.5 次幂项来修正。

Hoek 和 Brown(1997)试图将之前所有的优化因素整合成综合性破坏准则，并给出了许多案例来说明其实用性。

除了公式的变化之外，人们还认识到 Bieniawski 岩体分级难以将破坏准则与现场地质现象联系起来，特别是对于软弱岩体。于是 Hoek、Wood 和 Shah(1992)、Hoek(1994)和 Hoek、Kaiser 和 Bawden(1995)引入了地质强度因子(GSI)。随后，Hoek、Marinos 和Benissi(1998 年)、Marinos 和 Hoek(2000 年)、Marinos 和 Hoek(2001 年)以及 Hoek 和 Marinos(2000 年)在一系列文章中将这一因子应用到软岩中。

GSI 提供了一个估算不同地质条件下岩体强度折减的方法。图 5.22 和图 5.23 中的块状岩体和片状变质岩，GSI 值与断裂程度和断裂面条件有关。节理岩体的强度取决于完整岩块的性质，以及岩块在不同应力条件下滑动和旋转的自由度。这种自由度取决于完整岩块的几何形状以及断面条件。棱角分明、断裂面干净、粗糙的岩石，其岩体的强度远大于由风化和蚀变物质胶结的磨圆颗粒组成的岩体。

Hoek-Brown 强度准则最大的局限性是它只适用于各向同性岩体，不适用于页岩、砂岩互层、强烈变质的片岩等高度各向异性岩体。在这些各向异性岩体中，结构面可能对稳定性起主导作用，对岩体强度起次要作用。

5.5.1　广义 Hoek-Brown 强度准则

广义 Hoek-Brown 强度准则用最大和最小主应力表示，由式(5.14)修正得(图 5.24)：

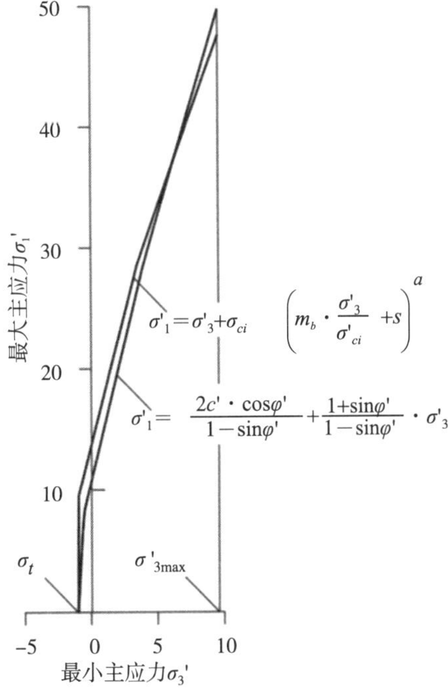

图 5.24　Hoek-Brown 和等效 Mohr-Coulomb 准则的最大和最小主应力之间的关系

$$\sigma_1{}' = \sigma_3{}' + \sigma_{ci}\left(m \cdot \frac{\sigma_3{}'}{\sigma_{ci}} + s\right)^a \tag{5.15}$$

式中：m_b——完整岩石材料常数 m_i 的折减值，由式(5.16)给出

$$m_b = m_i \cdot \exp\left(\frac{\mathrm{GSI} - 100}{28 - 14D}\right) \tag{5.16}$$

表 5.3 给出了各类岩石的 m_i 值，s 和 a 是由式(5.17)和式(5.18)计算的常数：

$$s = \exp\left(\frac{\mathrm{GSI} - 100}{9 - 3D}\right) \tag{5.17}$$

$$a = \frac{1}{2} + \frac{1}{6}\left(\mathrm{e}^{-\mathrm{GSI}/15} - \mathrm{e}^{-20/3}\right) \tag{5.18}$$

因子 D 取决于岩体受爆破和应力释放的扰动程度，取值范围为 0 ～ 1，原状岩体为 0，强扰动岩体为 1；第 5.5.6 节描述了选择 D 的参考标准。

式(5.15)中的 $\sigma_3{}' = 0$，得到岩体的单轴抗压强度 σ_c：

$$\sigma_c = \sigma_{ci} \cdot s^a \tag{5.19}$$

表 5.3　　完整岩石的常数 m_i 值，按岩石类型划分(括号中为估算值)

岩石类型	类	组	结构			
			粗	中	细	微
沉积岩	碎屑岩		砾岩[a]	砂岩 (17±4)	粉砂岩 (7±2)	泥岩 (4±2)
			角砾岩[a]		硬砂岩 (18±3)	页岩 (6±2)
	非碎屑岩	碳酸盐岩	结晶 灰岩 (12±3)	亮晶 灰岩 (10±2)	微晶 灰岩 (9±2)	白云岩 (9±3)
		蒸发岩		石膏 (8±2)	硬石膏 (12±2)	
		有机岩				白垩岩 7±2
变质岩	非片状		大理石 (9±3)	角岩 (19±4)	石英岩 (20±3)	
				变质砂岩 (19±3)		

续表

岩石类型	类	组	结构			
			粗	中	细	微
变质岩	薄片状		混合岩 (29±3)	角闪岩 (26±6)	片麻岩 (28±5)	
	片状[b]			片岩 (12±3)	千枚岩 (7±3)	板岩 (7±4)
岩浆岩	深成岩	浅色	花岗岩 (32±3)	闪长岩 (25±5)		
			花岗闪长岩 (29±3)			
		暗色	辉长岩 (27±3)	辉绿岩 (16±5)		
			苏长岩 (20±5)			
	浅成岩		斑岩 (20±5)		辉绿岩 (15±5)	橄榄岩 (25±5)
	火山岩	熔岩		流纹岩 (25±5)	英安岩 (25±3)	
				安山岩 (25±5)	玄武岩 (25±5)	
		火山碎屑岩	集块岩 (19±3)	角砾岩 (19±5)	凝灰岩 (13±5)	

注：a 表示根据胶结物性质和胶结程度，砾岩和角砾岩 m 值取值范围较大，从接近砂岩到细粒沉积岩取值不等（甚至小于10）。

b 表示这些值适用于垂直于层理或片理测试的完整岩石试样。如果沿软弱面破坏，m_i 的值将明显不同。

岩石的抗拉强度由式(5.20)计算：

$$\sigma_t = -\frac{s \cdot \sigma_{ci}}{m_b} \tag{5.20}$$

令式(5.15)中的 $\sigma_1{}' = \sigma_3{}' = \sigma_t$，得到式(5.20)，此时表示双轴拉伸状态。Hoek(1983)指出，对于脆性材料，单轴抗拉强度等于双轴抗拉强度。

值得注意的是，系数 s 和 a（Hoek 等，1997）在 GSI＝25 处的突变已经在式(5.17)和式(5.18)中被消除了,这样当 GSI 变化时就能得到平滑连续的结果①。

正应力和剪应力与主应力有关,根据 Balmer(1952)②提出的公式计算:

$$\sigma_n{}' = \frac{\sigma_1{}' + \sigma_3{}'}{2} - \frac{\sigma_1{}' - \sigma_3{}'}{2} \cdot \frac{\mathrm{d}\sigma_1{}'/\mathrm{d}\sigma_3{}' - 1}{\mathrm{d}\sigma_1{}'/\mathrm{d}\sigma_3{}' + 1} \tag{5.21}$$

$$\tau = (\sigma_1 - \sigma_3)\frac{\sqrt{\mathrm{d}\sigma_1{}'/\mathrm{d}\sigma_3{}'}}{\mathrm{d}\sigma_1{}'/\mathrm{d}\sigma_3{}' + 1} \tag{5.22}$$

其中

$$\mathrm{d}\sigma'_1/\mathrm{d}'_3 = 1 + a \cdot m_b\,(m_b \cdot \sigma'_3/\sigma_{ci} + s)^{a-1} \tag{5.23}$$

5.5.2 变形模量

Hoek-Brown 破坏准则中岩体变形模量按下式计算:

$$E_m = \left(1 - \frac{D}{2}\right) \cdot \sqrt{\frac{\sigma_{ci}}{100}} \cdot 10^{(\mathrm{GSI}-10)/40} \tag{5.24}$$

要注意的是,由 Hoek 和 Brown(1997)提出的原始公式已经通过引入参数 D 进行了修正,以便考虑爆破损伤和应力松弛的影响。

岩石变形模量主要用于数值分析,用来计算岩质边坡和基础设计中的应变(第 12 章)。

5.5.3 Mohr-Coulomb 准则

边坡稳定性分析需要检查滑动面上的岩体抗剪强度,该强度由 Mohr-Coulomb 破坏准则表示。因此,这就需要找出 Hoek-Brown 和 Mohr-Coulomb 准则之间的等效内摩擦角和黏聚力。沿着滑动面的岩体和应力范围都需要强度参数。对于最小主应力范围 $\sigma_t < \sigma_3 < \sigma_{3\max}$,在这一范围内求解式(5.15),可以得到 $\sigma_1{}'$ 和 $\sigma_3{}'$ 关系曲线(图 5.24),将这段曲线拟合成平均线性关系,就可以得到所需强度参数。拟合时需要平衡 Mohr-Coulomb 曲线的上下区域。内摩擦角 φ' 和黏聚力 c' 的拟合结果如下:

$$\varphi' = \sin^{-1}\left[\frac{6a \cdot m_b\,(s + m_b \cdot \sigma'_{3n})^{a-1}}{2(1+a)(2+a) + 6a \cdot m_b\,(s + m_b \cdot \sigma'_{3n})^{a-1}}\right] \tag{5.25}$$

$$c' = \frac{\sigma_{ci}\left[(1+2a)s + (1-a)m_b \cdot \sigma'_{3n}\right](s + m_b \cdot \sigma'_{3n})^{a-1}}{(1+a)(2+a)\sqrt{1 + \left[6a \cdot m_b\,(s + m_b \cdot \sigma'_{3n})^{a-1}\right]/\left[(1+a)(2+a)\right]}} \tag{5.26}$$

其中 $\sigma_{3n} = \sigma'_{3\max}/\sigma_{ci}$ 。

图 5.25 显示了由本章提出的参数定义的 Hoek-Brown 强度包络曲线,以及定义 Mohr-Coulomb 准则中抗剪强度参数(内聚力和内摩擦角)的拟合直线。该图横纵坐标分别代表正

---

① 请注意,由式(5.17)和式(5.18)算出的 s 和 a 的数值非常接近 Hoek 和 Brown(1997)在先前公式中算出的数值,因此没有必要重新计算并更正之前的结果

② 由 Balmer 导出的原始公式中存在误差,在式(5.21)和式(5.22)中已进行更正。

应力和剪应力。

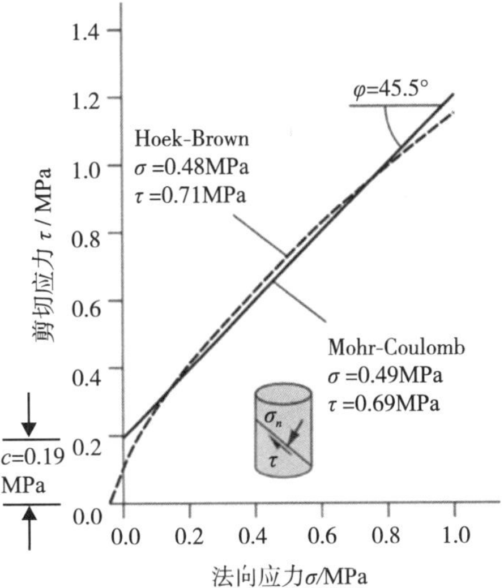

图 5.25 由式(5.25)和式(5.26)定义的裂隙岩体非线性莫尔包络线

注:最佳拟合线显示适用某一坡高的内聚力和摩擦角。岩体参数:$\sigma_c=30\text{MPa}$,GSI=50,$m_i=10$,$D=0.7$,$H=20\text{m}$,$\gamma_r=0.026\text{MN/m}^3$。

请注意,对于每种情况,必须先确定围压上限值 $\sigma'_{3\max}$,在此基础上再考虑 Hoek-Brown 和 Mohr-Coulomb 准则之间的关系。第 5.5.5 节介绍了各边坡 $\sigma'_{3\max}$ 的取值原则。

对于给定的正应力 σ,将 c' 和 φ' 值代入以下公式得到 Mohr-Coulomb 剪切强度 τ:

$$\tau = c + \sigma \cdot \tan\varphi' \tag{5.27}$$

按照最大和最小主应力,等效曲线由式(5.28)定义:

$$\sigma^1 = \frac{2c' \cdot \cos\varphi}{1-\sin\varphi} + \frac{1+\sin\varphi}{1-\sin\varphi} \cdot \sigma'_3 \tag{5.28}$$

5.5.4 岩体强度

由式(5.19)可计算岩体的单轴抗压强度 σ_c。对于地下工程开挖,当在边界上的应力超过抗压强度 σ_c 时,开挖边界处将产生失稳。失稳从起始点延伸到双轴应力场,当式(5.15)定义的局部强度高于诱发应力 σ'_1 和 σ'_3 时,最终趋于稳定。大多数数值模型都可以遵循这一断裂扩展过程,在考虑岩石地下开挖稳定性和设计支护系统时,这样的详细分析非常重要。

然而,双轴应力场中的边坡是沿滑动面开始失稳的,所以考虑整个岩体的变形行为而非上述详细的失稳扩展过程是有益的。由此,Hoek 和 Brown(1997)提出了整体“岩石强度”的概念,这可以由 Mohr-Coulomb 关系估算得到:

$$\sigma'_{cm} = \frac{2c' \cdot \cos\varphi'}{1-\sin\varphi'} \tag{5.29}$$

在 $\sigma_t < \sigma_3 < \sigma_{ci}/4$ 的应力范围下,c' 和 φ' 给出的岩石强度值 σ'_{cm} 由式(5.30)确定:

$$\sigma'_{cm} = \sigma_{ci} \cdot \frac{[m_b + 4s - a(m_b - 8s)] \cdot (m_b/4 + s)^{a-1}}{2(1+a)(2+a)} \tag{5.30}$$

用式(5.30)计算出图5.25中列出的岩体强度为3.16MPa，而完整岩体抗压强度为30MPa。

5.5.5 σ'_{3max} 的确定

式(5.25)和式(5.26)中 σ'_{3max} 的取值要根据具体案例具体分析。对于边坡，安全系数的计算必须和破坏面形状和位置一致。对不同几何形状和岩体特征的边坡稳定性分析，采用推广的Hoek-Brown准则和Mohr-Coulomb准则进行Bishop圆弧破坏分析，可以得到一致的 σ'_{3max} 特征曲线。

上述分析给出了 σ'_{3max}、岩体强度 σ'_{cm} 和滑动面的应力 σ_0，三者有以下关系(图5.26)：

$$\frac{\sigma'_{3max}}{\sigma'_{cm}} = 0.72\left(\frac{\sigma_{cm}}{\sigma_0}\right)^{-0.91} \tag{5.31}$$

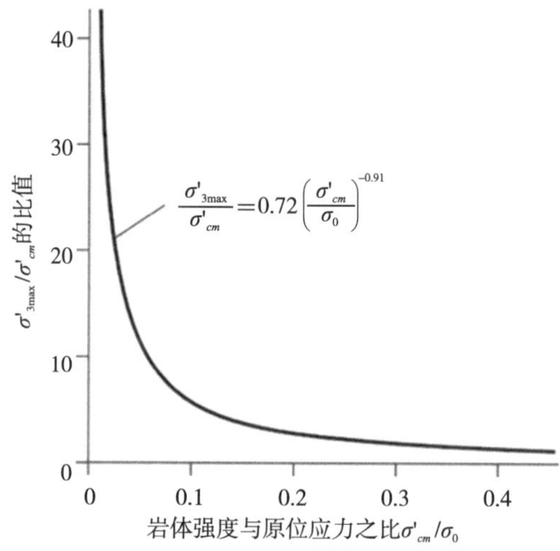

图5.26 用于计算边坡中等效Mohr-Coulomb和Hoek-Brown参数的 σ'_{3max} 关系曲线

滑动面上的应力与坡高 H 和岩体重度 γ_r 有关，由式(5.32)计算得到：

$$\sigma_0 = H \cdot \gamma_r \tag{5.32}$$

对于图5.25中列出的岩体强度和边坡参数，比值 $\sigma'_{cm}/\sigma_0 = (3.16/0.52) = 6.1$，$\sigma'_{3max} = 0.44$MPa。

为了说明边坡高度对岩体强度的影响，计算坡高100m时图5.25中的剪切强度值，其中 $\sigma_0 = 2.6$MPa。对于100m高的边坡，岩体强度基本保持不变，但内聚力从0.19增加到0.44MPa，而摩擦角从45.5°降至33.7°，即强度包络曲线上的较高法向应力水平处的切线。这些剪切强度参数变化由高边坡中较大的围压引起，这种高围压加强了岩石碎块的咬合(高内聚力)，但使岩石破碎程度增加(低摩擦角)。

5.5.6 扰动因子 D 的估计

大型露天矿山的边坡设计经验表明，未受扰动的原位岩石（$D=0$）中 Hoek-Brown 准则导致岩体性质过于乐观（Pierce 等，2001；Sjöberg 等，2001）。上覆岩层中的大规模爆破和卸荷导致岩体受到扰动（Hoek 等，1988）。普遍认为，对于这类岩石，应在式(5.15)和式(5.16)中使用 $D=1$ 的扰动因子。

许多研究通过观察地表和地下开挖评估岩体扰动程度。例如，Lorig 和 Varona(2001)的研究表明，与边坡高度相比，由边坡曲率半径（平面图）产生的侧向约束也会对扰动程度产生影响。另外，Sonmez 和 Ulusay(1999)对位于土耳其的 5 个露天煤矿边坡破坏进行反分析，根据 Hoek-Brown 准则预测岩体特性，基于预测结果为每处岩体分配扰动因子。但是发现其中一个边坡失稳可能受结构面控制，而另一个边坡是由搬运的废弃物堆积成的边坡。Hoek 认为 Hoek-Brown 准则不适用于这两种情况。另外，Cheng 和 Liu(1990)发表了关于台湾明潭抽水蓄能电站地下洞室变形非常精细的反分析结果，分析以洞室开挖前安装的应变计测量结果为基础。报道了在台湾明潭电力洞中从开挖前的引伸计对变形测量进行非常仔细的反分析的结果。研究发现，在大规模开挖时，爆破损伤区大约向外延伸 2m 距离。损伤岩体反分析强度和变形特性得出等效扰动因子 $D=0.7$。

从这些参考文献中可以明显看出，开挖区域周边很多因素都会影响岩体扰动程度，并且通常无法准确量化这些因素。不过 Hoek 等(2002)根据经验和上述文献中的详细分析，对估算 D 值建立了一系列指导原则（表 5.4）。

扰动因子受多种因素影响。举一个典型案例，对于 $\sigma_{ci}=50$MPa、$m_i=10$ 并且 GSI=45。对于在 100m 深处未扰动的隧道围岩，扰动因子 $D=0$，等效内摩擦角为 $\varphi'=47.16°$，而黏聚力 $c'=0.58$MPa。在岩体基本参数相同的情况下，高度 100m 的强扰动边坡，扰动因子 $D=1$，岩体等效内摩擦角 $\varphi'=27.61°$，黏聚力 $c'=0.35$MPa。

请注意，这些只是指导性原则，使用者应该谨慎取值，并将计算结果与图 5.21 所示的反分析得到的结果进行比较。Hoek-Brown 计算可以为任何设计提供切实可行的起点，并且如果开挖时观察或测量的结果比预计要好，则可以下调扰动因子。

这些方法都已经在一个名为 RocData 的程序中实现，该程序可以在 RocScience(www.rocscience.com)中使用。该程序包含了用于估算完整岩块的单轴抗压强度（σ_{ci}）、材料常数 m_i、GSI 和扰动因子 D 的图表。

表 5.4　估算扰动因子 D 的参考标准

岩体外观	岩体描述	D 的参考值
	高质量控制爆破或 TBM 开挖隧道对围岩扰动很小	$D=0$
	在较差的岩体中机械或人工开挖(无爆破)会对围岩产生最小的扰动,如果挤压导致底板明显隆起,就会受到严重扰动,除非设置临时仰拱	$D=0$ $D=0.5$ 无仰拱
	在硬岩隧道中进行低质量爆破会导致严重的局部破坏,破坏范围在围岩中延伸 2～3m	$D=0.8$
	在土木工程边坡中进行小规模爆破会导致中度岩体损伤,尤其是在图中左侧进行控制爆破。无论如何,应力释放都会造成一些扰动	$D=0.7$(优质爆破); $D=1.0$(劣质爆破)
	超大型露天矿边坡在生产爆破和卸荷引起应力释放的双重作用下,会产生较大的扰动。 在一些软岩中,开挖可以通过破岩机和挖机进行,边坡损伤程度较小	$D=1.0$(生产爆破); $D=0.7$(机械开挖)

5.6　风化岩体的抗剪强度

第3章描述了风化岩的成因、构造及其性质。总之，风化岩产生于高温(大于18℃)和强降雨频繁发生的热带地区，岩石经过化学和物理作用发生原位变化，岩体强度降低。风化是一个渐进过程，从深处新鲜岩石逐渐过渡到表面残积土，并且可以量化为表2.1所述的6个等级。

进行风化岩石边坡设计时，需要知道各风化等级和各类型母岩相应的岩体抗剪强度特性。对于高度风化的岩体、全风化和残积土，可以对原状试样进行室内试验以确定其强度。

但是，对于风化程度较低的土石混合体，很难获得用于测试的代表性样品，而且也没有足够大的设备来进行测试。在这种情况下，对于风化岩体采用适当的GSI值可以得到第5.5节中描述的Hoek-Brown岩体强度准则。从图5.22可以看出，表格中列出的表面条件从“非常粗糙，新鲜，未风化的结构面”到“软黏土覆盖或含充填物的强风化结构面”不等。如果忽略Ⅵ级残积土，那么5种结构面条件大致对应表2.1中描述的从新鲜岩石(Ⅰ级)到完全风化岩石(Ⅴ级)的5个风化等级。

图5.22中定义岩体GSI的第二组参数是岩体构造，其范围从“完整或块状”到“层状/剪切”。为了确定岩体的原始结构，需要对岩体进行现场检查，得到结构面间距和组数，确定其断裂程度。岩体的构造与风化程度无关，因为风化是一个原位过程，改变完整岩石的特性，但不会产生变形，因此不会产生新的断裂。

从图5.22中选择合适的GSI值，再选取岩石类型参数m_i的值(表5.3)以及风化岩碎块的抗压强度，就可以通过Hoek-Brown强度准则来确定风化岩体的抗剪强度。随着风化程度的增加，抗压强度会降低，如果无法测试强度，可根据表4.1列出的现场测试结果估算相应的强度。

图5.27和图5.28分别是图5.22和图5.23的修正版本，介绍了如何将风化等级和地质构造纳入GSI系统。4组符号分别代表风化等级Ⅱ、Ⅲ、Ⅳ和Ⅴ的GSI值，分别对应的岩石抗压强度约为20MPa、5MPa、1MPa和0.5MPa。此外，还包含块状、节理(如花岗岩)；块状、扰动、中等间距节理(如片岩)和块状、扰动、多条相交节理(如玄武岩)共3种地质条件。表5.3给出了各类岩石m_i值。

将图5.27和图5.28中的参数值代入RocData程序可以得到风化岩体的抗剪强度。当用于边坡计算时，需要定义一个边坡高度，因为高度决定了滑动面上的法向应力。这些案例中使用10m和30m的边坡高度，因为该范围涵盖了大多数土木工程边坡。图5.29显示了RocData计算风化岩体(等级Ⅱ～Ⅳ)黏聚力和内摩擦角的结果，并绘制成类似于图5.21的$c-\varphi$曲线。图5.29显示了花岗岩、玄武岩、片岩和砂岩/页岩的$c-\varphi$关系，涵盖了岩石边坡设计中遇到的各种地质条件。

正如第5.5节的讨论，Hoek-Brown强度准则是一种将计算强度与工程实际强度对比的经验性方法。因此，对风化岩体采取相同方法，将文献中的剪切强度与图 5.29 中的计算值进行比较；风化岩的相关文献在第 3 章列出。总共 117 个 $c-\varphi$ 值(含岩石类型和风化等级)用于校准计算的抗剪强度值。在图 5.29 中，将 4 类岩石的每个风化等级(Ⅱ～Ⅴ)($c-\varphi$)平均值都绘制曲线并与计算出的 $c-\varphi$ 值进行比较。考虑到文献中采用的强度对应现场条件的多样性，以及野外难以准确定义风化等级，研究结果为岩石的剪切强度的整体趋势随着岩石风化程度的增加而下降。从图中可以看出，不同种类的岩石之间剪切强度略有差异。

图 5.27 和图 5.28 所示的计算风化岩石抗剪强度的参考步骤比较可靠，可作为计算设计强度值的指导原则。

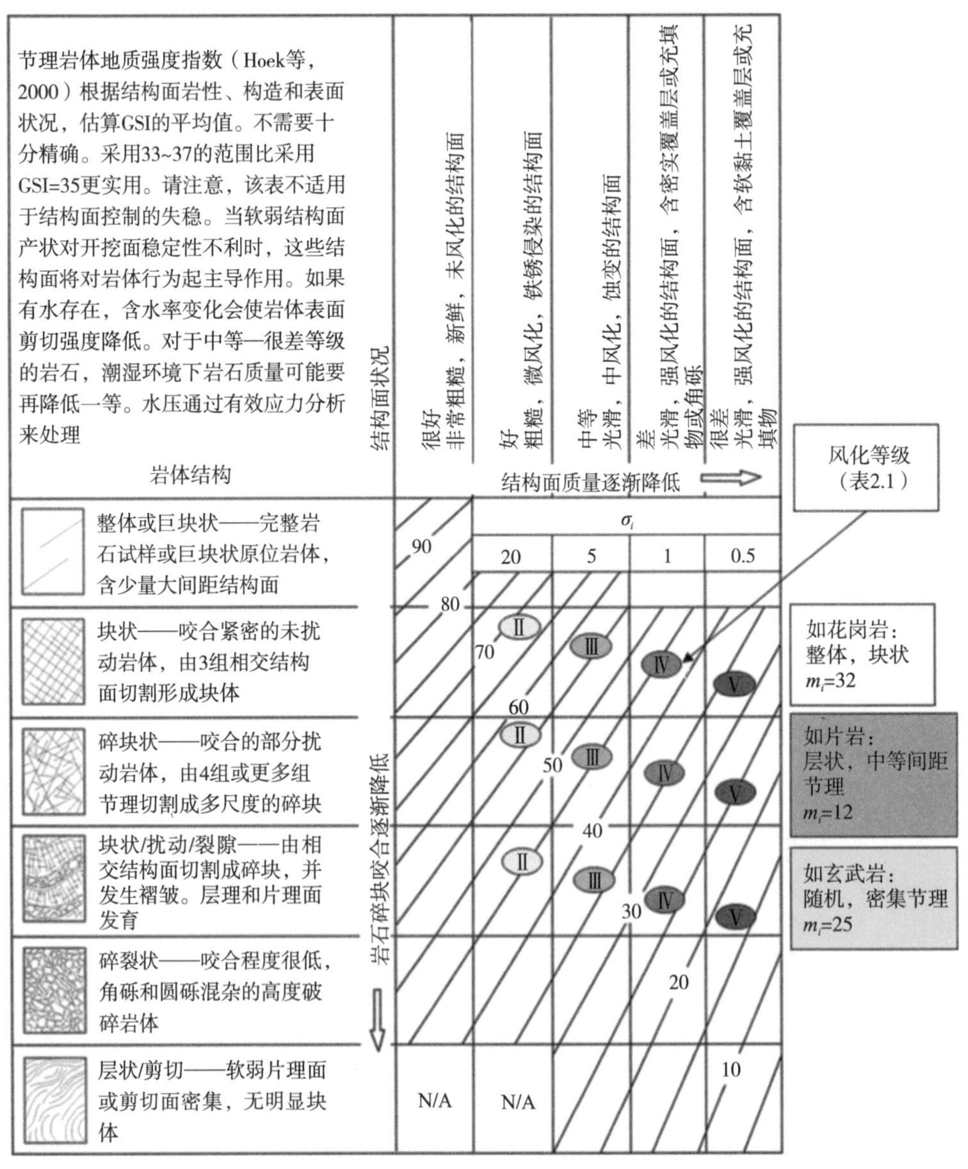

图 5.27　根据风化等级和颗粒咬合特征定义风化岩体的 GSI 值

非均质岩石（如复理石）的GSI（Marinos等，2000） 根据岩性、构造和结构面条件（尤其是层面）的描述，选择图表中的方框。找到与结构面条件相应的位置，并根据等值线估计GSI的平均值，不需要很准确。采用33~37的范围值比给出GSI=35更符合实际。请注意，Hoek-Brown标准不适用于结构面控制的失稳。当存在产状不利于稳定的结构面时，这些结构面将起主导作用。对于中等—很差等级的岩石，地下水的存在会使部分岩体强度降低，这时需要将岩体结构再降低一等。水压不会改变GSI的值，可以通过有效应力分析来处理 组成和结构	结构面条件（尤其是层面）	很好—非常粗糙的新鲜结构面	好—粗糙，微风化结构面	中等—光滑、中风化和蚀变的结构面	差—非常平滑、少量光滑的结构面，含胶结覆盖层或充填物或角砾	很差—非常光滑或高度风化的结构面，含软黏土覆盖或充填
A.厚层、巨块状砂岩 受岩体的限制，泥质覆盖层对层面的影响很小。在浅埋隧道或斜坡中，这些层面可能导致结构控制失稳		70 60	A	风化等级		
B.砂岩夹薄层粉砂岩 C.砂岩和粉砂岩互层 D.粉砂岩、粉砂页岩和砂岩互层 E.软弱粉砂岩或黏土页岩和粉砂岩互层			50 B 40	C Ⅱ D	E Ⅲ	Ⅳ Ⅴ
C、D、E和G—褶皱程度和图中略有差异，但强度不会改变。经历构造变形、断层和不连续位移后将转变为F和H类 F.经历构造变形，强烈褶皱/断层、剪切作用的黏土页岩或粉砂岩和破碎变形的砂岩层形成混乱结构				30	F 20	
G.未扰动粉质或黏土页岩，可能夹少量薄层砂岩 ──▷ H.构造变形的粉质或黏土页岩，含黏土带。薄层砂岩破碎成小块岩石				G	H	10

──▷ 指构造扰动后的变形

图 5.28 根据风化等级、组成和结构定义非均质风化岩体的 GSI 值

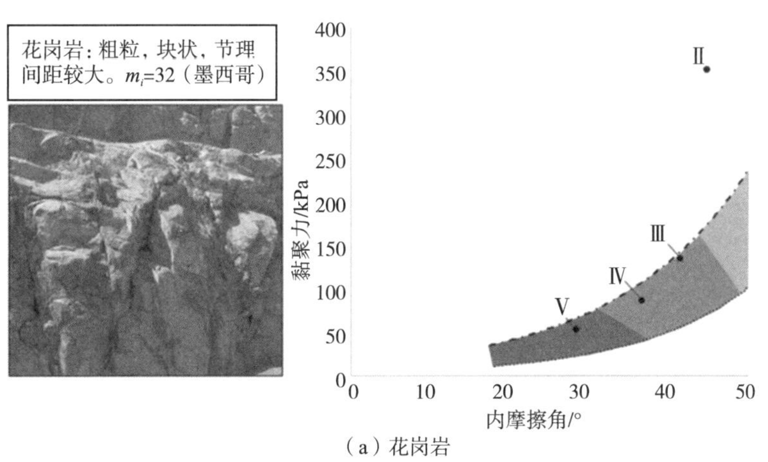

（a）花岗岩

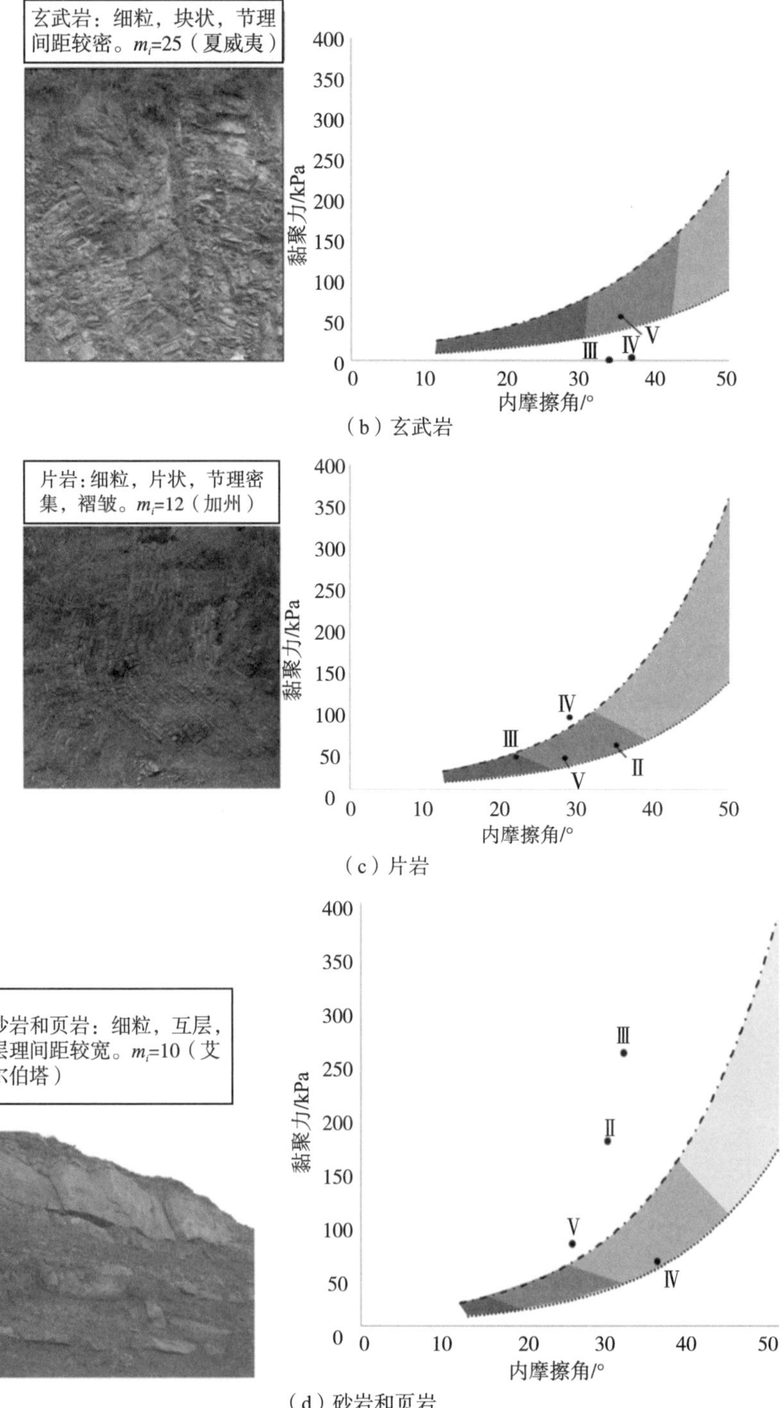

（b）玄武岩

（c）片岩

（d）砂岩和页岩

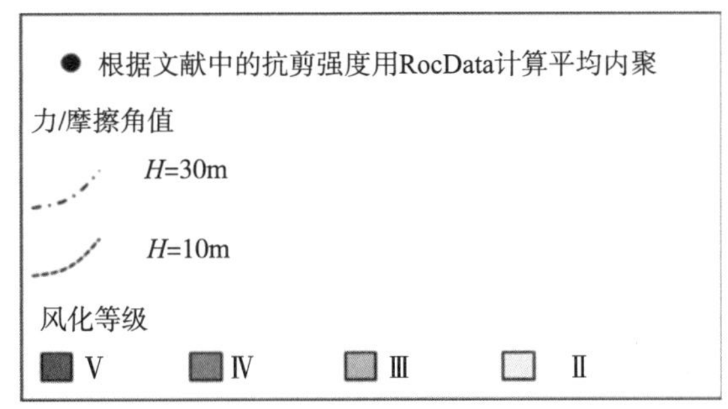

（e）用RocData计算平均内聚力/摩擦角值

图 5.29 基于岩石类型和风化等级的内聚力与摩擦角的关系曲线（源于相关文献的剪切强度值）

5.7 岩石的耐久性和抗压强度

如前所述，通常分析边坡稳定性最重要的强度参数是滑动面上的内聚力和内摩擦角。

不过，岩石的耐久性和抗压强度取决于现场的地质和应力条件。耐久性和抗压强度测试过程是性能测试，便于用来进行岩石之间的分类和比较；如有必要，性能测试可以通过更精确的实验室测试进行校准。

5.7.1 崩解性

常见的岩石材料在受到诸如干湿和冻融循环等风化作用时容易崩解。特别容易崩解的岩石通常是黏土含量较高的页岩和泥岩。崩解以膨胀的形式发生，受到侵蚀后发生软化和开裂的持续时间可能是几分钟到几年。崩解对边坡稳定性产生影响，从地表剥蚀到坡面逐渐后退，最终随时间推移强度降低而导致边坡失稳（Wu 等，1981）。对于耐久性较高的砂岩和相对易崩解的页岩互层的沉积层，风化作用会使其在砂岩中形成悬空部分，砂岩突然失稳会出现坠石（图 3.13）。

对于易受风化影响的岩石，采取的常规修复措施就是喷射一层混凝土，防止表面被侵蚀（见第 14.4.4 节）。

崩解性试验是对岩石风化和弱化趋势的简单指标测试（国际岩石力学学会，1981），见图 5.30。试验时使用原样非常关键，要确保这些样品在取样过程中没有被过度破坏或被冻结。测试程序是将样品放置在桶状钢丝网中，在 105℃的烘箱中烘干 2～6h，然后称重干试样。再将钢丝网部分浸没在水中并以 20r/min 的速度旋转 10min。然后将钢丝网进行二次干燥并称重。重复上述测试循环，以最终干燥样品质量与初始干燥样品质量的百分比计算崩解性指数。低耐久性指数将表明岩石在裸露时容易崩解。对于易崩解的岩石，可进行土的分类试验（如界限含水率试验），以及 X 光衍射试验识别黏土矿物类型并确定是否存在膨润土和蒙脱土等膨胀土。

图 5.30 崩解性测试设备，两个桶状钢丝网浸在水中然后旋转

5.7.2 抗压强度

在许多中等坚硬—坚硬岩石的边坡中，重力荷载引起的应力水平小于岩石强度，因此边坡内完整岩块不会断裂。与剪切强度相比，抗压强度是次要的设计参数。只有在计算结构面粗糙度(式(5.7)中的 JCS)以及采用 Hoek-Brown 强度准则(第 5.5 节)时，才会用间接采用滑动面上的岩石抗压强度进行稳定分析。对于这两种情况，采用抗压强度的估计值即可，因为该参数对结果的影响并不大。抗压强度也用于开挖方案和成本的评估。例如，爆破孔钻进和破岩机开挖进度，以及爆破类型和爆破方案设计都受岩石抗压强度的影响。

点荷载试验是岩石边坡设计中估算抗压强度的常用方法，见图 5.31(a)。该设备为便携式，可以在现场对岩芯和岩块进行快速且低成本的测试。点荷载试验为强度提供了一个参考值，通常对制备好的岩芯样品进行数次单轴压缩试验来校准结果。

(a) 点荷载测试设备

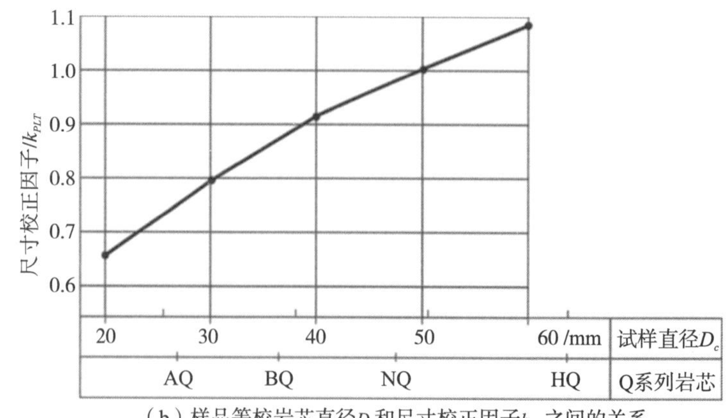

(b) 样品等校岩芯直径D_e和尺寸校正因子k_{PLT}之间的关系

图 5.31 点荷载测试

试验时将样品放置在压板之间并用液压千斤顶施加荷载以使样品处于拉伸状态。如果 P 是点荷载强度，则点荷载指数 I_s 可由式(5.33)计算：

$$I_s = \frac{p}{D_e^2} \tag{5.33}$$

式中：D_e ——等效岩芯直径，$D_e^2 = D^2$ 为径向试验，或 $D_e^2 = (4W \cdot D)/\pi$ 为轴向方块或块状试验，其中，$W \cdot D$ 为通过压板接触点的样品最小横截面面积；

W ——试样宽度；

D ——压板之间的距离。

岩样尺寸修正后的点荷载强度指数 $I_{S(50)}$ 被定义为用 D =50mm 直径的试样测试的 I_s 的值。对于直径不等于 50mm 的试样进行测试，可通过下式用校正因子 k_{PLT}将结果化为标准点荷载强度指数：

$$I_{s(50)} = I_S \cdot k_{\mathrm{PLT}} \tag{5.34}$$

尺寸修正因子 k_{PLT}在图 5.31(b)中已经给出，按式(5.35)计算

$$k_{\mathrm{PLT}} = \left(\frac{D_e}{50}\right)^{0.45} \tag{5.35}$$

有研究发现，平均单轴抗压强度为点荷载强度的 20～25 倍。然而，对许多不同类型岩石的测试表明，该比例在 15～50 波动，特别是各向异性岩石。因此，通过轴向校准测试，可获得最可靠的结果。

如果部分试样沿着岩石已有的断裂面破坏，或者破坏面与压板之间的连线不一致，则点荷载试验结果是不可靠的。在软岩中进行试验时，压板会压进试样，应测量压入深度并修正压板距离 D 来调整试验结果。

如果没有测量抗压强度的设备，可以使用简单的现场观察来估算强度，其精度在大多数情况下都是满足要求的。表 4.2 描述了一系列岩石指数测试和现场观察，并给出了相应的近似抗压强度范围。

5.7.2.1 例题 5.1：直接剪切强度测试结果的分析

(1)条件

表 5.5 是对微风化花岗岩中的平直结构面进行直剪试验得到的结果。平均法向应力为 200kPa。

表 5.5 花岗岩中的平直结构面直剪试验结果

剪切应力/kPa	剪切位移/mm
159	0.05
200	1.19
241	3.61
228	4.50
214	8.51
207	9.40
200	11.61
193	12.60
179	17.09
179	19.81

(2)要求

①绘制剪切应力与剪位移的关系图,剪应力为竖轴;从该图确定结构面峰值和残余剪切强度。

②绘制峰值和残余剪切强度(竖轴)与结构面平均法向应力的关系图;从图中确定结构面的峰值和残余摩擦角。

(3)解

①剪切应力与剪切位移的关系见图 5.31(a)。峰值强度为 240kPa,残余强度为 179kPa。

②剪切应力与正应力的关系见图 5.31(b)。峰值内摩擦角为 50°,残余内摩擦角为 41°(图 5.32)。

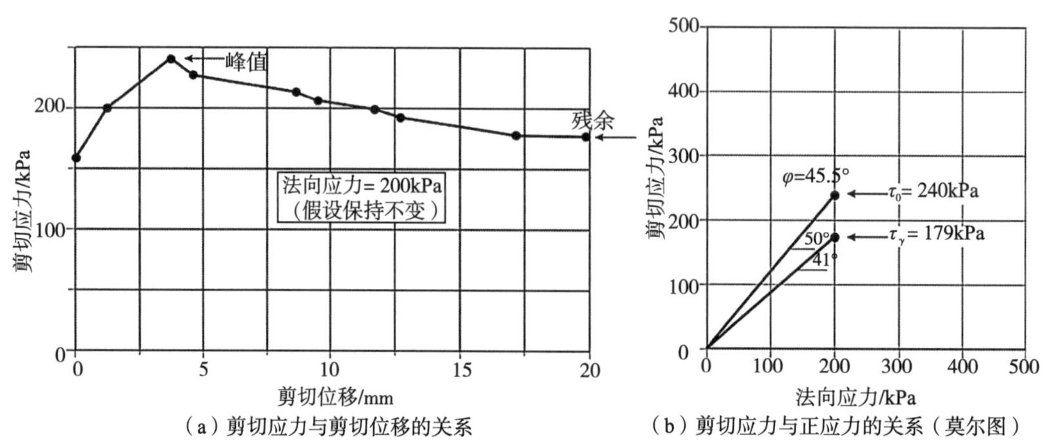

(a) 剪切应力与剪切位移的关系　(b) 剪切应力与正应力的关系(莫尔图)

图 5.32　直接剪切强度试验的分析,例题 5.1

5.7.2.2 例题5.2:点荷载测试结果的分析

(1)条件

对直径为48mm的NQ型岩芯进行一系列点荷载试验,沿岩芯径向加载时,平均点荷载强度(P)为17.76kN。

(2)要求

确定试样的近似平均单轴抗压强度。

(3)解

点荷载强度指数(I_s)由点荷载断裂强度计算:

$$I_s = \frac{P}{D^2}$$

其中D为直径48mm。

$$\begin{aligned} I_s &= 17.76 \times 10^3 / 0.048^2 \\ &\approx 7.71\text{MPa} \end{aligned}$$

$$\begin{aligned} \text{修正系数 } k_{\text{PLT}} &= (48/50)^{0.48} \\ &\approx 0.98 \end{aligned}$$

$$\begin{aligned} \text{尺寸效应修正后的点荷载强度 } I_{s(50)} &= I_s k_{\text{PLT}} \\ &= 7.71 \times 0.98 \\ &\approx 7.56\text{MPa} \end{aligned}$$

岩样的近似抗压强度$\sigma_{ci} \approx 180\text{MPa}$。

(罗仁辉 吴树良)

第6章　地下水

6.1　介绍

地下水的存在会对岩石边坡稳定性产生不利影响，原因如下：

①如第1章所述，水压会减小潜在破坏面的抗剪强度，降低边坡稳定性。张拉裂缝或近垂直裂缝中的水压会增大下滑力并降低稳定性。

②某些岩石(尤其是页岩)的含水量变化会导致风化加速和剪切强度下降。

③由于冰的体积是随温度变化的，地下水结冰会在裂隙中形成楔形体。此外，边坡上地表水结冰可能会阻塞排水通道，导致边坡内的水压增加、稳定性下降。

④地表水对风化岩石的侵蚀以及地下水对低强度充填物的侵蚀可能会导致边坡局部失稳，坡脚剪出或岩块松动。

⑤地下水位以下的开挖成本较高。例如，潮湿的爆破孔需要使用防水炸药，这种炸药比不防水炸药ANFO贵。此外，地下水流入基坑或矿坑中，需要抽水和其他排水措施，并且潮湿的运输道路一般条件较差。

到目前为止，地下水对岩体最重要的影响是结构面中水压力会导致稳定性降低。在本书后面的章节中讨论了将这些水压纳入稳定性计算和排水系统设计的方法。本章介绍了水文循环(第6.2节)，用于分析裂隙岩体中的流量以及产生的压力(第6.3节和第6.4节)。第6.5节和第6.6节分别讨论了在现场进行渗透率和水压测量的方法。

图6.1一系列钻入岩石边坡底部的排水孔中只有一个孔出现明显水流，这是节理岩石中常见的情况，地下水流集中于结构面，水流只出现在与含水结构面相交的那些排水孔中。然而，暂时没有水流的其他排水孔可能也存在相交节理，这些节理最初含承压水，一旦压力释放后水流就停止了。

在检查岩石或土质边坡时，如果在坡面上没有渗水，则认为地下水不存在，这是错误的。渗透速率低于蒸发速率时，边坡表面可能是干燥的，但水在岩体内可能受到明显压力。是水压造成边坡失稳，而不是流速，测量或计算这种水压是稳定性研究现场调查的一部分，这一点至关重要。第14.4.7节讨论了排水是提高岩质边坡稳定性的最有效和最经济的方法之一。只有在掌握岩体内的水流模式的情况下，才能合理设计排水系统，其关键是测量渗透率和水压。

图 6.1　岩石坡面的水平排水孔，内衬穿孔塑料管；水流只出现在与含水结构面相交的孔中（加拿大不列颠哥伦比亚省的海天高速公路，由 JK McDonnell 提供图片）

常用的评估边坡地下水状况的方法是在冰冻温度下进行观测。在这些时候，即使是表面微小的渗漏，也可能形成冰柱，从而显示水位和出现水流的结构面。

6.2　液压循环

图 6.2 展示了典型的地下水源，地下水可以在岩体中传输相当长的距离。因此，在开始设计岩石边坡时考虑该地区的区域地质条件非常重要。一般来说，地下水从补给区流向排泄区。补给区是地下水净饱和水流离开地下水面的区域，而在排泄区则是净饱和水流流向地下水面。图 6.2 中排泄区位于岩石边坡和采石场，而海洋和湖泊是采石场的补给区。

显然，集水区降水是地下水最重要的来源，图 6.3 显示了 3 个气候区降水和地下水位之间的典型关系。

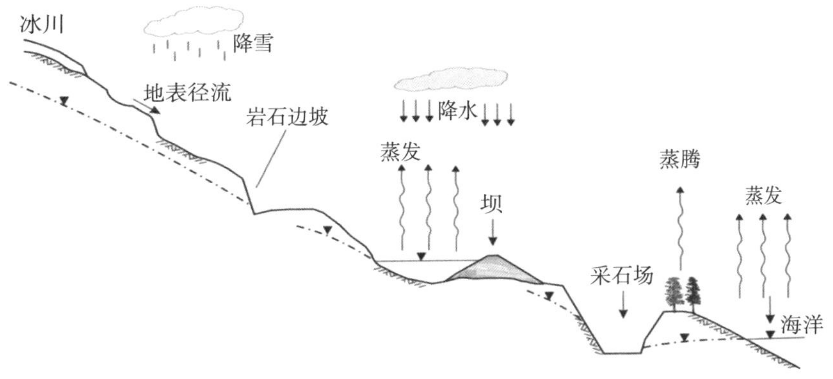

图 6.2　显示地下水典型来源的水文循环简图（Devies 等，1966）

在热带和沙漠气候区，地下水位通常容易预测并且常年不变，而在温带气候区降水量变化较大，地下水位也经常变化。在评估边坡中气候和地下水位之间的关系时，应考虑平均降水量和峰值降水事件，因为峰值降水事件通常导致边坡失稳。可形成高渗透率的峰值降水事件包括台风、暴雨和快速融雪。如果现场存在这些气候条件，则建议在设计中使用相应的高水压力或设计高容量的排水系统。

地下水除降水外，还可能包括邻近河流、水库、湖泊或海洋的补给，见图 6.2。例如，加利福尼亚的 Dutra Minerals，加拿大的 Granisle Copper 和 Island Copper 等大量的采石场和露天矿场已经成功运行在地下水之中或靠近大量水体。然而在运行过程中，可能会发生明显渗漏，甚至会因高水压而出现边坡失稳现象。

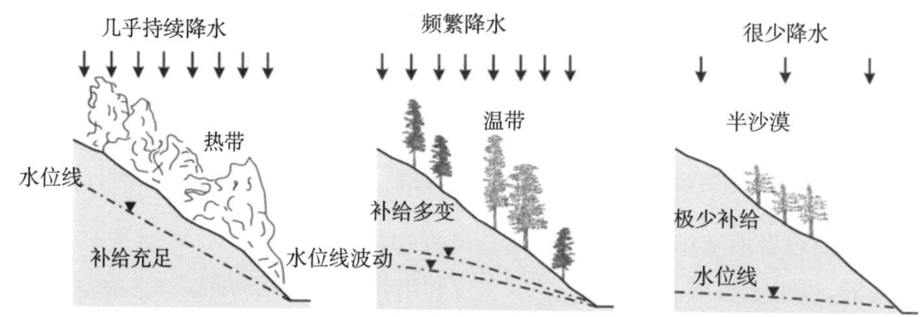

图 6.3 地下水位与降水之间的关系(由戴维斯和德威斯特于 1966 年修订)

另一个影响边坡内地下水的重要因素是岩石类型分布以及地质构造的细节，如断层充填物、节理组延伸长度和岩溶。这些特征可以形成边坡内低渗透率和高渗透率的区域，这些区域分别称为隔水层和含水层。这些问题将在第 6.4 节中详细讨论。

6.3 渗透系数和流网

在边坡设计中要考虑地下水影响，两种方法可以获得岩体内水压分布数据，如下所述：

①考虑岩体渗透系数和地下水源，推导出地下水流类型。

②直接测量钻孔或井中的水位，或通过安装在钻孔中的压力计测量水压。

由于水压力对边坡稳定性有重要影响，在进行详细的稳定性分析之前，应尽可能准确地估计水压值范围。许多因素会影响节理岩体中的地下水流量，本书只强调普遍适用的一般性原则。如果需要详细研究地下水条件，建议从 Freeze、Cherry(1979) 和 Cedergren(1989) 的地下水分析以及 Dunnicliff(1993) 的仪器研究中获得更多数据。

6.3.1 渗透系数

渗透系数是定义地下水流量和地层介质中水压分布的基本参数。该参数与材料中水流速度和水力梯度有关(Scheidegger，1960；Morgenstern，1971)。

如图 6.4 所示，边坡水位下的圆柱形土或岩石试样。试样横截面面积为 A，长度为 l。样品两端钻孔中水位在基准点上方高度 h_1 和 h_2 处，单位时间内流过试样的流量为 Q，根据达西定律，该试样的渗透率 K 定义为

$$K=\frac{Q\cdot l}{A(h_1-h_2)}=\frac{V\cdot l}{(h_1-h_2)} \tag{6.1}$$

式中：V——水流速度。

式(6.1)中各项代入单位后表明，渗透率 K 与流速 V 单位相同，即单位时间内的长度。地下水研究中最常用的单位是 cm/s，表 6.1 列出了一些渗透系数换算关系。

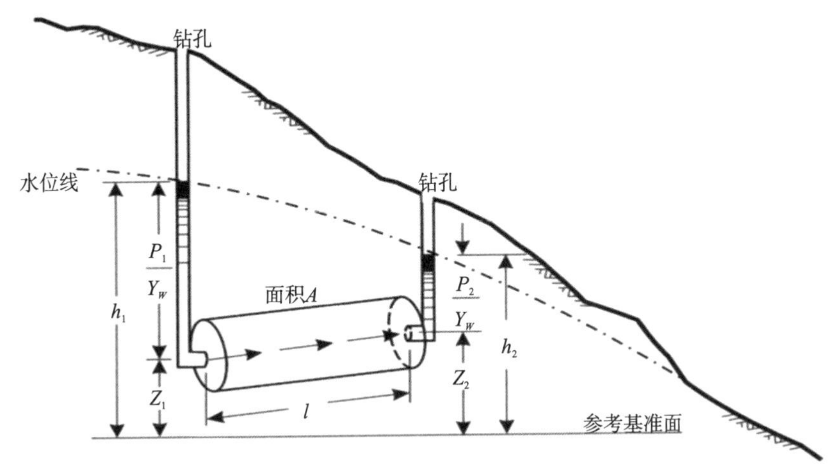

图 6.4 用于定义渗透率的达西定律

表 6.1 **渗透系数换算**

将 cm/s 换算为	乘以
米/秒	1.00×10^{-2}
英尺/秒	3.28×10^{-2}
美加仑/day · ft^2	1.89×10^{4}
英尺/年	1.03×10^{6}
米/年	3.14×10^{5}

变换式(6.1)可以得到某一水头差下，流经图 6.4 所示试样的流量 Q，如式(6.2)所示：

$$Q=\frac{KA\cdot(h_1-h_2)}{l} \tag{6.2}$$

在大多数岩石类型中，通过完整岩石的流量可忽略不计(由 $K_{主定义}$)，基本上所有流量都沿着结构面(由 $K_{次定义}$)产生。例如，完整的花岗岩和玄武岩的主渗透率约为 10^{-10} cm/s，而对于一些粗粒、低硬度砂岩，主渗透率可能高达 10^{-4} cm/s。“次渗透率”指的是岩体中的水流(包含完整岩石和所有结构面中的水流)。这些条件导致次渗透率取值范围很大，取决于结构面延伸长度、宽度和充填特征。例如，主渗透率极低的花岗岩通常含紧闭、无充填、短距离节理，因此次渗透率也较低。相反，砂岩可能有一定的主渗透率，并且存在贯通层理时，沿

层面的次渗透率较高。有关裂隙岩体渗流的详细讨论参见第 6.4 节。

图 6.5 为各种地质体的渗透率。地质体中渗透率范围覆盖了 13 个数量级，对于任何单一的岩石类型，其范围可能包括 4 个数量级。这表明很难预测边坡内的水流和水压。

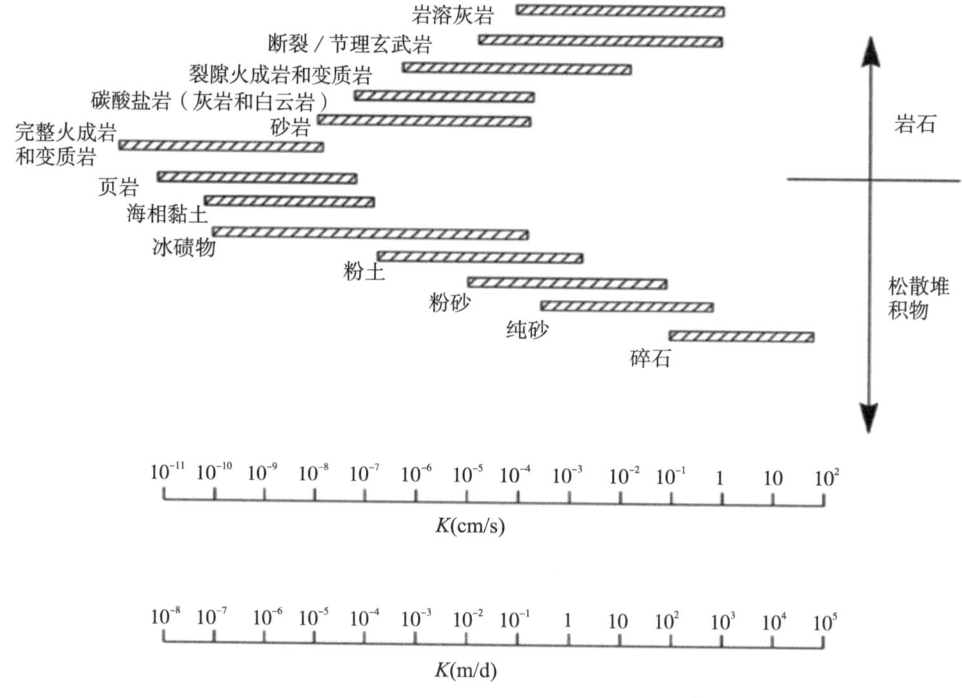

图 6.5　各种地质体的渗透率(Atkinson,2000)

图 6.4 还表明，任意点总水头 h 可以用压力 P 和参考基准上方的高度 z 的函数表示。这些参数之间的关系是

$$h=\frac{p}{\gamma_w}+z \tag{6.3}$$

式中：γ_w ——水的密度；

h ——水在测压管中上升的水位，即总水头。

达西定律适用于多孔介质，因此可用于宏观尺度研究完整岩石和岩体中的地下水流量。但是达西定律只适用于层流，不适用于单个裂隙发生非线性或紊流的情况。

6.3.2　孔隙度

岩石或土壤的总体积 V_T 由固体部分的体积 V_s 和空隙的体积 V_v 组成。地质体的孔隙度 n 为

$$n=\frac{V_v}{V_T} \tag{6.4}$$

一般来说，岩石的孔隙度比土壤低。例如，砾石的孔隙率为 20%～40%，而黏土孔隙率

为 51%～58%。相比之下，破碎玄武岩和岩溶可能有 5%～50%的孔隙度，而致密结晶岩石孔隙度通常为 0%～5%。

孔隙度影响岩石边坡的排水系统设计。例如，在低孔隙度花岗岩中安装排水管只需要排出少量的水来降低水压，而岩溶中可排出大量水，但是对地下水位影响不大。

6.3.3 流网

用图形表示的岩石或土体中的地下水流称为流网，见图 6.6。流网包含两组相交线：

①流线是水流经饱和岩石或土壤的路径。

②等势线是相同总水头 h 点的连线。

同一等势线上 A、B 两点测压管水头相同。A 点和 B 点水压不同，根据式(6.3)，总水头 h 为压力水头 P/γ_w 和测点位置水头 z 之和。水压沿着等势线的深度增加，如图 6.6 中的水平剖面线所示。

以下流网特性适用于所有条件，而且绘制流网必须要用到：

①等势线必须以正确的角度与隔水边界相交，并且平行于常水头边界。

②相邻等势线之间水头损失相同。

③在各向同性渗透系数的岩体中，等势线和流线正交，并形成曲边方块。在图 6.6 所示的流网中，等势线表明了边坡内地下水压力的变化，并且相邻流线之间的流量相等。

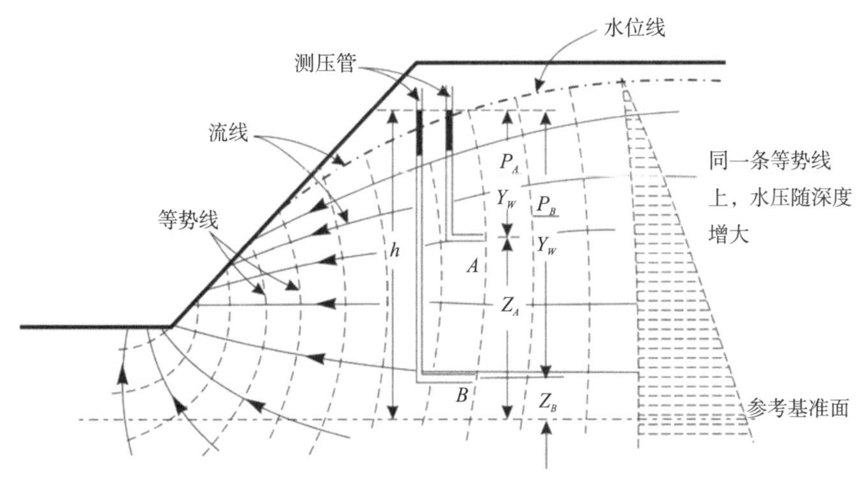

图 6.6 边坡中的 2D 流网

图 6.7 为应用流网来研究岩石边坡压力分布的一个例子。如果开挖位于补给区，则水向开挖区流动，并且在开挖层 (a,b) 下方可能形成自流井。相反，对于排泄区开挖，水流远离开挖区，开挖地面以下的压力较低(c,d)。

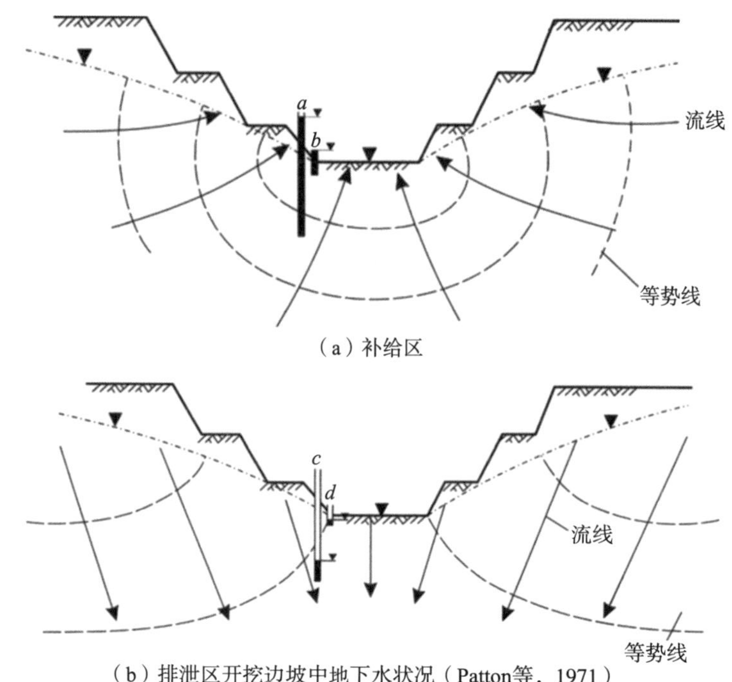

（a）补给区

（b）排泄区开挖边坡中地下水状况（Patton等，1971）

图 6.7　应用流网来研究岩石边坡压力分布的一个例子

关于流网结构或计算的完整讨论超出了本书范围，感兴趣的读者可以查阅 Cedergren (1989)、Haar(1962)、Freeze 和 Cherry(1979)的综述以获取更多细节。为了掌握地质条件和排水系统如何影响边坡内地下水条件，常用的重要方法是使用图形法构建流网。

6.4　裂隙岩体中的地下水

对于核废料储存场地设计和许多相关重要工作，裂隙岩体中的地下水流动具有重要意义。然而，对于岩石边坡来说，只有在设计重要的排水系统(如排水隧道或排水孔)时，才需要进行详细研究裂隙水流。对于大多数岩质边坡而言，研究如图 6.8 至图 6.12 所示的地质条件与地下水流动之间的关系就足够了。这些关系将提供边坡内地下水压力、排水孔与含水结构面最佳相交方向等信息。

正如第 6.2 节所讨论的那样，由于大部分完整岩石主渗透系数非常低，断裂岩体中的地下水流主要沿结构面产生，因此岩体渗透性将受结构面特征影响，产生流动的必要条件是结构面延伸长度大于结构面的间距。图 6.8 为含两组垂直节理和一组水平节理的岩体，其中垂直节理延伸长度远大于水平节理间距，但水平节理延伸小于垂直节理间距。基于这些条件，垂直方向的渗透系数将显著大于水平方向的渗透系数。

对裂隙岩体流动分析时可以假设岩石是连续介质，正如在推导达西公式和绘制流网中所假设的那样；也可以认为岩石是非连续体，层流出现在各结构面上。如果结构面间距足够小，裂隙岩体可以看作多孔介质，那么岩石可以假定为连续体，从而使流动通过多个结构面发生。

图 6.8 具有垂直贯通节理和高垂直渗透系数的岩体(由 Atkinson 改编,2000)

6.4.1 无充填、粗糙结构面的水流

Huitt(1956)、Snow(1968)、Louis(1969)、Sharp(1970)、Maini(1971)等详细研究了岩石中裂隙水的流动,并建立 Navier-Stokes 方程定义黏性流体流动。

此后,对地下核废料储存设施、污染物运输和油藏工程等项目(Bishop 等,1960)中的裂隙水流量进行了广泛研究。研究表明,两个互不接触的平行光滑平板之间的流量 Q (m^3/s) 符合立方定律,表示为

$$Q = \frac{e^3(\Delta p)}{12 \cdot \mu \cdot L} \tag{6.5}$$

式中:e ——平行板之间的距离(张开度)(m);

Δp ——沿流线的坡降(Pa);

μ ——纯水的动力黏滞系数($1.01 \times 10^{-6} m^2/s$,20℃);

L ——入口和出口边界之间的距离。

为了将式(6.5)应用于实际结构面,可以用等效张开度 e_H (μm)来代替 e,等效张开度用节理粗糙度系数 JRC(Barton 等,1983)表示:

$$e_H = \frac{e_m^3}{\mathrm{JRC}^{2.5}} \tag{6.6}$$

式中:e_m ——平行粗糙表面之间的平均距离;

JRC——按第 4.4.3 节所述量化表面粗糙度,通过粗糙节理水流模拟表明,JRC 值沿着流线的水力坡降线性增加(Hosseinian 等,2010)。

平行排列结构面的等效渗透系数与张开度和结构面间距有关(图 6.9),其中,张开度增大一个数量级,渗透系数会增大三个数量级。地下水流量和渗透系数与张开度三次方成正比,假如岩体中应力增大导致结构面张开度变小,流量将显著降低。这种情况可能发生在陡峭的边坡坡脚处,高应力会减小结构面张开度并导致边坡上的水压增加。

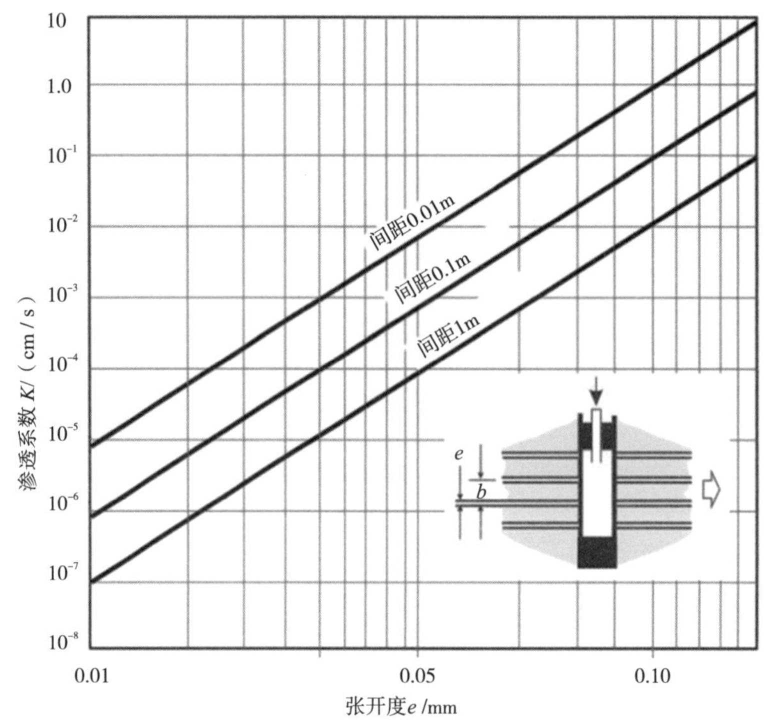

图 6.9　节理张开度 e 和间距 b 对岩体中一组光滑平行节理渗透系数 K 的影响

有关中国三峡工程船闸建造过程中结构面张开度与渗透系数之间的关系研究表明，该工程在坚硬的裂隙花岗岩中进行了 170m 深的开挖，开挖使船闸侧壁岩石松弛和节理张开，导致渗透系数增加了 18 倍。在垂直墙壁上施加 2MPa 的支护力后，现场的渗透系数仅增加 6 倍(Zhang 等，1999)。

6.4.2　含充填结构面的水流

式(6.5)仅适用于平坦、光滑的平行结构面上的层流，代表裂隙系统的最高等效渗透系数。含充填结构面上的最低等效渗透系数由式(6.7)给出：

$$K = \frac{e \cdot K_f}{b} + K_r \tag{6.7}$$

式中：K_f ——充填物的渗透系数；

K_r ——完整岩石的渗透系数。

在式(6.7)中加入 K_r 是为了考虑水流沿完整岩石和结构面流动的情况。

尽管式(6.5)和式(6.7)阐述了水流沿结构面流动的原理，但这个简单模型不能用于计算实际裂隙岩体的渗透系数。目前已发展出基于概率技术建立岩体三维结构面并模拟岩体地下水流的方法。其中一种建模软件被称为 FRACMAN(Dershowitz 等，1994；Wei 等，1995)。

6.4.3　非均质岩石

如图 6.10 所示，页岩是细粒岩石，不含贯通结构面，低渗透系数，被称为隔水层。相比之下，砂岩颗粒较粗，渗透系数较高，被称为含水层。页岩和砂岩的水力特性存在显著差异，因此这是一种非均质岩体。非均质岩石中的流网根据图 6.6 所示的简单网络进行修改，因为水流优先穿过高渗透性地层，并以尽可能短的路线穿过低渗透性地层。等势线在低渗透性地层中的水头损失比在高渗透性地层中的水头损失大。这种特性导致地层边界处流线发生折射，并且取决于相对渗透率，关系如下：

$$\frac{K_{砂岩}}{K_{页岩}} = \frac{\tan\theta_1}{\tan\theta_2} \tag{6.8}$$

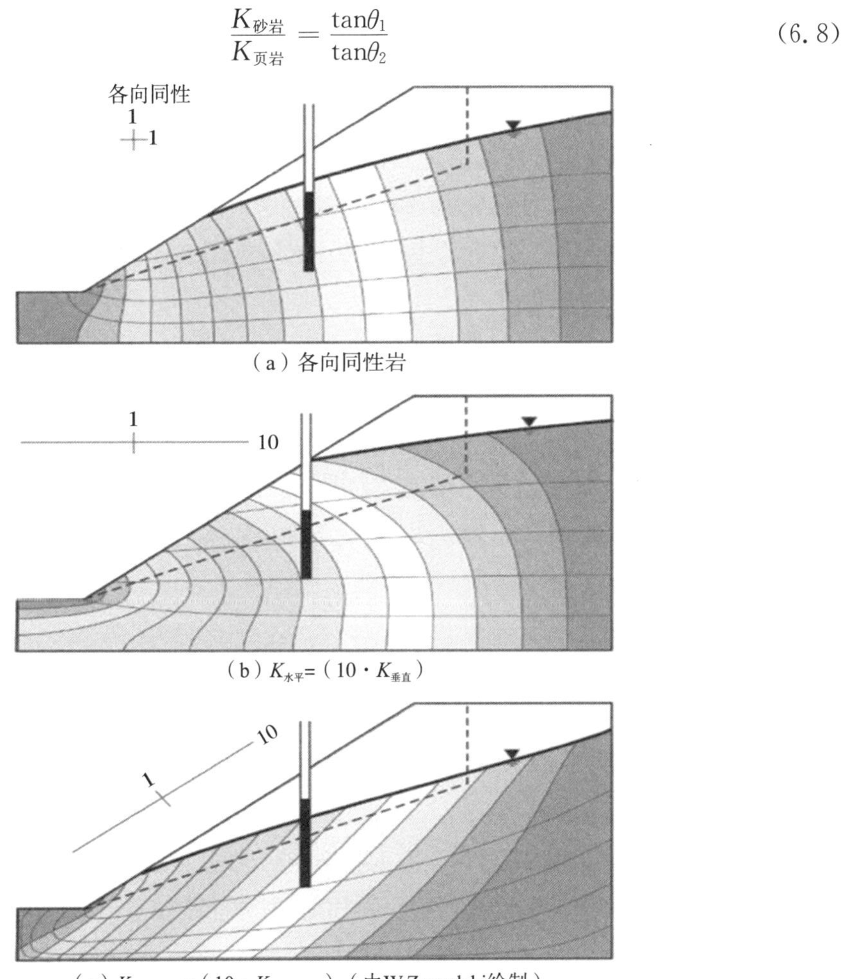

（a）各向同性岩

（b）$K_{水平}$=（10 · $K_{垂直}$）

（c）$K_{平行于坡面}$=（10 · $K_{垂直于坡面}$）（由W.Zawadzki绘制）

图 6.10　各向同性和各向异性渗透系数边坡中的流网和水压，测压管显示边坡对应位置的水压

渗透率比值 $K_1/K_2 = 10$ 时，折射角 θ_1 和 θ_2 的定义见图 3.13。

图 3.13 所示的流动条件特征如下。首先，上部非承压含水层中水流在砂岩中向下流动，并在砂岩/泥岩接触面上流出边坡。山谷墙壁上的渗流线即为接触面位置。其次，下层承压含水层由山谷中补给源补给，补给源在砂岩中形成自流水。可以通过在下部砂岩中安

装一个测压管来证明，此时测压管中的水面将上升至地表以上，升高至与地下相同的等势线位置。之后，承压含水层中水流在边界发生折射并在页岩中向上从谷底流出。

6.4.4 各向异性岩石

如图 6.8 所示，其中一组或多组结构面的渗透系数高于另一组的渗透系数，岩体将呈现各向异性渗透系数。对于图 6.8 所示的岩石，垂向渗透系数远大于水平方向。在流网上，各向异性渗透系数由流线和等势线形成的矩形表示，矩形在较高渗透系数的方向上拉长。一般来说，流线/等势线矩形的纵横比等于 $(K_1/K_2)^{1/2}$ 。

图 6.10 给出了各向同性和各向异性岩石中流网的例子。这些条件对边坡稳定性有如下重要影响。首先，水平方向高渗透系数的岩石中，如水平层状砂岩，地下水可以很容易地从边坡排出，见图 6.10(b)。这种情况与各向同性情况相比，潜在滑动表面上水压相对较低。其次，在沿坡面方向渗透系数较高的岩石(如沿层面切坡)中，流出坡面的水流受到抑制，边坡中会出现高水压，见图 6.10(c)。在这些边坡的相同位置，测压管显示每种情况下边坡的水压。测压管显示水平层理的边坡压力最低，见图 6.10(b)，而层理与坡面平行的边坡中，水压力最高，见图 6.10(c)。

对于图 6.10(c)所示的边坡，用水平排水管将高渗透性层面连接至坡面，可以有效降低边坡内的水压。

6.4.5 岩石边坡中的地下水

关于岩体中地下水流的讨论表明，地质条件可以对岩石边坡的水压和渗流量产生显著影响。除了图 3.13 和图 6.10 所示的与非均质和各向异性岩石有关的条件之外，其他各种与地质条件相关的地下水条件如下：

①与延伸较长、坡面相交、沿坡面排水的结构面相比，不和坡面相交、延伸较短的结构面可能产生瞬时高水压，见图 6.11(a)。应该指出的是，爆破损伤是形成坡面附近大型节理和断裂的原因之一。不过，所有因为渗透系数增加而引起的边坡稳定性提高，都不如爆破损伤导致的稳定性降低重要。

②对于同样的降水事件，岩体孔隙度将影响瞬时地下水位，见图 6.11(b)。在多孔岩体中，水将渗入岩石中，水位上升高度很小。相反，节理间距较宽的坚硬岩石孔隙度较低，因此地下水流将快速充满节理并增大坡内的水压。人们经常发现，暴雨过后不久，特别是在边坡内部水冻结并膨胀后，在陡倾岩层表面会发生落石。

③含黏土和风化岩的断层可能具有较低的渗透性，并可能形成阻水带，产生高水压。相反，含碎石和破碎岩体的断层可能具有高渗透性，可作为导水通道，见图 6.11(c)。测量断层两侧的水压可反映这些特征的水力特性。

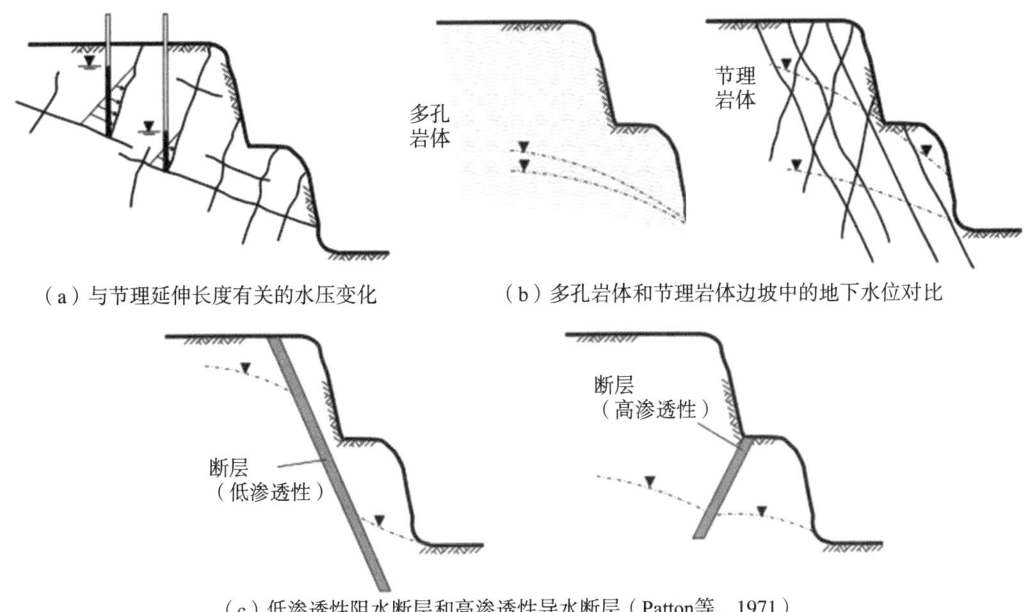

（a）与节理延伸长度有关的水压变化

（b）多孔岩体和节理岩体边坡中的地下水位对比

（c）低渗透性阻水断层和高渗透性导水断层（Patton等，1971）

图 6.11 边坡地质条件与地下水之间的关系

6.4.6 风化岩石的渗透性

第 3 章描述了风化岩石的发生、形成和性质。总之在高温(大于 18℃)和强降雨的热带气候中，通过化学和物理变化，岩石发生原位变化，岩体的强度降低。风化是一个渐变过程，从深处的新鲜岩石到表面的残积土可以按照表 2.1 中 6 个等级的描述进行量化。

风化过程由通过结构面的水流开始，这些裂隙表面的岩石逐渐发生变化。随着风化作用发展，更多的岩石变成黏土矿物，或者被溶解，直到整个岩石成为残积土。

风化作用对渗透率的影响是，与新鲜岩石相比，风化等级Ⅱ(微风化)至Ⅳ(强风化)风化过程导致结构面变宽，渗透率增大。对于等级Ⅴ(全风化)和Ⅵ(残积土)，由于岩体以黏土为主，渗透率往往较低。新加坡不同风化等级的花岗岩渗透率见表 6.2(Sharma 等，1999)：

表 6.2　　风化岩石的渗透性

残积土(Ⅵ级)	$k=1.0\times10^{-3}$ cm/s
强风化(Ⅳ级)	$k=5.1\times10^{-3}$ cm/s
中风化(Ⅲ级)	$k=1.8\times10^{-3}$ cm/s
微风化(Ⅱ级)	$k=1.6\times10^{-3}$ cm/s
新鲜花岗岩(Ⅰ级)	$k=0.6\times10^{-3}$ cm/s

由于Ⅱ～Ⅳ级风化岩体具有较高的渗透性，这些岩体中的水会向外排出，地下水位会随着季节而波动。这就导致残积土也会排水，从而产生基质吸力并保持稳定。然而，在强降雨过程中，当地表渗透速率超过地下排水速率时，地表土迅速饱和，可能失稳。

前几段关于渗透性和风化等级之间关系的讨论适用于坚硬的火成岩，如花岗岩和玄武岩。这些岩石的风化主要是化学过程，岩石材料被风化成黏土(图 3.6 和图 3.10)。相反，石灰岩的风化主要是物理溶解过程，形成宽阔的张开裂隙和溶洞，在这些裂隙和溶洞中可能出现高地下水位，地下水位通常在新鲜岩石内(图 3.14 和图 3.16)。这些水流也会侵蚀地表残积土，导致突然崩塌并形成塌陷坑。

6.5 水压测量

第 1.4.2 节关于极限平衡分析的部分强调了水压对边坡稳定性的重要性。为了让边坡稳定性研究结果可靠，或设计排水措施，必须测量边坡内的水压，最方便的方法是用水压计。水压计是密封在地下的装置，通常在钻孔内，只对附近地下水压力做出反应，而不对其他地点的地下水压力做出反应。水压计也可以用来测量第 6.6 节所述的变水头试验中岩体原位渗透系数。

以下是测量岩石边坡水压时安装水压计要考虑的一些因素：

①钻孔的方向应与地下水可能流经的结构面相交。例如，沉积岩石中含贯通的层理面和低渗透性节理，钻孔应与层理相交。

②完井区水压计应定位在岩体中结构面的位置。例如，如果有钻孔岩芯可用，应该确定地下水流可能集中的裂隙或剪切带的位置。若将完井区定位在不含结构面的完整岩体中，得到的关于地下水压力的信息就十分有限。因为需要找到结构面相交的位置，所以岩石中完井区的长度通常比土中长。

③断层带也是水压计安装时可能要考虑的地质特征。如果断层中含有碎石，则该断层可以作为导水通道，如果含有断层泥，则该断层可能是阻水断层，见图 6.11(c)。如果是导水断层，完井区可以位于断层中，如果是阻水断层，完井区可位于断层任意一侧确定水压差。

④水压计的数量或单个水压计中完井区的数量可由地质条件确定。例如，在含低渗透性页岩和相对高渗透性砂岩的沉积地层中，可能需要在每个岩层中都安装完井区。

⑤水动力时滞是在测压管中记录水头波动所需的水量。时滞主要取决于水压计类型和尺寸，并且在低渗透性岩石中很重要。测压管的水动力时滞比隔膜式压力计大，因为测压管需要更大的孔隙或节理水移动来记录水压的变化。“慢响应时间”用于描述长水动力时滞。

⑥如果水压计用于测量节理水压，而节理水压波动不显著时，则使用测压管更合适。不过，如果水压计是为了测量地下水压力对排水系统(如一系列排水孔)的响应，或者为了检测降水后的瞬时水压，那么短时滞的膜片压力计更合适。

⑦完井区的过滤材料应适合岩石类型。在黏土页岩或风化云母岩中安装时，应使用细粒度的过滤材料，该材料不会被井壁冲入的岩石风化产物堵塞。

⑧成本和可靠性是选择水压计时需要考虑的因素。测压管安装简单，可以使用便宜的

探测器读数，而气动和振弦式压力计价格昂贵，需要更昂贵的读数装置。在边坡移动和压力计可能丢失的情况下，出于经济原因安装测压管是最佳选择。

以下是对水压计类型及其使用条件的简要说明(Dunnicliff，1993)：

(1)观测井

如果岩体渗透系数大于 10^{-4} cm/s，如粗粒砂岩和裂隙发育的岩体，则可用观测井监测地下水压力。观测井的主要局限性在于它们在地层之间形成垂直连接，因此只能应用于地下水压力随深度连续增加的透水岩层中。因此，观测井很少用于监测岩石中的地下水压力。

(2)测压管

测压管由一段塑料管组成，下部有一段穿孔或多孔介质，用干净的砾石或砂包裹，以便与岩石形成良好的水力连接(图 6.12)。测压管的穿孔段(测量水压的位置)用膨润土密封，并用过滤层与钻孔的其余部分隔离，以防止穿孔部分周围的干净砂被污染。膨润土通常以压实颗粒的形式放置，在膨胀之前它们会在充满水的钻孔中下降较大的深度。在非常深的钻孔中，可以先将球浸泡在油中以形成保护层，延缓膨润土的膨胀。但是，大于约 300m 深的钻孔最好用水泥密封。

测压管水位可以用测量仪进行测量，该仪器由一根带刻度的电缆组成，电缆连接到由电池和电流表组成的电路上，其两端外露。当电缆裸露端接触水时，电路闭合，电流记录在电流表上。这种类型水压计的优点是简单可靠，但缺点是必须有通向孔顶部的通道，并且低渗透性岩石的时滞可能很大。

(3)气动压力计

使用气动压力计可以实现水压快速响应，气动压力计包括一个阀门组件和一对将阀门连接到表面的空气管路。阀门放置在水压计的密封部分以测量某一点水压。其工作原理是将空气向下泵送，直到空气压力等于作用在密封段隔膜上的水压，阀门打开，使空气在回流管中流动。打开阀门所需的压力记录在地面的压力表上。

气动压力计适用于低渗透性岩石，由于可以远距离读数，它们在孔口不能进入的情况下特别有用。这种类型水压计的缺点是在施工或操作过程中可能损坏空气管线，并且需要校准读数装置。

(4)电子传感器

使用电子传感器进行水压测量可实现非常快速的时间响应，并可以在距边坡相当远的地方记录和处理结果。电子传感器的常见类型有应变计和高精度的振弦传感器。这些仪器的一个优点是它们可以密封在水泥中，不需要多孔完井区。建议在安装之前对所有传感器进行彻底的测试和校准。同时，这些敏感电气设备的可靠使用年限可能不等同于边坡的设计寿命，因此应对其进行维护和必要的更换。

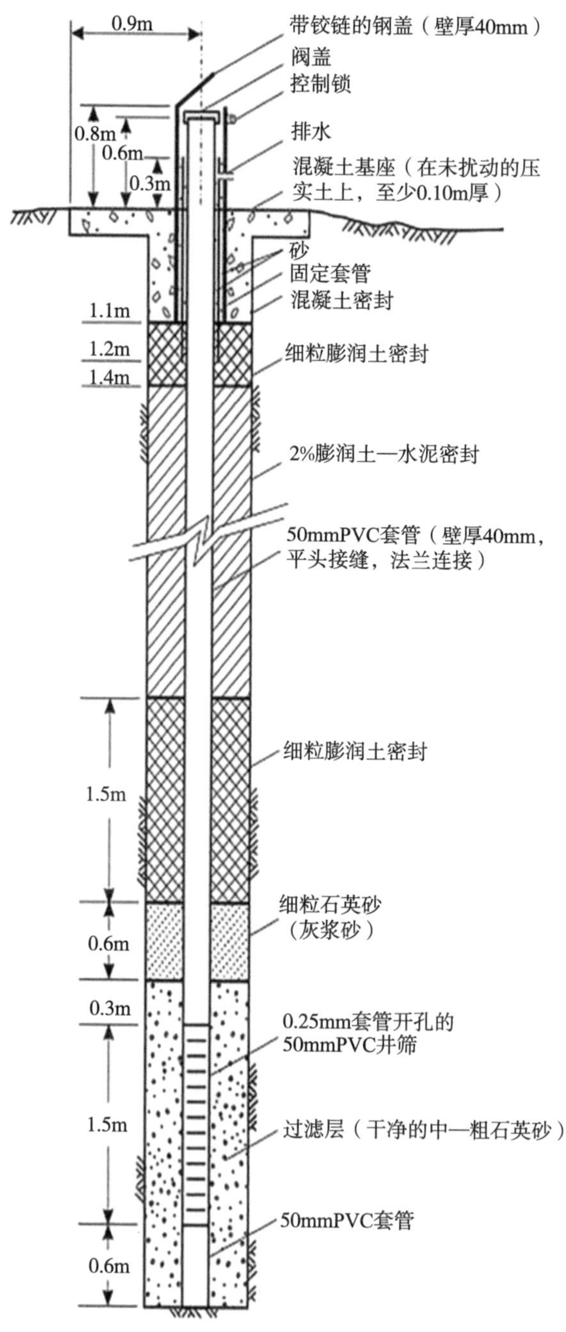

图 6.12　典型测压管安装

(5)多功能完井压力计

对于不同渗透性岩石中的开挖边坡,高水压区可能存在于普遍减压区。在这种情况下,可能需要测量钻孔中多点的地下水压力。这可以通过在单个钻孔中安装多个压力计来实现,每个穿孔管段之间都用膨润土或水泥密封。这种立管最多在 NX 钻孔中安装 3 个;如果安装更多的管道,过滤器和有效密封的布置就会变得非常困难。

测量钻孔中不同点水压的另一种方法是使用多端口(MP)系统,该系统还可以测量渗透系数和取水样(Black 等,1986)(图 6.13)。MP 系统是一种模块化的多级监控设备,采用带阀门端口的封闭式单管。带阀门的端口可以接入钻孔中的不同水位,模块化设计可以在钻孔中建立所需的多个监测区域。该系统由套管部件组成,这些部件永久安装在钻孔中,在需要测量水压的地方安装套管,回填多孔介质,套管内安装阀门。压力测量和收集水样由降压传感器、采样探头和专门工具下到阀门位置进行操作;使用两种类型的阀门端口连接器,能够测量压力或取样。使用一对止水塞密封监测区域之间的环形空间或用水泥浆或膨润土密封充填环形空间,使端口组件被隔离在钻孔中。MP 系统已用于 1200m 深的钻孔中。

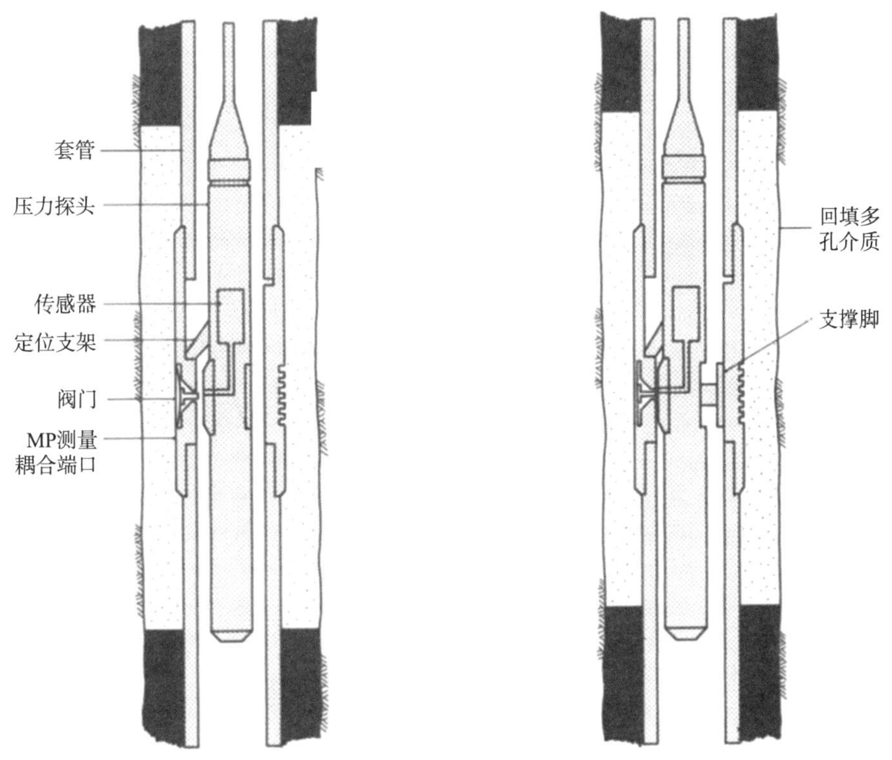

(a)位于测量端口连接器处的探头　(b)探测连接器以外的流体压力(Black等,1986)

图 6.13 安装多个完井压力计(MP 系统,Westbay 仪器),定位探头进行压力测量

6.6 现场测量渗透系数

如果需要估计边坡地下水排泄量或设计一个排水系统，则需要确定岩体的渗透系数。

对于评估边坡稳定性，重要的是水压而不是岩体中地下水流量。任何一点的水压都与该点岩体的渗透性无关，但它取决于到达该点时地下水的路径(图 3.13 和图 6.10)。因此，研究岩体关于渗透性的非均质和各向异性分布对估计边坡中水压分布是有意义的。

由于裂隙岩体中的地下水流主要出现在结构面中，有必要在现场进行渗透性测试，而在实验室中不可能模拟裂隙岩体中的水流。以下简要描述了两种最常用的原位渗透率测试方法，即变水头试验和抽水试验。文献中描述了渗透系数测试的详细流程，测试通常由水文地质领域的专家进行。

6.6.1 变水头试验

为了测量岩体中“一点”的渗透系数，需要改变该点的地下水条件，并测量重新回到稳定状态所需的时间。在钻孔中进行这些测试非常方便，测试长度可以是代表边坡中整体岩石特性的一段，也可以位于某一地质特征(如断层)中。测试的基本要求是钻孔壁清洁，结构面不会被钻屑或者钻井泥浆堵塞。这需要洗孔并且使用聚合物泥浆，钻孔后要等一段时间，以保证钻孔清洁(第 4.6.2 节)。

(1)测试配置

可以在许多钻孔中进行测试配置。安装在钻孔中的压力计将隔离钻孔末端或钻孔的某个位置，见图 6.14(a)。也可以在开放钻孔中进行渗透率测试，见图 6.14(b)，不过在测试长度内地质条件必须一致。

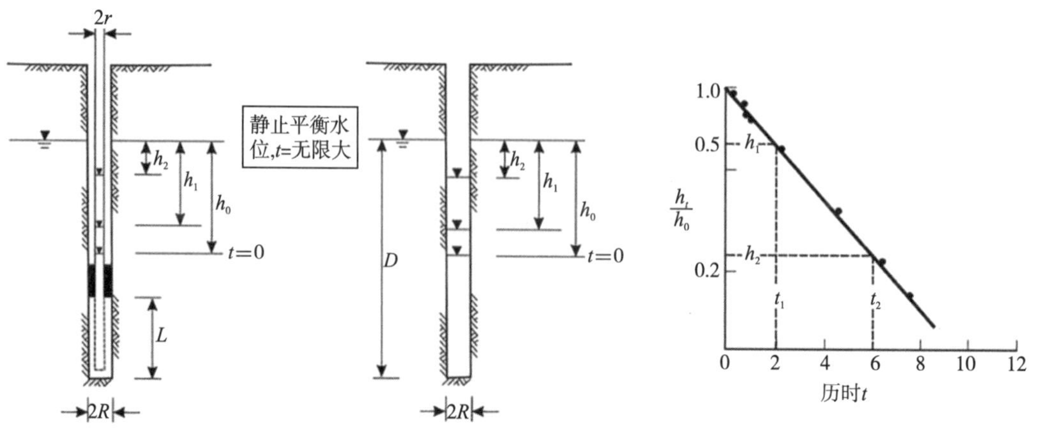

(a) 完井长度L的水压计　(b) 水位以下深度为D的开放孔　(c) 水头上升(恢复)与时间的典型曲线

图 6.14　变水头试验计算渗透率的方法

(2)试验程序

变水头试验的程序首先要建立静止水位，这是钻孔位置的静态平衡水位，见图 6.14(a)和图 6.14(b)。在钻井过程中抽取循环水将打破这种平衡，如果没有足够的时间重新建立平衡，那么测得的渗透率结果就是错误的。一旦建立平衡，水可以从测压管中抽出(抽水测试)或者加入测压管中(微水试验)以改变水位。如果试验在地下水位以上进行，则需要进行微水试验，而在地下水位以下进行试验则优选抽水试验，因为水流流出地层可最大限度地减少对裂隙的堵塞。

在钻孔中添加水或者抽出水改变水位 1～2m，并测量水位恢复到平衡水平的速度。

试验见图 6.13(a)，渗透率 K 由式(6.9)计算得出：

$$K=\frac{A}{F(t_1-t_2)}\ln\frac{h_1}{h_2}\text{，当}\frac{L}{R}>8\text{ 时} \tag{6.9}$$

式中：A ——测压管横截面积($A=\pi\cdot r^2$)，其中 r 为测压管内径。

F—— 形状因子。

对于半径 R 的钻孔和长度 L 的测试区，形状因子为

$$F=\frac{2\pi L}{\ln(L/R)} \tag{6.10}$$

对于抽水测试，t_1 和 t_2 分别是水位深度为 h_1 和 h_2 对应的时刻，低于平衡水位。图 6.14(a)中标出了水头差 h_1 和 h_2 以及初始平衡水头 h_0，图 6.14(c)为套管中水位随时间的上升的典型半对数曲线。

图 6.14 所示的试验类型适用于测试均质岩体的渗透系数。各向异性渗透系数不能直接在这些测试中测量，但可以在接下来的计算中对这种各向异性进行补偿。如果分别估计垂直和水平渗透率 K_v 和 K_h，则比值 m 为

$$m=\sqrt{K_h/K_v} \tag{6.11}$$

对式(6.10)给出的形状系数 F 进行如下修正：

$$F=\frac{2\pi L}{\ln[L\cdot(m/R)]} \tag{6.12}$$

当上述 F 值代入式(6.9)时，那么计算出的渗透率 K 是由 $\sqrt{K_v\cdot K_h}$ 给出的平均渗透率。

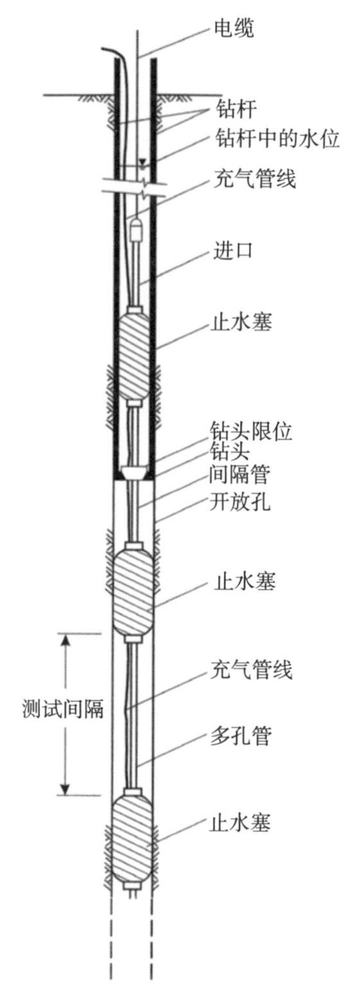

图 6.15　与金刚石钻探同时进行的变水头渗透率测试中的三重止水塞布置(Wyllie,1999)

(3)压水试验

当渗透率测试需要在钻孔内的特定位置进行时,可以用栓塞在钻孔中隔离出一定位置和一定长度作为测试区域。在金刚石钻进过程中,可以使用沿钻杆下降的三重压水系统进行压水试验,在钻头下方的部分进行测试。压水系统由 3 个充气的橡胶止水塞组成,每个长度为 1m,可以最大限度地减少止水塞泄漏的风险。下面的两个止水塞由一根穿孔钢管连接,钢管长度取决于所需的测试长度,而顶部和中间的止水塞由一根固体管连接。整个止水塞系统通过钻杆沿着钢丝绳下降,下部的两个止水塞穿过钻头进入钻孔中,而上部止水塞位于岩芯管的下端。然后 3 个止水塞由小直径塑料管充氮气,塑料管从钻杆内部伸进孔内。膨胀的止水塞将压水设备密封到钻杆中,并在钻头下方隔离出一段钻孔。如果从钻杆中抽水,地层水将从岩石中流出,流进下部两个止水塞隔离出的测试段上,并穿过多孔管道使钻杆中水位恢复。这个流量可以通过随时监测钻杆中水位的变化来测量。试验结果是一张半对数水头恢复曲线，见图 6.14(c)。Cedergren(1989)对变水头渗透率测试给出了全面论述。

6.6.2 抽水试验

6.6.2.1 抽水试验装置与过程

在钻孔中进行的渗透率测试，其主要局限性是只能测试钻孔附近的少量岩石，并且不能确定岩体的各向异性。下述的抽水试验能够克服这两个限制。

抽水试验装置由含抽水泵的垂直井和一系列水压计组成，水压计可以测量井周围的岩体中水位标高。水压计的合理布置可以确定各种地质特征对地下水条件的影响。例如，水压计可以安装在断层的任意一侧，也可以在平行和垂直于贯通性结构面(如层理面)的方向上安装。选择抽水井和观察井的最佳位置需要相当的经验和判断力，只有在彻底的地质调查之后才能进行。

测试时需要以稳定的速度从井中抽水并测量和观察抽水井中的水位。根据岩体渗透性，测试持续时间可以短至 8h 或是长达几周。当停止抽水时，测量所有井中的水位，直到确定静态水位，这被称为测试的恢复阶段。可以使用 Cedergren(1989)、Todd(1959)、Jacob(1950)和 Theis(1935)描述的方法绘制水位下降(或恢复)随时间变化的曲线，以计算渗透率。

考虑到所需的成本和时间，很少在岩石边坡工程中进行抽水试验。例如，在加固一处滑坡时评估修建排水通道的可行性可以进行抽水试验。但一般来说，安装压力计测量地下水位、变水头试验测量钻孔中的渗透率，已经可以为边坡设计提供足够的地下水条件信息。

6.6.2.2 示例问题 6.1：地质和天气条件对地下水位的影响

(1)概述

图 6.16 显示了在各种施工和气候条件下各向同性裂隙岩体中的边坡；在所有情况下，地下水都会从坡顶后的水平地表渗入(Terzaghi，1962)。图 6.16(a)中显示的边坡是近期开挖的，在开挖之前，地下水位是水平的，位于地表以下较浅的深度。在图 6.16(a)和图 6.16(b)中，为了建立地下水平衡条件，边坡已经经历了足够长的时间，但气候条件多变。该问题的目的是根据达西定律所确定的边坡地下水的一般特征，勾画出每个边坡的地下水位。

(2)要求

①在图 6.16(a)的横截面上，画出边坡开挖后地下水位的大致位置。

②在图 6.16(b)的横截面上，绘制地下水位的大致位置，并满足以下条件：

a. 高渗流量，低渗透率。

b. 低渗流量，高渗透率。

③在图 6.16(c)的横截面上，绘制地下水位的大致位置，并满足以下条件：

a. 坡面节理被冰封堵。

b. 强降雨后。

c. 雨季。

d. 旱季。

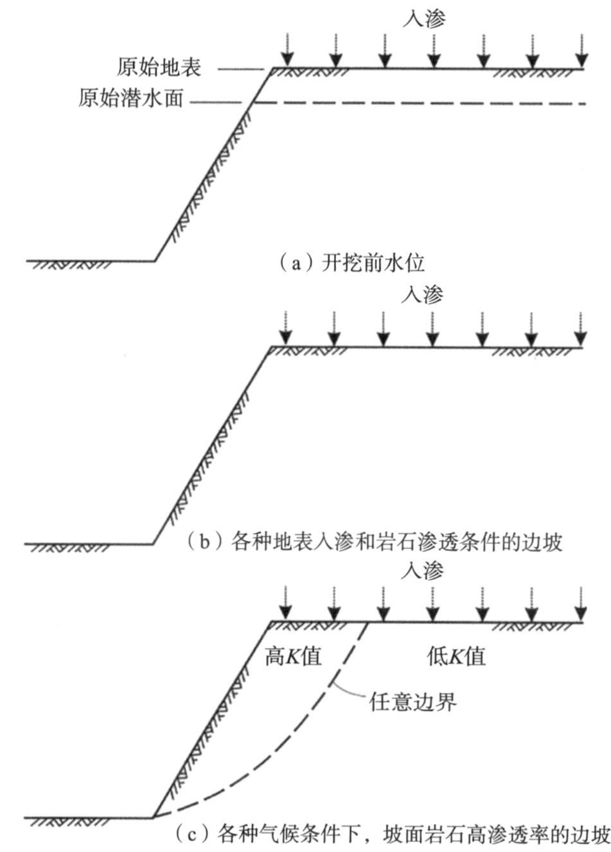

图 6.16　在各种施工和气候条件下各向同性裂隙岩体中的边坡

(3)解

图 6.17(a)至图 6.17(c)显示了各种条件下的地下水位。

一般来说，靠近坡面的岩石经历过爆破扰动和应力释放，因此比未扰动岩石的渗透率更高。

当渗透率高时，岩石容易排水，地下水位梯度相对平坦。

如果表面冻结并且水不能从边坡排出，则坡内地下水位将升高。当入渗速度超过岩石排水速度时，也会出现同样的情况。

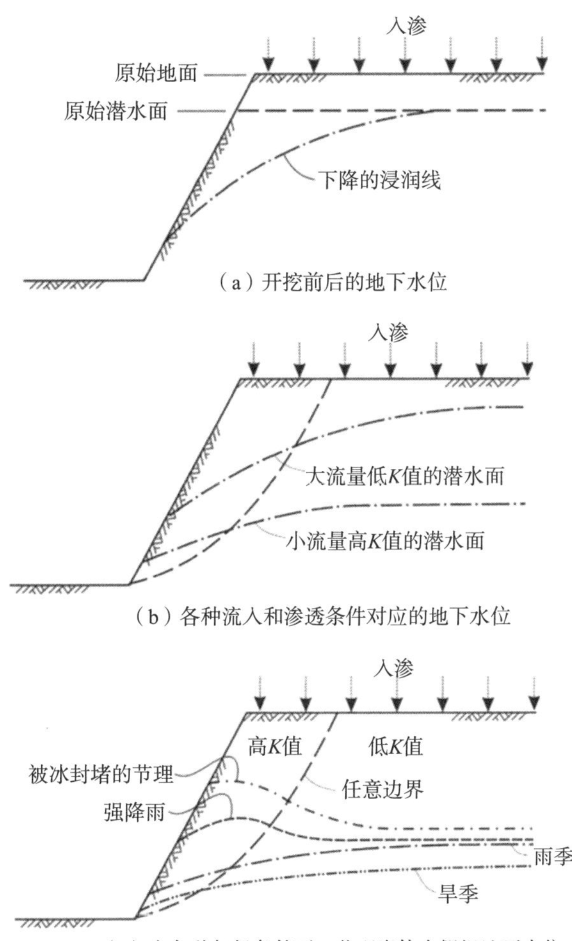

图 6.17　实例 6.1 中图 6.16 所示条件下的地下水位

（张少锋　杜胜华）

第7章　平面破坏

7.1　介绍

平面破坏是岩石边坡中比较罕见的一种现象，因为在实际边坡中很少存在产生这种破坏所需的全部几何条件。但也不应该忽视二维边坡问题，从这个简单的破坏模式研究中可以学到许多有价值的经验，这对于阐述边坡随抗剪强度和地下水条件变化而变化的灵敏度特别有用。当处理更复杂的三维边坡破坏机制时，这种变化不太明显。本章介绍了平面破坏分析方法（第7.2节和第7.3节），讨论“顺向坡”（滑动面不出露于坡面）的稳定性，并演示了边坡加固设计（第7.4节）和概率设计方法（第7.6节）。第11章讨论受地震影响的边坡稳定性分析方法。

第16章介绍了土木工程中两个平面破坏稳定性的分析案例。

7.2　平面破坏的一般条件

如图7.1所示，该平面破坏十分典型，其中一块岩体已沿一个倾向坡外的平面发生滑动。

图7.1　发生在光滑、连续的页岩层面上的平面破坏（40号州际公路，靠近田纳西州纽波特市）

发生这种破坏，必须满足以下几何条件（图7.2）：

①发生滑动的平面必须与坡面平行或接近平行（±20°以内）。

②滑动面必须在边坡面出露，即滑动面倾角必须小于坡面倾角，$\psi_p < \psi_f$。

③滑动面倾角必须大于该面的摩擦角，即 $\psi_p > \varphi$。

④滑动面上端要么与坡顶相交，要么连接到一条拉裂缝。

⑤岩体中必须存在对滑动体几乎无约束的自由面，该自由面为滑动体侧边界，或存在滑动破坏面贯穿边坡中“鼻”状突出的部分。

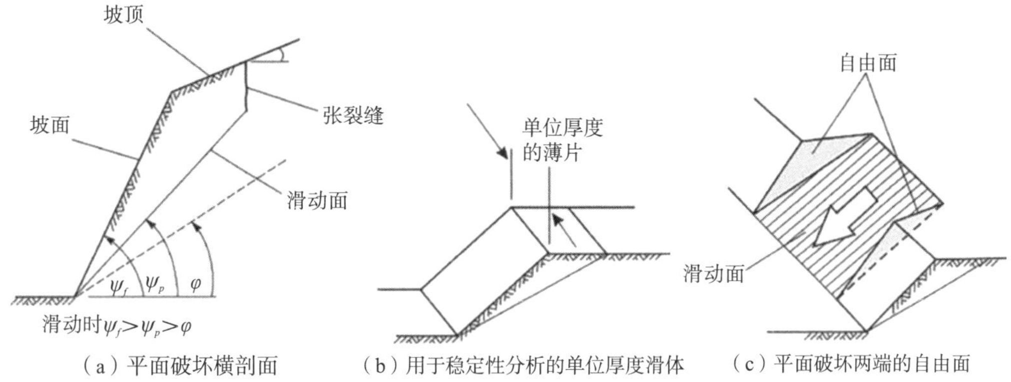

（a）平面破坏横剖面　（b）用于稳定性分析的单位厚度滑体　（c）平面破坏两端的自由面

图 7.2　边坡平面破坏的几何条件

7.3　平面破坏分析

此分析中考虑的边坡几何要素和地下水条件见图 7.3，两个几何条件如下：

①边坡坡顶面上有张裂缝。

②边坡坡面上有张裂缝。

当坡体上表面水平（$\psi_s = 0$）时，张裂缝如果正好在边坡顶部前缘，则处于从一种状态到另一种状态的过渡阶段，此时

$$\frac{z}{H} = (1 - \cot\psi_f \cdot \tan\psi_p) \tag{7.1}$$

式中：z ——张裂缝深度；

H ——边坡高度；

ψ_f ——坡面角度；

ψ_p ——滑动面倾角。

此分析中做出如下假设：

①滑动面及张裂缝走向均平行于坡面。

②张裂缝是直立的，并且含有深度为 z_w 的水。

③水沿着张裂缝底部进入滑动面并沿着滑动面渗透，在大气压力下沿坡面滑动面出露处流出。在张裂缝中和沿滑动面上由存在着地下水而引起的水压力分布见图 7.3。

④ W（滑体重量）、U（由滑动面上水压所产生的浮托力）和 V（由张裂缝中水压所产生的

力)三力均作用于滑体重心。换而言之,就是假设这些力不会产生使块体旋转的力矩,因此只考虑滑动破坏。尽管这个假设对于实际边坡而言可能并不严谨,但忽略力矩所引起的误差小到可以忽略不计。然而,在含陡倾结构面的陡坡中,应该注意可能产生的倾倒破坏(见第 10 章)。

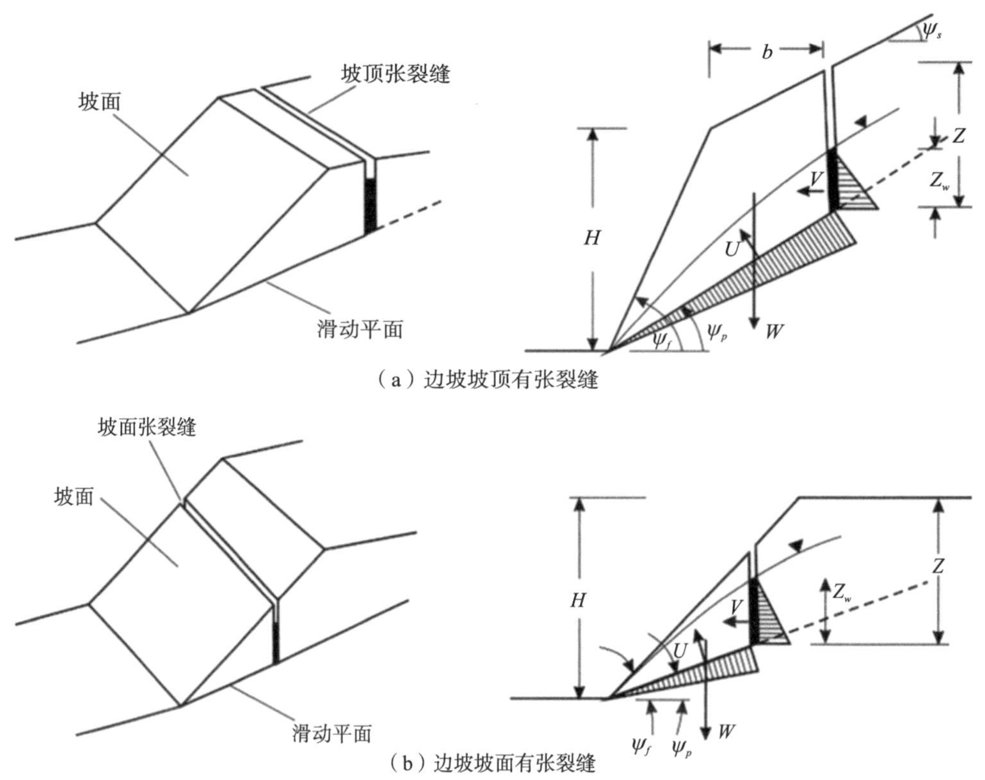

(a) 边坡坡顶有张裂缝

(b) 边坡坡面有张裂缝

图 7.3 平面边坡破坏的几何要素

⑤滑动面剪切强度 τ 由黏聚力 c 和内摩擦角 φ 确定,其关系式如第 5 章所述,为($\tau = c + \sigma\tan\varphi$)。粗糙面或岩体具有剪切强度包络线,在这种情况下,要考虑作用在滑动表面上的正应力,由包络线的切线确定视黏聚力和视摩擦角。作用在滑动面上的法向应力值 σ 可由图 7.4给出的图解确定。

⑥假定存在自由面,侧边界对岩体滑动不产生约束。

⑦在分析二维边坡问题时,通常选取与坡面成直角的单位厚度岩体为分析单元。这意味着在边坡垂直剖面上,滑动面面积可以用滑动面长度表示,滑块体积由块体横截面积表示,见图 7.2(b)。

$$\frac{\sigma}{\gamma_r \cdot H} = \frac{[(1-(z/H)^2)\cdot\cot\psi_p - \cot\psi_f]\cdot\sin\psi_p}{2(1-z/H)}$$

其中 $z/H = 1 - (\cot\psi_f \cdot \tan\psi_p)^{1/2}$,且 $\psi_s = 0$。

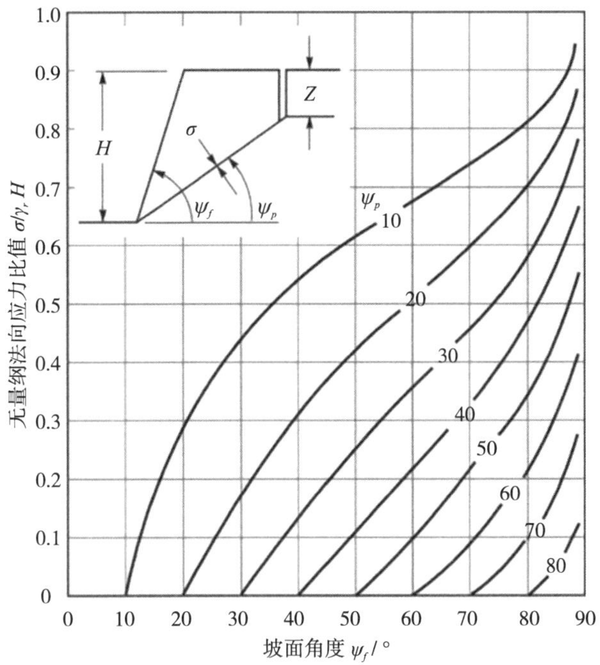

图 7.4　作用在岩质边坡滑动面上的正应力

计算平面破坏边坡安全系数时，将作用在边坡上的所有力分解成与滑动面平行和垂直的分量。作用在平面上的剪切力向量和 $\sum S$ 称为下滑力。总法向力 $\sum N$ 与摩擦角 φ 正切值的积再加上黏聚力共同称为抗滑力(见第 1.4.2 节)。滑块的安全系数 FS 是抗滑力与下滑力之比，计算公式如下：

$$FS = \frac{\text{抗滑力}}{\text{下滑力}} \tag{7.2}$$

$$= \frac{c \cdot A + \sum N \cdot \tan\varphi}{\sum S} \tag{7.3}$$

式中：c ——黏聚力；

A ——滑动面面积。

根据式(7.2)和式(7.3)所示的概念，图 7.3 所示的边坡的安全系数公式为

$$FS = \frac{c \cdot A + (W \cdot \cos\psi_p - U - V \cdot \sin\psi_p)\tan\varphi}{W \cdot \sin\psi_p + V \cdot \cos\psi_p} \tag{7.4}$$

其中：

$$A = (H + b \cdot \tan\psi_s - z)/\cos\psi_p \tag{7.5}$$

式中：H ——边坡高度；

z ——张裂缝深度；

b ——张裂缝在坡顶后方距离；

ψ_s ——边坡顶部倾角。

当张裂缝中的水深为 z_w 时,作用在滑动面上的浮托力 U 和张裂缝上的水压力 V 分别由式(7.6)计算:

$$U = \frac{1}{2}\gamma_w \cdot z_w(H + b \cdot \tan\psi_s - z)\sin\psi_p \tag{7.6}$$

$$V = \frac{1}{2}\gamma_w \cdot z_w^2 \tag{7.7}$$

式中:γ_w—— 水的重度。

式(7.8) 和式(7.9) 给出了图 7.3 所示的两个几何形状滑块的重量 W。

当张裂缝位于倾斜的坡顶面时,见图 7.3(a):

$$W = \gamma_r[(1 - \cot\psi_f \cdot \tan\psi_p)]\left(b \cdot H + \frac{1}{2}H^2 \cdot \cot\psi_f\right) + \frac{1}{2}b^2(\tan\psi_s - \tan\psi_p) \tag{7.8}$$

当张裂缝位于坡面上时,见图 7.3(b):

$$W = \frac{1}{2}\gamma_r \cdot H^2\left[\left(1 - \frac{z}{H}\right)^2 \cdot \cot\psi_p(\cot\psi_p \cdot \tan\psi_f - 1)\right] \tag{7.9}$$

式中:γ_r—— 岩石的重度。

图 7.3 和式(7.4)至式(7.9)说明,平面破坏的几何形状和地下水条件可以完全由 4 个长度(H、b、z 和 z_w)和 3 个角度(ψ_f、ψ_p 和 ψ_s)确定。这些简单模型结合后文中讨论的地下水、岩体锚固和地震作用,就可以对各种条件下的稳定性进行计算。

7.3.1 地下水对稳定性的影响

在前面的讨论中曾假定,只有张裂缝中的水及沿破坏面上流动的水影响边坡稳定性。这相当于假定其余岩体是不透水的,这个假定当然不总是合理的。因此,除了本章提到的因素外,还必须考虑水压分布的影响。在某些情况下可以构建一个流网,根据流网等势线与滑动面的交点确定地下水压力分布(图 3.13)。岩体渗透系数、各向异性、坡面渗流位置、边坡上方的补给区以及任何测压数据都有助于建立流网。

在没有边坡实际地下水压力数据的情况下,岩石工程中目前的知识水平尚不能准确定义岩体中地下水流动模式。因此,边坡设计中应评估安全系数对各种实际地下水压力的敏感性,特别要考虑快速补给时瞬时压力的影响(图 6.11)。

以下是在岩石边坡中可能出现的 4 种地下水情况,以及计算水力 U 和 V 的公式。在这些示例中,张裂缝内的压力分布和沿滑动面的压力分布是理想化的,需要进行具体判断来确定某一边坡中最可能的地下水条件。

①地下水位高于张裂缝底部,所以水压在张裂缝和滑动面上均起作用。如果水从出露的滑动面上流出,则假定压力从张裂缝底部线性减小,到坡面处为零。如图 7.3 所示,分别按式(7.6)和式(7.7)计算 U 和 V 。

②只有在某些条件下张裂缝中才有水压力,如长时间干旱后发生强降雨,会导致地表水

直接流入裂缝，从而产生水压力。如果岩体的其余部分相对不透水，或者滑动面含有低渗透率的黏土充填，则浮托力 U 也可能为零或接近零。在上述情况下，这些瞬态条件下边坡的安全系数由式(7.4)计算，其中 $U=0$，V 由式(7.7)计算。

③地下水流出坡面可能因冻结而产生堵塞，见图 7.5(a)。霜冻只能深入地表几米深的地方，在坡内会形成水压力，浮托力 U 可能会超过图 7.3 所示的水平。对于图 7.5(a)所示的理想化矩形压力分布，浮托力 U 如下：

$$U = A \cdot p \tag{7.10}$$

式中：A ——式(7.5)计算的滑动面面积；

p ——滑动面(和张裂缝底部)的压力，由式(7.11)计算：

$$p = \gamma_w \cdot z_w \tag{7.11}$$

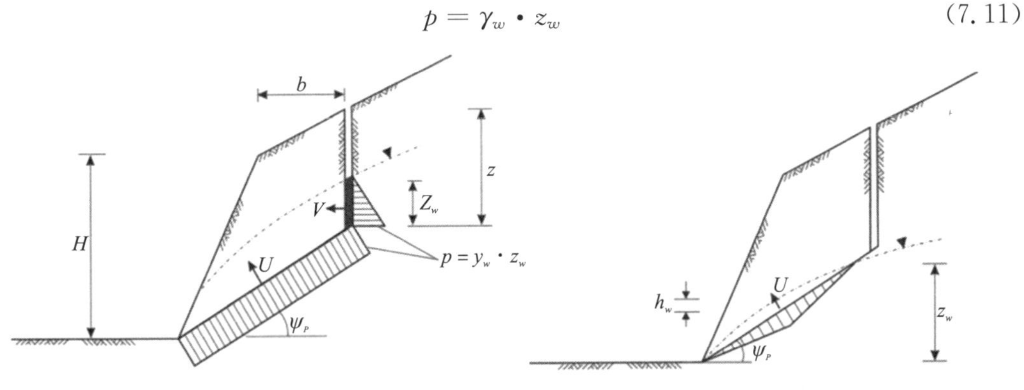

（a）由于坡脚排水受阻，在滑动面上产生均布压力

（b）由于水位低于张裂缝底部，在滑动平面上产生三角形分布的压力

图 7.5　平面破坏时可能出现的地下水压力

图 7.5(a)所示的情况很少发生，但可能导致安全系数较低；水平排水系统有助于控制边坡的水压。

④边坡中的地下水位低于张裂缝的底部，因此水压仅作用于滑动面，见图 7.5(b)。如果水直接向有滑动面出露的坡面流出，那么水压可以近似为三角形分布，浮托力由式(7.12)计算：

$$U = \frac{1}{2} \cdot \frac{z_w}{\sin\psi_p} \cdot h_w \cdot \gamma_w \tag{7.12}$$

式中：h_w—— 滑动面饱和部分中点的估计水深。

7.3.2　张裂缝的临界深度和位置

在上述分析中曾假定，张裂缝位置可以根据其在坡面上方或坡面上的迹线确定，并且可以通过构建精确的边坡横断面来确定其深度。然而，由于边坡顶部存在土层，或者某一位置可能需要留出用于设计，张裂缝的位置可能无法确定。在这种情况下，有必要研究张裂缝最可能的位置。

当边坡干燥或接近干燥($z_w/z=0$)时,安全系数计算式(7.4)可修改如下:

$$FS=\frac{c\cdot A}{W\cdot \sin\psi_p}+\cot\psi_p\cdot\tan\varphi \tag{7.13}$$

关于 z/H 最小化可用式(7.13)的右边得到干燥边坡的临界张裂缝深度 z_c,从而得到临界张裂缝深度:

$$\frac{z_c}{H}=1-\sqrt{\cot\psi_f\cdot\tan\psi_p} \tag{7.14}$$

临界张裂缝和坡顶距离 b_c 为

$$\frac{b_c}{H}=\sqrt{\cot\psi_f\cdot\cot\psi_p-\cot\psi_f} \tag{7.15}$$

图 7.6 给出了不同尺寸干燥边坡中临界张裂缝深度和位置。但是,如果在暴雨期间形成张裂缝,或者张裂缝位于先前存在的地质结构(如垂直节理)上,式(7.14)和式(7.15)不再适用。

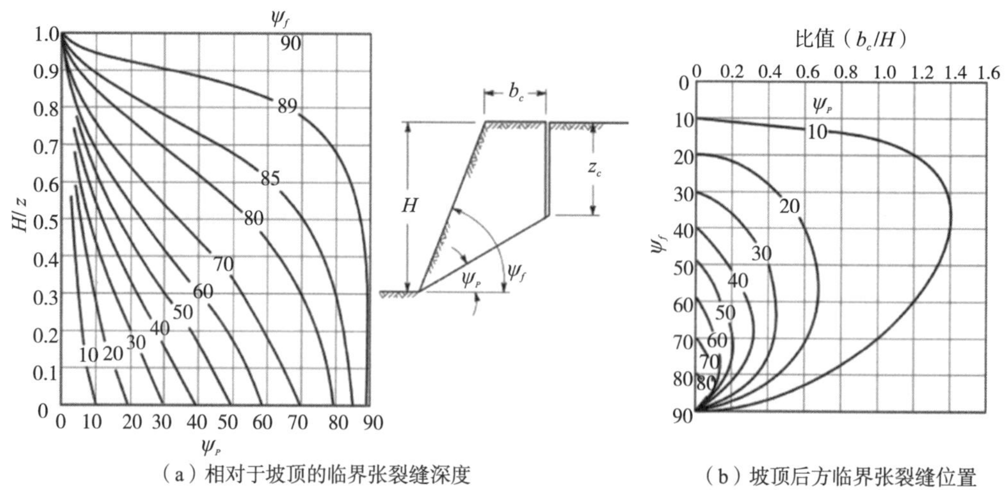

(a)相对于坡顶的临界张裂缝深度　(b)坡顶后方临界张裂缝位置

图 7.6　干燥边坡中临界张裂缝位置

7.3.3　张裂缝是不稳定的标志

任何考察过人工开挖岩石边坡的人,都会注意到岩石顶部经常出现的张裂缝(图 7.7)。有些裂缝已经存在几十年了,并且在许多情况下似乎对边坡稳定性没有任何不利影响。因此,研究这些张裂缝的成因以及它们是否可以作为边坡不稳定的标志很有意义。

Barton(1971)在一系列非常详细的关于岩石边坡破坏模型研究中发现,张裂缝由岩体内微小的剪切运动产生。尽管这些单个剪切位移非常小,但它们的累积效应会形成边坡表面的明显位移,这足以造成边坡坡顶后方的垂直节理张开并形成"拉"裂缝。张裂缝由边坡剪切运动引起这一事实很重要,因为它表明当边坡表面出现张裂缝时,在岩体内部已经开始发生剪切破坏。

由于张裂缝的形成只是岩体内复杂渐进破坏过程的开始，因此很难量化评价张裂缝的重要性；这种破坏机理可以用第 12 章讨论的数值模型进行研究。在某些情况下，由于岩体结构膨胀导致排水条件改善，以及岩体内各块体咬合，可能会使边坡稳定性增加。然而，如果破坏面只是单一结构面，如坡面上有层理面裸露，则边坡表面一旦发生位移，那么稳定性就可能迅速下降，因为少量位移会导致剪切强度由峰值下降到残余值。

总之，张裂缝的存在应被视为潜在不稳定性的标志，因此对于一些重要边坡，张裂缝的出现就表明需要对边坡稳定性进行详细调查研究。

图 7.7 发生明显水平位移的滑动岩体背后的张裂缝(不列颠哥伦比亚省 Kooteney 湖)

7.3.4 滑动面临界倾角

当边坡中存在一条贯通结构面(如层理面)，并且该结构面倾角满足图 7.2 中规定的平面破坏的条件时，则边坡稳定性由该结构面控制。但是，如果边坡中不存在这样的结构面，那么滑动面(如果发生滑动的话)会沿着较小的地质构造面发展，并且在某些地方贯穿完整岩石。那么如何确定这种破坏面的倾角呢?

首先必须对滑动面的几何形状做出假设。对于软岩切坡或坡角小于约 45°的土坡，滑动面将呈圆弧形。第 9 章讨论了圆弧破坏面的分析方法。

在陡峭的岩石边坡中，滑动面几乎是平坦的，滑动面倾角可以通过式(7.4)对 ψ_p 求偏微分，并令得到的偏微分等于零来求解。对于干燥边坡，临界滑动面倾角 ψ_{pc} 为:

$$\psi_{pc} = \frac{1}{2}(\psi_f + \varphi) \tag{7.16}$$

张裂缝中水的存在会使滑动面倾角降低 10%左右。然而，鉴于该滑动面倾角的不确定性，考虑地下水影响而额外增加复杂性是不合理的。因此，可以使用式(7.16)估算不含贯通结构面的陡峭边坡中临界滑动面的倾角。

7.3.5 沿粗糙平面的破坏分析

到目前为止，本节讨论的稳定性分析使用的抗剪强度参数在整个边坡中都是相同的。但是，正如第 5.2.4 节中关于粗糙岩石结构面抗剪强度所述，边坡中摩擦角可能取决于作用在结构面上的法向应力。也就是说，摩擦角会随着法向应力的增加而减小，这是由于结构面的粗糙部分被磨蚀掉了，如式(5.7)所示。摩擦角与正应力之间的关系如下所述。

考虑图 7.3(a)中所示平面破坏的几何条件。对于干燥边坡 ($U=V=0$)，作用在滑动面上的法向应力 σ 为

$$\sigma=\frac{W\cdot\cos\psi_p}{A} \tag{7.17}$$

式中：W ——滑体重量；

ψ_p ——滑动面倾角；

A ——该滑动面面积。

如果滑动平面内没有黏性材料充填，那么剪切强度仅为摩擦力，则安全系数可以用式(1.2)至式(1.6)进行极限平衡分析计算得到，式(5.7)可以求解粗糙面上的抗剪强度，式(7.17)可以求出该平面上的正应力。根据这些参数，安全系数计算如下：

$$FS=\frac{\tau\cdot A}{W\cdot\sin\psi_p} \tag{7.18}$$

$$=\frac{\sigma\cdot\tan[\varphi+\mathrm{JRC}\cdot\log_{10}(\mathrm{JCS}/\sigma)]\cdot A}{W\cdot\sin\psi_p} \tag{7.19}$$

$$=\frac{\tan[\varphi+\mathrm{JRC}\cdot\log_{10}(\mathrm{JCS}/\sigma)]}{\tan\psi_p} \tag{7.20}$$

$$=\frac{\tan(\varphi+i)}{\tan\psi_p} \tag{7.21}$$

这些公式的应用和表面粗糙度对安全系数的影响可以通过下面的例子进行说明。假设一个边坡，$H=30\text{m}$，$z=15\text{m}$，$\psi_p=30°$和 $\psi_f=60°$，其中滑动面为无充填粗糙节理，节理参数 $\varphi=25°$，JRC＝15kPa 和 JCS＝5000kPa。从图 7.4 可以看出，如果岩石密度 γ_r 为 26kN/m^3，则法向应力比 $(\sigma/\gamma_r\cdot H)$ 为 0.36，σ 值为 281kPa。由图 7.4 计算出的 σ 值是作用在滑动面上的平均法向应力。但是，作用在滑动面上的最大正应力在坡顶下方，深度为 20m。计算得到最大应力为

$$\sigma_{\max}=20\cdot 26\cdot\cos 30°=450\text{kPa}$$

根据式(5.7)和上一段中的粗糙度参数，滑动面剪切强度与法向应力对应，边坡安全系数为：

$$\sigma=281\text{kPa};\ \tau=269\text{kPa};\ (\varphi+i)=44°,\ FS=1.66$$

$$\sigma=450\text{kPa};\ \tau=387\text{kPa};\ (\varphi+i)=41°,\ FS=1.49$$

这些结果表明，增加滑动面上法向应力的结果是摩擦角减小(由于粗糙部分被磨掉)，对应的安全系数下降了 10％。

7.4 顺层边坡稳定性

平面破坏的一个特例是"顺层边坡"破坏，它是一组平行于坡面的结构面，在边坡整个高度上形成一系列薄层。这种构造意味着这些结构面不会在坡面上出露，如果出现某种形式的位移或者破坏面切穿薄层并延伸至坡面，那么边坡就会发生失稳。图 7.8 显示了典型的顺层边坡及可能的失稳模式，如岩层中下部屈曲、弯折或犁式破坏等。

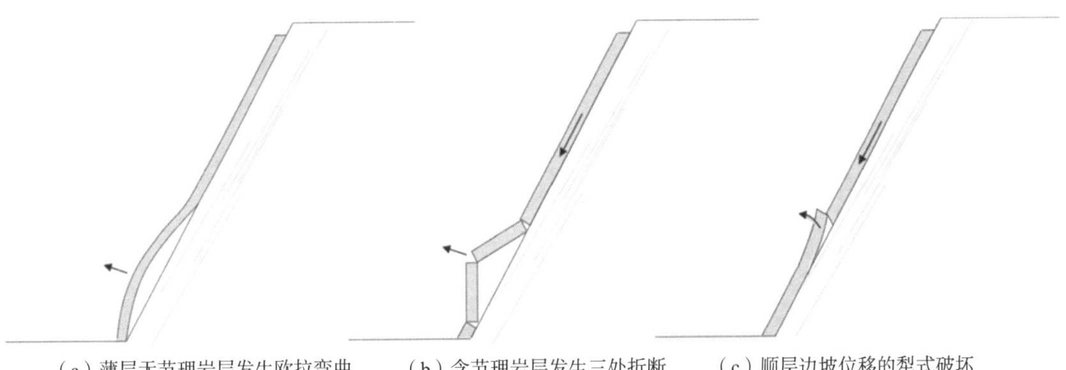

(a) 薄层无节理岩层发生欧拉弯曲
(b) 含节理岩层发生三处折断
(c) 顺层边坡位移的犁式破坏

图 7.8 顺向边坡可能的失稳模式

本节介绍了顺层边坡的案例、破坏类型、失稳机理和触发条件以及加固措施等。

7.4.1 顺层边坡案例

顺层边坡最常出现在倾斜的沉积地层中，如砂岩和页岩互层的地层，其中天然边坡或开挖面与层面平行(Fisher，2009)。这些情况在煤矿中很常见，煤层开采形成连续的下盘坡，根据层面的局部褶皱形态不同可能形成平面、凸面或凹面(Brawner 等，1971；Stead 等，1997)。例如，在艾伯塔省 Smoky River 煤矿，1987 年 97m 高、250m 长的下盘断面发生破坏。破坏发生在煤层中，倾角为 60°～65°，位于坡面后深度 10～12m 处(Dawson 等，1999)。在破坏之前测量的边坡运动轨迹显示了顺层边坡破坏机理为边坡上部向下运动、边坡下部向外运动。

在加利福尼亚州旧金山的电报山(Telegraph Hill)观察到屈曲型边坡失稳，此处的砂岩采石场开挖面倾角为 65°～70°。在位于坡面后约 2m 的陡倾节理处(该节理被土和树根充填)观察到坡脚隆起，并且在边坡突然破坏之前，边坡顶部下降约 0.3m(Wallace 等，2015)。该边坡高约 20m，岩层厚度 (D) 与边坡高度(H) 之比约为 0.1。

滑坡中可能出现大型顺层边坡失稳，其中基础滑动平面包括两段，其中上段平行于边坡，而下段为以较小角度出露于坡面。这种山体滑坡的例子包括意大利的 Vajont 滑坡(Sitar 等，2005)(图 7.9)和加拿大不列颠哥伦比亚省的 Mitchell Creek 滑坡(Clayton 等，2015)。Mitchell Creek 滑坡体积约为 7500 万 m^3，上部平面倾角为 30°，深度为 140m，下部平面接近水平；从坡顶到坡脚滑动平面总长约 800m。野外观测和计算机模拟表明，这些滑坡都属于双平面失稳类型，它的3个基本组成部分为平行于坡面的主动滑动带、岩石破裂的过渡带以及在滑动面底部发生位移的被动滑带。

Mitchell Creek 滑坡的稳定性分析在第12.5.8节数值分析中也进行了讨论。

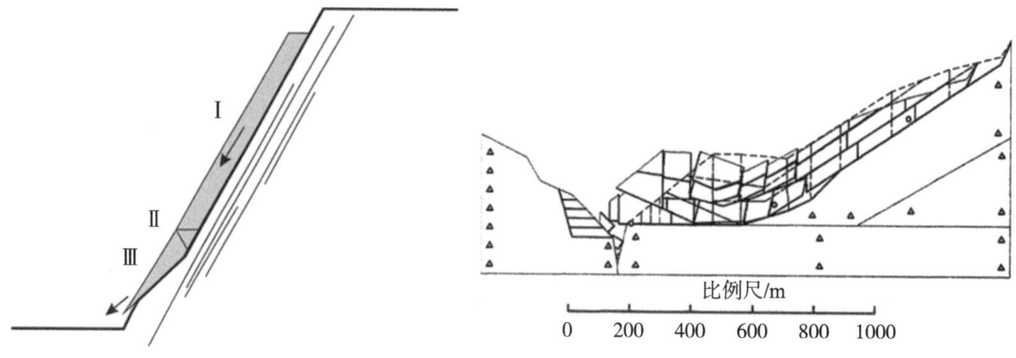

（a）陡峭边坡双平面滑动，主动下滑的薄层（Ⅰ）、岩石断裂的Prandtl楔形体过渡带（Ⅱ）、沿卸荷节理向坡外移动的被动带（Ⅲ）

（b）意大利的Vajont滑坡使用DDA分析得出，上部滑动面深度约150m，倾角33°（Sitar等，2005）

图7.9　显示过渡区岩石破坏的双平面顺层边坡破坏实例

7.4.2　顺层边坡破坏的类型

顺层边坡破坏可能由各种机制诱发，而这些机制与图7.8和图7.9所示的现场地形和地质条件有关。要产生该类型的边坡失稳，首先要求形成上部岩层的结构面（通常是层面）延伸较长，并且滑动面的倾角大于摩擦角，和/或在该面上存在高水压作用，从而使岩层的重力分量可以产生下滑力引起岩层下滑。这个上部岩层通常称为“主动”层。在较陡的边坡中主动层的下滑力较大，因为重力沿坡面的分量较大，并且垂直于岩层的分量较小，使得抗滑力较小。

由主动层的下滑力所产生的推力可以通过多种机制使边坡下部（被动层）发生滑动，见图7.8和图7.9。这些机制的一个共同特征是，要使得边坡失稳，岩层的位移和/或断裂必须发生在上部主动层和下部被动层之间的过渡区。

影响边坡破坏机理的条件包括边坡高度H、层间距（岩层厚度）D、边坡下部的共轭节理以及结构面和岩体的抗剪强度。对这些形式的破坏机理论述如下：

(1)屈曲

在滑动层相对于边坡高度较薄且不含贯穿结构面的情况下，滑动层发生弹性变形时，可能发生欧拉弯曲，见图7.8(a)。对于这些条件，可以进行极限平衡分析，通过这种方法，将主动块的下滑力与弹性屈曲提供的阻力进行比较。该分析表明，岩块厚度D与整体岩块长度L之间的理论极限比例大约为0.01，即在岩块厚度小于边坡高度的1%时会发生屈曲(Cavers,1981)。在边坡有凸形部分的剖面上，屈曲加剧。

(2)三折屈曲

如果滑块包含共轭节理,则可能发生三折屈曲,见图 7.8(b),但前提是侧向力(如由底部水压力所产生的侧向力)起到引发破坏的作用。这种失稳模式也可以通过极限平衡分析来研究(Cala 等,2014)。

(3)犁式破坏

当滑块中节理倾角比坡面法向更陡时,在节理受剪处和岩层弯曲处可能会发生犁式破坏,见图 7.8(c)。加拿大不列颠哥伦比亚省的煤矿观察研究表明,犁式破坏仅在厚达 5m 的岩层中发生。对这种失稳模式的研究需要通过数值分析进行(Fisher,2009)。

(4)双平面失稳

滑动层含外倾的节理或剪切破坏贯穿完整岩石形成滑动面,并在坡脚存在自由面,就会发生双平面失稳(图 7.9)。如上所述,双平面滑动的三个组成部分是上部主动区(Ⅰ)、下部被动区(Ⅲ),还有岩石破裂引发滑动的中部过渡区(Ⅱ);过渡区可以通过对数螺线建立 Prandtl 楔形体来建模。图 7.9 显示了在各种几何条件下可能发生的双平面破坏机理。

7.4.3 双平面失稳机理

对于双平面破坏,假设最大主应力 σ_1 平行于坡面(图 7.10),则可以通过摩擦塑性理论和 Mohr-Coulomb 破坏假定来定义层间剪切面的位置。

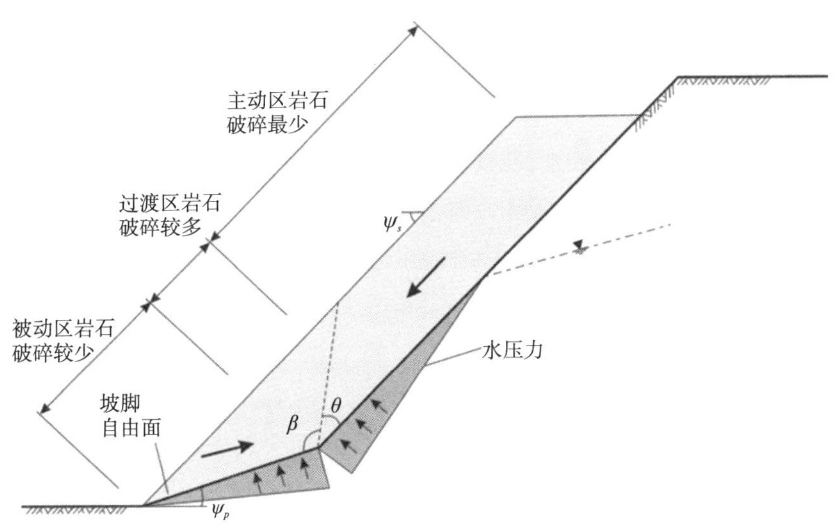

图 7.10 在主动区和被动区之间的过渡区内岩石破碎,形成顺层边坡失稳,其中包括定义层间剪切面和坡脚自由面的角度(改编自 Fisher,2009)

对于这些条件，下面的等式定义了形成过渡区的上部层间剪切面和坡脚自由面的近似角度(Havaej 等，2014)：

$$\psi_p = \left(\psi_s + \frac{\varphi}{2} - 45^\circ\right) \tag{7.22}$$

$$\beta = 90^\circ + \theta \tag{7.23}$$

$$\theta = \left(45^\circ - \frac{\varphi}{2}\right) \tag{7.24}$$

如果从式(7.22)算出坡脚自由面倾角，或者坡脚自由面是预先存在的结构面，那么可以对该倾角进行极限平衡分析，并且保守假设，不考虑过渡区的抗剪强度；该分析与共轭节理无关，因为在这些节理面上不发生剪切破坏。如果边坡 D/H 比例不是通过边坡特征来定义的，则可以进行灵敏度分析以找到最小安全系数的 D/H 比例临界值(Brawner 等，1971)。这种分析可以考虑图 7.10 所示的水压力和第 7.5 节中所示的锚杆拉力。

双平面破坏是最常见的顺层边坡失稳破坏类型，可以在各种各样的边坡上发生。例如，在 Mitchell Creek 和 Vajont 滑坡中，底面滑动面深度可以达几百米，并且滑面倾角可能只有 30°又或者是接近垂直。这些滑坡的稳定性分析需要使用数值分析，如离散单元法(DEM)(见第 12 章)或不连续变形分析(DDA)(Goodman 等，1985)，这两种方法也可以对滑体内岩石断裂和位移进行分析。数值分析在第 12 章中讨论。

顺层边坡破坏分析表明，在稳定性分析中，边坡几何条件比其他各种边坡参数更加重要。例如，在上部滑动面倾角小于 40°的情况下，其强度参数最重要，因为该平面提供绝大部分的抗滑力来抵抗剪切变形。不过，当上部滑动面倾角大于 60°时，由于法向应力很小，上部滑动面只产生很小的抗滑力来抵抗剪切变形，大部分抗滑力产生于下部坡脚自由面。这也为如何进行现场调查和实验室测试提供了指导(Fisher 等，2012)。

7.4.4 顺层边坡破坏的触发条件

顺层边坡破坏可能由水压触发，特别是当上部滑动面含低渗透性充填物时，地下水被阻挡在该滑动面之后，更易触发顺层破坏。对于这种情况，可以通过增加排水孔来解决。由地震引起的地面运动也可能引发边坡失稳，但是旧金山电报山在 1906 年以及 1989 年(Loma Prieta)地震中没有发生重大的边坡破坏(Wallace 等，2015)，故水压力才是导致边坡不稳定的最重要因素。

另外一个潜在的失稳触发条件是开挖边坡底部。随着开挖的进行和边坡高度的增加，下滑力增大，最终可能使坡脚产生倾向坡外的裂隙，从而突然失稳。因此，对于采矿作业而言，识别潜在的顺层边坡，并在开挖过程中采取适当的治理措施十分重要。

7.4.5 顺层边坡的加固措施

顺层边坡的加固措施与常用的边坡加固方法一样，减小下滑力或增大抗滑力，与本章所述的极限平衡分析原理一致。如果现场条件适合,也可以将设施安置在离边坡足够远的地方,防止失稳造成损失。

以下是关于顺层边坡加固措施的简要说明(图 7.11):

(1)排水

在滑动面上出现水压(图 7.10)时,可从坡面钻排水孔来减小水压力。该方法最好是在坡面上已经有排水孔的情况下使用,而不是仅仅沿着边坡的底部钻孔。

(2)坡脚挡墙

在边坡底部建造挡墙是防止被动区滑动的有效方法。堆石挡墙通常是一种经济施工方法,也利于边坡排水。然而,考虑到堆石重度约为 17kN/m^3 而固体岩石重度为 26kN/m^3,故需要边坡下方有足够的空间用于布置堆石挡墙。

(3)锚杆

将锚杆安装到潜在滑动面后方的稳定岩石中可以有效减小滑动区的下滑力,增加被动区的抗滑力。如果在开挖边坡时要安装锚杆,那么选择全粘结、无张拉的锚杆也是可以的。但是,如果锚杆安装在欠稳定边坡的底部,那么可能需要预应力锚索来提供主动抗滑力(图 14.5)。建议安装长度不同的锚杆,因为统一长度的锚杆可能会在锚杆末端形成一个软弱面。

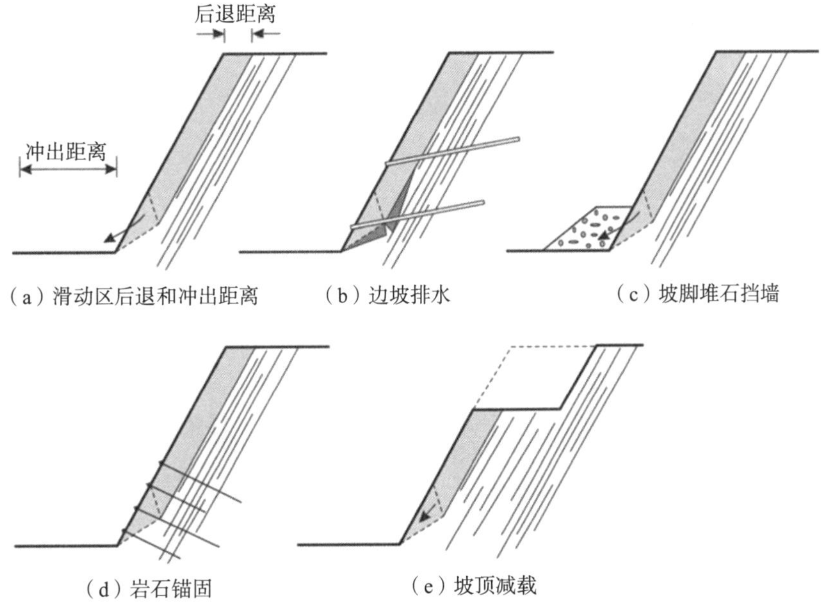

图 7.11 顺层边坡的加固措施

(4)减载

边坡顶部开挖可以有效减小主动区的下滑力。但是,只有在开挖底面下方的爆破扰动不会降低滑动面的抗剪强度时才可以进行开挖。也就是说,爆破产生的地面振动可能减小抗剪强度的黏聚力分量。另外,如果没有预先减小坡内水压,则不应该卸载顶部,因为如果作用于滑动面上的地下水压力不变,主动区重量减小可能导致安全系数突然减少。

(5)后退距离

在不能采取任何治理措施的情况下,如无法到达边坡,可能有必要确定后退距离,在边坡顶部和/或底部不开展人类活动。坡顶后退距离可以通过本节所述的地质或分析方法来确定。为了保证边坡底部安全,可以将第 14.6 节中介绍的落石跳动距离作为确定后退距离的准则。

7.5 边坡的加固

当确定某一边坡不稳定时,加固是提高安全系数的有效方法。加固方法包括安装预应力锚索或全粘结、无张拉锚杆或建造坡脚挡墙。影响现场加固方案选取的因素包括场地地质条件、加固力选择、钻孔设备及其进场条件以及工期。本节描述了边坡加固的设计方法,第 14.4.2 节讨论了边坡加固的施工工艺,第 16.2 节讨论研究了一个张拉锚固的案例。

如果要安装岩石锚索,则需要考虑是将锚索锚固在远端并张紧,还是全部注浆并且不张拉。无张拉锚杆安装成本较低,但与相同尺寸的预应力锚索相比,它们提供的锚固力较低,而且其承载力也无法测试。影响选择的一个技术因素是,如果边坡已经松弛,并且滑动面已经不再咬合,那么建议安装预应力锚索以在滑动面上施加法向力和剪切力。但是,如果在开挖之前可以安装锚杆,那么全粘结锚杆可以防止潜在滑动面的松弛,从而加固边坡(图 14.5)。无张拉锚杆也可以用于岩石节理发育的地方,并且可以用于加固整个边坡,而不是某一特定的面。

7.5.1 预应力锚索加固

一个预应力锚索的安装过程是先在坡面钻孔并延伸至滑动面下方,安装岩石锚索或钢绞线,并将其浇筑在坡内稳固的岩土体中,然后在坡面上进行张拉锚固(图 7.12)。锚索张力改变了作用在滑动面上的法向力和剪切力,锚固边坡的安全系数如下:

$$FS=\frac{c\cdot A+[W\cdot\cos\psi_p-U-V\cdot\sin\psi_p+T\cdot\sin(\psi_T+\psi_P)]\tan\varphi}{W\cdot\sin\psi_P+V\cdot\cos\psi_P-T\cdot\cos(\psi_T+\psi_P)}\tag{7.25}$$

式中:T—— 锚索张力,以角度 ψ_T 沿水平面向下倾斜。

式(7.25)表明锚固张力的法向分量 $[T\cdot\sin(\psi_p+\psi_T)]$ 加到作用于滑动面的法向力上,

这有助于增加滑动面的抗剪能力。此外，如果 $(\psi_p + \psi_T) < 90°$，作用在滑动面的锚索张力 $[T \cdot \cos(\psi_p + \psi_T)]$ 的切向分量抵消了一部分下滑力，因此锚固力的组合效应提高了边坡的安全系数。

用预应力锚索加固边坡的安全系数随锚索安装角度的变化而变化(图 7.12)。可以看出，岩石预应力锚索的最优角度 $\psi_{T(\mathrm{opt})}$ 满足以下关系式：

$$\varphi = \psi_{T(\mathrm{opt})} + \psi_p \text{ 或 } \psi_{T(\mathrm{opt})} = \varphi - \psi_p \tag{7.26}$$

这种关系表明，张拉锚杆的最佳安装角度要低于滑动面的法线与滑动面夹角。在实践中为了方便注浆，全粘结锚杆安装角度为水平面以下 10°～15°，而树脂锚杆可安装在向上的钻孔中。应该注意的是，以大于滑动面法线与其夹角的角度(即 $\psi_p + \psi_T > 90°$)安装锚索对稳定性可能是不利的，因为沿着滑动面作用的锚索张力剪切分量使下滑力增加。

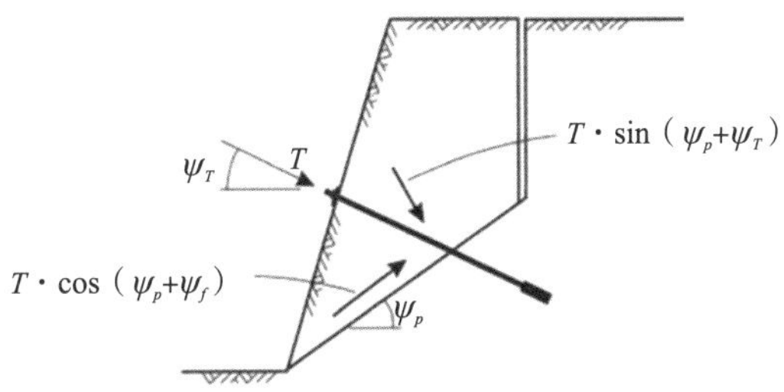

图 7.12　张拉岩石锚索加固边坡

由于平面破坏稳定性分析在 1m 厚的边坡横切面上进行，对于指定安全系数所计算出的 T 的单位为 kN/m。根据 T 值设计锚索系统的步骤如下。例如，每根锚索中张力为 T_B，每一竖排有 n 根锚杆，则每一竖排总锚固力为 $T_B \cdot n$。由于所需的锚索拉力是 T，则每一竖排之间的水平间距 S 为

$$S = \frac{T_B \cdot n}{T} \tag{7.27}$$

该设计方法在本章最后的实例中进行了说明。

7.5.2　全粘结无张拉锚杆加固

全粘结无张拉锚杆是将钢筋安装在钻孔中，钻孔要穿过潜在滑动面，接着在钻孔中注入水泥浆或者树脂浆。锚杆也被称为土钉。钢筋在岩石中任何软弱面上都起到刚性剪切销的作用。下面介绍由 Spang 和 Egger(1990)研发的一种计算锚杆加固力的方法。

根据对含节理面的岩石采用全粘结锚杆加固的有限元分析结果(图 7.13)，锚杆轴线与节理法线之间的夹角 α 为 30°。节理面剪切位移会导致锚杆发生 3 个阶段的变形。

(1)弹性阶段

块体克服节理面黏聚力后开始相对滑动。该节理面的剪切强度由节理面摩擦产生的剪

切强度以及钢筋、泥浆和岩石的弹性响应组成。

(2)屈服阶段

当位移小于约 1mm 时，岩石发生变形，灌浆厚度大于等于锚杆半径，钢筋发生形变以启动抗剪强度。随着变形增加，钢筋达到抗弯强度，注浆体达到抗压强度。

(3)塑性阶段

注浆孔中所有材料在剪切变形早期、较小的剪切力下就已经屈服。因此，锚固节理面抗剪强度取决于塑性材料的剪切力—位移关系。整体剪切强度中，锚杆提供的分量是节理摩擦角 φ 和粗糙度 i、锚杆倾角 α、岩石和水泥浆的抗压强度 σ_{ci} 以及钢筋抗拉强度 $\sigma_{t(s)}$ 的函数。一般来说，在节理面摩擦角较大并且粗糙的情况下，抗剪强度增大，在剪切期间会发生剪胀，倾斜角 α 为 30°～45°，而且岩石虽然变形但不会太软，锚杆不会在岩石中被切断(图 7.13)。

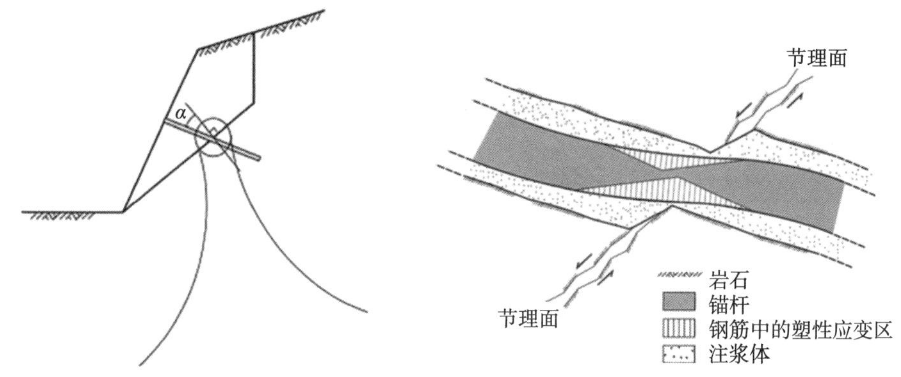

图 7.13　由沿节理剪切位移产生的全粘结锚杆应变(由 Spang 和 Egger 修改，1990)

根据 Spang 和 Egger 的测试，一个锚固节理面的抗剪强度 R_b (kN)为

$$R_b = \sigma_{t(s)}[1.55 + 0.011 \cdot \sigma_{ci}^{1.07} \cdot \sin^2(\alpha + i)] \cdot \sigma_{ci}^{-0.14}[0.85 + 0.45 \cdot \tan\varphi] \quad (7.28)$$

其中 σ_{ci} 单位为 MPa，$\sigma_{t(s)}$ 单位为 kN。相应的锚固节理的位移 δ_s 为

$$\delta_s = (15.2 - 55.2\sigma_{ci}^{-0.14} + 56.2\sigma_{ci}^{-0.28}) \cdot [1 - \tan\alpha \cdot (70/\sigma_{ci})^{0.125} \cdot (\cos\alpha)^{-0.5}] \quad (7.29)$$

在滑动面上安装全粘结锚杆时，平面破坏稳定性分析中安全系数计算公式根据式(7.4)修正为

$$FS = \frac{c \cdot A + N \cdot \tan\varphi + R_b}{S} \quad (7.30)$$

或

$$FS = \frac{c \cdot A + N \cdot \tan\varphi_b}{S - R_b} \quad (7.31)$$

式(7.30)是锚固力增加抗滑力的情况，而式(7.31)是锚固力减小下滑力的情况。尽管没有规定应该使用哪个公式，但式(7.30)更适用于锚杆增加滑动面抗剪强度的情况。而对

于第 7.5.3 节中讨论的在滑动面底部建造挡墙的情况，使用式(7.31)更好，因为挡墙有效减小了下滑力。

式(7.30)和式(7.31)用相同的 R_b 值计算，却得到不同的安全系数，因此根据所需的 FS，用这两个公式计算 R_b 值很重要，由此可以确定设计保守的程度。

7.5.3 挡墙加固

前面两节讨论了在潜在滑动面上安装锚索进行加固。另一种方法是在坡脚处修建挡墙，为边坡提供外部支撑，见图 7.14。在这两种情况下，安全系数均可以通过选择适当的 R_b 值使用式(7.31)计算。

如果边坡中由层理形成一系列薄板，在边坡顶部可以钻孔注浆并安装钢筋，然后在表面喷浆或喷射混凝土。钢筋提供抗滑力，而混凝土则在锚杆之间提供持续支撑，并防止碎岩滚落。这些措施特别适用于顶部岩石微风化的地方，如果已经安装了岩石锚索，持续的风化作用最终会使锚索暴露。以这种方式支护的岩层最大厚度约 2m。

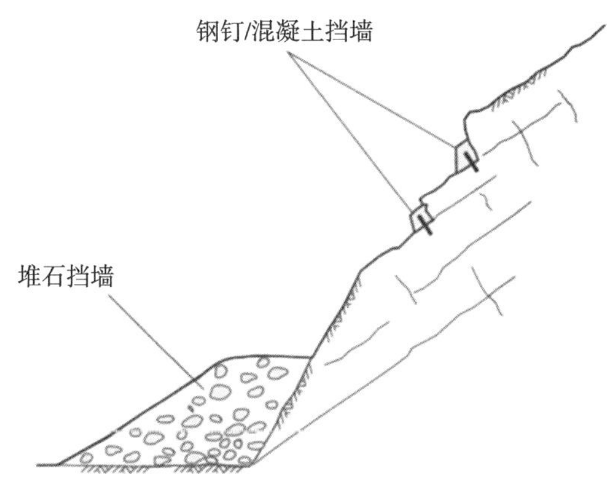

图 7.14 挡墙加固边坡

若需要更大规模的支护，可以在坡脚设置堆石挡墙。这种方法提供的支护取决于挡墙重量(纯堆石密度约为 $17kN/m^3$)，沿着挡墙底部产生的抗剪强度是岩石重量、底部粗糙度和倾斜度的函数。当然，这个方法只能用于坡脚有足够空间砌筑一定体积岩石的情况。堆石透水性也很重要，这样挡墙后方不会有水压。通常情况下，堆石挡墙支护的高度至少应为边坡高度的 1/3，才能提供有效支护。

如第 7.5.2 节所述，挡墙设计可以采用式(7.30)或式(7.31)来进行。

7.6 概率设计——平面破坏

7.6.1 概率分布

本章上述所讨论的设计方法中每个设计参数都是假定为平均值或最佳估计值。实际上，每个参数都有一定范围，这些值可能都不一样，也会随时间变化，并且有一定的不确定性。实际安全系数可以表达为概率分布，而不是某一个值。在设计中，这种数据变化/不确定就导致了安全系数的不确定。也就是说，在参数值未知的情况下，使用较高的安全系数来设计。或者，不确定性可以使用概率分析(如蒙特卡罗分析)对不确定性进行量化，以计算破坏概率(第 1.4.5 节)。

图 7.15 显示了第 5.4 节所述边坡的概率稳定性分析结果，见图 5.18 至图 5.20。第 5.4 节介绍了层理面剪切强度参数的计算过程，假设当水充满张裂缝和边坡破坏时的安全系数为 1.0。本节描述的概率分析的目的是找出边坡参数变化时安全系数的变化范围。

分析的第一步是对在一定区间内变化的参数选择合适的概率分布。该分布可以基于实际测量值，如实验室测试岩芯试样的内摩擦角。对于没有测试结果可用的内聚力和水压等参数，需要通过判断和经验来选择实际分布。

选择这些分布的一个标准，是它们可能存在有限最小值和最大值，而不是像正态分布那样延伸到无穷(图 1.13)。比如有最大值和最小值的三角形分布和 β 分布满足这个标准，最可能值可以是对称或者不对称的，表示预计最可能值。节理延伸长度和间距用延伸至无穷大的对数正态分布(第 4.5.3 节)表示，该分布可以在实际取到的最大值处截断。使用有极限而非无极限分布的优点是可以限制计算出的安全系数的范围。

对于图 7.15(a)中的边坡，图 7.15(b)为以下每个参数的概率分布：

(1)摩擦角 φ

服从偏态 β 分布，最可能值为 18°，最大值和最小值分别为 25°和 15°；均值为 19°，标准差为 2.3°。

(2)黏聚力 c

服从偏态三角形分布，最可能值为 90kPa，最大值和最小值分别为 125kPa 和 80kPa；均值为 98kPa。

(3)水压

服从偏态三角形分布，表示 19m 深的张裂缝水充填的百分比，范围从 5m(26%)到 19m(100%)，最可能值为 15m(80%)，平均深度为 13m(68%)。

图 7.15(e)为使用蒙特卡罗法(第 1.4.5 节)进行 5000 次迭代所产生的安全系数分布，从输入的参数分布中随机取值。直方图显示出平均值、最大值和最小值分别为 1.22、1.65 和 0.87。而且 170 次迭代得到的安全系数小于 1.0，因此破坏的概率是 3.4%。如果在稳定性分析中，所有输入参数都采用平均值，则最终计算的安全系数为 1.22。

与这些计算相关的灵敏度分析表明，对安全系数影响最大的是边坡水压力(负相关)，即张裂缝中的水深，而摩擦力和黏聚力对安全系数的影响大致相等但都小于水压的影响，见图 7.15(f)。

该分析使用计算机程序@Risk 进行，该程序是 Excel 的附件(Palisades Corporation，2012)。

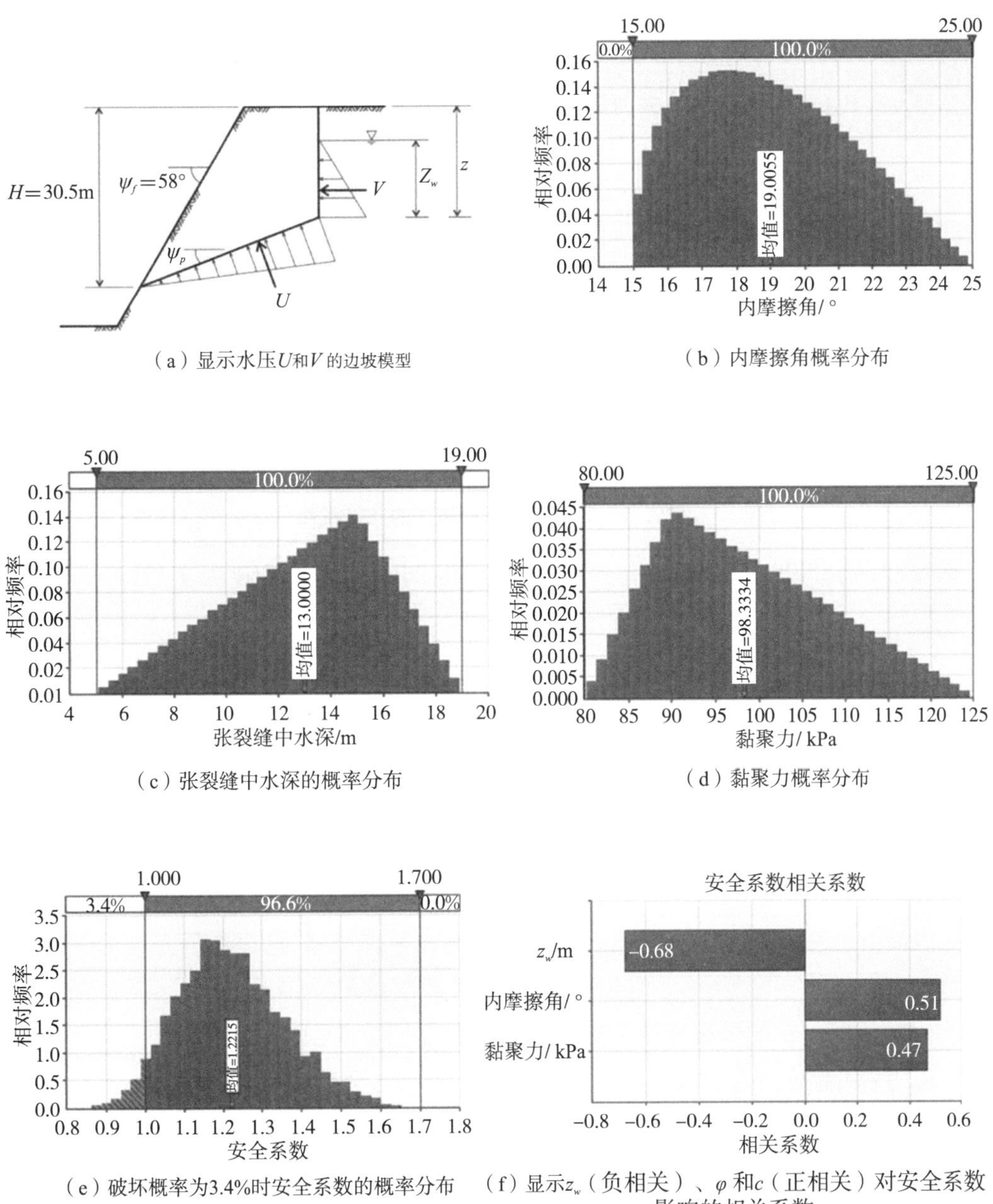

(a) 显示水压U和V的边坡模型

(b) 内摩擦角概率分布

(c) 张裂缝中水深的概率分布

(d) 黏聚力概率分布

(e) 破坏概率为3.4%时安全系数的概率分布

(f) 显示z_w（负相关）、φ和c（正相关）对安全系数影响的相关系数

图 7.15　平面破坏概率分析(参见图 5.18 至图 5.20)

7.6.2 示例 7.1:平面破坏——稳定性分析以及加固措施

(1)已知

一个岩石边坡高 12m,开挖后的坡角为 60°。开挖后的岩石形成了倾角为 35°的层理面,倾向开挖面。边坡顶部后方 4m 处形成一个 4.35m 深的张裂缝,并且在滑动面上方有 3m 深的水(图 7.16)。滑动面强度参数如下:

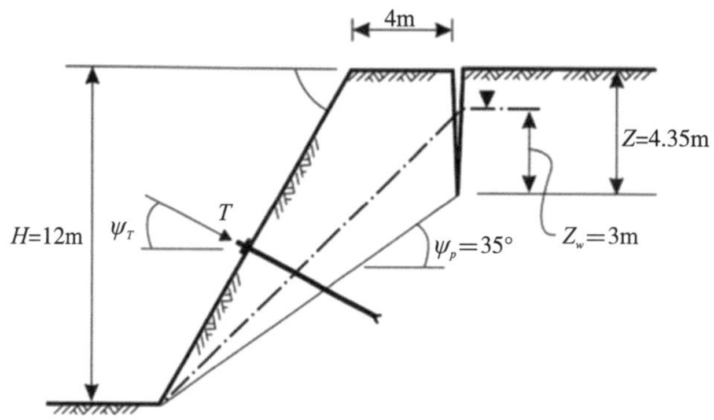

图 7.16 示例 7.1 平面破坏的几何条件

黏聚力 c =25kPa;摩擦角 φ =37°;岩石重度为 26kN/m^3,水重度为 9.81kN/m^3。

(2)问题

假设边坡平面破坏是最可能出现的失稳类型。

1)计算安全系数

①根据图 7.16 给出的条件计算边坡安全系数。

②计算受坡顶地表径流影响,张裂缝完全充满水时的安全系数。

③计算边坡在完全干燥时的安全系数。

④假设由于附近爆破施工过度振动的影响,黏聚力降至零,且边坡仍完全干燥,计算安全系数。

⑤计算 4.35m 深的张裂缝是否为临界深度(使用图 7.6)。

2)使用岩石锚索进行边坡加固

①建议安装预应力锚索加固无黏性的干燥边坡,锚固端在滑动面以下的完整岩石中。如果锚索与滑动面成直角安装,即 ψ_T =55°,并且每延米边坡对锚索的总荷载为 400kN,计算安全系数。

②如果锚索以一个平坦的角度安装角度 ψ_T 从 55°降至 20°,计算安全系数。

③如果每个锚索的负荷 250kN,确定锚索布局方式,即确定每一竖排的锚杆数量以及锚索水平和垂直间距,以承载边坡 400kN/m 的荷载。

(3)解答

1)安全系数的计算(以1m边坡为计算单元)

①使用式(7.4)至式(7.9)计算安全系数:滑块重量 W 为 1241kN/m(式(7.8)),滑动面面积 A 为 13.34m^2/m(式(7.5))。张裂缝中的水深 z_w =4.35m,作用在该块上的水压力 U 和 V 的值为 196.31kN/m 和 44.15kN/m(式(7.6)和式(7.7))。

$$FS=\frac{c\cdot A+[W\cdot\cos\psi_p-U-V\cdot\sin\psi_p+T\cdot\sin(\psi_T+\psi_P)]\tan\varphi}{W\cdot\sin\psi_P+V\cdot\cos\psi_P}$$

$$=\frac{(25\times13.34)+(1241.70\cdot\cos35^\circ-196.31-44.15\cdot\sin35^\circ)\tan37^\circ}{1241.70\cdot\sin35^\circ+44.15\cdot\cos35^\circ}$$

$$=1.25$$

在民用工程中,该 FS 值通常是破坏后果严重的永久性边坡的临界安全系数。

②如果张裂缝完全充满水,即 z_w =4.35m,新的安全系数为

$$FS=\frac{333.50+(1017.14-284.57-53.23)\tan37^\circ}{712.21+76.02}=1.07$$

该 FS 值表示边坡接近破坏。

③如果边坡完全干燥,也就是没有水压作用在张裂缝或滑动面上,即 $z_w=V=U=0$,那么新的安全系数为

$$FS=\frac{333.50+1017.14\cdot\tan37^\circ}{712.21}=1.54$$

一般来说这是一个足够大的安全系数。

计算得到的安全系数与张裂缝中水深之间的关系绘制在图7.17中。

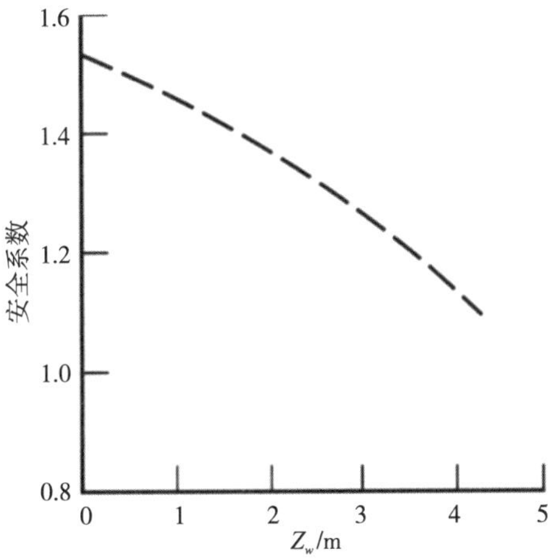

图7.17　示例问题7.1中安全系数与张裂缝中水深的关系

④如果边坡干燥并且滑动面上黏聚力受爆破振动影响从25kPa减小到零,那么新的安全系数为

$$FS=\frac{0+1017.14\cdot\tan37^{\circ}}{712.21}=1.08$$

以上计算结果表明，丧失黏聚力，安全系数从 1.54 降低到 1.08，这反映了边坡对滑动面黏聚力的敏感性。

⑤图 7.6(a)显示临界张裂缝深度为 4.32m（即 $z/H=0.36$），实际张裂缝接近临界深度（即 4.35/12=0.36）。

2)用岩石锚索加固边坡

①用锚索加固后，边坡平面破坏的安全系数用式(7.25)计算。在这种情况下，边坡干燥并且黏聚力为零，即

$$c=U=V=0$$

因此，以倾角 ψ_T 为 55°安装锚索，锚固力 T 为 400kN/m 时，安全系数为

$$\begin{aligned}FS&=\frac{[W\cdot\cos\psi_p+T\cdot\sin(\psi_T+\psi_P)]\tan\varphi}{W\cdot\sin\psi_P-T\cdot\cos(\psi_T+\psi_P)}\\&=\frac{[1241.70\cdot\cos35^{\circ}+400\cdot\sin(55^{\circ}+35^{\circ})]\cdot\tan37^{\circ}}{1241.70\cdot\sin35^{\circ}-400\cdot\cos(55^{\circ}+35^{\circ})}\\&=\frac{1067.90}{712.21}\\&=1.5\end{aligned}$$

②如果锚索以一个平缓的角度 $\psi_T=20^{\circ}$安装，那么安全系数为

$$\begin{aligned}FS&=\frac{[1241.70\cdot\cos35^{\circ}+400\cdot\sin(20^{\circ}+35^{\circ})]\tan37^{\circ}}{1241.70\cdot\sin35^{\circ}-400\cdot\cos(20^{\circ}+35^{\circ})}\\&=\frac{1013.38}{482.78}\\&=2.10\end{aligned}$$

这表明以小于滑动面法线方向的角度安装锚索可以显著地提高加固效果。而最佳角度为（见式(7.26)）

$$\begin{aligned}\psi_{T(\mathrm{opt})}&=\varphi-\psi_p\\&=37^{\circ}-35^{\circ}\\&=2^{\circ}\end{aligned}$$

此时安全系数为 2.41。

③应该使边坡上锚索尽可能均匀分布。如果每一竖排安装了 4 根锚索，则竖排间水平间距 S 计算见式(7.27)。

$$\begin{aligned}S&=\frac{T_B\cdot n}{T}\\&=\frac{240\times4}{400}\\&=2.4\end{aligned}$$

（李爱国　高健　王胜波）

第 8 章 楔形破坏

8.1 引言

第 7 章讨论了顺层坡的平面滑动破坏，并且滑动面与坡面接近平行。研究表明，如果破坏面走向在坡面走向的±20°范围内，那么平面破坏分析是有效的。本章讨论的是含两条结构面的斜坡发生楔形破坏的情形，两条结构面倾向与坡面一致，斜坡沿两条结构面的交线发生滑动(图 8.1)。与平面破坏相比，楔形破坏可能发生在更广泛的地质和几何条件范围内。因此，楔形体稳定性研究是岩质边坡工程的重要组成部分。楔形体的分析在岩土工程文献中已被广泛讨论，本章主要借鉴古德曼(1964)、威特克(1965)、隆德(1965)、隆德(1969)、维吉尔和沃梅林格(1970)以及约翰(1970)的著作。

在本章中，定义了由两个相交平面形成楔形体的构造地质条件，并说明了在赤平投影上识别楔形体的方法。赤平投影定义了楔形物的形状、相交线的方向和滑动方向，但不定义尺寸。该信息可用于评估楔形体平面滑动的可能性。该程序称为运动学分析，其目的是识别潜在的不稳定楔体，但它不能提供与其安全系数有关的明确信息。

本章给出了设计图表，当剪切强度仅与平面摩擦有关，且没有外力(如水压或锚固力)作用于楔体时，该图表可用于查找楔块安全系数。此外，当两个滑动面上的抗剪强度由内聚力和摩擦角确定，且两个滑动面具有不同抗剪强度时，书中还给出了楔块安全系数的计算公式，分析时还可以考虑水压力。

由水压力、张拉锚索、地震加速度或桥基造成的外力以及张裂的影响会使方程的复杂性显著增加。附录Ⅲ给出了楔形体分析的完整解决方案。

8.2 楔形体几何定义

图 8.1 和图 8.2 所示的典型楔形体破坏表明了通常楔块分析处理的假设条件。图 8.1 显示了花岗岩中的一个切割块体，其中楔形体由两个贯通的平直结构面和这两个平面的交叉线形成，正好出露于岩石坡面的底部，即交线走向与结构面倾向大致相等。此外，交线的倾角为 50°～55°，而这些结构面的内摩擦角在 35°～40°的范围内。也就是说，交线的内倾角要比摩擦角更陡。这些条件符合楔形体破坏的运动学要求。图 8.1 还反映了现场条件的微小变化如何导致斜坡稳定性变化。例如，如果交线略微在坡面之下而在坡面不出露，或者只

是其中一个结构面未贯通，那么就不会发生失稳。

图 8.1　典型的楔形体破坏，包括两个贯通结构面及其交线，交线出露于坡脚，以及上方的张拉裂缝（5 号州际公路附近，俄勒冈州 Grants Pass 附近的强风化火山岩）

图 8.2 中的楔形体由左侧的层理和右侧的共轭节理形成。图 8.1 中的交线在坡面出露，并且发生破坏。然而，在这个楔块中，滑动几乎完全在层面上发生，其中节理面作为自由表面。因此，节理面的抗剪强度对稳定性影响不大。

图 8.2　由层理（左）和共轭节理（右）形成的楔形体，楔形体沿层面滑动，节理为自由表面（蒙大拿州海伦娜附近的顺层页岩）

楔形体破坏的几何条件见图 8.3。楔形体破坏的一般条件如下：

①两个平面总是相交成一条直线，见图 8.3(a)。在赤平投影上，交线由平面的两个大圆的交点表示，并且交线产状由其倾伏向 α_i 和倾伏角 ψ_i 表示，见图 8.3(b)。

②交线的倾伏角必须小于坡面倾角，并且倾角大于两个滑动面的平均摩擦角，即 $\psi_f > \psi > \varphi$，见图 8.3(b)和图 8.3(c)。以与交线垂直的视角测量坡面倾角 ψ_f。注意，如果交线的走向与坡面的倾向相同，则 ψ_{fi} 将与坡面的真倾角 ψ_f 相同。

③交线必须向坡外倾斜，以便滑动；交线倾伏向的可能范围为 $\alpha_i \sim \alpha_i'$，见图 8.3(d)。

一般而言，如果滑动平面的两个大圆的交点位于图 8.3(b)中的阴影区域内，则可能发生滑动。也就是说，赤平投影将显示楔形体破坏在运动学上的可能性。但是，楔形体的实际安全系数不能从赤平投影中确定，因为它取决于楔形体几何结构的细节、每个平面的抗剪强度和水压。

平面 A 和 B 的交线的倾伏向 α_i 和倾伏角 ψ_i 可以在赤平投影上确定，或者使用式(8.1)和式(8.2)计算：

$$\alpha_{\mathrm{i}} = \tan^{-1}\frac{\tan\psi_A \cdot \cos\alpha_A - \tan\psi_B \cdot \cos\alpha_B}{\tan\psi_B \cdot \sin\alpha_B - \tan\psi_A \cdot \sin\alpha_A} \tag{8.1}$$

$$\psi_{\mathrm{i}} = \tan^{-1}[\tan\psi_A \cdot \cos(\alpha_A - \alpha_i)] = \tan^{-1}[\tan\psi_B \cdot \cos(\alpha_B - \alpha_i)] \tag{8.2}$$

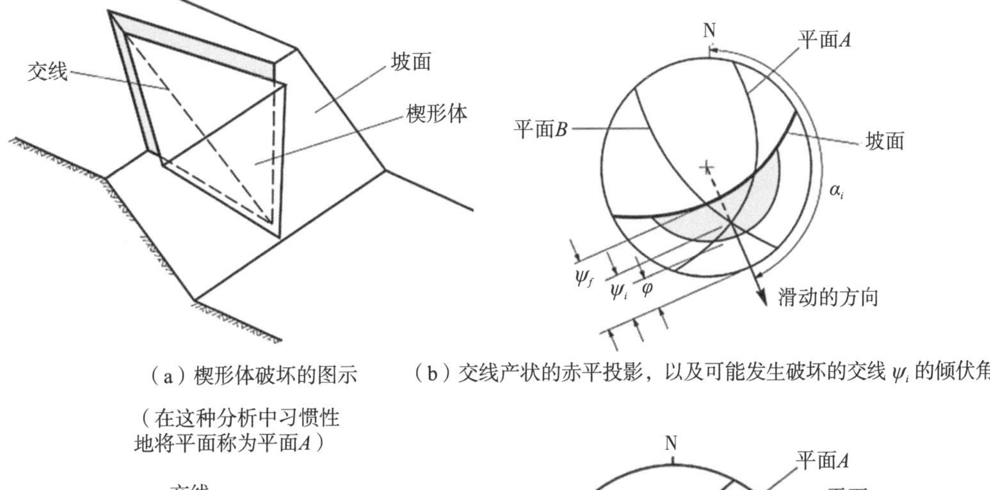

（a）楔形体破坏的图示（在这种分析中习惯性地将平面称为平面A）

（b）交线产状的赤平投影，以及可能发生破坏的交线 ψ_i 的倾伏角范围

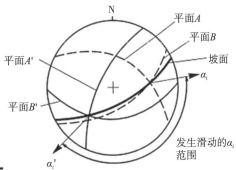

（c）与交叉线垂直的斜坡视图

（d）显示楔形体可能发生破坏的交线倾伏向 α_i 范围的赤平投影

图 8.3　楔形体破坏的几何条件

其中 α_A 和 α_B 是两个平面的倾向，ψ_A 和 ψ_B 是两个平面的倾角。式(8.1)给出了两个相差 180°的解，取其在 α_A 和 α_B 之间的解。

8.3　楔形体破坏分析

假设图 8.3 中定义的楔块滑动仅受摩擦阻力，并且两个平面的内摩擦角 φ 相同，则安全系数由式(8.3)给出：

$$FS=\frac{(R_A+R_B)\cdot\tan\varphi}{W\cdot\sin\psi_i} \tag{8.3}$$

式中：R_A 和 R_B ——图 8.4 所示平面 A 和 B 所提供的法向反力，作用于交叉线的重力分量为（$w\cdot\sin\psi_i$）。

力 R_A 和 R_B 通过将它们分解成垂直和平行于交线方向的分量来确定，如式(8.4)与式(8.5)所示：

$$R_A\cdot\sin(\beta-\frac{1}{2}\xi)=R_B\cdot\sin(\beta+\frac{1}{2}\xi) \tag{8.4}$$

$$R_A\cdot\cos(\beta-\frac{1}{2}\xi)+R_B\cdot\cos(\beta+\frac{1}{2}\xi)=W\cdot\cos\psi_i \tag{8.5}$$

其中，角度 ξ 和 β 在图 8.4(a)中定义。角 ξ 和 β 在大圆上测量，大圆上包含了交线和两个滑动平面的极点。为了满足平衡条件，反力的法向分量相等(式(8.4))，平行分量之和等于作用于交线的重力分量(式(8.5))。

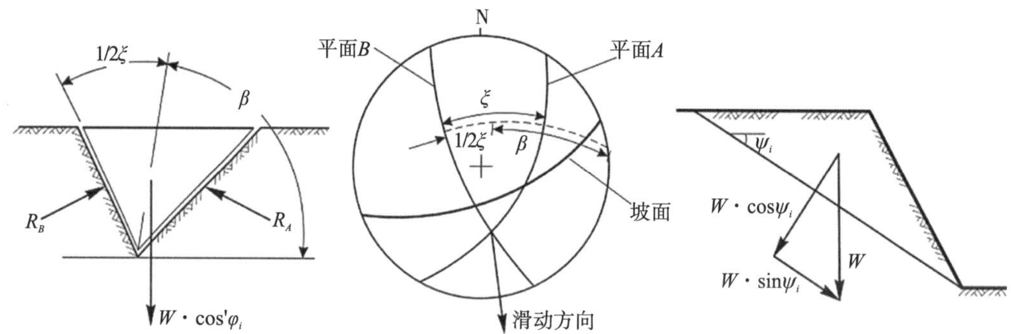

（a）楔形体正面视角显示角度 β 和 ξ 的定义，以及滑动平面上的反力 R_A 和 R_B

（b）显示角度 β 和 ξ 测量的赤平投影

（c）显示楔形体重力 W 在交叉线上分解的楔形体剖面

图 8.4　计算楔形体安全系数的力的求解

通过求解和相加，可从式(8.4)和式(8.5)中得出 R_A 和 R_B 的值：

$$R_A+R_B=\frac{W\cdot\cos\psi_i\cdot\sin\beta}{\sin(\xi/2)} \tag{8.6}$$

因此，有

$$FS=\frac{\sin\beta}{\sin(\xi/2)}\cdot\frac{\tan\varphi}{\tan\psi_i} \tag{8.7}$$

即

$$FS_W=K\cdot FS_P \tag{8.8}$$

式中：FS_W ——仅考虑摩擦力的楔形体安全系数；

FS_p ——平面破坏的安全系数；

φ ——平面内摩擦角；

ψ_i ——倾角与交线倾伏角相同。

如式(8.7)所示，K 为楔形因子，它取决于楔形体的夹角 ξ 和楔形体法线的侧伏角 β。当 ξ 和 β 在一定范围内时，将楔形体因子 K 的值绘制在图 8.5 中。

当然，本节所讨论的计算楔形体安全系数的方法较为简单，因为它不考虑两个滑动面上不同的内摩擦角和黏聚力以及地下水压力。若在分析中考虑这些因素，方程就会变得更加复杂。与其通过野外无法直接测量的角度 ξ 和 β 来建立这些方程，不如用直接测量的倾角和倾向来进行更完整的分析。下一节给出了考虑黏聚力和内摩擦角作用于滑动面以及水压力的情况下的楔体安全系数计算方程式。完整的楔块稳定性分析方程组见附录Ⅲ；该分析包括确定楔块形状和尺寸的参数、每个滑动面上的不同剪切强度、水压力以及两个外部荷载。

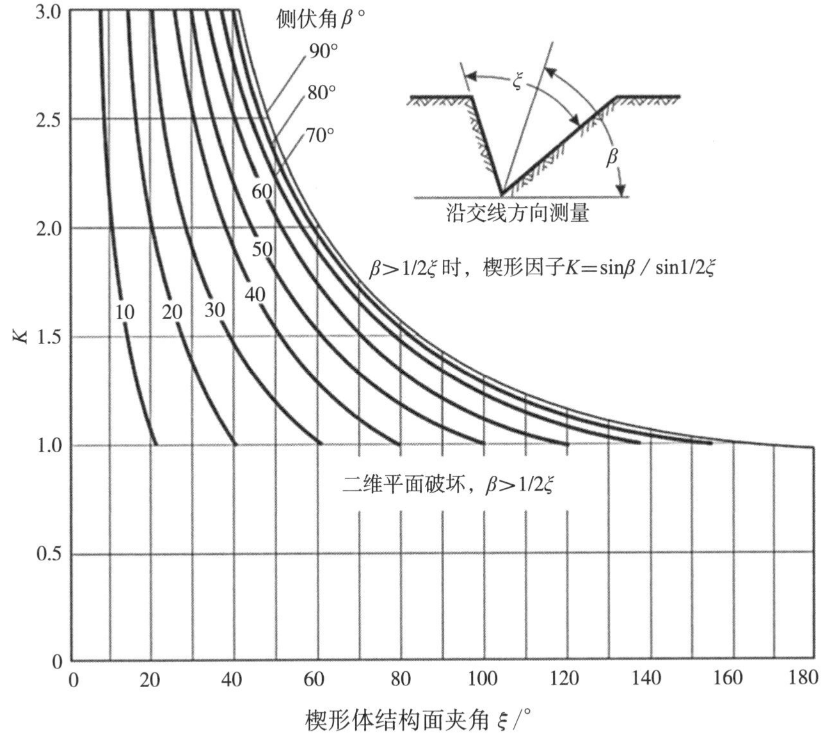

图 8.5 作为楔形体几何参数函数的楔形体因子 K

这一部分显示了楔块夹角减小到 90°以下时楔形体夹角对楔块作用的重要影响。平面破坏分析确定的安全系数增加 2 或 3 非常重要，见图 8.5，楔形体的安全系数可以显著大于平面破坏的安全系数(即 $K>1$)。因此，当可能控制岩质边坡稳定性的结构面不平行于坡面时，应采用本章讨论的三维方法进行稳定性分析。

8.4 含黏聚力、摩擦力和水压力的楔形体分析

第 8.3 节讨论了可能导致楔形体破坏的几何条件，但由于未考虑楔形体的尺寸，该运动学分析提供的安全系数的信息有限。本节介绍了一种计算楔形体安全系数的方法，该方法

考虑了边坡几何结构、两个滑动面的不同抗剪强度和地下水等因素(Hoek 等,1973)。然而,这种分析的局限性在于它没有考虑张力裂缝或锚固力等外力。

图 8.6(a)显示的楔形体几何形状和尺寸将在下面的分析中予以考虑,编号 1~5 的直线定义了楔形体的形状。请注意,本分析中的斜坡上表面可以相对于斜坡下表面倾斜,从而消除了本书迄今为止讨论的稳定性分析中存在的限制。

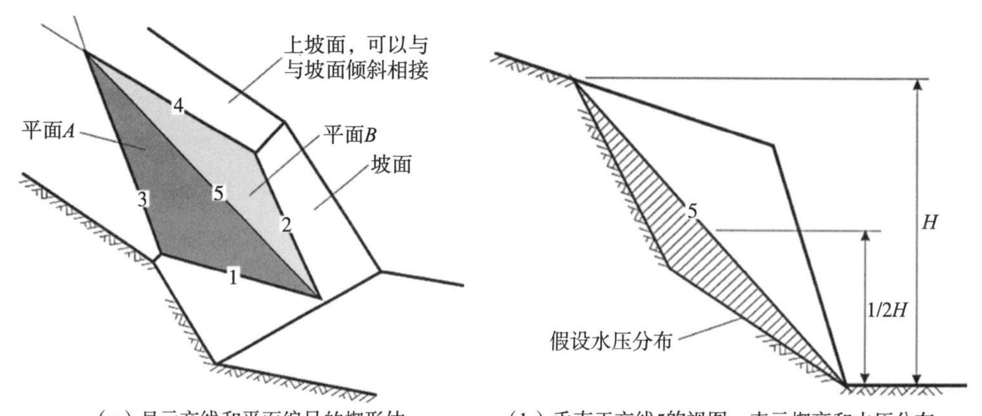

(a)显示交线和平面编号的楔形体 (b)垂直于交线5的视图,表示楔高和水压分布

图 8.6 用于稳定性分析的楔形体几何形状,考虑内摩擦角和内聚力以及水压对滑动表面的影响

斜坡 H 的总高度是假定发生滑动的交线的上下端之间的垂直高度差。本分析假设的水压分布基于以下假设:楔形体本身是不透水的,水沿着 3 号和 4 号线的交点进入楔形体顶部,然后沿着 1 号和 2 号线交点从斜坡面排放到大气中。由此产生的压力分布见图 8.6(b),最大水压力沿 5 号交线分布,而在 1、2、3、4 号线上的水压力为 0。这是一个三角形分布,其最大值出现在边坡的中间高度,估计的最大压力为 $1/2 \cdot \gamma_w \cdot H$ 。这种水压分布被认为是暴雨或边坡饱和时可能出现的极端条件的代表。

发生滑动的两个平面标记为 A 和 B,平面 A 具有较缓的倾角。定义楔形体的 4 个平面的 5 条交线编号如下:

线 1:平面 A 与坡面的交线。

线 2:平面 B 与坡面的交线。

线 3:平面 A 与上坡面的交线。

线 4:平面 B 与上坡面的交线。

线 5:平面 A 和 B 的交线。

假设楔形体的滑动总是沿着编号 5 的交线发生,其安全系数由式(8.9)(Hoek 等,1973)给出:

$$FS = \frac{3}{\gamma_r \cdot H}(c_A \cdot X + c_B \cdot Y) + (A - \frac{\gamma_w}{2\gamma_r} \cdot X) \cdot \tan\varphi_A + (B - \frac{\gamma_w}{2\gamma_r} \cdot Y) \cdot \tan\varphi_B \quad (8.9)$$

式中:c_A 和 c_B—— 平面 A 和 B 上的内聚力;

φ_A 和 φ_B—— 平面 A 和 B 上的内摩擦角;

γ_r—— 岩石重度；

γ_w—— 水重度；

H—— 沿交线 5 测量的楔形体总高度；

X、Y、A 和 B—— 无量纲系数，取决于楔形体的几何形状。

参数 X、Y、A 和 B 的值在式(8.10) 至式(8.13) 中给出：

$$X = \frac{\sin\theta_{24}}{\sin\theta_{45} \cdot \cos\theta_{2,na}} \tag{8.10}$$

$$Y = \frac{\sin\theta_{13}}{\sin\theta_{35} \cdot \cos\theta_{1,nb}} \tag{8.11}$$

$$A = \frac{\cos\psi_a - \cos\psi_b \cdot \cos\theta_{na,nb}}{\sin\psi_5 \cdot \sin^2\theta_{na,nb}} \tag{8.12}$$

$$B = \frac{\cos\psi_b - \cos\psi_a \cdot \cos\theta_{na,nb}}{\sin\psi_5 \cdot \sin^2\theta_{na,nb}} \tag{8.13}$$

式中：ψ_a 和 ψ_b—— 平面 A 和 B 的倾角；

ψ_5 ——线 5 的倾伏角。

求解这些方程所需的角度可以在赤平投影上方便地测量，赤平投影定义了楔形体和斜坡的几何结构(图 8.7)。

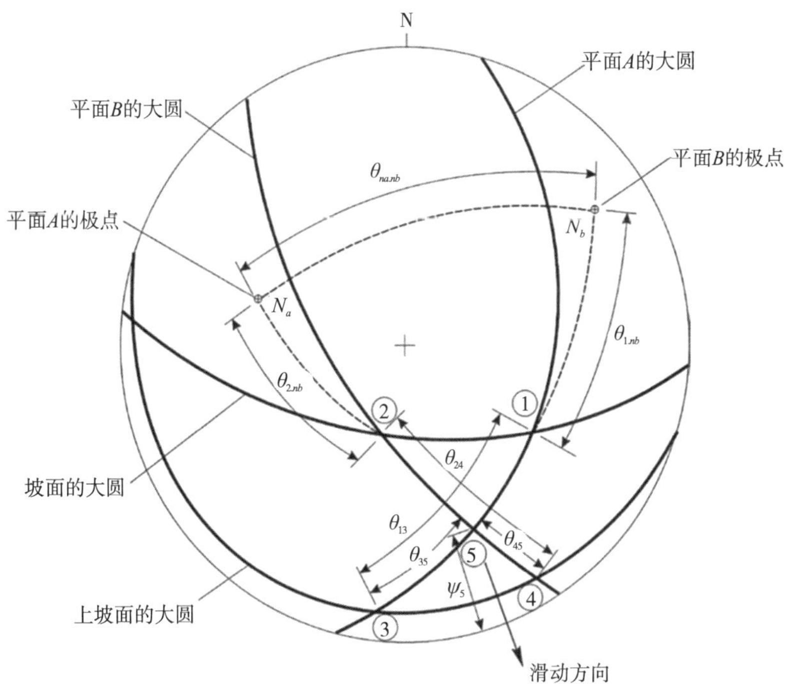

图 8.7 楔形体稳定性分析所需的赤平投影数据

下例对本节讨论的方程进行了应用，其中所采用的参数见表 8.1。

楔形体总高度 H 为 40m，岩石重度为 25kN/m^3，水重度为 9.81kN/m^3。

图 8.7 给出了代表本例中涉及的 4 个平面的大圆的赤平投影图，并在图中标出了方程式(8.10)至式(8.13)求解所需的所有角度。

安全系数的确定最好在表 8.2 所示的电子表格上进行。以这种方式进行计算不仅可以让用户检查所有数据，而且还可以显示每个变量如何对整体安全系数产生影响。

因此，如果需要将两个平面上内聚力的影响降到零，可以将内聚力值 c_A 和 c_B 设置为零来完成，其所得到安全系数为 0.62。或者，可通过改变水密度来模拟降低水压来检查排水效果。本例中，干燥状态下，在有黏聚力和内摩擦角的作用下，边坡安全系数为 1.98；仅有内摩擦角作用时，安全系数为 1.24。

正如前面章节所强调的那样，这种检查安全系数对材料性质或水压变化的敏感性的能力非常重要，因为这些参数的值很难精确定义。

表 8.1　定义楔形体属性的参数

平面	倾角/°	倾向/°	参数
A	45	105	$\varphi_A=30°, c_A=24\text{kPa}$
B	70	235	$\varphi_B=20°, c_B=48\text{kPa}$
坡面	65	185	
上坡面	12	195	

表 8.2　楔形体稳定性计算表

输入数据	函数值	计算值
$\psi_A=45°$ $\psi_B=70°$ $\psi_5=31.2°$ $\psi_{na.nb}=101°$	$\cos\psi_a=0.707$ $\cos\psi_b=0.342$ $\sin\psi_5=0.518$ $\cos\psi_{na.nb}=-0.19$ $\sin\psi_{na.nb}=0.982$	$A=\dfrac{\cos\psi_a-\cos\psi_b\cdot\cos\theta_{na,nb}}{\sin\psi_5\cdot\sin^2\theta_{na,nb}}=\dfrac{0.707+0.342\cdot0.191}{0.518\cdot0.964}=1.548$ $B=\dfrac{\cos\psi_b-\cos\psi_a\cdot\cos\theta_{na,nb}}{\sin\psi_5\cdot\sin^2\theta_{na,nb}}=\dfrac{0.342+0.707\cdot0.191}{0.518\cdot0.964}=0.956$
$\theta_{24}=65°$ $\theta_{45}=25°$ $\theta_{2.na}=50°$	$\sin\theta_{24}=0.906$ $\sin\theta_{45}=0.423$ $\cos\theta_{2.na}=0.643$	$X=\dfrac{\sin\theta_{24}}{\sin\theta_{45}\cdot\cos\theta_{2,na}}=\dfrac{0.906}{0.423\cdot0.643}=3.336$
$\theta_{13}=62°$ $\theta_{35}=31°$ $\theta_{1.nb}=60°$	$\sin\theta_{13}=0.883$ $\sin\theta_{35}=0.515$ $\cos\theta_{1.nb}=0.5$	$Y=\dfrac{\sin\theta_{13}}{\sin\theta_{35}\cdot\cos\theta_{1,nb}}=\dfrac{0.883}{0.515\cdot0.5}=3.429$
$\varphi_A=30°$ $\varphi_B=20°$ $\gamma_r=25\text{kN/m}^3$ $\gamma_w=9.81\text{kN/m}^3$ $c_A=24\text{kPa}$ $c_B=48\text{kPa}$ $H=40\text{m}$	$\tan\varphi_A=0.577$ $\tan\varphi_B=0.364$ $\gamma_w/2\cdot\gamma_r=0.196$ $(3\cdot c_A/\gamma_r)\cdot H$ $=0.072(3\cdot c_B/\gamma_r)\cdot H$ $=0.144$	$FS=\dfrac{3}{\gamma_r\cdot H}(c_A\cdot X+c_B\cdot Y)+$ $\left(A-\dfrac{\gamma_w}{2\gamma_r}\cdot X\right)\cdot\tan\varphi_A+\left(B-\dfrac{\gamma_w}{2\gamma_r}\cdot Y\right)\cdot\tan\varphi_B$ $FS=0.241+0.494+0.893-0.376+0.348-0.244=1.36$

8.5 只考虑摩擦力的楔形体稳定性图表

如果斜坡排水且滑动面 A 和 B 的黏聚力均为零，则可快速检查楔形体的稳定性。在这

些条件下，式(8.9)可简化为

$$FS = A \cdot \tan\varphi_A + B \cdot \tan\varphi_B \tag{8.14}$$

从式(8.14)可以看出，A 和 B 取决于两个平面的倾角和倾向。这两个因素的值已经针对一定范围的楔形体几何形状进行了计算，结果以一系列图表形式呈现，见图 8.8 至图 8.15。

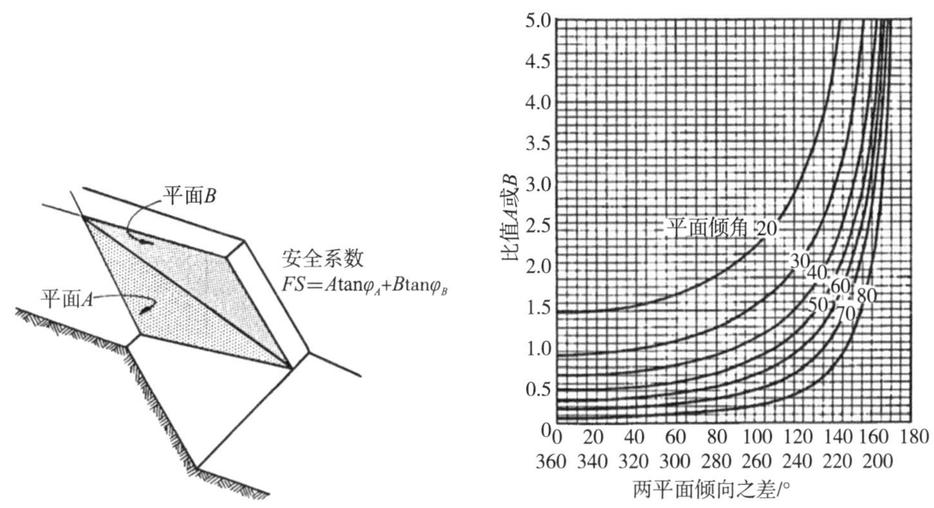

图 8.8 仅存在摩擦力时楔形体稳定性

注：A 和 B 倾角差为 0°。两个平面中较缓的称为平面 A。

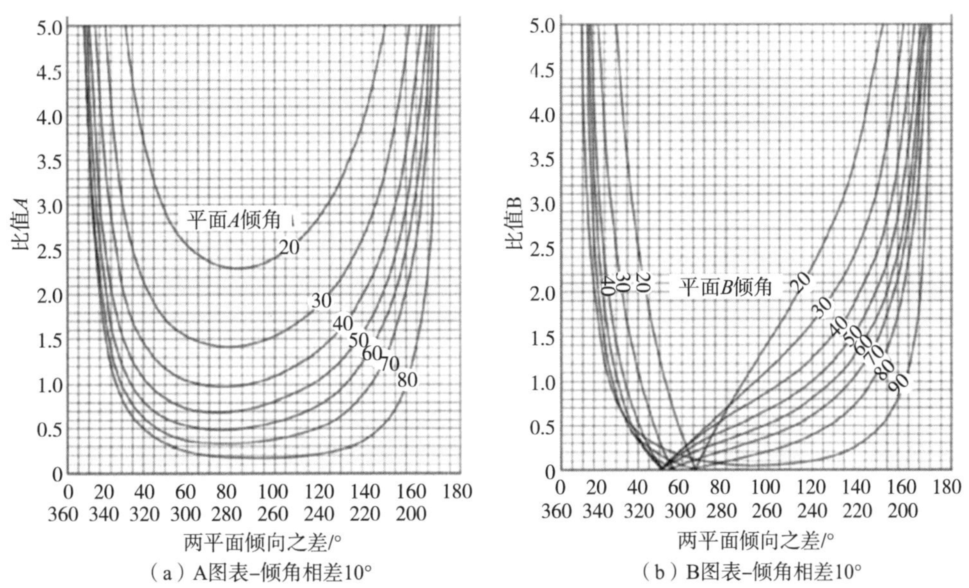

(a) A图表–倾角相差10°

(b) B图表–倾角相差10°

图 8.9 仅存在摩擦力时楔形体稳定性：A 和 B 倾角相差 10°

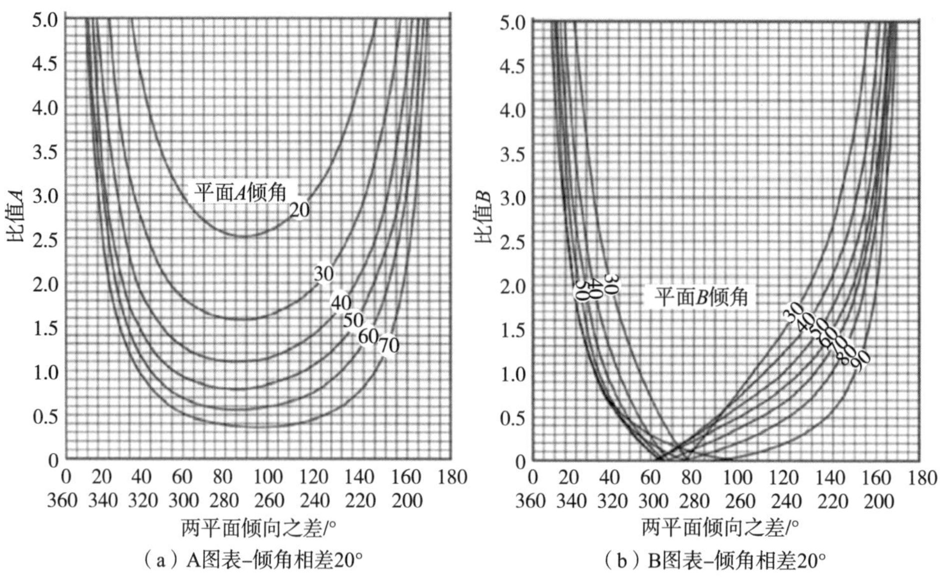

（a）A图表-倾角相差20°

（b）B图表-倾角相差20°

图 8.10　仅存在摩擦力时楔形体稳定性：A 和 B 倾角相差 20°

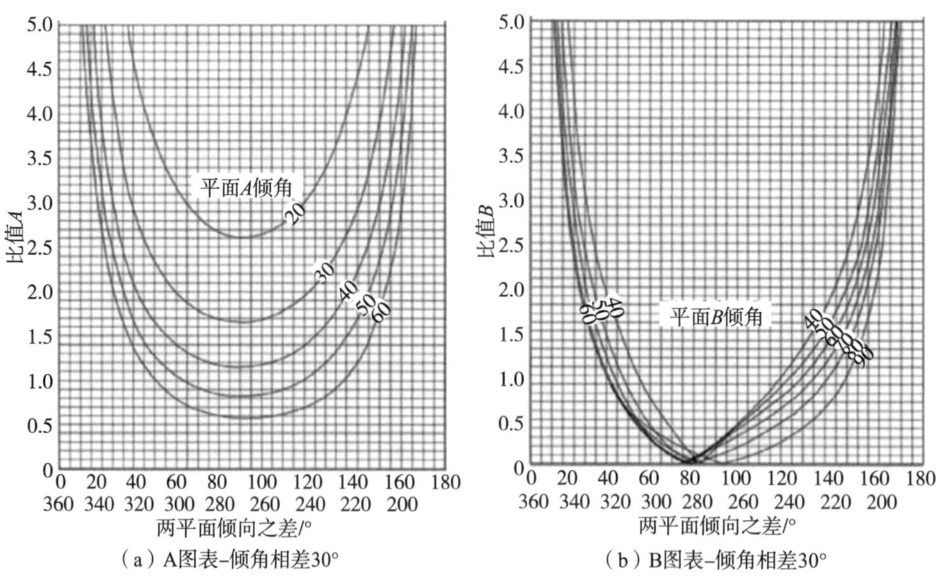

（a）A图表-倾角相差30°

（b）B图表-倾角相差30°

图 8.11　仅存在摩擦力时楔形体稳定性：A 和 B 倾角相差 30°

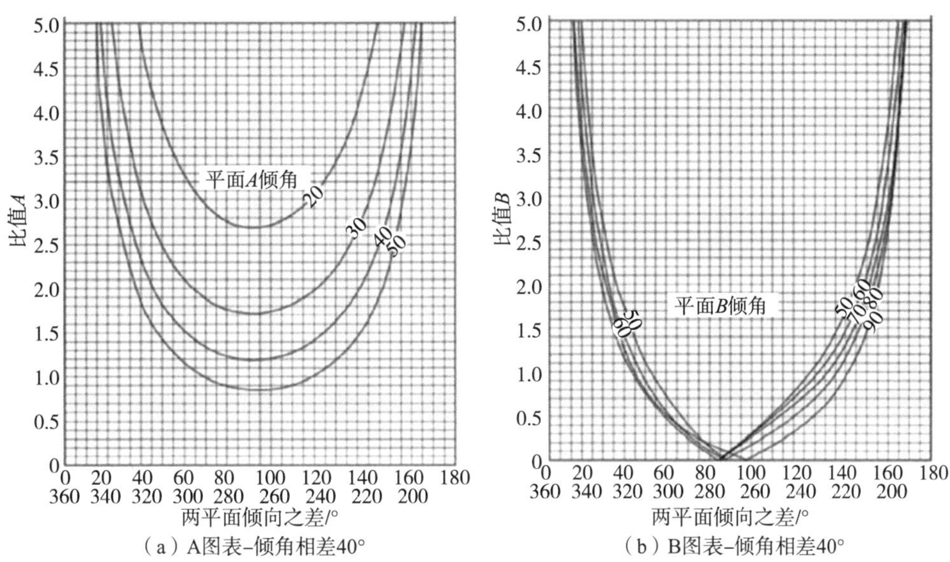

（a）A图表-倾角相差40°　（b）B图表-倾角相差40°

图 8.12 仅存在摩擦力时楔形体稳定性：A 和 B 倾角相差 40°

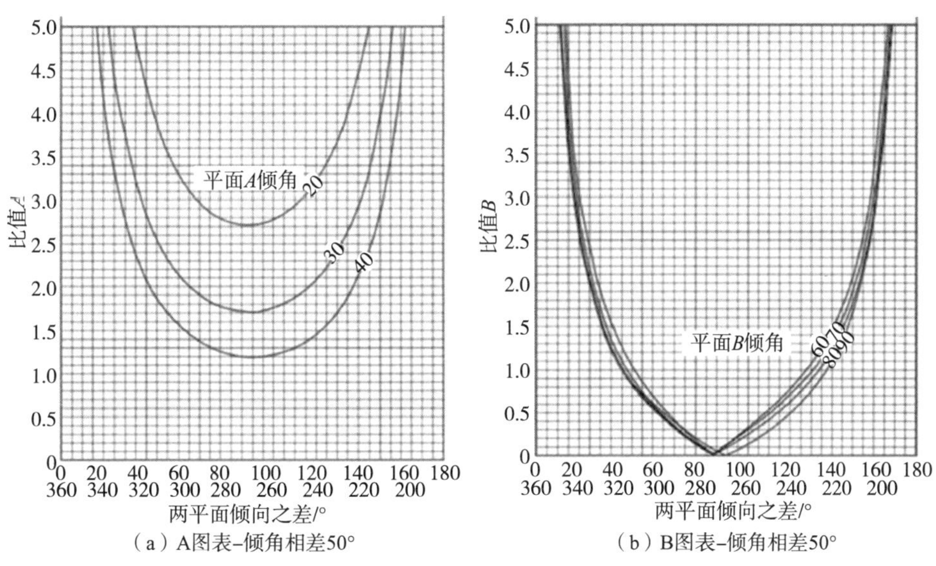

（a）A图表-倾角相差50°　（b）B图表-倾角相差50°

图 8.13 仅存在摩擦力时楔形体稳定性：A 和 B 倾角相差 50°

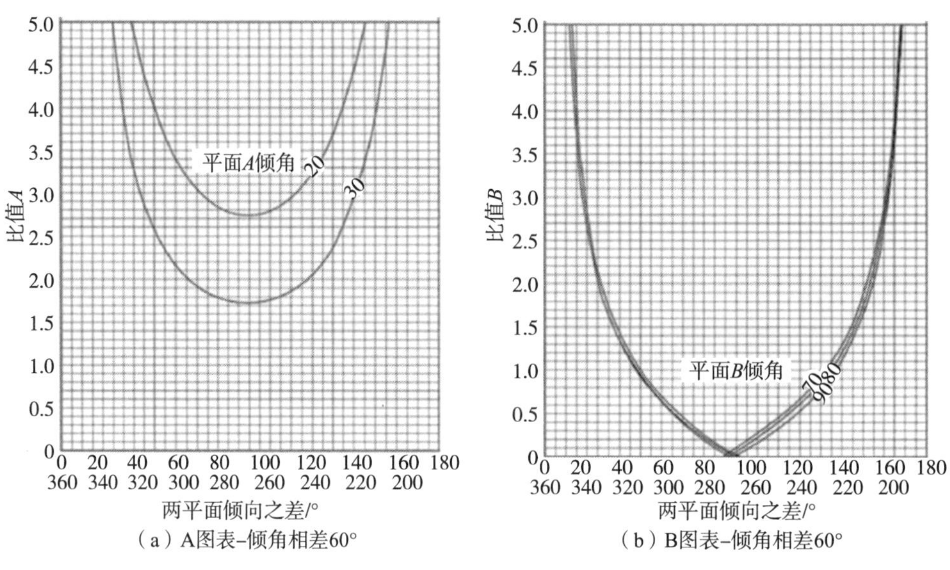

（a）A图表-倾角相差60°　　（b）B图表-倾角相差60°

图 8.14　仅存在摩擦力时楔形体稳定性：A 和 B 倾角相差 60°

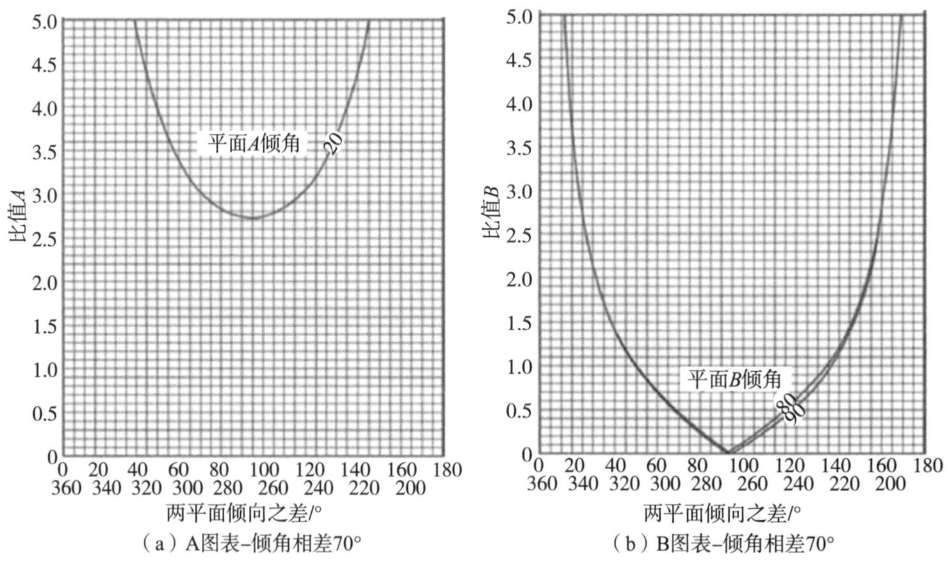

（a）A图表-倾角相差70°　　（b）B图表-倾角相差70°

图 8.15　仅存在摩擦力时楔形体稳定性：A 和 B 倾角相差 70°

请注意，根据式(8.14)计算的安全系数与斜坡高度、坡面角度和上坡面倾角无关。这一令人惊讶的结果产生的原因是楔形体的重量同时出现在安全系数的分子和分母中，并且在仅考虑摩擦的情况下，这一项被约去，只留下了定义安全系数的无量纲比值。如第 1.4 节所述，如果边坡排水且黏聚力为零，平面破坏的安全系数也与边坡尺寸无关。这种简化非常有用，因为它使这些图表的用户能够根据构成楔形滑动面的两个结构面的倾角和倾向，快速检查斜坡的稳定性。本章将介绍这种分析的一个例子。

在仅考虑摩擦力的稳定性图表中，许多试验计算表明，即使斜坡遭受最不利的条件组合，安全系数的楔形体超过 2.0 也不会破坏。考虑第 8.4 节讨论的例子，其中最坏条件(零内聚力和最大水压力)时安全系数为 0.62。这是仅存在摩擦力时安全系数 1.24 的 50%。因此，如果假设两种情况下的安全系数比例保持不变，那么只有摩擦力情况下的安全系数为 2.0，最坏情况下的安全系数也达到 1.0。

根据此类试验计算，建议使用仅考虑摩擦力的稳定图来定义足够稳定的边坡，并在随后的分析中忽略安全系数超过 2.0 的边坡。仅考虑摩擦力时，安全系数小于 2.0 的斜坡必须视为潜在不稳定边坡，并需要进一步详细检查，如第 8.6 节和附录Ⅲ所述。

在许多工程边坡设计中，可以发现这些仅考虑摩擦的稳定图提供了边坡工程初步设计和规划阶段所需的所有信息。这些信息将有助于在开挖边坡之前识别潜在的不稳定楔形体。

在施工过程中，图表可用于快速检查边坡稳定性。例如，当开挖过程中正在绘制坡面，并且需要决定是否进行支护时。如果安全系数小于 2.0，可使用详细分析设计锚固方案(见附录Ⅲ)。

下面的例子说明了仅存在摩擦力时图表的适用情况，其中平面 A 的倾角较缓(表 8.3)。

分析的第一步是计算倾角差的绝对值和倾向的差值(表 8.3 中的第三行)。对于 30°的倾角差，比值 A 和 B 由图 8.11 中的两个图表确定，其中倾向的差值为 120°。A 和 B 的值分别为 1.5 和 0.7，并且代入式(8.14)中得到安全系数为 1.30。A 和 B 的值直接表示每个平面对总安全系数的贡献。

表 8.3　仅存在摩擦力时的楔形体稳定性分析

	倾角/°	倾向/°	内摩擦角/°
平面 A	40	165	35
平面 B	70	285	20
差值	30	120	

8.5.1　使用只考虑摩擦力的楔形体稳定性图表进行分析的实例

在公路路线选址研究期间，路线工程师要求提供可用于斜坡设计的最大安全坡度的指导。

大量的露头地质测绘以及岩芯测井确定了道路沿线岩体中的 5 组结构面。表 8.4 列出了这些结构面的倾角和倾向以及它们的变化量。

请注意，由于测绘工作覆盖了延伸数千米的整个路线，在分析中可以考虑倾角和倾向测量的分散性。

表 8.4 楔形体分析实例中不连续集的取向

结构面组	倾角/°	倾向/°
1	66±2	298±2
2	68±6	320±15
3	60±16	360±10
4	58±6	76±6
5	54±4	118±2

图 8.16 显示了这 5 组结构面的极点位置(倒三角形)。图中还显示了极点的散布范围，以及对应于平均极点位置的大圆。通过旋转赤平投影找出极点周围的散点对交点的影响范围，画出虚线。大圆 2 和 5 的交点已从虚线中排除，因为它定义了一条倾角小于 20°的交线，而这小于内摩擦角的估计值。

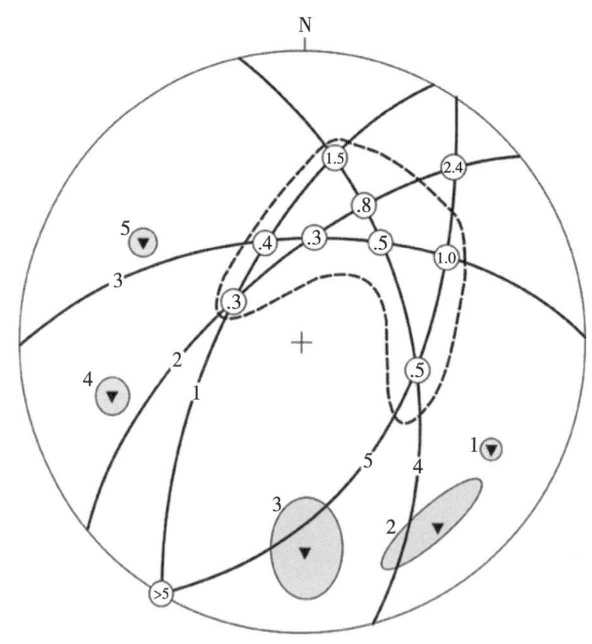

图 8.16 公路边坡初步设计的地质数据赤平投影

注：黑色三角形表示岩体中存在的 5 组结构面极点的最可能位置；围绕极点位置的阴影区域定义了测量中离散的程度；大圆的相应交点上以圆圈表示每个结构面组合的安全系数；虚线表示潜在不稳定区域（$FS<2$）。

每个结构面大圆交点的安全系数根据楔形体图表确定，假设内摩擦角为 30°(需要进行一些插值)，并在交点上的圆圈中给出值。所有的平面都很陡，所以其中的一些安全系数很低。由于安全系数小于 1.0 的边坡在开挖时可能会发生破坏，唯一可行的解决办法是以与交线倾角一致的角度切坡。对于安全系数介于 1.0 和 2.0 之间的边缘稳定楔形体，可以进行详细分析以确定将安全系数提高到一定水平所需的锚固力。

图 8.16 中的赤平投影可用于找到任意倾向斜坡的最大安全坡度。这种赤平投影分析需要在特定的倾向上定位代表斜坡面的大圆，从而避开不稳定区域(阴影)。最大安全坡度角标注在该图的周边，它们的位置正对于坡面的方向，见图 8.17(a)。例如，如果在这块岩石中设计了一条高速公路，则路线南侧的切坡为 30°，而北侧的切坡为 85°，见图 8.17(b)。

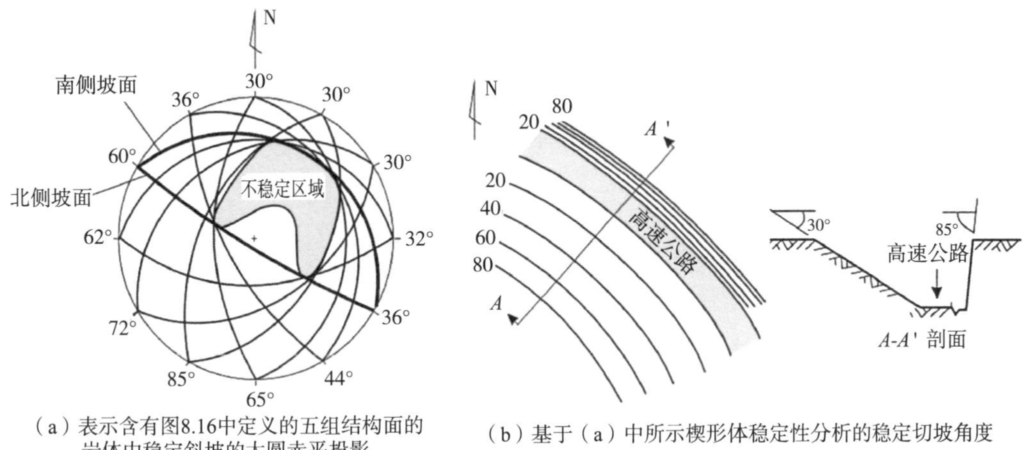

(a) 表示含有图8.16中定义的五组结构面的岩体中稳定斜坡的大圆赤平投影

(b) 基于 (a) 中所示楔形体稳定性分析的稳定切坡角度

图 8.17 基于楔形体稳定性分析的斜坡设计

8.6 楔形体综合分析

8.6.1 综合分析数据

如果仅存在摩擦力时楔形体稳定性图表显示安全系数小于 2.0，则可能需要进行综合稳定性分析计算，如计算达到所需的安全系数需要的锚固力。该分析考虑了楔形体的尺寸和形状、每个滑动面上不同的黏聚力和摩擦角、水压以及一些外力。可能作用在楔形体上的外力包括地震地面运动、张拉锚杆以及位于楔形体上桥梁基础或建筑物所产生的荷载。

图 8.18 显示了综合楔形体分析中所涉及的斜坡的特征，附录Ⅲ中给出了分析中使用的所有方程列表。分析中的一个基本假设是所有的力通过楔形体的重心，因此不会产生任何力矩。以下是对各部分的描述：

(1)楔形体

楔形体的形状由 5 个平面定义：两个滑动平面 1 和 2，它们的交线出露于坡面，上坡面 3 和坡面 4，一条张裂缝 5，见图 8.18(a)。这些平面产状分别由其倾角和倾向确定。该分析可以适用的平面产状的范围包括坡面倒转、上坡面和坡面倾向不同以及张裂缝与坡面倾向相同或相反的情况。

(2)楔形体尺寸

楔形体的尺寸由两个尺寸 H_1 和 L 定义，见图 8.18(a)。H_1 是交线在坡面的出露点到平面 1 与斜坡顶部交点的垂直高度，L 是沿着平面 1 从坡面 4 的顶部到张裂缝 5 的距离。

(3)楔形体重量

5 个平面的产状和 2 个尺寸可用于计算楔体的体积，重量由岩石的重度确定。

(4)水压

如果假设张拉裂缝 5 充满水，并且水排放到平面 1 和 2 与坡面 4 相交的大气中，则三角形水压作用在平面 1、2 和 5 上，见图 8.18(b)。在张裂缝底部(以及交线顶部)的水压力 p 等于 $h_5 \cdot \gamma_w$，其中 h_5 是张裂缝平均垂直深度。通过分别对平面 1、2 和 5 的面积上的压力进行积分，计算水压力 U_1、U_2 和 V。

在分析中，通过将水的重度减少到小于 9.81kN/m^3 可以模拟边坡排水效果。这种方法简化了平面 2、3 和 5 的饱和部分面积的计算，并且在手工计算时非常方便。

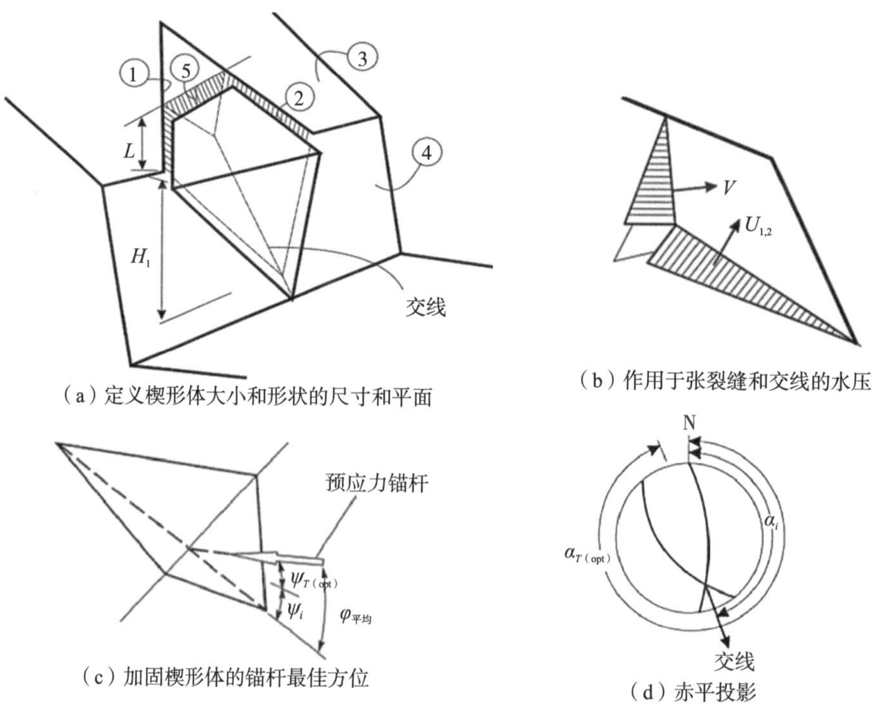

(a) 定义楔形体大小和形状的尺寸和平面

(b) 作用于张裂缝和交线的水压

(c) 加固楔形体的锚杆最佳方位

(d) 赤平投影

图 8.18　综合楔形体分析

(5)剪切强度

滑动平面 1 和 2 可以具有不同的由内聚力 c 和内摩擦角 φ 定义的剪切强度。通过将内聚力乘以滑动面的面积并加上有效法向应力和摩擦角的乘积来计算抗剪强度。通过沿两个滑动平面的法向分解楔体的重量获得法向应力，见式(8.3)至式(8.5)。

(6)外力

作用在楔块上的外力由它们的大小和方向(倾伏角 ψ 和倾伏向 α)定义。附录Ⅲ中列出的公式可以适用于两个外力；如果有 3 个或 3 个以上的力作用，则根据需要添加矢量。分析中可能包含的一个外力是用于模拟地震地面运动的等效静力(见第 11.6 节)。该力的水平分量将与平面 1 和平面 2 的交线方向相同。

(7)锚固力

如果安装张拉锚索加固楔体，则认为锚固力是外力。需要注意的是，锚固力指需要支护整个楔体所需要的力，而在平面破坏中是按照每延米计算边坡中的所有力。

可以通过优化锚杆安装方位，得到在指定安全系数下所需要的最小锚固力相对于交线(ψ_i/α_i) 的最佳锚杆安装的倾伏角 $\psi_{T(\text{opt})}$ 和倾伏向 $\alpha_{T(\text{opt})}$ 如下，见图 8.18(c)：

$$\psi_{T(\text{opt})} = (\varphi_{平均} - \psi_i) \tag{8.15}$$

$$\alpha_{T(\text{opt})} = (180 + \alpha_i) \text{ 且 } \alpha_{T(\text{opt})} \leqslant 360^\circ \tag{8.16}$$

式中：$\varphi_{平均}$ ——两个滑动平面的平均内摩擦角。

8.6.2 用于综合分析的计算机程序

附录Ⅲ列出了对楔体进行综合稳定性分析的公式，可用于第 8.6.1 节中讨论的参数输入。这些方程最初由 John Bray 博士开发，并被纳入第三版《岩石边坡工程》(1981)。这种分析方法已用于许多计算机程序中，这些程序可以快速可靠地分析楔块稳定性。但是，应注意以下限制：

楔形体几何形状：分析过程是计算从坡面延伸到平面 1、2、3 的交点的楔形体的尺寸。接着是计算由滑动平面 1、平面 2、上坡面(平面 3)和张裂纹(平面 5)形成的第二个楔形体的尺寸。然后通过从整体楔形体减去张力裂纹后的楔形体的尺寸，见式(Ⅲ.54)至式(Ⅲ.57)，得到张力裂纹前楔形体的尺寸。在执行减法之前，程序将测试楔形体是否形成以及张力裂纹是否有效(式(Ⅲ.48)至式(Ⅲ.53))。如果上坡面(平面 3)的倾角大于平面 1 和 2 的交线的倾角，或者张裂纹在平面 1、2、3 的交点后方，则程序终止。

尽管这些测试在数学上是有效的，但它们不适用于陡峭的山区地形中可能出现的几何条件。也就是说，即使平面 3 倾角比平面 1 和平面 2 的交线更陡，如果在斜坡后方有张裂纹可以形成有效平面 5，那么仍然可以形成由 5 个平面构成的楔形体。在现场存在这种物理条件的情况下，另一种分析方法是采用关键块体理论或者其他商业软件(Roccience inC)，该方法可完全确定滑移楔形体的形状和稳定性条件(Goodman 等，1985；Pantechnica，2002)。

8.6.3 楔形体综合分析实例

以下是使用 Swedge 程序(Rocscience Inc)对楔块进行综合稳定性分析的一个示例。考虑图 8.16 中由节理 3 和 5 形成的楔形体。仅存在摩擦力时具有 1.0 的安全系数,因此水压力和地震可能导致楔形体失稳,这取决于滑动面上的内聚力。

根据表 8.5 输入参数,该分析显示了将安全系数提高至 1.5 所需的锚固力。

表 8.5 形成楔形体的平面的方向

平面	倾角/°	倾向/°	剪切强度
1	60	360	$\varphi_1=30°$, $c_1=50$kPa
2	54	118	$\varphi_2=30°$, $c_2=0$
坡面	76	060	
上坡面	15	070	
张裂缝	80	060	

其他输入参数如下:

楔体高度 $H_1=28$m。

岩石重度 $\gamma_r=26\text{kN/m}^3$。

水重度 $\gamma_w=9.81\text{kN/m}^3$。

地震系数(水平) $k_H=0.1$g。

该楔形体的交线倾伏角 38°,倾伏向 63°。该倾伏角度大于任一滑动面的内摩擦角,因此楔形体可能滑动。楔块的重量为 121.3MN,这表明显著提高安全系数所需的锚固力的大小。

使用这些参数对楔形体稳定性分析得出以下结果:

①干燥,静止,$c_1=c_2=0$,$T=0$,$FS=1.05$。

工况①对应于使用仅存在摩擦时的图表对干燥静止斜坡进行的简化分析,该图表给出了 1.05 的安全系数。

② $z_w=50\%$,静止,$c_1=c_2=0$,$T=0$,$FS=0.97$。

工况②表明,仅存在摩擦条件下,拉裂纹一半充满水后,安全系数由 1.05 降低到 0.97。

③ $z_w=50\%$,静止,$c_1=50$kPa,$c_2=0$,$T=0$,$FS=1.24$。

工况③表明,作用在平面 1 的 491m^2 面积上的 50kPa 的内聚力将安全系数提高到 1.24。

④ $z_w=50\%$,$k_H=0.1$g,$c_1=50$kPa,$c_2=0$,$T=0$,$FS=1.03$。

工况④表明,在相同水压($z_w=50\%$)下,拟静力 $k_H=0.1$g 将安全系数从 1.24 降低到 1.03。

⑤ $T=24000$kN,$\alpha_T=243°$,$\psi_T=-8°$,$z_w=50\%$,$k_H=0.1$g,$c_1=50$kPa,$c_2=0$,

$FS = 1.50$。

工况⑤表明，如果按照式(8.15)和式(8.16)定义的最佳角度安装 24000kN 的张拉锚索，即平行于交线且在水平线以上 8°，则安全系数提高到 1.5。

⑥ $T = 25500\text{kN}$，$\alpha_T = 249°$，$\psi_T = +10°$，$z_W = 50\%$，$k_H = 0.1\text{g}$，$c_1 = 50\text{kPa}$，$c_2 = 0$，$FS = 1.50$。

工况⑥显示，如果锚杆与坡面成直角并且在水平方向以下 10°安装，以便于灌浆，则锚固力必须从 24000kN 增加到 25500kN，才能得到与安装最优方位的锚杆时相同的安全系数。

（张少锋　杜胜华）

第 9 章　圆弧破坏

9.1　导言

虽然本书主要研究含结构面的岩石边坡稳定性，但有时也需要在软弱岩土体中，如强风化或节理发育的岩体及碎石条件下设计边坡。在这种材料的岩体中，破坏沿着接近圆弧面发生(图 9.1)，本章专门对这类边坡的稳定性问题进行讨论。

图 9.1　强风化花岗岩边坡的圆弧破坏(高速公路 1，加利福尼亚 Pacifica 的 Devil 滑坡附近)

Golder(1972)在一篇回顾边坡稳定性理论历史发展的评论中，对该课题追溯近 300 年。大部分圆弧破坏分析方法在 20 世纪五六十年代提出，而且这些方法已被运用于计算机程序，这些程序具有多种功能，能适应广泛的地质、几何形态、地下水和外部荷载等条件。本章讨论土质边坡稳定性的理论工作原理，并展示它们在设计图表和计算机分析结果中的应用。在过去的半个世纪中，关于这个课题已经积累了大量文献，不过本书不打算对这些材料进行归纳。标准的土力学教科书，如 Taylor(1937)、Terzaghi(1943)、Lambe 和 Whitman(1969)，以及 Skempton(1948)、Bishop(1955)、Janbu(1954)、Morgenstern 和 Price(1965)、Nonveiller(1965)、Peck(1967)、Spencer(1967，1969)和 Duncan(1996)等的论文都对土质边坡的稳定性有详细的论述。

本章内容是为圆弧形破坏提出一系列边坡稳定性算图。可以根据这些算图快速检查边坡的安全系数或安全系数对地下水条件、边坡角度以及材料强度参数的灵敏度。这些算图只适用于均质边坡，以及符合算图推导时的假设条件(见第 9.3 节)下的边坡圆弧形破坏分析。

第 9.6 节介绍了更全面的分析方法。例如，这些方法可用于非均质边坡或部分滑动面沿土岩分界面或破坏面不是简单圆弧的情况。

本章主要论述边坡二维稳定性，假设在平面应变条件下，取无限长边坡中的单位厚度进行模拟；第 9.6.5 节讨论了三维圆弧破坏分析。

9.2 圆弧破坏的条件和分析方法

在前面各章节中曾假设岩石边坡的破坏受地质特征控制，如层面和节理将岩石划分为不连续体。在这些情况下，破坏路径一般由一个或多个结构面构成。但是，对于节理发育或强风化岩体，不再有清晰的岩体结构，滑面可以轻易地沿最小阻力方向贯穿边坡。在这些材料中观察到的边坡破坏表明这个滑动面通常呈现出圆弧形，大多数稳定性理论都建立在这种现象的基础上。图 9.1 显示了公路上强风化岩石边坡的典型圆弧破坏。

圆弧破坏的发生条件是土体或岩体中单个颗粒尺寸远小于边坡尺寸。因此，当破碎岩石堆积物近似表现为“土”的性质，且边坡尺寸远大于岩石碎块尺寸时，边坡以圆弧模式破坏。同样，即使边坡只有几米高，由砂土、粉土和小颗粒组成的土壤也会发生圆弧滑动。高度蚀变和风化的岩石以及结构面密集且随机分布的岩体（如快速冷却的玄武岩）也倾向于以这种方式破坏。因此，按圆弧破坏的假定来设计这类边坡是合理的。

9.2.1 滑动面形状

圆弧滑动面的实际形状受边坡地质条件影响。例如，在软弱的均质或风化岩体中，或者在岩石堆积体中，破坏很可能形成一个浅的、大半径的圆弧面，从靠近坡顶后方的张裂缝延伸到边坡坡脚，见图 9.2(a)。而高黏聚力、低内摩擦角的材料（如黏土）失稳时，形成小半径圆弧，并且深度更大，剪出面可能在坡脚之外。

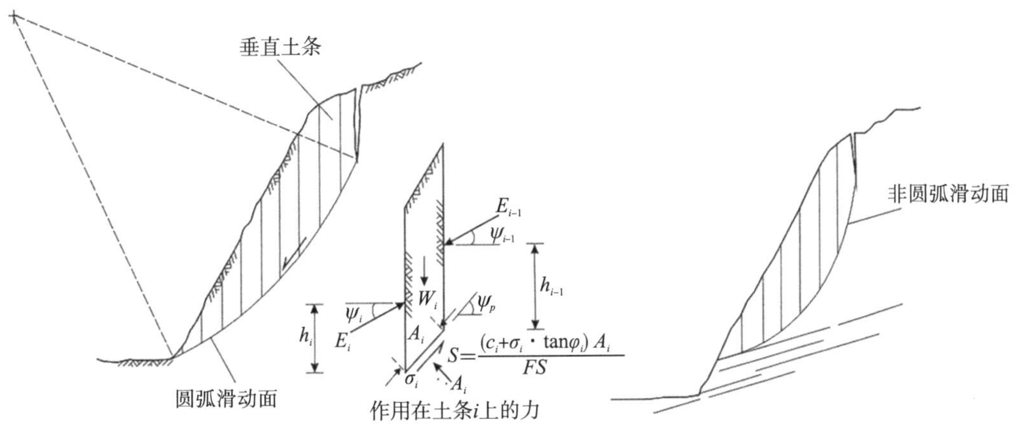

（a）均质软弱材料中的大半径圆弧面以及条分带上的详细受力　（b）浅层岩土体较软弱，底部为岩石的边坡形成非圆弧破坏

图 9.2 典型滑动面的形状

图 9.2(b)是一个边坡地质条件改变滑动面形状的例子。其中,上部风化岩体中的圆弧面被坡脚处的缓倾、坚硬岩体截断。两种类型的稳定性分析都可以使用圆弧分析法,但对于后一种情况,需要通过一定的程序确定滑动面形状。

每一种边坡参数组合都存在一个安全系数最小的滑动面,这通常被称为临界面。为了找到临界面,需要进行大量分析,不断改变圆心坐标和圆弧半径,直到找到安全系数最小的圆弧面为止。这是圆弧边坡稳定性分析的重要组成部分。

9.2.2 稳定性分析方法

使用极限平衡法进行圆弧稳定性分析类似于前面章节中介绍的平面破坏和楔形体破坏。这一过程需要比较沿滑动面的抗剪强度和保持边坡稳定所需的抗滑力。

用上述方法进行圆形破坏分析时,先将边坡划分为一系列竖条,分带时可能与主要地质特征重合。每个条带的底部倾斜角度为 ψ_p,面积为 A。在最简单的情况下,作用于每个条带底部的力是岩石剪切强度(内聚力 c;内摩擦角 φ) 产生的抗滑力 S,作用于条带两侧的力为 E(倾角 ψ;作用点距离底部高为 h) ,见图 9.2(a)。

分析时逐条考虑平衡条件,如果每个条带都满足平衡条件,则整个滑块也满足平衡条件。平衡方程的数量取决于条分数量 N 和平衡条件数量。如果只满足受力平衡,则方程数量为 $2N$;如果同时满足力和力矩平衡,则方程数量为 $3N$。如果只满足受力平衡,未知量的数量是 $3N-1$,而如果力和力矩平衡都满足,则未知量的数量是 $5N-2$。通常需要 10 ~ 40 个条分来模拟实际边坡,因此,未知数数量超过方程数量。对于受力平衡分析,未知量比方程多 $N-1$ 个,对于满足所有平衡条件的分析,未知量比方程多 $2N-2$ 个。因此,分析是超静定的,需要作出假设来弥补方程和未知数之间的不平衡(Duncan,1996)。

各种 LEA 程序要么用假设条件来平衡已知量和未知量,要么不满足所有的平衡条件。例如,Spencer 方法假定每个条带侧向力倾向是相同的,而 Fellenius 和 Bishop 方法并不满足所有平衡条件。

基于 LEA 的圆弧破坏安全系数定义为

$$FS = \frac{\text{有效抗剪强度}(c + \sigma \cdot \tan\varphi)}{\text{剪切应力}(\tau_e)} \tag{9.1}$$

公式变形为

$$\tau_e = \frac{c + \sigma \cdot \tan\varphi}{FS} \tag{9.2}$$

安全系数的求解方法是采用迭代过程,先对 FS 进行初步估计,然后在每次迭代中进行调整。

Frohlich(1955)研究了各种正应力分布对土坡安全系数的影响,他发现所有满足静力平衡的安全系数下界都是假设法向应力集中在滑动面上的某一点。类似地,通过假定法向应力集中在滑动面两端得到安全系数上界。

这种应力分布与实际不一致并不重要，因为直到目前为止，研究的目的仅仅是确定边坡的实际安全系数，并使之位于两种极端情况之间。在 Lambe 和 Whitman(1969)研究的一个例子中，某一边坡安全系数上限和下限分别为 1.62 和 1.27。简化的 Bishop 条分法对同样的问题分析得出安全系数为 1.30，这表明实际的安全系数可能相对接近下限。

假定滑动面为对数螺旋形式，对分析结果进行检验，得到进一步的证据表明下限解是一个有实际意义的解(Spencer，1969)。在这种情况下，安全系数与法向应力分布无关，且上下限重合。Taylor(1937)将一些对数螺旋分析的结果与下限解的结果进行了比较，发现差异可以忽略不计。基于这种比较，Taylor 认为对于均质边坡的简单圆弧滑动破坏这种最实际问题来说，下限解提供的安全系数值具有较高的精度。

这些分析方法的基本原理在第 9.6 节中讨论。

9.3 圆弧破坏算图的推导

本节介绍使用一系列可用于快速确定圆弧破坏安全系数的算图。这些算图是通过数以千计的圆弧分析开发出来的，其中衍生出许多无量纲参数，将安全系数与材料重度、内摩擦角、内聚力、坡高和坡面角度联系起来。研究发现，这些算图给出了安全系数的可靠估计值，前提是边坡条件符合算图计算时的假设条件。事实上，从算图中计算安全系数的准确度通常大于确定岩体抗剪强度的准确度。

推导本章所提供的稳定性算图基于以下假设①：

①假定组成边坡的材料是均质的，即滑动面抗剪强度特性是均一的。

②材料的抗剪强度 τ 以黏聚力 c 和内摩擦角 φ 来表征，其关系为 $\tau = c + \sigma \cdot \tan\varphi$（见第 1.4 节）。

③发生破坏的圆弧面穿过坡脚②。

④在坡顶地表或坡面中有垂直张裂缝。

⑤张裂缝和破坏面的位置是在考虑边坡几何形状和地下水条件下，边坡安全系数为最小值时的位置。

⑥在这个分析中考虑了多种地下水条件，从干燥边坡到完全饱和的边坡；这些条件在图 9.4中定义。

⑦圆弧破坏算图针对密度为 18.9kN/m^3 的岩体进行了优化。比这更高的密度得到更大的安全系数，较低的密度会降低安全系数。对于密度和 18.9kN/m^3 相差较大的边坡，可

---

① 本章讨论的下界解通常被称为摩擦圆法，泰勒(Taylor，1937)使用它来推导稳定图。

② Terzaghi(1943)，第 170 页显示，当 $\varphi > 5°$时，假设坡脚滑动得到的安全系数最小。Skempton 和 Hutchinson(1948)以及 Bishop 和 Bjerrum(1960)讨论了 $\varphi = 0$ 时，破坏面位于坡脚下方，并且穿过下方材料体的情形，适用于快速开挖边坡期间或之后发生的破坏。

能需要进行详细的圆弧分析。

本章所提供的算图对应于安全系数的下限解，假定法向荷载集中于破坏面的一点。这些图和 1984 年 Taylor 所发表的那些图是不相同的，区别在于本书算图不考虑临界张裂缝和边坡中地下水的影响。

9.3.1 地下水流的假定

为了计算破坏面上水压引起的浮托力以及张裂缝中水引起的压力，就必须假定一系列地下水渗流模式，尽可能和现场条件密切相符。

在第 7 章、第 8 章和第 10 章讨论的岩石边坡破坏分析中，曾假定大多数地下水流发生在岩石结构面中，而岩石本身实际上不透水（见图 6.8）。在土质或堆石边坡中，边坡透水性一般要比完整岩石高出好几个数量级，所以在边坡中就会出现一般的流动模式。

图 6.11(a)显示，在各向同性土体内，土体内等势线与潜水面近乎正交。因此，在稳态降水的条件下，流线近似地平行于潜水面。图 9.3 为在正常降水状态下的边坡中，用该近似关系分析水压力分布的情况。要注意，这里假定潜水面在坡脚后方距离为 x 处与地面重合，x 为边坡高度的数倍。这可以看作是地表水源的位置，或者是推测的潜水面与地面相交的位置。

考虑边坡角度和 x 的范围，求解由 Casagrande(1934)提出并由 Taylor(1937)在教科书中讨论的方程，可以得到潜水面位置。对于接受大量地表水补给的饱和边坡，需要基于 Han (1972)的研究工作获得稳定性分析中使用的等势线和相关流线。这项工作需要用电阻模拟方法研究各向同性边坡中的地下水流动模式。

根据图 9.3 所示的模型，图 9.4 显示了从完全干燥到饱和的 5 种地下水条件。对于条件 2、3 和 4，地下水的位置由比值 x/H 定义。这 5 种地下水条件与第 9.4 节中讨论的圆弧破坏算图一起使用。

9.3.2 圆弧形破坏算图的绘制

本章介绍的圆弧破坏算图是通过运行搜索程序，找出各种边坡几何形状和地下水条件下最危险的破坏面和张裂缝组合。其中规定张裂缝位于上坡面或坡面。要在坡脚周围进行详细检查，其中等势线弯曲会导致局部流线与图 9.3(a)中所示的不同。

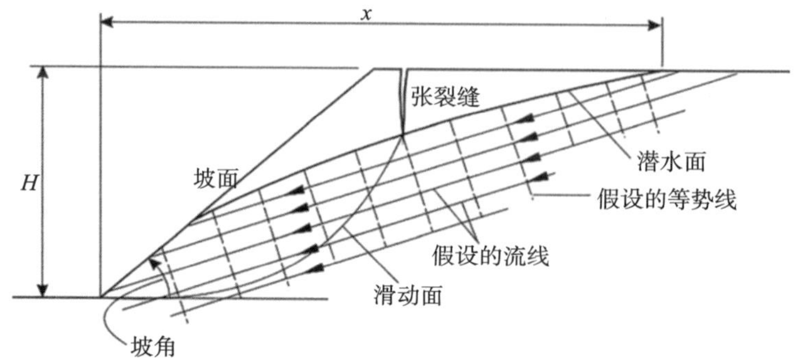

(a) 稳态下降时的地下水流动模式，其中潜水面在坡脚后方距离x处与地表重合。其中距离x为边坡高度H的倍数

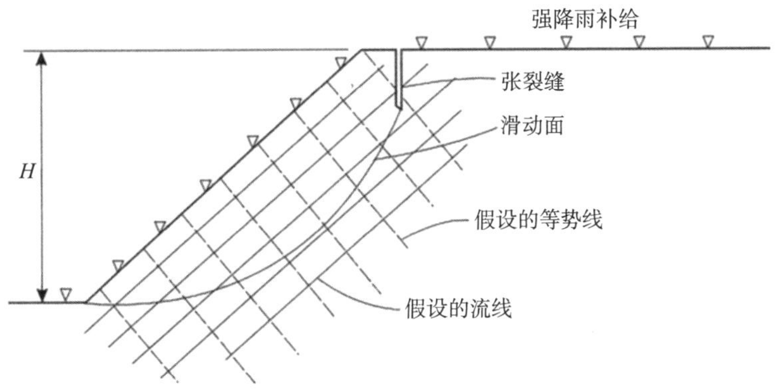

(b) 受地表强降雨补给的饱和边坡地下水流模式

图 9.3 在软弱和节理发育的岩石边坡中,圆弧破坏分析使用的地下水流动模式

图 9.4 中定义的地下水模型编号为 1～5,与图 9.6 至图 9.10 中的地下水条件相对应。

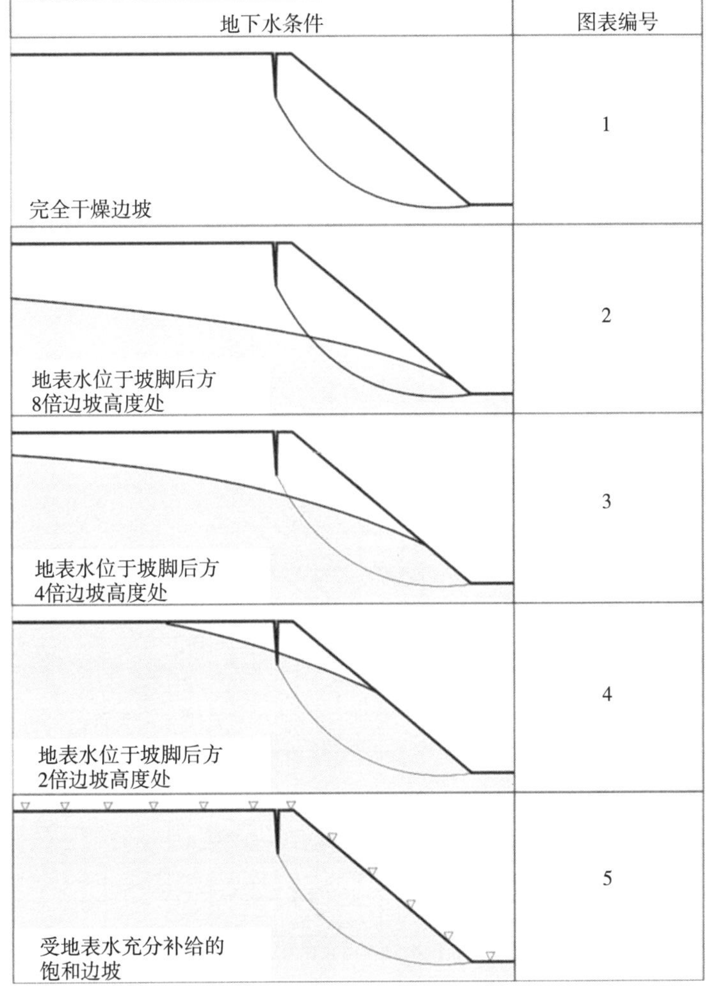

图 9.4 圆弧破坏分析图(图 9.6 至图 9.10)所用的地下水流模型

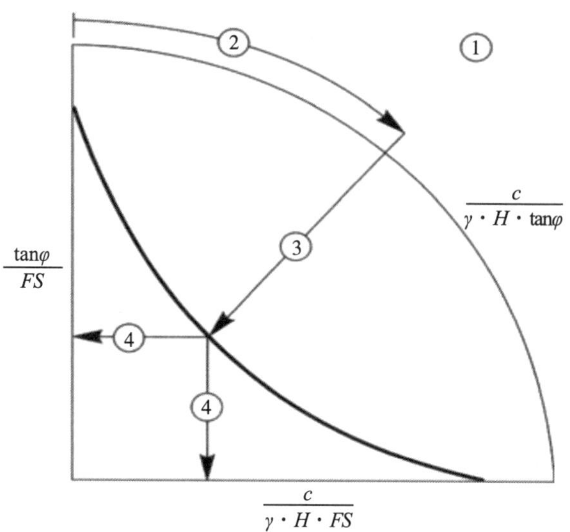

图 9.5　用圆弧破坏算图求边坡安全系数的步骤

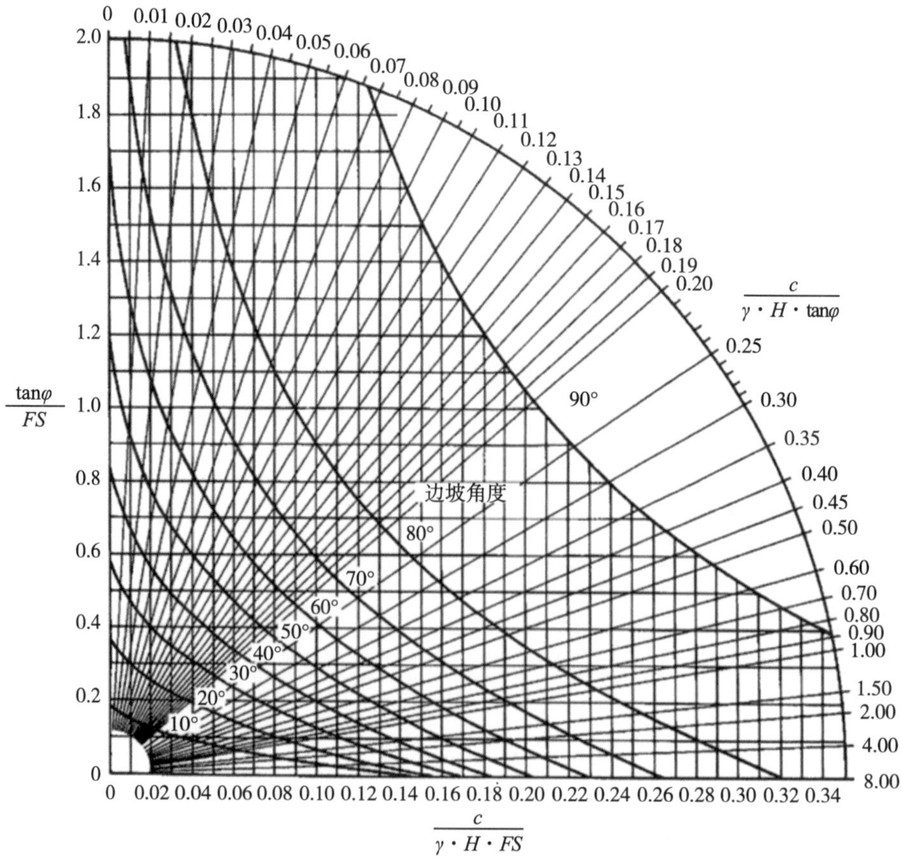

图 9.6　圆弧破坏算图 1——完全排水斜坡

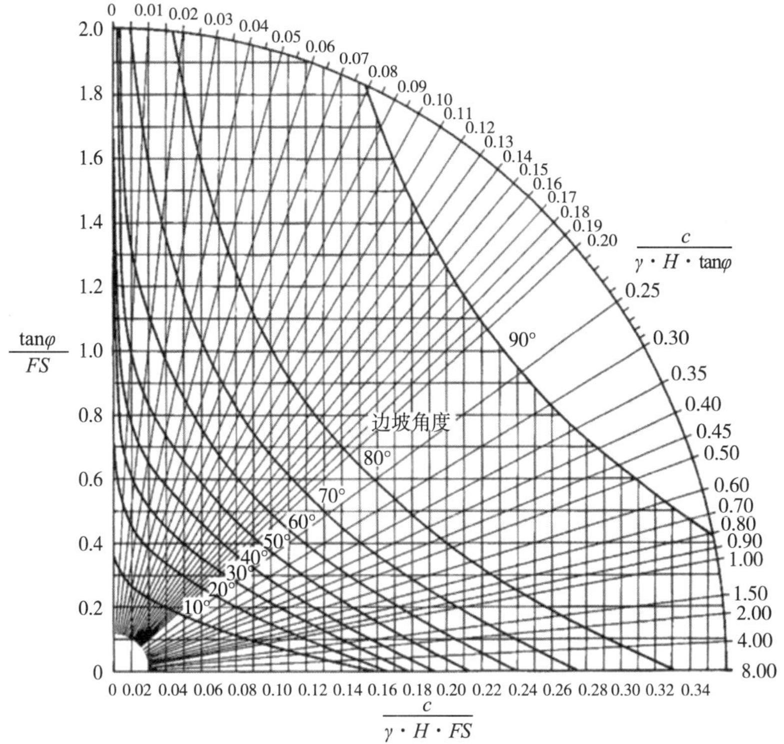

图 9.7 圆弧破坏算图 2——地下水情况 2

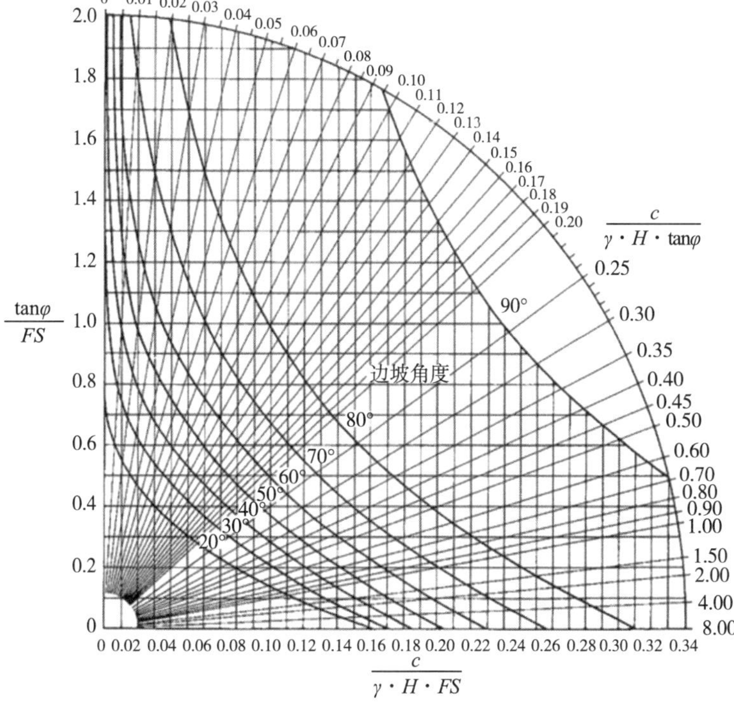

图 9.8 圆弧破坏算图 3——地下水状况 3

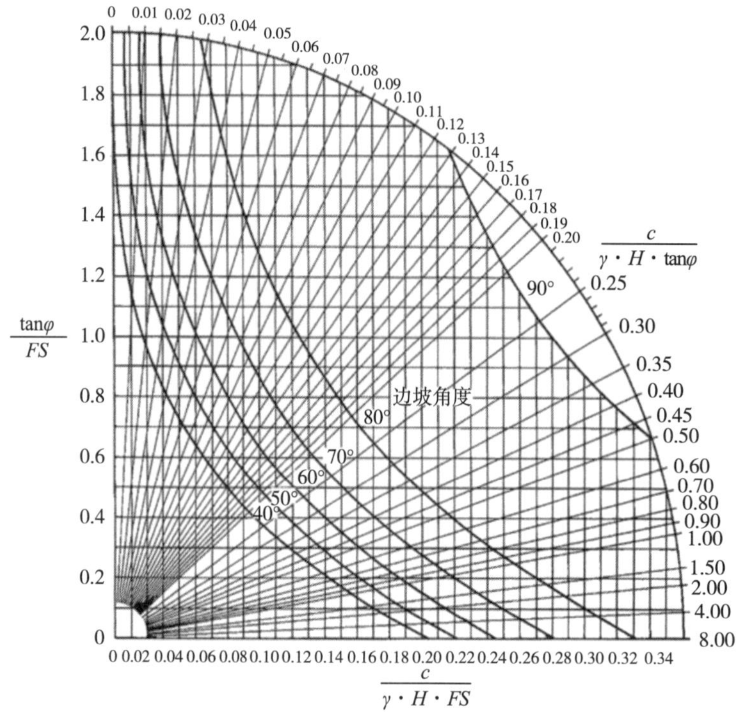

图 9.9 圆弧破坏算图 4——地下水条件 4

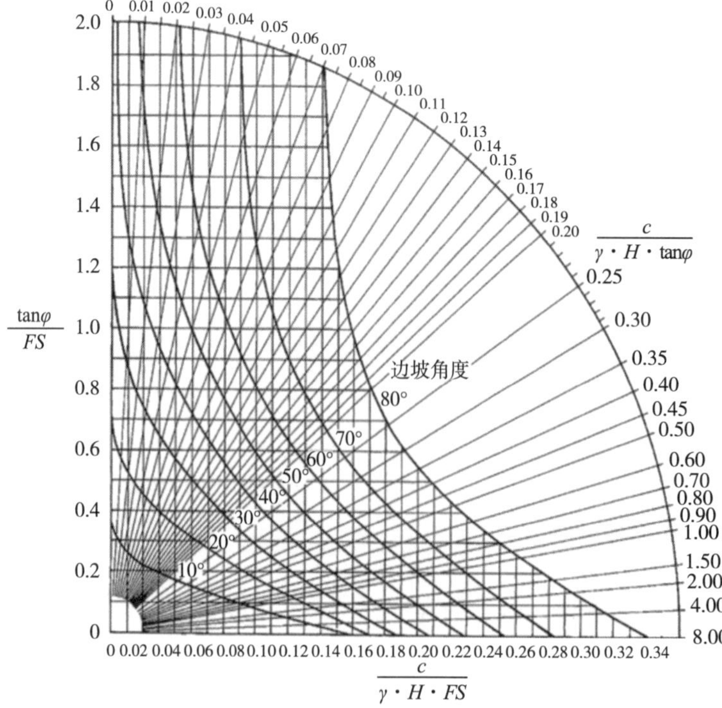

图 9.10 圆弧破坏算图 5——完全饱和边坡

9.3.3 圆弧形破坏算图的用法

为了用这些图来确定一个特定边坡的安全系数(高度 H,岩石重度 γ),应按照下述步骤和图 9.5 所示的步骤来进行:

步骤 1:确定边坡中的地下水的条件,并使用图 9.4 来选择最接近这些条件的算图。

步骤 2:选择适合于边坡材料的岩石强度参数(内聚力 c 和内摩擦角 φ)。

步骤 3:计算无量纲比值[$c/(\gamma \cdot H \cdot \tan\varphi)$],并在算图的外圆刻度上查到该值。

步骤 4:根据步骤 3 中查到的数值,沿径向线找到和对应坡度曲线的交点。

步骤 5:看哪一种比较方便,查出($\tan\varphi/FS$)或[$c/(\gamma \cdot H \cdot FS)$]的对应值,并计算安全系数。

现研究下面的例子:

在重度为 $\gamma=15.7\mathrm{kN/m^3}$ 的超固结土中开挖 15.2m 高的切面,坡面角度为 40°,内聚力为 38kPa,内摩擦角为 30°。假设地表水源位于坡脚后 61m 处,找出边坡安全系数。

边坡的地下水条件表明应当使用算图 3(61/15.2≈4)。$c/(\gamma \cdot H \cdot \tan\varphi)=0.28$,对于 40°的边坡来说,$\tan\varphi/FS$ 的相应值是 0.32。所以此边坡的安全系数为 1.80。

由于使用这类算图迅速便捷,它们非常适合检查边坡安全系数对各种条件的敏感性。例如,如果内聚力减半至 20kPa,地下水压力增加至图 9.4 中表 2 所示的值,则安全系数降至 1.28。

9.4 临界破坏面和张裂缝的位置

在绘制前几页介绍的圆弧破坏算图的过程中,对于每一个所分析的边坡,其极限平衡状态下($FS=1$)临界破坏面和张裂缝的位置都是确定的。这些位置都以算图的形式展示见图 9.11 和图 9.12。

研究发现,一旦边坡中出现地下水,临界破坏面和张裂缝的位置对潜水面的位置的敏感性会降低。因此,只标绘出了图 9.4 中算图 3 这一种情况。应该注意的是,图 9.12 所示的临界圆弧的圆心位置与图 9.11 所绘的排水边坡临界圆弧圆心的定位是大不相同的。

这些算图对于绘制潜在滑动面或对已有圆弧滑动进行反分析估算内摩擦角都是有用的。它还为一种更复杂的圆弧形破坏分析确定临界滑动面提供了参考。

作为应用这些算图的一个实例,现在考虑一个坡角为 30°、内摩擦角为 20°干燥土坡。图 9.11表明,这个临界滑动圆弧的圆心位于 $X=0.2H$ 和 $Y=1.85H$ 处,而临界张裂缝在坡顶后距离 $b=0.1H$ 处,见图 9.13。

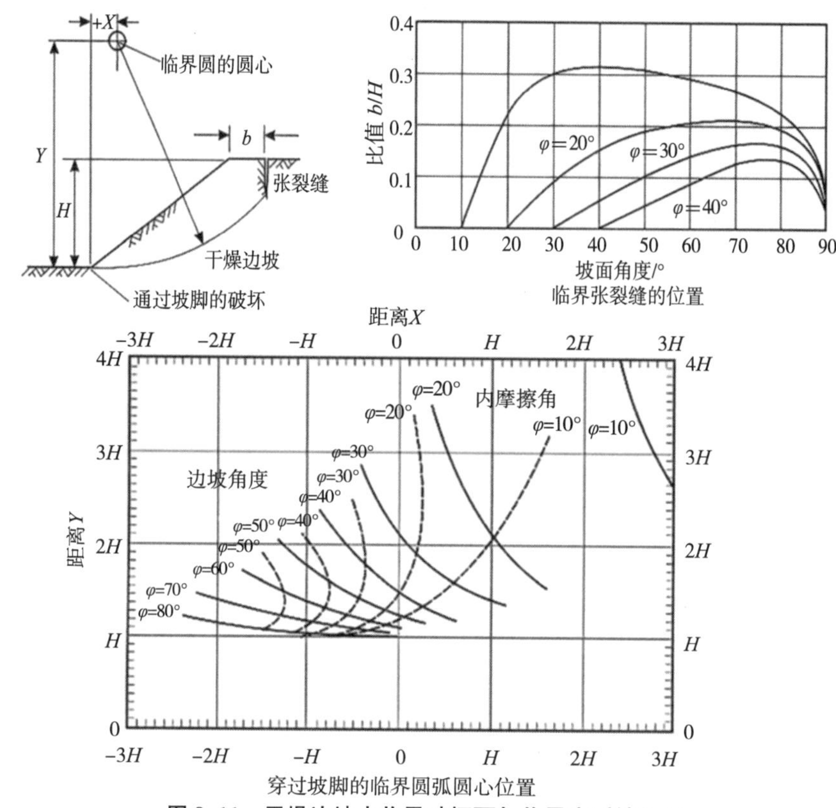

图 9.11　干燥边坡中临界破坏面与临界张裂缝位置

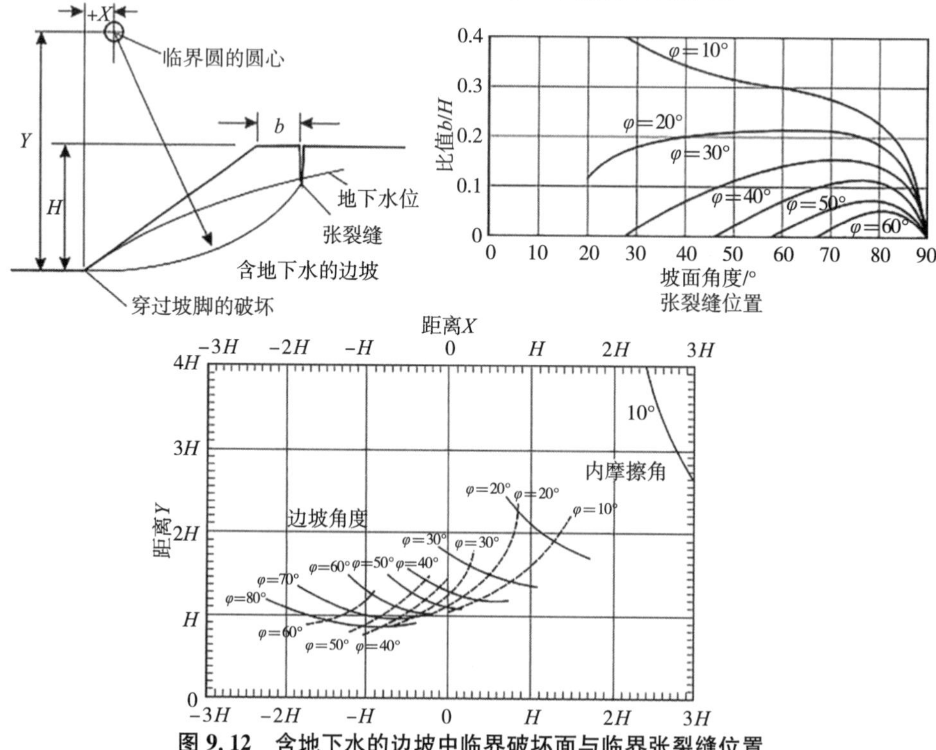

图 9.12　含地下水的边坡中临界破坏面与临界张裂缝位置

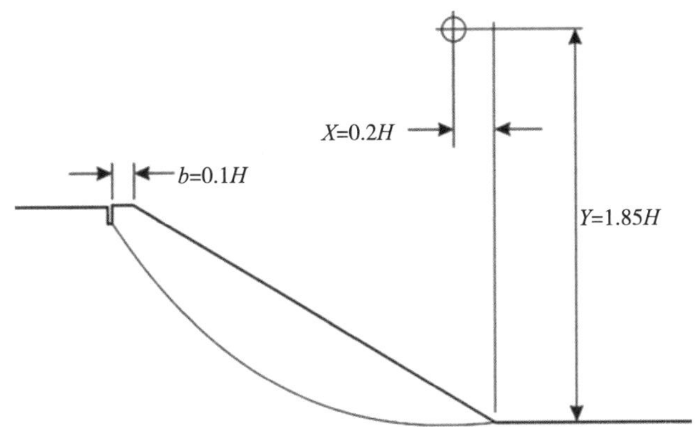

图 9.13 坡角为 30°,内摩擦角为 20°的干燥边坡中,临界破坏面和临界张裂缝的位置

9.5 圆弧破坏分析实例

下面的两个例子展示了如何使用圆弧破坏算图研究强风化岩石边坡的稳定性。

9.5.1 实例 1:黏土矿山边坡

Ley(1972)对潜在不稳定的露天黏土矿边坡稳定性进行调查后发现,该边坡可能发生圆弧滑动。边坡剖面见图 9.14,图中包含分析所需的相关输入参数。岩体为强烈高岭土化的花岗岩,通过直接剪切测得其内摩擦角和内聚力(图 5.16)。

边坡中有两个水压计,边坡后某处有一已知水源,由此可以估算潜水面位置,见图 9.14。由图 9.14 可知,图 9.4 中算图 2 最接近图中的地下水条件。

根据图 9.14 所示的资料,比值 $c/(\gamma \cdot H \cdot \tan\varphi)=0.0056$,根据图 9.4 中算图 2 可知其相应的 $\tan\varphi/FS$ 值为 0.76。因此,边坡的安全系数为 1.01。Ley 还用 Janbu 法(Janbu 等,1956)进行了多次试算,求得图 9.14 所示的临界滑动圆安全系数为 1.03。

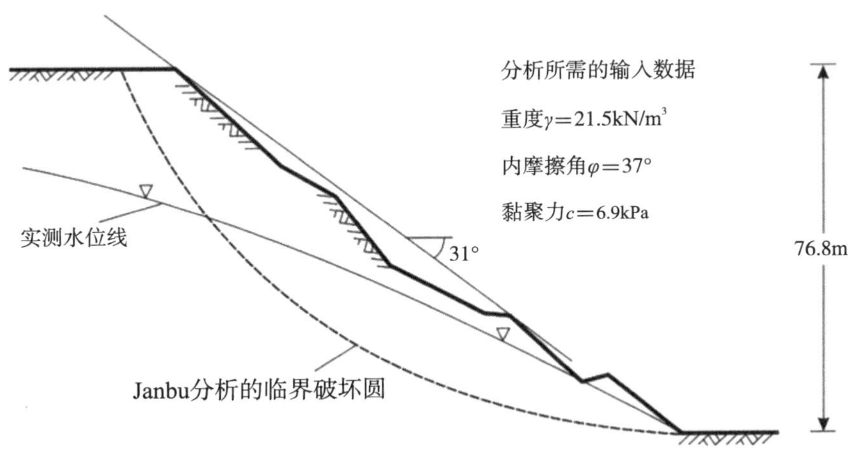

图 9.14 实例 1 中所研究的露天黏土矿边坡剖面

这些安全系数表明，在假定条件下，边坡稳定性不高，必须采取治理措施。

9.5.2 实例2:公路边坡

一条规划公路要求坡度为42°的切坡。切坡后的边坡总高度为61m，需要验证该边坡是否稳定。边坡位于风化和蚀变岩体中，如果发生破坏的话，将会发生圆弧滑动。没有足够的时间精确测定地下水位或进行剪切试验。其稳定性分析按下述方式进行：

就极限平衡条件来说，$FS=1$，因而 $\tan\varphi/FS=\tan\varphi$。边坡角度为42°，通过反推图9.5中的步骤，用一定范围的内摩擦角找出比值 $c/(\gamma\cdot H\cdot\tan\varphi)$。然后可以计算出每个给定的内摩擦角破坏时的黏聚力 c。对于干燥边坡，该分析用图9.6、图9.4中的算图1(线 B，图9.15)进行，对于饱和边坡用图9.10、图9.4中的算图5(线 A，图9.15)进行。图9.15显示了破坏时可能出现的内摩擦角和内聚力范围。

根据图5.21所示的数据，图9.15中阴影圆 D 表示材料的抗剪强度范围。由该图可清楚地看出，现有的抗剪强度不足以维持该边坡的稳定，尤其是边坡处于饱和状态时。因此，需要将坡面变缓，或者对地下水条件进行调查研究，以确定真实的水压力，并布置可行的排水措施。

对于稍缓一些的边坡，比如坡角为30°的边坡，可以通过查找 $[c/(\gamma\cdot h\cdot\tan\varphi)]$ 的比值来快速检查削减坡度的效果，方法与42°斜坡相同。图9.15中的虚线 C 表示坡面角度为30°的干燥边坡抗剪强度。由于所需抗剪强度 C 小于现有抗剪强度(面积 D)，干燥边坡基本是稳定的。

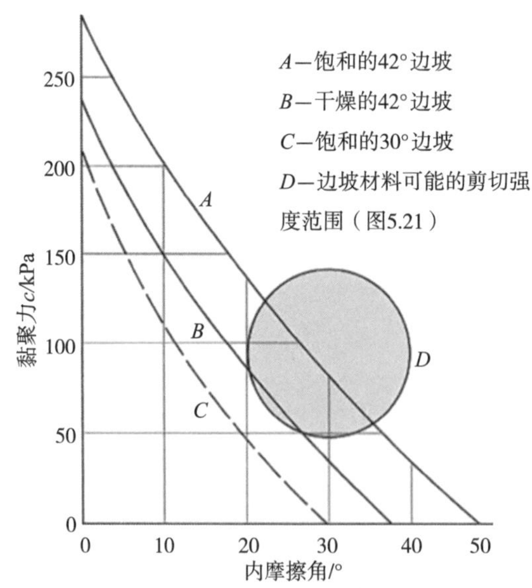

图9.15 实例2中研究的边坡，所需剪切强度和现有剪切强度之间的对比

9.6 圆弧破坏的详细稳定性分析

本章前面介绍的圆弧破坏算图的假设前提为整个边坡是均值的，破坏面为圆弧，并且经过坡脚。在不满足上述条件的情况下，必须用 Bishop(1955)、Janbu(1954)、Nonveiller(1965)、Spencer(1967)、Morgenstern 和 Price(1965)或 Sarma(1979)等条分法进入分析计算。本节详细介绍了圆弧破坏稳定性分析的简化的 Bishop 和 Janbu 法。

9.6.1 Bishop 和 Janbu 条分方法

通过简化 Bishop 条分方法(1955)和改进 Janbu 条分方法(1954)计算安全系数时，需要边坡和滑动面几何形状以及稳定性方程，见图 9.16 和图 9.17。Bishop 法假定滑动面为圆形，并且侧向力是水平的；分析满足垂直力和总体力矩平衡。Janbu 法可以是任何形状的滑动面，假设所有条分上侧向力是水平并且相等的；分析满足垂直力平衡。如 Nonveiller(1965)所指出的，Janbu 法应用于内摩擦角大于 30°的岩石和堆石体中典型的浅层滑动时，该方法给出了合理的安全系数。然而，在低内摩擦角的材料中，Janbu 法可能会出现严重错误，并且不能用于计算深层滑动面。

使用 Bishop 和 Janbu 条分法的程序非常相似，步骤如下：

(1)步骤 1：边坡和滑动面几何形状

边坡几何形状是实际中或者在设计图中看到的边坡横截面。在圆弧破坏的情况下，可以使用图 9.11 和图 9.12 中给出的图表来估算安全系数最小的圆心。在 Janbu 分析中，滑动面可以是岩土体中的结构面或者软弱带，也可以用 Bishop 分析中的方法来估算。在这两种情况下，第一次分析假设的滑动面可能得不到最小的安全系数，需要进行一系列不同位置的分析才能找到安全系数最小的滑动面。

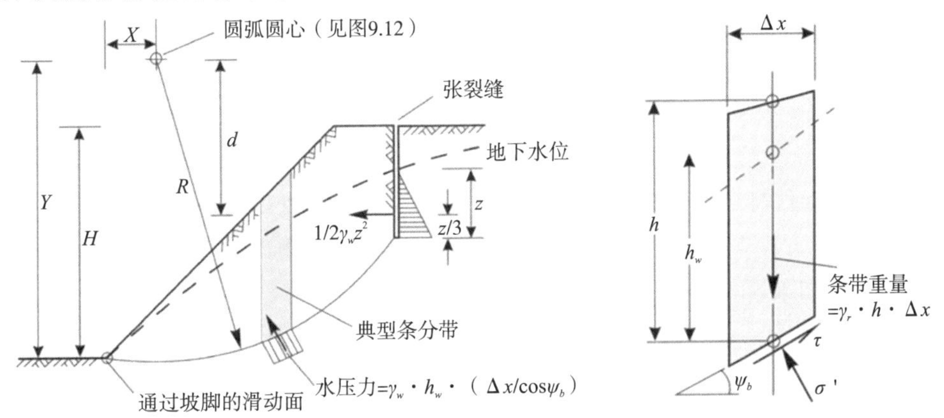

图 9.16 简化 Bishop 条分法，用于分析 Mohr-Coulomb 材料构成的边坡中圆弧破坏，其中破坏由 Mohr-Coulomb 破坏准则定义

安全系数：

$$FS=\frac{\sum[A/(1+B/FS)]}{\sum C+Q} \tag{9.3}$$

其中：

$$A=[c+(\gamma_r\cdot h-\gamma_w\cdot h_w)\cdot\tan\varphi]\cdot(\Delta x/\cos\psi_b) \tag{9.4}$$

$$B=\tan\psi_b\cdot\tan\varphi \tag{9.5}$$

$$C=\gamma_r\cdot h\cdot\Delta x\cdot\sin\psi_b \tag{9.6}$$

$$Q=\frac{1}{2}\cdot\gamma_w\cdot z^2\cdot(d/R) \tag{9.7}$$

注意：向上滑动时 ψ_b 为负值。

每个条带必须满足以下条件：

$$\sigma'=\frac{\gamma_r\cdot h-\gamma_w\cdot h_w-c(\tan\psi_b/FS)}{1+B/FS} \tag{9.8}$$

$$\cos\psi_b(1+B/FS)>0.2 \tag{9.9}$$

(2)步骤 2：条分参数

在步骤 1 中假定滑动体被分成多个条带。一般来说，简单情况下应该至少分成 5 个条带。对于复杂的边坡剖面，或岩土体由不同材料组成的情况，可能需要更多条带来更准确地分析问题。每个条带所需的参数是：

①底面角度 ψ_b。

②每个条带的重量 W 由垂直高度 h、岩土体重度 γ_r 和条分宽度 Δx 相乘得到：$W=(h\cdot\gamma_r\cdot\Delta x)$。

③每个条带底部水的浮托力 U 由潜水面高度 h_w、水的重度 γ_w 和条分宽度 Δx 相乘得到，即 $U=(h_w\cdot\gamma_w\cdot\Delta x)$。

(3)步骤 3：剪切强度参数

稳定性计算时需要知道作用于每个条带底部的剪切强度。假设每个条带都是均质 Mohr-Coulomb(第 1.4 节中式(1.1))材料体，条带底部上抗剪强度参数 c 和 φ 相同。当切坡中含有多种材料体时，每个条带的抗剪强度参数必须根据其所处的材料来选择。当边坡材料的抗剪强度由第 5.5 节中讨论的非线性破坏准则定义时，必须确定每个条带的有效法向应力(图 5.23)，再计算相应的黏聚力和内摩擦角。

(4)步骤 4：迭代安全系数

在条带和抗剪强度参数确定后，可以计算每个条带的因子 A、B 和 C 的值。将水压力 Q 加到 ΣC(每个条带中平行于滑动面的重力分量总和)中。初步估计安全系数 $FS=1.00$，并根据图 9.16 和图 9.17 中给出的式(9.3)和式(9.10)分别计算新的安全系数，若计算的安全系数与假设的安全系数之差大于 0.001，则用计算出的安全系数作为第二次估算值，再计算 FS。重复此过程，直到连续两次安全系数之差小于 0.001。对于 Bishop 和 Janbu 法来说，大多数边坡和滑动面几何条件都需要大约 7 次迭代才能达到这个结果。

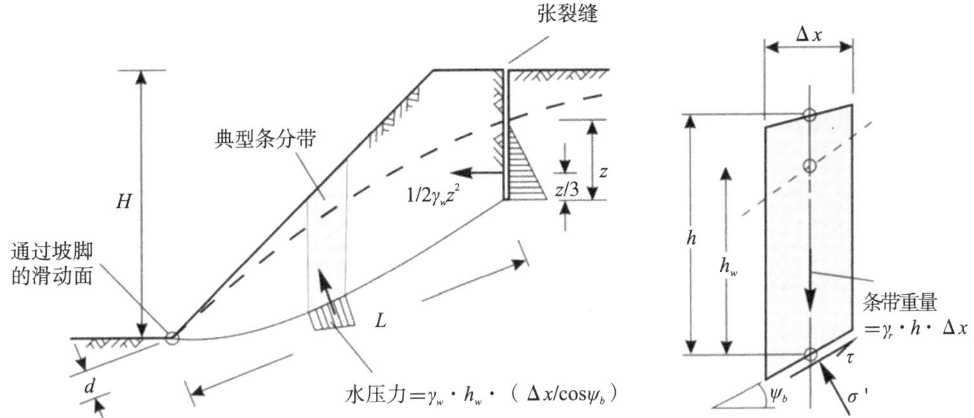

图 9.17　改进的 Janbu 条分法分析非圆弧破坏，用于分析莫尔—库伦材料体中切坡的情况

安全系数：

$$FS = \frac{f_0 \cdot \sum[A/(1+B/FS)]}{\sum C+Q} \tag{9.10}$$

其中：

$$A = [c+(\gamma_r \cdot h-\gamma_w \cdot h_w)\tan\varphi] \cdot (1+\tan^2\psi_b)\Delta x \tag{9.11}$$

$$B = \tan\psi_b \cdot \tan\varphi \tag{9.12}$$

$$C = \gamma_r \cdot h \cdot \Delta x \cdot \tan\psi_b \tag{9.13}$$

$$Q = \frac{1}{2} \cdot \gamma_w \cdot z^2 \tag{9.14}$$

注意：向上滑动时 ψ_b 为负值。

近似校正系数 f_0 为

$$f_0 = 1+K[d/L-1.4(d/L)]^2 \tag{9.15}$$

当 $c'=0$ 时，$K=0.31$；当 $c'>0$ 时，$\varphi'>0$ 时，$K=0.50$ 。

(5)步骤 5：条件和校正

对于简化 Bishop 分析，图 9.16 列出了 Bishop 分析中每条必须满足的两个条件(式(9.8)和式(9.9))。第一个条件(式(9.8))确保每个条分底部有效法向应力总是正的。如果任何一个条带不满足这一条件，那么分析时应考虑存在张裂缝。如果不能通过调整地下水条件或引入张裂缝来满足这一条件，就应该放弃图 9.16 中的分析方法，而采用另一种更为详细的分析(将在后文论述)。

图 9.16 中的条件 2(式(9.9))由 Whitman 和 Bailey(1967)提出，它确保分析不会因某些条件而失效，比如假设坡脚处有深层滑动面。如果有某一条带不满足此条件，应该改变条分尺寸，如果还不能满足条件，应该放弃分析。

简化 Janbu 法的图 9.17 给出了校正系数 f_o，用于 Janbu 法计算安全系数。这个系数考虑了在 Janbu 分析中假定滑动表面形成的条间力。图 9.17 中的 f_o 公式由 Hoek 和 Bray (1981)根据 Janbu(1954)发表的曲线推导出。

9.6.2 非线性破坏准则在 Bishop 稳定性分析中的应用

当切坡中的材料体服从第 5.5 节讨论的 Hoek-Brown 非线性破坏准则时，可以用图 9.18 概述的简化 Bishop 条分法计算安全系数。一旦根据前述的 Bishop 和 Janbu 分析的描述方法确定了条分参数，就可以进行以下步骤：

①根据 Fellenius 方程(式(9.19))计算作用在每个条分底面上的有效法向应力 σ' 。

②代入这些 σ' 值，根据式(5.25)和式(5.26)计算每个条分的 $\tan\varphi$ 和 c 。

③将 $\tan\varphi$ 和 c 代入安全系数公式，得到安全系数初步估计值。

④根据 Bishop 方程(式(9.20))，用上述 FS 估计值计算每个条分底面的 σ' 的新值。

⑤基于这些新的 σ' 值，计算 $\tan\varphi$ 和 c 的新值。

⑥检查每个条分是否满足式(9.8)和式(9.9)定义的条件。

⑦根据 $\tan\varphi$ 和 c 的新值计算新的安全系数。

⑧如果第一个和第二个安全系数之差大于 0.001，则返回到第④步并重复分析，并以第二个安全系数作为输入值。重复此过程，直到连续两次安全系数的差值小于 0.001。

一般来说，需要进行约 10 次迭代才能达到所要求的安全系数精度。

安全系数：

$$FS=\frac{\sum(c'_i+\sigma'\cdot\tan\varphi'_i)(\Delta x/\cos\psi_b)}{\sum(\gamma_r\cdot h\cdot\Delta x\cdot\sin\psi_b)+\frac{1}{2}\cdot\gamma_w\cdot z^2\cdot d/R} \tag{9.16}$$

其中：

$$\sigma'=\gamma_r\cdot h\cdot\cos^2\psi_b-\gamma_w\cdot h_w\ \text{(Fellenius 解)} \tag{9.17}$$

$$\sigma'=\frac{\gamma_r\cdot h\cdot\gamma_w-(c'_i\cdot\tan\psi_b/FS)}{1+\frac{\tan\varphi'_i\cdot\tan\psi_b}{FS}}\ \text{(Bishop 解)} \tag{9.18}$$

$$\varphi'_i=\sin^{-1}\left[\frac{6\cdot a\cdot m_b\,(s+m_b\cdot\sigma'_{3n})^{a-1}}{2(1+a)(2+a)+6\cdot a\cdot m_b\,(s+m_b\cdot\sigma'_{3n})^{a-1}}\right] \tag{5.25}$$

$$c'_i=\frac{\sigma_{ci}[(1+2\cdot a)s+(1-a)m_b\cdot\sigma'_{3n}](\sigma+m_b\cdot\sigma_{3n})^{a-1}}{(1+a)(2+a)\sqrt{1+[6\cdot a\cdot m_b\,(s+m_b\cdot s'_{3n})^{a-1}][(1+a)(2+a)]}} \tag{5.26}$$

其中 $\sigma_{3n}=\sigma'_{3\max}/\sigma_{ci}$；参数 a 见式(5.18)。

每个条带必须满足以下条件：

①$\sigma' > 0$，σ' 由 Bishop 法计算。

②$\cos\psi_b[1+(\tan\psi_b \cdot \tan\varphi')/FS] > 0.2$。

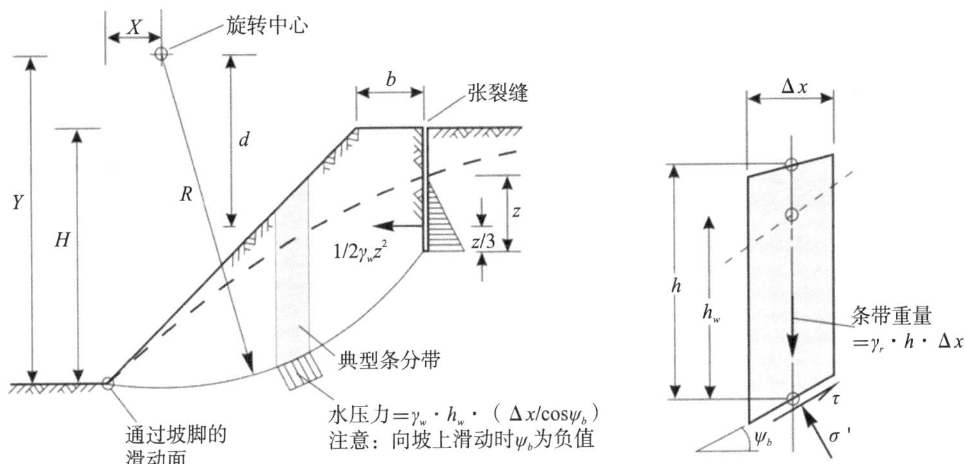

图 9.18　用简化 Bishop 条分法分析边坡圆弧破坏，材料强度由第 5.5 节的非线性准则定义

9.6.3　Bishop 和 Janbu 分析方法的例子

在坚硬块状砂岩中开挖边坡，其中结构面间距密集并且延伸较长。边坡含 3 个 15m 高的台阶和两个 8m 宽的平台，其主要功能是收集地表径流和控制侵蚀，见图 9.19(a)。平台坡面与水平面成 75°角，台阶坡面的整体坡度为 60°，切坡面上方的坡面角度为 45°，倾角为 45°。整体切坡高度为 60m。假定的地下水位位置如图 9.19 所示且圆弧稳定性分析适用于这些条件，需要求出整体边坡的安全系数。

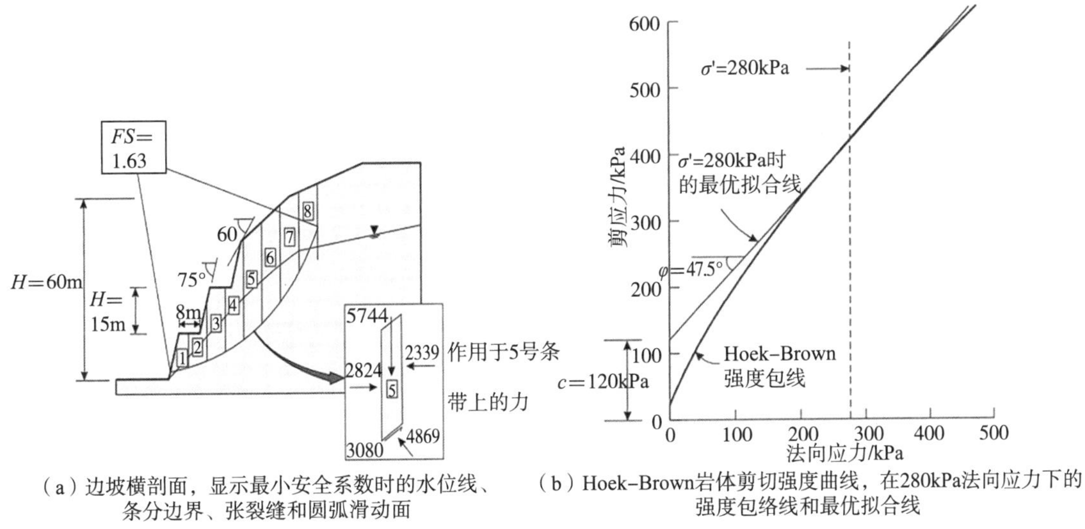

（a）边坡横剖面，显示最小安全系数时的水位线、条分边界、张裂缝和圆弧滑动面

（b）Hoek-Brown岩体剪切强度曲线，在280kPa法向应力下的强度包络线和最优拟合线

图 9.19　密切节理砂岩中分级削坡的圆弧稳定性分析

节理岩体抗剪强度基于 Hoek-Brown 强度准则计算得到，如第 5.5 节所述，该准则由包络曲线定义强度，见图 9.19(b)。包络曲线中岩体参数如下：

①质量非常差的岩体，GSI=20，见表 5.3 和表 5.4。

②完整岩石的单轴抗压强度（点荷载试验）≈150MPa。

③岩石材料常数 $m_i = 13$。

④岩体重度 $\gamma_w = 25\text{kN/m}^3$。

⑤水的重度 $\gamma_w = 9.81\text{kN/m}^3$。

⑥开挖中使用精细爆破，扰动因子 $D = 0.7$。

在每个条带底部的有效法向应力值下，Hoek-Brown 强度准则中的瞬时黏聚力和内摩擦角见表 9.1，这是由采用软件 RocData 4(Rocscience Inc)计算包络曲线的最优拟合线得到。每个条带底部的有效法向应力由条带高度、宽度和岩石重度的乘积减去水压得到。结果表明，随着正常应力增大，c 增大，φ 减小，最优拟合线的梯度减小。

对于表 9.1 中列出的有效正应力值，平均应力约为 280kPa。在此应力水平下，计算出的强度包络曲线的最优拟合线得出黏聚力为 120kPa，内摩擦角为 47.5°。这是稳定性分析中使用的等效 Mohr-Coulomb 剪切强度。

表 9.1 显示了假定为线性剪切强度的 Bishop 和 Janbu 稳定性分析的输入参数，以及假定非线性剪切强度的 Bishop 分析的输入参数。边坡被分成 8 个条带，并且计算出每个条带底部角度、岩石重量和孔隙压力。然后使用 SLIDE 程序（Rocscience 公司）计算线性和非线性剪切强度的安全系数。在非线性强度分析的情况下，每个条带底面的有效法向应力的值以及相应的瞬时内摩擦角和内聚力（表 9.1 的最后三栏）将用于稳定性分析。

表 9.1　　使用 Mohr-Coulomb 和 Hoek-Brown 强度准则计算条分的抗剪强度值

适用于所有情况的条分参数（条分宽度=7.03m）				Bishop 和 Janbu 分析中的 Mohr-Coulomb 强度参数		Bishop 分析中的 Hoek-Brown 非线性破坏准则参数		
条分编号	条分底部角度/°	条分重量/kN	孔压 $\gamma_w \cdot h_w$ /kPa	内摩擦角 φ /°	黏聚力 c /kPa	底部有效法向应力 σ_n /kPa	瞬时内摩擦角 φ_i /°	瞬时黏聚力 c_i /kPa
1	12	1585	10	47.5	120	174	51	87
2	18	2127	56	47.5	120	181	51	90
3	24	3875	94	47.5	120	325	46	133
4	30	4334	123	47.5	120	322	44	132
5	37	5744	140	47.5	120	411	45	157
6	45	5695	126	47.5	120	366	47	145
7	53	5203	92	47.5	120	287	47	122
8	64	3600	42	47.5	120	151	52	79

计算得到的安全系数见表 9.2。

表 9.2 安全系数

使用 Mohr-Coulomb 剪切强度的简化 Bishop 条分法	1.63
使用 Mohr-Coulomb 剪切强度的简化 Janbu 条分法	1.49
使用非线性剪切强度的简化 Bishop 条分法	1.61

9.6.4 圆弧破坏稳定分析计算机程序

第 9.3 节讨论的圆弧破坏算图提供了快速稳定性分析方法，但只适用于示例中所示的简单条件。可以使用第 9.6.3 节中讨论的 Bishop 和 Janbu 方法进行更复杂的分析，提供详细的计算程序是为了说明分析原理。

在圆形破坏算图不适用的情况下，可利用计算机程序对边坡进行稳定性分析。这些程序中包含重要功能，能够在各种条件下使用，比如：

①坡面可以包括平台和各种角度坡面。

②可以用不同材料的边界定义不同厚度和倾角的岩层或任何形状的夹杂物。

③材料的剪切强度可以用 Mohr-Coulomb 或 Hoek-Brown 准则来定义。

④地下水压力可以由单个或多个地下水位决定，也可以指定压力分布。

⑤可以在边坡横截面内需要的地方施加任意方向的外部荷载。这种荷载可以来自桥梁和建筑基础，或者是锚固力。

⑥为了进行等效静力稳定性分析，可以施加水平力作为地震加速度。

⑦可以用圆弧和直线段定义滑动面的形状和位置。

⑧搜寻程序以最小安全系数找到滑动面。

⑨利用确定性和概率分析方法分别计算安全因素和失稳概率。概率分析要求将设计参数定义为概率分布而不是单一值。

⑩沿滑动面识别出负应力会显示错误消息。

⑪绘制边坡图形，包含边坡几何形状、材料边界、地下水位和滑动面。

程序 XSTABL(Sharma，1991)包含所有这些功能。XSTABL 的输出示例(部分)见图 9.20，图中模型为拟建公路上方的砂岩、页岩和粉砂岩中分级开挖边坡。在这些条件下，破坏面的形状受软弱岩层(页岩)的位置和厚度影响。

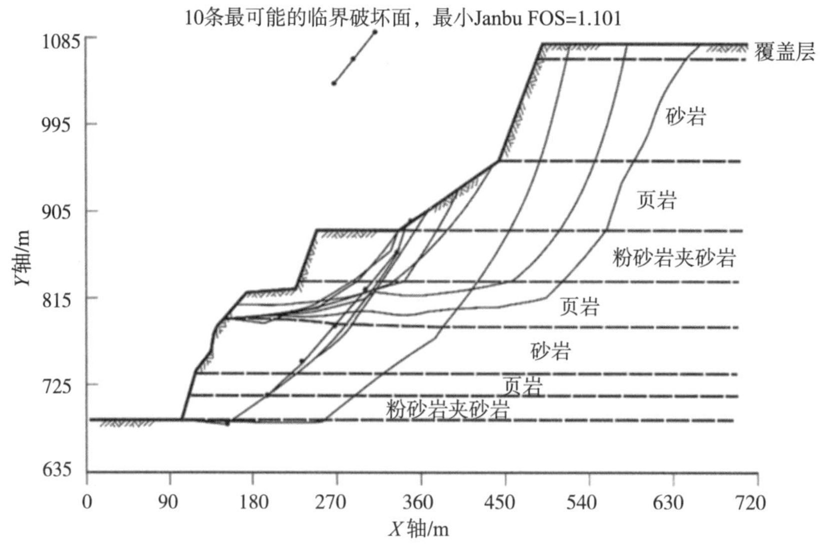

图 9.20 使用 XSTABL 进行砂岩/页岩地层的公路切坡的二维稳定性分析，显示出 10 条安全系数最低的滑动面

9.6.5 三维圆弧破坏分析

大多数分析边坡单位厚度稳定性的 LEA 程序(SLOPE/W,XSTABL,SLIDE)是二维分析,忽略了两侧所有的剪应力,与第 7 章介绍的平面破坏分析中使用的原理相同。虽然二维程序是一种沿用已久且可靠的分析方法,但在某些情况下,三维分析可以更好地表示滑动面和斜坡几何形状(Hungr,1987)。

TSLOPE(www. tagasoftcom)是一个三维分析程序,它将滑动体块分成数列,而不是二维模式中的条分。图 9.21 展示了一个露天矿山边坡模型的例子,网格面是矿山的平台,平面为不稳定岩体中的 4 个断层。

图 9.21 用程序 TSLOPE(Tagasoft,2016)建立含 4 个断层的边坡三维模型

TSLOPE 还可以绘制三维模型的任意截面，从而可以对模型的任何部分进行常规的二维分析，以比较二维和三维模型的安全系数。TSLOPE 模型也可以导入露天矿山设计软件中，并在其中加入地质构造。

9.6.6 边坡稳定性数值分析(强度折减法)

本章仅关注极限平衡法，其中安全系数由滑动面上的抗滑力与下滑力的比值来确定。

用于评估稳定条件的另一种分析方法是检查边坡内部的应力和应变。如果边坡接近破坏，则会在边坡内部形成一个高应变区，其形状将与圆弧滑动面大致重合。如果岩石的抗剪强度参数逐渐降低，边坡即将破坏时，沿剪切带的位移会突然增加。根据岩石实际抗剪强度与发生突然位移时的剪切强度的比值可以计算出边坡安全系数的近似值。这种稳定性分析方法称为强度折减法，强度比是强度折减系数(SRF)。该方法在第 12.1.1 节中有更详细的描述。

9.7 风化岩体边坡稳定性分析

第 3 章介绍了风化岩石的赋存状态、成因和性质。总之，这些材料产生于高温(大于 18°C)和强降雨频繁出现的热带气候中，岩石在原地发生化学和物理变化，进而强度降低。风化是一个渐进过程，从深处的新鲜岩石到地表残积土，按照表 2.1 中的描述分为 6 个等级。

风化过程由水流过结构面引起，导致这些裂隙表面的岩石逐渐发生蚀变。随着风化作用的进行，更多的岩石变成黏土矿物或者被溶解，直到整个岩石变成残积土。

9.7.1 边坡设计原则

第 3.5 节介绍了岩石切坡的设计原则，这些岩石切坡从残积土到风化岩石并延伸到新鲜岩石中，需要在每种材料体中设计不同的稳定坡角。对于风化岩石，稳定坡角既取决于软弱岩体的强度，也取决于可能存在的残余岩体结构。对于没有残余结构的风化岩，可以采用本章所述的圆弧稳定性分析进行边坡开挖设计。以下部分介绍了圆弧稳定性分析的应用，用于确定两个全风化岩石中开挖边坡的整体稳定坡角。

对于整个切坡位于风化岩石中的情况，通常需要设计多个平台(图 9.22 和图 9.23)，整体稳定的坡面角度需要综合考虑每个台阶的高度、平台宽度和台阶的坡面角度。

图 9.22 和图 9.23 所示的边坡设计的基本原理是在坡面上设置平台以控制地表径流，否则这些低强度材料会受到侵蚀(图 1.2)。风化岩石常出现在热带气候条件下，频繁出现阶段性强降雨，所以需要在施工过程中建造平台。平台之间的垂直间距一般为 6～8m。每个平台都要修建一个混凝土或砖石衬砌的沟渠，与一系列沿坡面向下的排水系统相连，用于收集、运移和排泄地表径流。坡面排水系统通常都有混凝土或砖石砌成的消能块，以控制通道

内的水流速度。

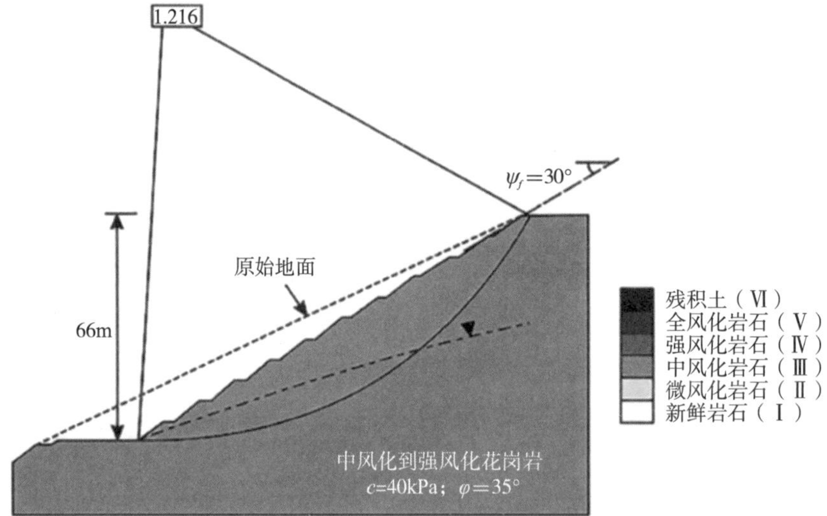

图 9.22　中风化和强风化花岗岩中 66m 高边坡的圆弧稳定性分析(马来西亚)

(a)现场

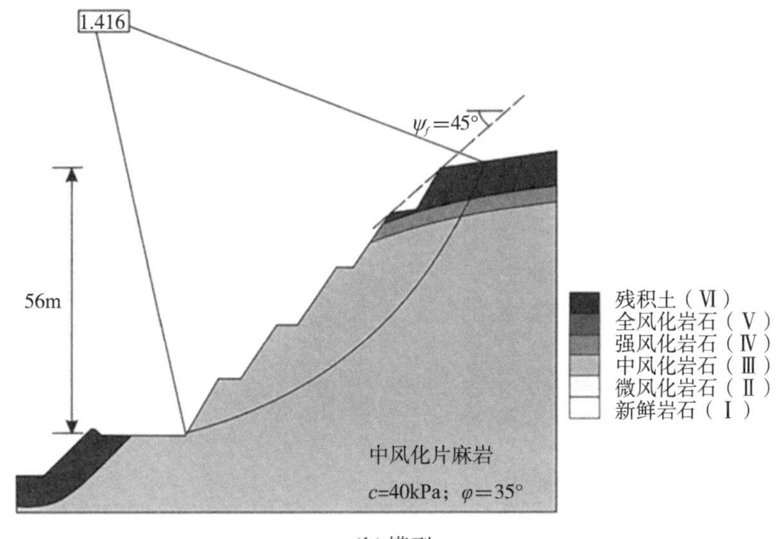

(b)模型

图 9.23 渐变风化片麻岩中 56m 高切坡的圆弧稳定性分析(巴西圣保罗)

9.7.2 深度风化岩石中的边坡设计

9.7.2.1 边坡稳定性分析

图 9.22 和图 9.23 中显示了风化岩石中的两次大型开挖,整体坡面角度取决于风化程度和相应的岩体强度以及地下水压力。这两次开挖在热带地区进行,该地区对于在不同风化等级岩石中进行开挖设计具有丰富的经验。这项工作为风化岩体的抗剪强度参数提供了可靠的信息。

稳定性分析使用软件 Slide 5.0(Rocscience Inc)中的简化 Bishop 法进行。

(1)风化花岗岩中切坡(图 9.22)

高 66m 的风化花岗岩切坡基本上与原始地表平行,主要是在中风化至强风化岩石(等级Ⅲ/Ⅳ)中进行。适用于整个切坡高度的平均剪切强度(图 5.25)为:

黏聚力=40kPa,内摩擦角=35°,重度=20kN/m^3。

该边坡整体坡度角为 30°,地下水位见图 9.22,采用圆弧稳定性分析,得出安全系数为 1.22。该图显示了该边坡的临界圆,最大深度位于坡面以下约 24m。该边坡稳定性对水位的敏感程度可能会随着强降雨的周期而显著波动,并且受风化岩体的高渗透性影响,其敏感程度也会随旱季边坡排水而波动。

(2)风化片麻岩中切坡(图 9.23)

风化片麻岩中高 56m 的切坡,整体坡度为 45°,开挖区域内片麻岩风化程度逐渐降低。地下水位在边坡以下,因为开挖工作在谷底以上的半山腰进行,中风化岩石的渗透系数足以使边坡排水。

在地质构造对边坡稳定性无影响的前提下，采用圆弧形破坏分析方法对开挖边坡的稳定性进行研究。各类风化岩石的抗剪强度值如下：

残积土/全风化岩石(Ⅵ/Ⅴ级)：黏聚力＝16.5kPa，内摩擦角＝25°，重度＝17kN/m³。

强风化岩石(Ⅳ级)：黏聚力＝22.5kPa，内摩擦角＝28.5°，重度＝19kN/m³。

中风化岩石(Ⅲ级)：黏聚力＝40kPa，内摩擦角＝35°，重度＝20kN/m³。

计算结果表明，该边坡安全系数为1.4，大部分滑动面位于Ⅲ级岩体中。图9.23显示，坡面上平台位于中风化岩石中，为避免出现局部失稳，需要安装临时锚杆以维持设计台阶角度的稳定，并需要在平台上修建排水沟。

9.7.2.2 示例问题9.1：圆弧破坏分析

(1)已知

在厚层、软弱的火山凝灰岩中开挖一个22m高的切坡，坡面角60°。坡顶后缘有一张裂缝，边坡基本接近破坏，即安全系数约为1.0。材料内摩擦角估计为30°，重度为25kN/m³，水位位置显示在边坡草图上(图9.24)。岩石中不含倾向坡外的连续节理，最可能的破坏模式是圆弧破坏。

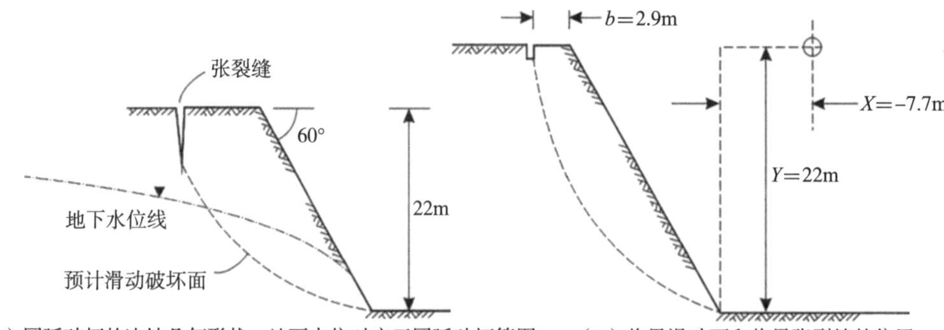

(a) 圆弧破坏的边坡几何形状，地下水位对应于圆弧破坏算图3　(b) 临界滑动面和临界张裂缝的位置

图9.24　示例问题9.1中的边坡几何形状

(2)问题

①对边坡破坏进行反分析，计算安全系数为1.0时的黏聚力极限值。

②使用①中计算的强度参数，确定完全排水时边坡的安全系数。边坡排水是否是一种可行的加固方法?

③使用图9.24所示的地下水位和①中计算的强度参数，计算将安全系数提高至1.3时，边坡高度要降低多少，即坡顶需要卸荷多少。

④对于图9.24所示的边坡几何形状和地下水位，求出临界圆中心坐标和临界张裂缝的位置。

(3)解答

①图9.24中显示的地下水位与图9.4中的地下水模式3相对应，因此在分析中使用圆

弧破坏图 9.4 中的算图 3(图 9.8)。当 $\varphi=30°$和 $FS=1.0$ 时，$\tan\varphi/FS=0.58$。

该 $\tan\varphi/FS$ 值与 60°坡面角的曲线交点为

$$\frac{c}{\gamma \cdot H \cdot FS}=0.086$$

故

$$\begin{aligned}c&=0.086\times25\times22\times1.0\\&=47.3\text{kPa}\end{aligned}$$

②如果边坡全排水，可以使用圆弧破坏算图 1 进行分析。

$$\frac{c}{\gamma \cdot H \cdot FS}=\frac{47.3}{25\times22\tan30°}=0.15$$

该斜线与 60°坡面角的曲线交点为

$$\frac{\tan\varphi}{FS}=0.52$$

$$FS=\frac{\tan30°}{0.52}=1.11$$

该安全系数小于通常临时边坡所需的安全系数(即 $FS\approx1.2$)，因此边坡排水不是有效的加固手段。

③当 $FS=1.3$ 和 $\varphi=30°$时，$\tan\varphi/FS=0.44$。

在圆弧破坏算图 3 上，该水平线与 60°坡面角的曲线交点为

$$\frac{c}{\gamma \cdot H \cdot FS}=0.11$$

故

$$H=\frac{47.3}{25\times1.3\times0.11}=13.2\text{m}$$

这表明边坡高度必须减少 8.8m，才能将安全系数从 1.0 提高到 1.3。请注意，只有在地下水位也下降至卸载高度时，才能达到 1.3 的安全系数。

④利用图 9.12 来确定存在地下水的边坡中，临界滑动圆和临界张裂缝的位置。

对于坡面角 60°，内摩擦角 30°的边坡，圆心坐标为：

$X=-0.35$，$H=-7.7\text{m}$，即坡脚外侧水平距离为 7.7m。

$Y=H=22\text{m}$，即坡脚以上 22m。

边坡后缘的张裂缝位置为

$$b/H=0.13$$

$$b=2.9\text{m}$$

该临界圆见图 9.24(b)。

(刘宇　杜胜华)

第 10 章　倾倒破坏

10.1　介绍

前面几章讨论的边坡破坏模式都是岩土体沿原生或次生破裂面滑动，本章讨论了另一种不同的破坏模式——倾倒破坏(图 10.1)。倾倒破坏指近直立岩层或岩块围绕某一固定底面发生转动。类似平面破坏和楔形破坏，倾倒破坏稳定性分析首先要对地质构造进行运动学分析，识别潜在的倾倒条件，如果存在倾倒破坏，则针对该破坏形式进行稳定性分析。

图 10.1　柱状玄武岩中的顶部岩块出现典型张裂缝，顶部宽度较大，底面附近变窄(加拿大不列颠哥伦比亚省惠斯勒附近的海天高速公路)

最早的关于倾倒破坏的参考文献之一由 Muller(1968)发表，他认为岩块转动或倾倒可能是瓦依昂滑坡中北坡面破坏一个诱发因素(图 10.2)。在 Muller 的指导下，Hofmann(1972)针对岩块转动进行了许多模型研究。Ashby(1971)、Soto(1974)和 Whyte(1973)也进行了类似的模型研究，而 Cundall(1971)、Byrne(1974)和 Hammett(1974)采用计算机分析研究岩体转动模式。图 10.3 为一个倾倒破坏的计算模型，其中实心块体是固定不动的，空心块体可以自由移动。当临空面的固定块被移除时，最高的几列块体由于其重心偏出基础而产生倾倒。该模型阐释了倾倒破坏的典型特征，其中顶部的张裂缝比底部宽。当沿着走向观察时可以很好地观察到这种情况，这在现场识别倾倒破坏是非常有用的。

关于倾倒破坏的野外研究的论文有 de Freitas 和 Watters(1973)讨论英国边坡的，以及 Wyllie(1980)阐述与铁路运营有关的倾倒破坏加固措施的。

本章后面的大部分讨论都以 Goodman 和 Bray(1976)的一篇论文为基础，该论文对简单倾倒问题给出了形式上的数学解。该数学解已被编入本章，它是含倾倒破坏的岩石边坡设计基础，并且进一步发展为更一般化的设计工具(Zanbak，1983；Adhikary 等，1997；Bobet，1999；Sagaseta 等，2001)。

图 10.2　瓦依昂滑坡北坡面可能的倾倒机理(Müller，1968)

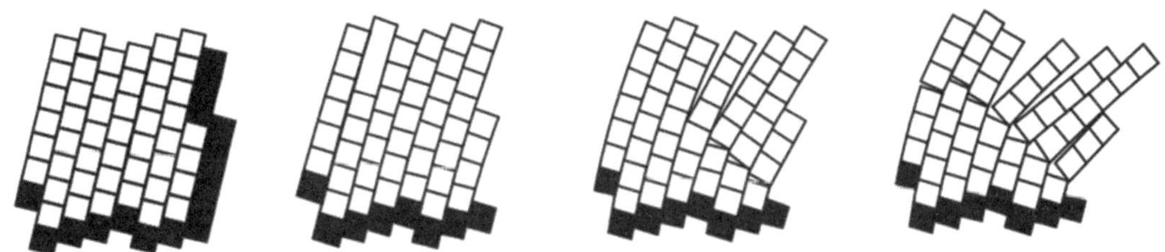

图 10.3　计算机生成的倾倒破坏模型；实心块体固定不动，空心块体可以自由移动(Cundall，1971)

10.2　倾倒破坏的类型

Goodman 和 Bray(1976)曾论述过在野外可能遇到的各种不同类型的倾倒破坏，下面简要讨论每种类型。区分倾倒类型的重点是掌握倾倒破坏稳定性分析中的块体倾倒和弯曲倾倒两种不同方法，应该在设计中使用适当的分析方法。

10.2.1　块体倾倒

如图 10.4(a)所示，在坚硬的岩石中，存在一组向坡内陡倾的结构面将岩体切割成柱状，而另一组间距较宽的正交节理将柱体切割成几段，这时就会发生倾倒破坏。在边坡坡脚处的短岩柱受到其后方倒转下来的长柱体的推力，因此会向前推移，这种坡脚滑移使边坡高处的岩体进一步发生倾倒。块体倾倒破坏通常是因为岩体被一个个交叉节理切割成阶梯型底面。发生这类破坏的典型地质条件是正交节理发育的层状砂岩和柱状玄武岩。

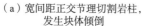

（a）宽间距正交节理切割岩柱，发生块体倾倒

（b）向坡内陡倾的板状岩体发生弯曲倾倒

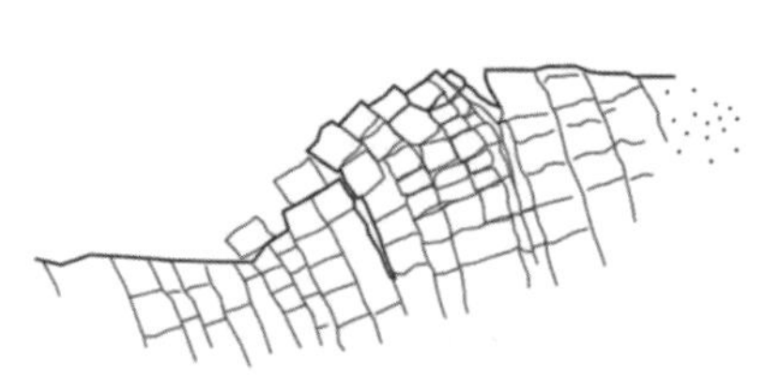

（c）块体弯曲复合式倾倒，这类倾倒破坏表现为长岩柱似连续性弯曲，沿大量交叉节理产生累计位移（Goodman等，1976）

图 10.4　常见的倾倒破坏类型

10.2.2　弯曲倾倒

弯曲倾倒的过程见图 10.4(b)。非常发育的陡倾结构面将岩石切割成连续的柱体，岩体向前弯曲发生破坏。发生该类型破坏的典型地质条件是存在正交节理不发育的薄层页岩和板岩。一般来说，弯曲倾倒底面不如块体倾倒那样清晰。

坡脚滑动、开挖或被侵蚀可能诱发倾倒，并随着张裂缝(越深处越窄)的形成，倾倒逐渐向岩体深部发展。边坡下部常常被一些混杂的岩石堆积覆盖，有时很难识别由坡底开始的倾倒破坏。倾倒边坡的详细调查表明，每个悬臂岩柱向外运动会导致层间滑移，从而使各滑动面上部表面暴露，形成一系列面向后方的逆向陡坎，见图 10.4(a)。

10.2.3　块体弯曲复合式倾倒

见图 10.4(c)，岩块弯曲复合式倾倒表现为长岩柱似连续性弯曲，长岩柱由大量交叉节理切割形成。在这种情况下，沿交叉节理的累积位移是形成岩柱倾倒的原因，而不是连续的岩柱弯曲造成破坏。因为这种复合式倾倒破坏产生大量微小位移，所以产生的张裂缝比弯曲式倾倒时少，而其中棱与面的接触及间隙又少于块体倾倒。

10.2.4　次生倾倒模式

图 10.5 阐述了 Goodman 和 Bray(1976)提出的几种可能的次生倾倒机理。一般来说，这些破坏由边坡坡脚下切引起，也可能由冲刷或风化等自然原因或人类活动造成。在所有情况下，原生破坏模式为岩体滑动或物理破坏，这种原生破坏会形成边坡上部的倾倒，见图 10.5(a)和图 10.5(b)。

图 10.5(c)说明了水平层砂岩和页岩地层发生倾倒破坏是一种常见现象。页岩通常比砂岩更软弱，更易受风化影响，而砂岩通常因应力释放产生垂直节理。随着页岩的风化，砂岩底部支撑被破坏后从坡面发生倾倒，其尺寸受垂直节理间距限制。在某些地方，悬空宽达

5m，在毫无预警的情况下可能会发生大量岩块崩塌。

在一个煤矿边坡失稳的示例中，出现了倾倒和圆弧滑动的组合破坏形式，矿山边坡顶部层理倾向坡内，倾角 70°，走向平行于坡面，见图 10.5(d)。以 50°的坡度开挖边坡引发了矿坑顶部的倾倒破坏，位移监测显示柱状砂岩柱最初向上并且向矿坑位移。这种位移导致从倾倒体底部到向上 230m 的高度范围发生圆弧滑动。详细的边坡监测显示，在矿坑上方边坡发生的总位移约 30m，导致顶部出现数米宽、9m 深的张裂缝。如第 15.7.1 节所述，采用连续位移监测方法在移动的边坡下进行开采，最后通过回填矿坑来加固边坡（Wyllie 等，1979）。

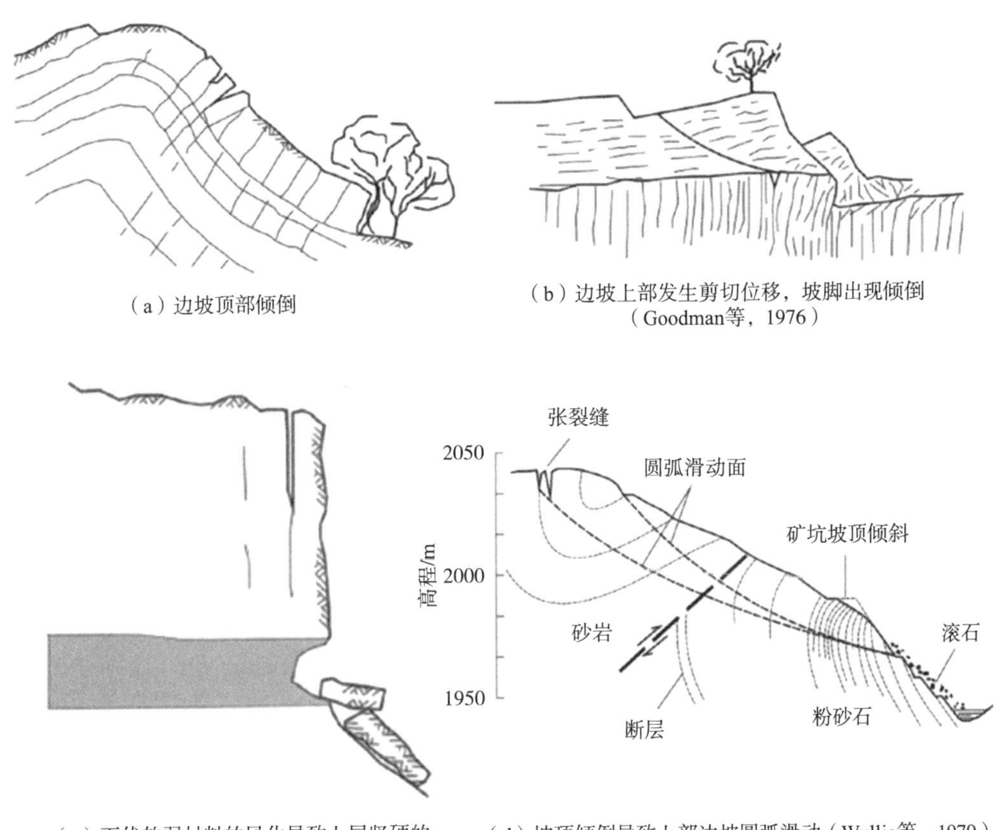

（a）边坡顶部倾倒

（b）边坡上部发生剪切位移，坡脚出现倾倒（Goodman等，1976）

（c）下伏软弱材料的风化导致上层坚硬的柱状材料倾倒

（d）坡顶倾倒导致上部边坡圆弧滑动（Wyllie等，1979）

图 10.5 次生倾倒模式

图 10.6 是另一个阐述倾倒机理的示例（Sjöberg，2000）。在边坡深度逐渐增加的露天矿中，小型的倾倒位移最终可能会发展为大型失稳。充分的位移监测和对倾倒机理的认识有助于预测和预防危险状况的发展。

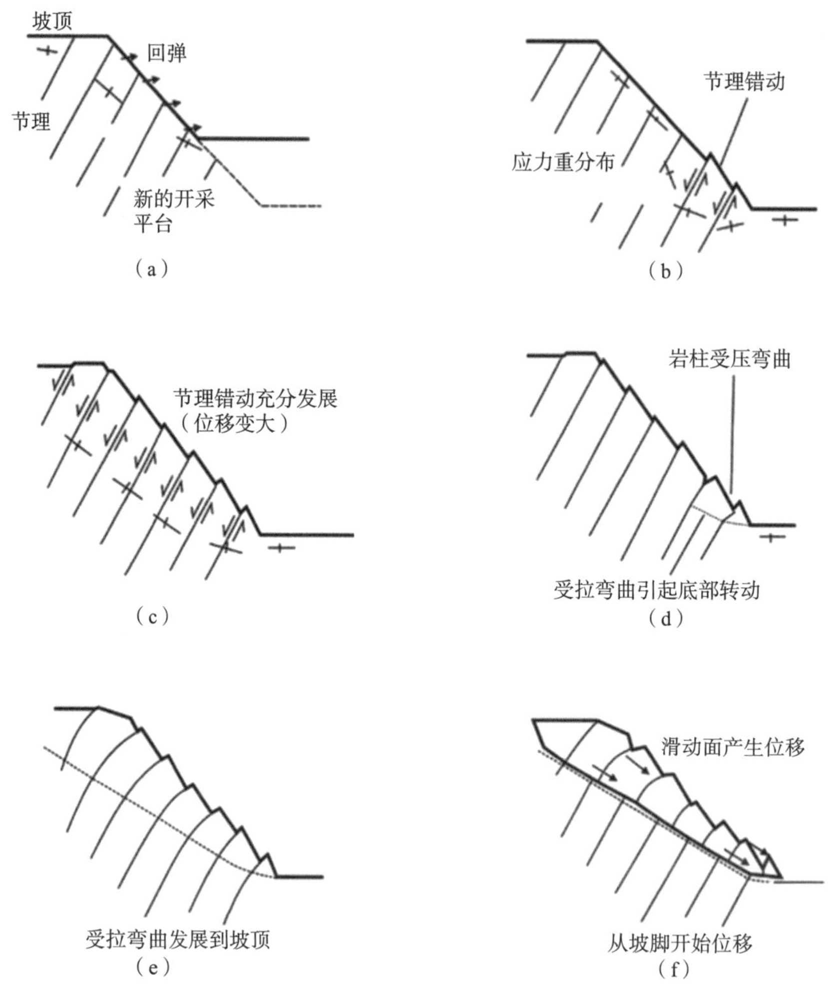

图 10.6 边坡中大规模倾倒破坏的失稳阶段(Sjöberg,2000)

10.3 岩块倾倒的运动学分析

倾倒的潜在性可以通过本节描述的两个运动学测试进行评估。这些测试首先检查岩块的形状,其次是结构面倾角与坡面角之间的关系。需要强调的是,这两个测试对于识别潜在倾倒条件是有用的,但是这些测试不能单独作为稳定性分析的方法。

10.3.1 块体形状测试

图 10.7(a)为一个块体在平面上稳定性的基本力学条件(图 1.11)。该图描述了在倾斜角度为 ψ_p 的平面上块体稳定、滑动或倾倒时,高度 y 和宽度 Δx 所需的条件。

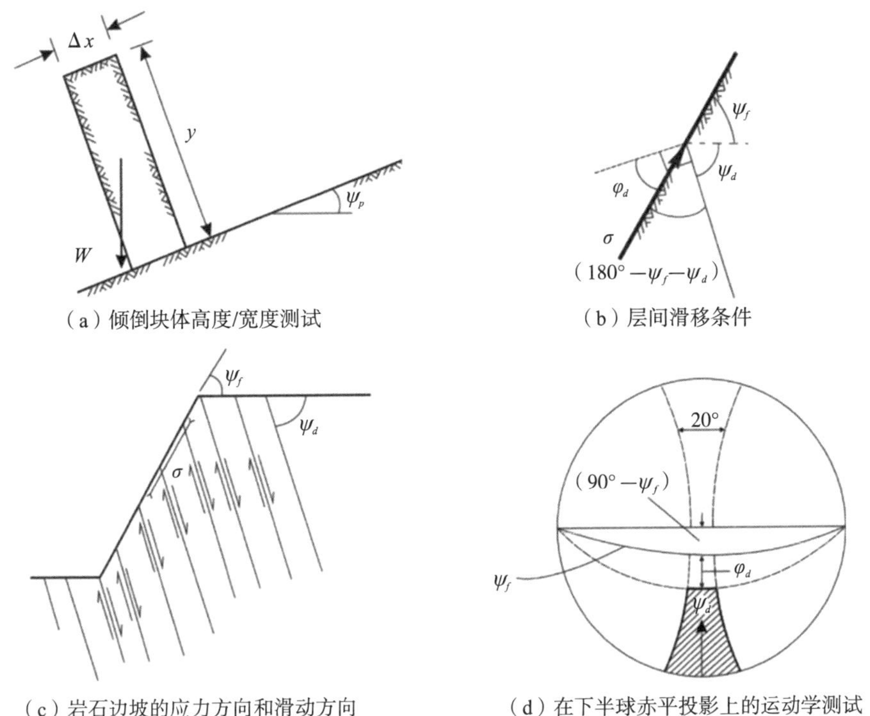

（a）倾倒块体高度/宽度测试

（b）层间滑移条件

（c）岩石边坡的应力方向和滑动方向

（d）在下半球赤平投影上的运动学测试

图 10.7 在倾倒前发生弯曲滑动的运动学条件

如果块体底面和平面之间的摩擦角为 φ_p，当平面倾角小于摩擦角时，岩块在平面上是稳定的，即

$$\psi_p < \varphi_p \tag{10.1}$$

但是当块体重心位于底面之外时将会发生倾倒，即

$$\frac{\Delta x}{y} < \tan\psi_p \tag{10.2}$$

例如，10°倾斜的平面上有一个 3m 宽的岩块，如果岩块高度超过 17m，则会发生倾倒。

10.3.2 层间滑移测试

在图 10.4 和图 10.6 所示的机理中，发生倾倒的必要条件是块体前后面的面—面接触上发生剪切位移。如果满足以下条件(图 10.7(c))将会发生滑动。坡面附近的应力状态是单轴的，法向应力 σ 与坡面平行。当层间滑动时，σ 发生偏转，与层面法线夹角为 φ_d，其中 φ_d 即为块体侧面的摩擦角。如果 ψ_f 是坡面角度，而 ψ_d 是岩块侧平面的倾角，则层间滑移的条件如下(图 10.7(c))：

$$(180^\circ - \psi_f - \psi_d) \geqslant (90^\circ - \varphi_d) \tag{10.3}$$

或者

$$\psi_d \geqslant (90^\circ - \psi_f) + \varphi_d \tag{10.4}$$

10.3.3 块体对齐测试

发生倾倒的另一个运动学条件是形成块体的平面走向大致平行于坡面，这样各岩层倾倒时受到相邻岩层的约束最小。在现场观察到的倾倒现象表明，岩块侧平面的倾向 α_d 与坡面倾向 α_f 相差在 10°以内时可能发生失稳，即

$$|(\alpha_f - \alpha_d)| < 10° \tag{10.5}$$

这两个条件定义了式(10.4)和式(10.5)给出的倾倒运动学稳定性，可以绘制在赤平投影中，见图 10.7(d)。在赤平投影图上，若块体底面摩擦参数和形状分别满足式(10.1)和式(10.2)，极点位于阴影区域内的平面可能发生倾倒。

10.4 在阶梯状底面上倾倒的极限平衡分析

本节介绍的倾倒分析方法利用的是本书通篇使用的极限平衡法。虽然这种分析方法仅限于一些简单的倾倒破坏，但它提供了对倾倒中重要因素的基础理解，并且可以评估加固措施。稳定性分析是一个迭代过程，需要计算所有岩块的尺寸和作用于其上的力，然后从最上面的块体开始检查每个块体的稳定性。每个岩块都可能稳定、倾斜或滑动，如果最下面的岩块滑动或倾倒，则认为整体边坡是不稳定的。该分析的一个基本要求是，每个岩块底面的摩擦角大于底面倾角，在没有任何外力作用于岩块的情况下，底面不会发生滑动，参见式(10.1)。

极限平衡法非常适用于考虑作用于边坡上的外力来模拟现场可能存在的各种实际情况。例如，如果下部的一个或多个岩块不稳定，则可以在这些岩块中安装一定抗拉强度和倾角的预应力锚索，以阻止其发生移动。此外，可以用作用在每个岩块上的虚拟静力来模拟由地震引起的地面运动(参见第 11.6 节)，水压力可以作用在每个岩块的底部和侧面，由桥基产生的荷载可以施加到任何指定块体中(Wyllie，1999)。

另一种方法可以替代本节所述的详细分析，Zanbak(1983)开发了一系列设计图表，可用于识别不稳定的倾倒边坡并估算极限平衡所需的支撑力。

10.4.1 底面角度 ψ_b

倾倒块体的底面是一个整体倾角为 ψ_b 的阶梯形表面(图 10.8)。值得注意的是，目前还没有明确的方法可以确定参数 ψ_b 的值。不过，在分析中需要使用适当的 ψ_b 值，因为该值对边坡稳定性有重要影响。也就是说，随着底面变得平坦、块体长度增加，较高块体倾倒的风险增大，导致边坡稳定性降低。如果底面角度与块体底部一致(即 $\psi_b = \psi_p$)，则倾倒体几何形状需要沿着底面的剪胀 δ 和块体底面的剪切(图 10.9)。但是，如果底面是阶梯状的(即 $\psi_b > \psi_p$)，那各块体可以在没有剪胀的情况下倾倒，前提是位移发生在面—面接触上(图 10.8)。一般认为，岩体剪胀比沿已有结构面剪切需要消耗更多的能量，因此更可能出现阶梯状底面。底

面摩擦力、离心模型和数值模型的检验(Goodman等,1976;Pritchard等,1990,1991;Adhikary等,1997)表明底面更可能是台阶状的,而近似倾角在以下范围:

$$\psi_b \approx (\psi_p + 10°) \sim (\psi_p + 30°) \tag{10.6}$$

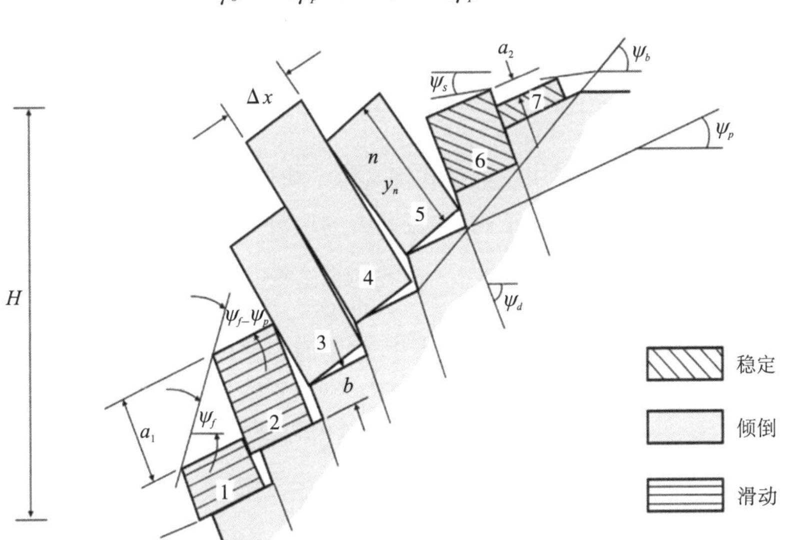

图 10.8 沿陡倾底面倾倒的极限平衡分析模型(Goodman等,1976)

ψ_b 值未知的情况下所采取的稳定性分析方法是在式(10.6)所示的范围内进行敏感性分析,找到最不利于稳定的 ψ_b 值。

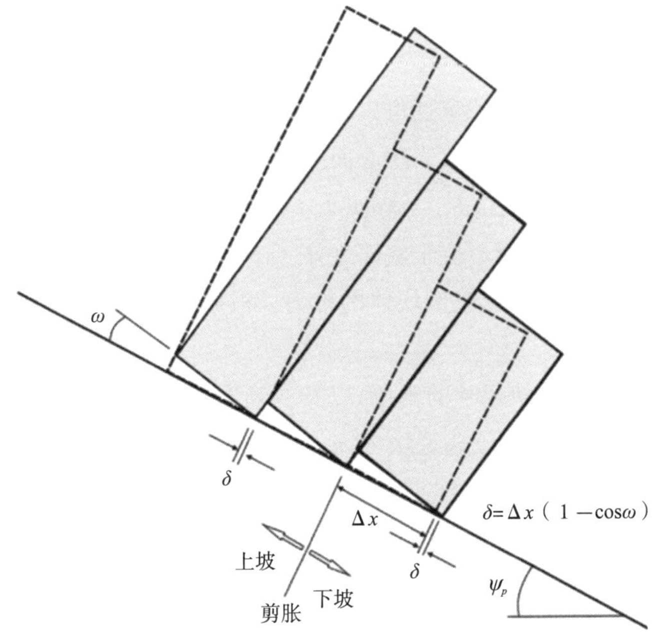

图 10.9 底面垂直于块体倾倒角度,倾倒块体剪胀(Zanbak,1983)

10.4.2 块体几何形状

倾倒分析的第一步是计算 7 个块体的尺寸。考虑图 10.8 所示的规则岩块系统，其中岩块为矩形，具有固定宽度 Δx 和可变高度 y_n。块体底面倾角为 ψ_p，切割块体的正交平面倾角为 ψ_d（$\psi_d = 90° - \psi_p$）。边坡高度为 H，按坡面角度 ψ_f 进行开挖，而坡顶上部按角度 ψ_s 进行开挖。

根据地质和边坡参数，可以用以下公式定义每个块体的尺寸。

根据图 10.8 所示的边坡几何结构，构成系统的块数 n 由式(10.7)给出：

$$n = \frac{H}{\Delta x}\left\{\frac{1}{\sin(\psi_b)} + \left[\frac{\cot\psi_b - \cot\psi_f}{\sin(\psi_b - \psi_f)}\right]\sin\psi_s\right\} \tag{10.7}$$

从坡脚向上将块体编号，最低的块体为 1，最上面的块体为 n。在这个理想化模型中，在坡顶以下的第 n 个块体高度 y_n 为

$$y_n = n(a_1 - b) \tag{10.8}$$

在坡顶为

$$y_n = y_{n-1} - a_2 - b \tag{10.9}$$

3 个常数 a_1、a_2 和 b 由块体和边坡的几何参数计算：

$$a_1 = \Delta x \cdot \tan(\psi_f - \psi_p) \tag{10.10}$$

$$a_2 = \Delta x \cdot \tan(\psi_p - \psi_s) \tag{10.11}$$

$$b = \Delta x \cdot \tan(\psi_b - \psi_p) \tag{10.12}$$

10.4.3 块体稳定性

图 10.8 中一个块体系统的稳定性可以根据它们的行为模式分为 3 组：

①在边坡上部有一组稳定块体，岩块底面摩擦角大于该平面的倾角（即 $\varphi_p > \psi_p$），并且高度较低，重心位于底面之内（$\Delta x / y > \tan\psi_p$）。

②中间是一组倾倒块体，重心位于底面之外。

③坡脚的一组块体受到上方倾倒块体的推力。根据边坡和块体的几何形状，坡脚岩块可能会稳定、倾倒或滑动。

图 10.10 解释了定义岩块尺寸的术语，以及在倾倒和滑动区作用在块体上所有力的作用点和方向。图 10.10(a)为一个典型块体 n，底面受法向力和剪切力（R_n，S_n），侧面有相邻块体的作用力（P_n，Q_n，P_{n-1}，Q_{n-1}）。当该块体是倾倒块体组时，所有力的作用点都是已知的，见图 10.10(b)。法向力 P_n 的作用点分别为 M_n 和 L_n，位于块体的上下面，其关系如下。

如果第 n 个块体位于坡顶线以下：

$$M_n = y_n \tag{10.13}$$

$$L_n = y_n - a_1 \tag{10.14}$$

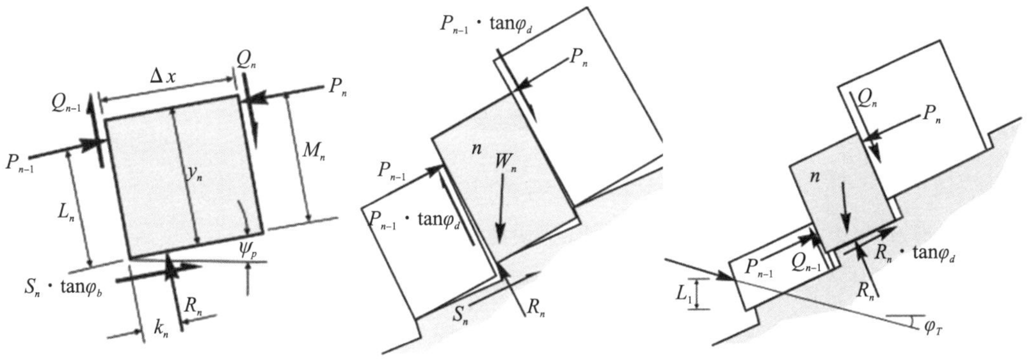

（a）第n个块体上的作用力　（b）第n个块体倾倒　（c）第n个块体滑动（Goodman等，1976）

图 10.10　第 n 个块体倾倒和滑动的极限平衡条件

如果第 n 个块体位于坡顶线：

$$M_n = y_n - a_2 \tag{10.15}$$

$$L_n = y_n - a_1 \tag{10.16}$$

如果第 n 个块体位于坡顶线以上：

$$M_n = y_n - a_2 \tag{10.17}$$

$$L_n = y_n \tag{10.18}$$

对于不规则的块体排列系统，可以用图解法确定 y_n、L_n 和 M_n。

当发生滑动和倾倒时，在底部和侧面会产生摩擦力。在许多地质环境中，这两个表面的摩擦角可能不同。例如，在陡倾的砂岩夹薄层页岩的沉积层序中，页岩形成块体的侧面，而砂岩中的节理形成块体的底部。此时块体侧面的摩擦角 φ_d 将低于底面上的摩擦角 φ_p。在极限平衡分析中，这两个摩擦角可以按以下方法考虑：

为了限制块体侧面的摩擦：

$$Q_n = P_n \cdot \tan\varphi_d \tag{10.19}$$

$$Q_{n-1} = P_{n-1} \cdot \tan\varphi_d \tag{10.20}$$

将重力 W_n 分解为垂直和平行于底面的力，作用于块体 n 底部的法向力和剪切力分别为

$$R_n = W_n \cdot \cos\psi_p + (P_n - P_{n-1}) \cdot \tan\varphi_d \tag{10.21}$$

$$S_n = W_n \cdot \sin\psi_p + (P_n - P_{n-1}) \tag{10.22}$$

考虑到转动平衡，如果 P_{n-1} 刚好能够防止块体倾倒，则 P_{n-1} 为

$$P_{n-1,t} = \frac{P_n(M_n - \Delta x \cdot \tan\varphi_d) + (W_n/2) \cdot (y_n \cdot \sin\psi_p - \Delta x \cdot \cos\psi_p)}{L_n} \tag{10.23}$$

当研究的块体位于滑动块体组时(图 10.10(c))：

$$S_n = R_n \cdot \tan\varphi_p \tag{10.24}$$

然而，施加于块体侧面和底部的力 Q_{n-1}、P_{n-1} 和 R_n 的大小及其应用点 L_n 和 K_n 都是未知的。尽管问题是不确定的，但如果假设 $Q_{n-1} = (\tan\varphi_d \cdot P_{n-1})$，那么可以算出防止块体 n 滑动的力 P_{n-1}，以及可以防止块体滑动的最小剪切力为

$$P_{n-1,s}=P_n-\frac{W_n(\cos\psi_p\cdot\tan\varphi_p-\sin\psi_p)}{(1-\tan\varphi_p\cdot\tan\varphi_d)} \tag{10.25}$$

10.4.4 岩块系统的倾倒稳定性计算步骤

边坡中含一系列向坡内陡倾的块体时，检查边坡倾倒稳定性的步骤如下：

①使用式(10.7)到式(10.12)计算每个块体的尺寸和块体数量。

②根据室内试验结果，指定或检查岩块侧面和底部的摩擦角（φ_d 和 φ_p）。底面摩擦角应大于底面倾角以防止滑动(即 $\varphi_p>\psi_p$)。

③从顶部块体开始，用式(10.2)识别块体是否会发生倾倒，即 $\Delta x/y<\tan\psi_p$ 时发生倾倒。对于上部倾倒块体，式(10.23)和式(10.25)分别用于计算防止倾倒和滑动所需的侧向力。

④设 n_1 是倾倒组最上面的块体。

⑤从岩块 n_1 开始，确定防止倾倒所需的侧向力 $P_{n-1,t}$ 和防止滑动所需的侧向力 $P_{n-1,S}$。如果 $P_{n-1,t}>P_{n-1,S}$，则岩块处于倾倒状态，此时令 $P_{n-1}=P_{n-1,t}$，或者如果 $P_{n-1,s}>P_{n-1,t}$，则岩块处于滑动状态，此时令 $P_{n-1}=P_{n-1,s}$。

此外，检查作用在岩块底部上的法向力 R，确认底部不发生滑动，即

$$R_n>0 \text{ 且 } (|S_n|>R_n\cdot\tan\varphi_p)$$

⑥下一个较低的岩块（n_1-1）和所有的下部岩块依次使用相同的方法处理。如果边坡下部较短的块体不满足式(10.2)中的倾倒条件，也仍然可能发生倾倒，这是因为上部块体施加的推力力矩足够大，能够满足上述⑤中的条件。如果所有块体满足条件 $P_{n-1,t}>P_{n-1,S}$，则倾倒向下延伸至岩块1，所有块体不发生滑动。

⑦可能找到一个 $P_{n-1,s}>P_{n-1,t}$ 的岩块。这样就确定了岩块 n_2，对于该岩块及所有以下岩块，临界状态是滑动破坏。如果 $S_n=R_n\cdot\tan\varphi_b$，则岩块不稳定，用式(10.24)检查滑动块体的稳定性。如果岩块1不会发生滑动和倾倒(即作用在最后一个块上的合力，$P_0<0$)，那么就认为整个边坡是稳定的。如果块体1发生倾倒或滑动(即 $P_0>0$)，则认为整个边坡是不稳定的。

10.4.5 确定边坡加固所需要的锚固力

如果第10.4.4节中所述的计算过程得出第1个岩块不稳定，则可以穿过该块体安装一根预应力锚索并将其锚固在下面的稳定岩石中以防止其移动。锚固的设计参数是锚索张力、锚索安装角度及其在岩块1上的位置见图10.10(c)。

假设在岩块1上安装锚索，安装角度为 ψ_p，距离块体底面高度为 L_1。为防止岩块1倾倒所需的锚索张力为

$$T_t=\frac{W_1/2(y_1\cdot\sin\psi_p-\Delta x\cdot\cos\psi_p)+P_1(y_1-\Delta x\cdot\tan\varphi_d)}{L_1\cdot\cos(\psi_p+\psi_T)} \tag{10.26}$$

同时为防止岩块1滑动所需的锚索张力为

$$T_s = \frac{P_1(1 - \tan\varphi_p \cdot \tan\varphi_d) - W_1(\tan\varphi_p \cdot \cos\psi_p - \sin\psi_p)}{\tan\varphi_p \cdot \sin(\psi_p + \psi_T) + \cos(\psi_p + \psi_T)} \tag{10.27}$$

当张力 T 施加到块体 1 上时，块体底面的法向力和剪切力分别为

$$R_1 = P_1 \cdot \tan\varphi_d + T \cdot \sin(\psi_p + \psi_T) + W_1 \cdot \cos\psi_p \tag{10.28}$$

$$S_1 = P_1 - T \cdot \cos(\psi_p + \psi_T) + W_1 \cdot \sin\psi_p \tag{10.29}$$

采用预应力锚索对块体 1 加固后，边坡稳定性计算方法与第 10.4.3 节中介绍的方法相同。所需的张力是式(10.26)和式(10.27)算出的 T_t 和 T_s 中的较大者。

10.4.6 岩块倾倒破坏极限平衡分析的安全系数

对于加固和未加固的边坡，可以先找到用于极限平衡计算的摩擦角，再计算安全系数。首先使用第 10.4.4 节中所述的摩擦角估计值进行极限平衡稳定性分析。如果最低岩块($n = 1$)不稳定，则增加其中一个或两个摩擦角，直到作用在最低岩块中的法向力 P_0 非常小，见图 10.10(c)；如果岩块($n-1$)是最低岩块，则 $P_{n-1} = P_0$。相反，如果岩块 $n = 1$ 是稳定的，则减小摩擦角直到 P_0 非常小。这些摩擦角的值是极限平衡所需的值。

极限平衡摩擦角称为所需摩擦角，而块体表面的实际摩擦角称为现有摩擦角。倾倒的安全系数为施加于岩层的摩擦角正切值 $\tan\varphi_{现有}$ 除以平衡所需的摩擦角正切值 $\tan\varphi_{所需}$ 。

$$FS = \frac{\tan\varphi_{现有}}{\tan\varphi_{所需}} \tag{10.30}$$

倾倒边坡的实际安全系数取决于倾倒岩块几何形状的细节。图 10.8 表明，一旦某一岩块稍有边坡翻转，岩块之间就会发生棱—面接触，则防止其进一步翻转所需的摩擦力就将增加。因此，刚好处于极限平衡的边坡是一种亚稳定边坡。然而，当翻转 $2 \cdot (\psi_b - \psi_p)$ 角度时，岩块侧面的棱—面接触将转变为连续的面接触，同时防止进一步旋转所需的摩擦角会急剧减小，甚至可能低于初始均衡所需的水平。因此，安全系数的选择取决于是否容许边坡有某些变形。

倾倒岩柱恢复连续的面—面接触，也许是大型倾倒破坏中非常重要的制动机理。在野外许多时候可以观察到边坡大量表面位移和张裂缝，但从坡面掉落的岩石较少。

10.4.7 倾倒极限平衡分析的例子

以下是应用 Goodman 和 Bray 极限平衡分析来计算图 10.11(a)所示的倾倒破坏安全系数和所需锚固力的一个例子。

岩石边坡高 92.5m，切坡角度 ψ_f 为 56.6°，岩体层面倾向坡内，倾角 60°(ψ_d =60°)；每个岩块宽度 Δx 为 10m。切坡面上方坡顶角度 ψ_s 为 4°，在每个块体底部台阶高 1m(atn(1/10))=5.7°，ψ_b = (5.7°+ψ_p)=35.7°。在坡脚和坡顶之间有 16 个块体(式(10.7))；块体 10 在顶部。根据式(10.10)至式(10.12)，常数 a_1 =5.0m，a_2 =5.2m，b =1.0m。这些常数用于计算每个块体的高度 y_n ，以及图 10.11(b)中表格所示的宽高比($\Delta x/y_n$)。

块体侧面和底部的摩擦角是相等的，其值为 38.15°($\varphi_{现有}$)。岩石重度为 25kN/m^3。假设边坡干燥，没有外力作用。

稳定性分析首先检查每个块体的倾倒/滑动模式，从最顶部开始。由于岩块底部的摩擦角为 38.15°，底面倾角为 30°，因此上部岩块不会发生滑动。然后用式(10.2)评估倾倒模式。由于($\tan\psi_p=\tan30°=0.58$)，岩块 16、15 和 14 的宽高比值($\Delta x/y_n$)大于 0.58，因此这几个岩块稳定。也就是说，这 3 个岩块较短，它们的重心位于底面内。

对于块体 13，比值 $\Delta x/y_n$ 为 0.45，小于 0.58，所以岩块倾倒。P_{13} 等于 0，根据式(10.23)和式(10.25)算出 $P_{12,t}$ 和 $P_{12,s}$，P_{12} 取其中的较大值。这个计算过程是从上到下依次检查每个岩块的稳定性。图 10.11(b)中的表所示，$P_{n-1,t}$ 一直是两个力中较大的一个，直到 $n=3$ 时，$P_{n-1,S}$ 较大。因此，块体 4～13 为潜在倾倒区，块体 1～3 为滑动区。

可以通过增加摩擦角，直到底部块体刚好稳定，即得到该边坡安全系数。于是可以发现，极限平衡条件下所需的摩擦角是 39°，式(10.30)算出的安全系数为

$$FS=\frac{\tan38.15°}{\tan39°}=0.97$$

分析还表明，为了使坡脚岩块刚好稳定，在块体 1 中水平安装的锚索张力在边坡长度方向上为 500kN/m。最大 P 值(在块体 5 中)为 4837kN/m。

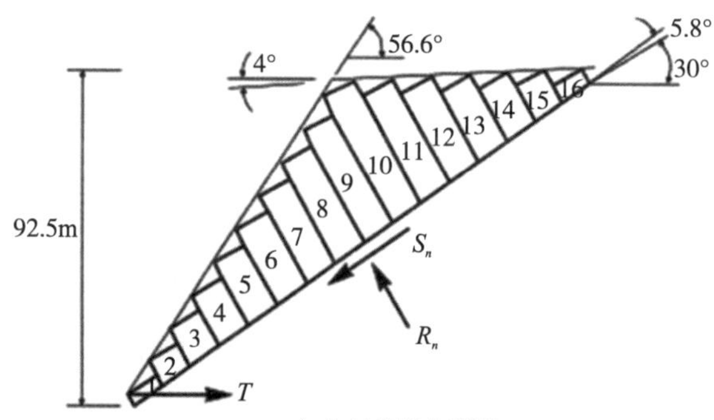

(a) 坡度几何形状

n	y_n	$\Delta x/y$	M_n	L_n	$P_{n,t}$	$P_{n,s}$	P_n	R_n	S_n	S_n/R_n	模式
16	4.0	2.5			0	0	0	866	500	0.577	稳定
15	10.0	1.0			0	0	0	2155	1250	0.577	
14	16.0	0.6			0	0	0	3463	2000	0.577	
13	22.0	0.5	17	22	0	0	0	4533.4	2457.5	0.542	倾倒
12	28.0	0.4	23	28	292.5	−2588.7	292.5	5643.3	2966.8	0.526	
11	34.0	0.3	29	34	825.7	−3003.2	825.7	6787.6	3520.0	0.519	
10	40.0	0.3	35	35	1556.0	−3175.0	1556.0	7662.1	3729.3	0.487	
9	36.0	0.3	36	31	2826.7	−3150.8	2826.7	6933.8	3404.6	0.491	
8	32.0	0.3	32	27	3922.1	−1409.4	3922.1	6399.8	3327.3	0.520	
7	28.0	0.4	28	23	4594.8	156.8	4594.8	5872.0	3257.8	0.555	
6	24.0	0.4	24	19	4837.0	1300.1	4837.0	5352.9	3199.5	0.598	
5	20.0	0.5	20	15	4637.5	2013.0	4637.5	4848.1	3159.4	0.652	
4	16.0	0.6	16	11	3978.1	2284.1	3978.1	4369.4	3152.5	0.722	
3	12.0	0.8	12	7	2825.6	2095.4	2825.6	3707.3	2912.1	0.7855	滑动
2	8.0	1.3	8	3	1103.1	1413.5	1413.5	2471.4	1941.3	0.7855	
1	4.0	2.4	4	-	−1485.1	472.2	472.2	1237.1	971.8	0.7855	

(b) 表格列出块体尺寸、计算力和稳定模式

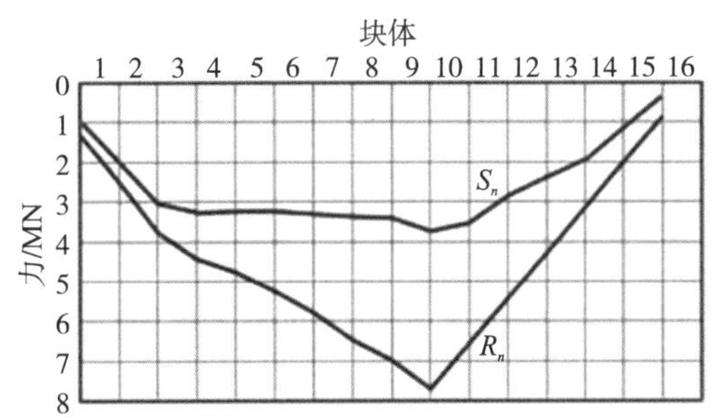

（c）块体底部的法向力R和切向力S的分布（Goodman等，1976）

图 10.11　倾倒边坡的极限平衡分析

如果 $\tan\varphi$ 降低到 0.65，将发现：坡脚的块体 1～4 将滑动，而块体 5～13 将倾倒。此时，为了恢复平衡，穿过岩块 1 水平安装的锚索所需张力为 2013kN/m。该张力值并不大，说明支护“关键块体”对于增加稳定性是非常有效的。相反，在接近失稳的倾倒边坡中，如果关键块体被移除或者软化，将会产生严重后果。

当计算出倾倒区域中 P 的分布时，可以用式(10.21)和式(10.22)计算块体底面的力 R_n 和 S_n。假设 $Q_{n-1}=P_{n-1}\cdot\tan\varphi_s$，滑动区也可以计算出 R_n 和 S_n。

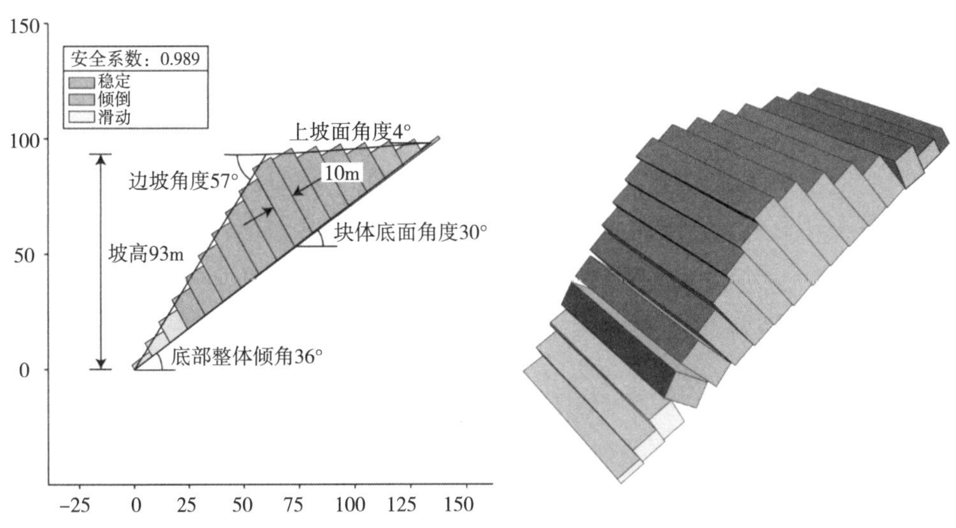

图 10.12　使用 Roc Topple 分析图 10.11 所示倾倒破坏的结果

图 10.11(c)显示了这些力在整个边坡上的分布情况，图上每一处均满足 $R_n>0$ 和 $|S_n|<R_n\cdot\tan\varphi_p$。图 10.12 为使用 Roc Topple 程序分析图 10.11 中倾倒破坏的详细结果。该图确定了稳定、倾倒和滑动块体以及边坡下部的倾倒位移。

10.4.8　对倾倒边坡施加外力

在外力作用于边坡的情况下，需要调查它们对稳定性的影响。外力包括作用在岩块侧面和基础上的水压力，模拟地震地面运动作用在每个岩块上的水平力(见第 11.6 节)，以及在某一岩块上假设桥墩产生的点荷载。另一个外力在第 10.4.7 节的示例已经体现，就是在倾倒岩体下方安装锚索，表面施加预应力将其锚固在下方稳定岩体中。

极限平衡分析的一个特点是可以将任意数量的力纳入分析中，只要它们的大小、方向和作用点已知。图 10.13 为含倾斜水位倾倒边坡的一部分。作用在块体 n 上的力有：与水平面夹角为 ψ_Q 向下作用的力 Q，3 个水压力 V_1、V_2 和 V_3 以及由相邻上下块体产生的力 P_n 和 P_{n-1}。将上述力分解为垂直和平行于块体底面的力，式(10.23) 和式(10.25) 可以进行如下修改。考虑转动平衡，刚好可以防止块体 n 倾倒的力 $P_{n-1,t}$：

$$P_{n-1,t}=\left\{P_n(M_n-\Delta x\cdot\tan\varphi_d)+\frac{W_n}{2}(y_n\cdot\sin\psi_p-\Delta x\cdot\cos\psi_p)+V_1\cdot\frac{y_w}{3}+\gamma_w\cdot\frac{\Delta x^2}{6}\cdot\cos\psi_p(z_w+2y_w)-V_3\cdot\frac{z_w}{3}+Q\left[-\sin(\psi_Q-\psi_p)\cdot\frac{\Delta x}{2}+\cos(\psi_Q-\psi_p)\cdot y_n\right]\right\}L_n^{-1} \tag{10.31}$$

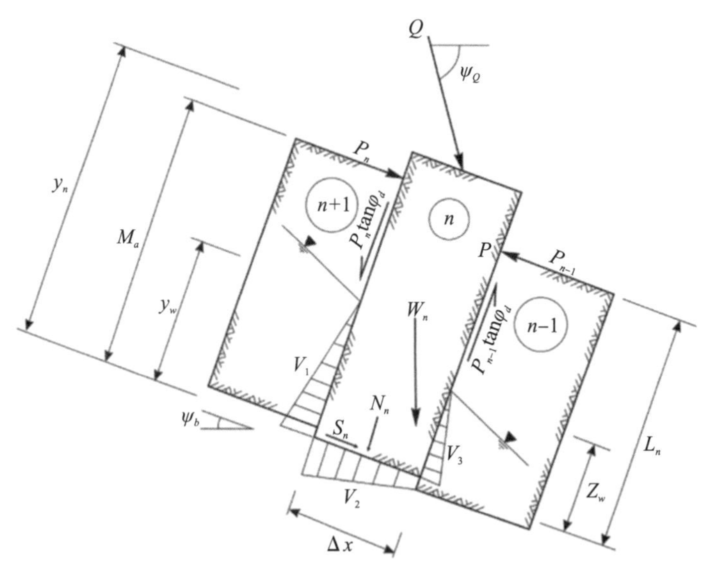

图 10.13 包含外力的倾倒块体

假定块处于极限平衡状态，刚好可以防止块体 n 滑动的力为

$$P_{n-1,s}=P_n+\{-W(\cos\psi_p\cdot\tan\varphi_p-\sin\psi_p)+V_1-V_2\cdot\tan\varphi_p-V_3+Q\cdot[-\sin(\psi_Q-\psi_p)\cdot\tan\varphi_p+\cos(\psi_Q-\psi_p)]\}\cdot(1-\tan\varphi_p\cdot\tan\varphi_d)^{-1} \tag{10.32}$$

其中：

$$V_1=\frac{1}{2}\gamma_w\cdot\cos\psi_p\cdot y_w^2;$$

$$V_2=\frac{1}{2}\gamma_w\cdot\cos\psi_p(y_w+z_w)\cdot\Delta x;$$

$$V_3=\frac{1}{2}\gamma_w\cdot\cos\psi_p\cdot z_w^2;$$

然后用修改后的 $P_{n-1,t}$ 和 $P_{n-1,S}$ 公式，按之前同样的方法进行极限平衡稳定性分析。

10.5 弯曲性倾倒的稳定性分析

10.5.1 弯曲倾倒的特征

图 10.4(b)为一个典型的弯曲倾倒破坏，其中岩石板块弯曲，形成面—面接触。弯曲倾倒机理与第 10.4 节中描述的块体倾倒机理不同。因此，对于弯曲倾倒边坡的设计，不宜使用极限平衡稳定性分析。目前使用的研究弯曲倾倒的方法为底面摩擦模型(Goodman，1976)、离心机(Adhikary 等，1997)和数值模拟(Pritchard 等；1990，1991)。所有这些模型都显示了该破坏机理的共同特征，包括层间剪切、顶部逆向陡坎、宽度随深度减小的张裂缝以及倾倒底部的限制倾角 ψ_b。如第 10.4.1 节所述，倾角 ψ_b 大于平面 ψ_p（垂直于岩板倾角）10°～30°。

根据 Adhikary 等的离心模型已经建立起一系列设计图表，这些图表中边坡稳定性与坡面角度、倾向坡内的块体倾角以及坡高与岩板宽度的比值有关。另一个输入参数是岩石抗拉强度，因为岩板弯曲会在其上表面产生拉伸裂缝。设计图表提供了一些信息，如在某一地质条件和坡度高度下容许的坡面角度。

另外，块体运动计算机模拟可以研究各种几何和材料参数下的问题。最合适模拟这些问题的计算机程序之一是由明尼苏达州 Itasca 咨询集团(Itasca Consulting Group Inc.，2000)开发的 UDEC(通用离散单元程序)。图 10.14 为对露天矿边坡进行分析的结果(Pritchard 等，1990)。UDEC 分析用于研究倾倒边坡的主要特点是：

①包含各种不同强度参数的材料。

②可以观察到离散块体之间的接触或分界面，如由向坡内陡倾的结构面切割形成的岩板。

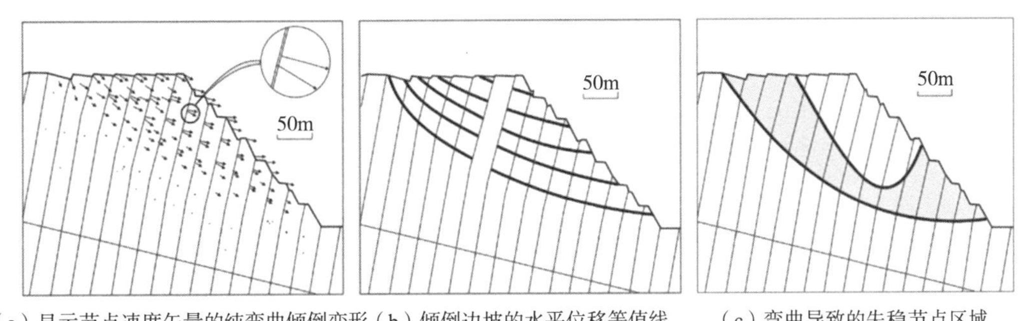

（a）显示节点速度矢量的纯弯曲倾倒变形（b）倾倒边坡的水平位移等值线（c）弯曲导致的失稳节点区域（Pritchard等，1990）

图 10.14 倾倒矿山边坡的 UDEC 模型

③对切割岩柱的结构面指定有限的法向刚度，可以计算沿接触面的位移。结构面法向

刚度为使结构面法向闭合的法向力，可以通过直接剪切试验来测量(图 5.17)。

④假设变形块体发生弯曲和张拉破坏。

⑤允许倾倒块体发生一定的位移和旋转，可以完全分离并在计算过程中自动识别新的接触点。

⑥采用显式“时间步”直接求解运动方程。可以模拟渐进破坏过程，或者对于给定的边坡条件(如开挖边坡坡脚)计算一系列倾倒块体的蠕变量。请注意，分析中时间步不是实际时间，而是渐进位移的模拟。

⑦可以研究不同的加固措施，如安装岩石锚杆或排水孔，以确定哪种方法最有效。

由于在 UDEC 中使用了大量的输入参数以及分析功能，设计边坡时如果能够根据类似地质条件下已发生的倾倒破坏对模型进行校准，那么就能得到最可靠的分析结果。最理想的情况是采矿工程 UDEC 模拟，由于有位移监测数据，随着开挖深度的加大，可以用 UDEC 模拟倾倒的发展。模型可以根据监测数据随时更新。

第 12 章更详细地讨论了边坡数值模拟。

戴维斯和史密斯(Davies and Smith，1993)介绍了运动稳定性测试和加固设计在弯曲倾倒破坏中的应用。该倾倒发生在粉砂岩地层中，层理倾向坡内并且间距较密，倾角为 90°～70°。桥台开挖导致坡顶出现一系列张裂缝，需要安装预应力锚索加固边坡，同时需要减小坡面角度。

10.5.2 示例问题 10.1：倾倒破坏分析

(1)已知

有一个 6m 高边坡，坡面倒转，倾角为 75°。边坡坡脚处有一个断层，倾角 15°，使坡面风化和下切。在坡顶后缘 1.8m 处有一上宽下细的张裂缝，坡面基本稳定(图 10.15)。断层的摩擦角 φ 为 20°，黏聚力 c 为 25kPa。边坡处于干燥状态。

(2)问题

①如果岩石重度为 23.5kN/m^3，计算滑块的安全系数。

②根据以下关系，可判断块体是否发生倾倒：

$$\frac{\Delta x}{y} > \tan\psi_p$$

③在发生倾倒之前，断层还需要下切多少？

④什么加固措施适合这种边坡？

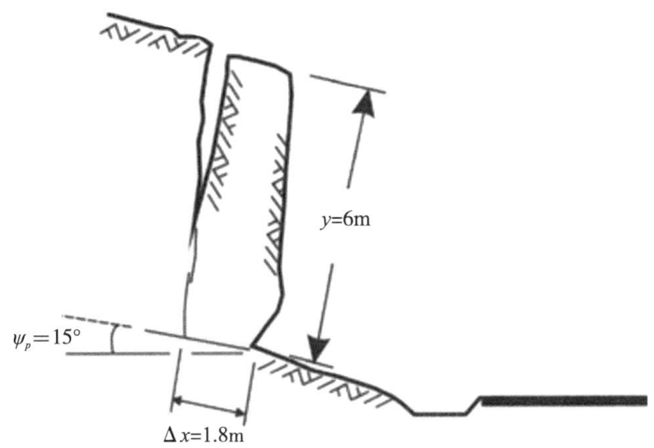

图 10.15 示例问题 10.1 的倾倒块体

(3)解

①滑动安全系数由第 7 章中的方法确定,干燥边坡的公式为

$$FS=\frac{c\cdot A+W\cdot\cos\psi_p\cdot\tan\varphi_p}{W\cdot\sin\psi_p}$$

$$=\frac{25\times1.8+254\cdot\cos15°\cdot\tan20°}{254\cdot\sin15°}$$

$$\approx2.0$$

其中:

A =块体底面的面积=1.8m^2。

W =块体重量=23.5×1.8×6=254kN。

②根据图 10.15 给出的尺寸,可得以下值用于测试稳定性条件:

$$\frac{\Delta x}{y}=\frac{1.8}{6}=0.3$$

$$\tan15°=0.27$$

该块体不会发生倾倒,因为 0.3>0.27。

③如果风化导致块体底面宽度进一步减小 0.2m,则可能发生倾倒,因为 $\Delta x/y=(1.8-0.2)/6\approx0.27$。

④可在此边坡上使用的加固措施包括:

a. 防止地下水入渗,限制张裂缝和坡脚断层面的水压。

b. 在断层处喷射混凝土防止进一步风化。

c. 在不降低块体稳定性的前提下,使用光面爆破减小坡度和 y 的长度。

(杜胜华 张少锋)

第11章 岩石边坡的抗震稳定性分析

11.1 介绍

在世界地震活跃地区，岩石边坡的设计应考虑地震引起的地面运动对边坡稳定性的影响。本章描述地面运动对边坡稳定性的影响，并讨论考虑地震加速度的边坡设计。这些设计程序通常适用于岩质和土质边坡，本章主要介绍了这两种边坡设计，并阐述了两者的不同之处。

关于地震边坡稳定性的大部分信息由美国国家合作公路研究计划611号文件《挡土墙、地下结构、边坡和路堤地震分析和设计》(TRB，2008)以及相关文件提供。

大量的崩塌和滑坡由地震地面运动诱发(Youd，1978；Van Velsor等，1992；Harp等，1993；Ling等，1997)。例如，1980年，加利福尼亚州猛犸湖发生6.0～6.1级地震，一块21.4t重的巨石滚落，并水平滚动了421m；1983年爱达荷州发生4.2级地震，一块20.5t巨石水平移动大约95m(Kobayashi等，1990)。在更大的范围内，2002年阿拉斯加德纳里峰地区7.9级地震在硬岩中引发总体积达数百万立方米的大量山体滑坡(Jibson等，2004)。此外，新西兰基督城2011年的地震也引发了大量的岩石坠落，对数百栋房屋造成了破坏(Massey等，2014)。日本新岛6.4级地震引发的岩石坠落，被MSE围墙挡住(图11.1)。

图11.1 日本新岛6.4级地震引发的岩石坠落，被MSE围墙挡住(Protec Engineering，2002)

11.1.1 滑坡类型的相对丰度

大范围的地震诱发滑坡研究表明，岩石坠落和岩石滑动是最常见的两种类型。以下是地震引发的山体滑坡的相对丰度列表(Keefer，1984)：

①非常频繁(在40次地震中出现100000次以上)：岩石坠落和滑动，并切断土层滑坡。

②频繁(在40次地震中发生10000～100000次)：土壤流失/坍塌。

③中等(在40次地震中发生1000～10000次)：土壤下降，迅速流失，岩石崩塌。

④罕见(在40次地震中发生100～1000次)：水下滑坡，土壤缓慢流动，岩块滑动，岩崩。

在岩体结构面上发生几厘米的剪切位移之后，其剪切强度会显著降低，因此可能经常发生滑动。

11.1.2 边坡对地面运动的敏感性

有关震区附近山体滑坡和岩崩的数量和分布研究表明，滑坡密度可高达50次/km^2。这些数据已被用于评估滑坡和坠石高易发区的地质和地形条件(Keefer，1992；Harp等，1995；Harp等，2002；Harp等，2003)。同时还发现以下5个边坡参数对地震稳定性影响最大：

①边坡角度：在角度小于25°的边坡上很少出现坠石和滑坡。

②风化：高度风化的岩石、土石混合体和残积土比新鲜岩石更可能发生滑坡。

③胶结程度：岩石颗粒黏结较弱的弱胶结岩石，比坚硬的、强胶结的岩石更容易失稳。

④结构面特征：包含密集、张开结构面的岩体比结构面闭合的块状岩石更容易失稳。

⑤水：水位高的地区或最近发生降雨的地区容易失稳。

图11.2中的决策树说明了这5个条件与边坡失稳之间的关系。同样值得注意的是，先前出现过滑坡、坡度小于25°的边坡，以及局部地形起伏大于2000m的地区，滑坡危险性较高，这可能是由于地震作用通过地形被放大(Harp等，2002)。此外，在冻融作用引起表层岩石松动的高海拔和寒冷气候中可能存在坠石危险。

例如，图11.2所示的决策树可以用于评估交通和管道沿线的坠石和滑坡危险性。

图11.2所示的影响边坡稳定性的条件都与形成边坡的材料特性有关。另一个影响地震边坡稳定性的因素是震源断层的方位。见图11.3，破坏主要发生在断层上盘侧的边坡上，衰减关系表明上盘峰值地面加速度PGA高于下盘(Abrahamson，2000)。

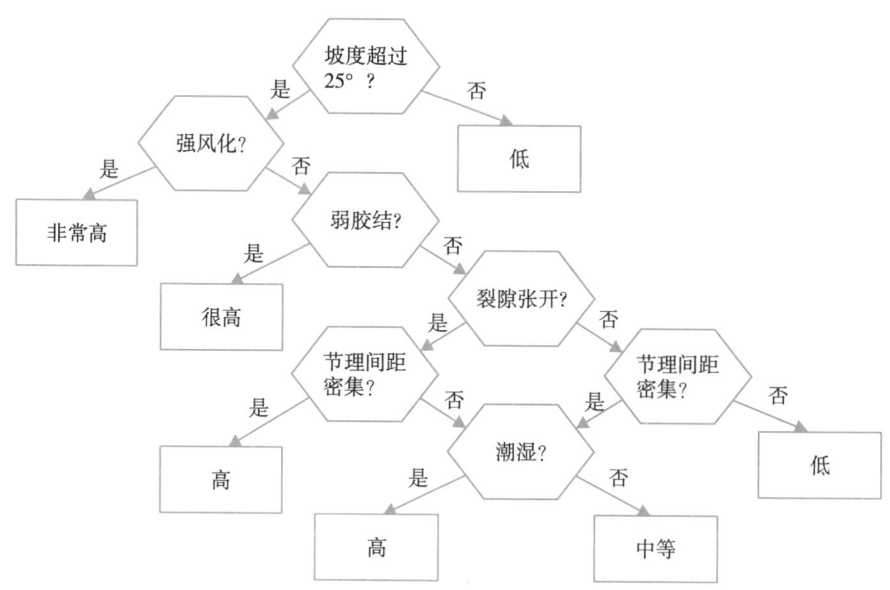

图 11.2 岩石边坡对地震引起失稳的敏感性决策树(Keefer,1992)

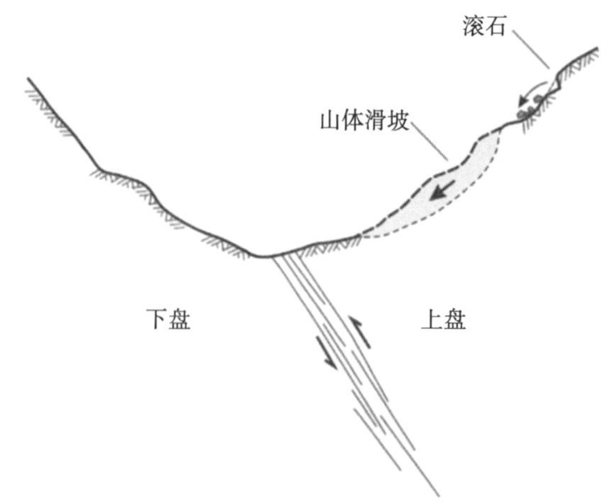

图 11.3 断层上盘边坡失稳明显

11.1.3 与阿里亚斯强度有关的边坡失稳阈值

为了量化地震震级与滑坡发生之间的关系,关于 1994 年洛杉矶 6.7 级北岭地震引发的滑坡有一份详细清单,记录了约 10000km^2 的地区发现的约 11000 个滑坡(Jibson 等,1995 年)。这些滑坡主要发生在圣苏珊娜山,这些边坡由中新世晚期到更新世的松散碎屑沉积物组成,在剧烈构造运动下发生褶皱和抬升(Jibson 等,1998)。滑坡总体积达到几十万立方米甚至上百万立方米,不过其中大部分滑坡是浅层的,单个体积只有几立方米。

可以使用由 Harp 和 Wilson(1995)提出的方法对特定地点进行灾害评估,该方法能计算指定位置地面运动的阿里亚斯强度。阿里亚斯强度 I_a 是地面运动总释放能量的量度,并且与整个时间历程中加速度平方的积分成正比。阿里亚斯的强度在第 11.4.2 节中进一步讨论。

将坠石和滑坡与加利福尼亚 1987 年 Whittier 和 1987 年 Superstition 地震记录中的强震阿里亚斯强度相关联。研究表明，中新世和上新世(第三纪)沉积物中阿里亚斯滑动强度阈值为 0.08～0.6m/s，含张开结构面的前寒武纪和中生代岩石的阈值为 0.01～0.07m/s。从图 11.2 可知，如果结构面闭合，则坠石和滑坡较少。

详细的滑坡清单还可以用来寻找滑坡的最大震中距离和阿里亚斯强度。对于上文所述的 Northridge、Whittier 和 Superstition 地震，滑坡的最大震中距约为 60km(辐射范围为 1500km^2)，与全球历史地震的滑坡震中距平均值在同一量级(Keefer，1984)。然而，2011 年发生于美国维吉尼亚州的 5.8 级 Mineral 地震的量级与此不同，因为它诱发了距离震中 245km 的滑坡，滑坡面积达 33400km^2(Jibson，2013)。

历史记录显示，在山岭区，滑坡影响面积 A 与地震震级 M 有如下关系

$$\log A = M - 3.46 \pm 0.47 \tag{11.1}$$

11.1.4 滑坡坝

上文所述，由地震引发山体滑坡体积经常达数十万或数百万立方米。如果发生在河谷中，便会阻挡河流并形成数百米高的滑坡坝，并形成数百万立方米的堰塞湖(Costa 等，1988)。当然，滑坡坝可以在地震和非地震条件下形成。128 个案例的研究记录显示，其中有 51%由降雨和融雪造成，约 39%由地震造成，8%由火山喷发引起。

少数滑坡坝是永久性的，并导致该地区地形、地质和水文条件急剧变化。如 1980 年形成的永久性滑坡坝 Spirit Lake，其体积为 2.59 亿 m^3，由美国华盛顿州圣海伦斯火山爆发所引起的滑坡形成。另一个永久性滑坡坝是由 1983 年发生于美国犹他州的 Thistle 滑坡引起(见第 1.1.2 节)。这些滑坡导致了大规模伤亡，住宅、农场和交通网络被滑坡和湖泊淹没。如果滑坡坝被迅速填满，疏散时间有限，则会有更多的人丧失生命。对于永久性滑坡坝，渗透系数足够高时，河流补给量等于水流通过滑坡堆积体的排泄量，渗流对堆积体没有明显的冲刷或侵蚀。

滑坡坝的另外一个特征是在形成后不久就会失稳，通常湖水注满后便会出现溢流，然后滑体发生溯源侵蚀。73 个案例研究表明，27%的堤坝在一天内失稳，41%在一周内失稳，85%在一年内失稳。这表明堰塞湖的最大危险是下游可能发生严重洪水，堤坝失稳时几乎没有任何征兆。

形成堰塞湖时的应急措施是疏散大坝下游所有位于洪水区内的人员。在情况稳定前，或是实施长期补救措施前应随时准备撤离。通常在滑坡坝上切割溢洪道以防止溢流。例如，1959 年发生在 Montana 的 7.3 级地震引起羊山滑坡，切断了一条排水渠。另外，1983 年西班牙福克河山体滑坡形成堰塞湖，为了排泄湖水，修建了一条排水隧道穿过犹他州的

Thistle 滑坡。选择排泄方法时为了防止下游洪水需要控制排泄速率。

图 11.4 为由坠石形成的滑坡坝，其体积约为 30000m^3，由于河流侵蚀堆积体，该坝体在一天内被冲毁。

图 11.4　由坠石形成的滑坡坝(西摩河，加拿大温哥华)

11.2　地面运动：公开的规范和标准

考虑地面震动影响的边坡设计需要关于运动等级的量化信息(Abrahamson，2000)。这些信息可能是拟静态稳定性分析的峰值地面加速度 PGA(见第 11.6 节)，也可能是 Newmark 位移分析中的运动加速度—时间历程(见第 11.7 节)。本节介绍获取相关地面运动参数的方法。

对于岩土工程设计，通常使用峰值地面加速度的水平分量 PHGA，正是这些运动造成了大量破坏。然而，地面运动的破坏潜力也可能取决于强震的持续时间、频率、运动内能、峰值垂直地面加速度(PVGA)、速度和位移。

PGA 是岩土工程设计中使用的参数，不过地震通常用震级 M 来衡量，M 是衡量地震释放能量多少的标准。在各种量级标准中，衡量动能释放的瞬间量级 M_w 是广泛使用的标准，与里氏震级 M_L (最大为 6.0 级)具有对应关系。

11.2.1　信息来源

获取地面运动信息的第一步通常是查看显示峰值加速度等值线的地震灾害图。国家建筑规范公布了国家地震区划图，其中包括 PGA(作为重力加速度的一部分)以及运动的水平和垂直分量等信息，还可以找到峰值垂直地面速度(PHGV)和峰值水平地面位移(PHGD)以及谱加速度等信息(见第 11.2.3 节)。使用分区地震灾害地图的好处之一是它保证在每个地区都使用统一的设计标准。

图 11.5 显示了 2015 年加德满都地震的加速度、速度和位移的历史记录。图中显示了相对高频的地面加速度与较低频率的速度和位移随时间变化的关系。位移图表显示了 150cm 的 PGD，表明这场地震造成了大范围的严重破坏。

地面运动参数也可以在互联网上找到。如在美国可以通过邮政编码查到加速度等级（www. earthquake. usgs. gov/hazards），加拿大地质调查局根据现场地理坐标提供设计 PGA 值（www. EarthquakesCanada. ca）。互联网信息可以及时更新，并且可以得到更合理的加速度和位置之间的关系，这样能避免在灾害区划图的区域边界处出现设计加速度的突变。此外，数据是概率的形式，其中 PGA 与重现周期或年超越概率有关（见第 11. 2. 2 节）。

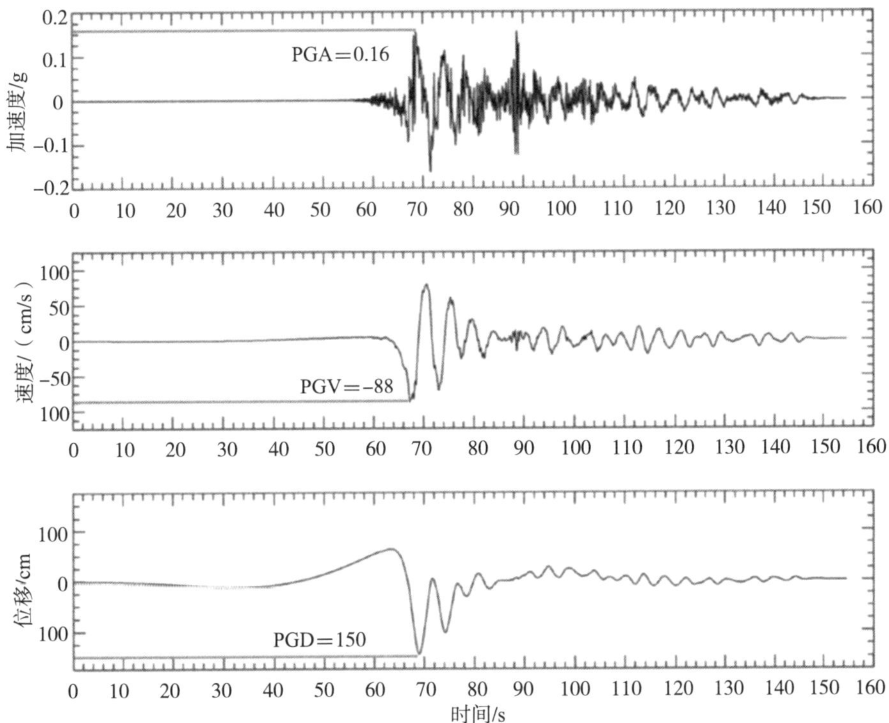

图 11. 5　2015 年 7. 8 级加德满都地震 HNE 频道（东一西）的地面运动加速度、速度和位移的时间历程（PEER一太平洋地震工程研究中心，2015）

11.2.2　地震概率：回归周期

地面运动参数可以用其发生概率表示，即在回归周期内的发生概率。也就是说，地震平均每 100 年发生一次，则回归周期为 100 年，但在任意一个 100 年期间都可能不发生或发生几次地震。通过研究地震的历史记录并计算每次震级的平均重现期来确定回归周期。

回归周期 R 也可以表示为在规定的年数 t 内的出现概率 p，如 50 年出现概率 5%（$R=$ 1000 年）时：

$$R=\left[\left(\frac{p}{100}\right)\cdot\left(\frac{1}{t}\right)\right]^{-1} \tag{11.2}$$

由于小型地震比大型地震更普遍，回归周期也会因震级而异。例如，对于同一震源，$R=100$ 年时（在 $t=50$ 年中 $P=40\%$），PGA 为 0.026 g；$R=1000$ 年时，PGA 为 0.091 g（在 $t=50$ 年中 $P=5\%$）。

11.2.3 响应谱

地面运动记录可以表示为响应谱，它是一系列线性、单自由度（SDOF）系统的最大加速度（或速度或位移）响应图，这些系统具有相同的质量 m 和黏滞阻尼系数 c，但刚度 k 可变。SDOF 系统表示为不同长度的轻杆，上面支撑一定重量，其中杆的属性由阻尼和刚度定义（图 11.6）。

每个 SDOF 系统的无阻尼基本周期为 T_0，响应谱计算如式（11.3）：

$$T_0 = 2\pi\sqrt{\frac{m}{k_n}} \tag{11.3}$$

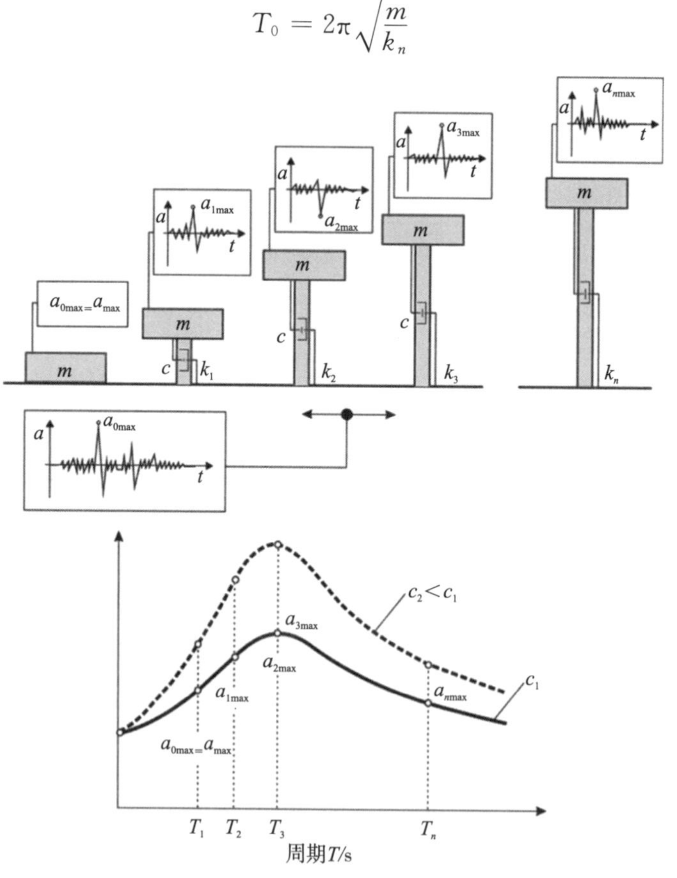

图 11.6 加速度响应谱的示意图，表示地面运动（a_0）和系统加速度（a_1 到 a_n）之间的关系（联邦高速公路管理局，1998）

SDOF 系统的阻尼由黏滞阻尼系数 c 表示，通常称为阻尼谱；在岩土工程中，c 通常取值 5%。

对于加拿大西部的抗震设计，在两种概率下，周期为 T，阻尼为 5% 时，频谱加速度 S_T 如下：

50 年超越概率为 2%(每年 0.000404,或 R =2475 年):

$S_{(T=0.2)}=0.267\cdot g$,$S_{(T=0.5)}=0.156\cdot g$,$S_{(T=1.0)}=0.075\cdot g$,$S_{(T=2.0)}=0.041\cdot g$,PGA=0.134 · g 。

50 年超越概率为 10%(每年 0.0021,或 R =476 年):

$S_{(T=0.2)}=0.117\cdot g$,$S_{(T=0.5)}=0.068\cdot g$,$S_{(T=1.0)}=0.032\cdot g$,$S_{(T=2.0)}=0.018\cdot g$,PGA=0.065 · g。

如图 11.6 所示,这些标准化为相对于 PGA(即 $S_{(T)}$ /PGA)的 $S_{(T)}$ 值对应于周期 T 的曲线具有标准形式的频谱响应曲线。

加速度响应谱提供了加速度强度和频率—时间历史的量化信息,主要用于建筑设计。除了用于辅助输入现场响应和变形分析的时间历程(见第 11.7 节)外,岩土工程设计中很少使用响应谱。

11.3 地震危险性分析

如果工程中地震地面运动对边坡运行至关重要,或者存在某种地震灾害,如潜在活动断层,那么除了前一节所述的从公开资料中获得关于地面运动参数的信息外,可能还需要进行地震灾害分析。

建立设计地震动参数的过程称为"地震危险性分析",主要包括以下 3 个步骤(联邦高速公路管理局,1998; Glass,2000):

①识别能够在现场产生强烈地面运动的震源。

②评估每个可能成为震源的断层的地震可能性。

③在进行危险分析的地点评估设计地面运动强度。

11.3.1 震源

地震是断层运动的结果,因此识别地震源需要确定断层的类型及其地理位置、深度、规模和方向。图 11.7 显示了用于定义地震工程中使用的距离术语:

R_E—— 震中距。

R_R—— 距断层面的最短距离(破裂距离)。

R_S—— 发震距离。

R_H—— 震源距。

R_{JB}—— 到断层面垂直投影的最近水平距离(乔纳尔距离和布尔距离)。

断层信息通常可以从诸如地质图和由政府地质调查组和大学编制的报告等出版物以及该地区已经开展的项目中获得。此外,断层可通过研究航拍照片、地质勘察、地球物理调查和探槽等资料进行鉴别。在航拍照片中,通过诸如断层陡坎、断裂、断层滑移面、连续滑移、断层加深以及围墙和铁路线等偏移特征可以识别活动断层(Cluff 等,1972)。另外,地震监测站的记录提供了与断层活动相关的近期地震位置和大小的信息。

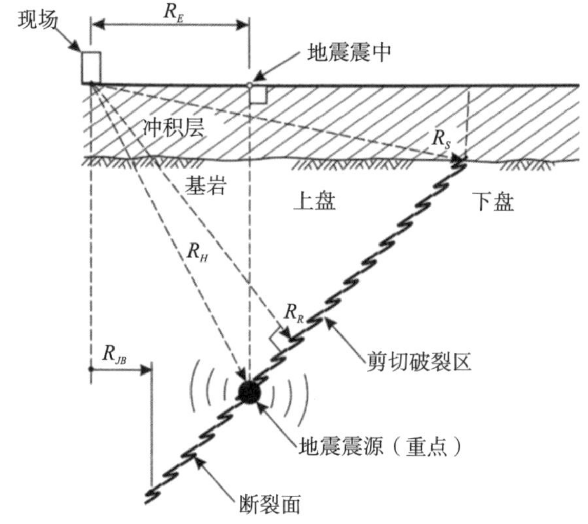

图 11.7　地震工程常用距离的定义(联邦高速公路管理局,1998)

11.3.2　地震趋势

在全新世(大约近 11000 年)内的断层运动通常被认为是确定断层活动的标准(美国环境保护局,1993)。尽管大地震的发生间隔可能大于 11000 年,并且不是所有的断层都会断裂至地表,缺乏全新世发生运动的证据通常足以排除地表断裂的潜在性。北美大多数全新世断层活动发生在落基山脉以西,可以通过详细的测绘、槽探、地球物理勘探或钻探进行鉴别。在没有地表断层破裂的地区,地震震源特征主要来自微震研究和有感地震的历史记录。

11.3.3　地面运动强度

一旦识别和表征出能够在一个地点产生强烈地面运动的震源,地面运动的强度可以通过已发行的规范和标准或者第 11.4 节中讨论的地面运动特征来评估。

11.4　地面运动特征

如果现场的地震危险性分析发现了可能产生强烈地面运动的断层,则可以对这些运动进行表征,以便为边坡设计建立特定地点的加速度—时间历程。与第 11.2 节讨论的规范相比,地震分析能够考虑当地近期地震活动和场地特征。

地面运动参数的变化过程叙述如下:

11.4.1　衰减关系

衰减公式用于计算给定震级和震源距的地震所产生的给定位置的地面运动参数。也就是说，地震从震源传播至某一位置过程中，能量被沿途的岩石吸收，该公式可以定量描述地面运动的衰减和变化。衰减关系可以从先前地震的统计回归分析或强震传播理论模型中发展而来。

场地特征在建立衰减公式和匹配时间历程中十分重要，其中包括地震震级、震源机制(断层类型、俯冲带)、震源深度、场地—震源距离、场地地质、PGA、频谱、持续时间和内能。由于这些条件在震区内变化很大，衰减公式是针对特定地点的，并且需要根据新发生的相关地震定期更新。

以下是衰减公式的两个示例，用于说明公式的形式以及定义衰减关系的参数。

①台湾：全岛650个台站记录的6000多次地震的时间历史回归分析：

$$\ln Y = a \cdot \ln(X+h) + b \cdot X + c \cdot M_w + d \pm \sigma \tag{11.4}$$

式中：Y ——地震动参数；

X ——震源距离；

M_w ——瞬时震级；

a ——几何扩展系数；

b ——非弹性衰减系数；

c ——震级系数；

d ——常数；

h ——近距离饱和系数；

σ ——标准差(Liu 等，2005)。

②俯冲带：从北美、中南美洲西海岸以及日本和所罗门群岛的168次俯冲带地震记录中，对震级M_w大于5的地震进行时间历史回归分析：

$$\ln(\mathrm{PGA}) = C_1 + C_2 \cdot M_w + C_3 \cdot \ln[R_H + e^{c_4 - (c_2/c_3)M_w}] + C_5 \cdot M \cdot Z_t + C_9 \cdot H + C_{10} \cdot Z + \eta + \varepsilon \tag{11.5}$$

式中：R_H ——震源距离；

H ——震源深度；

其他项——回归系数(Youngs 等，1997)。

11.4.2　地震能量：阿里亚斯强度

地震加速度—时间历史关系中的能量含量提供了表征强烈地面运动的方法，并且可以通过阿里亚斯强度I_a进行量化，其中包括峰值加速度和地面运动持续时间。如第11.7节所述，阿里亚斯强度可以和Newmark位移分析得到的边坡位移相关联，并且规定了与边坡稳定性条件相对应的位移阈值的确定原则。

阿里亚斯强度用于两种类型的工程。首先，边坡失稳与阿里亚斯强度定义的能量释放水平相关，并且定义与边坡材料类型相关的边坡失稳阈值。根据加利福尼亚州的地震记录，边坡失稳的案例给出下列阿里亚斯强度阈值：

①在前寒武纪和中生代岩石边坡中，结构面张开的情况下，阿里亚斯强度阈值范围为0.01～0.07m/s。

②对于中新世和上新世（新近纪）沉积物边坡，阿里亚斯强度阈值范围为0.08～0.6m/s。

阿里亚斯强度的第二个工程应用是Newmark地震变形分析，因为变形趋势与能量成正比；Newmark变形分析在第11.7节详细讨论。

阿里亚斯的强度在整个加速度—时间历程上与加速度的平方的积分成正比，定义为

$$I_{\mathrm{a}} = \frac{\pi}{2}g\int_{0}^{T_d} [a(t)]^2 \mathrm{d}t \tag{11.6}$$

式中：$a(t)$—— 总时间 $T_d(s)$ 内强运动记录的单分量加速度—时间曲线；

t——以秒为单位的时间；

g——重力加速度。

除了对地面运动记录积分之外，另一种方法是对来自全球76个地震的1208条记录进行分析，震级4.7～7.6，建立加速度—时间历程和阿里亚斯强度之间的经验关系（Travasarou等，2003）。该关系考虑场地条件（即新鲜和风化岩石、深层和浅层土壤沉积物）、断层类型（即正断层、走向断层、斜断层、逆断层）以及震级 M_w、断裂距离 R_R 等因素，见图11.7。记录的阿里亚斯强度是强地面运动的垂直和水平分量的平均值。这些参数最常用于边坡设计。

阿里亚斯强度 I_a 的预测公式如下，其中 $4.7 \leqslant M_w \leqslant 7.6$，$0.1 \leqslant R_R \leqslant 250\mathrm{km}$。

$$\ln(I_{\mathrm{a}}) = c_1 + c_2(M_w - 6) + c_3 \cdot \ln\left(\frac{M_w}{6}\right) + c_4 \cdot \ln\left(\sqrt{R_R^2 + h^2}\right) + S_C[s_{11} + s_{12}(M_w - 6)] + S_D[s_{21} + s_{22}(M_w - 6)] + f_1 \cdot F_N + f_2 \cdot F_R \tag{11.7}$$

式中：h——由回归分析确定的假设震源距；

S_C 和 S_D——现场条件的指针变量；

$S_C = S_D = 0$——中新世及更老的地层：石灰岩、火成岩和变质岩（B类场地）；

$S_C = 1, S_D = 0$——上新世、更新世地层：砾岩、火山碎屑、红土阶地（C类场地）；

$S_C = 0, S_D = 1$——晚更新世、全新世地层：河流阶地、硬黏土、砂土（D类场地）。

参数 F_N 和 F_R 是断层类型的指针变量：

$F_N = F_R = 0$—— 走向断层；

$F_N = 1, F_R = 0$—— 正断层；

$F_N = 0, F_R = 1$——逆断层或逆向斜断层。

式（11.7）的相关系数如下：

$c_1 = 2.800; c_2 = -1.981; c_3 = 20.720; c_4 = -1.703; h = 8.78$。

$s_{11} = 0.454; s_{12} = 0.101; s_{21} = 0.479; s_{22} = 0.334; f_1 = -0.116; f_2 = 0.512$。

图 11.8 中显示了 1989 年 M_w 6.9 洛马普列地震的加速—时间历程曲线，相应的阿里亚斯强度图显示了能量释放的演化以及在 8s 的最高加速度期间几乎所有能量释放的情况，这被称为 Husid 图（Husid，1969）。

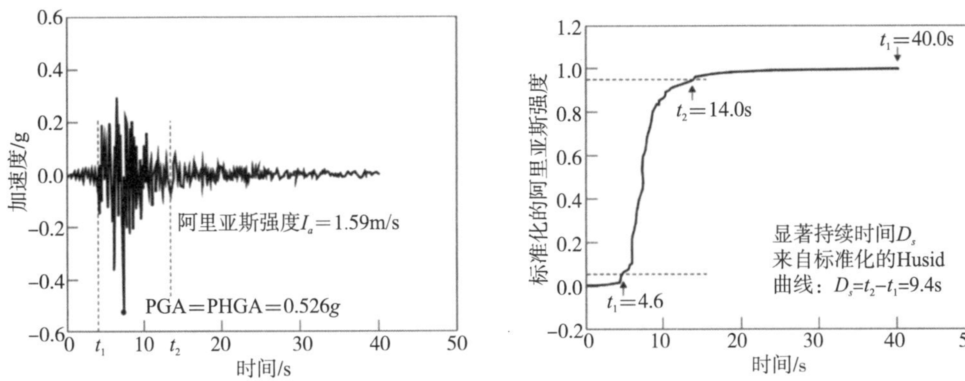

图 11.8　1989 年 6.9 级洛马普列塔地震加速度—时程图，显示标准阿里亚斯强度曲线以及强震持续时间（Lee 等，2008）

11.4.3　地震持续时间

地震持续时间可能与累积效应有关，如边坡的永久性地震变形，土壤的液化和边坡抗剪强度的降低。在岩石边坡中，少量位移可能导致剪切强度从峰值明显减小到残余强度，这对稳定性不利。

地震持续时间可以在阿里亚斯强度图上定义为 Husid 图中总强度 5%～95%的时间间隔，见图 11.8。另外，持续时间 $T(s)$ 与地震震级 M 之间的经验关系由式(11.8)给出：

$$\log T = 0.432 \times M - 1.83 \tag{11.8}$$

11.5　岩石边坡的地震稳定性分析

第 7 章至第 10 章描述的是边坡稳定性分析方法，即平面、楔形、圆弧和倾倒破坏是极限平衡法，其中将指定滑动面上的抗滑力比下滑力定义为边坡的安全系数。这种计算静态安全因素的分析方法可以很容易地加以调整，用以考虑地面运动加速度来评估地震对边坡稳定性的影响。此外，通过结合现场相关因素，地震分析可应用于岩质边坡和土质边坡。

评估地震期间边坡稳定性或位移的方法分为拟静力法、Newmark 位移分析和应力变形分析3 类，如下所述：

①拟静力法是对广泛使用的极限平衡分析的一种修正，是最简单的分析方法（见第 11.6 节）。

②Newmark 位移分析是一种更实用的地震效应评估方法，可用于计算各种场地条件下的边坡位移（见第 11.7 节）。

③应力变形分析需要应用高度复杂的模型，这些模型通常只用于关键结构，如有大量数据的土坝(Jibson，2011)。本书不讨论这种分析方法。

11.6 拟静力稳定性分析

如第7章“平面破坏”(第7.3节)所述，确定边坡安全系数的极限平衡法可进行修改，以考虑地震地面运动对稳定性的影响，如本节所述。

11.6.1 极限平衡分析

图11.9(a)中显示了一个坡面角度为 ψ_f 的岩质滑坡，含倾向坡外、倾角为 ψ_p 的潜在滑动面，在坡顶面有距离坡顶距离为 b 的垂直张力裂缝。滑体的重量为 W，滑动面面积为 A，黏聚力为 c，摩擦角为 φ。

用于地震边坡设计的拟静力极限平衡方法假设地面在一指向坡外的水平静力 F_H 作用下产生地面运动。

则力 F_H 的大小为

$$F_H = W \cdot k \tag{11.9}$$

式中：k——地震系数。地震系数的值可以考虑震级、坡度材料和坡度的高度(见式(11.11))。

通过极限平衡分析，考虑地震系数 k(假定边坡干燥，$U = V = 0$) 的边坡拟静态安全系数 FS 为

$$\begin{aligned} FS &= \frac{\text{抗滑力}}{\text{下滑力}} \\ FS &= \frac{c \cdot A + [W(\cos\psi_p)] \cdot \tan\varphi}{W(\sin\psi_p + k \cdot \cos\psi_p)} \end{aligned} \tag{11.10}$$

图11.9(b)表明，水平地震力 F_H 对稳定性的影响是法向力减小 $N_s(-k \cdot \sin\psi_p)$，这使得抗滑力变小，下滑力增大 $S_s(+k \cdot \cos\psi_p)$，使安全系数从 $FS_{静态}$ 降至 $FS_{地震}$ 。为了限制位移量，通常的拟静力边坡设计准则是，静态安全系数应至少为1.5，地震安全系数至少为1.1。

拟静力稳定性分析的优点是使用方便，被用于许多商业性边坡稳定性分析项目。然而，该分析方法的缺点在于，首先它是基于地面运动对边坡稳定性影响的假设模型。其次，拟静力分析会给出保守的结果，因为在整个边坡生命周期内，实际的瞬时地面运动方向反复变化且持续时间只有数秒，而在分析时假设用一个作用在最不利方向的恒力代替。因此，合理使用现场条件的地震系数值很重要。

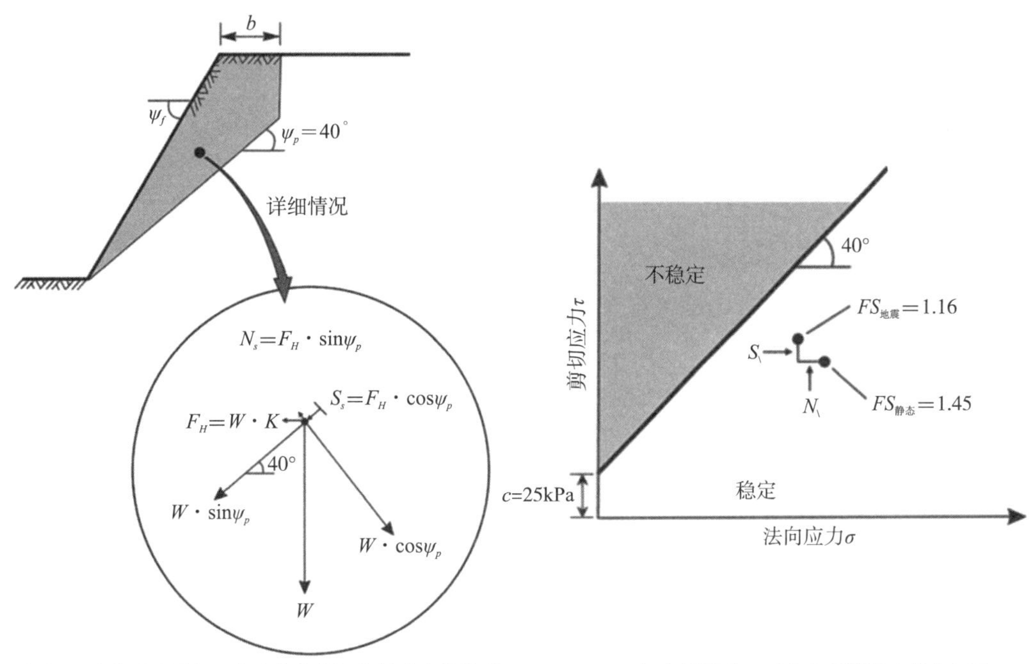

（a）显示水平地震力F_H的法向和剪切分量的边坡模型　　（b）显示力F_H对安全系数影响的莫尔图

图 11.9　平面失稳的地震稳定性分析

11.6.2　地震系数

大多数关于拟静力分析的早期工作都是为了设计土坡，而对于土石坝来说，如果在循环加载过程中没有出现剪切强度降低，那么容许位移可达 1m(Seed，1979；Pyke，1999)。这些情况下，k 应该在 0.1 和 0.15 之间。然而对于大多数民用边坡，如桥台和运输道路填筑，容许位移可能不超过 50mm，设计通常需要更高的 k 值。

在 1991 年之前，k 值的取值标准与地震震级和其他现场条件并没有直接关系。基于允许位移标定，现已建立改进的计算程序，计算 k 作为允许位移、地震大小和谱加速度的函数(加利福尼亚州保护部，2008；Bray 等，2009)。为了将位移限制在 50mm，建议 k 值取 0.4～0.75g，具体取决于震级 M 。

在进行拟静力稳定性分析时，可以根据以下两个场地因素考虑场地条件的细节，并修改地震系数 k 值：

①场地系数 F_{PGA}：用于考虑岩石或土的特性以及地面运动的量级，并修正 k 值(见第 11.6.3 节)。

②波散射系数 α ：与坡高和场地特征成比例(见第 11.6.4 节)。

根据以下关系将这两个参数合并到拟静力分析中：

$$k=\left(\frac{\mathrm{PGA}\cdot F_{\mathrm{PGA}}\cdot\alpha}{2}\right) \tag{11.11}$$

式中：k ——式(11.9)中使用的地震系数；

PGA——从公布的场地地震信息获得的峰值水平地面加速度(PGHA)值。

采用 1/2 的系数是为了考虑拟静力分析法的保守性，即用指向坡外的永久水平力代替极短时间内的瞬时地面作用。

前面段落中讨论的 k 值通常适用于土质边坡和风化岩石边坡，岩石中没有明显的滑动面，因此在位移时不会出现明显的剪切强度损失。对于软土边坡，k 值可能大于 PGA/2。

关于岩质边坡的抗震设计，软岩 F_{PGA} 值小于 1，而 α 通常等于 1，这将在以下章节论述。因此，岩质边坡的式(11.11)通常等于 PGA/2。但是，可能有两种情况需要使用大于PGA/2 的 k 值。第一，由于边坡具有明显的滑动面，少量位移可能引起抗剪强度显著降低，在无充填的光滑、平滑节理面或层面上，强度受位移量影响很大。例如，图 5.17 为直剪试验结果，其中峰值剪切强度出现在仅 4mm 的剪切位移处。k 值大于 PGA/2 的第二种情况是岩石边坡位于地形较高处，可能会对地面运动有放大作用(Sepulveda 等，2005)。

对设计中 k 取值没有制定明确的标准。因此在关键位置，可以检查安全系数对 k 值的敏感性，并使用第 11.7 节讨论的 Newmark 分析法计算可能的地震变形。一般来说，脆性岩石中的边坡几乎没有变形能力，安全系数可以更好地衡量边坡稳定性。

11.6.3 场地条件谱加速度系数 F_{PGA}

已发布的地面运动谱以软岩地面条件为参照，地层剖面上部 30m 范围内的平均剪切波速为 760～1510m/s，该类场地定义为 B 类场地(表 11.1)。

地表实际加速度取决于地表材料对地面运动的放大或衰减。也就是说，松散土壤中地面运动会被放大，而在硬岩中会被减弱。这些影响可以用参数 PGA 乘以场地系数 F_{PGA} 来量化，场地系数为土层剖面(场地类别)和 PGA 量级(表 11.1)的函数。

表 11.1　加速度谱中零周期 F_{PGA} 的值

场地类别	土层剖面名称	上部 30m 的平均属性		峰值地面加速度系数(F_{PGA})				
		剪切波速/(m/s)	标准贯入阻力	PGA≤0.1	PGA=0.2	PGA=0.3	PGA=0.4	PGA≥0.5
A	硬岩	v_s >1500	N/A	0.8	0.8	0.8	0.8	0.8
B	岩石	760< v_s ≤1510	N/A	1	1	1	1	1
C	风化岩石，密实土	360< v_s ≤760	N>50	1.2	1.2	1.1	1	1
D	硬黏土	180< v_s ≤360	15<N≤50	1.6	1.4	1.2	1.1	1
E	软土	v_s ≤180	N<15	2.5	1.7	1.2	0.9	0.9

来源：改编自美国国家公路与运输协会(AASHTO)，2012，《LRFD 桥梁设计规范》，AASHTO，华盛顿特区，合同编号：LRFDUS-6。

11.6.4 与高度相关的地震系数 α

拟静力稳定性分析可以考虑边坡高度和边坡材料刚度。也就是说，PGA 的值在土壤和强风化岩石中会降低，因为在某段输入时程中，波散射和边坡的不连续性会降低边坡场地震动水平。

就边坡高度而言，k 减小说明波散射不适用于高度小于 8m 的边坡，而最大折减系数适用于约 30m 高的边坡高度。

对于高度 6～30m 的边坡，坡高折减系数 α 计算如下：

$$\alpha = \{1 + 0.01 \cdot H \cdot [(0.5 \cdot \beta) - 1]\} \tag{11.12}$$

式中：H ——边坡高度。

$$\beta = F_v \cdot \frac{S_1}{\mathrm{PGA}} \tag{11.13}$$

式中：F_v ——与表 11.2 中定义的与场地类别相关的谱加速度系数；

S_1 /PGA——周期为 1s 的标准化谱加速度。

表 11.2　场地类别和谱加速度系数 F_v

场地类别	剖面名称	周期为 1s 的谱加速度系数 $F_v(S_1)$				
		$S_1 \leqslant 0.1$	$S_1 = 0.2$	$S_1 = 0.3$	$S_1 = 0.4$	$S_1 \geqslant 0.5$
A	硬岩	0.8	0.8	0.8	0.8	0.8
B	岩石	1	1	1	1	1
C	风化岩石，密实土	1.7	1.6	1.5	1.4	1.3
D	硬黏土	2.4	2	1.8	1.6	1.5
E	软土	3.5	3.2	2.8	2.4	2.4

来源：改编自联邦公路局(FHWA)，2011。《LRFD 地震分析和运输岩土工程特性和结构基础设计》。NHI 课程编号 130094，参考手册。美国交通部，华盛顿特区，报告编号：FHWA－NHI－11－032。

与土壤相比，硬岩质边坡可以认为是刚体，波动在整个边坡中稳定(或相对稳定)，无高度折减系数(α =1)。

11.6.5　垂直地面运动

地震地面运动垂直分量对安全系数影响研究表明，在 $k_V < k_H$ 的前提下，考虑垂直分量不会使安全系数变化超过 10%(联邦公路管理局，1998)。此外，垂直加速度仅适用于同步变化的垂直和水平分量。基于这些结论，通常可以忽略地震地面运动的垂直分量。

11.6.6　边坡设计步骤

11.6.6.1　设计步骤

作为本节讨论的边坡设计程序的总结，以下是拟静力边坡稳定性分析的参考步骤：

①进行静态极限平衡边坡稳定性分析，检查边坡静态安全系数，通常最小值为1.5。

②使用第11.2节中讨论的信息，建立适当的重现周期内场地PGHA。

③确定场地30m以上地层对应的场地类别(表11.1)。

④确定与场地类别和PGHA值相对应的场地系数FPGA(表11.1)。

⑤从谱加速度曲线中，找出谱加速度 S_1 在周期 $T=1s$ 的值；对于标准化曲线(图11.12)，S_1 =标准化加速度PGA。

⑥确定与场地类别和 S_1 相对应的光谱加速度系数 F_v 的值(表11.2)。

⑦根据式(11.12)计算高度折减系数 α 。

⑧计算整体地震系数 k，k =PGA·FPGA· α /2；将 k 值代入式(11.10)计算拟静态安全系数。对于25～50mm的边坡位移，k 的值应不小于0.5·PGHA。

⑨进行拟静力稳定性分析，检查安全系数是否大于1.1。如果不能满足要求，可以减小坡度，或增加支护(如锚杆)的数量。

11.6.6.2 拟静力稳定性分析示例

对图11.9(a)所示的岩石边坡(平面模型)稳定性分析如下：

(1)边坡参数

高度 H =15.24m；张拉裂缝距离坡顶 b =9.1m，坡面角度 $\psi_f=76°$；滑动面倾角 $\psi_p=40°$；滑动面剪切强度：$c=0$，$\varphi=45°$；中风化岩，C类场地(表11.1)，干燥 $(U=V=0)$，$\gamma_r=26kN/m^3$。

(2)地震计算

假设地震位于美国西部，地震震级为7.0级，PGA=0.25g。根据岩质边坡的谱加速度曲线，见图11.10(a)，周期为1s时(T=1s)的标准化谱加速度为0.9，S_1=0.9·PGA=0.9×0.25=0.225g。从表11.1得到C类场地和PGA=0.25g，场地加速系数 F_{PGA}=1.2。

从表11.2得到C类场地和 S_1 =0.225· g，谱加速度系数 F_v =1.6。

式(11.13)中，参数 $\beta=F_v\cdot S_1$ /PGA=1.6×0.9≈1.44时，边坡高度为 H 为15.24m时，折减系数 α =0.86。

地震系数 k =(PGA· F_{PGA} · α)/2=(0.25×1.2×0.86)/2=0.258/2≈0.13 g ≈PGA/2。

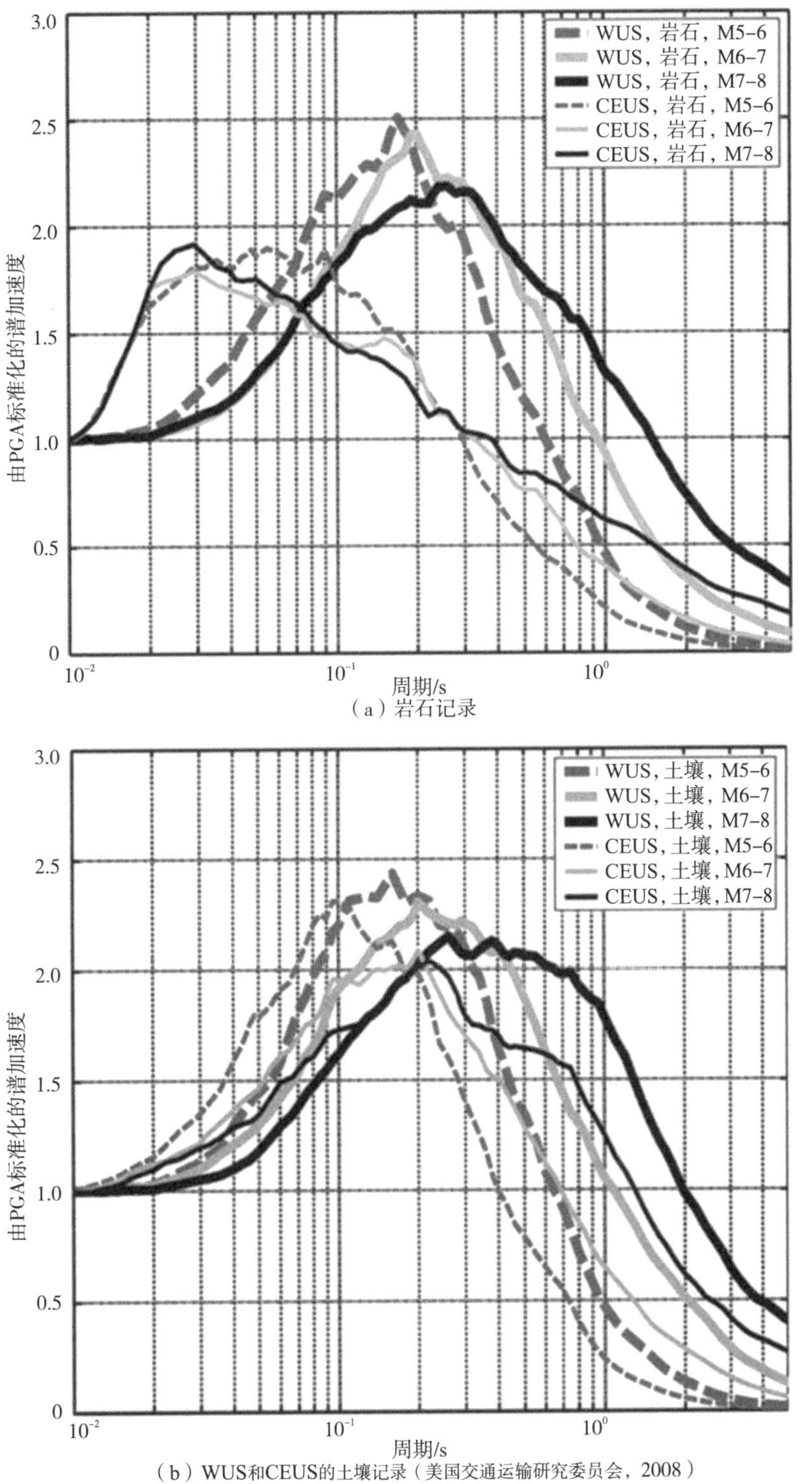

（a）岩石记录

（b）WUS和CEUS的土壤记录（美国交通运输研究委员会，2008）

图 11.10　平均标准化频谱加速度记录

(3)稳定性计算

岩石滑块的重度为 774kN/m。

取 PGA=0.25 g,k =0.13 g 时,水平力 F_H =774×0.13=100kN。

取上述值时,$c=U=V=0$。

代入式(7.4),得 $FS_{静态}$ =1.19。

代入式(11.10),得 $FS_{地震}$ =0.92。

11.7 Newmark 位移分析

发生地震时,当动态瞬态应力达到岩石的抗剪强度时,岩石边坡不一定会发生失稳。而且,如果地面运动期间潜在滑动面的安全系数在短时间内(几秒)下降到 1.0 以下,也不一定会造成失稳。真正重要的是造成安全系数小于 1.0 的永久性位移(Lin 等,1986;Jibson,1993)。利用纽马克(Newmark)1965 年提出的方法可以计算地震导致的岩土边坡永久位移。与拟静力分析法(见第 11.6 节)相比,这种方法用来分析岩质边坡地震效应更加实用。

11.7.1 由地面运动引起的边坡位移原理

Newmark 分析法的原理见图 11.11,其中假定潜在滑动块体是柔性基础(地面)上的刚体。当地面受到振幅(k · g)和持续时间 t_0 的均匀水平加速度脉冲时,滑体产生位移。地面速度是关于时间 t 的函数,记为 $v_g(t)$,在 t 时的速度为 v_b。假设块体与地面之间存在摩擦接触,块体的速度为 v_b,块体与地面之间的相对速度为 u,则

$$u = v_g - v_b \tag{11.14}$$

运动阻力取决于滑块的惯性。可用于加速滑块的最大力等于滑块底部的抗剪力,其摩擦角为 φ。该约束力与滑块重力 W 和震级(W · tanφ)成正比,与屈服加速度(k_y =g · tanφ)相对应,如加速度图(图 11.11(b))上的虚线所示。阴影区域表示地面加速度脉冲超过了滑块加速度,会产生滑动。

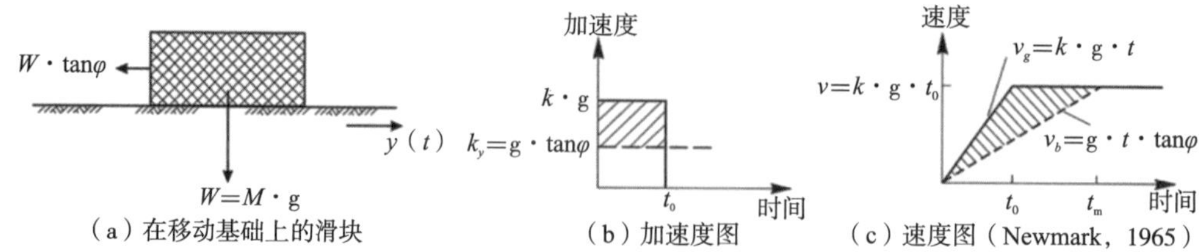

图 11.11 在刚性基础上的刚性块体位移

图 11.11(c)显示了地面和块体加速力的速度与时间函数关系。地面加速力最大速度为 v,在经过时间 t_0 后保持不变。地面速度 v_g 的大小由式(11.15)计算:

$$v_g = (k \cdot \text{g}) \cdot t_0 \tag{11.15}$$

而块体速度 v_b 由式(11.16)算出:

$$v_b = \mathrm{g} \cdot t \cdot \tan\varphi \tag{11.16}$$

在时间 t_m 之后，v_g 与 v_b 相等(v)，滑块相对于基础静止，即相对速度，$u=0$。令地面速度等于块体速度，计算 t_m 值：

$$t_m = \frac{v}{\mathrm{g} \cdot \tan\varphi} \tag{11.17}$$

通过式(11.18)计算图 11.11(c)中阴影区域的面积，得到时间 t 处的滑块相对于地面的位移 δ_m ：

$$\begin{aligned}\delta_m &= \frac{1}{2} v \cdot t_m - \frac{1}{2} v \cdot t_0 \\ &= \frac{v^2}{2 \cdot \mathrm{g} \cdot \tan\varphi} - \frac{v^2}{2 \cdot a \cdot \mathrm{g}} \\ &= \frac{v^2}{2 \cdot \mathrm{g} \cdot \tan\varphi} \cdot \left(1 - \frac{\tan\varphi}{k}\right)\end{aligned} \tag{11.18}$$

假定地面无限大，式(11.18)给出了单个加速脉冲(持续时间 t_0，幅度 $k \cdot \mathrm{g}$)超过屈服加速度 $\mathrm{g} \cdot \tan\varphi$ 时的块体位移量。从该式可以看出，位移与地面速度的平方成正比。

式(11.18)适用于水平面上的块体，倾斜平面上的块体会以更低的屈服加速度滑动并产生更大的位移，这取决于加速度脉冲的方向。对于无黏结的平面，安全系数 FS 等于($\tan\varphi / \tan\psi_p$)，施加水平加速度后，Newmark 表明屈服加速度 k_y 如下：

$$k_y = (FS - 1) \cdot \sin\psi_p \tag{11.19}$$

式中：φ ——滑动面的摩擦角；

ψ_p ——平面倾角。

注：当 $\psi_p = 0$ 时，$k_y = g \cdot \tan\varphi$ 。另外，式(11.19)表明，对于斜面上的滑块，与上倾脉冲相比，下倾加速度脉冲对应的屈服加速度更高(图 11.12)。

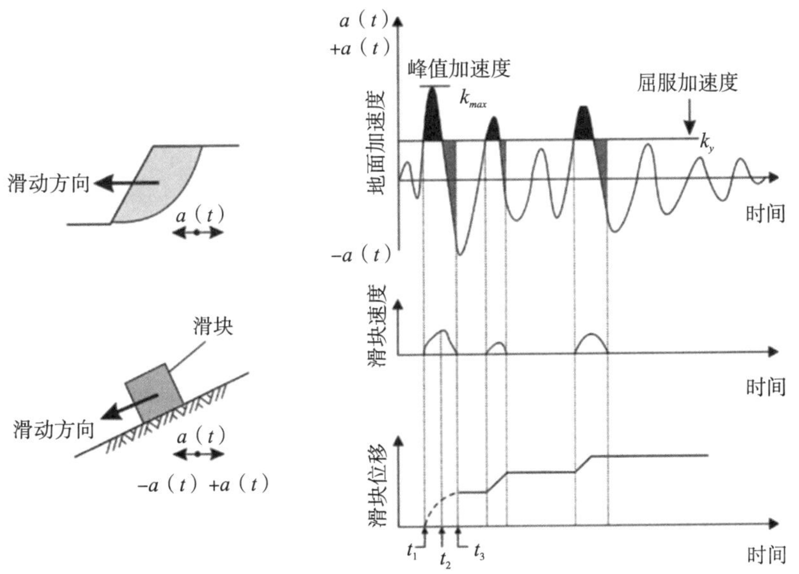

图 11.12 根据地面运动加速度确定下滑运动(联邦公路管理局，1998)

组合式(11.18)和式(11.19)得到如下计算斜面上块体位移 δ_m 的公式：

$$\delta_m=\frac{(k\cdot g\cdot t)^2}{2\cdot g\cdot k_y}\cdot\left(1-\frac{k_y}{k}\right) \tag{11.20}$$

在实际的地震中，第一个脉冲之后会出现许多不同幅度的脉冲，一些是正的，一些是负的，这将产生一系列位移脉冲。这种位移分析法适用于图 11.12 所示的瞬态正弦加速度 $a(t)\cdot g$ 曲线。如果在加速度脉冲期间，滑动面上的剪切应力超过剪切强度，则会产生位移。位移更倾向于向下坡方向；如图 11.12 所示，其中阴影区域表示各脉冲阶段发生位移的部分。

对加速度脉冲屈服区积分可得滑块速度。当滑块加速度超过屈服加速度时，滑块将在 t_1 时刻开始移动，当加速度下降到屈服加速度以下时，将加速至 t_2 时刻。加速度方向从下坡方向变成上坡时，在 t_3 时刻速度将下降至零。在每个位移脉冲持续时间(t_3-t_1)内，对速度脉冲进行积分可得到滑块的位移。

图 11.11 和图 11.12 所示的简单位移模型用来更准确地模拟由实际地震运动产生的位移。关于边坡稳定性，Jibson 根据 1994 年加利福尼亚 Northridge 地震(Jibson 等，1998)产生的滑坡观测结果，建立了基于 Newmark 位移函数的滑坡发生概率估算方法。此外，Newmark位移和阿里亚斯强度以及地面运动屈服加速度之间存在一定相关性。

Newmark 分析中假设滑块是一种刚性塑性体，当超过屈服加速度时，滑块内部不会发生变形，而是在恒力作用下沿基底面发生塑性变形。另外还假设是屈服加速度与应变无关，因此在整个分析过程中保持不变，并且不产生向上坡的位移。

11.7.2 边坡运动允许阈值

Newmark 位移分析适用于边坡稳定性与计算位移的关系符合假设条件的边坡设计。尽管 Newmark 分析方法高度理想化，计算出的位移应该是实际现场位移的数量级估计，但加利福尼亚矿业与地质部(1997)已经制定了表 11.3 中列出的边坡运动分类标准。

表 11.3　边坡位移与边坡可能失稳之间的关系指南

位移计算量	边坡稳定条件
0～150mm	不太可能发生严重山体滑坡和建筑物损坏
150～1000mm	边坡变形可能引起严重地面开裂或强度损失，从而导致持续破坏
≥1000mm	破坏性山体滑坡，边坡失稳

注：范围取值不包含上限值。

来源：改编自加利福尼亚矿业与地质部(CDMG)，1997 年，《加利福尼亚州评估和减轻地震危险的指南》。

在岩质边坡设计中应用这些位移标准时，应考虑在达到剩余抗剪强度之前发生的位移量。例如，如果滑动表面是含软弱充填物的贯通结构面，则 20～150mm 位移量可能足以使强度降低到残余值；这种幅度的位移也可能是浅层滑坡的阈值。相反，风化岩或土壤可能会产生高达 1m 的位移而剪切强度几乎不降低。由 11.1.2 节可知，与土质滑坡相比，崩塌和滑坡是最常见的边坡失稳类型，这表明岩石边坡的失稳与边坡位移有密切关系。

11.7.3 谱加速度特性

记录地震地面运动的方法是绘制时程(图 11.5)和加速度(或速度或位移)响应谱图，图中提供了关于加速度—时程(图 11.12)的强度和频率的定量信息。图 11.12 中的曲线显示了美国西部(WUS)和美国中东部(CEUS)的(a)岩石和(b)土壤 5～8 级地震的平均频谱。当然，由于现场条件的多样性，频谱并不普遍适用，但在设计中确实为加速度提供了参考值。在图上，加速度标准化为 PGA，即每个频率的加速度除以最大加速度(PGA)。这些曲线显示，除了 CEUS 岩石地面运动外，岩石和土壤场地大体相似，与 WUS 相比，CEUS 岩石地面运动在高频率下出现高加速度。

以下部分将阐述频谱加速度曲线如何用于计算 Newmark 位移。

11.7.4 Newmark 滑块位移的计算

Newmark 位移法边坡稳定性分析首先通过本节所述的方法计算边坡位移，然后将此数字与表 11.3 中列出的允许坡度位移阈值的指导值进行比较。也就是说，位移超过 150mm 可能会导致建筑物破坏。

Newmark 位移计算时，根据边坡位移与强运动时间的加速度记录之间的相关性推导公式，再用该公式计算位移，如本节示例所示。计算位移有两种方法，使用屈服加速度与最大加速度之间的比例，或者使用地面运动的阿里亚斯强度。分析方法取决于所需输入的参数。

屈服加速度/最大加速度位移计算：美国地面运动记录构建了边坡运动的相关性。计算表明对于美国西部和美国中东部以及岩质和土质环境，需要采用不同的相关公式。

式(11.21)提供了美国西部岩质和土质边坡以及美国中东部土质边坡的平均位移 d：

$$\log(d)=-1.51-0.74\cdot\log\left(\frac{k_y}{k_{\max}}\right)+3.27\cdot\log\left(1-\frac{k_y}{k_{\max}}\right)-0.8\cdot\log k_{\max}+1.58\cdot\log\mathrm{PGV} \tag{11.21}$$

式中：k_y ——式(11.19)定义的边坡屈服加速度；

$k_{\max}$ ——考虑波散射边坡高度效应 α，见式(11.12)的最大加速度允许值。

$$k_{\max}=\alpha\cdot F_{\mathrm{PGA}}\cdot\mathrm{PGA} \tag{11.22}$$

峰值地面速度 PGV 由下式定义

$$\mathrm{PGV}=55\cdot F_V\cdot S_1 \tag{11.23}$$

式中：F_v ——与表 11.2 中定义的边坡土质或岩质条件有关的环境因子；

S_1 ——图 11.10 所示的岩石和土壤的谱加速度曲线中周期为 1s 的谱加速度。

式(11.24)给出了美国中东部岩质边坡的平均位移 d ：

$$\log d = -1.31 - 0.93 \cdot \log\left(\frac{k_y}{k_{max}}\right) + 4.52 \cdot \log\left(1 - \frac{k_y}{k_{max}}\right) - 0.46 \cdot \log(k_{max}) + 1.12 \cdot \log PGV \tag{11.24}$$

图 11.13 显示了基于式(11.21)的加速比 (k_y/k_{max}) —位移 d 曲线图，PGA＝0.3 g 和 PGV＝30・PGA。

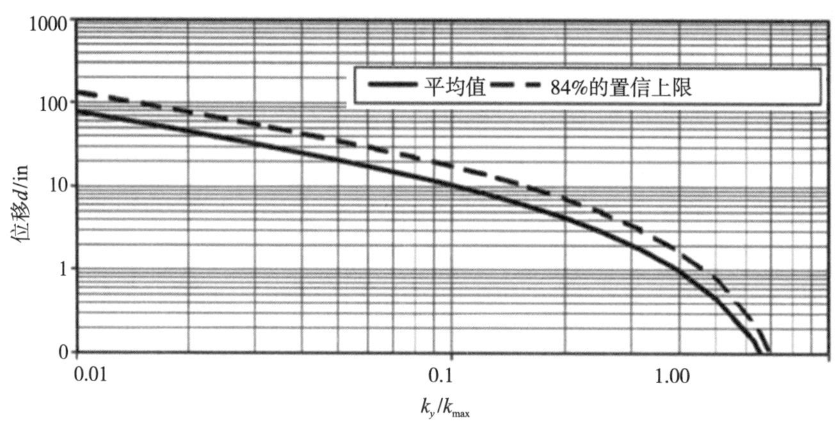

图 11.13　加速比 (k_y/k_{max}) —位移 d 曲线图

11.7.5　Newmark 边坡设计步骤

11.7.5.1　设计步骤

作为本节讨论的边坡设计程序的总结，以下是计算 Newmark 边坡位移分析的参考步骤：

①进行静态极限平衡边坡稳定性分析，检查边坡静态安全系数，通常最小为 1.5。

②在适当的回归期内建立场地 PGHA。

③确定与场地地质条件相对应的场地类别(表 11.1)。

④确定与场地类别和 PGA 值相对应的场地系数 F_{PGA} 的值(表 11.1)。

⑤从谱加速度曲线中，找出周期值为 1s 的谱加速度 S_1 ；对于标准化频谱(图 11.10)，S_1 ＝(标准化加速度)・PGA。

⑥确定与场地类别和 S_1 值对应的谱加速度系数 F_v 的值(表 11.1)。

⑦根据式(11.12)计算高度折减系数 α 。

⑧考虑场地地质和波散射边坡高度效应修正 PGA：$k_{max} = (\alpha \cdot F_{PGA} \cdot PGA)$。

⑨利用步骤①得到的静态安全系数，根据式(11.19)计算边坡的屈服加速度。

⑩计算加速比 k_y/k_{max} 。

⑪根据式(11.23)计算峰值地面速度 PGV。

⑫根据场地条件，用式(11.21)或式(11.24)计算边坡位移。

⑬将计算出的边坡位移与表 11.3 中列出的位移与稳定性之间关系准则进行比较。

11.7.5.2 Newmark 位移分析示例

对图 11.9(a)所示的岩质边坡(平面模型)位移分析如下：

(1)边坡参数

高度 $H=15$m；张拉裂缝距离坡顶 $b=9$m，坡面倾角 $\psi_f=76°$；滑动平面倾角 $\psi_p=40°$；滑动面的剪切强度：$c=0$，$\varphi=45°$；岩石中度风化，场地类别 C(表 11.1)。

(2)地震计算

假设 WUS 地震震级为 7.0 级，PGA=0.25g。根据岩石边坡谱加速度曲线，见图 11.12(a)，标准化谱加速度=0.9，$S_1=0.9\cdot$PGA$=0.9\times0.25=0.225\,g$。

从表 11.1 得到 C 类场地和 PGA=0.25 · g，场地加速系数 $F_{PGA}=1.2$。

从表 11.2 得到 C 类场地和 $S_1=0.225\cdot g$，谱加速度系数 $F_v=1.6$。

在式(11.13)中，参数 $\beta=F_v\cdot S_1$/PGA$=1.6\times0.9=1.44$，边坡高度 H 为 50in. 时，折减系数 $\alpha=0.86$。

用式(11.19)计算屈服加速度：$k_y=[(\tan45°/\tan40°-1)\cdot\sin40°]=0.12\,g$。

用式(11.23)计算 PGV：PGV$=55\times1.6\times0.225=20$ in./s。

地震系数 $k_{max}=$PGA$\cdot F_{PGA}\cdot\alpha=0.25\times1.2\times0.86=0.258\,g$。

计算加速比：$k_y/k_{max}=0.12/0.247=0.47$。

(3)位移计算

用式(11.21)计算位移：$d=0.31$in.(7.9mm)。

如果摩擦角从 45°减小到 42°，则 $k_y=0.05\cdot$g，$k_y/k_{max}=0.05/0.26=0.19$，$d=4.7$in.(120mm)。

这两个位移计算表明摩擦角减小(即降低抗剪强度)的影响是增大边坡位移。

这些计算的位移与图 11.13 中的 k_y/k_{max}—位移曲线所定义的值一致。位移与表 11.3 所列的边坡稳定性指南的比较表明，建筑物破坏的可能性不大。

11.7.6 阿里亚斯强度位移计算

第 11.4.2 节讨论了如何从强震记录的加速度时程中推导阿里亚斯强度 I_a 以及强度如何表示地震内能。地震阿里亚斯强度可以由加速度—时程(式(11.6))积分得到，或者根据 I_a 关于矩震级 M_w、断裂距离 R、地质和断层类型相关的场地因子的经验函数计算得到

(式(11.7))。

地面运动阿里亚斯强度可用于计算边坡的 Newmark 位移。对位移的严格分析需要对超过屈服加速度的强运动加速度部分进行二重积分,这种方法既不切实际也不实用。为了便于 Newmark 分析,Jibson(2007)提出了一种简化方法,即使用经验回归公式将 Newmark 位移估计为阿里亚斯强度 I_a 和屈服加速度 k_y 的函数。基于对 30 次地震的 875 个单分量强震记录的分析,该公式的最新形式为

$$\log d = 2.401 \cdot \log I_a - 3.481 \cdot \log k_y - 3.23 \pm 0.656 \tag{11.25}$$

式中:d ——位移(cm);

I_a ——阿里亚斯强度(m/s);

k_y ——屈服加速度(g)。

从 USGS 网站下载的 SLAMMER(Jibson 等,2013)程序可以很容易地应用式(11.25)。SLAMMER 综合了 11 个回归公式,使用屈服加速度、峰值加速度、速度、阿里亚斯强度和震级的各种组合来计算位移。另外,可以对刚体和变形体(解耦分析)进行分析,并对考虑地面运动的塑性滑动位移影响(耦合分析)进行分析。SLAMMER 的另一个功能是根据以下关系由位移量计算失稳概率:

$$p(f) = 0.335 \cdot [1 - \exp(-0.048 \cdot d^{1.565})] \tag{11.26}$$

该公式是从 1994 年 6.7 级北岭地震引发的约 11000 起滑坡分析得出的,因此主要适用于南加州的浅层滑坡。

应用阿里亚斯强度计算边坡位移,考虑图 11.9 所示的边坡,其中屈服加速度为 0.12 g 。如果这个边坡位于图 11.8 所示的记录洛马普列塔地震地面运动(I_a =1.59m/s)的地震台,则刚体的计算位移为 29mm,相应的失稳概率是 0.075。

(吴树良　罗仁辉)

第 12 章 数值分析

12.1 介绍

前面章节讨论了沿指定滑动面的极限平衡法岩石边坡稳定性分析，该方法根据安全系数来评价边坡稳定性。但是极限平衡方法假定岩土为刚性或完全塑性，不能计算边坡的位移和变形。相比之下，数值模型（有时称为变形模型或位移方法）能够计算边坡的位移和变形，且可以使用多种材料本构模型来模拟岩石边坡的运动。相比极限平衡法，数值方法是近些年才发展起来的，自 2005 年以来迅速被广泛使用，部分原因是计算机性能提高，同时也因其广泛受到使用者的认可。

数值分析在土木工程中典型应用是滑坡研究，滑坡中包含各种地质成因和构造，地形不能用简单的坡面和上部边坡模拟，失稳机理也不是简单的平面滑移。

数值模型是由计算机程序建立，用于表示边坡岩体在一系列初始条件（如地应力、水位）、边界条件及边坡开挖等因素下的力学响应。利用数值模拟分析，可以建立耦合应力/位移、平衡条件和本构方程的完全解。给定边坡相关属性，就可以得出边坡是否处于稳定状态。如果边坡达到了平衡状态，则可以将岩体中任意点的应力和位移结果与测量值进行比较。如果计算边坡为不稳定，则可以预测其失效模式。使用不同的参数进行一系列数值模拟，可以找到与失稳点对应的安全系数。

数值模型将岩体划分为许多单元，并指定每个单元的材料模型和属性。材料模型描述材料理想化的应力—应变关系。最简单的材料模型是线性弹性模型，该模型使用材料的弹性参数（杨氏模量和泊松比）。弹塑性模型的强度参数用于限制单元可能承受的剪切应力。这些单元如果连在一起，则称为连续变形模型，如果被结构面分开，则称为不连续变形模型。不连续变形模型允许模型内部某一表面发生滑动和分离。

数值模型实际上是通用的，也就是说它们能够解决各种各样的问题。尽管我们总希望有一个通用分析工具，但是数值模拟需要对每个问题单独建模分析。单元的划分必须由使用者指定，以符合边坡力学单元和几何模型的限制条件。因此，与极限平衡法等特殊方法相比，数值模型的建立和运行往往需要更多时间。

使用数值模型进行边坡稳定性分析的原因如下：

①与指定失稳模式的经验方法相比，数值模型可以得到可靠的分析结果，而不借助已有数据。

②与解析法相比，数值分析可以考虑断层和地下水等关键地质特征，从而得出更接近实际的边坡力学行为。而非数值分析法如解析法、物理法和极限平衡法等可能不适用于某些情况，或条件过于简化，可能导致求解结果过于保守。

③数值分析可以帮助解释观察到的物理现象。

④数值分析可以评估地质模型、失效模式和设计方案的多种可能性。

12.1.1 安全系数的确定

对于边坡，安全系数通常定义为实际抗剪强度与稳定所需的最小剪切强度之比。用有限元或有限差分法计算安全系数的一种方法是降低抗剪强度直至出现失稳。安全系数是岩石实际强度与破坏时的抗剪强度之比。Zienkiewicz 等(1975)首次在有限元中使用强度折减法计算多种材料组成边坡的安全系数。

采用强度折减法(SRM)进行边坡稳定性分析时，需要对逐步增加的一系列安全系数 f 进行模拟试算。根据以下等式，每次试算时，实际内聚力 c 和摩擦角 φ 都按下式进行折减：

$$c_{\text{试算}} = \left(\frac{1}{f}\right)c \tag{12.1}$$

$$\varphi_{\text{试算}} = \arctan\left(\frac{1}{f}\right)\tan\varphi \tag{12.2}$$

如果存在多种材料或节理面，则对所有材料都要进行折减。折减系数逐渐增加，直到边坡失稳。刚好失稳时，安全系数等于最后的折减系数(即 $f = FS$)。Dawson 等(1999)研究表明，当采用关联流动法则时(摩擦角和剪胀角相等)，抗剪强度折减后的安全系数一般在极限分析解的几个百分比之内。

12.1.2 数值分析法和极限平衡法的比较

与极限平衡法相比(表 12.1)，数值分析法有两个主要优势：可以自动搜索临界滑动面，且不需要提前指定滑面(如圆弧形、对数陀螺形、折线形)。

表 12.1　　数值分析法和极限平衡法的比较

分析项目	数值分析法	极限平衡法
静力平衡	均满足	只满足特定对象，如平面滑动
应力	计算每个单元	近似计算某些面
应变	包含在计算结果中	不考虑
破坏	均满足屈服条件；滑面自动搜索	仅在指定面上失稳；不检查别处是否满足屈服条件
运动学	运动“机制”满足运动学约束条件	根据特定的地质条件指定运动条件

一般来说，边坡滑动面几何形状比简化的圆弧面或连续平面更加复杂。其次，数值方法自动满足平移和转动平衡，但并不是所有极限平衡法都能满足平衡。因此，失稳模式相似的情况下，强度折减法确定的安全系数等于或略低于极限平衡法所计算出的安全系数。

12.1.3 计算结果

Morgenstern(1992)强调安全因素的一个重要作用是为确保边坡的活动趋势提供一个经验基础。也就是说，如果正确选择安全系数，那么根据经验，其变形量不会比预期大太多。在许多边坡问题中，不需要知道其变形大小。

所有数值模型都可以在模拟区域内生成位移和应力。因此，数值模型有时被称为应力模型或变形模型。只有当本构模型包含时变(如蠕变)行为时，数值模型能生成位移速率(即速度或边坡滑动速率)。不过，速度可以通过计算由不同边坡条件引起的位移来估算，比如在开挖和/或水压变化对应时间内发生的位移。换句话说，“时间”与开挖顺序和/或降水有关。

Narendranathan 等(2013)从各个历史案例中统计了边坡位移速率和安全系数，见表 12.2。用于建立两者关系的案例历史大多来自硬岩中的露天矿。鉴于软岩的变形模量远小于硬岩，且往往相差一个数量级，所以，在相同的稳定条件下，软岩边坡比硬岩边坡可能经历更大的变形。因此，表 12.2 中给出的关系在软岩边坡中应该谨慎使用。

数值分析的一个优点是能够提供安全系数等值线，以显示边坡最容易发生破坏的区域。随着材料强度的逐渐降低，监测不稳定区域(速度较高的节点)的失稳发展过程，SRM 可以在一次模拟中形成多个潜在破坏面。图 12.1 和 12.2 中分别为二维和三维模型的计算示例。

表 12.2　Narendranathan 等提出的硬岩中边坡位移速率和安全系数(2013)

位移速率/(毫米/月)	安全系数
<1.5	>1.5
1.5～3	1.2～1.5
3～7.5	1.1～1.2
≥7.5	≤1.1

注：范围取值包含下限。

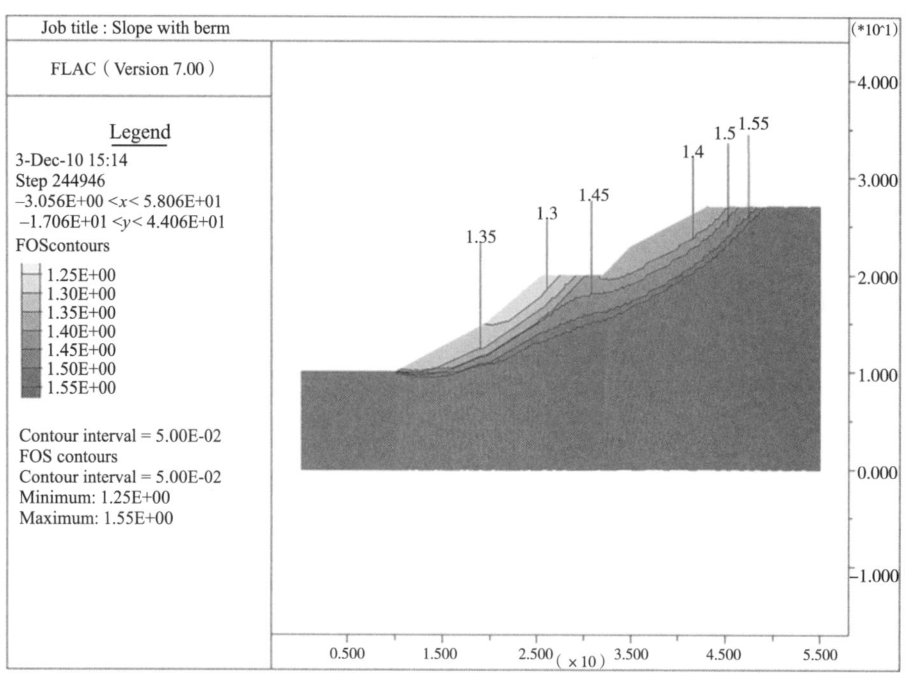

图 12.1　中等高度边坡的安全系数等值线

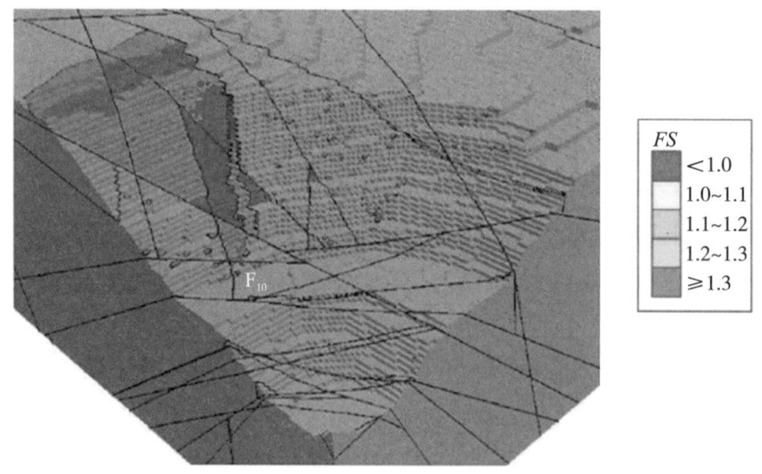

图 12.2　三维模型中安全系数等值线

12.2　数值模型综述

所有岩石边坡都包含结构面，这些结构面在数值模型中的表现形式因模型类型而不同，如下所述。

12.2.1 不连续模型和连续模型

模型的基本类型包括不连续模型和连续模型。不连续模型中的结构面是显式的，即结构面具有特定的产状和位置。连续模型中的结构面是隐式的，目的是使连续模型的行为基本上等同于所模拟的真实节理岩体。

不连续模型软件采用特殊的方法对断层和节理进行建模，并将连续变形作为特殊情况。这些软件通常被称为离散元软件。用于边坡稳定性研究的两个广泛使用的离散元软件是UDEC(Itasca,2014)和它的三维形式3DEC(Itasca,2013)。离散元软件的编码是一种有效检测和分类接触面的算法。它可以维护数据结构和内存分配方案，使其可以处理数百或数千个结构面。结构面将区域划分为块体。离散元素代码中的块可以是刚体或变形体，并假设变形体的变形连续。

在不连续分析中，选择定义块体形状和大小的几何结构至关重要。通常情况下，只有少部分断层和节理包含在块体中，这样可以建立合理尺寸的模型用于实际分析。几何结构的数据必须进行过滤，选择对力学响应最关键的断层和节理。该步骤需要识别在给定加载条件下最容易发生滑移和/或分离的结构面。这可能需要确定是否有足够的自由度，尤其是在发生倾倒的情况下，并且需要将观察到的现象与模拟结果进行比较来校准分析。同时还需要一个终止条件，规定结构面终止于岩体中还是中断在其他断层或节理处。这个准则是给出岩体强度的基础，岩体强度由岩桥和其他天然岩体特征得到，当岩体中所有结构面均无限延伸时，这些特征就不再考虑。

连续模型假定材料在整个边坡上是连续的，即不存在结构面。边坡设计人员广泛使用的有限元和有限差分软件是RS2(Rocscience)、FLAC(Itasca,2016)和FLAC3D(Itasca,2012)。所有连续数值模型都将岩体划分为单元。每个单元被赋予一种材料模型和材料属性。材料模型描述材料在加载或卸载过程中的应力—应变关系。连续模型可以考虑材料各向同性和各向异性行为。如断层等主要结构面可以用连续体之间无厚度的接触面表示，或者用一定厚度的单元体表示。

12.2.2 分析方法

有限元程序可能较为常用，但有限差分法可能是最早求解微分方程组的数值计算方法。有限元和有限差分法都是推导并求解一组代数方程。虽然用于推导方程的方法不同，但得到的方程是相同的。有限差分程序通常使用“显式”时间推进法来求解方程，而有限元方法通常以矩阵形式求解方程组。

我们通常使用的是静态求解，有限差分程序中还包含动力学方程式。这样可以保证在物理系统不稳定的情况下，数值模拟方案可以稳定。对于非线性材料，物理系统不稳定的可能性总是存在，如边坡的失稳。在现实中，一些应变能转化为动能。显式有限差分程序可以直接模拟这个过程，因为其中含有惯性项。相反，不包含惯性项的程序必须使用一些数值程序来处理物理不稳定性。即使程序可成功确保数字计算的稳定性，但所采取的路径可能并不现实。在有限差分程序中写入完整的运动定律，需要用户对模型物理运动有一定把握。显式有限差分程序并不是给出解法的黑匣子。数值模拟结果需要用户进行解释。

FLAC 和 UDEC 是专门为地质力学分析开发的二维有限差分程序。这些程序可以模拟不同的加载和水力条件，并且有内置材料模型表示岩石的连续行为。这两种程序处理高度非线性和失稳问题的能力是独一无二的。这些程序的三维软件是 FLAC3D 和 3DEC (Itasca，2013)。

12.2.3 岩体材料模型

尽管可以对有限数量的结构面进行建模，但在一个大边坡上模拟所有结构面是不可能的。因此，在较大的边坡中，大部分岩体必须用等效连续体表示，其中结构面的影响是降低完整的岩石弹性参数和岩体强度，无论是否使用不连续模型都是如此。正如本章的介绍中所提到的，数值模型将岩体分为多个单元，每个单元都分配有材料模型和材料属性。材料模型描述材料的应力—应变关系。最简单的材料模型是仅使用材料的弹性参数（杨氏模量和泊松比）的线弹性模型。

12.2.4 岩体材料模型：各向同性

各向同性岩体的强度可以用下面讨论的 Hoek-Brown 或应变软化准则来定义。

Mohr-Coulomb—线弹性—完全塑性应力—应变是最常用的岩体材料模型。这些模型通常使用 Mohr-Coulomb 强度参数（内聚力和内摩擦角）来限制单元可能承受的剪应力。抗拉强度也受到相应限制，在许多分析中取值为岩石内聚力的 10%。该模型中岩体材料表现为各向同性。

Hoek-Brown 破坏准则是岩体最常见的破坏准则（见第 5.5 节）。Hoek-Brown 破坏准则是一种经验关系，它表征了导致完整岩石和岩体破坏的应力条件。它已成功用于极限平衡法求解的设计方案中。它也间接地应用于数值模型中，在某一围压条件下，得到了 Hoek-Brown 破坏准则定义的岩体强度包络曲线的最佳线性拟合，找到了等效 Mohr-Coulomb 剪切强度参数（图 5.23）。然后将最适合的 Mohr-Coulomb 参数用于传统的 Mohr-Coulomb 本构模型关系中，并且参数在分析过程中可以更新或不更新。该过程比较烦琐和耗时。目前，大多数数值模型都含有基于 Hoek-Brown 失效准则的本构关系。然而，值得注意的是，Hoek-Brown 破坏准则通常不适用于软岩（即 GSI<30）或脆性岩（即 GSI>80）（地质强度指数，见第 5.5 节）。

岩体内主要结构面应变累积通常由开挖引起，其累计时间与开挖顺序有关。为了研究由开挖引起的渐进破坏效应，必须将岩体的峰后或破坏后的行为引入应变—软化模型中或将类似特征引入显式结构面。

不同于弹性—完全塑性材料，内聚力丧失(和抗拉强度减小)会到达残余强度，其值小于峰值强度(即屈服强度)。这些材料通常使用某种应变软化材料模型进行模拟，见图 12.3。屈服前应力—应变呈线性关系；在这个范围内，总应变 ε 仅为弹性应变(即 $\varepsilon=\varepsilon_e$)。

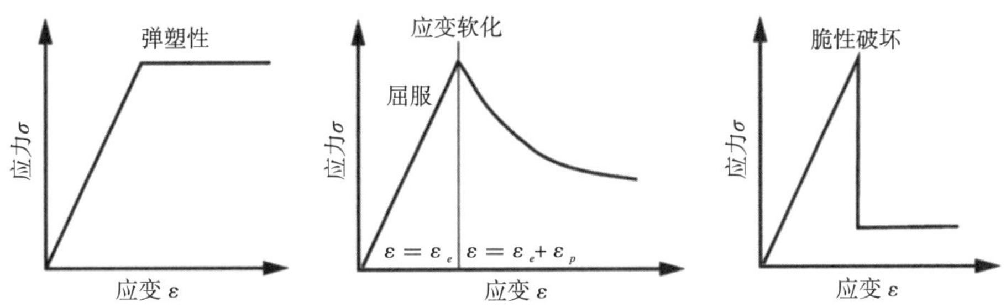

图 12.3 用于数值分析的典型力学模型

达到屈服点后，总应变 ε 由弹性应变 ε_e 和塑性应变 ε_p 共同组成，即 $\varepsilon=\varepsilon_e+\varepsilon_p$。在一般的应变软化模型中，将内聚力、内摩擦角、剪胀角和抗拉伸强度的方差定义为总应变的塑性部分 ε_p 的函数。在脆性材料如胶结沉积物中，一旦达到峰值强度，黏聚力和拉伸强度立刻降低(图 12.3)。

实际应用应变软化岩体模型时有两大困难。第一个困难是估算峰后强度和应变，以及由应变引起的强度降低。几乎没有经验性的准则来估计所需的参数，这意味着必须通过不断地校准来估计这些参数。第二个困难是模型中使用材料软化模型，并且力学响应取决于局部剪切时，计算结果取决于单元尺寸大小。不过，补偿这种网格依赖性非常简单。

计算安全系数时，需要特别注意应变软化模型。如果使用应变软化本构模型，则在抗剪强度折减过程中应关闭软化逻辑关系，否则安全系数将偏低。在开挖边坡时，有些单元的抗剪强度会超过其峰值强度，会发生一定程度的弱化。在强度折减过程中，这些单元应被视为强度较低的新材料，但由于塑性应变与强度降低有关，这些单元不应进一步弱化。

12.2.5 岩体材料模型:各向异性

大多数岩体在某种程度上是各向异性的。正如 Sainsbury 等(2016)的研究，岩体的强度和变形行为受到严格控制:首先是岩石的"完整"强度，其次是软弱面，如节理、层理、页理和其他结构面。各向异性岩体的强度和变形特性取决于大多数定向排列的结构面，如图 12.4 所示的页岩。

对于各向异性岩体，不连续分析方法提供了最严谨的强度和变形行为评价方式。在这种情况下，节理构造和完整岩体都是显式模拟。然而，由于目前计算内存的限制，不可能显式模拟引起大型边坡各向异性的细小节理面，特别是在三维情况下。因此，通常使用遍布节理本构模型。遍布节理本构模型是各向异性塑性模型，在 Mohr-Coulomb 材料体中按一定方向设置隐式软弱面。屈服可能发生在材料体中，或沿软弱面，或两者都有，这取决于应力状态、软弱面产状以及固体和软弱面材料特性。各向异性在软岩中一般不太明显，因为节理强度往往接近岩体强度，但在层状岩石中除外。

12.2.6 节理面材料模型

经常用来表示节理面的材料模型是线性弹性—完全塑性模型。由通常的 Mohr-Coulomb 参数内摩擦角和内聚力定义极限抗剪强度。还可以指定节理面峰值和残余剪切强度关系。残余强度是节理面在峰值强度下剪切破坏后的强度。节理面的弹性特性由节理面的法向刚度和切向刚度来决定，可以是线性的，也可以是分段线性的。

图 12.4 各向异性岩体——页岩(图片来自 Sainsbury 等，2008)

12.3 建模注意事项

为使数值模型预测变形或稳定性有一定的准确性，模型需要包含以下内容：

①代表性的应力—应变关系，包括从峰值剪切强度到残余剪切强度。

②各向异性。

③变化的孔隙压力分布。

④材料特性随深度、岩层或结构面变化而引起的不均一性。

⑤初始地应力的影响。

⑥台阶/分段开挖顺序。

所有这些因素对边坡变形产生影响，要使变形分析能够准确预测边坡位移，通常需要对失稳和变形的边坡进行校准。因此，使用数值模型进行变形分析并不是常规需要，但可以用来预测边坡稳定性。下面讨论可能影响数值模型预测变形和稳定性的因素。

12.3.1 二维建模与三维建模

创建模型的第一步是决定进行二维分析还是三维分析。2016 年，三维分析并不常见，但随着计算机水平的进步，现在三维分析已经趋向于常规化。严格地说，如果有下列情形，则推荐/需要进行三维分析。

①主要地质构造方向与边坡走向相差大于 20°。

②材料各向异性方向与边坡走向相差大于 20°。

③主应力方向既不与坡面平行也不与坡面垂直。

④岩土体单元的分布沿着边坡的走向变化。

⑤平面上边坡几何形状不是轴对称或平面应变，不能进行二维分析。

尽管如此，许多边坡设计分析都假定在平面应变条件下，边坡的二维几何形状是无限长边坡中的一个切面。换句话说，坡脚和坡顶的半径被假定为无限大。这当然不符合实际情况，特别是在露天采矿中，曲率半径可能对安全坡角产生重要影响。由于缺乏侧向约束，边坡中任何像“鼻子”形状的凸起都可能出现失稳。相反，凹面边坡通常比平面应变坡面更稳定，凹面边坡中潜在破坏面两侧材料体提供侧向约束。Lorig 和 Varona(2004)表明，凹面边坡的安全系数比二维平面应变边坡高 50%；Fredlund(2014)也发现了类似的结果。因此，三维分析是整体趋势，可以更真实地评估复杂几何结构边坡的稳定性，特别是在软弱材料中。

12.3.2 边界条件

边界可以是真实的或人工的。在边坡稳定性分析中真实边界对应的天然或开挖的地表通常为自由边界，而实际中不存在人工边界。地质力学问题，如边坡稳定性通常需要在无限大的实际研究区内取一小块进行研究。图 12.5 为边坡稳定性分析中推荐的典型人工远场边界位置。

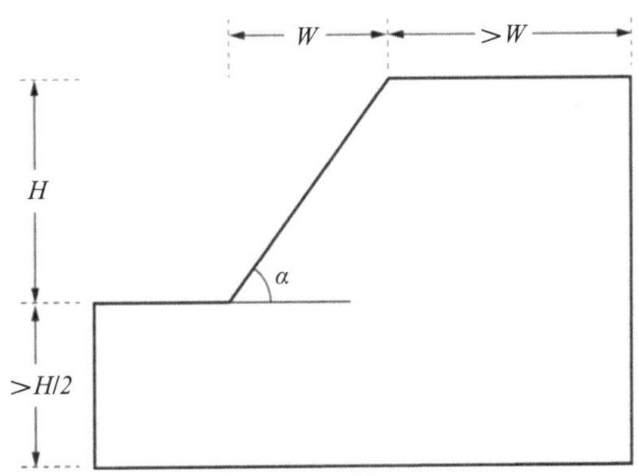

图 12.5 边坡稳定性分析中推荐的典型人工远场边界位置

人工边界可以给定位移或应力。给定的位移边界可以约束垂直或水平方向的位移，施加在模型底部和坡脚。模型底部总是在垂直和水平方向上固定，以防止模型旋转或沿底部滑动。

如果边坡模型包含地下水渗流分析，则边界通常比干燥边坡模型的边界大，这样可以使流网发育完整。

任意坡脚附近的位移边界都有两个假设：一是坡脚附近的位移仅在水平方向上受到抑制。当模型关于坡脚平面或坡脚轴线完全对称时，这是一个正确的物理条件。严格地说，这种情况只发生在无限长的边坡上，这些边坡都采用二维模型模拟并假设其为平面应变；二是位移发生在轴对称形状的边坡上，其中矿坑是严格的圆锥形。实际上这些条件很难满足。因此，一些模型横向延伸尽量避免在边坡的坡脚处施加任何边界条件。值得注意的是，坡脚附近的边界条件难题通常是二维假设的结果。该难点在三维模型中则很少存在。

在边坡稳定性分析的数值模型中必须设定远场边界位置和条件。一般选择远场的位置，使其不会显著影响结果。如果这个条件得到满足，是给定位移边界还是给定应力边界就不重要了。在大多数的边坡稳定性研究中，通常使用位移边界。在某些情况下，使用应力边界与位移边界的计算结果没有显著不同。

对于应力边界，水平应力的大小必须与假设模型处于平衡状态的初始应力相匹配。然而，在模型发生变化后，如开挖量增大，应力边界保持不变的话会导致远场边界向开挖方向移动。因此，应力边界也被称为附加应力或恒定应力边界，该应力不会改变且随边界位移。附加应力通常发生在边坡后方地势升高的区域。即使边坡开挖成倾斜地形，应力在一定程度上也会在开挖面存在，这取决于垂直于地形坡降方向的有效开挖宽度。

边界条件对分析结果的影响可以总结如下：

固定边界会导致应力和位移值被低估，而应力边界恰恰相反。

这两类边界条件包含真实解；用较小的模型进行测试，然后对结果求平均值，可能得出真实解的估计值。

最后，需要牢记的是，对于三维开挖模型（如采石场或露天矿坑），开挖边界下方和周围应力是自由分布的。因此，除非存在平行于分析平面的低强度断层，否则恒定应力或附加应力边界将高于实际水平方向的应力。

12.3.3 初始条件

初始条件是边坡在开挖之前存在的环境。重要的初始条件是地应力场和地下水条件。在边坡分析中，习惯性忽略应力的作用，原因如下：

①极限平衡分析广泛用于稳定性分析，但无法考虑地应力的影响。尽管如此，它们在许多情况下提供了合理的稳定性计算值，特别是在没有地质构造的情况下。

②大多数稳定性分析都是针对土坡进行的，与岩石相比，其原位应力范围更加有限。此外，许多土体应力分析在已建堤坝上运用，但仅考虑自重应力。

③大多数边坡破坏是重力导致的，原地应力的影响很小。

④边坡原位应力无法采用常规方式测量，其影响在很大程度上是未知的。

应力分析程序（如数值模型）的一个优点是它们能够在稳定性分析中得到开挖前的初始应力状态并评估其重要性。随着脆性破坏的发生，初始条件变得更加重要，因为初始应力条件在岩石破坏过程中起重要作用。一般情况下，无法说明初始应力状态对某一特定问题会产生什么影响，因为其行为取决于主要结构面的产状、岩体强度和水力条件等因素。Hoek等（2009）概述了原位应力对坡体变形的常见影响，其对稳定性影响的其他结论如下：

①初始水平应力越大，水平弹性位移越大，不过弹性位移在边坡稳定性研究中并不十分重要。

②分析平面内的初始水平应力比垂直应力小时，边坡稳定性略有降低，并且其与静水应力状态相比，剪切深度也有所减小。该结果看起来似乎违反直觉，因为较小的水平应力往往会增加稳定性。但较低的水平应力实际上略微降低了边坡内潜在剪切面或节理面上的法向应力。该现象在秘鲁的一个边坡 UDEC 分析中得到证实（Carvalho 等，2002），该边坡中存在倾倒结构面，与水平应力大于或等于垂直应力的情况相比，初始水平应力低于垂直应力时，结构面发生剪切的深度更大。

③值得注意的是，区域地形可能会限制应力状态，特别是在河谷底部位置。三维模型在解决一些区域应力问题时非常实用。

12.3.4 半离散化

为了获得边坡内的应力和应变梯度，有必要在结构面附近使用相对较密的离散单元。根据经验，在研究区边坡高度方向上，至少需要 30 个低阶单元（恒定应力或均布应力的单元）。使用高阶单元的有限元程序可能比有限差分法（常用恒定应变/恒定应力单元）需要的单元数更少。如果区域大小不确定，最好的准则通常为达到“收敛”，网格细化往往不会显著改变结果。

12.3.5 水压力

正如第 6 章以及 Beale 和 Read（2013）所讨论的，孔隙压力可以在边坡稳定性中发挥重要作用。在开挖边坡过程中，边坡的几何形状和水压力不断变化，所以通常需要通过瞬态模拟来确定在边坡内作用的孔隙压力。对于已经稳定一段时间的边坡，可以考虑稳态解。

对于涉及地下水的边坡稳定性问题，目前最常见的建模方法需要两个步骤：首先，使用渗流计算程序确定在特定时间点的瞬态或稳态下孔隙压力的分布或潜水面；其次，将孔隙压力分布或潜水面耦合到力学程序中以确定边坡稳定性。大多数从业人员将 100%的预测水压施加于所有岩石中（包括岩体、节理和断层）。太沙基的有效应力原理可解释力学计算中的孔隙水压力作用。通常，两步之间几乎没有“耦合”或相互作用发生。

将地下水引入边坡模型的最准确的方法是进行完整的渗流分析，并在稳定性分析中使用最终的孔隙压力。一个不太准确但更常见的方法是给定一个地下水位，并且产生的孔隙压力由水位以下的垂直深度、水密度和重力的乘积计算。从这个意义上讲，给定地下水位等同于指定一个水压面。两种方法都使用相似的潜水面。然而，给定地下水位面低估了坡脚附近的实际孔隙水压力，并且因为忽略了等势线的倾斜，略微高估了坡脚后方的孔隙压力(图 12.6)。

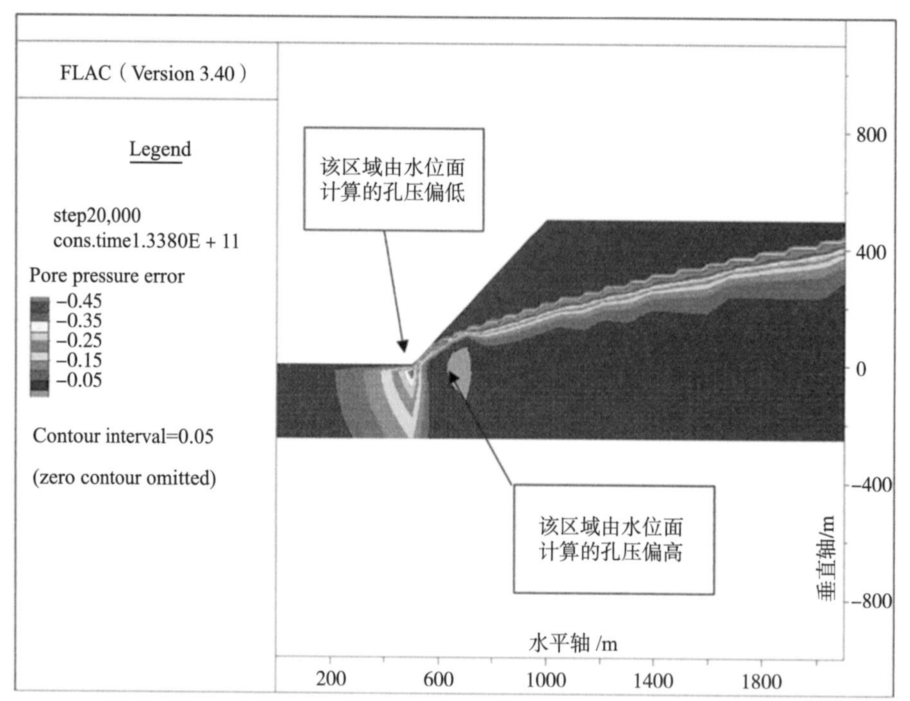

图 12.6　与渗流分析相比，通过指定水位面引起的孔隙压力分布误差

同时，在分析中也应考虑渗流力。水力梯度是当水通过多孔介质时同一高度的两点间产生的水压差，这个水压差形成渗流力(或阻力)。渗流分析会自动计算渗透力。

为了评估在不进行渗流分析的情况下给定地下水位所导致的孔隙水压误差，对于同一问题采用了两种计算方法。第一种情况进行渗流分析来确定孔隙压力；第二种情况仅使用渗流分析中的潜水面来确定压力。延伸右侧边界使远场潜水面与坡脚后水平距离 2km 处的地面一致。模型中的渗透率被假定为均匀和各向同性。在图 12.6 中可以看到，由给定水位引起的误差最大高达 45%，位于坡脚下方，而边坡后面的孔隙压力值误差通常小于 5%。在潜水面附近的误差不大，因为它们是由潜水面以下相对较小的孔隙压力导致的，其中小值的小误差会导致较大的相对误差。

对于距地表 2km 处的潜水表面，使用 3 号圆弧破坏面计算的安全系数为 1.1(图 9.4 和图 9.8)。两种情况下，FLAC 确定的安全系数约为 1.15。FLAC 分析给出了类似的安全系数，因为在两种情况下，发生破坏的边坡后方区域中，孔隙压力分布非常相似。这里得出的结论与完整的渗流分析和简单指定水压面方法计算出的边坡稳定性差异是很小的。但是，这个结论是否适用其他情况尚不清楚(如涉及各向异性渗流的情况)。

12.4 边坡稳定性分析

本节将极限平衡稳定性分析结果与数值方法分析相同模型的结果进行比较。

12.4.1 岩体破坏

使用 RS2/PHASE2、FLAC 或 FLAC3D 等连续体模型软件可以最有效地研究纯岩体边坡破坏。如第 12.2.1 节所述，在连续模型中无显式结构面，而是假定在整个岩体中遍布。假设岩石剪切强度参数可以合理取值，那么就可直接进行分析。

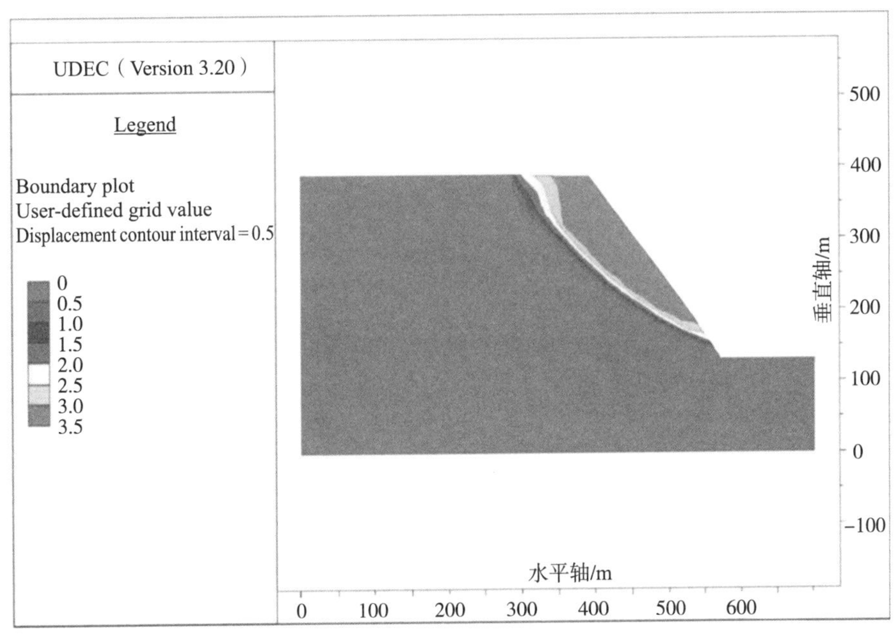

图 12.7 UDEC 得到的边坡岩体破坏模式

基于 Hoek 等所述（2002 年）的经验关系初步估算岩体性质，然后根据需要对这些初始值进行校准及修改。

岩体的主要破坏模式是剪破坏。对于均质边坡，其滑动面通常为圆弧形，破坏面在坡脚处开始并在坡顶地面附近变得几乎垂直。由上述参数得到的失稳模式见图 12.7；计算得到安全系数为 1.64。

以下是使用极限平衡圆弧破坏分析（Bishop 方法）和数值模拟法进行边坡稳定性分析的比较。在第 9.6.3 节中，阶梯状边坡稳定性较高，但砂岩中裂隙发育，边坡中有地下水位和张拉裂缝（图 9.19）。岩体为 Hoek-Brown 材料，参数如下：

m_i =13，GSI=20，σ_c =150MPa，扰动因子 D =0.7，抗拉强度约为 0.009MPa。

在 Bishop 分析法中，根据边坡几何形状估计正应力水平，再用直线拟合 Hoek-Brown

破坏包络曲线，计算 Mohr-Coulomb 强度。使用此程序，确定摩擦角和内聚力为(表 9.1)：$\varphi = 47°$，$c = 0.12$MPa。

岩体和水的重度分别为 2550kg/m³ 和 1000kg/m³。潜水面的位置见图 9.19。根据这些参数，计算出临界圆弧滑动面和拉伸裂纹的位置(图 9.19)，安全系数范围为 1.49～1.63，这取决于稳定性分析方法(Bishop 或 Janbu)。

图 12.8 为使用 FLAC 分析边坡稳定性，在计算过程中，滑动面产生过程表示实际边坡物理滑动面的演化过程。在开始分析时，不需要指定圆弧滑动面的位置，而极限平衡法是必须要指定的。FLAC 将通过直接模拟材料行为找出滑动面和破坏机理。网格划分应该相对精细，以确保滑动表面在发展过程中形状清晰。在研究局部破坏问题时，最好使用尽可能精细的网格。在此案例中，网格尺寸为 2m。

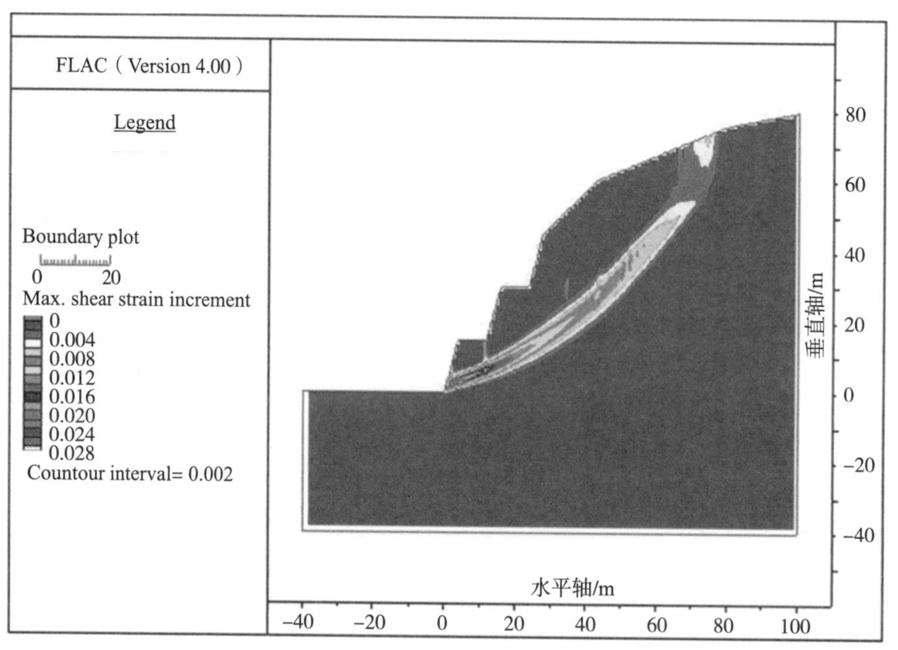

图 12.8 FLAC 计算出的密集节理砂岩边坡(参见图 9.19)中的失稳模式(圆弧)和张裂缝位置

FLAC 分析显示安全系数为 1.26，滑动面与 Bishop 法产生的滑动面非常相似(图 12.8)。不过，FLAC 模型中拉伸破坏延伸到边坡上方。极限平衡法只能识别出破坏的产生，而 FLAC 模型可显示应力重分布和开始位移后的渐进破坏。在该问题中，由于抗拉强度弱化，拉伸破坏继续向上延伸。计算出的安全系数考虑了这种弱化效应。

12.4.2 平面破坏

解析法可以非常有效地求解出露于坡面的平面节理上刚性滑动块体的破坏模式。为便于比较，对倾角 35°的块体进行 UDEC 分析。假定节理面的黏聚力为 100kPa，内摩擦角为 40°。计算出的安全系数为 1.32，这与第 7 章中式(7.4)给出的解析值一致，假设坡体中没有张拉裂缝纹。图 12.9 为用 UDEC 计算刚性块的平面失稳模式。

如果坡体形成了张拉裂缝,则安全系数略有下降。在 UDEC 分析中需要弹—塑性行为的变形体形成张拉裂缝,生成变形单元后,所得到的安全系数为 1.27,与解析法给出的值 1.3 基本一致。不同之处可能是解析法假定了垂直张拉裂隙,而 UDEC 分析表明张拉裂隙会与滑动平面相交(图 12.10)。

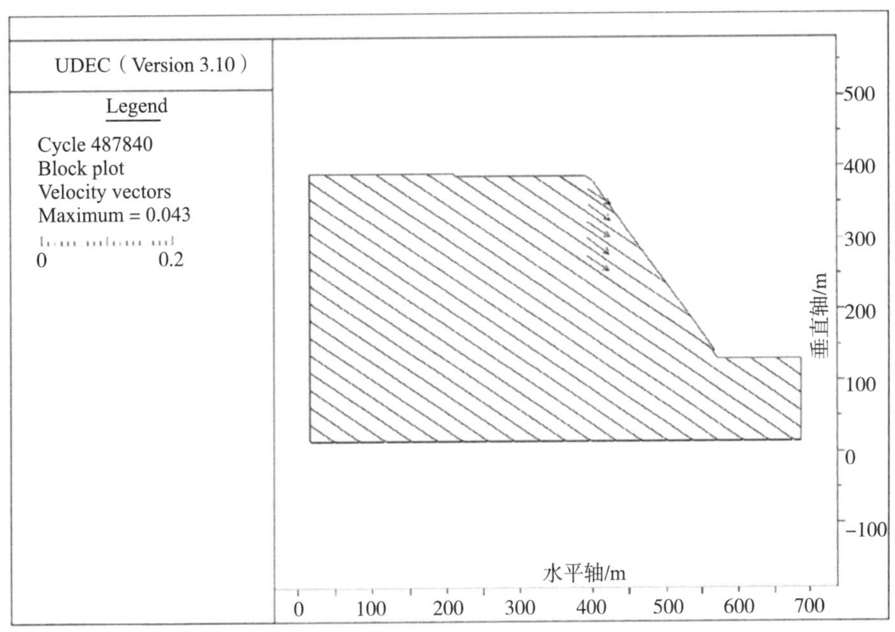

图 12.9　用 UDEC 计算刚性块的平面失稳模式

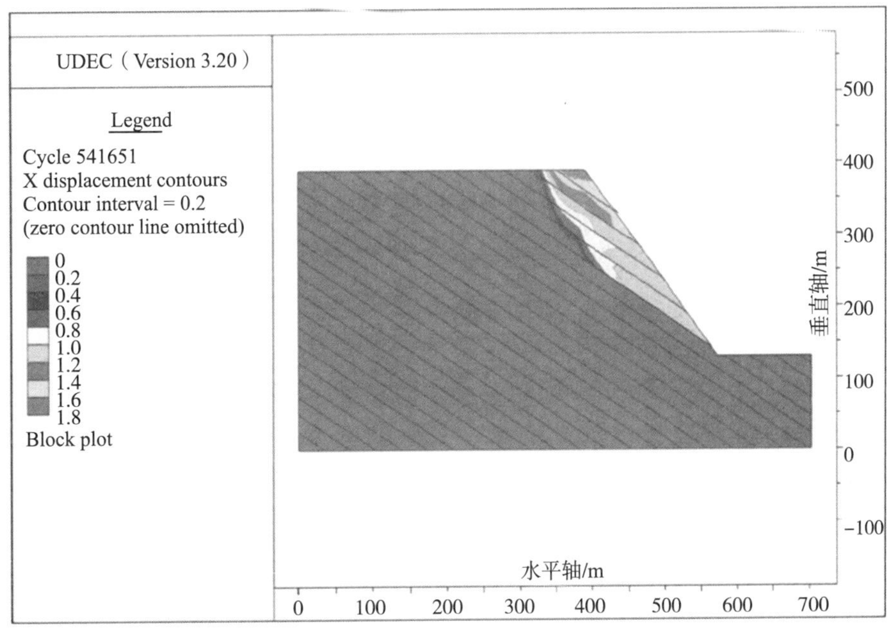

图 12.10　用 UDEC 计算变形块体平面失稳模式

类似的分析可以运用到滑动平面不在坡面出露的边坡。在这种情况下，破坏模式为边坡上部沿结构面破坏，边坡下部岩体发生剪切破坏，见图 12.11。此处，无内聚力滑动面倾角为 70°，间距 20m。计算出的安全系数约为 1.5。

这种边坡(也称为“顺层坡”)的破坏模式在第 7.4 节中已经讨论，边坡上部的主动楔体和下部出露于坡面的被动楔体之间的过渡区域形成破碎带。

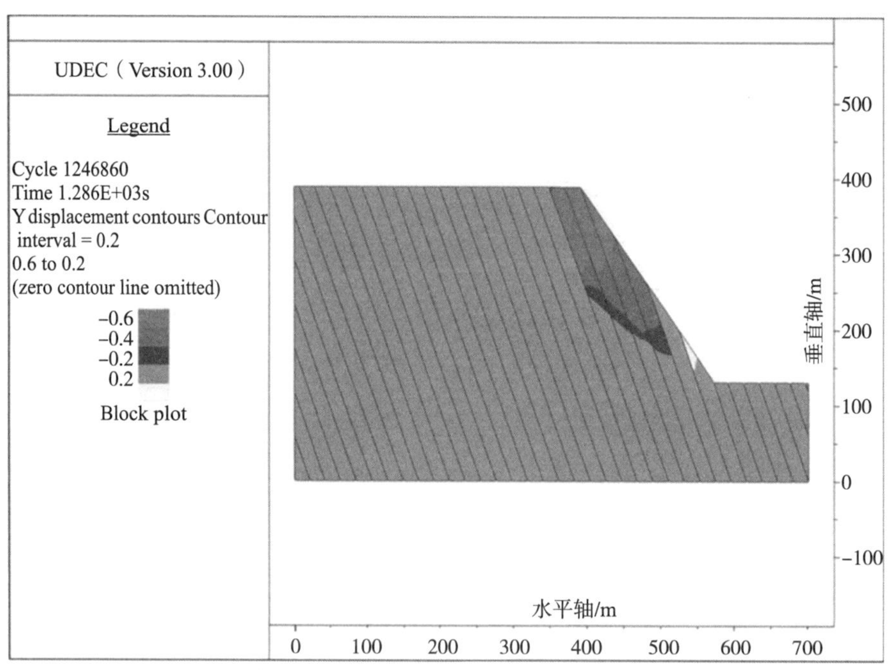

图 12.11　用 UDEC 计算的非出露平面失稳模式(或顺向坡)

12.4.3　楔体破坏

楔体破坏分析与平面破坏分析类似，只是必须在三维条件下进行。与平面破坏一样，光滑刚性块的滑动分析最好采用解析法，如第 8 章所述。含拉张裂隙和非出露楔体则需要进行数值分析。可用的程序包括 FLAC3D 和 3DEC。FLAC3D 中的塑性公式采用混合离散化技术，目前在岩石破坏占主导地位的情况下，提供了比 3DEC 更好的解决方案。另外，在 FLAC3D 中解决多个滑动面的问题时比 3DEC 问题更麻烦和耗时。读者可参考 Hungr 和 Amann(2011)对岩质边坡楔体破坏中 3DEC 与极限平衡法的对比研究。

12.4.4　倾倒破坏

倾倒破坏模式涉及旋转，因此通常很难用极限平衡法来求解。顾名思义，块体的倾倒涉及单个块体的自由转动(图 10.3)，而弯曲倾倒涉及石柱或石板的弯曲(图 10.4)。

正如在第 10 章中所讨论的那样，向坡内陡倾的节理和平缓的共轭节理相交形成薄板，容易发生倾倒。共轭节理相交处为岩块的旋转提供了自由面。最常见的块体倾倒形式是由自重导致块体向前旋转然后脱离母岩发生倾倒。然而，当节理平行于边坡面，较平坦的共轭节理特别软弱时，也会向后发生倾倒。在向前和向后倾倒的情况下，稳定性取决于块体重心相对于其基座的位置(图 1.11)。

图 12.12 为用 UDEC 计算的向外倾倒失稳模式。陡倾节理倾角 70°，间距 20m，而共轭节理正交且间距为 30m，计算出安全系数为 1.13。如图 12.13 所示，图中显示了岩块反向倾倒分析结果。在这种情况下，与坡面平行的节理间距 10m，水平节理间距 40m，计算出的安全系数为 1.7。

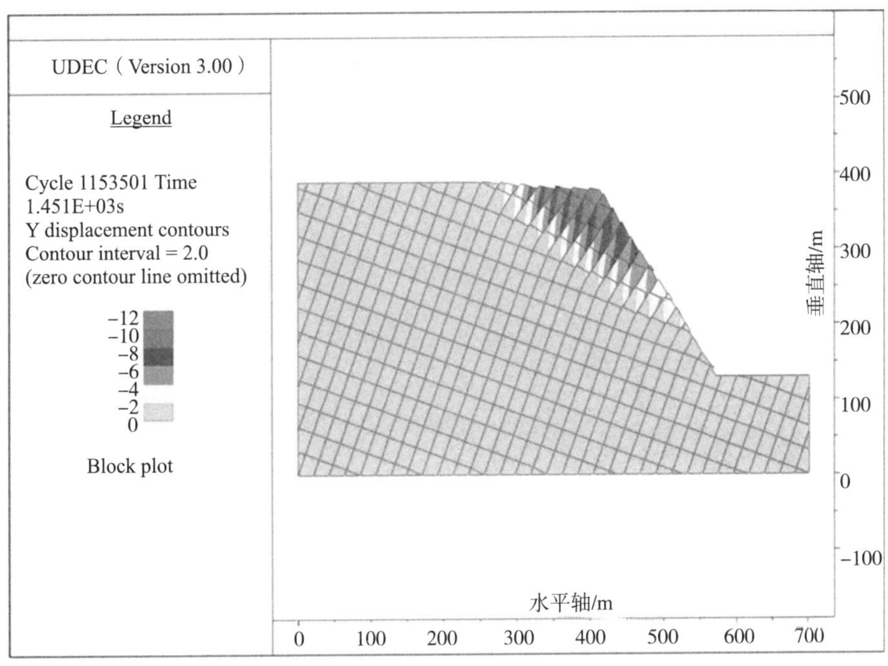

图 12.12　用 UDEC 计算的向外倾倒失稳模式

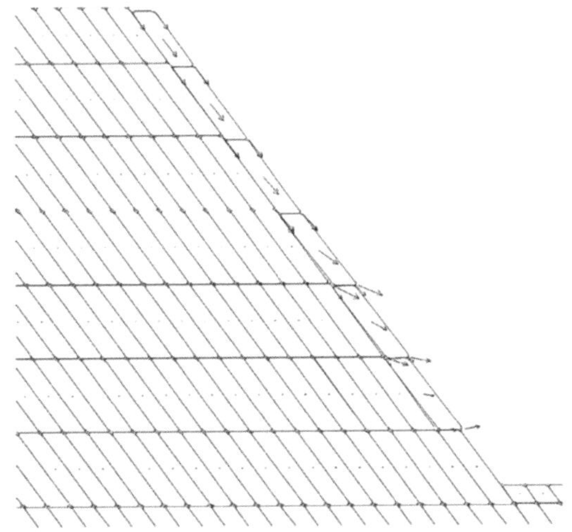

图 12.13　用 UDEC 确定的反向(向后)倾倒失效模式(箭头显示运动矢量)

当一组小间距、大型陡倾节理倾向坡内,并且没有足够的共轭节理,岩块不能自由转动时,岩层向坡外弯曲,像悬臂梁一样。如图 12.14 所示,图中显示了节理间距 20m 时的分析结果。计算得到安全系数为 1.3,随着节理间距的减小,安全系数降低,因为薄层岩块比厚层岩块更易发生倾倒(图 1.11)。弯曲倾倒分析需要比块体倾倒进行更精细的网格。由于弯曲倾倒需要岩层上的高应力梯度,有必要提供足够的单元来精确表示由弯曲而产生的应力梯度。在 Adhikary 和 Guo(2002)介绍的建模和离心测试报告中,UDEC 建模时每个岩层需要跨越 4 个单元网格,一个模型需要接近 20000 个三节点三角单元。

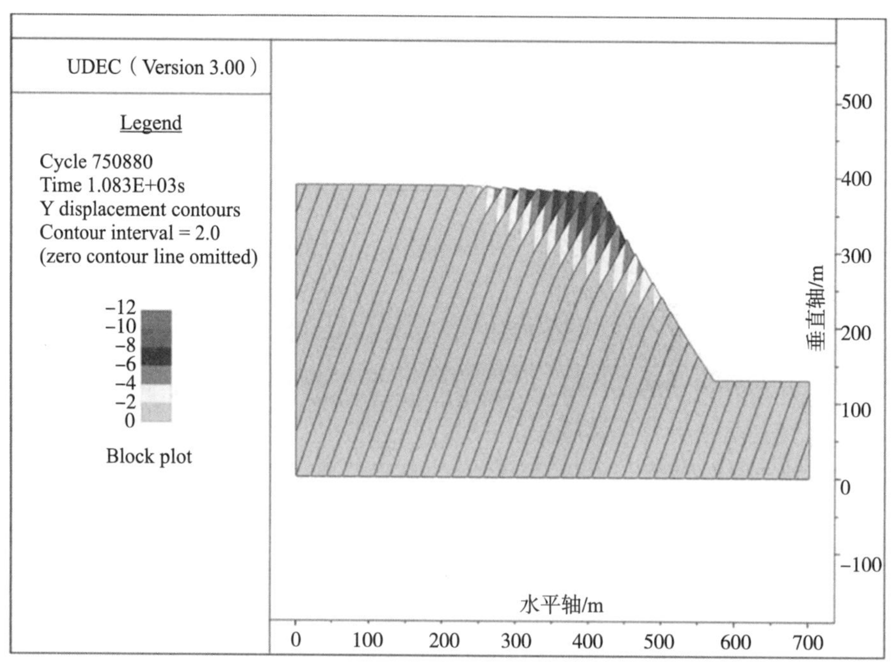

图 12.14 用 UDEC 计算的弯曲倾倒失稳模式

12.4.5 复合破坏

许多山体滑坡都属于复合破坏,包含多种破坏模式,如二维或三维滑动、倾倒、崩塌和完整岩石断裂。结构面倾角和倾向的变化可能对边坡变形和破坏机理有重要影响(Stead 等,2013)。

在确定数值模拟方法之前,必须深入分析两翼和主要边坡(图 1.7)的失稳机理。如果没有充分了解其失稳机理,那么无法确定是建立二维还是三维分析模型。先用简单的方法来理解三维机理,然后再转向更复杂的数值方法,这种分析方法很有用。

Brideau(2010)利用详细的工程地质测绘和块体理论——数值模拟方法对控制位移的主要滑动面进行了论述。采用 UDEC/3DEC 程序,在二维和三维模型中详细研究了影响岩石边坡平面破坏和倾倒破坏的因素;还考虑了节理面延伸长度的重要性。Havaej(2015)提出将复杂的三维离散元模型应用于岩石边坡稳定性研究之前,先用包含基础滑动面(Swedge-Rocscience)的五面楔体进行简单极限平衡分析。研究边坡位移的地貌证据非常重要，在建立边坡模型之前，尽可能弄清边坡破坏机制的复杂程度，尽可能检查边坡监测记录。挪威的 Aknes 边坡建模为工程地质填图、岩石测试和边坡监测的综合使用提供了参考，可用于开发一个考虑岩桥弱化方法的三维时变连续模型(Grøneng 等，2010)。

12.5　专题

本节介绍了一些可用于数值分析的技术，以模拟特定的工况(如加固)。

12.5.1　边坡治理方案

边坡治理方案通常包括岩体锚固、挡墙、排水和削坡，所有这些都可以在数值模型中直接模拟。最难的可能是锚固模拟，锚固通常用于加固建筑边坡，偶尔用于矿山边坡。数值模型中典型的锚固类型有：

①全粘结锚杆。

②锚索或钢绞线。

③端头锚固式锚杆。

④抗滑桩。

在评估岩石加固效果时，应考虑两个约束条件。首先，钢筋在穿越结构面时提供局部约束。其次，开挖破碎区内的非弹性变形使完整岩体受到约束。在模拟破碎岩体和锚索加固系统的非弹性变形时，会出现上述情况，并且水泥或树脂黏结剂在某一段锚固长度上可能发生剪切破坏。锚索单元可以模拟沿长度方向的抗剪强度，该抗剪强度由泥浆与钢绞线或岩石之间黏结所产生。假设钢绞线被分成若干长度为 L 的线段，节点位于每一段的末端。每段的质量集中在节点处，见图 12.15。抗剪强度由节点和相邻岩石之间的弹簧/滑块表示。

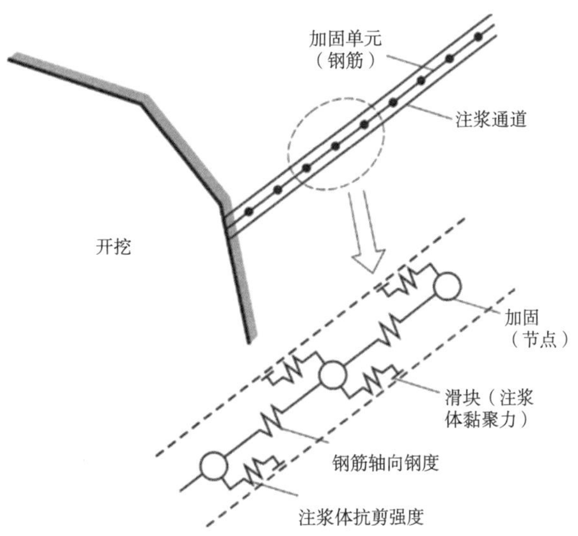

图 12.15　用于解释全粘结锚杆注浆体剪切行为机理

端头锚是最简单的模型。只为模型中安装锚杆的部分提供轴向约束力，轴向刚度 K 为

$$K = \frac{AE}{L} \tag{12.3}$$

式中：A ——锚杆的横截面面积；

E ——钢筋的弹性模量；

L ——锚固点和坡面之间的距离。

12.5.2 遥感数据的导入

使用 LiDAR 或数字摄影测量等遥感技术已经被证明在识别岩石边坡几何形状、破坏面几何特征和结构面特征以及岩体质量和渗流方面非常有用。遥感技术可以通过监测边坡位移来提供重要的模型约束。利用各种摄影测量和 LiDAR 点云处理软件（图 12.16）可以处理表示岩石边坡或滑坡几何形状的 LiDAR 或摄影测量点云，以形成数字地形模型 DTM。

Havaej（2015）介绍了一个建模的工作流程，先使用公用软件简化 DTM，再用 Rhino（McNeel 等，2016）进行前处理，用 Kubrix（Itasca，2015）将 DTM 导入二维和三维地质力学模型。

（a）基于LiDAR扫描的台阶状采石场边坡地形

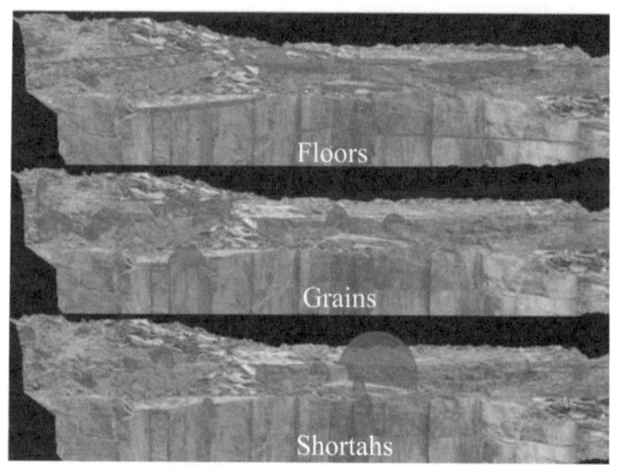

（b）由LiDAR点云得到的平台模型，灰色圆盘表示三组结构面，分别标记为“Floors”，“Grains”和“Shortahs”（Havaej等，2016）

图 12.16 岩石边坡摄影测量模型实例

DTM可以精确地表示滑坡几何形状，以及滑动面、侧翼和陡坎。遥感DTM也可用于测量结构面的倾角和倾向，以识别结构面组和表征结构面组几何形状特征(间距、密度和迹线长度/连续性)。也可以使用LiDAR和摄影测量法测量结构面粗糙度。

测量结构面产状、密度及其连续和中断状态可用于随机生成离散元网格(DFN)，导入地质力学模型中。摄影测量和LiDAR都用于描述岩石边坡的岩体和渗流特征。近年来，遥感方面的重要发展(包括运动摄影测量、基于无人机的传感器、全波形LiDAR以及热和高光谱成像等技术)在边坡特征识别和数值模型的数据导入等方面展示了巨大发展潜力。

12.5.3 脆性断裂模型

传统的连续体和不连续体模型无法准确模拟与岩石边坡破坏相关的脆性断裂。现在人们普遍认识到大量边坡破坏包含从微观到宏观尺度的脆性断裂，并且认识到断续结构面间岩桥破坏的重要性。为模拟岩石边坡的脆性断裂，下面讨论4种主要方法：

(1)泰森多边形法

泰森多边形法可用于模拟连续体(RS2，Rocscience Inc.)和不连续体模型(UDEC/3DEC)中的脆性断裂。泰森接触面同时具有完整岩石和岩体的特性，其法向/切向刚度可能会在剪切或拉伸中失效，从而导致破坏，改变边坡位移自由度。沿着多边形接触面形成的裂隙可以产生不同量级的位移，这取决于Voronoi(多边形或三角形)的形状。泰森单元本身可以是刚体或变形体。对多边形离散元模型进行校准非常重要，可以采用Kazerani和Zhao(2010)以及Gao和Stead(2014)提出的程序。

Alzo'ubi(2009)提出了UDEC Voronoi损伤模型，该模型成功模拟了自然边坡和工程边坡，其中包括加拿大Revelstoke大坝左坝肩的节理组和岩石支护。Wolter等(2015)描述了UDEC Voronoi多边形的初步用途，模拟了引发1959年美国麦迪逊峡谷滑坡的地震中的脆性断裂，而Havaej等(2014)使用UDEC Voronoi模拟顺向坡的破坏。Tuckey(2012)和Vivas Becerra(2014)考虑孔隙水压力对脆性破裂的影响，采用UDEC Voronoi研究主动—被动双平面岩石边坡破坏损伤。Gao和Stead(2014)研究了在3DEC软件中采用Voronoi进行脆性破坏三维建模的方法。

(2)颗粒流程序(PFC)

由PFC2D/PFC3D(Itasca，2014)和YADE(Scholtes等，2012)定义的颗粒流程序已被用于模拟岩石边坡破坏过程，用圆形或球形颗粒之间的黏结破坏来模拟边坡中完整岩石的破坏(Lisjak等，2011)。

Wang等(2003)介绍了PFC2D在煤矿下盘边坡建模中的应用(“倾向坡”)，而Poisel和Preh(2008)成功使用PFC2D/PFC3D模拟了几个大型滑坡的形成和发展。Lorig等(2009)介绍了采用PFC2D生成裂隙网络模拟智利Chuquicamata矿区的大型露天矿倾倒破坏，Scholtes和Donze(2012)介绍了使用YADE颗粒流程序模拟岩石中岩桥的破坏。由于需要满足计算机处理器要求和模型精度要求，颗粒流程序在大型岩石边坡(特别是三维)中的应用受到了限制。

Mas Ivars等(2011)成功建立合成岩体模型的办法，在完整岩体的PFC模型中引入DFN，从而形成一个SRM模型。为了研究岩体强度的尺寸效应，模拟不同尺寸的岩石在压缩和拉伸荷载作用下的强度。基于这个SRM测试数据，在FLAC3D中使用连续应变软化遍布节理模型进行了岩石边坡分析(Sainsbury等;2008,2016)。该方法对于研究大规模边坡问题有巨大的应用前景。

(3)网格—弹簧法

网格—弹簧法是近期(2016)引入的滑坡建模方法，其中PFC模型的颗粒被节点代替，颗粒间黏结用弹簧表示，其中岩石边坡中完整的岩石断裂用弹簧的断裂来表示。

Cundall和Damjanac(2009)介绍了边坡建模软件(Itasca,2015)的应用和检验，这是一种网格弹簧方法。该边坡建模软件是一个三维软件，它可以将离散元网格(DFN)结合起来，模拟岩石边坡中应力脆性断裂。该软件还能够模拟脆性断裂和水力耦合。Havaej等(2014)应用边坡建模软件和网格弹簧法研究了1963年瓦依昂滑坡、未出露/坡脚滑出的楔形失稳以及边坡坡脚破坏的脆性断裂。Tuckey(2012)、Tuckey等(2013)和Vivas Becerra等(2015)成功地应用边坡模型软件研究了主动—被动楔形破坏。

(4)有限离散单元法(FDEM)

模拟岩石边坡脆性断裂的第4种方法基于FDEM(Munjiza等,1995)。Eberhardt等(2004)介绍了FDEM程序和ELFEN(Rockfield,2016)的应用，模拟了与瑞士1991年Randa岩石滑坡有关的脆性断裂。Havaej等(2014)介绍了ELFEN在顺向坡破坏机理建模中的应用。Vyazmensky等(2010)、Elmo等(2011)和Hamdi等(2014)成功在岩石脆性断裂模型中引入含DFN和FDF-DFN的ELFEN程序，Lisjak和Grasselli(2011)提出了使用YGEO和IRAZU程序中应用FDEM方法，模拟岩石边坡脆性断裂(Geomechanica Inc.,2015)。

12.5.4 短期稳定与长期稳定

大多数地质力学模型和边坡分析都集中于边坡短期稳定性分析。然而，Griffiths等(2012)强调了地质和地貌过程在工程地质中的重要性以及考虑地形演化的必要性。Kemeny(2003)提出了一个有见地的非连续性UDEC分析方法，提出在数百年至数千年间岩石边坡的稳定性会随时间增长逐渐降低这一重要特性。Groneng等(2010)利用基于滑坡监测数据的时程本构准则，研究了挪威Aknes滑坡稳定性中岩桥破坏的重要性。

许多研究者强调，岩石边坡中岩桥的应力驱动破坏可能对边坡的长期稳定性起着重要作用。Tang 等(2015)介绍了基于损伤的地质力学模型在微地震记录约束下的应用，研究表明，岩石边坡损伤对锦屏一级电站左岸岩石边坡性质有重要影响。岩石边坡长期稳定性可能与导致强度弱化的许多过程有关。例如，Alzo'ubi(2009)对加拿大 Revelstoke 大坝坝肩边坡建立 UDEC Voronoi 损伤模型时，强调了风化作用对岩石抗拉强度的影响。

最近(2016)，一些研究人员对岩石边坡应力循环和疲劳损伤的重要性进行了模型研究，包括热力学效应(Gischig，2011)、季节性地下水位变化(Smithyman，2007)和重复地震活动的影响(Wolter 等，2015)，这些都可能是导致岩石边坡长期稳定性降低的影响因素。

12.5.5 运动距离的预测

本节根据经验研究和数值模拟讨论滑坡滑动距离。

(1)实证研究(Fahrböschung)

滑坡滑动距离往往是评估相关风险的关键因素。根据对滑坡运动相关文献的研究，已经提出了经验方法来识别所谓的“fahrböschung”角，该角将滑坡的滑体体积和滑动距离联系起来。图 12. 17 描述了 fahrböschung 角度的定义和滑体体积与滑动距离的关系曲线(Whittall，2015)。对于现有的大量关于滑坡发生的文献资料，鼓励读者参考 Corominas (1996)、McDougall 等(2012)、Whittall(2015)和 McKinnon(2010)的著作。Whittall(2015)对滑坡失稳文献进行了综述，总结了滑坡失稳术语，包括 fahrböschung 角(以及与坡角、破坏体积和势能的关系)、行程角、滑出长度、超出行程距离和淹没面积。读者可以参考 Hungr (1984，2005)和 Rickemann(2005)等讨论的经验方法和重要概念，如夹带、体积平衡方法、侵蚀率(每米通道长度侵蚀的材料体积)和侵蚀深度。

(2)滑坡数值模拟

当前相当多的研究领域涉及滑坡的数值模拟。主要基于颗粒流程序(Poisel 等，2008)、连续有限元和流变力学方法建立模型。McDougall 等(2012)对滑坡运动的建模方法进行了很好的总结和讨论。在滑坡运动仿真模拟中常用的模型包括 DANW 和 DAN3D(Hungr，1995；McDougall 等，2004)。DANW 能够对二维几何剖面上的运动进行模拟，但由于其采用深度平均法，该模型被认为是一维方法。基于光滑颗粒流体动力学方法的 DAN3D 可以输入数字高程模型模拟运动；但它也使用深度平均法，因此是一个二维模型。运动学模型可以模拟运动长度、速度、围绕地形障碍物的流体分割以及碎屑通过时的材料夹带。用来模拟运动的流变模型包括简单的基于摩擦准则的模型、宾汉流动模型和基于紊流系数的紊流方法；不同的流变模型可以用于不同运动路径的不同段内(图 12. 17)，选择时需要视情况而定。

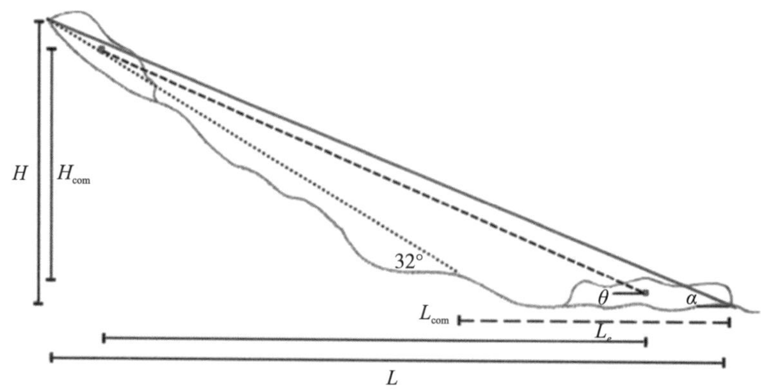

(a)滑动建模中的术语，介绍了 fahrböschung 角 α、行程角 θ 和理想滑动角 32°，其中 H 是最大垂直高度，H_{com} 是质心的垂直高度，L 是最大水平长度，L_{com} 是关于质心的滑动距离，L_e 是超出简单滑块预期滑动距离的部分（McKinnon，2010 后修正）

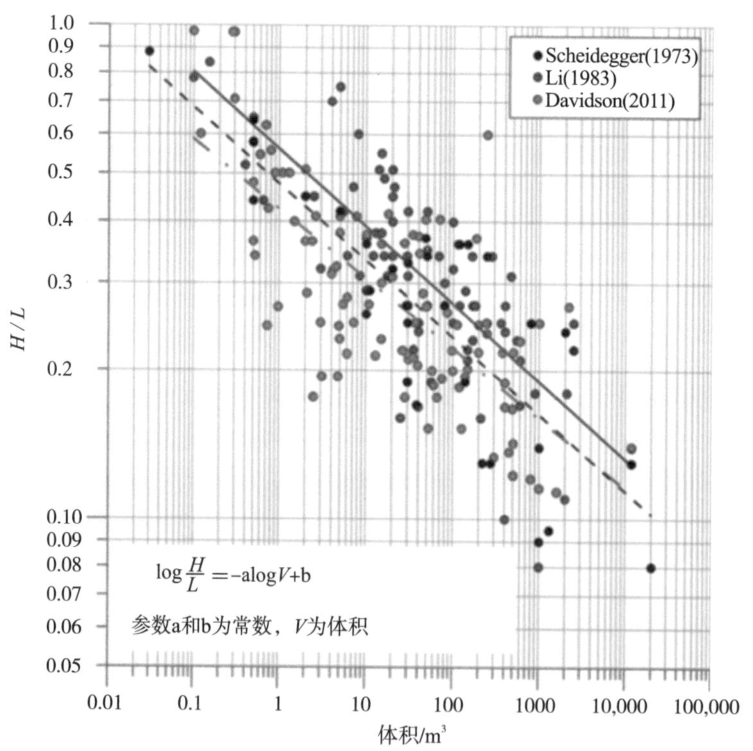

(b)已记录滑坡的 H/L 与体积的经验曲线（Whittall，2015 后修正）

图 12.17　不同的流变模型

Hungr 和 Evans（1996）、Hungr 和 McDougall（2014）等介绍了运动学模型在主要滑坡（包括 Frank 滑坡、乌龟山艾伯塔和加拿大 Zymoetz 河岩石崩塌）中的应用。近年来，研究了遥感技术、地质力学模型和流变模型，利用总体坡度方法研究了滑坡启动和运动模拟。Strouth 和 Eberhardt（2009）用一种 3DEC 和 DAN3D 的关联方法研究了美国华盛顿 Newhalem崩塌。

12.5.6 离散裂隙网络

DFNs 在岩石边坡调查中的应用取得了很大进展，其运用可能对未来的滑坡研究具有重要意义。Dershowitz 等(2004)、Staub 等(2002)和 Elmo(2006)对 DFNs 在岩石工程中的应用进行了详细介绍。通过裂隙产状(倾角、倾向和离差、K)的统计特征、分布密度、断裂连续性和终止形式等特征，使用如 FracMan(Dershowitz 等，2004)、Resoblock(Merrien 等，2011)和 Fracas(Xu 等，2010)等程序，基于假设的裂隙模型，生成裂隙网格，进而对裂隙网格进行模拟。

岩石边坡模型中离散裂隙网络的早期研究主要是边坡或隧道中块体运动学和极限平衡分析。之后主要研究在二维和三维边坡地质力学建模程序中导入 DFN 模型。近年来，三维地质力学建模代码开始在内部集成 DFN 生成器，以便更无缝地模拟块体几何形状对边坡失稳的影响。Havaej 等(2016)成功地将不连续模型程序 3DEC 和 DFN 生成技术应用于采石场边坡的模拟。正如前面所述，DFN 生成器是综合岩体方法的一个组成部分，该方法利用大量不连续和连续地质力学模型进行岩石边坡建模。

12.5.7 极端降雨对边坡稳定性的影响

极端降雨是边坡失稳的常见原因。如第 3 章所述，对于土质边坡，极端降雨会导致土体侵蚀，表观内聚力(吸力)降低，而岩石边坡通常因张开裂隙中的瞬时高水压力而失稳，特别是如第 6 章所述的张拉裂缝，在一些矿山测量出高达 40m 水头的瞬时水压力。

例如，考虑图 12.18(a)所示的稳态条件。在稳态条件下，沿结构面任意一点的压力近似为地下水位以下的垂直深度和水重度的乘积。在瞬态条件下，张裂隙可能迅速充满水，产生图 12.18(b)所示的状况。图 12.18(b)中张裂缝中的水压明显高于图 12.18(a)中的水压。在这种情况下，图 12.18(a)中边坡安全系数为 1.18，而图 12.18(b)中边坡安全系数为 1.01。

12.5.8 地质统计学

考虑失稳概率的重要性已经得到充分认识，大多数极限平衡和越来越多的数值模型分析可以进行确定性分析、敏感度分析和概率方法等设计分析。地质统计学在岩石边坡分析中的应用研究相对较少。地质统计学在文献中被定义为研究与空间和/或时间相关的自然现象的学科。地质统计学分析需要使用半方差图、协方差图和相关图等技术，结合克里金法和序贯高斯模拟的方法，准确描述数据的潜在空间结构(Clark，1979；Isaaks 等，1989；Srivastava 等，1989；Mayer，2015)。

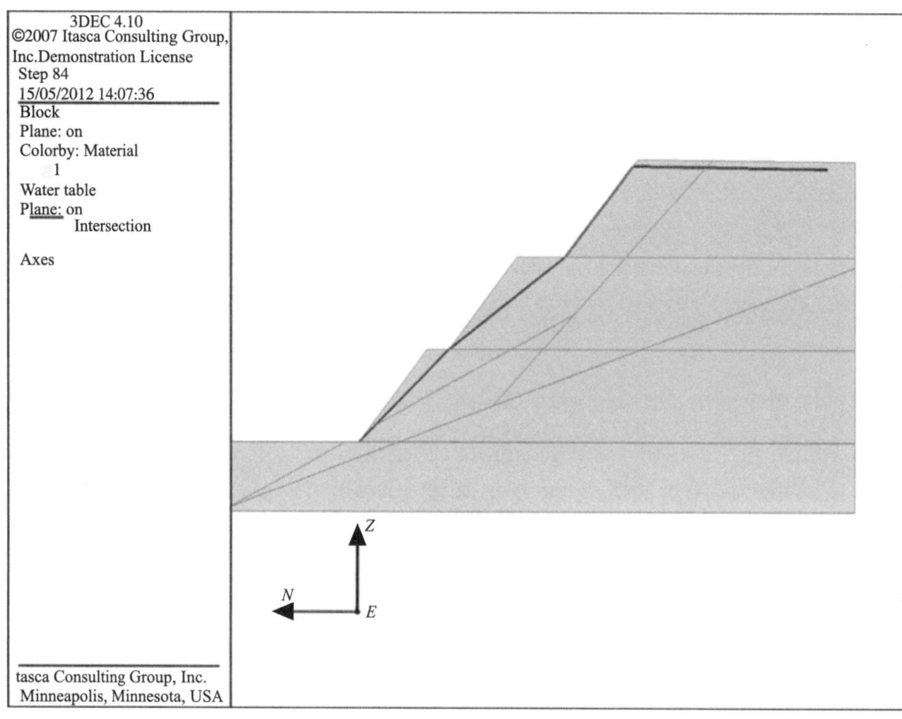

（a）含地下水位的稳态情况

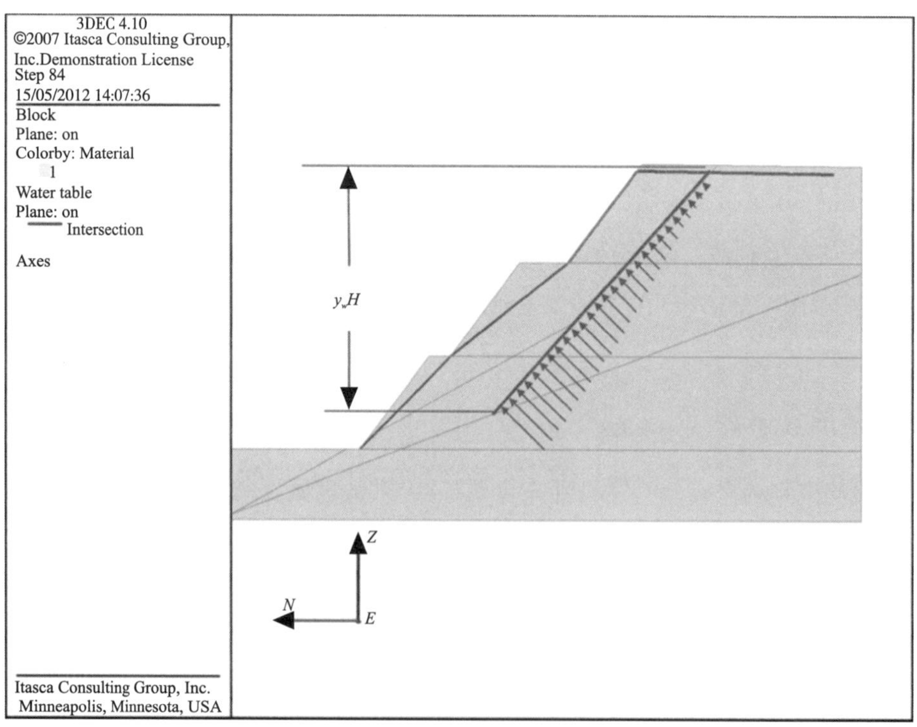

（b）张裂缝中的瞬时水压分布

图 12.18　含地下水压力的边坡模型

Jefferies 等(2008)清楚表明,在边坡设计中需要用地质统计方法研究岩体强度的空间变化。他们使用一个简单的 FLAC 边坡模型表明了使用平均强度进行常规分析的局限性。

采用相似模型进行的附加研究表明,30%的强度可以更好地估算岩体均匀强度。Kalenchuk(2010)对加拿大不列颠哥伦比亚州的唐尼滑坡进行了 3DEC 分析,该滑坡是北美最大的活动古滑坡,他利用地质统计学方法得到三维滑动破坏面和地下水位。Clayton(2014)在对不列颠哥伦比亚省 Mitchell Creek 边坡变形进行分析时采用类似的方法,该变形自20 世纪 50 年代冰川开始后退以来一直很活跃。Mayer(2014,2015)介绍了一种基于顺序高斯模拟的地质统计学方法,采用 FLAC2D 对巴布亚新几内亚 Ok Tedi 矿的一个大型露天矿边坡进行模拟,见图 12.19(a)。Mayer(2015)论证了考虑岩体空间变化的重要性,在 SGG FLAC 模型中寻找关键破坏路径的方法,见图 12.19(b)。在具有足够数据的临界边坡中,在使用地质统计学建立地质力学模型时,应考虑力学性能随空间变化的重要性。

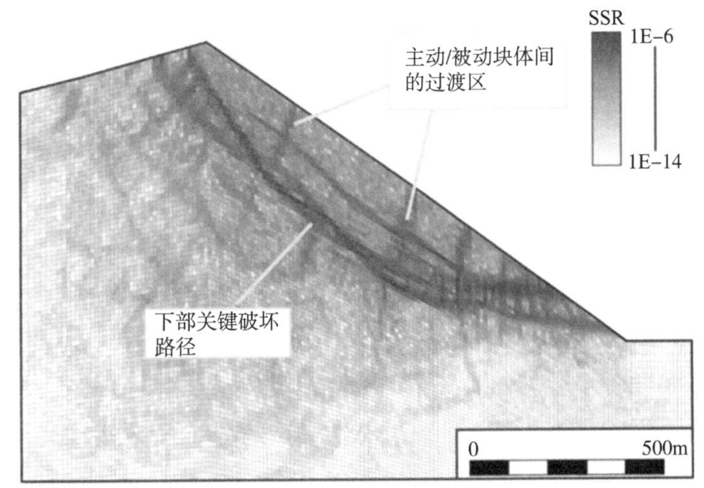

(a)使用巴布亚新几内亚Ok Tedi露天矿边坡FLAC模型进行顺序高斯模拟(SGS),得到其中一个模型剪应变率(SSR)

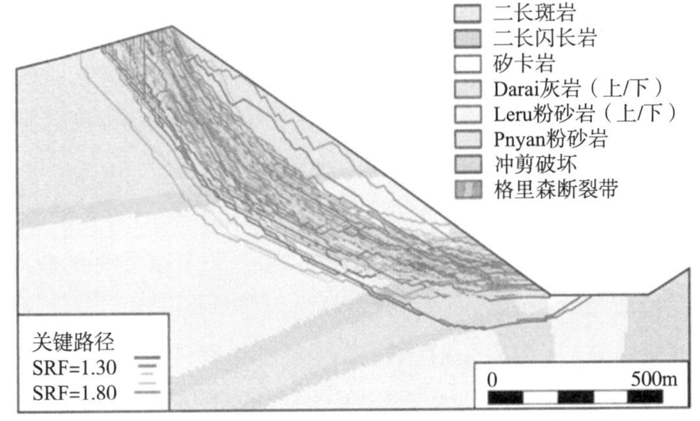

(b)由随机SGS FLAC模型(Mayer等,2014)得到的坑壁后关键破坏路径分布

图 12.19 露天矿边坡模型

(卢树盛 刘高峰)

第 13 章　爆破

13.1　引言

岩石边坡开挖一般都需要爆破，本书作为一本论述岩石边坡工程的书，对爆破问题应给予适当关注。利用炸药爆破岩石本身就是一个重要课题，这一课题的基本原理已在许多优秀的教科书和手册中进行了讨论(Langefors 等，1973；Hemphill，1981；C. I. L，1983；Atlas Powder Company，1987；FHWA，1991；Persson 等，1993；Oriard，2002；ISEE，2015)。

13.1.1　爆破作业

爆破作业设计和施工责任因项目类型而异。矿山和大型采石场通常会有一个部门负责爆破，也可能需要炸药供应商的技术代表帮助。这种方法适合频繁爆破施工，并且对当地地质条件相当熟悉的情况。在某些情况下，为了适应地质条件变化和优化设备操作，需要对爆破设计方案进行调整。露天矿爆破的基本要求是形成碎石堆，便于矿产开挖和运输。此外，如果控制飞石范围，设备在爆破前后的移动时间也会降到最短。爆破的另一个要求是控制对岩石的破坏，并在开挖最终面时尽量减少边坡失稳。生产爆破方法见第 13.3 节。

与采矿作业不同，在土建工程中爆破通常由承包商负责，业主代表的主要责任是检查爆破是否达到预期效果。也就是说，这项工作以签订的合同为依据，合同规定了所要求的结果，但如何完成合同任务则由承包商负责。这种情况要求业主了解爆破方法，以便审查爆破方案和结果，并在必要时与承包商讨论修改。业主还应确保按照大多数相关法规要求，对每一次爆破进行准确记录。这些记录也有助于将所得结果与使用方法联系起来，并用于成本控制。

土木工程的岩石开挖需要形成长期稳定的临空面，并且坡度要尽可能陡，以减少开挖量和土地占用。虽然这两个要求是矛盾的，但尽可能降低最终面后岩石受到的损伤，因而可以使临空面稳定性提高，最大安全坡度也可以增大。第 13.4 节描述将爆破对表面损伤降至最小的方法，即“控制爆破”。

在城市或工业区爆破时，需要采取预防措施来控制爆破对住宅和其他建筑物的损伤。第 13.5 节介绍控制爆破的方法，减少爆破振动对结构的损坏，以及减少飞石、爆破气流和噪声的危害。

13.1.2 岩石爆破机理

无论是生产爆破还是控制爆破，岩体爆破机理是设计爆破模式的基础。它还涉及对周围建筑物的破坏以及对附近居民的干扰。以下是对爆破机理的描述（Hagan，1992；Konya等，1991；Persson 等，1993；Oriard，2002）。

当炸药爆破时，固体在几千分之一秒内转化为高温高压气体。当气体被限制在炮孔中时，这种非常快速的反应可产生高达 18000 个大气压的压力作用在炮孔壁上。这种能量以2000～6000m/s 的速度传播，并以压缩应力波形式传到围岩。

当应变波进入爆破孔周围的岩石时，距离装药半径 1～2 倍的岩体会被压缩应力波压碎，见图 13.1(a)。随着压缩应力波径向扩散，其应力迅速衰减而小于岩石的动抗压强度，在压碎圈以外的岩石受到强烈的径向压缩导致切向拉伸应力增大。当应力超过岩石的动拉强度，就会形成径向裂隙。这些裂隙的范围取决于炸药产生的能量和岩石强度，可达到炮孔直径的 40～50 倍。当压缩波穿过岩石时，爆破气体在岩石中膨胀扩散，导致炮孔附近出现环向裂隙。

这些同心裂缝呈圆柱面，接着形成自由表面。当压缩波到达自由面时，它被反射成拉伸应变波。如果反射的拉伸波足够强烈，则所有有效自由面会向爆破孔逐渐发生“剥落”。这会导致岩体卸载，前期形成的径向裂缝进一步延伸，见图 13.1(b)。岩石的抗拉强度比抗压强度小得多，因此反射应变波在裂隙岩体中十分有效。

由应变波能量导致的断裂形成过程通常发生在爆破后 1ms 或 2ms 内，而爆破性气体的累积时间约为 10ms。岩石由于压缩波的径向扩张和反射而形成卸载，爆破气体可以流进由应变波产生的裂隙中，并炸开岩体，见图 13.1(c)。这个阶段的特点是在炮孔周围形成一个圆顶。爆破气体的膨胀和推挤形成楔入作用，岩体沿自由面被炸开，因此剪切破坏形成更多裂隙。在节理发育的岩石中，爆破气体会产生碎片和碎石堆。

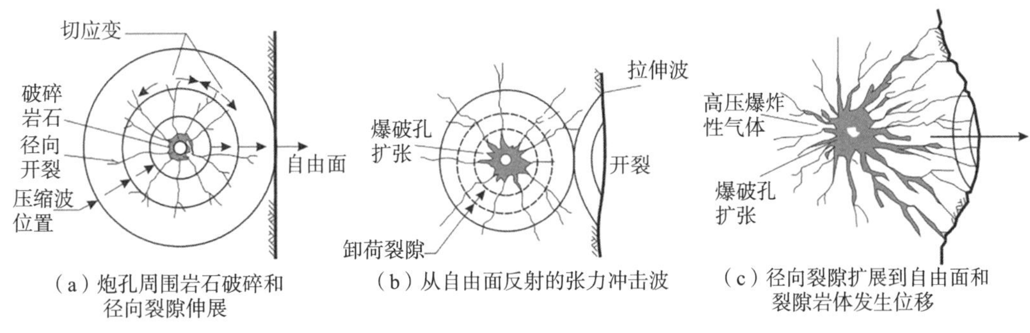

(a) 炮孔周围岩石破碎和径向裂隙伸展　(b) 从自由面反射的张力冲击波　(c) 径向裂隙扩展到自由面和裂隙岩体发生位移

图 13.1 炸药破岩机理

由上述过程得到的岩石破碎程度主要取决于炸药用量以及炮孔中炸药与岩石的接触（称为耦合系数：药包直径/炮孔直径）、荷载距离和炮孔爆破顺序。也就是说，如果炮孔封堵（孔顶部的砾石）不到位，能量将会在孔口流失，炸药/岩石耦合不良，导致应变能量向岩体传递不充分。另外，荷载过大会导致岩体位移量过小，而荷载过小会浪费炸药，而且爆破抛石飞得太远。单个炮孔的延时可以减少有效荷载，从而确保自由面被利用以产生最佳结果。这样便于岩石向自由面位移，并且减少对围岩的破坏(见第 13.3 节)。

为了防止损伤内部岩石，可以减少炸药能量，并且减少装药量，使药包直径小于炮孔直径，这样可以控制最后一排炮孔周围的碎石和径向裂隙(见第 13.4 节)。

当冲击波超出岩石破碎界限进入围岩时，它会在岩石内部和地面上产生震动。这些震动波会在炮孔附近的建筑物中传播，引起结构扭转和摇摆，对建筑物造成损伤。可以通过控制每次延时起爆的炸药量来控制损伤(见第 13.5 节)。

13.2 炸药和雷管

以下讨论炸药选择的重要影响因素。制造商出售各种各样的炸药，交易时使用商品名称，但这些名称不能提供关于炸药类型或性质等信息，因此需要查阅产品简介以找到合适的炸药。

13.2.1 炸药种类

以下是常见炸药的类型及其主要成分的简要说明：

(1)普通炸药

炸药含有液态敏化剂，如硝酸甘油或硝基甘醇、硝酸钠和碳质吸收剂。在铵油炸药中，一些液体敏化剂被硝酸铵取代。炸药非常敏感，具有良好的耐水性，装在纸板包装的药筒中。

(2)胶质炸药

胶质炸药由硝化纤维素胶凝而成，硝化纤维素是一种增稠剂，具有防水性，防止药筒中液体泄漏。胶质炸药具有高爆速和优异的耐水性。

(3)乳化炸药

乳胶是两种不互溶液体(称为相)的充分混合物，一相均匀地分散在另一相中，用活性成分(称为乳化剂)防止液体分离。因此，乳化炸药是水氧化剂溶液在燃料油介质中的分散体。油相通常为柴油(FO)，围绕包裹在所有氧化剂液滴周围。水或氧化剂相通常含有硝酸铵以及其他盐类如硝酸钠。乳化剂对雷管敏感，并具有优异的耐水性。

(4)浆状炸药

浆状炸药由氧化剂(如硝酸铵)和溶解或分散在连续水相中的燃料(如铝、煤或乙二醇)

组成。整个体系因添加胶凝剂和交联剂而变稠、防水。因为水凝胶含有大量的水，所以它们没有普通炸药那么灵敏。

（5）散装炸药

这些炸药由直径1～2mm的球形干硝酸铵氧化剂（AN）和柴油燃料（FO）组成。为了达到最大爆破强度和速度（VOD），ANFO最佳混合比例为94%AN和6%FO。ANFO不能用雷管引爆，必须用相对高强度的助推器启动（见第13.2.7节）。ANFO耐水性非常差，但可以使用防水ANFO。ANFO只能作为散装炸药使用，不能装在药筒中使用，其可以使用的最小孔径为50mm。

表13.1提供了主要炸药的典型性质。每种炸药都有其适用的条件，如炮孔大小、是否有水存在以及是否需要控制飞石和噪声等。例如，ANFO和散装乳液炸药通常用于露天矿场和采石场的大型爆破，而浆状炸药和普通炸药用于小型建筑项目。另外，当使用ANFO作为主炸药时，有必要在孔的下端使用更高强度的炸药（"趾荷载"）。趾荷载的作用是既确保ANFO完全爆破，又能破坏台阶处的岩石，因为台阶处的岩石受到的约束较大。

表13.1　　不同炸药类型的特性

炸药类型	密度/(g/cm^3)	VOD/(m/s)	绝对体积威力，ABS/(cal/cm^3)	耐水性
普通炸药	1.30～1.45	4300～6000	1240～1510	好—极好
墙控炸药	0.95～1.40	2700～3000	1230～1440	好
铵油炸药（ANFO）	0.84	3600	700	无
乳化炸药	1.15～1.27	4700～5500	890～935	极好
散装乳液	1.25	4200～5600	815--880	极好
起爆炸药	1.65	7300	压力=220kbars	极好

来源：Dyno Nobel，2013，产品技术信息。Dyno Nobel，http://www.dynonobel.com/。

13.2.2 炸药威力

炸药威力指一定重量或体积炸药所做的功。炸药威力可以用绝对单位表示，也可用与标准炸药的比值表示。通常炸药的威力用铵油炸药的威力来表示，铵油炸药威力定义为100。铵油炸药是使用最广泛的炸药，由硝酸铵颗粒（直径0.5mm）和6%的燃油组成。

衡量炸药威力标准是它的VOD，其速度越大，岩石破碎效果越好。但是，针对某一用途选择炸药时，应考虑炸药威力、密度和约束性等因素。表13.1列出了不同种类炸药的密度、VOD、绝对体积威力和耐水性。

爆破威力由重量威力和体积威力定义。在爆破设计中比较不同炸药威力时，常以重量威力来进行对比，在比较炸药成本时也用重量威力，因为炸药按重量出售。每立方厘米的炸药体积威力（ABS）以卡路里为单位，其体积威力与相对密度有关。这个数值在设计炮孔大小时有重要作用。较大体积威力的炸药需要较小的炮孔体积。

13.2.3 炸药感度

炸药感度是一个重要特性，决定了炸药爆破方式、爆破最小直径和如何安全爆破。在较小爆破半径的爆破中可使用高感度炸药，用威力较小的雷管进行引爆。随着炸药感度的降低，药包半径和起爆器/雷管的能量必须增大(见第 13.2.7 节)。

13.2.4 防水性

地下水位以下的炮孔通常会充满水，在这种情况下，必须使用防水炸药。要记住，对于大型爆破，炸药在引爆之前可能会在地下保留数小时。

13.2.5 装药方法

炮孔内装填炸药的方法与开挖规模和设备的进出通道有关，在大型采石场和露天矿山中，炮孔直径可达 450mm，使用 ANFO 和乳化炸药等散装炸药时，通常用卡车将这些炸药原料运到现场，并混合配制炸药。相反，对于炮孔直径 50～100mm 的山岭隧道爆破，可通过皮卡或人工将药包运到炮孔位置，可根据项目要求精确调整装药位置。

13.2.6 炸药成本

ANFO 炸药是最便宜的炸药，部分原因是它可以作为非爆破性产品进行运输，并且只有在现场添加柴油时才会变成高爆物质。其他散装炸药，如乳化炸药，比产量较小、包装在药筒中的专业炸药便宜。

13.2.7 雷管

现代炸药可以安全地投放、刺穿和燃烧，几乎不存在意外爆破的危险，必须使用雷管才能真正引爆爆破。正如在第 13.2.3 节中所述，不同类型的炸药具有不同的“感度”，这与炸药所需引爆方式相关。炮孔引爆顺序是爆破设计的基本组成部分，而雷管含有计时元件，可以控制炮孔起爆顺序(见第 13.3.8 节)。

高感度炸药如普通炸药可由雷管引爆，雷管是一个直径约 10mm、长 100mm 的铝管，由一个以一定速率燃烧的延时元件和一个高爆元件(如 PETN 或季戊四醇四硝酸酯)组成。雷管可用电气式起爆，也可以非电气式起爆。

通常用于地面爆破的短周期(*SP*)雷管延迟为 25ms，用于隧道爆破的长周期 (*LP*) 延迟为 200ms。雷管的缺点是实际燃烧时间与额定燃烧时间相比，其误差可能高达 15%，并且这样的误差可能导致炮孔不按顺序引爆，尤其是延迟较短的情况下。如第 13.3.8 节所述，炮孔起爆顺序是爆破设计的重要组成部分，而不按顺序起爆会影响爆破效果。

用集成电路芯片代替化学延时元件的电子延迟雷管，可以得到精确的起爆时间。采用电子延迟雷管的经验表明，它们的使用增大了岩石的碎裂，减少了超挖、地面振动、空气冲击波和飞石等不利现象。电子雷管的另一个优点是能够根据现场条件对现场延迟时间进行编程（McKinstry 等，2002；Watson，2002）。2016 年，电子雷管的成本是传统雷管的 3 倍，这阻碍了其广泛应用。

对于低感度的炸药如 ANFO 和浆状炸药，必须使用铸成圆筒的助推器来起爆，其直径与钻孔直径一致，其中含有 PETN 和 TNT。助推器嵌入炸药中，可用非电气式雷管、电气式雷管或导爆管等启动雷管。

13.3 生产爆破

破碎程度对钻孔、爆破、装载和运输成本的影响见图 13.2（Harries 等，1975）。破碎良好、堆积松散、分布集中的爆堆有利于采装、运输。该情况对应于图上的最低总成本点。

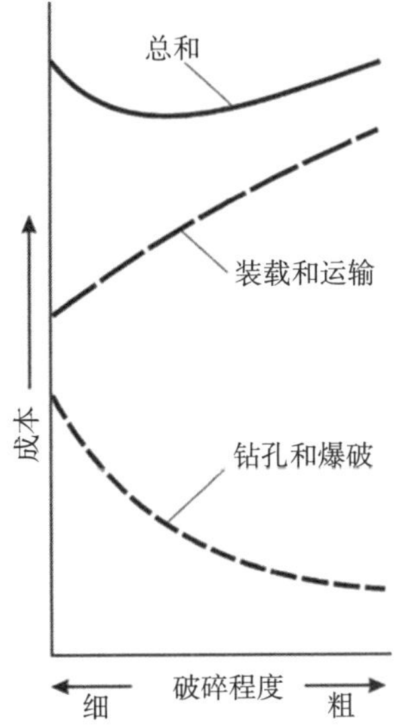

图 13.2 破碎程度对钻孔、爆破、装载和运输成本的影响

然而，越靠近最终开挖面，钻孔和爆破费用越高，因为炮孔需要更密集的间隔和更少的装药量来限制对面后岩石的破坏。相反，若要产生大量的抛石，使炮孔间距大于所需的最大块尺寸即可。

为了取得最佳的爆破效果，需要全面了解以下影响因素：

①炸药类型、用量及分配。

②岩石的性质。

③台阶高度。

④炮孔直径。

⑤荷载。

⑥孔距与排距。

⑦超钻深度。

⑧封孔。

⑨炸药起爆顺序。

⑩炸药单耗。

图 13.3 说明了影响因素③～⑧。本节基于 CJ Konya 博士的研究(Konya 等,1991),论述了设计生产爆破所需参数的计算过程。需要指出的是,下文中定义的爆破参数的计算公式仅仅作为参考,在实际运用时需根据现场条件进行必要的修改。

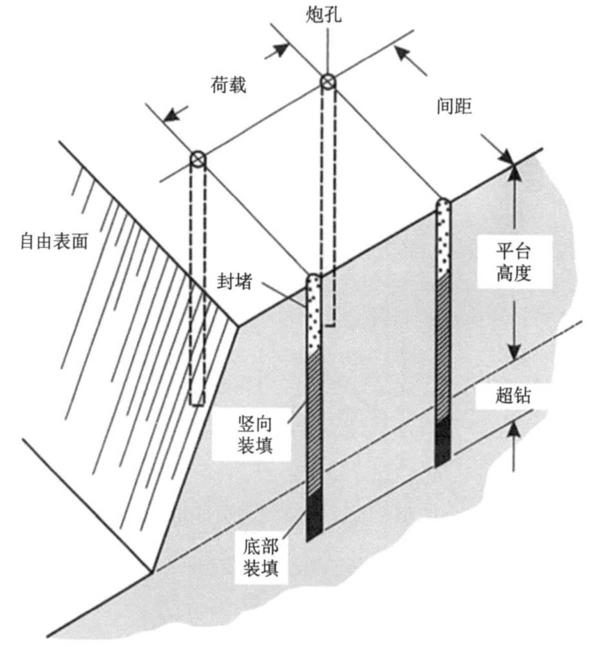

图 13.3　台阶爆破术语的定义

13.3.1　台阶高度

台阶高度通常取决于场地的几何形状,当开挖深度高达 8m 时需设置台阶。在大型建筑工程、露天矿山和采石场中,多个台阶会同时爆破。因此,选择最佳台阶高度将最大限度地提高钻孔和爆破的整体成本效益,当然,这需要钻孔和装药操作的紧密配合。此外,考虑开挖设备的伸展,有关法规可能会限制台阶高度(台阶高度通常是设备垂直高度的 1.5 倍),以尽量减轻由开挖面坍塌时造成的损坏并降低受伤风险。以下是选择台阶高度时应考虑的一些因素:

①最优炮孔直径随着台阶高度的增大而增大。一般来说,炮孔直径的增大会导致钻孔成本降低。

②对于垂直炮孔和台阶坡面，随着台阶高度的增加，坡脚前排的装药量可能会增大。在高台阶面上钻小直径炮孔时，炮孔方向需要倾斜，至少第一排炮孔要倾斜。

③高台阶面上的钻孔精度很关键，需要在最终面上精密准直，因此最大台阶高度通常限制为 8m 或 9m。

13.3.2 炮孔排距

炮孔排距（炮孔和最近临空面之间的距离）对碎裂的影响与岩石断裂机理有关，如第 13.2 节所述。当冲击波从一个具有张力的自由面反射出来，其爆破最有效，会使岩石破碎并移位，形成碎裂的碎屑堆，且堆积物分布集中。这种效率在很大程度上取决于合适的炮孔排距。如果排距太小，应力波会使径向裂缝扩展到自由面，导致爆破气体泄漏，从而导致效率降低，并产生飞石和空气冲击波。当排距过大，应力波无法从自由面反射时，会抑制爆破，造成岩石破碎性较差，降低爆破效率。

台阶高度 H 与排距 B 之间的关系可以用"刚度比"H/B 来表示。如果比值很低，排距与台阶高度基本相等，那么爆破效果将会受到很大约束，导致严重超挖、空气冲击波、飞石和振动。相反，如果 $H/B>4$，爆破气体几乎不受约束，它们将在自由面上排出，形成冲击波和飞石。计算结果表明，刚度比为 3～4 时的效果最好，或者说排距 B 与台阶高度 H 的关系为

$$B = 0.33 \cdot H - 0.25 \cdot H \tag{13.1}$$

根据式(13.1)计算的排距不仅取决于炮孔排列模式，还取决于起爆顺序。如图 13.4(a)所示，从表面开始逐行起爆的方形排列炮孔，其有效排距等于平行于自由面的连续两行之间的间隔。另外，炮孔的梯形排列需要不同的排距和孔距，孔距和排距比大于 1，见图 13.4(b)。

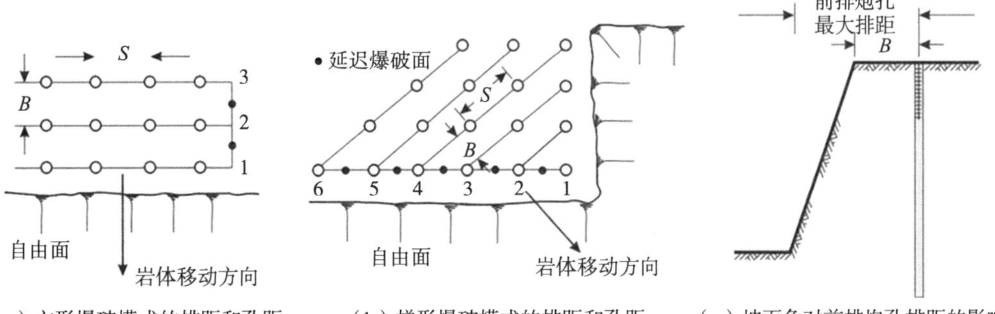

（a）方形爆破模式的排距和孔距　（b）梯形爆破模式的排距和孔距　（c）坡面角对前排炮孔排距的影响

图 13.4　炮孔孔距 S 和排距 B 的定义

爆破设计的一个重要部分是选择第一排炮孔排距。一旦这一排被引爆并形成有效破坏，将为下一排炮孔形成新的自由面，直到最后一排炮孔起爆。如果炮孔垂直且自由面倾斜，则前排排距会随深度增加，见图 13.4(c)。对于这种情况，可以在前排孔中装填能量较高的底部炸药。还有一种方法是使炮孔倾斜，这样排距更均匀。当自由面不平坦时，可以使用辅助炮眼将排距减小到可接受的范围。

对于多排爆破，炮孔后方的岩体受到的约束逐渐增大，因此碎裂化程度可能会减小。可以将第三排炮孔往后的排距乘以系数 0.9 进行修正。

13.3.3 炮孔直径

施工项目的炮孔直径范围由从约 40mm 的手持式钻到 100mm 的空气钻，再到 200mm 的轨道钻。所有这些钻孔都采用回旋冲击钻进，并由压缩空气提供动力。在露天矿中，通常使用电动回旋钻机和三牙轮钻头，钻直径 600mm 以下的钻孔（澳大利亚钻探工业，1996）。

Persson（1975）研究表明，钻孔和爆破的成本随着炮孔尺寸的增加而减小。这是因为孔的体积与炮孔直径的平方成正比，相同体积的炸药可以装入较少的孔中。这种节省成本的方法也有局限性，炸药高度集中产生的岩石破碎程度高，会导致边坡欠稳定，且挖掘设备可能无法处理大块岩石碎片。

一旦根据适当的刚度比确定了排距 B，则药包直径 d_{ex}可以由式（13.2）确定：

$$d_{ex} \approx \frac{B \cdot 1000}{\left(\frac{24\gamma_{ex}}{\gamma_r} + 18\right)} \tag{13.2}$$

式中：γ_{ex} ——炸药的重度；

γ_r ——岩石的重度。

当爆破威力与其单位重量相关时，可以使用式（13.2）。然而，单位重量的乳化炸药有一定的能量范围，对于这种情况，使用和 ANFO（RBS＝100）可比较的相对体积威力（RBS）计算排距较为合理。考虑到炸药的相对体积威力，由式（13.3）计算炮孔直径：

$$d_{ex} \approx \frac{B \cdot 1000}{8\left(\frac{\mathrm{RBS}}{\gamma_r}\right)^{0.33}} \tag{13.3}$$

13.3.4 岩石的性质

岩体性质和非均质性程度对于爆破设计具有重要意义。也就是说，诸如裂隙、层理面、断层和软弱夹层之类的结构面会浪费炸药的能量。在某些情况下，结构面可以主导爆破形成的断裂模式，结构面的影响会掩盖岩石物理力学性质。通常当自由面与主要结构面平行时，岩石破碎效果较好。

在裂隙高度发育的岩石中，炸药膨胀能很重要。爆破气体进入裂隙，裂隙张开，先前形成的裂隙进一步扩展。因此，碎裂的总体程度往往受地质构造影响。例如，密集节理和层理面会增大岩石的破碎程度，因为爆破中基本不需要产生新的断裂面。在这些条件下，可以使用较长的封堵物和相应较低的炸药单耗或能量因子，低密度、低速炸药（如 ANFO）比高速炸药更适合，因为高速炸药会使周围岩体过于破碎。若炸药提供足够的膨胀能将岩石变成松散的、易开挖的石堆，且不破坏周围岩体，那么结果就令人满意。

地质构造对爆破设计的影响可以通过在排距计算中引入两个修正因子来进行量化。这两个因子分别为贯通性结构面相对于自由面的产状 k_ψ、结构面特征 k_s，见表 13.2 和表 13.3。引入修正因子的排距计算公式为

$$B' = k_\psi \cdot k_s \cdot B \tag{13.4}$$

表 13.2　　结构面倾角的修正系数

结构面产状	修正系数 k_ψ
结构面向坡外陡倾	1.18
结构面向坡内陡倾	0.95
其他产状的结构面	1.00

表 13.3　　结构面特征的修正因子

结构面特征	修正系数 k_s
节理密集、间距小、弱胶结	1.30
厚度薄、强胶结的闭合结构面	1.10
厚层、完整岩石	0.95

13.3.5　超钻深度

为了使平台上的岩石破碎，需要进行超钻(即钻至要求深度以下)。平台岩石破碎会形成一系列坚硬凸起和不规则台阶面，导致装载和运输设备的运营成本增加。但是，超钻深度过大可能花费不必要的钻孔和爆破成本。

根据岩石的强度和结构(图 13.5)，岩石破碎通常以倒置圆锥形式从底部开始，其侧面与水平方向成 15°～25°角。在多排爆破中，破碎圆锥相互连接，使破碎的岩石向完整岩石合理均匀地过渡。经验表明，为了确保台阶高效开挖，通常把超钻深度取排距的 20%～30%。如果要在最终面上形成平台，建议取消最后一排孔的超钻，以保持下一级平台顶部的稳定性。

13.3.6　封堵长度

如图 13.3 所示，炮孔的上部有“封堵物”(通常是角状砾石)，这样炸药就不会喷出炮孔。

堵塞物的作用是防止爆破气体泄漏，使爆破能量进入岩体。岩屑容易从孔中喷出，因此级配良好的角砾岩更适合作为封堵物。封堵材料的最佳尺寸随炮孔直径的增大而增加，封堵颗粒的平均尺寸应为炮孔直径的 5%倍左右。

封堵长度对爆破效果的影响与前面讨论的排距相似。也就是说，较短的封堵长度会让爆破气体喷出，产生飞石和空气冲击波问题并降低爆破效率，而过长的封堵会使顶部药包以上的岩石碎裂程度较差。

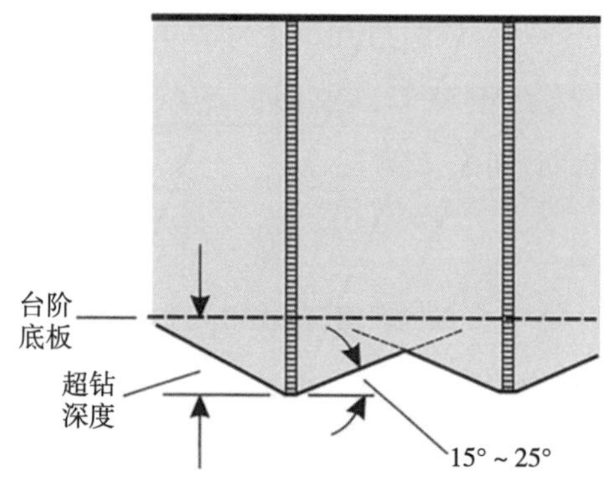

图 13.5 使用超钻时炮孔底部的岩石破碎设计

常见的封堵长度约为排距的70%，足以防止材料从孔中喷出。如果使用最小封堵长度(考虑飞石和空气冲击波问题)仍然产生了过大的块体，那么可以在封堵物中心装填一小"袋"炸药，以提高岩石破碎程度(Hagan，1975)。

13.3.7 炮孔孔距

反射拉应变波引起平行于自由面的裂隙张开时，进入这些裂隙的气体会施加一个向外的力，使岩石碎裂并形成爆堆。显然，气体的横向扩张受到裂隙大小和气体体积的限制，当产生的力不足以破碎和推动岩石时，就会达到一个稳定阶段。如果两侧炮孔增强了单个炮孔的效果，则开挖两排炮孔间岩石的总力将趋于均衡，并导致岩石均匀碎裂。

如图13.6所示，图中显示了具有各种排距与孔距比的炮孔排列模式。虽然方形图案最容易布局，但在某些情况下，孔距大于排距时也可以获得更好的爆破效果。

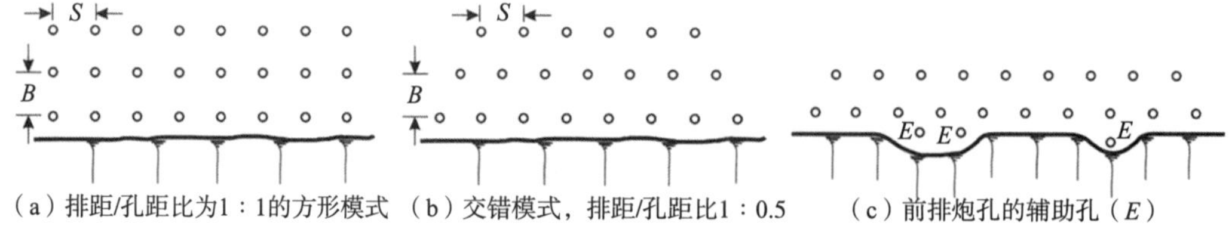

图 13.6 生产爆破中使用的典型炮孔形式

对于一系列延迟孔，间距 S 可以由以下两个公式计算：

刚度比 H/B 为1～4时：

$$S=\frac{(H+7\cdot B)}{8} \tag{13.5}$$

刚度比 H/B 大于4时：

$$S=1.4\cdot B \tag{13.6}$$

式中：H——台阶高度；

B——排距。

13.3.8 炮孔起爆顺序

一个建筑工程或露天矿的爆破可能包含多达100个炮孔，总共包含数千公斤炸药。同时引爆这么多的炸药不仅会产生非常破碎的岩石，而且还会破坏开挖面后的岩石，并在附近的建筑物中产生较大的振动。为了克服这种情况，爆破通过延时分解成多个连续的爆破。前排炮孔引爆后，岩体分离形成新的自由面。要留有足够的时间使新的自由面形成，再引爆下一排炮孔，这一点很重要。图13.7为典型的引爆序列。

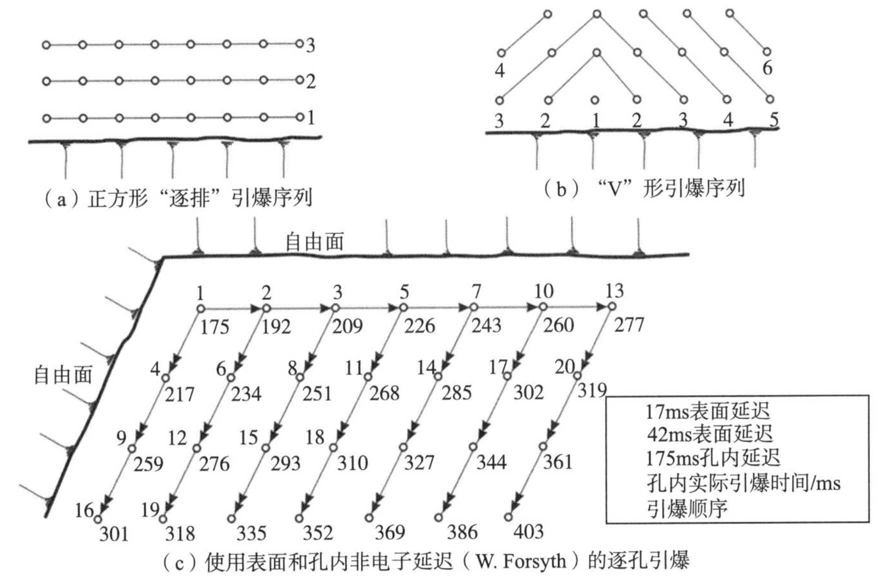

图13.7 典型的引爆序列

炮孔与自由面平行，从最靠近表面的一排开始引爆，见图13.7(a)。图13.7(b)所示的"V"形开挖中炮孔向自由面倾斜，即用于形成一个新的自由面，也用于在节理发育的坚硬岩石中爆破，其中近垂直节理与台阶呈一定角度相交。

在许多情况下，逐孔爆破可以提升爆破效果，每个炮孔在特定时间依次起爆，见图13.7(c)。如果选择适当的延迟，逐孔起爆可以利用炮孔相互作用的增益效果，同时避免大部分负面影响。这样可以使岩石更破碎、爆堆更松散、超挖减少、地面振动减弱和破碎岩块位置更集中，最后形成爆堆。

使用孔内雷管可以实现逐孔起爆。不过，商业的孔内延迟可用范围是有限的，因此通常使用表面延迟系统来控制炮孔引爆顺序进而实现逐孔起爆。如果需要较长的排间或孔间延时，则需将表面延迟和孔内延迟组合使用，避免在爆破过程中因地面移动切断了与下一排的连接。图13.7(c)所示的炮孔起爆序列是在每个孔中采用相同的孔内延迟(175ms)、沿着自由面的表面延迟(17ms)以及42ms的排间延迟来进行控制。该图显示了使用如下延迟时间方案后，每个孔的实际引爆时间为：

孔 1:175ms;孔 2:175+17=192ms;孔 3:175+17+17=209ms;孔 4:175+42=217ms;孔 5:175+17+17+17=226ms;孔 6:175+17+42=234ms 等。

所需的延迟时间间隔与孔距有以下两种关系:

①对于逐排起爆:

排间的时间延迟(单位:ms)≈(10～13)×排距(单位:m) (13.7)

例如,对于 5m 的排距,排间的延迟起爆时间间隔为 50～65ms。

②对于逐孔起爆:

孔间的时间延迟(单位:ms)=延迟常数×孔距(单位:m) (13.8)

延迟常数值取决于岩石类型,见表 13.4。例如,在炮孔间距为 6m 的花岗岩中,延迟时间间隔约为 30ms。

这两种计算延迟时间的关系既考虑了移动破碎岩石和建立新自由面所需的时间,也考虑了在实际延迟引爆时间中发生的自然散射(参见第 13.2.7 节)。

表 13.4　孔间的延迟常数与岩石类型的关系

岩石类型	延迟常数(ms/m)
砂岩,亚黏土,泥灰岩,煤	6～7
软弱石灰岩,页岩	5～6
密实石灰岩和大理岩,花岗岩,玄武岩,石英岩,片麻岩,辉长岩	4～6
辉绿岩,辉绿斜长斑岩,致密片麻岩和云母岩,磁铁矿	3～4

13.3.9 破碎作用

正如前面所述,选择适当设计参数的组合是为了使爆破达到理想效果。这些目标可能包括岩石碎块的尺寸范围、最小爆破损伤的最终面、在规定范围内的噪声和地面振动。

生产爆破的基本设计参数是"炸药单耗",即破碎单位体积岩石所需的炸药质量,其目的是产生一定程度的碎裂,单位为 kg/m^3。根据本节内容推导出的炸药单耗可以用于计算炮孔直径、深度、布孔形式以及炸药数量和类型。也就是说,对于药包直径 d_{ex} 和重度 γ_{ex}、炸药重量和岩石体积有:

单孔装药量:$W_{ex}=(2\cdot\pi\cdot d_{ex})\cdot\gamma_{ex}\cdot$(台阶高度－封堵长度＋超钻深度)

单孔岩石体积:V =平台高度·排距·孔距

$$\text{炸药单耗}=\frac{W_{ex}}{V} \tag{13.9}$$

不同炸药单耗对破碎效果的影响不同(图 13.8),其中破碎岩块平均尺寸大小与一系列排距的炸药单耗有关。这些图示基于 Langefors 和 Kihlstrom(1973)以及 Persson、Holmburg 和 Lee(1993)等建立的理论方程,加上广泛的现场测试,可用于核查爆破设计的可能结果,并评估设计修改对结果的影响。

13.3.10 爆破效果的评价

一旦爆破后尘埃落定、烟雾散开，应对该区域进行检查。令人满意的爆破有如下主要特征(图 13.9)：

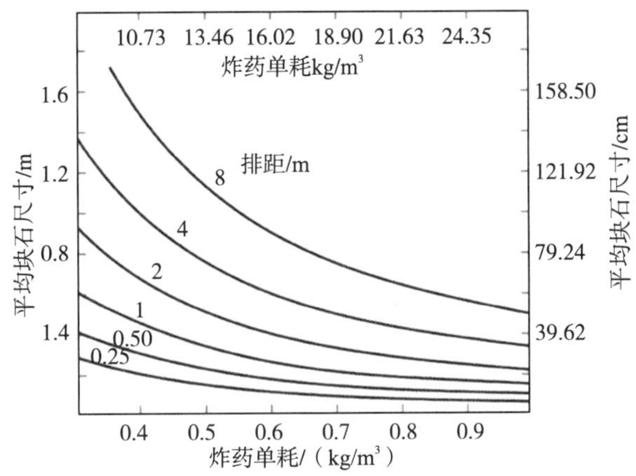

图 13.8 台阶爆破中平均块石尺寸、炸药单耗和排距之间的关系

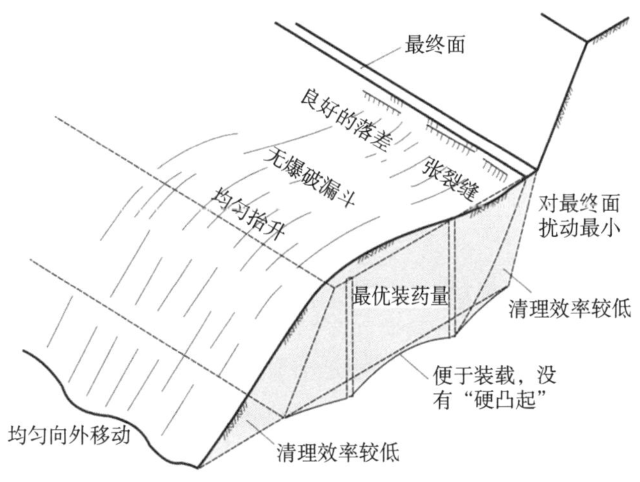

图 13.9 理想生产爆破的特点

①前排炮孔爆破的岩石应该均匀地向外移动，但不要太远。抛掷太远是多余的，而且清理费用很昂贵。大多数矿山台阶高度设计是利于装载机械作业的。如果前排炮孔爆破的岩石向外飞得太远，将导致装载设备效率变低。

②中间各排炮孔(主药包)爆破的岩石应均匀地隆起，即使在最坏的情况下，也应尽量形成爆破漏斗。表面扁平或起皱说明有拒爆现象或延迟不良。

③后排孔爆破区域应该有一定的落差，表明自由面向前移动良好。在最终开挖线前应

该能看到张拉裂缝,但在最终开挖线后面出现大裂缝反映了对边坡的损伤和炸药的浪费。

爆破质量对其后的各生产工序有显著的影响,如超大石块的二次钻孔和爆破、采装效率、运输道路条件以及装载机和卡车的维护等。大尺寸碎块、坚硬凸起、狭窄的区域和爆堆过低(由过度抛掷引起)对开挖效率有最显著的不利影响。因此,仔细评估爆破方案以确定如何改进设计通常是值得的。

13.4 提高边坡稳定性的控制爆破

边坡失稳通常与爆破对台阶后方岩石的破坏有关。爆破诱发的失稳通常处于边坡浅层,大规模爆破时可能延伸到自由面后 1～3m 范围内,随着时间的推移,水压和冰劈作用使裂隙张开、岩石松散,可能会形成坠石。爆破损伤也可能导致更大范围的失稳,如边坡中有向外倾斜的层理面的情况。爆破性气体可以沿着层面运动并冲开岩层,导致大量岩石块体滑塌。

通过采用下列一两种方法,可以控制爆破对最终面的损伤。首先生产爆破设计时应限制最终面后的岩石断裂,其次是控制爆破方法,如定向爆破、预裂爆破和缓冲爆破,可用于精确地开挖至最终面(Hagan 等,2000)。关于生产爆破,以下预防措施有助于避免过度损伤:

①避免过大的排距和破碎爆堆阻碍爆破。

②第一排炮孔的炸药装填量应足够开挖前排岩体。

③延迟和时间间隔应保证岩石能够向自由面方向移动,为后排炮孔形成新的自由面。

④应采用延迟爆破来控制同时爆破的最大药量,以便确保某些岩体免遭破坏。

⑤钻取最后一排炮孔和“缓冲炮孔”时,应与最终开挖面保持适当距离,以便进行自由开挖并减小对岩体的损伤。根据台阶顶部的破碎程度,调整缓冲炮孔中的封堵物长度。

13.4.1 预裂爆破和缓冲爆破

在许多民用项目的永久性边坡上,即使是小型边坡也是不允许破坏的,并且通常要用控制爆破来限制最终开挖面的损伤。图 13.10 为控制爆破的一个例子。控制爆破的原理是在最终面上钻出间隔紧密、平行排列的炮孔,装填小于孔径的轻爆破药。炸药周围的间隙有缓冲作用,可以显著减少传递到岩石上的冲击波。

如果解耦率(即孔径与药包直径比)大于 2,则冲击波压力为孔内紧密充填炸药所产生压力的 10%～20%(图 13.11)。这种压力不足以使孔周围岩石破碎(图 13.1),但孔间容易形成径向裂缝,在炮孔平面上形成平整的破裂面。研究发现,不需要以相同延迟起爆最后一排炮孔,同样也不需要以特定的延迟起爆(Oriard,2002)。

图 13.10 控制爆破示例:高速公路项目的岩石切坡,在一般高度位置钻孔“偏移”(坚硬花岗岩,加拿大不列颠哥伦比亚省海天高速公路)

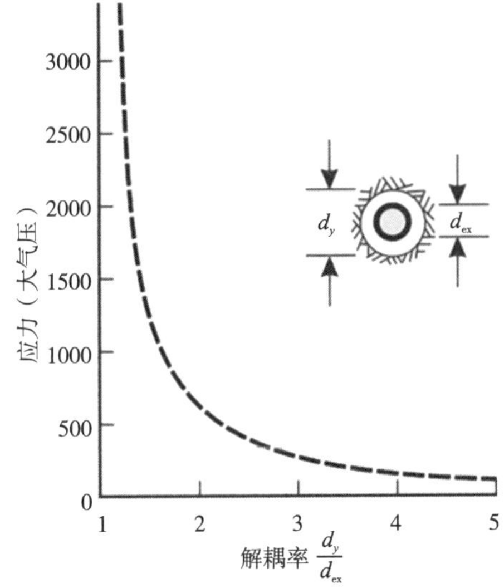

图 13.11 解耦爆破孔的应力水平(Konya 等,1991)

以下就各种控制爆破方法及其优缺点进行讨论。控制爆破的 3 种基本方法包括定向爆破、缓冲爆破(修整爆破)和预裂爆破。定向爆破需要精确地沿所需开挖线以 2~4 倍孔径的间距钻孔,然后在炮孔之间预留卸荷孔。定向爆破仅用于需要非常精确地控制墙壁位置的情况,如开挖角落时。缓冲和预裂爆破是最常用的方法。两者主要区别在于,在缓冲爆破中,最后一排炮孔最后起爆;而在预裂爆破中,最后一排炮孔最先起爆。选择缓冲或预裂爆破时应考虑以下因素:

(1)排距

只有当排距足够吸收沿剪切线集中的爆破能量时才使用预裂爆破。当排距很小时(“薄层状”剖面)应该使用缓冲爆破,因为在引爆其他炮孔之前,预裂孔所产生的能量可能足以炸开剪切线和自由面之间的整块岩石。图 13.12 所示的爆破中，卸荷炮孔首先被引爆形成自由面，剪切线可以向自由面破裂，接着炮孔沿表面一个一个地引爆。使用预裂时，排距应该不小于台阶高度，最好大于台阶高度(Oriard,2002)。

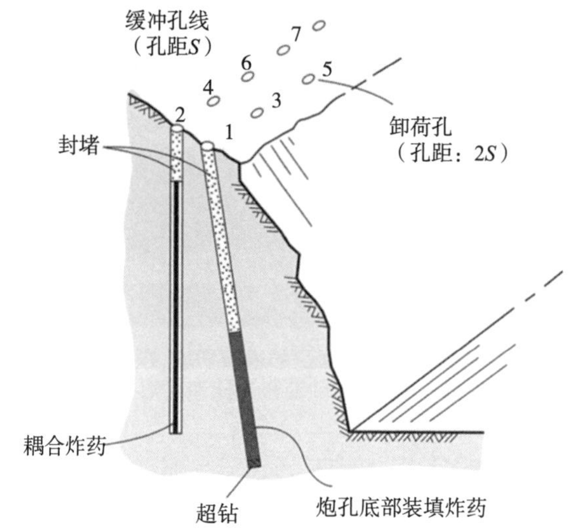

图 13.12　用来开挖狭窄“薄片”切坡的缓冲爆破炮孔布局和引爆顺序

注：1、2、3 为起爆顺序。

(2)结构面

在节理密集的岩石中预裂时，沿剪切线产生的被强烈约束的气体可能流入裂隙中并导致岩石破坏。在缓冲爆破中，岩石中产生的围压较小，形成的边坡更稳定。

(3)振动

由高围压预裂产生的冲击波可能比缓冲爆破冲击波更大。正如本节前面提到的那样，没有必要在同一延迟时间内引爆剪切线的所有炮孔，因此需要严格控制振动时应采用逐孔爆破。

关于控制爆破设计的一般建议为在项目开始时经常需要进行若干次试爆，并且在岩石条件发生变化时确定最佳炮孔布局和装药量。这要求承包商进行爆破时具有灵活性，并要求使用最终产品而不是方法规范。

控制爆破节省的成本无法直接测算。不过，人们普遍认为，对于许多民用项目的永久性边坡而言，节省的费用大于密集钻孔、仔细对线以及装填炮孔的费用。节省成本是因为能够开挖陡峭边坡并减少开挖量和土地占用。同时，爆破后从平台上清理松散岩体所花的时间更少，并且坡面更稳定，在其使用寿命内需要的支护更少。从美观的角度看，陡峭边坡比平缓边坡的坡面面积更小，尽管坡面上最终钻孔痕迹可能不大美观。

13.4.2 钻孔

缓冲爆破和预裂爆破能成功爆破的最大深度取决于钻孔对准的精度。当炮孔平面位置偏差超过 150mm 时爆破效果较差，因为在剪切平面上爆破不均匀会形成不规则面。

虽然对深达 27m 的炮孔已能成功进行缓冲爆破，但最终线钻孔的深度通常限制在 8～10m。通常使用高硬度钻头、球齿钻头以及孔内的钻压限制，可以提高钻孔的精准度。

在确定缓冲爆破深度时，还应该考虑钻机进尺速度。例如，如果超过某一深度时进尺速度变得很慢，为了控制进尺速度和钻进成本，可以先开挖一系列台阶。另外，在台阶开挖中布置最后开挖线的钻孔时，每一台阶应至少预留 0.3m 的偏移量，因为钻孔施工也需要平台，不可能将钻机放在台阶的墙壁上。这种情况会导致多台阶开挖的整体坡度比台阶坡面的角度更平缓，在最后的开挖线布孔时应考虑这种差异(图 13.10 和图 13.13)。

在松散的沉积地层中，很难保持光滑的岩壁，或者在弧形区域和拐角处爆破时，可使用缓冲孔之间的卸荷孔(Wyllie，1999)。通常采用小直径导向孔来降低钻进成本。地层的顶部被风化的情况下，导向孔只需要钻到风化层深度，而不需要到缓冲孔的整个深度位置。

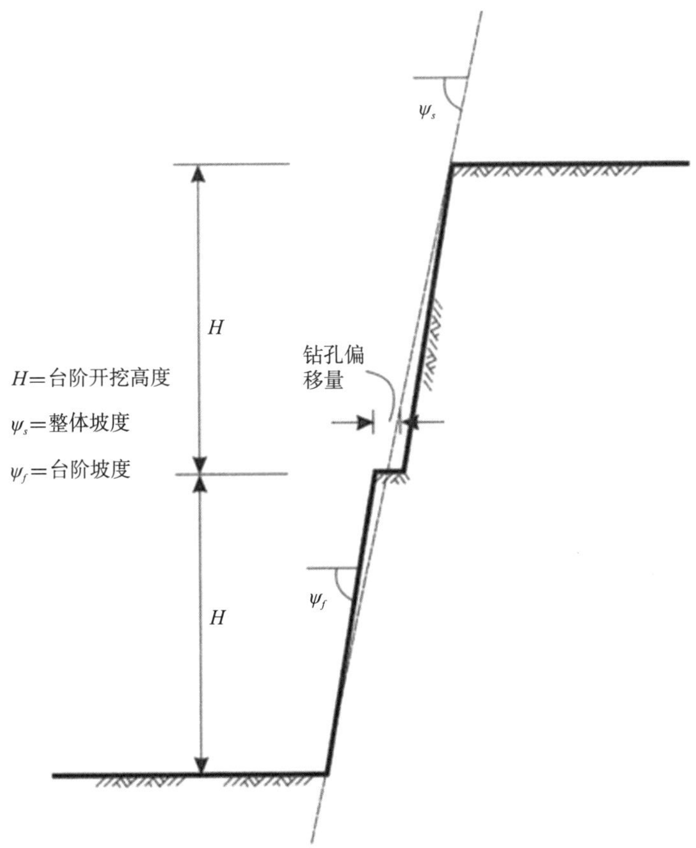

图 13.13 考虑钻头偏移量的多台阶开挖中最终线炮孔布置

13.4.3 装药量

最终开挖线的炮孔中所需的装药量可以通过以下方法确定：

①药包直径应小于孔径，解耦率至少为 2，见图 13.11。

②应该使用低 VOD 炸药，不会粉碎岩石，见表 13.1。

③应该沿着孔使工作面上的药量均匀分布。可以使用一根装药量约为 5g/m 的引爆线来装药，见图 13.14(a)，或者由一串小直径炸药筒与塑料连接器连接装药。此外，炸药筒(或部分弹药筒)可以用木垫片隔开，见图 13.14(b)，或按规定的距离定位在"C"形塑料管中。这些方法可以精确控制装药量。

炸药最好不要接触孔壁上的岩石，可以用套筒使炸药在孔内居中。为了增强孔底剪切破坏，通常底部装药是上部装药的 2～3 倍。

每米炮孔的近似装药量 l_{ex} 将产生足够的压力使岩体开裂，但不损伤最终面后的岩石，每米炮孔的近似装药量 l_{ex} 可近似表示为

$$l_{ex} = \frac{(d_b)^2}{12100} \tag{13.10}$$

$$l_{ex} = \frac{(d_b)^2}{28} \tag{13.11}$$

式中：d_b ——孔径。

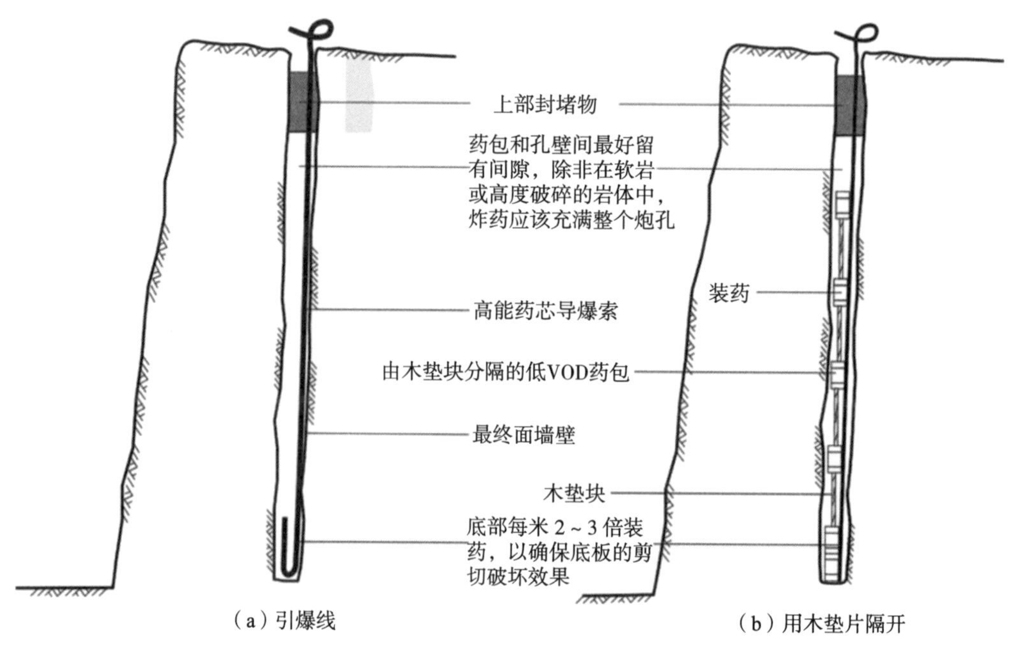

图 13.14　控制爆破的两种装药方法(ISEE,2014)

13.4.4 封堵物长度

与生产爆破炮孔类似，最终开挖线炮孔上部用角砾封堵防止爆破性气体喷出。对于直径达 100mm 的孔，封堵长度 0.6～1.0m，并随炮孔地层的变化而变化。在均匀地层中，只有孔顶被封堵，炸药周围的空隙可成为防护缓冲层。不过，在炸药周围不使用封堵物时，爆破性气体可能在地层中找到薄弱区域，并在发生剪切破坏之前泄漏。同样，气体可能会在最终面后找到薄弱区域，产生超爆。因此，在软弱的、高度破碎或断裂的岩体中，一般需要做到单个药包和周围完全封堵。

13.4.5 孔距和排距

预裂爆破和缓冲爆破中，最终开挖线上的炮孔孔距略有不同，见式(13.12)和式(13.13)：

预裂爆破：孔距＝10～12 倍孔径 (13.12)

缓冲爆破：孔距≈16 倍孔径 (13.13)

对于预裂爆破，排距实际上是很大的，但正如第 13.4.1 节所讨论的，它至少与工作台高度相等。对于缓冲爆破，排距应该不小于 1.3 倍孔距，以便使炮孔裂隙沿爆破面相互连通，不延伸至排距中：

缓冲爆破：排距≥1.3 倍孔距 (13.14)

13.4.6 起爆顺序

如第 13.4.1 节所述，预裂爆破和缓冲爆破的主要区别在于起爆顺序。在预裂爆破中，最后一排孔首先起爆，但在缓冲爆破中最后一排孔最后起爆。此外，最终开挖线的炮孔，对单孔分别延迟起爆可获得更好的效果，不需要对整个面采用统一的延迟时间。

图 13.15 显示了多台阶开挖预裂爆破的一种炮孔布局和起爆顺序。该开挖排距大于台阶高度，并且不可能过早发生位移，适合用预裂爆破。炮孔包括最终开挖线孔、缓冲孔和生产孔，其布置遵循本章(式(13.1)至式(13.14))中规定的排距和孔距设计准则，同时也要考虑台阶几何形状。爆破的一个重要组成部分是"缓冲"孔，其装药量约为生产孔的 50%，孔距约为生产孔的 75%。缓冲孔的作用是破坏开挖线前的岩石，但不破坏最终面后方的岩石。垂直缓冲孔应该距离最终线孔至少 1m。

对于预裂爆破，按顺序首先引爆剪切线孔，然后是生产孔和缓冲孔。不过，如果最后一排孔最后再引爆，这就是一种缓冲爆破。

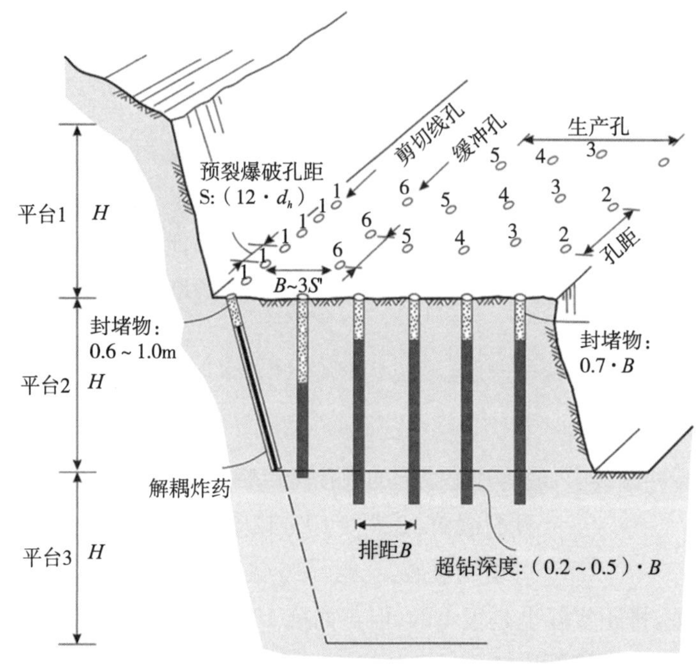

图 13.15 在最终面上使用预裂爆破的多平台开挖炮孔布置和装药量

13.5 爆破危害及其控制

在市区爆破必须进行控制，以尽量降低对构筑物损害的风险以及减少对附近居民和工作人员的干扰。爆破造成的危害主要有以下 3 种类型(图 13.16)：

(1)地面振动

由冲击波从爆破区域向外扩散引起的地面振动，进而引起构筑物结构损伤或外观损伤(见第 13.6 节)。

(2)飞石

由爆破飞出的岩石造成危害(见第 13.7 节)。

(3)空气冲击波和噪声

大气中产生超压而造成的危害(见第 13.8 节)。

爆破对附近结构造成的破坏主要由爆破冲击波的过剩能量向外传播引起。

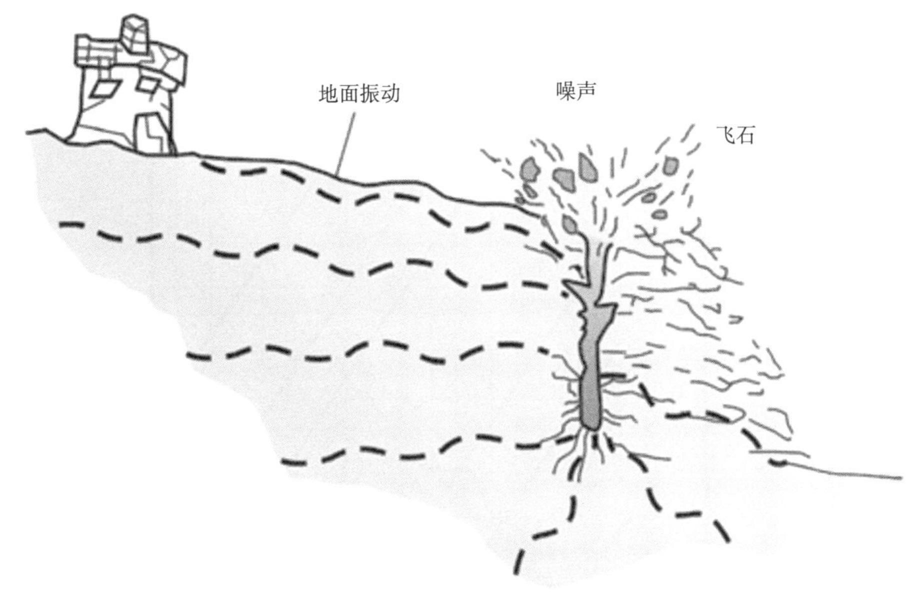

图 13.16 爆破损伤的原因

冲击波在扩散时，会消耗能量使岩石破碎和变形，并且体积逐渐增大，因此冲击波的能量也随之减少。在能量不足以破坏岩石的距离外，会产生相当大的振动损坏结构。此外，如果爆破性气体没有被排距充分限制，则在表面释放出的冲击波可以产生飞石和相当大的噪声。

在市区进行爆破设计时，不仅要考虑爆破对附近造成的破坏，还要考虑距离现场相当远的人员可能受到的干扰。对潜在损伤区域以外的居民造成干扰可能会被投诉，甚至会有不切实际的损害索赔。本节提供有关容许振动和空气冲击波大小的信息，并讨论防止结构损坏和对人体造成干扰的方法。

在大多数城市建设项目中，爆破只是许多可能的振动源之一。图 13.17 比较了各种建筑设备产生的峰值加速度与爆破 0.45kg 炸药产生振动。该图表示近似值，实际振动水平因场地而异。相比于其他振源，如产生稳态(或伪稳态)振动的重型机械，炸药爆破产生的是短暂的瞬时振动。一般来说，即使瞬时振动具有较高的质点峰值速度(PPV)，稳态振动也比瞬态振动更加令人反感。此外，由稳态源产生的振动会损坏靠近震源的构筑物，因此在某些情况下，潜在损伤评估应考虑非爆破振动的影响。

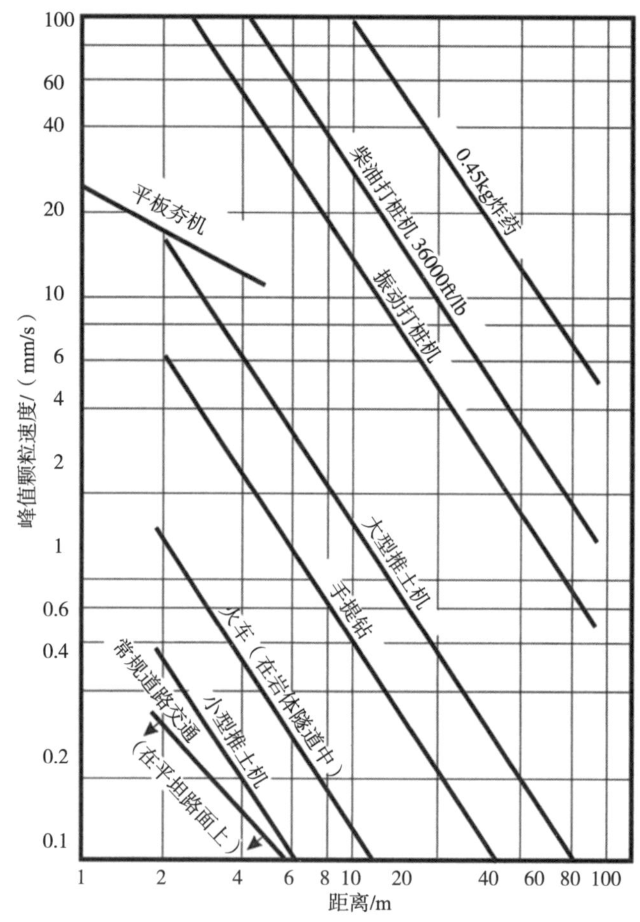

图 13.17　施工机械和炸药产生的峰值颗粒速度(改编自 Wiss,1981)

13.6　地面振动造成的损害

以下是关于地面振动特性的讨论,以及这些特性与振动对构筑物损伤之间的关系。

13.6.1　地表运动

当炸药在自由面附近爆破时,岩石对冲击波的弹性响应产生两个体波和一个面波。

在岩石内传播的两种体波传播速度较快是压缩波,即 P 波,较慢的是剪切波,即 S 波。瑞利波(R 波)的传播速度比 P 波和 S 波慢;它是以瑞利的名字命名的,瑞利证明了 R 波的存在。就振动损伤而言,R 波是最强的,因为它沿着地表传播,并且它的振幅随行进距离衰减得比 P 波或 S 波慢。

一般爆破场地的地形和地质条件变化较大,无法用弹性动力学方程求解地震震级。因此,最可靠的预测根据实际爆破观测结果建立的经验关系得到。

在应力波的 3 个最容易测量的特性(即加速度、速度和位移)中,通常认为速度与结构损伤关系最密切。

应力波有垂向波、纵波和横波 3 个组成部分，有必要观测所有 3 个组成部分，并用最大值(称为 PPV)来评估潜在损伤。应力波质点速度与波传播速度之间的差异可以这样解释：当波通过地面时，岩石和土壤中的每个质点都会发生椭圆运动，在评估爆破损伤时需要测得该运动速度，这种振荡运动的速度可能高达 0.5m/s。相反，波的传播速度为300～6000m/s，但这和结构损伤没有直接关系。

地面运动可以描述为一个正弦波，其中质点 δ 随时间 t 的位移由式(13.15)给出(图 13.18)：

$$\delta = A \cdot \sin(w \cdot t) \tag{13.15}$$

式中：A ——波的幅度；

ω ——角速度。

角速度的大小由式(13.16)给出：

$$w = 2 \cdot \pi \cdot f = 2 \cdot \pi \cdot \frac{1}{T} \tag{13.16}$$

式中：f ——频率(每秒振动次数)；

T ——周期(一个完整循环的时间)。

振动的波长 L 是一个完整循环中从波峰到波峰的距离，并且与周期 T 和传播速度 V 相关：

$$L = V \cdot T \tag{13.17}$$

如果测得质点位移 δ，那么速度 V 和加速度 a 可以通过式(13.18)计算：

$$a = \frac{\mathrm{d}V}{\mathrm{d}t} = -A \cdot w^2 \cdot \sin(w \cdot t) \tag{13.18}$$

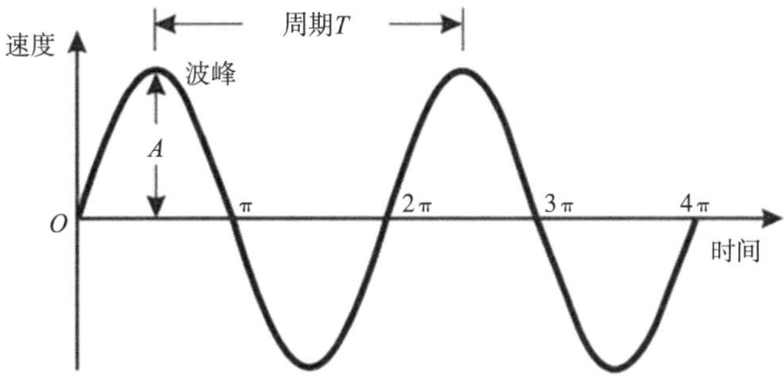

图 13.18 典型地面振动的正弦波运动

爆破几何与地面振动之间最可靠的关系是质点速度与折算距离的关系。折算距离 SD 由函数($SD = R/W^{1/2}$)定义，其中 R 是和爆破点的径向距离，W 是每次起爆药的质量。现场测试已经证实，最大质点速度 V(或 PPV)与折算距离有关(Oriard，1971)，其衰减关系如下：

$$V = k\left(\frac{R}{\sqrt{W}}\right)^{\beta} \tag{13.19}$$

其中 k 和 β 是必须在爆破现场测量确定。式(13.19) 在双对数坐标中以直线表示，其中 k

值为折算距离为 1 时 PPV 坐标轴上的截距，并且 β 为直线斜率。图 13.19 为实测质点速度与离爆破点的折算距离的假设曲线，用来确定衰减参数 k 和 β 。

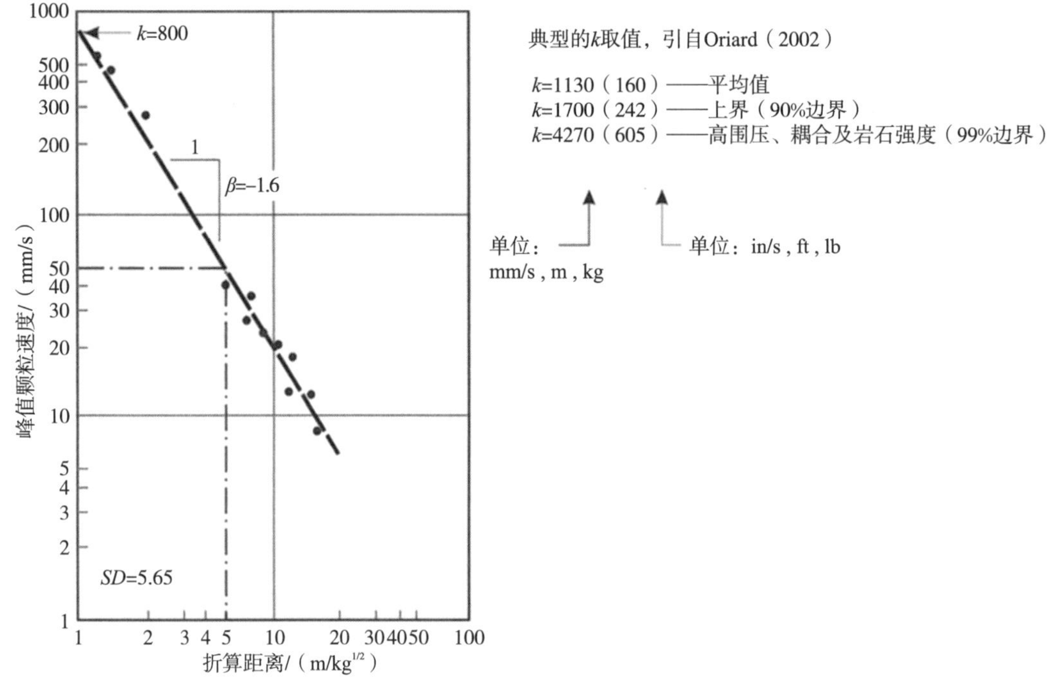

图 13.19 实测质点速度与离爆破点的折算距离的假设曲线

13.6.2 地面运动监测

为了获得图 13.19 所示的数据，有必要使用合适的监测仪器进行振动测量。表 13.5 列出了适用于测量爆破振动的地震仪常见规格，以及各种施工设备（如打桩机）产生的震动。监测非爆破振动设备的重要特性是设备的有效频率范围（线性响应）；对于 Instantel DS-677，此范围为 1～315Hz，这表示不会监测到超出此频率范围的振动。

振动监测仪器的功能是测量地面振动——垂直、竖向、横向 3 个方向上的速度、加速度、位移、频率以及气压。此外，仪器还附带一个触发器，可在检测到预设振动等级或气压时开始记录。结果由数字记录，数据可以下载到计算机进行存储和进一步分析。

地面振动测量需要将地震检波器安装在结构附近的地面上或结构本身。检波器与地面或结构适当接触是非常重要的。国际岩石力学学会（ISRM，1991）提出被监测波列的粒子加速度与检波器安装方法有关。当垂直加速度小于 0.2g 时，地震检波器可以放置在水平面上而不需要固定。当最大质点加速度为 0.2～1.0g 时，在土层中监测时检波器应完全掩埋，或者用双面胶带、环氧树脂或快速固化水泥将地震检波器牢固地附着在岩石、沥青或混凝土上。如果这些方法不行或者最大粒子加速度超过 1.0g，那么采用水泥或螺栓将地震检波器固定在坚硬的表面上。请注意，用沙袋对地震检波器进行固定是无效的，因为沙袋与地震检波器同步运动。在任何情况下，地震检波器都应该水平并与爆破径向线对齐。

表 13.5　　Instantel DS-677 技术规格

范围	所有频道都是自动调整范围； 地震(三通道)：(0～254mm/s)a； 空气压力(单通道)：88～148dB 峰值(200kPa)
触发等级	地震：0.13～254mm/s； 气压：100～148dB
分辨率	地震：0.13mm/s； 气压：0.02Pa
频率响应	所有通道 2～250Hz，±3dB(与记录时间无关)
录制时间	以 30s 为增量，最长 9000s
加速度	计算至 30g，分辨率为 0.013g(显示至 0.01g)
位移	计算至 38mm，分辨率 0.000127mm，显示至 0.001mm

注：a 为测量单位(英制或公制)，用户可在现场选择。气压值以均方根加权。

13.6.3　振动损伤阈值

已有许多研究工作对不同类型结构损伤的阈值振动水平进行评估(Siskind 等，1976；Siskind 等，1980；Stagg 等，1984)。表 13.6 列出的 PPV 阈值损伤水平由大量现场观测结果确定，现在可以作为控制地面振动的爆破设计基础。

表 13.6　　PPV 阈值损伤水平

速度/(mm/s)	影响/损害
3～5	人体有震感
10	低质量和老旧建筑物的近似损伤界限
33～50	人体反应明显
50	结构损伤轻微(<5%)的界限
125	小型损伤，石膏开裂，人体反应严重
230	混凝土砌块开裂

在城市地区最常使用的临界损伤 PPV 为 50mm/s，该值以下的振动对大多数住宅楼结构损伤风险非常小。但是，对于质量不好的建筑物和老旧建筑物而言，容许振动水平可能只有 10mm/s。要求的振动水平限制应该通过检查建筑物的结构状况来确定。

图 13.20 为每次引爆的炸药质量、预计建筑结构中的 PPV 与建筑结构到爆破点距离的关系。这些图是用式(13.19)给出的关系式绘制的。图 13.20 所示的关系可以作为评估住宅建筑物爆破损伤的指导准则。如果爆破设计和该图表显示振动水平接近损伤阈值，那么就需要进行试爆并测出振动水平。这些数据可生成类似图 13.19 所示的图形，从中可以确定场地参数 k 和 β。根据计算出的单次允许装药量，利用上述参数可进行爆破设计。

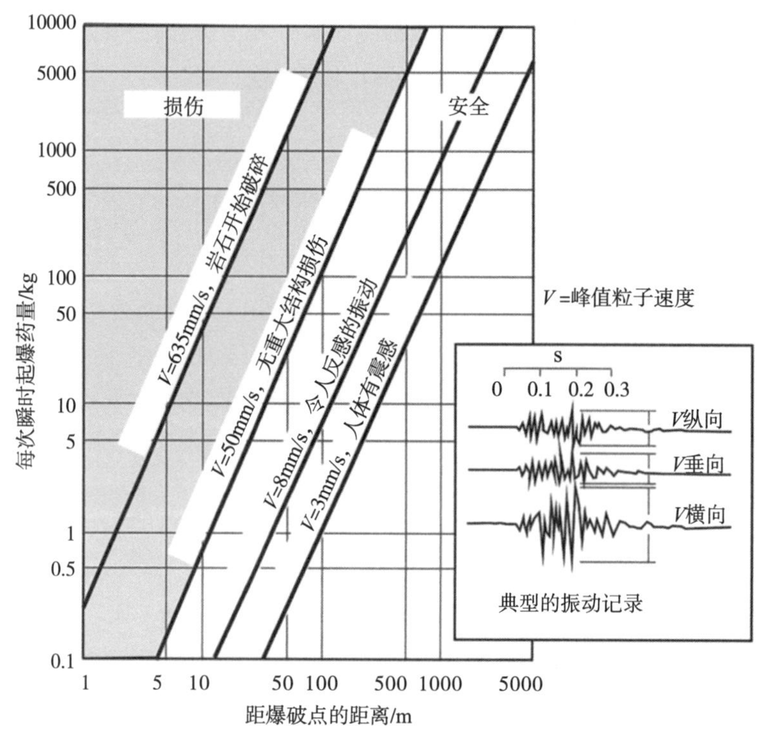

图 13.20　住宅结构的典型爆破振动控制

研究发现，k 和 β 的值在不同地点会有很大差异，所以振动监测在关键情况下非常有用，除非保守限制每次起爆的炸药重量。

图 13.20 显示，每次引爆 100kg 炸药可能导致距离爆破点 100m 以内的房屋内石膏轻微开裂，而距离 850m 时振动会很明显。将每次起爆破药质量减半到 50kg，上述距离将分别减少至 70m 和 600m。因此，限制每次起爆炸药量是控制损伤和降低对人们干扰的最有效方法。

13.6.4　振动频率对地面振动的影响

除了质点速度之外，振动频率在评估损伤时也很重要。如果主频率，即最大振幅脉冲的频率近似等于结构固有频率，那么损伤风险更大(Dowding，1985)。两层住宅楼的固有频率范围为 5～20Hz，固有频率随着结构高度增加而减小。爆破主频率将随着爆破类型、爆破点与建筑结构之间的距离以及地面振动传播介质等因素而变化。典型施工爆破产生的振动主频率范围为 50～200Hz。研究发现，大型采石场和矿井爆破产生的主频率低于施工爆破主频率，并且由于频率衰减，主频率随着距爆破点的距离增加而减小，即高频率、低能量振动比低频率、高能量振动衰减得快。与爆破引起的地面振动相比，由于距离震源较远，地震地面运动通常频率较低(0.1～5Hz)。地震的幅度越高，引起的破坏更大(见第 11 章)。

图 13.21 为住宅结构楼的 PPV、振动频率和近似损伤阈值之间的关系。该图表明随着频率的增加，容许 PPV 也增加。

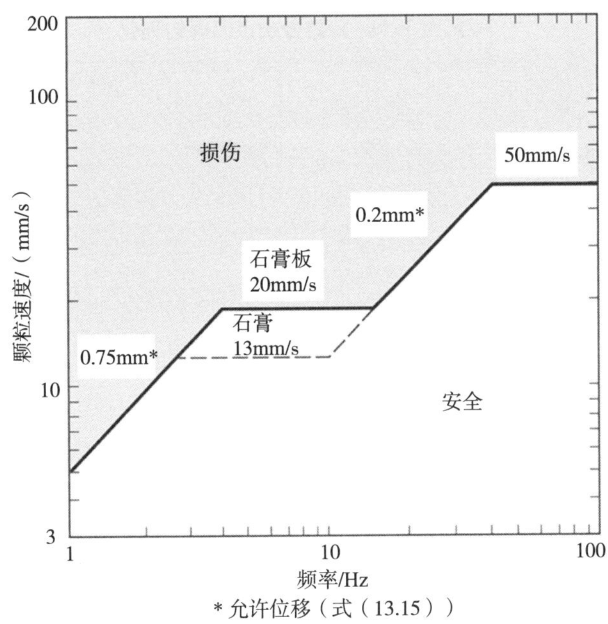

图 13.21 住宅结构楼的 PPV、振动频率和近似损伤阈值之间的关系(Siskind 等,1980)

13.6.5 地质条件对地面振动的影响

研究发现,现场存在土壤覆盖层会影响爆破振动的测量结果。一般来说,在覆盖层上测得的振动比距离爆破点相同距离的岩石上测得的振动频率更低,振幅更高。如果在上述两个位置质点速度大致相同,则覆盖层中较低的振动频率更容易使人体感受到爆破震动。

13.6.6 未固化混凝土的振动

在一些建筑工程中,爆破操作可能需要在未固化的混凝土附近进行。在这种情况下,设计每次起爆的炸药重量时,应考虑混凝土龄期、混凝土与爆破点距离以及结构类型,将地面振动保持在一定范围内(Oriard 等,1980;Oriard,2002)。表 13.7 为容许 PPV 水平和大块混凝土龄期之间的近似关系。

4h 以内,混凝土尚未凝固,允许地面振动水平较低,随着混凝土固化,容许振动水平逐渐增加。

如表 13.7 所示,随着距离增加振动水平必定降低,并用距离因子 *DF* 表示。在较高频率下混凝土可以承受较高的振动水平,在较低的频率下,结构中会产生较大的挠度。这一点对新浇混凝土的结构墙特别重要。随着离爆破点距离的增加,频率会发生衰减。其结果是在相同的固化时间下,距离越近,容许振动水平越高。

在临界条件下,建议进行振动监测和强度测试以确认混凝土的性能以及表 13.8 中给出的相关关系。

DF 的值由以下关系获得:

表 13.7　　距离因子 DF 随距爆破点距离的变化

距离因子 DF	距爆破点距离/m
1.0	0～15
0.8	15～46
0.7	46～76
0.6	>76

注：范围取值包含上限，下同。

表 13.8　　混凝土的龄期与允许 PPV 之间的关系

混凝土龄期	容许 PPV/(mm/s)
0～4h	100(4)× DF
4h～1d	150(6)× DF
1～3d	225(9)× DF
3～7d	300(12)× DF
7～10d	375(5)× DF
超过 10d	500(20)× DF

来源：Oriard，LL 2002，爆破工程，建筑振动和地质技术。国际爆破工程师学会，俄亥俄州克利夫兰，680 页。

13.6.7　电子设备和机械

某些类型的电子/电气设备对振动敏感。目前已经对计算机磁盘驱动器、继电器和光纤电缆等电信设备以及水银开关的旧型号电力变压器等电气设备进行了研究。如打桩和爆破等建筑活动的振动会干扰设备的运行。制造商对容许振动级别的指标通常以重力单位 g 表示，它们表示可以承受的地面振动。在某些情况下，可能需要进行详细的爆破测试，以评估设备的振动容限。

13.6.8　人类对爆破振动的反应

人类对振动非常敏感，可以在潜在损伤区域外感受到爆破效果。图 13.22 显示了 PPV、频率和人类可能对振动的响应之间的关系。这表明低频振动比高频振动更容易被感受到。爆破振动的频率通常在 50～200Hz 的范围内。

13.6.9　控制振动

某特定位置的爆破振动大小取决于离爆破的距离和每次的起爆量。在第 13.4 节讨论的爆破设计因素中，关于损伤控制最重要的是使用延迟和正确的起爆顺序，以便每个孔或一排孔至少向一个自由面破裂。

为了控制距爆破点某一距离处的振动水平，需要根据式(13.19)给出的关系来限制每次引爆的爆破药量。从试验爆破或设计图表中计算出每次允许装药量，来决定在单次延迟中可以引爆多少个孔。如果单个孔中的装药量超过允许值，则需要钻出较浅的孔，或者分层装药。在分层装药的情况下，药包被堵塞物分开，每一段炸药都在单个延迟时间内引爆。为了限制每次爆破振动形成干扰的风险，药包或孔之间的最小延迟间隔为 15～20mm。

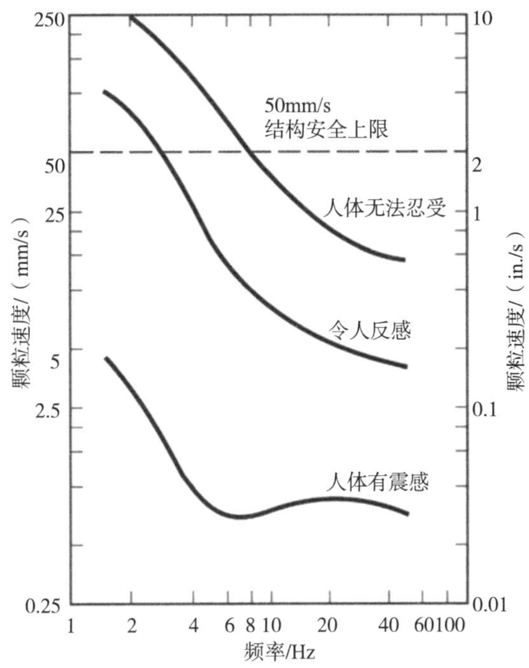

图 13.22 人类对爆破振动的响应，与质点速度和频率有关(改编自 Wiss，1981)

13.6.10 爆前检查

在可能因爆破振动而损伤建筑物的地方，通常会对潜在损伤区域内的所有建筑物进行爆前检查。这些调查应记录所有已有裂缝、其他结构损坏和沉降问题的照片或视频。美国露天采矿办公室(2001)制定了记录结构损坏的标准方法，确保调查的系统性和彻底性(图 13.23)。除了建筑物调查之外，还需要发布公告通知人们将要进行的爆破作业，并认真记录振动监测结果，以最大限度地减少投诉和不合理索赔。

13.7 飞石控制

飞石是爆破中不受控制地喷出岩石碎片，由于其不可预测性，飞石是一种非常危险的情况。产生飞石的常见原因见图 13.24。例如，前排的排距过小或者当封堵物太短而不能封闭爆破性气体时，会形成一个火山口并从火山口喷出岩石。该图还显示，飞石可能由钻孔不对齐造成，如果岩体中存在结构面，爆破性气体会沿结构面排出，造成飞石。

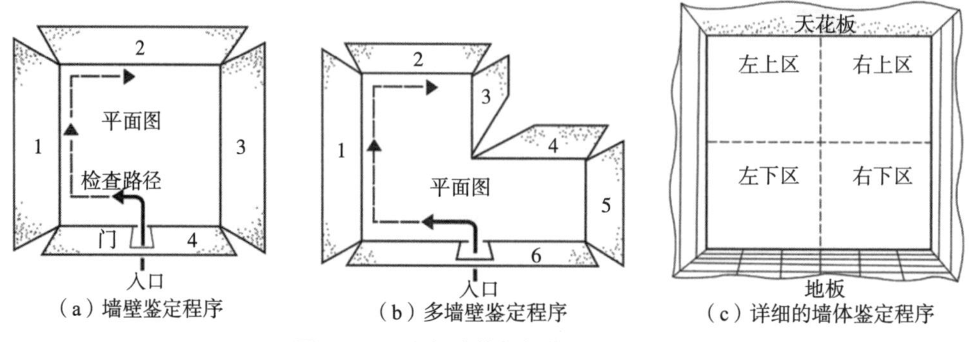

（a）墙壁鉴定程序（b）多墙壁鉴定程序（c）详细的墙体鉴定程序

图 13.23　进行建筑物损伤调查的方法

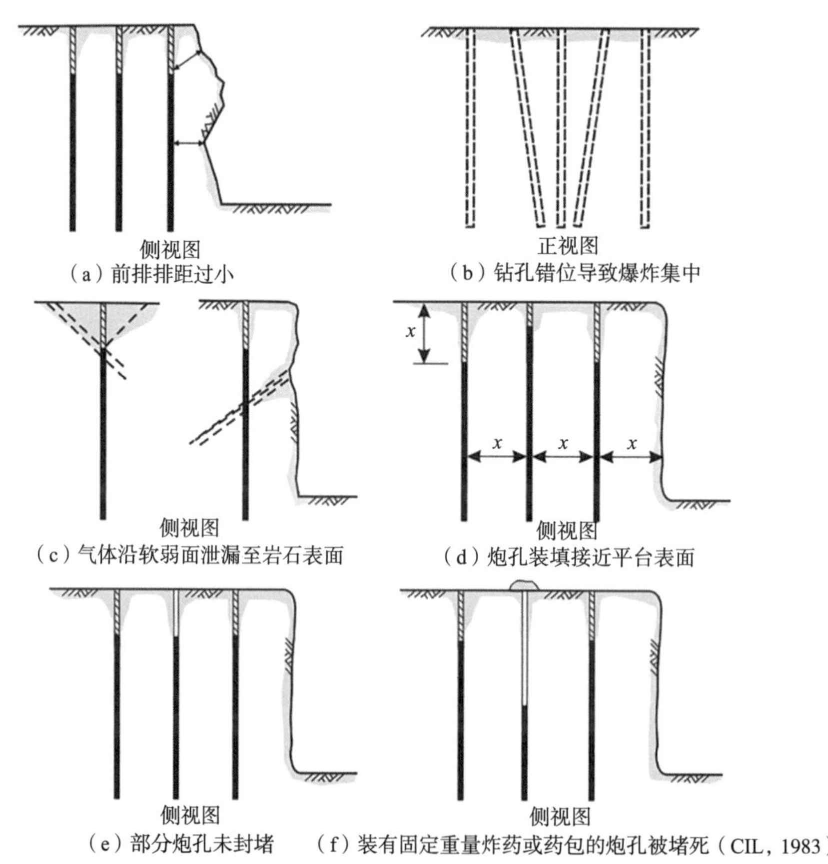

（a）前排排距过小（b）钻孔错位导致爆炸集中（c）气体沿软弱面泄漏至岩石表面（d）炮孔装填接近平台表面（e）部分炮孔未封堵（f）装有固定重量炸药或药包的炮孔被堵死（CIL，1983）

图 13.24　产生飞石的常见原因

实际上，即使爆破设计时采用建议的封堵长度和排距也很难对飞石完全控制。

因此，在可能对建筑物造成破坏的地区，应使用缓冲爆破来控制飞石。爆破垫由橡胶轮胎或链条输送带组成。当垫子可能被爆破能量炸开时，应该用土壤增重，或者锚固在基岩上。

13.8 爆破冲击波和噪声的控制

13.8.1 控制原理

将这两个问题放在一起讨论是因为它们的起因相同。产生在爆源附近的空气冲击波能造成类似窗户破碎结构物损害。随着离爆源距离的增加，空气冲击波逐渐衰减成噪声，这种噪声使人不适，也必然使生活在露天矿附近的人们不安。

形成空气冲击波与噪声的因素包括装药过多、封堵不良、导爆索裸露、爆炸气体沿着岩体裂隙泄漏至地表以及排距过小产生爆破漏斗效应。事实上，图 13.24 所示的大部分炮孔布置和装药条件会产生空气冲击波和噪音。

压力波的传播取决于气候条件，包括温度、风力和气压—高度关系等。在离爆破一定距离的云层也能把压力波反射回地面。

图 13.25 为大气条件对空气爆破的影响。这表明在温度逆增过程中，空气冲击波问题可能是最为严重的。

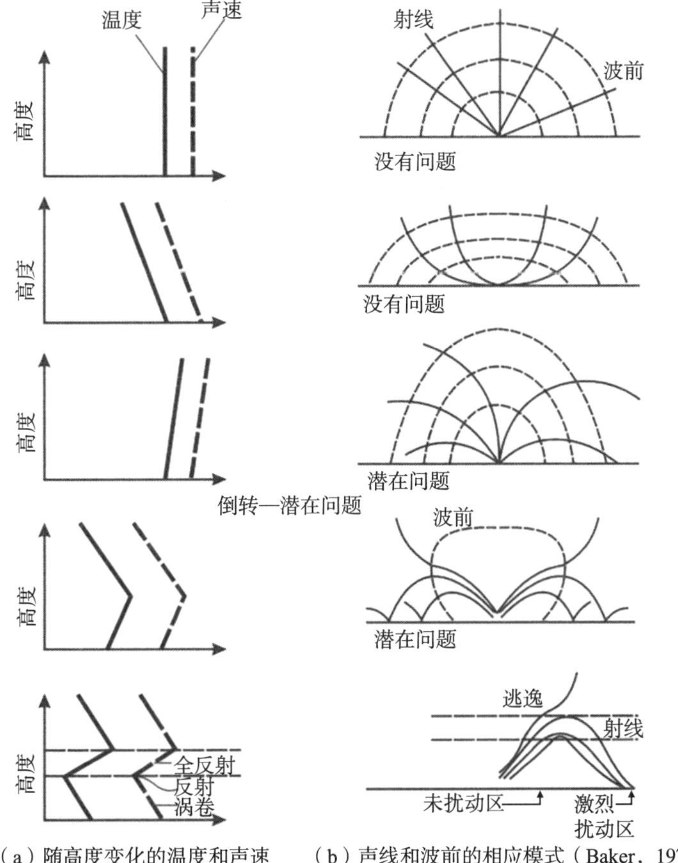

（a）随高度变化的温度和声速　（b）声线和波前的相应模式（Baker，1973）

图 13.25 大气条件对空气爆破的影响

图 13.26 提供了一个指南，用于估计人与建筑结构对声压水平作出的响应(Ladegaard 等，1975)。采用美国矿业局建议的线性峰值加权网络进行压力测量，最大安全空气冲击波为 136dB。

分贝与压力 P (kPa)之间的关系由式(13.20)给出：

$$dB = 20 \cdot \log_{10}\left(\frac{P}{P_0}\right) \tag{13.20}$$

式中：P_0 ——可听到最低声音的超压，约为 2×10^{-5} kPa。

随距离的衰减，声压水平可以借助一个立方根比例系数来预测。以 K_R 表示这个距离比例系数，其值由式(13.21)给出：

$$K_R = \frac{R}{\sqrt[3]{W}} \tag{13.21}$$

式中：R ——测点与爆源的径向距离；

W ——药包重量。

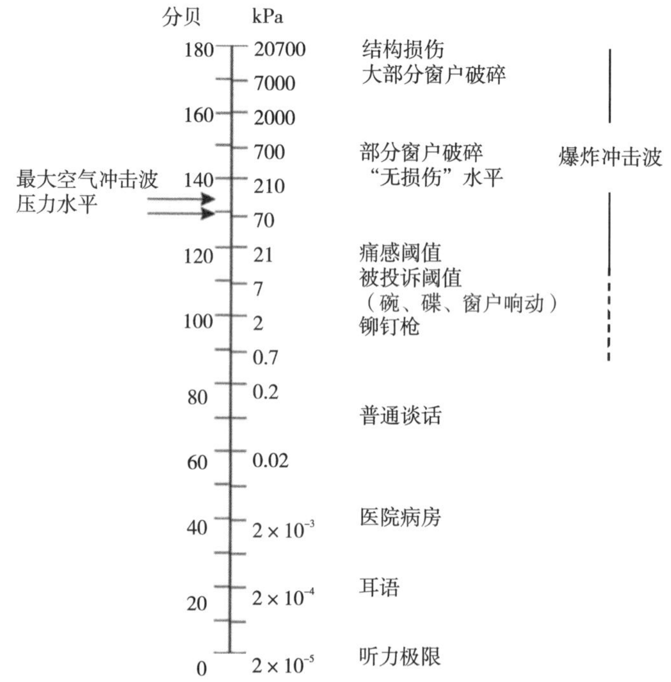

图 13.26　人和结构对声压等级的反应(Ladegaard 等，1975)

图 13.27 给出了美国矿业局在一些采石场进行的压力测量结果，采用英制单位。排距是变化的，每英寸炮孔直径的封堵长度为 79.25cm。例如，如果引爆 454kg 的炸药，排距 3.1m，则在 152m 处的超压如下：

$$\frac{R}{\sqrt[3]{W}} = \frac{500}{\sqrt[3]{1000}} = 50$$

$$\frac{R}{\sqrt[3]{W}} = \frac{10}{\sqrt[3]{1000}} = 1$$

从图 13.27 可以看出,超压大约等于 0.1kPa 或 74dB。

这些计算与炸药本身产生的空气冲击波有关。然而,空气冲击波很大一部分由导爆索产生,用沙子掩埋导爆索可以减少噪声。另外,也可以使用 Nonel 等导爆系统,该系统使用一根细塑料管,在传播冲击波时几乎没有噪声。

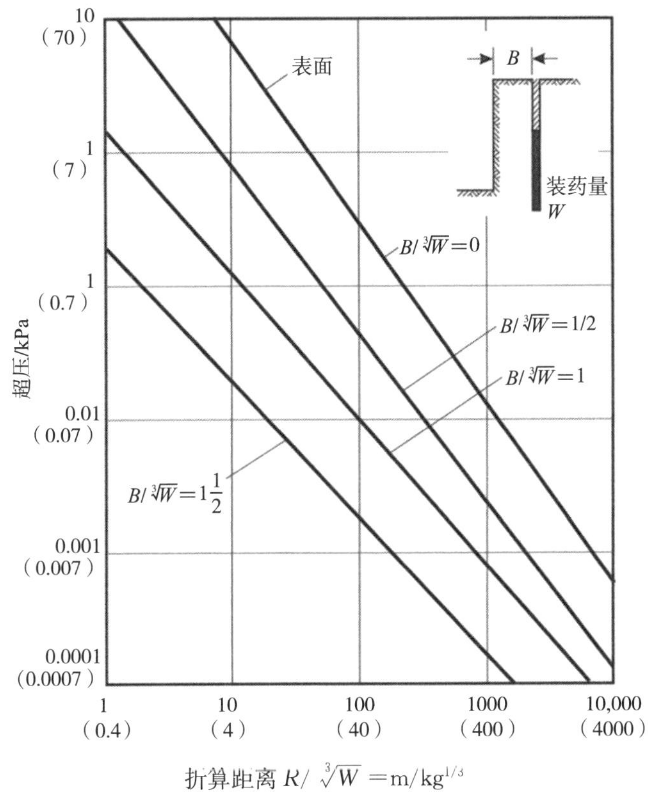

图 13.27 台阶爆破中超压与折算距离的关系(Ladegaard 等,1975)

13.8.2 例题 13.1:爆破设计

(1)概况

拟对一个 6m 高的岩石台阶进行爆破开挖。坡内为薄层强胶结岩层,向坡外陡倾,岩石的 SG 为 2.6,炸药 SG 为 1.3。破碎岩石将用垂直伸展距离为 5m 的前端装载机运输。

①确定合适的爆破布孔模式,即炮孔的排距、孔距和直径。

②确定钻孔超钻深度、封堵长度和单孔装药量。

③计算炸药单耗(kg/m^3)。

(2)解决方案

①由于大多数冲击钻可钻至 6m 深度,并且方向控制和钻进速度优良,同时装载机装载

一个 6m 高的石堆是安全的。

对于刚度比 0.3、高度 6m 的台阶，所需排距为 1.8m，见式(13.1)。通过式(13.4)计算可得，$k_{\psi}=1.18$ 和 $k_{s}=1.1$，并考虑岩石条件，调整后的排距为 2.3m。

根据式(13.2)计算可得药包直径为 78mm。

根据式(13.5)计算可得孔距为 2.8m。

②按超钻深度为排距的 30%，超钻深度为 0.7m。

根据封堵长度为排距的 70%，封堵长度为 1.6m。

根据台阶高度 6m、超钻 0.7m 和封堵 1.6m，炸药药柱长度为 5.1m。基于该长度，SG 为 1.3，直径为 78mm，每个炮孔装药量为 31.7kg。

③对于 6m 的台阶高度、2.3m 的排距和 2.8m 的孔距，每个孔爆破的岩石体积为 38.6m^3。

炸药单耗为 0.8kg/m^3（见式(13.9)）。参照图 13.8，爆破岩石的平均尺寸大小约为 0.4m，可用前端装载机轻松装载。

13.8.3 示例问题 13.2：控制爆破设计

(1)概况

一条 6m 高的高速公路边坡已经事先爆破开挖，并且要求将其修剪后退 3m。这种修边作业必须采用控制爆破，使超压降至最低，使新坡面稳定。

(2)要求

①为此任务确定最适合的控制爆破类型。

②如果炸药直径为 25mm，计算炮孔直径、单孔装药量(kg/m)和孔距。

③如果炸药的 SG 为 1.1，确定炸药如何分配以获得所需的装药量。

④评估是否需要在当前坡面和最终线之间钻第二排炮孔。如果需要第二排，请确定该排炮孔距离最后一排多远，以及应该使用什么样的起爆顺序。

(3)解决方案

①应使用缓冲爆破去除 3m 厚的岩石层。在高速公路建设中，由于造价昂贵，很少使用定向爆破，只有需要高质量边坡时才会使用。只有在排距与平台高度基本相等的情况下才使用预裂爆破。

②对于 25mm 的炸药直径、50mm 直径的炮孔，其解耦率为 2。由式(13.10)可知，每米炮孔所需的炸药为 0.21kg。

根据式(13.13)可得孔距为 0.8m。

③对于一个直径为 25mm、SG 为 1.1 的药筒，单孔装药量为 0.54kg/m。为了得到

0.21kg/m 的装药量，这种炸药在孔内可以按照 200mm 的药筒布置，每个药筒之间按 300mm 长间隔。

④根据式(13.14)可得排距至少为 1m。由于缓冲爆破的总排距是 3m，必须在坡面后方约 1.5m 的位置钻一排孔。根据式(13.7)，至少要提前 20ms 起爆第一排炮孔，然后再起爆第二排。

13.8.4 示例 13.3：爆破危害及其控制

(1)概况

一座历史悠久的建筑距离爆破场地 140m，还有一家医院位于 1km 处。

(2)要求

①确定每次起爆的最大装药量，以尽量减少对历史建筑造成损伤的风险。

②确定地面震动是否会影响医院的病人。

(3)解决方案

根据表 13.6 和式(13.19)中列出的不同结构的损伤阈值振动水平确定每次起爆的允许装药量。

如果 $k=1600$，$\beta=-1.5$，并且历史建筑的损坏阈值为 10mm/s，则在 $R=140$m 时，允许瞬时荷载 W 为 23kg/次。

图 13.22 显示，当 PPV 超过 50mm/s 时，振动对人体不利。对于每次 23kg 的装药量，式(13.19)表明医院的振动水平约为 0.5mm/s，因此该振动不太可能被患者察觉(可感知的阈值为 3～5mm/s)。

(胡钢　李保继)

第 14 章　岩石边坡加固

14.1　概述

在山区,公路和铁路的运营、发电和输电设施以及住宅和商业开发的安全通常需要稳定的边坡和控制落石。人工开挖边坡和天然边坡都是如此。相比之下,露天矿和大型采石场容许一定程度的边坡失稳,只要不对矿工造成危害或导致严重损失。例如,平台上的小规模失稳通常对矿山作业影响很小,除非坠落在运输道路上的岩石导致轮胎或设备损坏。在露天矿大规模的边坡失稳中,通常唯一经济和可行的加固措施是排水,这可能要修建长水平排水渠、抽水井或排水隧道(见第 14.4.7 节)。管控大规模边坡失稳的一种方法是监测变形。第 15 章讨论了位移监测和监测结果的解译方法。

本章关注的是民用边坡。例如,在高速公路上,即使是小规模的落石也会造成车辆损坏、司机和乘客受伤或死亡,并且在运输车辆受损的情况下可能会排放有毒物质。此外,交通运输系统严重的边坡破坏可能会中断交通,造成直接和间接的经济损失。对于铁路和收费公路来说,封闭会导致收入直接损失。图 14.1 显示了约 300m 高处发生的岩石滑坡导致道路和相邻铁路关闭。

虽然治理滑坡(图 14.1)的代价是巨大的,但即使是单一车辆事故的成本也可能很高。例如,可能会产生司机和乘客的住院费、车辆修理费以及某些情况下的法定费用和赔偿金。此外,加固边坡的费用包括工程和承包费用,通常由于治理工程的紧急性而费用较高。

许多铁路运输系统是在一百年前建造的,许多高速公路是在几十年前建造的。当时,施工中经常使用的爆破技术对岩石造成了严重损伤。此外,由于施工时间较早,后来岩石风化、冰、水以及树根的作用使表面岩体松散,边坡稳定性降低。所有这些影响都可能导致边坡持续失稳,实施维护补救措施是很合理的。

对于山区城市的发展,落石和山体滑坡等灾害可能会威胁或摧毁建筑物。针对这些情况,最有效的保护措施是初步绘制灾害分布图,然后对不安全区进行分区,排除无法进行治理的地方。

图 14.1 非常坚硬的块状花岗岩从约 300m 高处落下导致高速公路封闭

为了最大限度地降低落石灾害损失，岩石边坡加固工程通常是优于搬迁或放弃设施的选择。这些工程涉及许多相关问题，包括岩土工程和环境工程、安全、施工方法、费用以及合同程序。本章和其他参考文献如 Brawner 和 Wyllie(1975)、Fookes 和 Sweeney(1976)、Wyllie(1991)、舒斯特(1992)、FHWA(1993，1998)、美国运输研究委员会(1996 年)和莫里斯、伍德(1999 年)介绍了设计岩质边坡加固措施的方法。这些方法自 20 世纪 70 年代以来广泛使用，因此可以放心地用于各种地质条件。但是，正如本章所述，必须针对每个地点的特定条件使用适当的方法。

本章的第一部分讨论落石的成因以及加固工程的规划和管理。对于有大量岩石边坡的运输系统，这项工作通常需要制作一份清单，记录下发生的落石灾害和稳定性条件，将这些记录保存在数据库中并导入 GIS 图，并列出需要优先加固的表单。本章剩余部分讨论加固措施，根据岩石加固、岩石清除和落石保护进行分类。

14.2 落石成因

加利福尼亚州对该州公路系统发生的落石进行了全面研究，评估落石的成因以及已实施的各种治理措施的有效性(McCauley 等，1985)。由于加利福尼亚境内地形和气候的多样性，它们的研究成果为岩石边坡的稳定条件和落石原因提供了很好的指导。表 14.1 显示了对加利福尼亚州高速公路 308 次落石的研究结果，确定了 14 种失稳原因。

岩石崩落的 14 个成因中，有 6 个与水直接相关，即降水、冻融、融雪、径流、差异侵蚀、泉水或渗漏。还有一个原因与降水间接相关，即裂缝中树根生长，使裂缝张开、表面岩体松散。

这 6 个落石成因占总量的 68%。作者根据加拿大西部一条主要铁路上 25 年的落石记录分析，证实了这些统计数据的准确性，其中约 70%的落石事件发生在冬季。不利天气条件包括冬季暴雨、长时间的冰点温度以及秋季和春季的每日冻融循环。Peckover(1975)进行的类似研究结果见图 14.2。它们清楚地表明,大部分落石发生在 10 月至次年 3 月,这是加拿大西部一年中最潮湿和最冷的时候。此外,在上述地理区域,部分学者研究了岩质滑坡频率和体积之间的关系(Hungr 等,1999)。研究表明,体积小于 $1m^3$ 的落石每年发生多达 50 次,而体积为 $10000m^3$ 的落石每 10 ~ 50 年发生一次。

表 14.1　　加利福尼亚州高速公路上的落石成因

落石成因	所占百分比/%
降水	30
冻融	21
岩石断裂	12
风力	12
融雪	8
径流	7
不利结构面	5
穴居动物	2
差异侵蚀	1
根劈作用	0.6
泉水或渗漏	0.6
野生动物	0.3
卡车振动	0.3
土壤分解	0.3

在加利福尼亚州的研究中,落石的另一个主要成因是各地点的特殊地质条件,即裂隙岩体、不利结构面(裂隙倾向坡外)和土壤分解。这 3 个原因代表了 17%的落石成因,由水和地质因素造成的落石占总数的 85%。这些统计数据表明,水和地质条件是影响岩石边坡稳定性的最重要因素。

加利福尼亚的研究似乎是在没有发生重大地震的时候进行的,因为地震经常引发落石,并导致滑坡的位移和破坏。第 11 章讨论了地震地面运动对边坡稳定性的影响。

14.3　岩石边坡加固设计方法

在山区地形中修建运输系统,可能需要开挖数百个存在各种落石危险的岩石边坡,对运营方而言落石可能造成重大损失。在这种情况下,实施长期边坡加固工程往往是划算的。本节介绍实施此类工程所需的步骤。

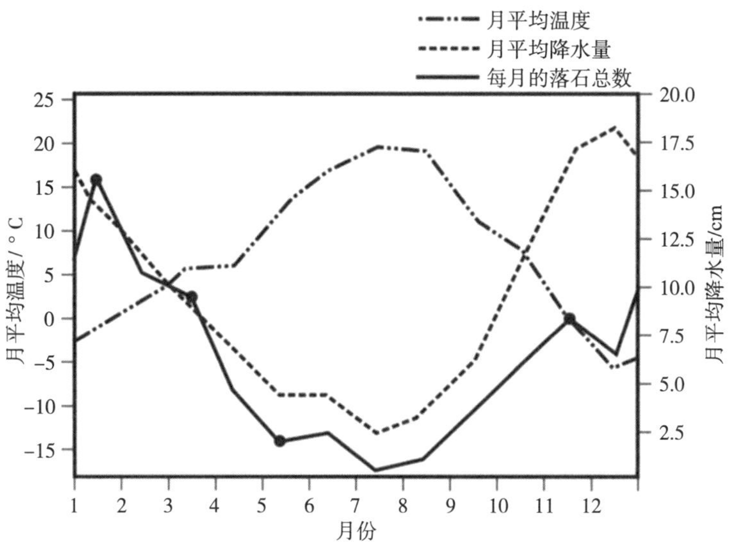

图 14.2 1933—1970 年不列颠哥伦比亚省弗雷泽峡谷铁路线上的落石次数与温度和降水量的相关性 (Peckover,1975)

14.3.1 设计加固方案

当执行一种加固大量边坡的方案时,经常先建立一种系统方案来识别和评估最危险的地点,从而最大限度地利用现有资金,然后可以据此安排年度加固工程,最危险的地点优先治理。图 14.3 是构建这样一个方案的例子。

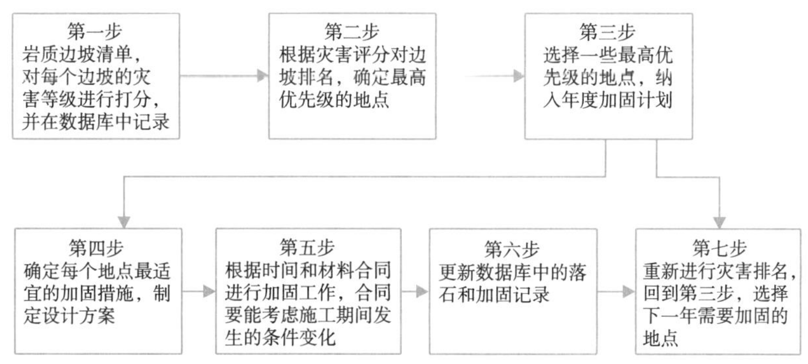

图 14.3 运输系统的岩石边坡加固步骤

图 14.3 所示方案的目标是在落石和事故发生之前主动识别和加固边坡。这需要仔细检查每个地点以确定潜在危险性,并估计加固工程可能的收益。相比之下,被动方案将重点放在落石和事故已经发生的地区以及灾害可能会减轻的地方。

采取有效且积极主动的加固方法需要一个在该领域工程和施工方面有丰富经验的团队,指导制定一个长期方案。这项工作的另一个重要部分是保存准确的记录,包括照片、边坡条件、落石和加固工作。这些信息将记录危险区域的位置,确定该计划在减少落石事故方面的长期有效性。这些记录可以用数据库程序来处理,方便更新和检索记录。

14.3.2 岩石边坡清单系统

落石加固方案中的一个重要部分是对运输系统上的岩石边坡进行清点，包括落石位置、对每个边坡的灾害和风险描述。对影响稳定性的特征进行打分，可以将灾害和风险量化，从中确定每个岩石边坡的稳定性总评分。然后可以使用总评分对边坡进行排序，确定最高风险地点并制定加固计划。

Brawner 和 Wyllie(1975)、Wyllie(1987)进行了早期的边坡清点工作，其成果由 Pierson、Davis 和 Van Vickle(1990)将其合理应用到公路岩石边坡管理流程中，该流程名为落石灾害评级系统(RHRS)。该流程的第一步是盘点每个边坡的稳定性条件，以便根据它们的落石危险性对它们进行排序(图 14.3 中的第一步和第二步)。

如表 14.2 所示，对清单中确定的落石区域进行评分和排名。这 9 个类别代表了构成整体危害的岩石边坡的重要元素。4 列对应于每一类所代表灾害的逻辑中断。标准分数 3～81 分呈指数级增长，并且表示 1～100 分的连续分数。指数分数能够在稳定性差的条件下快速提高得分，从而清楚地识别危险性较高的部位。使用连续得分可以灵活地评估自然界条件变化的相对影响。某些类别需要主观评估，而其他类别则可以直接测量并评分。

表 14.2　落石灾害评级系统汇总

评分标准和评分类别	得分 3	得分 9	得分 27	得分 81
(a)坡高/m	7.5	15	23	30
(b)沟渠有效性	良好的容纳性	适度容纳	有限的容纳	不能容纳
(c)AVR(时间百分比)	25%的时间	50%的时间	75%的时间	100%的时间
(d)DSD 百分比(设计值百分比)	视距足够，设计值的 100%	视距中等，设计值的 80%	视距有限，设计值的 60%	视距非常有限，设计值的 40%
(e)道路宽度，包括路肩/m	13.5	11	8.5	6
(f)地质特征				
情况 1　结构条件	断续节理，产状有利	断续节理，产状随机	连续节理，产状不利	连续节理，产状不利
岩石摩擦角	粗糙，不规则	波状起伏	平滑	黏土充填，或光滑
情况 2　结构条件	没有差异侵蚀特征	偶尔有侵蚀特征	许多侵蚀特征	大量侵蚀特征
侵蚀率差异	差异很小	中等差异	差异很大	极端差异
(g)岩块大小/m	0.3	0.6	1.0	1.2
落石方量/m^3	3	6	9	12
(h)边坡气候和水	低一中等降水量；无冰期，无水	中等降水量，或者短暂冰期，或者间断有水	高降雨量或长冰期，或持续有水	高降雨量和长冰期，或持续有水
(i)落石历史	很少落石	偶尔落石	很多落石	经常落石

资料来源：Pierson L，Davis S A 和 Van Vickle R. 1990，《落石灾害评级系统实施手册》。技术报告# FHWA－OR－EG－90－01，华盛顿特区；威利，1987 年，《岩石边坡清单系统》，美国联邦公路管理局落石治理研讨会论文集，FHWA，10 区。

一旦对每个类别打分,每个边坡的总分可以通过以下两种方法计算。第一种方法,可以合计 9 个分数,最大总分为 729(9 乘以 81);第二种方法,将与边坡条件相关的灾害因子相加,再将与落石路径和交通条件相关的风险因子相加,然后将这两个得分相乘,得出总分。在表 14.2中,危险和风险因素如下:

(1)灾害因子

①边坡高度:落石来源的最大高度。
②地质条件:由地质构造或差异风化控制的稳定性。
③岩块大小:由节理间距和岩石强度控制。
④气候:降水和冰点温度的作用。
⑤落石历史:过去事件的记录。

(2)风险因子

①沟渠有效性:沟渠的宽度、深度与边坡的高度和坡度相关,决定沟渠容纳落石的效果。
②平均车辆风险 AVR:车辆通过的时间百分比。
③视线距离:驾驶员看到岩石落在道路上并进行避让的能力。
④道路宽度:可用于容纳岩石以及司机避让的空间。

采用倍数相乘的优势在于,比如改善沟渠而将沟渠有效性分数降低至 3,与原来的 27 分相比,可以显著减少总分,并且降低现场的相对优先级。相比之下,如果用总分相加,这种变化将不那么显著。

14.3.3 灾害等级标准

以下是评价高速公路沿线落石灾害的 9 类要素中每一类的简要说明(表 14.2):

(1)边坡高度

从预计落石的最高点开始测量边坡垂直高度。如果落石源自开挖边坡上方的自然边坡,则用开挖高度加上附加边坡高度(垂直尺寸)。

(2)沟渠有效性

沟渠有效性用沟渠防止落石落到路面的能力来衡量。在评估沟渠有效性时,要考虑的因素是:①坡高和坡度;②沟宽、深度和形状;③预期的块体大小和落石数量;④边坡不规则性(落石启动特征)对落石轨迹的影响。启动特征可能会抵消落石掉出时的能量。比较沟渠设计图中的推荐尺寸和维护人员提供的信息,可以评估沟渠有效性。

(3)平均车辆风险 AVR

表示车辆在落石部分出现的时间百分比。从平均每日交通量(每天车辆数,ADT)、落石危险区长度(L ,km)和公布的限速(S ,km/h)中获得该百分比:

$$\text{AVR}=\frac{\text{ADT}}{24}\times\frac{L}{S}\cdot 100\% \tag{14.1}$$

例如,如果边坡长度为 0.2km,限速 90km/h,平均每日交通量为 7000 辆,则 AVR 为 65%,相应的灾害评分为 18。AVR 为 100%意味着平均至少有一辆车始终处于边坡下,危险评分为 81。

(4)决策视线距离(DSD)百分比

DSD 是计算进行复杂或瞬时决策所需的道路长度(以米为单位)。当道路上的障碍物难以察觉、出现意外或作出特殊动作时,DSD 是至关重要的。视线距离是沿着道路,驾驶员可以持续看到物体的最短距离。在整个落石路段,视线距离会明显改变。水平和垂直高速公路曲率以及岩石露头和路边植被等障碍物会严重限制视线距离。

根据美国高速公路设计标准,其中的 DSD 与清单系统中的限速之间的关系经过修改后见表 14.3(AASHTO,1984)。

实际视线距离与式(14.2)中的 DSD 关系如下:

$$\text{DSD}=\frac{\text{实际视线距离}}{\text{决策视线距离}}\times 100\% \tag{14.2}$$

表 14.3　避开障碍物的 DSD

公布的限速/(km/h)	决策视距/m
48	137
64	183
80	229
97	305
113	335

例如,如果实际视距被路线曲率限制,只有 120m,限速为 80km/h,则 DSD 为 52%。根据 RHRS 手册中提供的图表,此条件的分数为 42。

(5)道路宽度

表示容许驾驶员操纵避让落石的距离,垂直于高速公路中心线测量从路面一边到路面另一边的距离。在道路宽度变化时测量最小宽度。

(6)地质特征

导致落石的地质条件通常有两种情况。情况 1 适用于以裂隙、层面或其他结构面为主要结构特征的边坡。情况 2 适用于风化差异形成悬崖或者过陡的边坡,这些是形成落石的主要条件。进行评估时应使用最适合的情况。如果两种情况都存在,则都会打分,但只有最差的情况(最高分)才会被采用。

情况 1 结构条件中不利的结构面指具有不利产状,导致平面、楔形或倾倒失稳的结构面。

结构面的摩擦角受岩石材料、充填物特性以及表面粗糙度的影响(见第 5.2 节)。

情况 2 结构条件中差异侵蚀/风化或坡度过陡是导致落石的主要条件。侵蚀/风化特征包括陡峭的边坡、悬空的岩石块体或暴露的抗风化岩石。

边坡内不同的侵蚀率直接关系到未来发生落石事件的可能性。评分应反映侵蚀率、暴露的岩石、岩块或岩体单元的尺寸、落石频率以及落石期间的落石量。

(7)每个落石的块体大小或体积

最有可能发生的失稳类型与裂隙间距和延伸长度有关。评分还应该考虑岩块掉落到边坡上破碎的趋势。

(8)气候和边坡上水的存在

水和冻融循环对岩石的风化和变形都起作用。如果已知水在边坡上连续或间歇流动,则应对其进行相应评估。该评级可以根据评级地区的相对降水量,并考虑冻融循环的影响。

(9)落石历史

历史信息是对潜在落石的重要检查。开发落石数据库可以更准确地得出潜在落石的评估结论。

14.3.4 边坡清单的数据库分析

将边坡清单的结果输入计算机数据库是一种常用做法。该数据库既可用于分析清单中包含的数据,也可用于更新有关落石和边坡加固施工工作的新信息。以下是数据库分析的一些示例:

①按照新增点得分的顺序对边坡进行排序,以确定最危险的边坡。

②将落石频率与天气条件、岩石类型和边坡位置等因素相关联。

③从落石造成的时间延误或道路封闭的分析中评估落石的严重程度。

④根据每年落石次数的变化评估加固工程的有效性。

14.3.5 高优先级的边坡选择

已经发现,在对持续数十年、涉及数百个岩石边坡的加固工程进行管理时,需要建立一个选择高优先级边坡的合理方法。这是很有必要的,因为随着时间的推移,边坡稳定性条件恶化,可能无法每年根据表 14.2 所示的评分系统重新计算每个边坡。但是,可以每年检查一次所有较高优先级的边坡以评估稳定性,并从这一评估中确定是否需要加固,并考虑在什么时间范围进行。这需要为每个边坡分配一个"检查评级"和一个相应的"必要措施"(表 14.4)。表 14.4 中列出了每个评级的允许操作。例如,对于"紧急"边坡,允许采取的行动是"限制服务",并在 1 个月内进行现场工作,同时进行"后续"检查,更详细地评估稳定性条件。但是,对于"紧急"或"优先"边坡,不得向现场分配"无行动"。

以下是可用于进行检查评级的标准示例,结合了测量、表 14.2 中的分级评分和稳定性主观观察等方法。

表 14.4　　检查评级和相应的行动

检查评分	必要措施				
	限制服务;在 1 个月内工作	在当年工作	后续检查	在 1～2 年工作	无行动
紧急	×		×		
优先		×	×	×	
观察					×
好					×

(1)紧急

明显发生近期位移或落石,活动块体的尺寸足以构成灾害,天气条件对稳定性不利,未来几个月内可能失稳。

(2)优先

自上次检查后可能发生位移,块体的尺寸足以构成灾害,大约在未来 2 年内可能失稳。

(3)观察

可能存在近期变形,但近期不会失稳。在下次检查中检查特定的稳定性条件。

(4)好

没有边坡变形的证据。

为每个边坡制定必要措施主要有如下两点益处:首先,迫使检查员决定缓解措施的必要性和紧迫性；其次，它会自动为当年和未来两年制定一份工作地点清单。该清单是执行方案时的基本规划工具。

14.3.6 加固措施选择

本节提供了选择最适合现场地形、地质和施工条件的加固方法指南。边坡加固方法可以分为：①坡体加固；②削坡减载；③坡面防护。

图 14.4 包括了 16 种更常见的加固措施，分为各种类别。以下列举了一些选择合适加固方法时的影响因素。如果边坡陡峭且坡脚靠近高速公路或铁路，则没有空间可用于挖沟或建造屏障。

还有一种加固措施是移除松散岩石，用锚索加固边坡或用钢丝网覆盖边坡。一般来说，最好是清除松散岩石并消除危险，但前提是这样可以形成稳定坡面，而不会破坏坡面上的其他潜在松散岩石。如果落石来源是易被侵蚀的土壤基质中的大块岩石，无法通过锚索固定或有效剥离来加固，那么使用沟渠围护结构的组合可能更合适。如果该工程坡脚空间有限，唯一的选择可能是重新安置或调整设施。

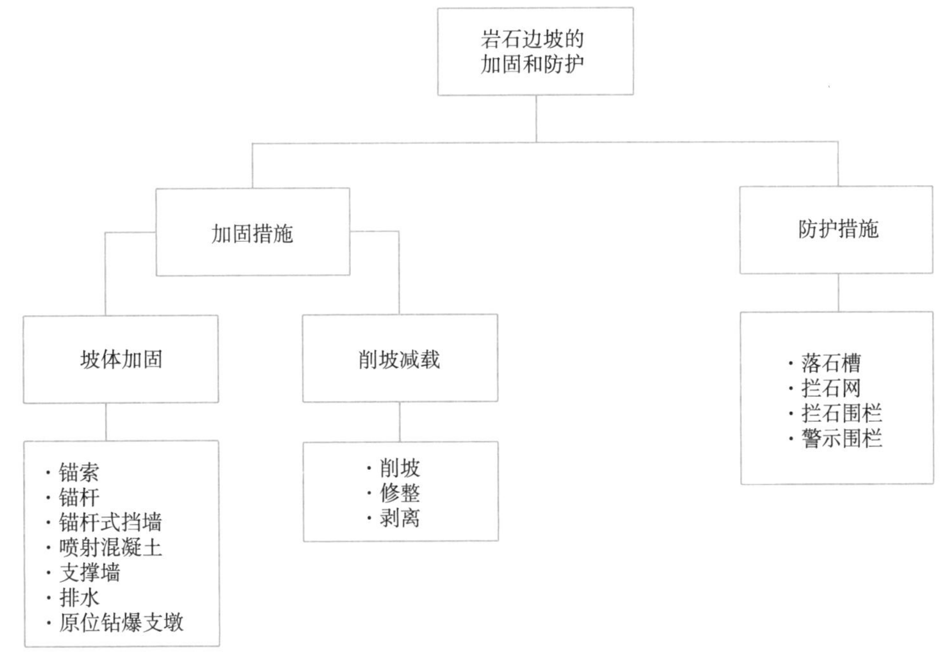

图 14.4 岩石边坡加固措施及分类

在选择和设计适合现场的加固措施时，必须考虑岩土、施工和环境问题。前几章讨论了岩土工程问题包括地质条件、岩石强度、地下水和稳定性分析。必须在项目的设计阶段处理可能影响工程成本和进度的施工—环境问题。重要的问题往往是设备的进场、交通封闭期间的可用工作时间以及废石和土壤的处理。

在选择加固措施时需要考虑的另一个因素是最优工作水平。例如,一个小型的剥离工程将移除边坡上最松散的岩石,但如果岩石易风化,这项工作可能需要每3～5年重复一次。另外,除了剥离之外,还可以使用喷射混凝土和锚索加固进行更全面的整治。虽然第二方案的初始费用更高,但它可能会保持20～30年有效。可以使用决策分析来比较这些备选加固方案,包括不采取措施的方案。决策分析是评估备选行动方案的系统程序,考虑了加固工程的建设成本和设计使用寿命的范围,以及发生落石和造成事故的概率和损失(Wyllie等,1979;Roberds,1991;Roberds等,2002;Wyllie,2014)。

以下是对加固工程产生重大影响的一些施工问题的简要讨论:

(1)爆破

过量爆破对坡面造成的损伤是边坡开挖后数年不稳定的常见原因。控制爆破的方法,如第13章所述的预裂和光面爆破,可以按指定的路线开挖边坡,对坡面后方岩石的损伤最小。

(2)地形

如果切坡面上方的边坡陡峭,那么切坡面后退会导致开挖高度增加。开挖高度增加就需要开挖更大的沟渠,并且可能产生额外的稳定性问题,特别是坡面土壤或风化层厚度很大时。

(3)施工通道

确定施工可能需要的设备类型,以及该设备在现场的使用方式。例如,如果计划开挖大量岩石使边坡后退,那么空气钻和挖掘机就必须在坡面上工作。在陡峭的地形中,建造这些设备的进场道路费用昂贵,并会引起额外的稳定性问题。此外,为了给该设备提供足够的工作宽度,至少需要5m的道路宽度。另外,如果加固工程使用大直径锚索,那么必须要保证相应的钻机能够进入现场。例如,在陡峭的坡面上钻直径大于约100mm的孔,就必须用起重机支撑重型钻孔设备。如果不能使用这种重型钻孔设备,就要用手持设备钻更小直径的孔,安装更多、更小的锚索。

(4)施工成本

加固工程的预算成本必须考虑边坡工程的直接成本以及动员、交通管制、废物处理和环境研究等间接成本,如下所述。关于有效运输路线的一个重大成本问题是使用起重机进入边坡。如果用起重机在路面上悬吊平台进行施工,则可能会阻塞2～3条车道。相反,让施工人员使用固定在坡顶上方的安全绳可以最大限度地减少交通封闭。

(5)废弃物处理

在山区地形中处理由开挖和剥离作业产生的废石,成本最低的方法是将废石丢弃在现场边坡的下方。然而,以这种方式处置废石有许多缺点。首先,陡峭的松散石堆是山坡上的一道视觉伤疤,难以形成植被。其次,如果不能充分排水或键入现有边坡,废石堆可能会变得不稳定;一旦失稳,材料体可能移动相当大的距离,危及位于边坡下的设施。然后,如果场地位于河谷中,废弃的岩石可能会落入河中,并对鱼群造成伤害。为了尽量减少这些影响,有时需要将开挖的岩石运到指定的、稳定的场地。

处理废石时可能需要解决的另一个问题是酸性水排泄。例如,在北卡罗来纳州和田纳西州的一些地区,一些泥岩和片岩岩层含有二硫化铁;流过这种岩石填料的渗透水形成低pH值的酸性径流。控制这种情况的一种方法是将岩石与石灰混合,以中和酸性,然后将混合材料置于填料中心(Byerly等,1981)。有时需要将石灰石混合物装入不透水的塑料膜中。

(6)景观

路人和当地居民观看时,高速公路上的一系列高陡的岩石切坡可能会产生显著的视觉影响。在风景区,可能需要在岩石切坡的设计中加入适当的景观措施,以减少它们的视觉影响(Norrish等,1988)。可以通过设计爆破方案对岩石表面进行景观处理,最终形成没有爆破孔痕迹的不规则表面,或者使岩石锚索的锚头凹陷,或者对喷射混凝土进行着色和雕刻,使其具有岩石外观。

(7)灰尘、噪声、地面振动

许多岩石加固作业会产生相当大的噪声和灰尘,爆破会增加地面振动的风险(见第13.5.1节)。在签订合同之前,应考虑现场条件可接受的地面振动水平,以便采取必要措施来限制其影响。

(8)生物和植物的影响

在某些项目中,可能需要采取措施控制对野生动植物和植被的扰动。典型的预防措施是将加固工作安排在指定的动物活动"窗口"之外,并将受保护的植物迁移到工作区外。

14.4 岩石加固技术

图14.5展示了一些加固技术,用于确保岩石切坡面上松散岩石安全稳定。这些技术的共同特点是,它们可以最大限度地减少由于开挖产生的岩石松弛和松动。

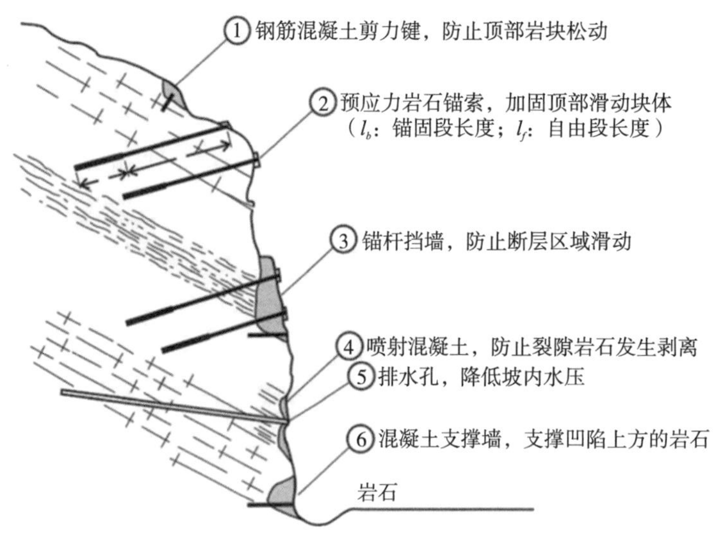
①钢筋混凝土剪力键，防止顶部岩块松动
②预应力岩石锚索，加固顶部滑动块体
（l_b：锚固段长度；l_f：自由段长度）
③锚杆挡墙，防止断层区域滑动
④喷射混凝土，防止裂隙岩石发生剥离
⑤排水孔，降低坡内水压
⑥混凝土支撑墙，支撑凹陷上方的岩石
岩石

图 14.5 岩石边坡加固方法(Transportation Research Board,1996)

一旦发生松弛,岩石块之间的咬合互锁就会损失,进而导致剪切强度显著下降。图 5.13 显示了安装岩石锚索、维持高粗糙度角、次级粗糙度咬合的效果。一旦松弛发生,就不可逆转。因此,如果在开挖之前进行加固,则岩石边坡的加固是最有效的。这一过程称为预加固。

14.4.1 剪力键

钢筋混凝土剪力键可以支撑大约 1m 厚的岩块,以及边坡顶部的松散和风化岩石区(图 14.5,第①项)。当块体尺寸小而需要的支撑力有限时可以使用剪力键,防止裂隙密集的岩石发生松动和剥落。如果锚索安装在这种岩石上,那么随着岩石松动,锚头会很快露出,导致支护失效。剪力键由直径为 25～32mm、长约 1000mm 的钢筋组成,钻入稳定岩石中的长度为 500～750mm。这些孔位于待支撑块体的底部附近,根据所需的支撑力设置孔间隔为 500～1000mm。然后将直径为 6～10mm 的钢筋水平放置并固定在垂直钢筋的外露部分。最后,钢筋被完全包裹在喷射混凝土中或与岩石紧密接触的混凝土中。

由剪力键提供的支撑等于竖直钢筋的抗剪强度,并且与岩石—混凝土界面上的内聚力相等。在极限平衡式(7.31)中,剪力键作为抗滑力起作用,式(7.31)计算得到由支撑挡墙提供的抗滑力 R_b ,那么用剪力键支撑重量 W 的块体的安全系数为

$$FS = \frac{W \cdot \cos\psi_p \cdot \tan\varphi}{W\sin\psi_p - R_b} \tag{14.3}$$

式中:ψ_p ——块体底部倾角;

φ ——滑面摩擦角,假设边坡无水。

根据 W 和R_b 的定义,式(14.3)计算的安全系数可以是边坡的单位长度或是指定长度的安全系数。

对于坝基和桥台的加固可以使用更大规模的剪力键(Moore 等,1982)。比如沿着剪切

带开挖一条平硐，平硐两侧开挖至剪切带两侧的坚硬岩石，然后在平硐内充填混凝土，这样就沿滑动面形成了高强度的剪力键。

14.4.2 岩锚

如图 14.5 第 2 项和第 3 项所示，岩锚的典型应用是防止岩石块体或楔形体沿倾向坡外的结构面滑动。特别需要注意，岩锚的主要作用是改变作用在滑动面上的法向力和剪切力，而不是依靠锚固在该平面上的钢绞线抗剪强度。在本章中，"岩锚"是指刚性锚杆和可以成束使用的柔性锚索；锚杆和锚索的设计原理与施工方法相似。

岩锚可以完全灌浆并处于非张拉状态，或锚定在末端并张拉。图 14.6 为无张拉预加固锚杆和预应力锚索的不同应用。开挖前在切坡顶部安装全粘结无张拉锚杆可以进行预加固。注浆的锚杆有足够的刚度，可以防止结构面发生位移(Moore 等，1982；Spang 等，1990)，因此全粘结锚杆能够保持岩体咬合。但是，如果块体出现变形和松弛，就需要安装预应力锚索来防止进一步位移和松动。与预应力锚索相比，无张拉锚杆的优点是成本更低、安装更快捷。

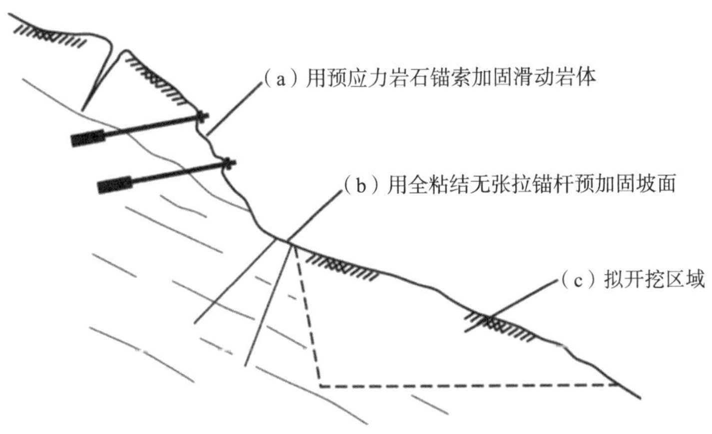

图 14.6 岩石边坡加固

预应力岩石锚索安装在潜在的滑动面上，并锚固在滑面以下的坚硬岩石中。由岩石表面的反力板将锚索中的拉力传递到岩体中，使岩体产生压缩，改变滑动面上的法向和剪切应力。第 7 章、第 8 章和第 10 章分别介绍了计算锚固力和锚固方向的设计资料、步骤，以达到指定的安全系数；如第 7.4.1 节所述，优化锚固方向可以使所需的锚固力最小化。

一旦需要的锚固力和钻孔方向确定后，锚索安装需要分为 9 个步骤(Littlejohn 等，1977；FHWA，1982；BSI，1989；Xanthakos，1991；Wyllie，1999；PTI，2006)：

第 1 步：钻孔，根据现有设备和设备进场条件，确定现场钻孔的直径和长度。

第 2 步：锚固材料和尺寸，选择与钻孔直径匹配的锚固材料和尺寸，以及所需的锚固力。

第 3 步：防腐，评估现场的腐蚀性，并对锚固件施加适当的防腐措施。

第 4 步：黏结类型，选择水泥或树脂灌浆或机械锚，将锚索的末端固定在钻孔中。影响这一步的因素有孔径、张拉荷载、锚固长度、岩石强度和安装速度。

第 5 步:黏结长度,根据黏结类型、钻孔直径、锚固张力和岩石强度计算所需的黏结长度。

第 6 步:总锚固长度,计算总锚固长度,即锚固段和自由段长度之和。自由段长度应从岩石表面延伸到锚固段顶部,锚固段顶部应低于潜在滑动面。

第 7 步:锚固模式,设计锚索布局,使它们大致均匀地分布在坡面上,并产生所需的总锚固力。

第 8 步:钻孔防渗,检查锚固段是否存在结构面导致浆液渗漏,并在必要时封堵张裂缝。

第 9 步:测试,建立一个测试程序,验证锚固长度是否能够承受设计荷载,并且整个自由段是否被拉紧。

以下对锚索安装进行更详细的讨论。

(1)第 1 步,钻孔

1)钻孔直径

钻孔直径,一方面取决于可用的钻孔设备,另一方面也必须满足一定的设计要求。钻孔的直径应足够大,能够将锚索插入孔中而不需要推力或锤击,并且能够完全嵌入连续注浆体中。钻孔直径比锚索直径大很多,实质上并不会提高设计效果,而且会增加不必要的钻孔成本以及可能出现过多的注浆体收缩。作为指导原则,钻孔直径应至少为含防腐和灌浆管的全部锚索组件直径的 2.5 倍。

2)冲击钻进

岩石锚索孔通常由装有冲击装置的钻机钻进,利用碳化硬质合金钻头的冲击和旋转来压碎岩石并推进钻孔。钻屑由压缩空气冲洗,该压缩空气沿着钻杆中心的气孔向下泵送,流入钻杆和孔壁之间的环形空间中。冲击钻是气动或者液压动力的,冲击锤在地表或者在井下(DTH)。冲击钻的优点是具有高穿透率、良好的实用性以及可以产生略为粗糙的井壁。必须采取一些预防措施来减小钻孔偏差,比如控制杆上的下降压力,避免在风化和破碎岩石体中损失钻柱。

如果钻孔在穿过上层土壤或风化岩的过渡区时产生塌孔,那么可以在钻进时安装套管。Tubex① 制造了一个使用扩孔钻头的设备,当施加扭矩时,将钻孔直径扩大至略大于套管直径(图 14.7)。钻孔完成后,钻杆和收缩的钻头可以在套管内抽出。Tubex 钻头钻出的最大孔径为 356mm。另外,由 Klemm 和 Barber 制造的钻机在钻探过程中通过对套管施加推力和扭矩可以推进套管,这与钻杆上的推力和扭矩无关。

---

① 制造商的名称仅作为示例给出,并不作为其产品推荐。

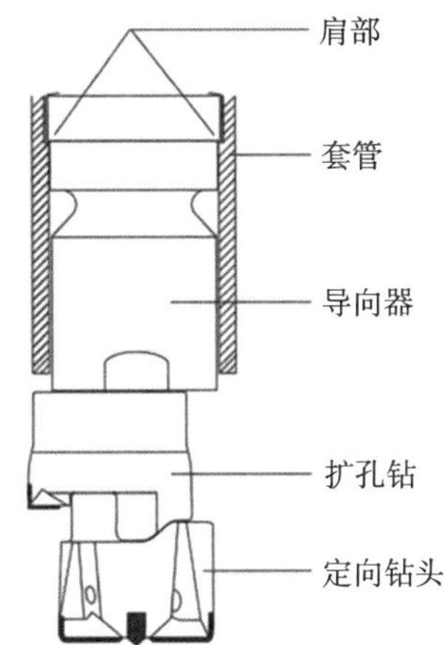

图 14.7 用于在土壤和风化岩体中推进套管的 Tubex 钻头

资料来源:Sandvik 钻井。

对于手持式冲击钻钻孔,有效范围是最大孔直径,约为 60mm,最大长度约为 6m。对于轨道式冲击钻,钻孔直径范围为 75～150mm,顶锤式钻头的最大钻孔长度大约为 60m,主要局限性是钻孔偏差过大。对于潜孔钻机,最大钻孔长度为几百米。对于硬岩中直径大于 150mm 的钻孔,需要大幅增加钻孔设备的尺寸,这种设备通常用于钻垂直孔而不是近水平孔。

3)回转钻进

对于在软岩(如白垩岩和一些页岩)中钻进,可以使用螺旋钻、牵引钻和三牙轮钻头的回转钻进;钻孔直径范围为 150～600mm。这些方法通常要求钻孔能够自稳,尽管使用空心螺旋钻时,膨润土或水泥浆可以在钻孔中循环形成护壁。

金刚石钻进通常不用于锚索安装,因为其成本较高,并且形成的光滑井壁与浆液的黏结强度较低。

(2)第 2 步,锚固材料和尺寸

锚固材料可以是螺纹钢筋或含 7 根钢绞线的锚索。图 14.8 和图 14.9 显示了这两种锚固类型的典型特征,这两种锚都含有一个可选的防腐系统。

钢筋(或钢绞线)的强度由其极限强度 σ_{ult} 和屈服强度 σ_y 定义。在设计锚固时,施加在单个锚索上的常用荷载极限如下:

①设计荷载≤[0.6 σ_{ult}]。

②锁定荷载≤[0.7 σ_{ult}]。

③最大试验荷载≤[0.8 σ_{ult}]。

1)锚杆

大多数锚杆具有连续、粗糙的螺纹,耐磨损,并且可以剪裁成任意长度,以适应场地情况。用于螺纹钢的普通钢号屈服应力/极限应力为 517/690MPa 和 835/1030MPa,弹性模量

为 204.5GPa。钢筋直径范围为 19～57mm，钢筋可以通过螺纹连接器连接。通常情况下，每个孔中只安装一根钢筋，而不是一组钢筋。如果对锚杆施加张力，则锚头用反力板、垫圈和螺母固定。

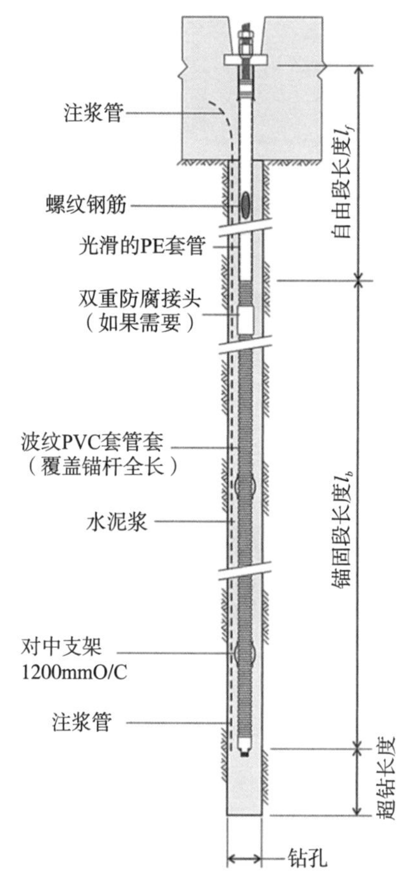

图 14.8　具有双重防腐系统的典型螺纹钢岩石锚杆，锚杆全长注浆的波纹塑料套管和自由段上的光滑护套（I 级防腐蚀保护）

资料来源：DSI 锚定系统

另一种锚杆是自钻锚杆，由带连续螺纹的中空钻杆和一次性钻头组成。当通过破碎岩体和土壤分界面进行钻孔时，一旦锚杆抽出，钻孔就会坍塌，因此最常使用这种锚杆。当使用这种类型的锚杆时，钻孔完成后钻杆被留在孔中，之后将水泥浆注入中心孔以充填环形空间并封装锚头。也可以使用带钻头的适配器，钻孔时水泥浆可以沿着钻孔向下循环；这种方法可用于压缩空气循环无法有效冲洗钻渣的地方。如果锚杆是用于加固裂隙岩体，而不是锚定某一块体，那么适宜安装全粘结无张拉锚杆。另外，可以通过将光滑套管下至锚固段顶部来安装预应力锚杆。随着套管下推，注浆体黏结被破坏，可以形成无黏结的自由段。自钻锚杆的商品名称是 MAI 和 IBO，它们的直径范围为 25～51mm，最终强度为 200～800kN。

2)钢绞线

钢绞线由 7 根直径为 5mm 的钢丝绞合在一起而形成，直径为 12mm。每条钢绞线的极限抗拉强度为 260kN，将单根钢绞线组装成束可以形成具有更高承载能力的锚索；为了提高混凝土坝的抗震稳定性，某工程中使用了 94 根钢绞线。对于边坡加固中的浅倾斜钻孔，最大的钢绞线束可能约 12 股。这些钢绞线是柔性的，有利于在现场处理，但它们不能接长。当对钢绞线施加张力时，露出坡面的一端用一对锥形楔固定，夹紧钢绞线并紧紧固定在反力板的锥形孔中，见图 14.9 细节 1。

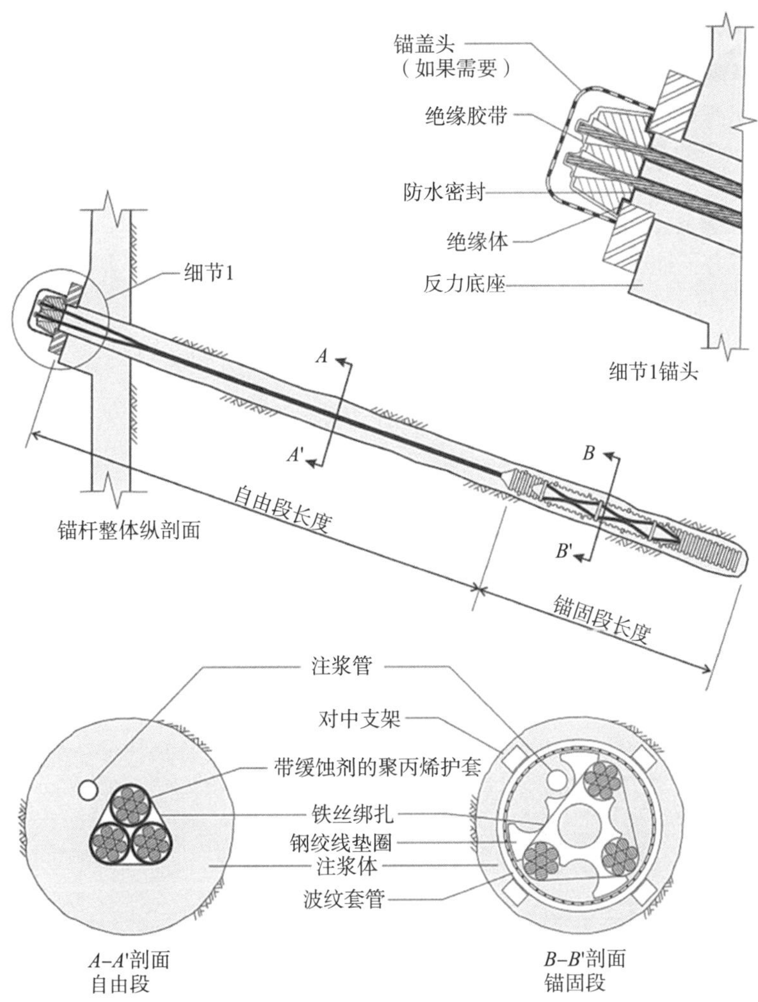

图 14.9 具有防腐系统的典型锚索，包括黏结段的注浆波纹塑料套管和自由段的光滑润滑护套(Lang Tendons Inc)

(3)第 3 步，防腐

所有工程都应考虑钢筋和钢绞线锚固的防腐保护，如果现场具有腐蚀性，则应考虑安装临时防腐保护(King，1977；Baxter，1997)。即使锚索在安装时不会受到腐蚀，但未来条件可能会发生变化，设计时必须考虑在内。

以下描述了通常会对钢筋造成腐蚀的环境条件(Hanna，1982；PTI，2006)：

①含有氯化物的土壤和岩石。

②含有氯化物和硫酸盐海水的海洋环境。

③完全饱和的高硫酸盐黏土。

④锚索穿过的地面类型具有不同的化学特性。

⑤在钢筋和围岩之间产生电流作用的直流杂散电流。

⑥泥炭沼泽。

⑦煤渣、煤灰或矿渣充填；含腐植酸的有机填料；酸矿或工业废物。

腐蚀电位也与土壤电阻率、土壤和钢筋之间的电流大小有关。一般来说，随着土壤电阻率增加，腐蚀电位会降低。边坡材料的腐蚀电位比较如下：

有机土＞黏土＞淤泥＞砂＞碎石

表 14.5 列出了地下水和土壤的现场条件参数，分为对钢筋锚杆非腐蚀性和腐蚀性。

在存在腐蚀性条件的地方，通常使用防腐系统，该系统应满足以下长期可靠性要求：

①在锚杆的使用寿命期间防腐系统不会发生溶解、分解和破裂。

②防腐系统的制造可以在工厂或现场进行，但要求能够检验系统质量。

③锚杆安装和张拉能够在不损坏防腐系统的情况下进行。

④防腐系统所用的材料对于锚杆和周围环境是惰性的。

PTI(2006)将防腐系统划分为Ⅰ类和Ⅱ类，具体如下：

表 14.5　地下水和土壤腐蚀性的参数范围

	非腐蚀性	腐蚀性
地下水参数		
pH 值	6.5～5.5	＜4.5
石灰溶解(CO_2)/(mg/L)	15～30	＞30
铵(NH_4^+)/(mg/L)	15～30	＞30
镁(Mg^{2+})/(mg/L)	100～300	＞300
硫酸盐(SO_4^{2-})/(mg/L)	200～600	＞600
土壤参数		
电阻率/(Ω/cm)	2000～5000	＜2000
pH 值	5～10	＜5

来源：交通研究委员会(TRB)，《岩土应用中金属张拉系统的评估》，2002NCHRP 第 24－13 号项目，华盛顿特区，102 页和附录。

Ⅰ类保护用于侵蚀性环境中的永久锚杆，或在破坏后果严重的非侵蚀性环境中使用。钢筋的锚固段和自由段均采用水泥浆充填或环氧树脂涂层进行保护；锚头也加以保护。

Ⅱ类保护用于非侵蚀性环境中的临时锚杆；保护仅限于锚固段注浆、自由段护套，以及保护坡面暴露的锚头。图 14.8 和图 14.9 分别为用于锚杆和锚索的典型的Ⅰ类防腐系统。

基于这些腐蚀类别，目前已经建立起一个决策树来评估岩石锚索对腐蚀的脆弱性和锚固力损失（图 14.10）（TRB，2002）。高强度钢（极限抗拉强度 σ_{ult} >1000MPa）易受氢脆和腐蚀应力开裂的影响。通常使用高强度钢制造钢绞线元件（σ_{ult} 为 1700～1900MPa），而且钢绞线比钢筋更容易受到腐蚀，因为钢绞线的表面积较大。

根据腐蚀速率计算元件厚度损失随时间的变化可以估算锚索的使用寿命。锚索的使用寿命 t 计算如下

$$\ln t = \frac{\ln X - \ln K}{n} \tag{14.4}$$

式中：X ——厚度或半径的损失（μm）；

K 和 n ——常数（表 14.6）。

对于各种现场条件，常数 n 的值可能在 0.6 ～ 1.0 变化，但通常使用默认 n =1.0。

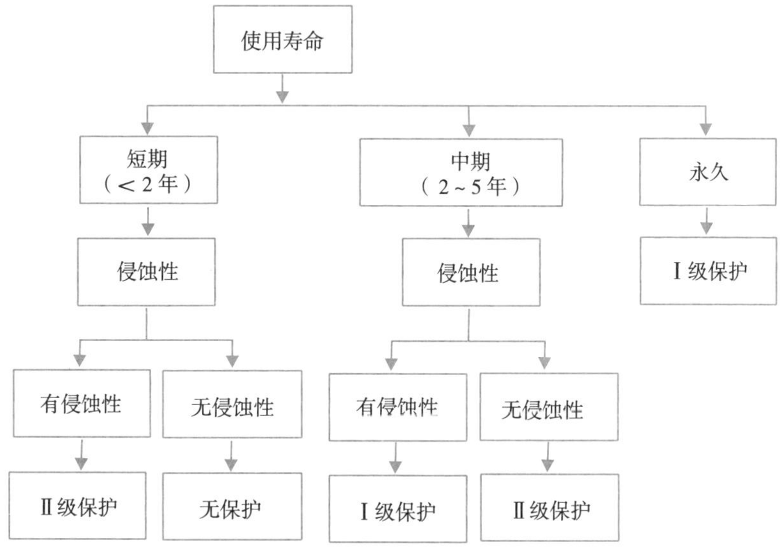

图 14.10 评估锚固元件易腐蚀和锚固力损失的决策树

表 14.6 腐蚀速率计算常数 K 的值

参数	正常 Ω=2000～5000；pH 值=5～10	腐蚀性 Ω=700～2000；pH 值=5～10	高腐蚀性 Ω≤700；pH 值<5
K/μm	35	50	340

注：Ω是土壤电阻率（Ω/cm）。

根据原始半径 r_0 和临界半径 r_{crit} 估算厚度损失 X。所谓临界半径指在恒定荷载下，假定工作应力等于屈服应力的 60% 时，达到屈服应力的半径。如果原始横截面面积为 A_0，则由腐蚀导致横截面损失 r_{crit} 的值为

$$r_{crit} = \sqrt{\frac{0.6A_0}{\pi}} \tag{14.5}$$

$$X = r_0 - r_{crit} \tag{14.6}$$

例如，对于安装在腐蚀性地面（$K = 50\mu m$）中直径为25mm的钢筋，临界半径将为10mm，$X = 2500\mu m$。对于以上条件，使用寿命将近50年。

本节讨论的使用寿命计算当然指的是未受保护的钢构件。保护钢材不受腐蚀的方法包括镀锌、加环氧涂层或将钢材封装在水泥中。水泥通常用于防腐，主要是因为它可以形成一个高pH值的环境，通过形成含水氧化亚铁层来保护钢。另外，水泥灌浆价格低廉，安装简单，大多数情况下有足够的强度，并且使用寿命长。因为水泥浆具高脆性且易开裂，特别是在受拉和受弯时，所以保护系统一般由水泥浆和塑料（高密度聚乙烯HDPE）套管组成。这样，灌浆可以在钢材周围产生高pH值的环境，而塑料套管可以防止开裂。为了尽量减少收缩裂缝的形成，提高水泥浆的抗腐蚀性，通常在设备的所有部件上使用无收缩的水泥浆。图14.8和图14.9是三层防腐体系的例子，其中锚杆被封装在灌浆充填的HDPE护套中，在套管和岩石之间，对中套管形成的外环充填第二层浆。

对于有自由段的锚杆，保护锚头免受腐蚀和损坏尤为重要。这是因为即使锚杆的其余部分全部完整，螺母或楔块的损失、反力板下岩石破碎也会导致锚杆中张力损失。

(4)第4步，黏结类型

预应力锚索由一段锚固段和一段自由段两个部分组成(图14.8和图14.9)。在锚固段，钢筋或钢绞线通过各种方式固定到围岩上。在自由段，钢筋或钢绞线是无黏结的并且随着预应力的施加而自由张紧。图14.5中锚固区位于潜在滑动平面以下的稳定岩石中，因此当锚索张拉时，应力施加于该平面可以提高安全系数(参见第7.5节)。

将锚索的末端固定在钻孔中的方法有树脂、机械和水泥浆等锚固方法。锚固方法的选择取决于所需的锚固力、安装速度、锚固区中岩石的强度、钻进和张拉设备的进场道路以及所需的防腐等级等因素。以下是对各锚固方法的简要讨论：

1)树脂锚固

由直径约25mm、长度200mm的塑料筒组成，其中含有液态树脂和硬化剂，在混合时会固化(图14.11)。根据所用试剂的不同，固化时间从1min到90min不等。固化时间也取决于温度，在−5℃时，快凝树脂约4min内硬化，在35℃下约25s硬化。

安装时将足够数量的树脂筒插入钻孔以充填钢筋外的环形空间。与钢筋尺寸相对应的钻孔直径必须在规定的误差范围内，这样在钢筋旋转时可以让树脂完全混合。这通常无法用于有接头的锚杆，因为容纳接头的钻孔直径较大，无法完全混合树脂。锚杆穿过树脂筒时一边旋转一边混合树脂，形成坚硬的锚固体。锚杆所需的旋转速度约为60r/min，并且在锚杆到达孔底后继续旋转约30s。螺纹钢筋的旋转方向最好是将树脂旋入孔中，尤其是向上的钻孔。

大多数钻机不能以足够的速度旋转太久，为使钢筋完全混合树脂，最大锚杆长度限制在12m左右。可以将快凝(约2min)树脂作为锚固体来安装张拉树脂灌浆锚杆，而对于其他部分则使用硬化较慢(30min)的树脂。锚杆在树脂快速和慢速凝固之间的时间中被张拉。

图 14.11 用于锚固岩石锚杆的树脂筒(美国交通研究委员会,1996)

树脂锚杆的主要优点是安装简单和快速,在旋转钢筋后几分钟内就能提供边坡支护。缺点是锚杆的长度和受拉能力有限(约 400kN),并且只能使用刚性锚杆。此外,该树脂对于钢材防腐不如水泥浆那样有效。与水泥浆不同,树脂不会提供高 pH 值的保护层以防腐蚀,并且不能保证树脂完全包裹钢材。

2)机械锚固

机械锚杆包含一对压在钻孔壁上的钢板,通过在压板之间驱动或扭转钢楔来扩展锚杆底部。

机械锚的优点是安装快速,一旦锚固稳定就可以进行张拉,接着可以用附在锚杆上的注浆管进行灌浆,或者在 Williams Form Hardware 和 Rockbolt Co. 生产的锚杆中,由中心孔注浆。机械锚的缺点是它们只能用于中等—坚硬的岩石中,在这些岩石中锚杆能够被夹紧,其最大工作拉伸荷载约为 200kN。永久机械锚必须始终完全灌浆,因为钢楔会蠕变和腐蚀,导致支护失效。

3)水泥浆锚固

水泥浆是最常用的锚固方法,用于在各种岩土条件下长期服役的岩石锚杆,水泥的优点包括价格低廉,提供防腐保护,安装简单。图 14.8 和图 14.9 是典型的水泥锚固装置,锚固装置上带有对中套管,以确保钢筋被完全包裹。水泥混合物通常包含非收缩、无黏结水泥和水,水灰比为 0.4~0.45。该水灰比生产的水泥浆可泵入直径为 12mm 的注浆管,然后生产高强度的连续灌浆柱,混合物中流出的水分最少。有时会加入添加剂到浆液中以减少泌水,并增加浆液的黏度。注浆时,注浆管应延伸至孔底,以排出孔内的空气和水。

(5)第 5 步,黏结长度

对于水泥和树脂浆锚固的锚杆,沿着锚固段的应力分布非常不均匀;最高应力集中在锚固段的近端,理想情况下锚固段远端不受力(Farmer,1975)。然而,为了简化问题,假定岩石—注浆体分界面的剪切应力沿着锚杆均匀分布，便于计算所需的锚固段长度。基于上述假设，锚固段的平均极限剪应力 τ_{ult} 由式(14.7)计算：

$$\tau_{ult} = \frac{T \cdot FS}{\pi \cdot d_b \cdot l_b} \tag{14.7}$$

或者，设计锚固段长度 l_b 为

$$l_b = \frac{T \cdot FS}{\pi \cdot d_h \cdot \tau_{ult}} \tag{14.8}$$

式中：T ——设计张力；

d_h ——钻孔直径。

τ_{ult} 的值可由锚固区岩石单轴抗压强度 σ_i 估算(Littlejohn 等，1977)：

$$\tau_{ult} = \frac{\sigma_i}{10} \tag{14.9}$$

表 14.7 列出了与岩石类型有关的岩石—注浆体平均极限黏结应力 τ_{ult} 的近似范围。在应用式(14.8)时，永久锚杆的最小安全系数 FS 通常为 2.0。

表 14.7　　水泥注浆锚固中典型的岩石—注浆体的平均极限黏结应力

岩石类型	平均极限黏结应力/MPa
花岗岩，玄武岩	1.70～3.10(250～450)
白云质灰岩	1.40～2.10
软弱灰岩	1.00～1.40
板岩，硬页岩	0.80～1.40
软页岩	0.20～0.80
砂岩	0.80～1.70
风化砂岩	0.70～0.80
白垩岩	0.20～1.10
风化泥灰岩	0.15～0.25
混凝土	1.40～2.80

资料来源：后张力研究所(PTI)。

(6)第 6 步，总锚固长度

预应力锚索总长度是第 4 步和第 5 步中确定的锚固段长度和自由段长度的总和(图 14.5)。自由段长度是从锚固段近端延伸到锚头的长度，并且由 3 个部分组成，如下所述。首先，自由段的远端必须超过潜在滑动面，以便施加到锚索的张力能够传递到滑动面处的岩石上。如果这个滑面的位置是明确的，那么自由段远端可以在滑动面下方1～2m，而如果滑动面是一个区域而不是一个面，则该距离应该相应增加。自由段长度的第二部分从滑动面延伸到岩石表面，这个长度将取决于边坡的几何形状。自由段长度第三部分是从岩石表面到支承板和螺母所在的锚头的距离。对于坚硬岩石，支承板可以直接压在岩石上（图14.5，第2项），而对于支承板下应力可能压碎岩石的情况，需要钢筋混凝土或喷射混凝土支承板（图14.5，第3项）。

（7）第7步，锚杆模式

锚杆在坡面上的布局应该是水平和垂直间距大致相等，以便对滑动面施加相对均匀的应力。此外，锚杆不应太靠近边坡底部，因为该区域滑动面上方的岩石厚度有限，也不应靠近边坡顶部，因为锚索可能穿过张裂缝。对于平面滑动的情况，支护力 T 按照单位长度的边坡计算，安装 n 排水平锚杆时，所需的锚杆竖排间距 S_v 为：

$$S_v = \frac{B \cdot n}{T} \tag{14.10}$$

式中：B——每个锚杆的设计张力。

（8）第8步，钻孔防渗

如果钻孔与锚固段中的张开结构面相交，沿结构面可能发生明显的水泥浆渗漏，那么就需要在安装锚杆之前封堵这些结构面。可以用水充填钻孔并施加35kPa的超压来检查水泥浆是否会渗入岩体。如果在钻孔周围的岩石饱和之后，10min的渗漏量超过9.5L，那么锚固段中的水泥浆有可能在凝固之前深入岩石。在这些条件下，钻孔用黏性流体或磨砂浆密封，然后在凝固15～24h后重新钻孔；如果让砂浆完全凝固，则钻孔可能会偏离原始位置并与未注浆的结构面相交，接着进行第二次注水测试。重复测试、注浆和重新钻孔的程序，直到孔被密封。

（9）第9步，测试

预应力岩石锚索安装后，需要检查锚索是否能够维持所需深度处的全部设计荷载，并且荷载不会随时间降低。测试前水泥浆的充分凝结时间至少为3d。

PTI(2006)制定了一个测试程序，包括性能测试、拉拔测试、蠕变测试、拉伸测试4种类型的测试。

性能和拉拔测试由一个循环测试序列组成，在锚杆张拉时测量锚头伸长率（图14.12）。设计荷载不应超过钢筋极限强度的60%，最大试验荷载通常为设计荷载的133%，不应超过钢筋极限强度的80%。作为指导方针，性能测试通常在前2～3个锚杆和其余2%数量的锚杆中进行，而对剩余锚索进行拉拔测试。测试顺序如下，其中AL是锚索刚好拉直即从松弛到张紧时的荷载，P 是设计荷载，见图14.13(a)。

性能测试：

AL,0.25 P

AL,0.25 P,0.5 P

AL,0.25 P,0.5 P,0.75 P

AL,0.25 P,0.5 P,0.75 P,1.0 P

AL,0.25 P,0.5 P,0.75 P,1.0 P,1.2 P

AL,0.25 P,0.5 P,0.75 P,1.0 P,1.2 P,1.33 P——保持荷载进行蠕变测试①

AL,P——锁住锚杆,进行拉伸试验

图 14.12　多股钢绞线的锚索拉拔试验,含液压千斤顶和独立安装的千分表,用来测量锚索伸长率(由 W. Capaul 拍摄)

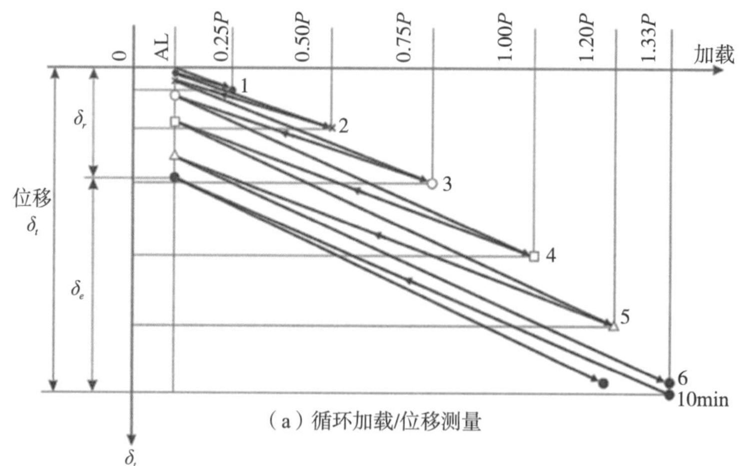

(a)循环加载/位移测量

① 蠕变试验——伸长率测量在 1～6min 和 10min 进行。如果在 1～10min 总蠕变超过 1mm,则将负载维持另外 50min,在 20～50min 和 60min 时进行延伸测量。

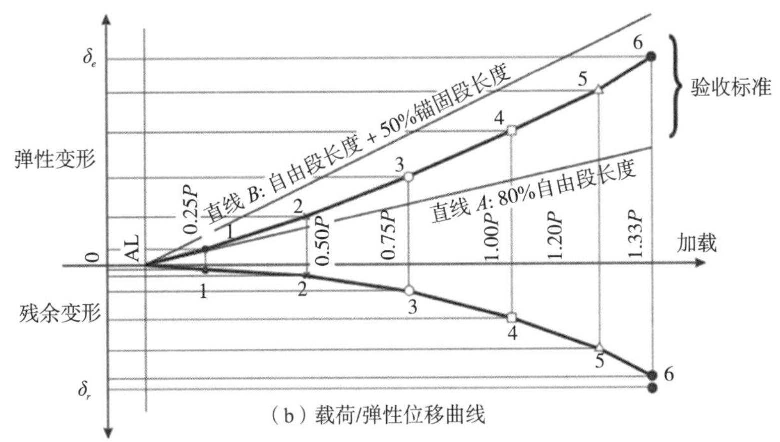

图 14.13 预应力锚索的性能测试结果(后张力研究所,2006)

拉拔测试:

AL,0.25 *P* ,0.5 *P* ,0.75 *P* ,1.0 *P* ,1.2 *P* ,1.33 *P* ——保持荷载进行蠕变测试

常用的岩石锚杆张拉方法是使用一个空心液压千斤顶,这种千斤顶可以在不弯曲锚杆的情况下施加荷载并精确测量荷载,可以进行循环加载,也可以保持荷载不变以进行蠕变试验。在每次工作之前对液压千斤顶进行校准非常重要,可以确保其显示准确的荷载值。一般使用千分表测量锚头位移,精度约为 0.05mm,千分表安装在与锚索变形无关的稳定参照点上。图 14.12是一个典型的锚索拉拔测试装置,包括液压千斤顶和千分表,千分表安装在三脚架上。

性能和蠕变试验的目的是确保锚索能够承受大于设计荷载的恒定荷载,并且确保锚索中的荷载传递到潜在滑动面处的岩石中。蠕变试验时将最大试验荷载保持恒定达 10min,并检查随着时间的推移是否有明显的荷载损失。蠕变试验还可以消除锚索中的一些初始蠕变。拉伸测试检查在测试中施加的张力是否已永久转移到锚索中。PTI(2006)为 4 项测试提供验收标准,每个锚索都必须符合所有验收标准。

图 14.13(a)所示的性能测试结果用于计算锚头的弹性伸长率 δ 。在每个加载循环期间,锚索总伸长率包括钢绞线的弹性伸长率、由黏结区中注浆体轻微开裂和黏结区滑移导致的残余 δ_{γ} (或永久)伸长率。图 14.13(a)说明了如何计算每个荷载循环的弹性变形和残余变形。然后,将每个试验荷载下的 δ_e 和 δ_r 值以及 PTI 荷载—伸长率验收标准分别绘制在单独的图表上,见图 14.13(b)。对于性能和拉拔测试,预应力锚索的 4 个验收标准如下:

①总弹性伸长量大于张拉段理论伸长量的 80%,这确保了施加在锚头的荷载传递到锚固段。

②总弹性伸长量小于张拉段的理论伸长量加上锚固段长度的 50%——这确保了锚固段中荷载集中在上部,并且末端没有明显的脱落。

③对于蠕变试验,锚头在 1~10min 内的总伸长量不大于 1mm(图 14.14),或者在 6~60min 小于 2mm。如果有必要,可以延长蠕变试验的持续时间,直到一个对数周期时间内变形小于 2mm。

④拉伸荷载在设计锁定荷载的5%以内——检查安装螺母或楔块、释放张拉千斤顶压力的操作期间没有发生荷载损失。

注浆的受拉钢筋，其中钢筋—注浆体界面的剪切强度通常大于岩石—注浆体界面处的强度。因此，所需的锚固长度通常由岩石—注浆体界面处的应力水平确定。

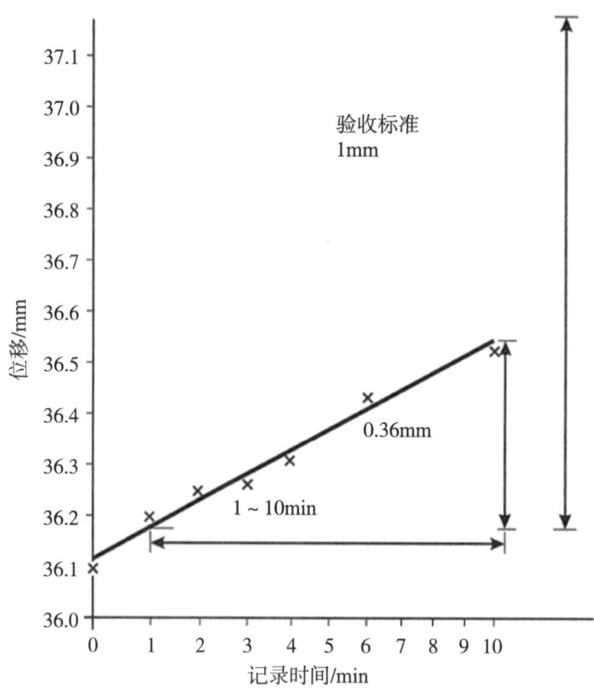

图 14.14 蠕变试验结果，1mm 伸长量的验收标准与 10min 试验期间的实测伸长量对比

14.4.3 锚杆挡墙

图 14.5 第 3 项给出了一个例子，说明在裂隙发育的岩体中可能出现滑移破坏。如果使用预应力岩石锚索来支护该部分边坡，裂隙岩体可能会从锚索的反力板下破碎剥落，最终锚索中的张力会消失。在这种情况下，可以建造一个钢筋混凝土墙来覆盖裂隙岩体，然后通过墙上的套管钻出岩石锚索孔。最后，将锚索安装并拉紧在墙面上(图 1.1)。锚杆挡墙既可以防止岩石松散，也可以作为岩石锚索的大型反力板。必要时，可以用混凝土代替钢筋混凝土。

由于墙体的目的是将锚固荷载分散到岩石中，墙的加筋设计应确保在锚头的集中荷载下不会出现混凝土开裂。在混凝土墙中设置排水孔以防止墙后积聚水压也很重要。

14.4.4 喷射混凝土

喷射混凝土是一种气压传动的细集料砂浆，通常层厚 50～100mm，经常用于加固和提高抗拉和抗剪强度(ACI，1995)。通过在岩石表面涂一层喷射混凝土可以保护裂隙发育或易受风化影响的岩体和岩层(图 14.5，第 4 项)。喷射混凝土可以控制小块落石，以及控制可能形成悬崖的渐进剥落。然而，喷射混凝土不能对整体边坡滑移提供支护，其主要功能是表面防护。在喷射混凝土时还应该设置穿过喷射混凝土的排水孔，以防止喷护层后积聚水压。

(1)加固

需要永久性使用时，应强化喷浆以减少开裂和剥落的风险。两种常用的强化方法分别是使用电焊网和增加钢纤维或聚丙烯纤维。电焊网由直径为3.5mm的轻型钢丝制成，中心距为100mm，并用钢筋固定在岩石表面，钢筋间距为1～2m，钢筋用垫圈和螺母固定，最后喷浆使网格贴紧岩石表面。网格必须靠近岩石表面，并完全包裹在喷射混凝土中，并且网格后面没有空隙。在不规则表面上，可能很难将网格紧贴在岩石上。在这些情况下，网格可以安装在两层喷射混凝土之间，第一层混凝土形成更光滑的表面，网格可以更容易地附着在该表面上。

除了使用钢筋网之外，还可以使用钢纤维或聚丙烯纤维，它们是喷射混凝土混合物的一个组成部分，并在整个喷射混凝土层形成一个加固垫(Morgan等，1989；Morgan等，1999)。钢纤维由高强度碳钢制造，长度为30～38mm，直径为0.5mm。为了防止被拉出，纤维末端是变形或卷曲的。喷射混凝土混合物中钢纤维的比例约为60kg/m^3，而喷射混凝土含6kg/m^{3}聚丙烯纤维混合物也可以达到同样的强度。纤维的主要功能是显著提高喷射混凝土的抗剪强度、抗拉强度和开裂后的强度(图14.16)。当坡面后的裂隙岩石块体松动时，喷射混凝土将受剪切和张拉荷载。

钢纤维的缺点是它们容易在喷射混凝土裂缝生锈，并且人们靠近坡面时会有“针垫”效应的危险；聚丙烯纤维克服了这两个缺点。

(2)混合料设计

喷射混凝土混合物包含水泥和骨料(10～2.5mm砾石和砂)以及添加剂(高效减水剂)以提供较高的早期强度。用微硅粉(“硅灰”)代替部分水泥添加到混合物中，可以提高喷射混凝土的特性。硅灰是颗粒粒径约等于烟雾的超细粉末。当添加到喷射混凝土中时，硅灰减少回弹，一次可以喷射达500mm的厚度，并用流水覆盖表面。在大多数情况下，长期强度会增加。

喷射混凝土可以用湿混合物或干混合物。对于湿式喷射混凝土，包括水在内的组分在预拌混凝土工厂中混合，由预拌车运送到现场。这种方法适用于道路通行良好和需求量大的场地。对于干式喷射混凝土，将干组分在工厂混合，然后放入1m^{3}袋中，底部有阀门(图14.15)。在现场，袋子被排放到泵上的料斗中，并且预湿机向混合物中添加4%的水。然后将混合物泵送至坡面，通过喷嘴处的环形阀添加剩余水分。

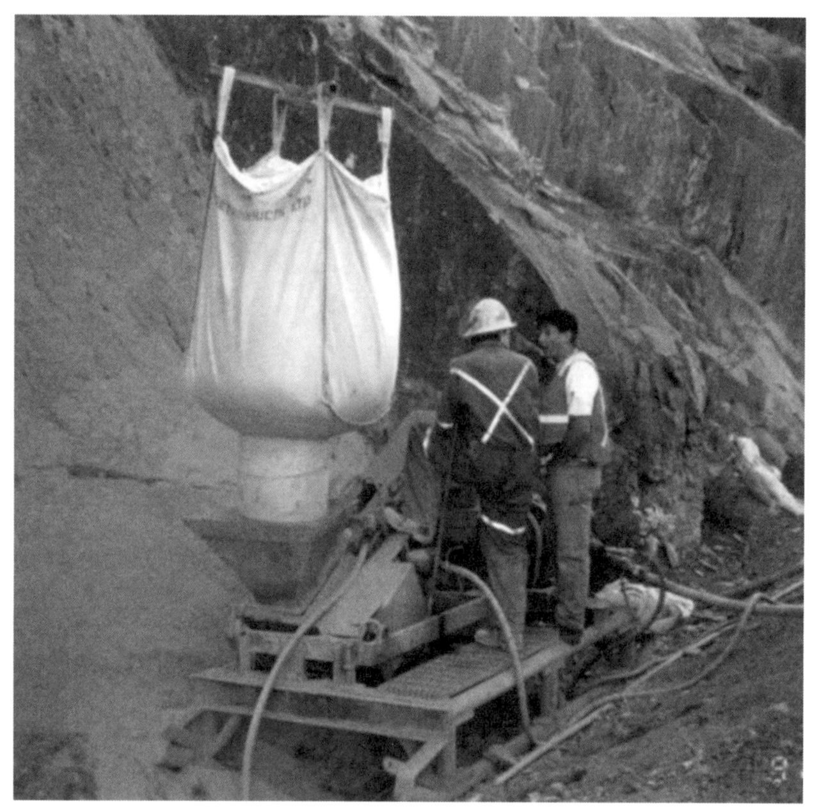

图 14.15 干式喷射混凝土工艺，将袋装混合物送入泵和预湿机

干式喷射混凝土过程的优点是它可以在难以进入的地方使用，并且一次少量使用。在坡面渗水情况变化的地方，能够调整混合物中的水量。

表 14.8(Morgan 等，1989)列出了干式和湿式硅粉、钢纤维增强喷射混凝土的典型混合物。

(3)喷射混凝土强度

喷射混凝土强度由 3 个参数定义，这 3 个参数对应于喷射混凝土在边坡上可能承受的荷载类型。这些参数的典型值如下所示：

①抗压强度，3d 20MPa，7d 30MPa。

②首次开裂的抗弯强度，7d 4.5MPa。

③韧性指数，$I_5 = 4$ 和 $I_{10} = 6$。

在现场切割一个截面边长为 100mm 的正方形、长度为 350mm 的梁，并进行梁弯曲测试得到抗弯强度和韧性指数。该测试测量超过峰值强度的变形，从这些测量值计算 I_5 和 I_{10} 韧度指数，见图 14.16。

表 14.8　　典型的喷射混凝土混合物——湿混合和干混合

材料	干式喷射混凝土		湿式喷射混凝土	
	密度/(kg/m^3)	干材料/%	密度/(kg/m^3)	干材料/%
I 型水泥	400	18.3	420	19.7
硅粉	50	2.3	40	1.9
10mm	500	22.9	480	22.6
砂	1170	53.7	1120	52.7
钢纤维	60	2.8	60	2.7
减水剂	—	—	2L	0.1L
超级塑化剂	—	—	6L	0.3L
加气掺和剂	—	—	如果需要	如果需要
水	170a	—	180	—
总湿质量	2350	100	2300	100

注：换算系数：$1kg/m^3 = 1.68lb/yd^3$。

a：由预湿机和喷嘴处添加的总水量(基于饱和表面干燥集料概念)。

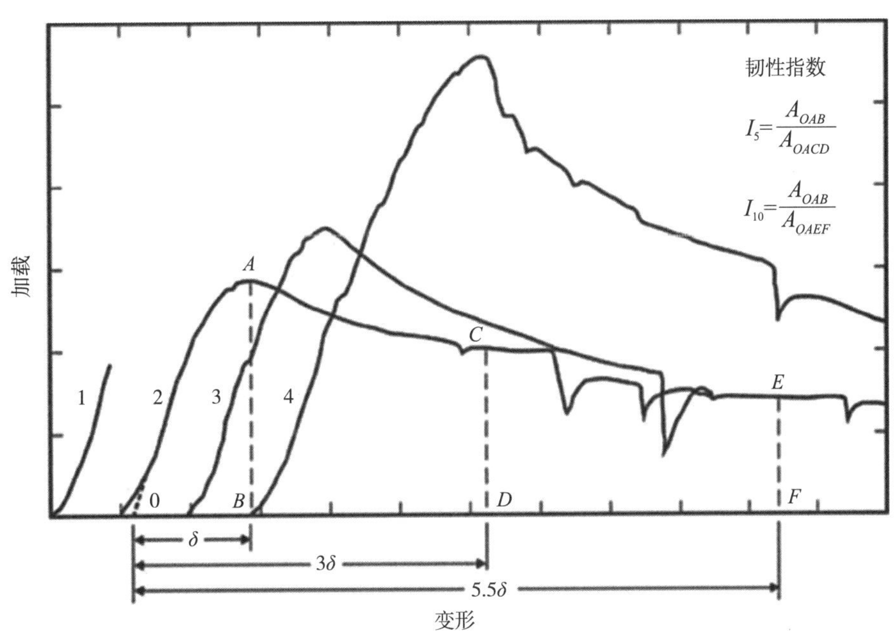

图 14.16　钢纤维混凝土的荷载—变形特性

注：曲线 1：无纤维；曲线 2：1%vol. 纤维；曲线 3：2%vol. 纤维；曲线 4：3%vol. 纤维(ACI，1995)。

(4)表面处理

喷射混凝土的有效性受岩石表面状况的影响，表面不应该有松散破碎的岩石、土壤、植被和冰。应该使表面潮湿以提高岩石和喷射混凝土的黏结力。

喷射混凝土凝固的前7d内的空气温度应高于5℃,否则在固化过程中应该加热。需要穿过喷射混凝土钻出排水孔,以防止坡面后方积聚水压;排水孔通常深约0.5m,中心距1～2m。在块状岩石中,应该在喷射混凝土施工之前钻出排水孔,并且与导水结构面相交。喷射混凝土施工时,这些孔暂时用木钉或抹布塞住。

(5)景观

对于一些民用项目,要求喷浆坡面应该具有自然外观。也就是说,喷射混凝土应该被着色,使之符合天然岩石颜色,并且雕刻坡面以呈现"不连续性"的形式。这项工作显然是昂贵的,但最终的外观可以是一个非常真实的岩壁复制品。

14.4.5 支撑墙

如果落石或风化在坡面上形成凹陷,则可能需要在凹陷处建造混凝土支撑墙以防止边坡岩石进一步崩塌(图14.5,第6项)。支撑墙具有两个功能:首先,防护软弱岩石;其次,支护悬臂。支撑墙的设计应使岩石的推力对支撑墙施加压力。通过这种方式,弯矩和倾覆力被最小化,并且支撑墙混凝土不需要大量加筋或锚固。

如果支撑墙是为了防止岩石松弛,它应该建立在干净、坚固的岩石表面上。如果该表面与推力方向不成直角,则应用钢筋将支撑墙锚固在基座上以防止其滑动。此外,支撑墙的顶部应该注浆,以便它与悬空的岩石下侧紧密接触。为了满足第二个要求,可能需要从岩石表面向下钻孔至凹陷处,进行最后一次注浆,并在浆液中添加抗收缩剂。

14.4.6 混凝土格构

在亚洲广泛使用的风化岩石切坡的加固方法是钢筋混凝土格构(图14.17)。格构是混凝土梁网格,沿水平和垂直方向,间隔约3m,格构的每个交点安装岩锚。

岩锚可以是钢筋或钢绞线,主要有两个功能:加固岩石边坡以及将格构固定到岩石边坡上。岩石锚索的长度和承载能力取决于边坡支护的要求。格构梁之间的坡面上覆盖铁丝网,用来防护松散的破碎岩石,并且不应喷射混凝土,以便于排水,如果有必要的话,还可以补充排水孔。

格构通常采用钢筋笼混凝土建造,工人使用泥刀对格构梁进行修整。

图 14.17　施工钢筋混凝土格构以支撑风化岩石切坡(日本新潟附近)

14.4.7　排水

如表 14.1 所示，岩石边坡的地下水往往是失稳的主要原因或诱发因素，水压的降低通常会提高边坡的稳定性。这种提高可以用第 7 章至第 10 章讨论的设计方法来量化。控制水压的方法包括限制地表渗透、钻水平排水孔或布置平硐以形成出水口(图 14.18)。为场地选择最合适的方法，这取决于诸如降水或融雪强度、岩石渗透率以及边坡尺寸等因素。

(1)地表渗流

在强降水气候条件中，边坡会迅速饱和并导致地表侵蚀，在坡顶后方和坡面的马道上建造排水沟拦截雨水有利于边坡稳定。这些砖石或混凝土衬砌的排水沟尺寸需满足预期峰值设计流量，可以防止汇集的地表水渗入坡体。排水沟相互连接，以便将水排入雨水排放系统或附近的下水道。如果排水沟的坡度很陡，有时需要在排水沟底部安装消能坎以限制流速。在强降水和植被快速生长的气候条件下，需要定期维护以保持排水沟清洁。

(2)水平排水孔

许多岩石边坡减小水压的有效方法是向坡面内钻一系列排水孔(向上倾斜约 5°)(图 6.1)。由于大部分地下水都储存在结构面中，这些孔应该排成一行，以便它们与导水结构面相交。对于图 14.5 所示的条件，排水孔以较平缓的角度钻入，以与倾向坡外、延伸较长的结构面相交。如果钻孔角度较陡，与这些结构面平行的话，那么排水效果就比较差。

排水孔可以钻到几百米的深度，有时在钻进中使用钻孔设备安装多孔套管以防止塌孔；套管孔的尺寸应尽可能优化从而减少从裂隙填充物中冲出的细颗粒数量。此外，通常钻一系列扇形排列的钻孔，这样可以减少钻机移动(Cedergren，1989)。

没有用于计算钻孔所需间距的常用公式，但作为指导，通常按照 3～10m 的间距钻孔，深度为 1/2～1/3 坡高。排水孔设计还需要考虑处理渗流水。如果允许这种水渗流到坡脚，可能会导致低强度材料的弱化，或在排水的下游产生其他稳定性问题。根据现场条件，可能需要从集水管中收集渗水，并在边坡一定距离外进行处理。

(3)抽水井

如图 14.18 所示，某些地质条件可以通过垂直井排水，井中安装带有液位开关的潜水电泵。抽水井的优点是它们可以设计地下水位下降所需的抽水量，并且可以用附近的压力计和水泵抽水量来监测性能。抽水井的缺点是需要一个直径足够大、能容纳水泵的钻孔，通常需要用套管护壁。此外，必须向现场供电，并且如果边坡发生位移，可能会损失整个设备。

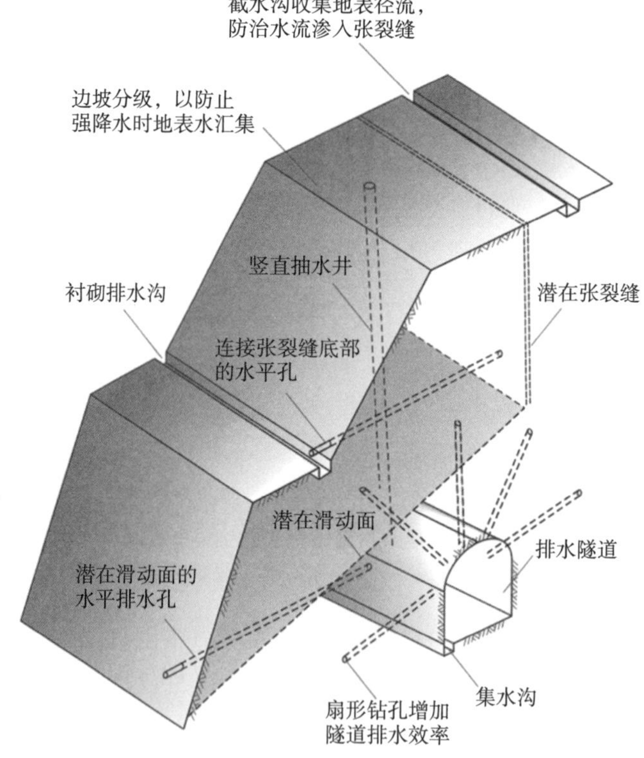

图 14.18 边坡排水方法

(4)排水隧道

对于大型滑坡，可能无法通过较短的排水孔来显著降低边坡水压力。在这些情况下，可以修建排水隧道，最好在滑动面以下的稳定岩石中开挖隧道，并从隧道中向上钻出一系列排水孔至饱和岩石。例如，加拿大不列颠哥伦比亚省的 Downie 滑坡面积约为 7km^2，厚度约为

250m。当坡脚被滑坡下游的大坝蓄水淹没时，边坡的稳定性值得注意。在水库高水位以上开挖一系列总长度为 2.5km 的排水隧道。从这些隧道中总共钻出 13500m 长的排水孔以减小边坡内的地下水压力。这些排水措施有效地将滑坡内的水位降低了 120m，并且将位移速度从 10mm/a 降低至约 2mm/a(Forster，1986)。在采矿工程中，智利丘基卡马塔矿井的地下水控制措施为在南墙修建 1200m 长的排水隧道和一些抽水井(弗洛雷斯等，2000 年)。

修建排水隧道是为了降低上覆水位和坡体内的水压，因此排水系统的排水量必须大于地表渗透量加上从岩体内排出的水量。也就是说，对于低孔隙度和低储水率的岩层，当边坡排水时，随着时间的推移，水头会逐渐降低。可以使用地下水流的三维数值模拟来优化隧道以及隧道内排水孔的布局。由于岩体内的水流通常会受到地质构造的强烈影响，隧道和排水孔的方向应与大型导水结构面相交，如延伸较长的层理面而不是断续节理。在实践中，经常发现大多数水流产生在少数结构面，一些区域有水流，而其他区域可能完全干燥。由于地下水流量和地质构造之间存在复杂和不确定的关系，并且难以获得有代表性的渗透率值，所以计算出的流量和水位下降值都是估算值。

由于地质条件对地下水流影响的不确定性，边坡排水还需要安装压力计来监测排水措施对边坡水压的影响。例如，一个高流量的排水孔可能只会排出边坡上一小块透水区域的水，监测结果会显示需要更多的排水孔来降低整个边坡的地下水位。相反，在低渗透率岩石中，监测结果可能表明，地表渗流时的少量蒸发就足以降低水压并改善稳定条件。

排水系统的理论模型也将提供排水量的估算，这将有助于规划抽水和对水的处理。然而，规划应考虑到模型的不确定性，因为实际流量可能与计算值不同(Heuer，1995)。

14.4.8 “原位钻爆”支墩

滑坡中的滑动面是一个明确的地质特征，比如连续的层面。可以通过对这个滑面进行爆破以产生一个“原位钻爆”支墩(Aycock，1981；Moore，1986)来实现加固。爆破可以扰动滑面，有效增加其粗糙度，这样可以增加总摩擦角。如果滑动面总摩擦角大于滑动面倾角，则滑坡可能会被抑制。岩石的破碎和膨胀也可能有助于减少滑动面上的水压。

爆破的方法是向滑动面钻孔，并放置炸药，药量刚好足以使岩石破碎，且不会造成更大范围的破坏。这项技术要求在钻机进入边坡时边坡仍然安全，并且在岩石太过破碎甚至无法钻进之前开始钻孔。显然，如果稳定性日益恶化，这种加固技术应该谨慎使用，如果没有合适的替代方案，这种加固技术只能在紧急情况下使用。

14.5 清除危岩

清除潜在不稳定的岩石可以使岩石边坡稳定。图 14.19 展示了典型的清除方法，包括：①清除欠稳定岩石区域。

②对悬空部分光面爆破。

③剥除单个岩块。

本节介绍这些方法以及决定是否使用这些方法的条件。一般来说,清除危岩是加固边坡的首选方法,因为这项工作可以消除危险,并且不需要在将来进行维护。但是,只有在确定新坡面稳定的情况下才能使用该方法,并且要求不能破坏边坡的上部。清理岩石应谨慎进行(图 14.19)。如果破碎由爆破引起,并且深度延伸较浅,那么去除最外面的松散岩石是安全的。但是,如果岩体破碎范围较深,持续削坡将很快形成一个凹陷,进而破坏边坡上部。

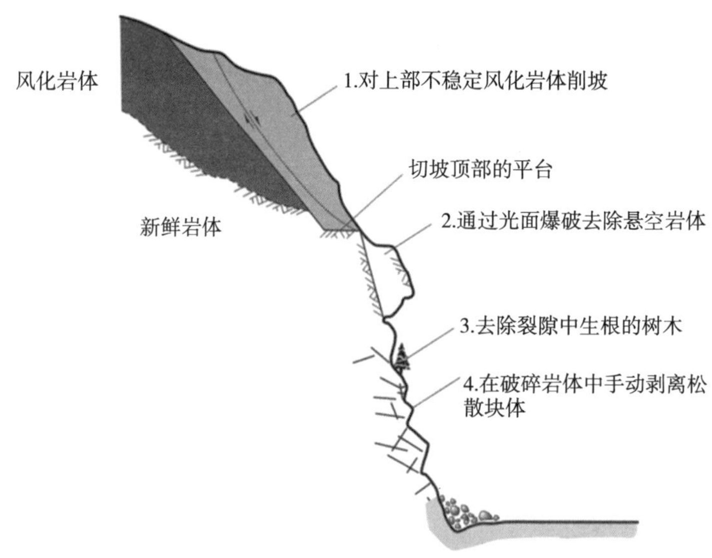

图 14.19 边坡加固中的危岩清理(运输研究委员会,1996)

在软弱岩石(如页岩)中,去除边坡上的松散岩体效果并不理想。在这种情况下,新坡面出露只会产生新的风化和失稳周期。对于这种情况,适宜的边坡加固方法是用喷射混凝土保护坡面。

14.5.1 削坡减载

当切坡上部存在覆盖层或风化岩体时,通常上部坡度较缓,而坚硬的下伏岩石坡度较陡(图 14.19,第 1 项)。削坡和卸载设计时首先进行不稳定岩体的反分析。

通过将不稳定边坡的安全系数设为 1.0,可以计算岩体强度参数(参见第 5.4 节)。然后计算达到必要的安全系数所需降低的边坡角度和/或高度。

设计中应考虑的另一个因素是施工后数年中岩石的风化,到那时可能难以重新削坡。可以在土壤或风化岩的坡脚处留下一条马道,为小型边坡失稳提供堆积区,并提供设备通道。

通常通过挖掘机和推土机等挖掘设备进行开挖和卸载。因此设计切坡平台宽度时,必须使边坡能够容纳合适的施工设备,而设备在工作时,边坡上的软弱岩体不会有崩塌的危险;这个宽度通常至少为 5m。设备通道的安全性排除了“碎片”切坡挖掘中新切坡与旧切坡坡脚吻合的情况。

14.5.2 边坡修整

岩石边坡的失稳或风化可能会在坡面上形成悬空岩体(图 14.19,第 2 项),如果该岩体失稳将会造成灾害。在这些情况下,通过修整爆破去除突出岩体可能是最合适的加固措施。第 13.4 节讨论了控制爆破的方法,这些方法适用于需要修整小体积岩石的情况,同时对修整线后面的岩石损伤最小。

如果修整爆破的排距有限,由于岩石厚度较小,吸收爆破能量有限,飞石可能被抛出相当远。在这些情况下,需要采取适当的预防措施。例如,使用爆破垫来保护附近的建筑物和电缆,爆破垫由锁或绑在一起的橡胶轮胎、传送带制成。

14.5.3 剥除

剥除指使用诸如撬棍、铲子和链锯等徒手工具去除边坡上松散的岩石、土壤和植被。在陡峭的边坡上,工人通常由安全绳悬吊,安全绳锚固在边坡顶部(图 14.20)。安全绳是耐切耐磨的钢芯麻绳。进行剥除的施工人员沿着坡面向下走,应确保他们上面没有松动的岩石。

图 14.20 在陡峭的岩石边坡上清除松散岩石时,悬挂在绳索和皮带上的高空作业人员(加拿大不列颠哥伦比亚汤普森河峡谷)(美国交通研究委员会,1996)

使用起重机悬吊的平台是施工人员进入边坡的另一种方案。如果无法进入坡顶,那么起重机就位于边坡底部。使用起重机的缺点是需要支付起重机费用,并且在高速公路项目中,伸长的支撑脚可能占据高速公路的几条车道,从而导致交通中断。此外,在起重机悬吊的平台上进行剥除可能不如使用绳索安全,因为如果岩石从施工人员上方坡面坠落,施工人员无法指挥起重机快速移动避开。

在潮湿气候下，进行剥除施工还需要去除坡面到坡顶后几米范围内生长的树木和植被。在岩石表面的裂缝中生长的树根能撑开裂缝并最终导致落石。此外，在风力作用下，树干与树根对松散岩体形成杠杆作用。树根造成坡面岩石普遍松动的同时也增加了水的渗透，在温带气候下，水会结冰并膨胀，导致裂隙进一步扩张。如表 14.1 所示，加利福尼亚高速公路系统中大约 0.6%的落石可归因于树木根系生长。

14.5.4 清除危岩

在繁忙的高速公路、铁路上方或城市地区进行岩石边坡危岩清除作业时，必须特别小心，以防止由落石而造成伤害或损坏。一般要求在施工期间停止所有交通，直到边坡安全并且清除了道路堆积物。当管道或电缆埋在边坡坡脚时，可能需要保护措施，同样要保护路面或铁轨免受落石冲击的影响。通常可以堆放 1.5～2m 厚的砂土和砾石层，或者放置橡胶垫来实施保护。假如在繁忙的运输路线上，交通暂停的情况下在短时间内进行工作，那么安排工作时间表时应考虑放置和移除防护材料所需的时间。

14.6 落石防护措施

降低落石灾害的有效方法是控制落石的行进距离和方向。落石控制和坡脚设施保护的方法有落石槽、拦石墙、铁网栅栏、坡面挂网和混凝土岩石顶棚。这些保护结构的一个共同特征是它们能够吸收能量，即坠落的石块会在某个距离内停止，或偏离被保护设施。如本节所述，可以通过使用适当的技术来控制直径为 2～3m、从几百米高空坠落、冲击能力高达 1MJ 的落石。刚性结构(如钢筋混凝土墙或钢支撑的围栏)不适合阻止落石。

14.6.1 落石模拟

选择和设计有效的落石保护措施需要预测落石的行为。里奇(1963)对落石进行了早期研究，他制定了与边坡尺寸有关的沟渠设计经验图表(见第 14.6.2 节)。20 世纪 80 年代以来研发出的一些计算机程序可以模拟岩石在坡面上滚动及反弹跌落的行为，从而提高了对落石行为的预测能力(Wu，1984；Descoeudres 等，1987；Spang，1987；Hungr 等，1988；Pfeiffer 等，1989，1990；Azzoni 等，1995)。

图 14.21 是落石模拟程序 RocFall(Rocscience)的输出示例。横截面图显示了 20 个落石的轨迹，其中一个从沟槽中滚出。图 14.21(b)和图 14.21(c)分别为下坡时的最大反弹高度和总动能。程序需要输入坡度和沟渠几何形状、坡面的不规则性(粗糙度)、坡面材料的恢复系数、块体的质量和形状以及坠落起始位置和速度。地面形状的变化程度通过随机改变多次落石中的每一次表面粗糙度来模拟，这反过来会产生一系列的轨迹。

图 14.21 所示的分析结果以及岩块尺寸和形状的地质数据可用于估计沟渠的尺寸或最佳位置、围栏或围墙的所需高度和能量容量。在某些情况下，可能还需要通过建造测试结构体来验证设计。第 14.6.2 至第 14.6.5 节描述了沟渠、围栏和围墙的类型以及它们可以使用的条件。

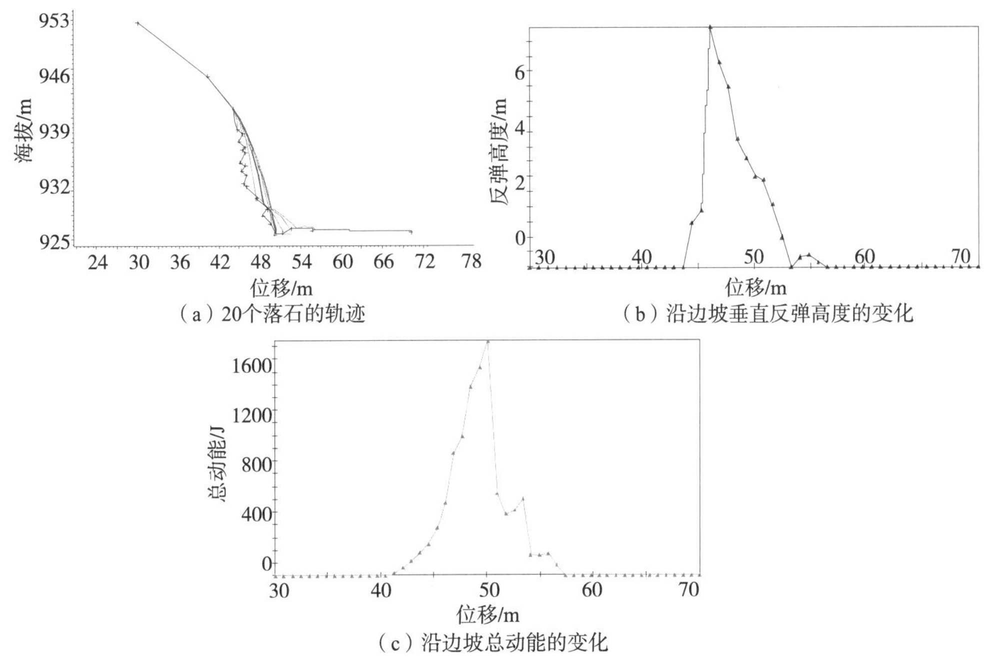

（a）20个落石的轨迹

（b）沿边坡垂直反弹高度的变化

（c）沿边坡总动能的变化

图 14.21 落石行为分析示例

可靠的落石模拟需要边坡的 3D 模型，因为与水流类似，岩石下落一般沿着边坡中的冲沟落下，而不是沿着 2D 剖面上定义的直线。此外，实际落石的记录显示，法向恢复系数 e_N 与碰撞角度有关，而不是边坡材料。也就是说，陡冲击（近垂直冲击）时 e_N 约为 0.1，浅冲击（冲击角＜20°）时 e_N ＞1（高达 3）。

在边坡上开挖中间台阶（台阶式边坡）通常会增加边坡落石危险，因此大多数情况下不建议使用。由于爆炸损伤，台阶顶部可能发生失稳，失稳后会形成不规则的突起。撞到这些突起的落石会从坡面弹出并飞出相当远的距离。堆满碎石的狭窄台阶不能有效捕捉落石。由于设备在狭窄、间断的台阶上工作有一定危险，这些碎石很难去除。

但是，有两种情况台阶对边坡稳定有利。

第一种情况：在水平层状砂岩/页岩/煤层层序中，台阶的位置和垂直间距通常由岩性决定。台阶设置在软弱岩层（如易风化的煤或黏土页岩）的顶部（Wright，1997）。这种情况下，耐风化的岩石不会因页岩风化而悬空（图 14.22）。中等台阶的宽度一般为 6～8m，台阶角度取决于岩石的耐风化程度。例如，页岩耐崩解性指数为 50～79，以 43°坡度（1.33 H∶1V）开挖，高度可达 9m，块状砂岩和灰岩的切坡角度可以高达 87°（1/20 H∶1V），高度达 15m。

图 14.22 还展示了一个 4.5m 宽的平台，位于覆盖层边坡的底部，目的是容纳小型滑坡

并提供清理通道。

第二种情况：在岩体深度风化和强降雨季节的热带地区。在这些条件下，在各级平台和坡面上修建混凝土衬砌排水沟，对收集径流和防止土壤、软岩的冲刷和侵蚀非常重要。图 9.22和图 9.23 为风化岩体中台阶边坡的例子。

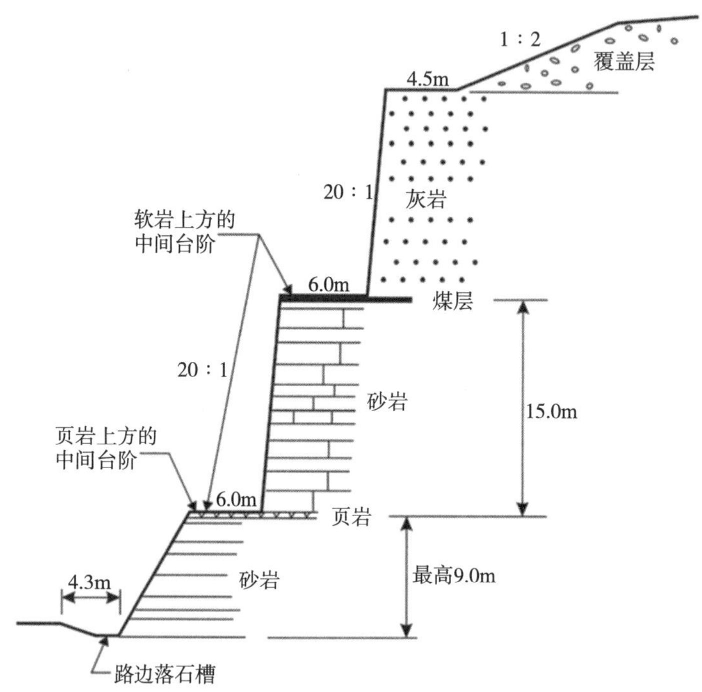

图 14.22 水平层状页岩和砂岩中的台阶型切坡，开挖面底部为煤层和页岩层

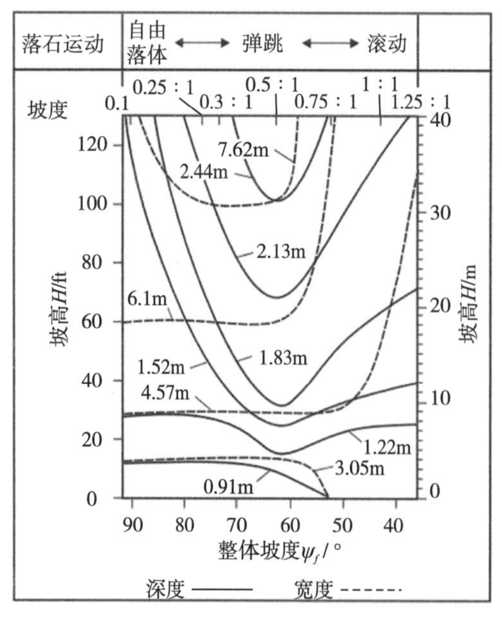

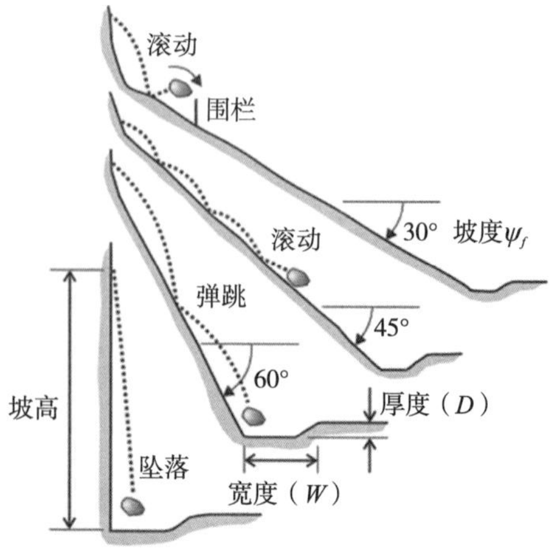

图 14.23 落石堆积的落石槽设计(里奇，1963)

14.6.2 落石槽

如果在边坡底部有足够的空间(Wyllie 等,1981),那么在边坡坡脚处修建沟槽通常是一种经济有效的阻止落石的方法。由深度和宽度定义的落石槽的所需尺寸与边坡高度和角度相关。图 14.23 显示了坡度对落石路径的影响,以及坡度如何影响落石槽设计。对于大于75°的边坡,落石一般靠近坡面并落在边坡的坡脚附近。对于坡角为 55°～75°的边坡,落石会反弹并旋转,降落在距底部相当远的距离,因此,需要一个宽的沟槽。对于 40°～55°的边坡,落石倾向于滚下坡面并进入沟槽(图 14.23)。

为了更新里奇开展的工作,俄勒冈州交通局(2001)对落石行为和拦石区的能力进行了全面研究。这项研究检测了从 12m、18m 和 24m 高度坠落的落石在 90°～45°(1 *V*∶1*H*)的 5 个坡度上的行为。试验边坡坡脚处的拦石区为平面,倾角分别为 76°(1/4 *H*∶1*V*)、80°(1/6 *H*∶1*V*)以及水平面,水平面用于模拟无障碍的高速公路。测试观察了第一个撞击点与坡脚的距离以及冲出距离。这些距离提供了对沟渠设计有用的比值(第一冲击距离/边坡高度)和(冲出距离/边坡高度)。该报告包含设计图表,显示了关于边坡几何参数、滞留落石的百分比与落石槽宽度之间关系的所有组合。

14.6.3 拦石墙

可以建造各种障碍来加强沟渠的拦石能力,或在边坡底部形成拦石区域(Andrew,1992)。所需的拦石墙类型及其尺寸取决于落石的能量、边坡尺寸和建筑材料的可用性。所有屏障的要求是撞击时的弹性。拦石墙通过变形吸收冲击能量,能容纳高冲击能量的系统都是柔性的,拦石墙应由能够承受尖锐岩石冲击而没有显著损伤的材料构成。以下是对一些常用拦石墙的简要说明。

(1)拦石墙和石笼

石笼或混凝土砌块是落石的有效保护屏障,阻挡的落石直径可达 0.75m。图 14.24(a)中为一条沟渠,沿着其外边缘有两层石笼形成 1.5m 高的围栏。

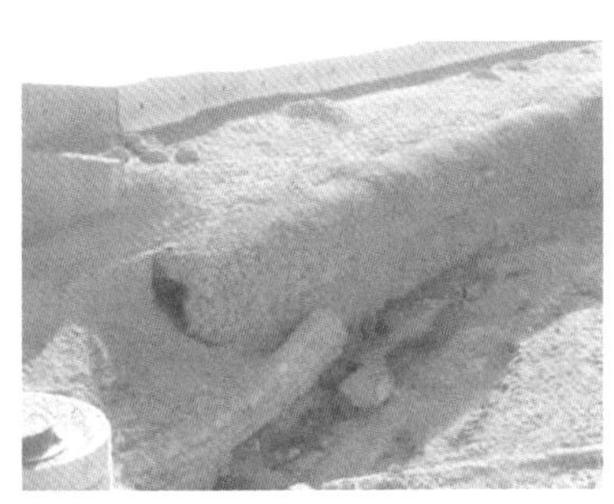

(a) 沿落石槽外缘高1.5m的石笼
(不列颠哥伦比亚省踢马河峡谷)

(b) 由MSE墙和壁顶的铁丝网组成拦石墙
(40号州际公路附近,北卡罗莱纳州阿什维尔市)

图 14.24 落石阻拦结构

资料来源:北卡罗来纳州交通部

1)拦石墙

拦石墙的功能是用一个垂直面形成“沟渠”,可以阻挡滚石。拦石墙在坡度小于55°的边坡坡脚处特别有用,在那里落石滚动和旋转的轨迹较低。这些岩石可能落在边坡底部的沟渠中,但可能翻滚到边坡的外侧;一个垂直的屏障将有助于捕捉这些落石。

2)石笼

石笼是岩石填充的金属丝网篮,通常在现场用当地废石建造0.91m×0.91m的横截面。充填岩石的尺寸范围一般为75～100mm,不易受风化影响,不含细粒物以增强排水能力;岩石重度约为1700kg/m³。

石笼的优点是在陡峭的山坡上和基础不规则的地方建造很方便,它们能够承受落石相当大的冲击力。但是,落石和维护设备的撞击会对石笼造成损伤,而且维修成本可能会变得很大。用预制混凝土砌块建造的、与石笼尺寸相似的拦石墙也用于控制交通运输系统的边坡落石。尽管混凝土砌块的弹性略低于石笼,但它们有广泛的适用性和快速安装的优点。为了使混凝土砌块有效,必须允许砌块之间的接缝处发生位移来提供柔韧性。反之,大体积混凝土墙是刚性的,受撞击往往易碎(Wyllie,2014)。

(2)土工布—土墙(机械加固土MSE)

用土工布和土层组成围墙,每个土层大约0.6m厚,可以形成高达4m的屏障(Threadgold等,1984)。通过在每层土上包裹土工布,可以修建正反面都较陡的挡墙;受到撞击的一面可以通过铁路枕木、石笼、橡胶轮胎和可更换编织袋等材料进行保护(图14.25)。这类挡墙阻止落石的能力取决于其整体质量与冲击能量的关系,整个挡墙不能移位或翻倒。其他问题还包括填料在冲击区域的塑性变形以及压实填料的抗剪强度(Grimod等,2013; Wyllie,2014)。

全尺寸测试和MSE围墙的计算机模型显示,80%～85%的冲击能量被冲击点周围的填料塑性变形吸收,另外15%～20%被挡墙主体的剪位移吸收,见图14.25(b)。设计MSE挡墙时,需要确定图14.25(b)中的尺寸。也就是说,挡墙需要具有足够的质量以抵抗冲击引起的滑移或翻倒,并且挡墙主体要有足够的抗剪强度,以防止冲剪破坏。

科罗拉多州交通部门对原型围墙进行的测试表明,土工布上发生的剪切位移较少,并且它们可以承受高能量的撞击而不会被严重损坏(Barrett等,1991)。此外,4m高的土工布和土墙成功地抵御了日本新岛13m³体积、5000kJ冲击能量的巨石,类似的1.8m宽的土工布挡墙抵挡了950kJ能量的岩石撞击(Protec Engineering,2002)。

MSE屏障的一个缺点是挡墙和挡墙后的拦石区都需要相当大的空间,见图14.25。

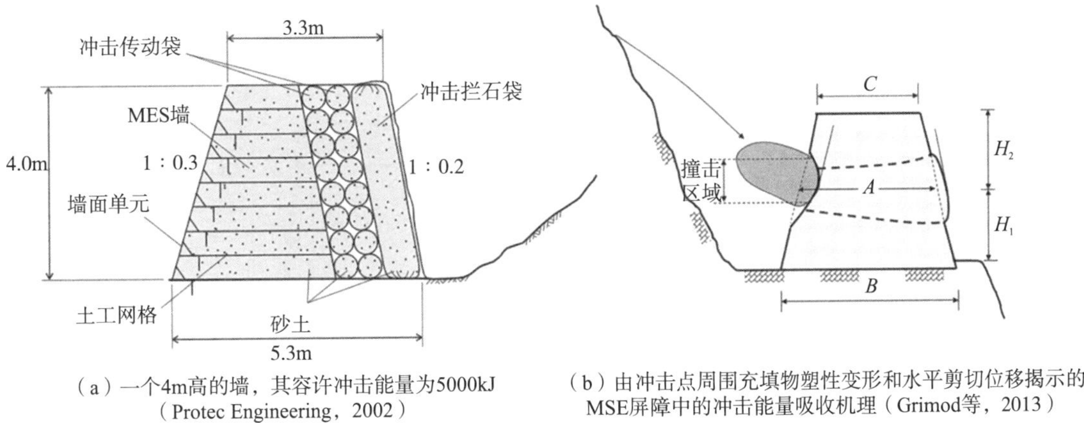

（a）一个4m高的墙，其容许冲击能量为5000kJ（Protec Engineering，2002）

（b）由冲击点周围充填物塑性变形和水平剪切位移揭示的MSE屏障中的冲击能量吸收机理（Grimod等，2013）

图 14.25 用土和土工布以及各种表面防护类型的落石挡墙

14.6.4 落石围栏和衰减器

制造商、研究机构和用户如交通部门已经对适合安装在陡峭岩石坡面、落石槽和落石冲出区的围栏和防护网进行了广泛的测试（Smith 等，1990；Barrett 等，1991；Duffy 等，1993）。防护网也用于控制露天矿山的落石（Brawner 等，2002；Wyllie，2014）。适宜的现场设计方案取决于现场地形、预期的冲击荷载、轨迹高度和基础条件。这些设计的共同特点是它们其中没有刚性结构，能够承受冲击能量。当岩石撞击防护网时，网格变形，然后能量在长时间的碰撞中被吸收。这种变形显著增加了这些部件阻挡岩石的能力，并允许在建筑中使用轻型、低成本材料。

（1）钢绳网

能量吸收能力从 40～8000kJ 的防护网被许多制造商特别是欧洲和日本的制造商开发成为专有系统。这些网由一系列工字钢桩组成，桩的中心间距约 6m，桩底通过锚杆注浆锚固在地面上，桩顶通过钢索锚固在边坡上。如图 14.26 所示，桩底部可以是固定的，也可以是铰接的。

如果无法用张索支撑立柱，则需要使用固定底座的立柱，这些立柱比铰链式立柱更重。将制动元件安装到钢索上可以提高韧性。研究发现，钢丝网在拦截泥石流方面也是有效的，因为水从碎屑物质中快速排出，碎屑物的流动性会减弱。

典型的网格是一个双层系统，包括一个直径 50mm 的铁丝网以及钢缆编织网或互锁直径 0.31m 的钢环，每个钢环与 4 个相邻的环联锁。环由直径 3mm 的高强度钢丝制成，根据网的设计容纳能量，每个环中的钢缆数量在 5 和 19 之间。钢缆和网格尺寸将随着预期冲击能量和落石尺寸变化。钢丝网用钢环固定在一根钢缆总绳上，总绳穿过每根桩顶部和底部的支架。

拦石网的设计要着重考虑在冲击期间发生的变形，以及在变形网和受保护建筑之间要有足够的间隙。

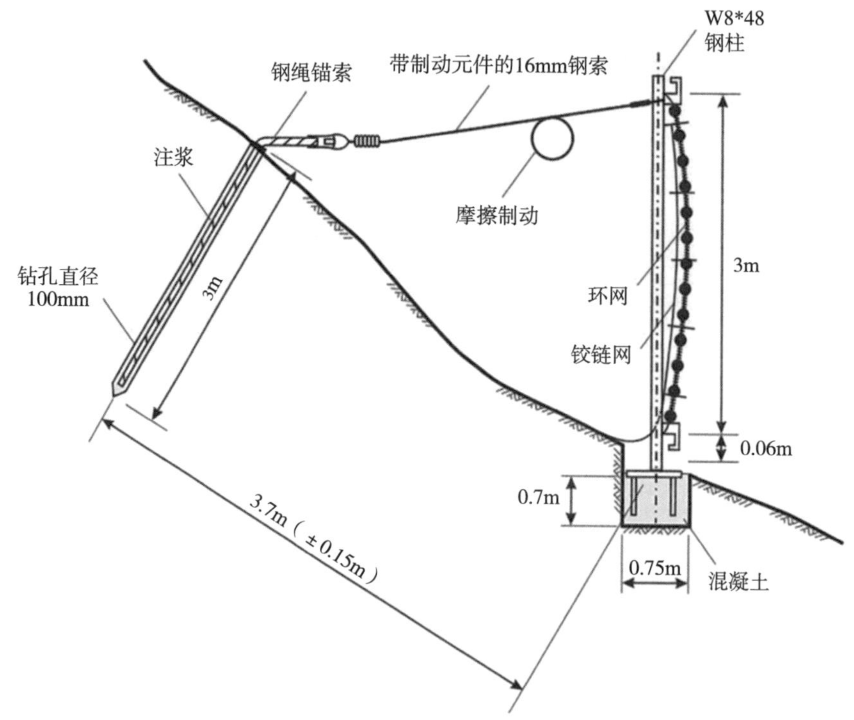

图 14.26　用钢桩支撑柔性钢丝网的落石围栏(Transportation Research Board,1996)

(2)落石减速网

减速网是一组自由悬挂的钢丝网,上部用桩或锚杆支撑,可以使石块改变下落方向而不是被网挡住(图 14.27)。如果网下端在坡底不固定,那么岩石就会落入沟中,在沟中它们可以很容易地被清理。岩石在狭窄冲沟或岩石沟槽上坠落时,可以在冲沟上方悬挂被岩石锚杆支撑的钢丝网(Andrew,1992; Wyllie,2014)。

与图 14.26 所示的拦石网相比,减速网的主要优点为落石坠落冲击能量只有部分被网吸收,其余能量存在于岩石对地面的撞击中。因为减速网只吸收一部分冲击能量,它们可以用比图 14.26 中拦石网更轻的材料制造,图 14.26 中的拦石网中全部冲击能量都被结构吸收。减速网的另一个特点是它们可以自动清除网上落石。也就是说,网的下边缘高出地面约 1m,岩石可以落入沟内,不会在网背后堆积。

设计时应考虑围栏系统的维护要求和工人安全。如果撞击能量在设计能量的容差范围内,设计合理的系统应该不需要频繁修理。但是,所有系统都需要清理堆积的岩石。通常情况下,诸如土工布墙这种固定拦石墙需要在后面进行清理。相比之下,由于钢缆编织网和环形网的模块化设计没有这种要求,可以依次移开或提升各网面从前面清理。

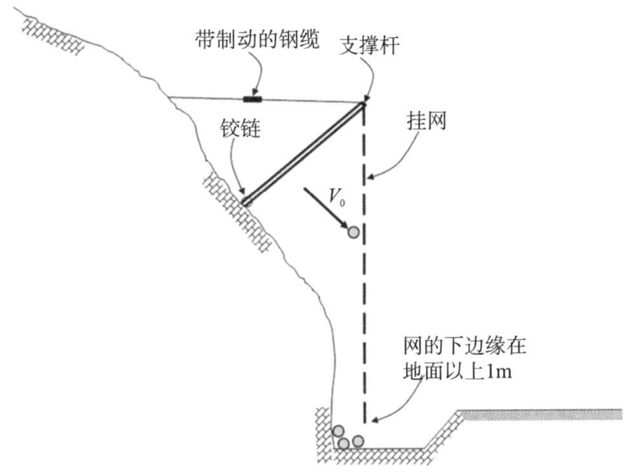

图 14.27 衰减篱笆网，悬挂在钢柱上，指引岩石落入沟内，吸收有限的冲击能量（Wyllie，2014）

14.6.5 坡面防护网

悬挂在岩石坡面上的铁丝网可以拦截靠近坡面的落石并防止它们弹到路面上（Ciarla，1986）。网格吸收了落石的一些能量，所以边坡底部落石沟所需尺寸相比图 14.23 中显示的沟渠大大减小。铁丝网适合控制尺寸小于 1m 的落石，钢缆编织网或环网适合控制尺寸达约 1.3m 的落石。在高边坡安装防护网时，轻型材料的重量可能超过其强度，此时可以用交织钢索加固。在所有情况下，网格或网的上边缘应该靠近落石源的位置，以确保岩块在冲击网格时几乎没有动量。

坡面防护网安装时，可以将网自由悬挂，并用坡顶锚杆支撑，如前文所述，也可以用钢筋将其固定在坡面上。这两种情况下通常最好不要在中间用钢筋固定。首先，如果岩石迅速解体，落石将会堆积在钢筋网格形成的岩石“篮子”里，“篮子”可能会突然破裂并对车辆造成危害。在这种情况下，最好让岩石落在网格下面的边坡上。其次，如果在边坡底部有一个堆石区，那么落石可以先堆积在沟渠中，工作人员再进行清理。

将防护网固定在坡面的前提条件是岩石相当坚固，边坡底部没有堆石区。此时，将网格牢牢地固定在边坡上会形成支护力，有助于加固坡面上的松散岩块。

14.6.6 警示围栏

警示落石的围栏和警告标志通常用于保护铁路线，偶尔也用于高速公路。警示围栏由一排柱子和柱子上的悬臂组成，上面安装间距约 0.5m 的几排电缆。电缆连接到信号系统，如果电缆损坏，则会显示红灯。信号灯距离岩石边坡足够远，车辆有时间停下，然后在到达岩石坠落位置前小心行驶。警示系统也可以集成到落石围栏中（第 14.6.4 节），当发生的大规模坠石冲击能量超过围栏容许能量时，警示系统可以提供二次保护。

警示围栏适用于不繁忙的交通系统，因为这种线路可以偶尔封闭。然而，使用警示围栏作为保护措施有许多缺点。为了留出适当的停车距离，信号灯必须与边坡距离相当远，因为在车辆通过信号灯后边坡可能发生落石。此外，小型岩石或冰块坠落可能导致误报，并且其维护成本可能很高。

14.6.7 岩石顶棚

在极端落石危险区域，如果边坡加固成本很高，那么建造一个岩石顶棚是合理的。图 14.28展示了根据落石路径不同选用的两种岩石顶棚结构。如果岩石下落轨迹很陡，棚顶可以水平建造，通常用预制钢筋混凝土梁和柱修建，顶部有一层能量吸收材料，比如砾石，见图 14.28(a)。

如果边坡角度足够缓，岩石下落近似滚下坡面，则可以建造倾斜棚顶，该设计可以使滚石偏转。图 14.28(b)中单轨铁路上方的 3 个岩石顶棚使落石偏转。因为这些顶棚不能承受直接撞击，它们的结构比图 14.28(a)中的结构轻得多，棚顶没有保护层。不过，这些顶棚在边坡上延伸了相当大的距离，而直接承受撞击的顶棚宽度仅够车辆通行。

（a）砾石层覆盖的钢筋混凝土水平棚顶
（照片由日本金泽市吉田博士提供）

（b）用木材和钢筋混凝土建造的倾斜岩石顶棚，偏转铁路上方的落石
（白色峡谷，汤普森河，不列颠哥伦比亚省，加拿大）
（照片由Canadian National Railway提供）

图 14.28 典型的岩石顶棚结构

在日本已经开展了大量的岩石顶棚设计研究，并建造了数十千米的顶棚以保护铁路和高速公路(吉田等，1991；Ishikawa，1999)，在瑞士也有同样的情况(Vogel 等，2009)。日本的大部分研究都需要全尺寸测试，混凝土试块中内置 3D 加速度计和角速度传感器，并放置在原型顶棚上，使用各种设备测量巨石的减速以及主要结构部件中产生的应力和应变。测试的目的是确定各种缓冲材料在吸收和分散冲击能量方面的有效性，以及评估不损坏结构的最大冲击荷载对其韧性的影响。

混凝土岩石顶棚设计的关键是缓冲材料的重量和能量吸收参数。理想情况下，缓冲垫既可以通过压缩吸收能量，也可以分散冲击点能量，使传递到结构中的能量扩散到更大的面积上。此外,缓冲垫在撞击后应该保持完好无损,因此不需要更换。缓冲材料的有效性可以表示为巨石冲击的动能与结构吸收的力之间的差异。目前已经根据测试结果建立起相应的经验公式,将碰撞瞬间巨石的动能与缓冲之后施加到棚顶的等效静力相关联。公式中计算力的参数是落石重量及其直径、坠落高度、以 Lame 参数表示的缓冲材料特性以及缓冲材料的厚度(Wyllie,2014)。

砾石是最常用的缓冲材料,因为它价格低廉且广泛使用。然而,砾石的缺点是它的重量较大,并且有时砾石重量的静载会超过落石活动冲击荷载。橡胶轮胎也被用作缓冲垫,但发现它们压缩高而吸收能量很少。一种替代碎石的材料是用增强聚苯乙烯泡沫塑料,它是一种低重度的有效吸能材料,可减小结构尺寸(Mamaghani 等,1999)。与砾石相比,泡沫聚苯乙烯的缺点是成本较高。

除了屋顶上的缓冲垫之外,混凝土顶棚还具有柔韧性、吸收能量的特性,将顶梁与后张拉锚索连接起来,可以使每个梁独立偏转并将能量传播到几个顶梁宽度内。此外,顶梁和外侧立柱之间,以及立柱和立柱之间都有柔性铰链(图 14.29)。

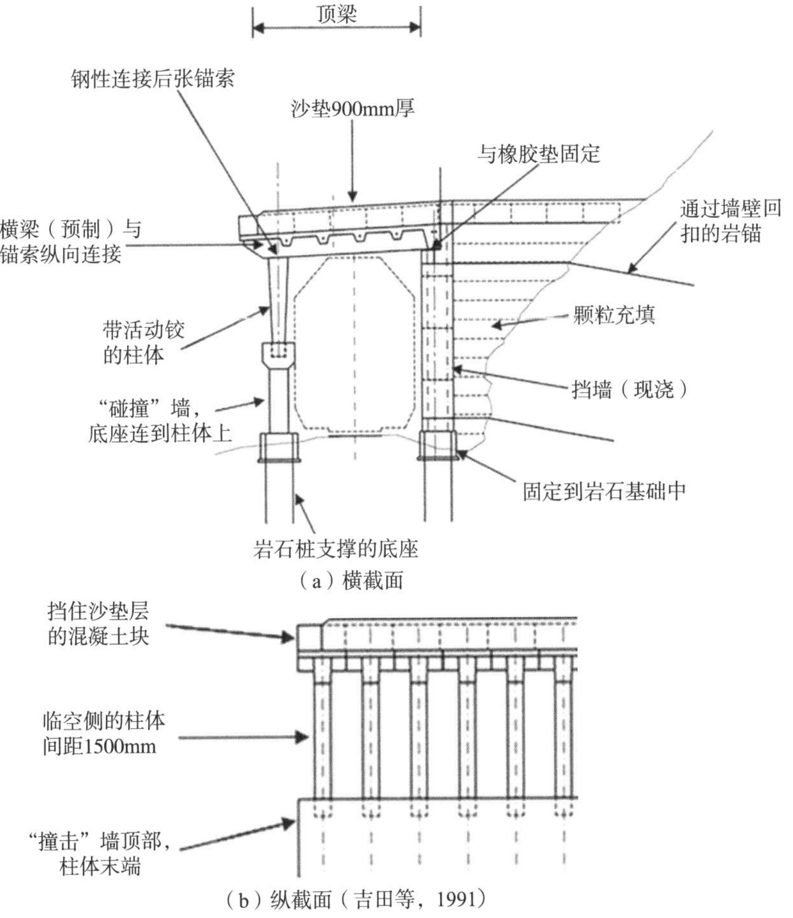

图 14.29 预制混凝土顶梁和柱子构建的岩石顶棚,用于保护单线铁路

14.6.8 避险隧道

在不能通过其他方式建造岩石顶棚或不能加固边坡的地方，可能需要开挖隧道绕过危险区。例如，为了避开经常堵塞海岸公路的极不稳定区域，两条 1280m 长的单行高速公路隧道修建在太平洋以南加利福尼亚州的 1 号路上的 Devils 滑坡后面。

（卢树盛　文喜雨）

第 15 章 变形监测

15.1 边坡变形和运行安全

许多岩石边坡在其使用寿命期间存在不同程度的变形。这种变形表明边坡处于准稳定状态,但这种情况可能会持续很多年甚至几个世纪而不会发生失稳。不过,在其他情况下,最初的小规模边坡变形可能是加速变形直至边坡崩塌的前兆。由于边坡行为的不可预测性,变形监测对于边坡风险管理具有重要意义,并为边坡治理设计工作提供有用的信息。进行土建边坡长期变形监测的案例有加拿大艾伯塔省的龟山弗兰克大滑坡(Read 等,2005;Dehls 等,2010)和科罗拉多州的德必奎滑坡(Gaffney 等,2002)。

边坡变形在露天矿中最为常见,许多矿山边坡持续变形还能够继续安全运行,依靠的是详细的边坡变形监测以及对稳定条件的恶化进行预警。有些边坡经历了长期变形,可能是蠕变数百年的滑坡,形成数十米的累积位移。这种变形可能由近似匀速的蠕变和短周期高速率的位移(如地震、异常强降水和人类活动等)叠加形成。对边坡稳定性不利的人类活动包括地基开挖、因大坝蓄水或灌溉导致的地下水条件改变。

本章介绍常用的岩石边坡变形监测方法,并对监测结果进行解释。监测项目最适合主动开挖的边坡,如露天矿和采石场,这些矿山边坡的运行寿命有限,并且可以建立一个经过精心管理、不断进行的勘测工作。勘测可以识别加速变形的边坡,并在撤离活动滑坡后采取降低风险的措施。图 15.1 为由变形监测预报的露天矿山边坡失稳照片,在仔细监测时发现变形速率增加,反映了边坡稳定性的恶化,可能出现崩塌。一些文献详细记载了在露天矿场进行边坡监测的情况,这些矿山在变形边坡下继续采矿数月。最终,变形速率迅速增加,稳定性恶化,在边坡失稳之前不久就停止了采矿作业(Kennedy 等,1970;Brawner 等,1975;Wyllie 等,1979;Broadbent 等,1982)。如第 15.7.1 节(Fukuzono,1985;Mufundirwa 等,2010;Guthrie 等,2016)所述,也可以对天然边坡进行监测来预测失稳时间。

监测也适用于威胁水库、交通系统等设施和居民区的大型滑坡。这些监测项目的缺点在于它们可能需要复杂的监测和遥测设备,这些设备的运行和维护花费巨大且时间很长(数年或数十年)。此外,由于存在植被和覆盖层,可能很难识别稳定性的恶化。一般认为,如果边坡稳定性对生命和财产安全威胁巨大,则应该进行边坡治理修复而不是长期监测。

（a）在崩塌之前水平位移22.9m

（b）在（a）几秒后的倾倒块体

（c）在（b）几秒后的倾倒块体

图 15.1 由变形监测预报的露天矿山边坡失稳(PF Stacey 拍摄)

本章是关于露天矿监测的讨论，因为大多数主动变形边坡的监测是在矿山进行的，这些测量结果提供了监测方法和结果解释方面的经验。

15.2 监测系统的选择

以下是有关变形监测的可靠性和成本问题的讨论，这是在设计边坡监测方案时应考虑的。Abellán 等(2014)对边坡监测方法的准确性和可重复性提供了有用的论述。

15.2.1 目测

尽管本章讨论了复杂精密仪器的价值和日益提高的适应性，但作者认为对边坡进行目测是边坡管理方案的核心组成部分。也就是说，仔细观察边坡，经常会发现可能变形的情况。例如，在仪器识别到变形之前存在轻微开裂、新鲜破裂面和小规模岩石坠落。此外，训练有素和经验丰富的人员可以观察到边坡随时间的细微变化。这种方法符合“越简单越好”的一般规则。

15.2.2 变形幅度和程度

在稳定性受地质构造控制的坚硬岩石中，失稳前岩石边坡可能只会移动几厘米，如果大块完整的岩块正在移动，它们的变形可能代表整体边坡变形。对于这些情况，在边坡上安置一些反射棱镜并用精确的大地测量设备监测它们的位置，能提供有关边坡变形的可靠信息。

相反，风化或节理密集的岩石边坡在失稳前可能移动数十米。此外，如果表面的松散岩块脱离边坡发生倾倒或旋转，与边坡主体的位移相对独立，则可能需要使用远程系统来扫描整个变形边坡以及附近的稳定区域，从而识别边坡整体变形速率。

15.2.3 测量精度和可重复性

所选择的边坡变形监测方法必须能使监测的位移量达到要求的精度等级和可重复性，而且应和第 15.2.2 节中所述的预期变形类型一致。精度是滑体上点的实际值与测量值之差。例如，在理想条件下从稳定基站对棱镜位置进行大地测量将识别出 5～10mm 的边坡位移。

另一个问题是仪器的实际工作性能和结果的可重复性。例如,在激光雷达(LiDAR)系统中,当视距大于设备的设计范围时,在雨、雾霾条件下以及边坡表面反射率较差的地方会出现误差。对 LiDAR 扫描的总体评价是,产生边坡详细图像的密集点云可能无法代表实际岩石表面(Abellán 等,2014)。检查重复性的一种方法是在相隔几天的时间内扫描已知稳定区域并检查结果,可以发现其中的明显变形。

关于免棱镜测量方法的进一步评论是,如果永久性参照点固定在边坡上的稳定位置,并且如果这些参照点相对于局部或通用横轴墨卡托(UTM)坐标定位,则重复性可以得到改善。这些参照点在连续测量后准确覆盖点云时具有重要价值;检测边坡的变形区域需要在各点云中的相关点之间计算三维矢量。

15.2.4 现场环境

积雪、雨水、雾气、尘埃、沿着视线的湿度和温度变化,季节性的植被等现场条件也可能会不同程度地干扰测量。例如,尽管 LiDAR 扫描可以通过过滤植被来测量地表,但会被雨雾散射,并且不能穿透雪。对于免棱镜测量方法(如 LiDAR),岩石表面反射率也可能是影响测量精度的因素,并且该方法无法测量“光吸收”区域,如视线无法观察到的边坡产状急剧变化的区域。

设计监测系统要考虑的另一个因素是可靠的电源,虽然监测系统通常可以用太阳能电池供电,但可能不适用于阴影中、冬季日照时间短以及面板被雪覆盖的位置。对于使用电缆的系统,偶尔会发生动物咀嚼绝缘材料并损坏、暴露电缆的问题。

15.2.5 安全以及现场交通

如果边坡非常陡峭或不稳定,工作人员进入边坡上监测站的通道可能并不安全。在这种情况下,诸如雷达或 LiDAR 扫描的远程监测系统将比人工测量裂缝宽度更可取。

15.2.6 测量频率

在边坡快速变形的情况下,可能需要每天甚至每小时进行一次测量,并立即处理结果绘制更新位移—时间曲线。在这些情况下,与基于陆地的扫描相比,不适合进行频次较低的卫星轨道(即干涉合成孔径雷达 InSAR)或航空摄影测量。

15.2.7 自动化和遥测

许多监测方法可以按设定的时间间隔自动读取仪器、分析数据并将结果传输到远程位置进行解读,这些系统还可以在超过预设位移阈值时触发警报(Baker,1991)。监测的初衷是建立一个简单的系统,并确保它提供可靠和准确的结果,而不是强调昂贵的技术,但这些技术需要大量的人力投入进行安装和维护。

15.2.8 监测成本

在使用遥测技术远距离接收监测数据的情况下，购买、安装、维护监测设备以及人员时间和数据解释的成本可能会迅速增加。对于短期高风险的情况，这是可以接受的，如因边坡治理工程施工临时关闭高速公路的期间。如果监测持续时间较长，那么资金用于边坡治理工程更好。

在民用项目中，监测费用应考虑到工作可能由外部人员使用租用设备无限期进行。而对于大多数业主而言，精密、长期的民用边坡监测费用往往难以承受，除非是大型水坝的运营商，因为边坡失稳的后果极端严重，所以水坝边坡通常会进行长期监测。

相比之下，露天矿山的边坡监测往往是内部人员的责任，其设备也可用于其他矿山作业，并且监测工作只在发生边坡变形的短时间内进行。在这种情况下，监测成本可能只是整体运营成本的一小部分。

在与地表监测相比，对滑体进行地下深部监测的成本将受安装仪器的钻孔成本影响。如果可以使用爆破钻机钻孔，那么与金刚石钻取岩芯孔相比，钻孔成本可以忽略不计；只有当现场地质信息作为边坡勘察方案的一部分时才需要金刚石钻进取芯。

15.2.9 技术进展

许多监测系统在利用硬件和软件解释监测成果方面取得了快速发展和进步，因此，本章描述了一系列通常用于监测边坡变形的系统，但没有提供诸如成本和精度水平等数据细节，因为随着技术的发展，这些数据预计很快就会过时。

15.3 边坡变形类型

在设置边坡变形监测方案时，应该了解边坡正在发生的变形类型。这些信息可以用来选择合适的仪器，并协助解释监测结果。例如，如果边坡发生倾倒失稳，则顶部的裂缝宽度计可以直接测量水平位移。相比之下，如果测斜仪安装在倾倒失稳的岩体中，它可能不能确定倾倒是否延伸到变形区以下的深度，这会导致读数错误(参见第 15.5.3 节)。此外，变形类型与失稳机理有关，可以使用该信息来确保稳定性分析的模型是恰当的。也就是说，坡顶向外和向下位移以及坡脚处凸出将表示平面或圆弧失稳，而在坡顶的水平位移只能更加明确为倾倒失稳。

以下是关于边坡变形类型及其对边坡稳定性影响的讨论。

15.3.1 初始响应

当边坡首次被开挖或暴露时，由于开挖引起的应力变化，在初始阶段岩石会出现回弹、松弛和膨胀(Zavodni,2000)。这种初始响应最常见于露天矿,其开挖速率相对较快。相比之下,冰川后退引起的边坡裸露以及河流侵蚀导致岸坡变陡,所发生的时间比矿山开挖时间要长一些。但是,这种边坡的累积应变可能相当大。在没有明显滑动面的情况下发生回弹应变,这可能是岩体内现有结构面剪胀的结果。

Martin(1993)报道了3座露天矿的初始响应测量结果,结果显示在南非Palabora的坚硬块状岩体中总位移为150mm,而在内华达州Goldstrike矿的高度破碎和蚀变的岩石中总位移超过500mm。在初始响应期间的变形速率随着时间而下降,并且最终停止变形。根据在Palabora进行的监测,移动速度V(mm/d)和时间t(d)具有以下关系:

$$V = A \cdot e^{-b \cdot t} \tag{15.1}$$

式中:A和b——与岩体特性、边坡高度、边坡角度、采矿速率、外部影响和最终破坏机制有关的参数。A值范围为0.113～2.449,b值范围为0.0004～0.00294。

式(15.1)中关系的关键特征是变形速率随着时间的推移而减小,表明边坡没有失稳风险。

初始响应变形类型的另一个特征是可以发生在大体积岩石内。例如,150m深的伯克利矿坑,倾斜角度从45°开挖至60°,两个平硐的变形测量结果显示回弹发生在距坡脚120m坡体内部(Zavodni,2000)。这种回弹和松弛机制已经在FLAC和UDEC程序(Itasca Consulting Group Inc.,2012)中进行模拟,目的是预测类似矿坑中是否存在这种现象(有关FLAC和UDEC的说明请参阅第12章)。

15.3.2 减速和渐进变形

经过一段时间的初始反应和稳定期后,边坡顶部或附近的张裂缝会预示边坡"破坏"。这种裂缝的发展证明,边坡变形已经超过了岩体的弹性极限。但是,在使用监测系统的情况下可以安全地继续进行作业。最终,可能形成"作业边坡失稳",可以表述为实际位移速率超过滑坡体能被安全开挖的位移速率(Call,1982)。

识别岩体是塑性应变还是失稳的一种方法是区分时间—位移曲线是减速的还是渐进的,见图15.2(a)。减速破坏(曲线A)表示由于边坡外部的扰动事件(如爆破或水压),坡体出现短期位移循环。相反,渐进式破坏(曲线B)是位移速率呈指数增加直至破坏,除非实施加固措施,否则最终形成崩塌。对曲线的正确解释对于理解边坡失稳机理以及预测边坡行为很有价值。

图15.2也显示了通常与这些类型的时间—位移曲线相关的地质条件。如果边坡含倾向坡外的结构面,但是结构面倾角小于其摩擦角(I型),那么通常需要一些外力作用如爆破或水压才能引起变形。

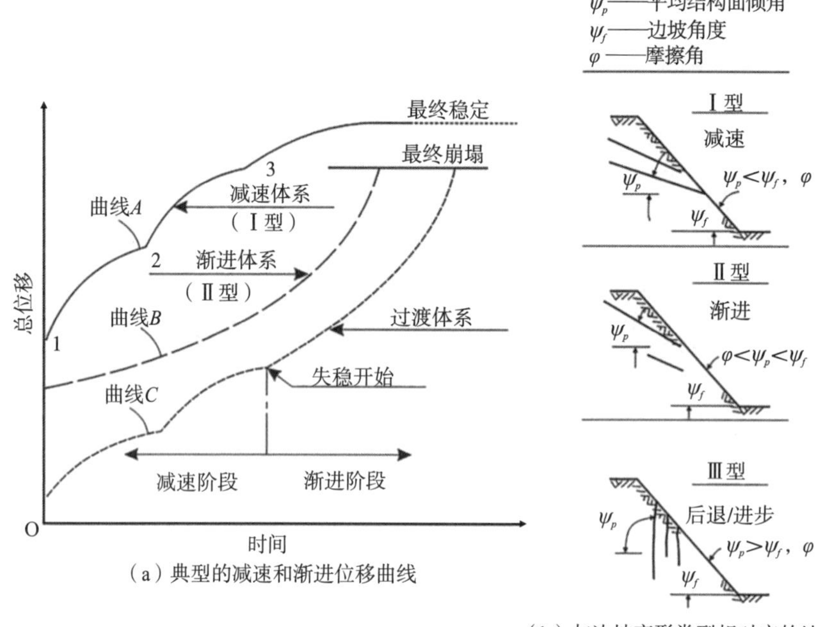

（a）典型的减速和渐进位移曲线

（b）与边坡变形类型相对应的地质构造条件（Broadbent等，1982）

图 15.2　边坡变形类型

变形的开始表明，边坡的安全系数已经下降到 1.0 以下，但随着外部作用力的减少，安全系数会增加，变形速率开始下降。在水压引起变形的情况下，张裂缝的张开和岩体的膨胀可能暂时导致水压减小，但随着压力逐渐增加，就会开始另一个变形周期。与减速变形相关的另一个条件是黏滑特性，这与岩石表面静摩擦系数和动摩擦系数之间的差异有关（Jaeger 等，1976）。

可以在减速变形的边坡下继续作业，但需要在短时间内进行开挖作业，并且频繁撤离，且要仔细识别边坡向渐进性破坏的过渡（Zavodni，2000）。如图 15.2 所示，与渐进破坏相关的地质条件是倾向坡外的倾角比摩擦角更陡的结构面（Ⅱ型）。而且，随着位移增大，剪切强度逐渐减小，滑动面可能会发生渐进破坏。渐进破坏阶段的持续时间从 4d 到 45d 不等，时间和现场条件之间没有明显的相关性（Zavodni 等，1980）。然而，如果有明显滑动面，如连续的层理面，则可能会出现更快速的失稳。

见图 15.2(a)中的曲线 C，减速破坏可能转变为渐进破坏并迅速导致坡体崩塌。这种变化的原因包括开挖揭露滑动面、坡脚处岩石开裂、水压增加、继续开挖导致边坡变形加速难以恢复。认识渐进性破坏的发生显然是重要的，需要勤于监测并对结果仔细分析。

15.3.3　长期蠕变

露天矿山中快速开挖会产生大规模、相对快速的变形，与此相比，山坡可能会发生数百年的蠕变。长期蠕变可能发生没有明显破坏面的破坏，如倾倒破坏（类型Ⅲ，图 15.2(b)），或者坡度变化非常缓慢,如由于冰川后退或河流侵蚀坡脚后的应力释放,这种长期变形的其他原因包括历史地震和气候变化,每次地震都会造成山坡位移,气候变化导致强降水,边坡水压增加。如位于不列颠哥伦比亚省的唐尼和荷兰人山脊滑坡,在坡底部水库蓄水之前经历了数十米向下的蠕变,都是长期蠕变的例子(Moore 等,1982; Moore 等,1997)。

笔者在北美西部调查研究了数十个山体滑坡,山顶一系列的张裂缝表明发生了数十米的变形位移。在大多数情况下,由于岩石表面风化,并且裂缝被原状土和植被充填,近期没有明显的变形。虽山坡有可能发生非常缓慢的蠕变,但没有长期监测工作可以确定是否发生。在阿拉斯加的一个案例中,比较当地博物馆的历史照片可以看出,在 120 年的时间内,边坡的外观没有实质性变化。从这些观察得出的结论是,张裂缝的存在并不一定表明崩塌风险即将到来。然而,如果观察到近期变形,如土壤扰动和岩块位移,或者改变了作用于边坡的力,如高速公路施工时开挖坡脚,则危害可能很严重。

15.4 坡面监测方法

本节介绍了坡面变形监测的常用方法。需要注意的是,只有在当地表变形准确地代表边坡整体变形的情况下,才能仅仅使用地表监测而不进行地下监测。在表层岩石破碎松散或边坡植被茂盛时,地表监测可能无效。

15.4.1 裂缝宽度监测仪

张裂缝几乎是边坡变形的普遍特征,裂缝宽度测量往往是监测变形的可靠和低成本的手段。图 15.3 显示了测量裂缝宽度的两种方法。最简单的方法是在裂缝两侧安装销钉,并用钢卷尺测量它们之间的距离,见图 15.3(a)。如果裂缝的两侧都安装了销钉,那么也可以测量对角线距离从而检查横向位移。销钉之间的最大实际距离可能是 2m。

图 15.3(b)为一个钢丝引伸计,它可以用来测量跨越 20m 距离的一系列裂缝的总位移量。测站位于裂缝以外的稳定地面上,钢丝拉伸至位于边坡顶部的销钉。钢丝通过重物张紧,变形通过钢丝穿过的钢块位置来测量。如果变形超过钢尺的长度,可以延长钢丝并移动配重,将钢块重新设置到钢尺的左端。钢丝引伸计还包含一个预警系统,该预警系统将第二个钢块连接在钢丝上,该钢块与行程开关相距一定距离。如果变形超过该预设限制,则触发行程开关并激活警报。随着变形的发生,有必要重新设置前钢块的位置,钢块与行程开关的距离由变形速率决定。选择与行程开关合适的距离非常重要,要保证警报器可以对恶化的边坡稳定性做出预警;同时不会触发错误警报而使操作员对监测值失去信任。

裂缝宽度监测的主要局限性在于,坡上销钉或参考点必须设在稳定的地面上,并且测量人员必须要到滑坡的顶部进行测量。在边坡快速变形的情况下,这项工作十分危险。使用振弦式应变仪和自动读数记录测量结果的数据记录器可以在一定程度上克服这些局限性。

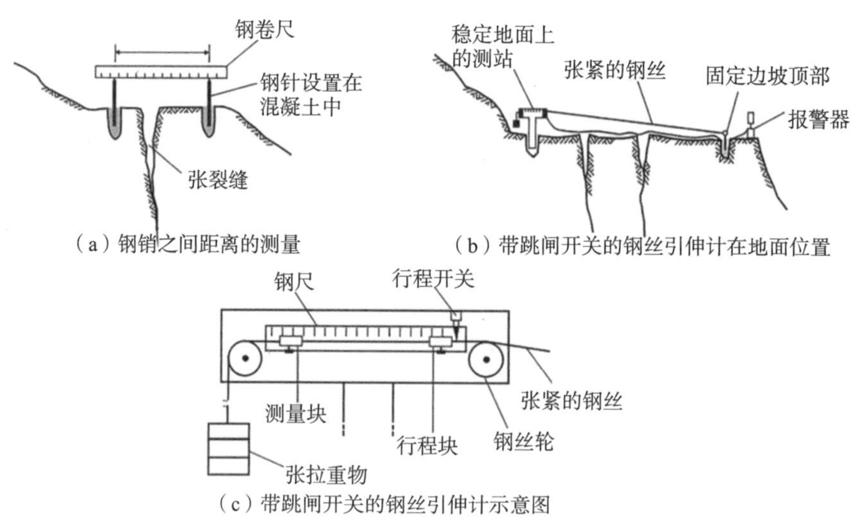

（a）钢销之间距离的测量
（b）带跳闸开关的钢丝引伸计在地面位置
（c）带跳闸开关的钢丝引伸计示意图

图 15.3　拉伸裂缝宽度的测量

15.4.2　电子测距(EDM)

对于进场危险、需要精确测量和快速分析监测结果的大型滑坡，使用 EDM(电子测距)设备进行测量是一种合适的监测方法(Vamosi 等，1987；ACG，1998)。电子测距系统的3 个常见组成部分见图 15.4。首先，在稳定的地面上有一个或多个参照点，并且能与滑坡附近的测站通视。其次，在稳定地点合理地设置一些观测站，要求能够和滑坡通视。如果要测量移动站的坐标位置，则测站应布置形成近似等边三角形。然后，在滑坡区域或者边缘设置测点(棱镜)，之后根据测站对测点进行定位。根据视距和精度要求，滑坡上的测点可以采用重型设备上的反光片或棱镜。

最好沿可能的变形方向测量，这样距离读数大约是实际的滑移距离。例如，在图 15.4(a)中，最好从测站 1 测量北部滑坡的测点，从测站 2 测量南部的测点。

图 15.4 所示的测量方案可按所需的频率或精度进行测量。例如，对于变形速度慢的滑坡，可能每隔几周或几个月进行一次读数，而对于采矿活动之上的快速变形的滑坡，可以设置一个自动化系统，以预先设定的时间间隔读取一系列读数，并记录和绘制结果。此外，只需进行距离测量即可快速检查稳定性，用三角测量以较低的频率测出每个测点坐标。图 15.4(b)中利用天顶距和斜距测量垂直位移，这在确定边坡失稳机理时很有价值(见第 15.5 节)。

如果单个测点的变形能代表整个边坡的变形，那么仅使用单个测点是有效的。如果只能将测点放置在滑动或倾倒的松散岩体上，而这些松散岩块不能代表整体边坡位移，那么监测可能有误导性，因此有必要采用一种深部变形监测方法来测量整个边坡的变形，如下节所述。

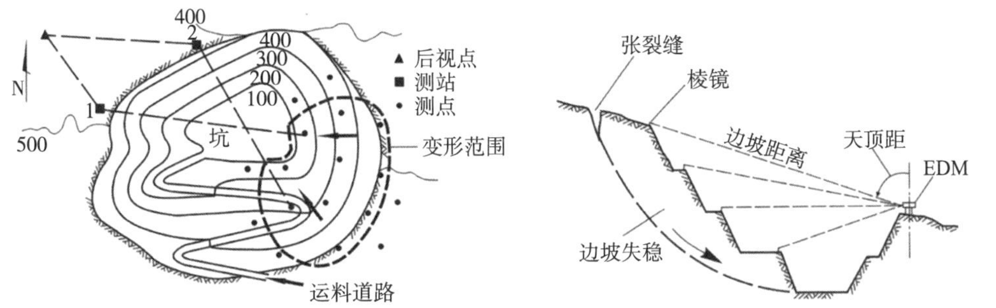

(a) 基站、仪器站和监测站的典型布置　(b) 测量垂直角度和距离以确定垂直位移(Wyllie等，1979)

图 15.4　远程测量边坡变形的测量系统

15.4.3　测斜仪

可以使用测斜仪来测量约 10s 分辨率的倾斜度。测斜仪测量时需要将底板用螺栓或胶水固定到岩石表面上，这样测斜仪可以准确安装。仪器可以永久安装在岩石表面上，以便随时读取数据，也可以在需要读取数据时将其放置在底板上。

测斜仪的优点是可以快速准确地测量倾斜度，从中可以计算出可能出现的变形。缺点是仪器昂贵，并且可能很难找到一个代表边坡变形的小范围岩石面。一般认为，测斜仪的主要应用是在诸如大坝和挡土墙等结构上，而不是岩石边坡上。

15.4.4　摄影测量和数字摄影

航空摄影长期以来一直用于地形图摄影测量，对比一组几年或几十年时间中的照片，可以比较边坡随时间的大规模变化。数字成像技术的发展使地形摄影测量更加快速和准确，因此可以用于测量边坡变形。

数字成像的另一个用途是拍摄连续的图像或图像集，再将图像放在一起，比较图像以检测变形区域；图像可以由消费级数码相机拍摄。另一种方法是将相机安装在无人机(无人驾驶飞行器、无人机)上，可以获得在地面得不到的边坡图像，如树木遮蔽的边坡和边坡底部的水体。

变形监测需要使用算法来分析三维点云，区分向外运动(积累)和分离(坠石)。正在快速发展的点云分析信息已在诸如 www. rockbench. org 和 www. 3D－landslide. com. 有报道。

15.4.5　激光雷达(LiDAR)

使用 LiDAR 扫描仪进行激光成像可以制作整个坡面的精确三维地图。该系统将激光指向边坡，选择要扫描的区域和扫描密度，然后激光快速自动地进行大量密集扫描以覆盖该区域。扫描结果是一个密集的、精确的三维点云，可以处理生成等高线图。随着时间的推移，制作一系列这样的地图，可以比较每次扫描图像中坡面的位置，确定变形的位置和大小。

监测随时间变化的位移要求每一扫描序列的点云被精确覆盖，这样可以计算同一点随时间变化的三维位移矢量。2016 年，可以在没有参考站的情况下将点云覆盖，方法是用坡面上位于滑动区域外的点，对比识别滑动区域上的点。这种监测的另一个特点是，在识别出一个变形区域后，可以将其坐标输入扫描仪，然后激光束将指向边坡（或隧道）上的该点，之后可以进行地面检查。

在免棱镜模式下的 LiDAR 扫描可能不如雷达扫描准确（见第 15.4.6 节），除非它们已经根据前期测量定位（登记）的边坡上的点进行校准。

根据对边坡的视线和路线要求，LiDAR 扫描可以从地面（陆地、TLS）或从空中（空中、ALS）进行。通过使用适当的软件，可以集成 TLS 和 ALS 扫描或其他地形图，形成一些从单个位置看不到的完整坡面地形图。

15.4.6 雷达扫描

现在，雷达扫描通常用于监测露天边坡，因为它可以近乎实时地快速扫描大面积边坡区域而无须使用反射器，而且结果不受大气条件的影响；变形检测精度约 1mm。雷达扫描生成边坡二维模型，有时将雷达监测与地形测量结合起来，生成更详细的三维模型。扫描结果被传送到中心办公室，经处理可以生成图像，显示向外（积累）和分离（坠石）区域，从而可以生成边坡变形与时间的关系图。

现有的雷达扫描仪可以在背包中携带，且能在偏远地区快速组装，具有最佳滑坡现场视图，并通过太阳能电池板供电（Lowry 等，2013）。而其他扫描系统需要用小卡车拖拽，因此必须具备道路交通条件才能进入监测地点。

15.4.7 全球定位系统

全球定位系统（GPS）基于绕地球运行的卫星，通过卫星向地面接收器发送定时信号来实现定位。监测站至少需要 4 颗能够通视的卫星才能获得三维定位。GPS 适合于监测大面积滑坡的边坡位移，也可以测量不连续位置的位移。无论什么天气或照明条件，测点都可以设置在滑坡上，用 GPS 单元全天 24h 以任意频率实时测量测点坐标。

标准 GPS 系统的精度可能为 1～2m，通常足够用于定位采矿设备，但还需要采取其他措施来提高边坡监测的精度。例如，在滑动区域外的稳定地面上建立基站并准确定位，可以达到更高的精度。滑坡上的 GPS 读数可以参考基站坐标（差分 GPS）。使用实时动态系统 RTK 可以使精度达到 20mm 甚至更高，该系统每隔几秒对读数进行一次校准。在陡峭的峡谷进行测量时，精度可能会受到影响，因为卫星信号传播不理想。

GPS 监测的优点是成本低廉，设置方便，但缺点是只能在 GPS 单元的位置测量变形，并且在进行测量时需要安全进入参考点。可以在坡面上设置永久 GPS 点，而不需要人专门前往，但这种方式更昂贵。

15.4.8 合成孔径雷达(InSAR)

精确监测大面积变形的技术是使用雷达卫星遥感技术。这种技术被称为 InSAR,该技术捕获地表的雷达图像,然后将不同时间拍摄的图像进行比较,获得地面的相对位移。该技术的显著特点是图像可以覆盖 2500km^2 的区域,可以测量 5～25mm 范围的相对变形,并且测量结果与天气、云层和日光无关。

这些意味着 InSAR 非常适合长时间大面积的精确变形监测,无须在地面设置参考点。然而,该技术的局限性在于,测量频率由测点上卫星轨道的时间间隔决定,目前(2016 年)每10～45d 一次,并且数据的处理可能需要开销和几天时间。此外,该技术测量垂直方向的位移时最精确,而陡倾的岩石面近水平位移监测结果的可靠性较低。

基于地面的 GB－InSAR 测量设备也可以在固定的基站上使用,该基站有一条水平轨道,约 1.5m,当设备扫描地表时,沿着该轨道移动。该设备已被用于监测艾伯塔省西南部乌龟山上的岩石坡面的变形,该变形范围正是 1903 年弗兰克滑坡的位置,其体积约为3000 万 m^3(Dehls 等,2010)。

15.5 坡体变形监测方法

边坡坡体变形测量通常是监测项目的重要组成部分,可以更全面地了解边坡运动特征。在边坡地面监测不可行的情况下,可以使用坡体测量。测量的主要目的是定位滑动面,确定滑块体积并监测变形速度。在某些情况下,安装变形监测设备的钻孔也可用于测量水压。

15.5.1 钻孔探测仪

最简单的地下监测方法之一是用钻孔探测仪,其中有一段长约 2m 的钢筋,该钢筋从一段绳索上沿钻孔下降。如果钻孔与发生位移的滑动面相交,则该孔将在此处出现水平位移,钢筋无法通过该点。类似地,可以将探测仪探头沿钻孔降下,这样可以定位滑动面顶部和底部。

探测仪的优点是成本低、简单,但它只能提供很少的变形速率信息。

15.5.2 时域反射仪

时域反射仪(TDR)是定位滑动面的另一种方法,它也可以监测变形速度(Kane 等,1996)。这种方法是将同轴电缆放入钻孔中,该电缆用绝缘材料分隔内部和外部金属导体。当电压脉冲波形沿电缆向下发送时,它将在导体之间距离发生变化的任何点上反射。发生反射是因为距离的变化改变了电缆的特性阻抗。滑动面位移会引起电缆卷曲或扭结,这足以改变阻抗,因此仪器可以检测到位移发生的位置。

TDR 的主要优点是电缆价格低廉，因此允许在快速变形的滑坡上损耗。此外，将电缆延伸到滑坡外的安全位置，可以在几分钟内从远程位置进行读数，或者可以通过遥测进行读数。

15.5.3 测斜仪

测斜仪是一种理想的、适用于长期精确监测整个钻孔全长位置的仪器。随着时间的推移，用测斜仪进行一系列读数，可以监测变形速度。测斜仪需要用到一个塑料套管，内壁上有 4 个纵向凹槽，探头连接带有深度刻度的电缆并下降到套管内，见图 15.5(a)。探头上有两个对齐的加速度计，可以测量探头在两个正交方向上的倾斜，通常是一个平行于坡面，另一个垂直于坡面。探头还配备有一对轮子，可以在套管凹槽中滑动，保持探头不会旋转。

也可以在钻孔的整个长度上安装一串原位测斜仪探头测量三维偏移，并确定偏移随时间的变化。读数可以在地面上进行，也可以通过遥测进行。

准确监测首先要求将钻孔延伸到变形深度以下，以钻孔下端的读数作为稳定的基准。在安装套管期间，还需要采取预防措施，保持凹槽垂直对齐，并防止套管呈螺旋状。读数时将探头下降到钻孔末端，然后提升探头并读数，每次提升高度等于探头轴距 L 。每次提升探头时可以测量倾斜角度 ψ 。

图 15.5(b)为计算每次位移增量($L\sin\theta$)和钻孔顶部的总位移 $\sum L\sin\theta$ 的方法。通常将探头旋转 180°并进行第二组读数来检查结果。另一个预防措施是在读数期间让探头在孔内达到温度平衡。

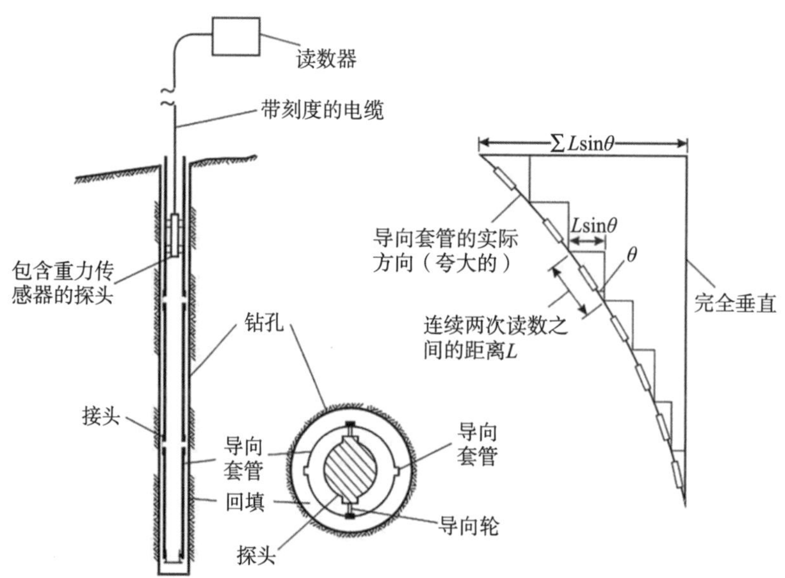

（a）开槽套管和测斜仪探头的布置 （b）从倾斜测量计算偏移量的原理（Dunnicliff，1993）

图 15.5 用于测量钻孔偏斜的倾斜仪

15.6 微震监测

边坡变形通常与滑动面和滑动体内部岩石破裂有关，岩石破裂产生微震声音。这些声音可以被接近或位于滑坡的钻孔中的地震检波器检测到。微震出现的频率增加就表示稳定性恶化。通过在宽间距的多个孔中安装地震检波器，可以使用三角测量计算微震出现的位置。

微震监测可用于进入滑坡地表比较危险的情况，并可作为雷达和 LiDAR 扫描等地表监测方法的补充。地震检波器可以安装在滑动区域以外的钻孔中，以免被滑动变形损坏，并且可以结合数据记录器、电源和遥测器来远程记录微震(Read 等，2005)。

一般来说，微震监测的最常见应用是深部地下矿山探测和岩爆定位。

15.7 数据解释

变形数据的解释是监测工作的重要部分，可以快速识别边坡位移的加速或减速，指出稳定性是恶化还是提高。这样就可以对作业的安全性和经济性采取适当的措施。读数后及时更新曲线很重要，因为在首次观察到裂缝后，几天内就可能发生失稳(Stacey，1996)。如果已经仔细监测并记录测量结果，但由于没有及时绘制分析图表，没有认识到明显预示边坡失稳的加速位移，后果将十分严重。

本节介绍了一些解释监测结果的程序，提供了有关稳定性条件和失稳机理的信息。边坡失稳机理在设计加固措施时很有用，这些措施需要使用适当的分析方法，如平面或倾倒分析。

15.7.1 时间—位移和时间—速度曲线

通过人工测量、裂缝宽度测量仪、GPS、卫星扫描仪或测斜仪进行的监测项目都可以提供随时间变化的位移曲线。这些曲线是理解边坡变形机理的基础，有可能预测边坡失稳的时间。预测失稳时间的经验方法如下。首先，如下所述，位移速率随时间变化的半对数图中可以找出崩塌时的速度；其次，绘制的时间与位移速率倒数关系图表明，当边坡接近失稳时，速率倒数趋于零(Federico 等，2015；Guthrie 等，2016)。

以下是关于露天煤矿监测工作的讨论，在矿井的大部分运行时间内，变形监测用于边坡变形情况下的安全开采(Wyllie 等，1979)。

图 15.6(a)为边坡岩性和地质构造的剖面图，图中包括最下方的矿坑和矿坑上方的边坡。在 1974 年 3 月，1870m 高程采矿开始后不久，位于坑顶部的倒转粉砂岩层开始发生倾倒破坏。1975 年 2 月，在 1840m 高程的工作台上进行采矿时，在 1860m 高程的平台上出现一系列裂缝，采取了钢丝引伸计(图 15.3(b))和棱镜测量相结合的变形监测手段。该监测系统用于控制采矿作业，目的是回采至最终井壁，以便最终将煤开采至矿坑底部。图 15.6(b)为边坡位移对倾倒边坡坡脚处开采作业的敏感性，一旦停止开采，边坡变形呈现典型的减速行为。基于上述经验确定出一个标准，每小时对位移读数，即一旦位移速度达到 25mm/d，采矿将立即停止。如果

在 10d 左右的时间内,这一变形速率降低到 15mm/d,采矿就会重新开始。利用这一控制方法,得以继续向最终深度约 1700m 进行开采,边坡位移平均速度为 6mm/d。

1976 年 4 月,边坡开始加速位移,在接下来的两个月内,矿坑上方的总位移约 30m,最大速度达到近 1m/d,见图 15.6(c)和图 15.6(d)。位移曲线上的加速度对边坡稳定性恶化给出了明确的预警,因此最终放弃开采。变形最大的区域位于坑顶部的倾倒岩层上,1976 年 6 月初发生了两处边坡破坏,总体积达 570000m³。边坡失稳后,监测系统重新建立,监测结果表明变形速度正在逐渐下降,并在一个月后决定重新开始在矿井底部开采。

这也是基于钻孔探测的测量结果的决定,测量结果表明与矿坑顶部倾倒破坏相连的圆弧滑动面在矿坑边坡的上部出露,见图 15.6(a)。因此在坑底采矿对稳定性影响不大。

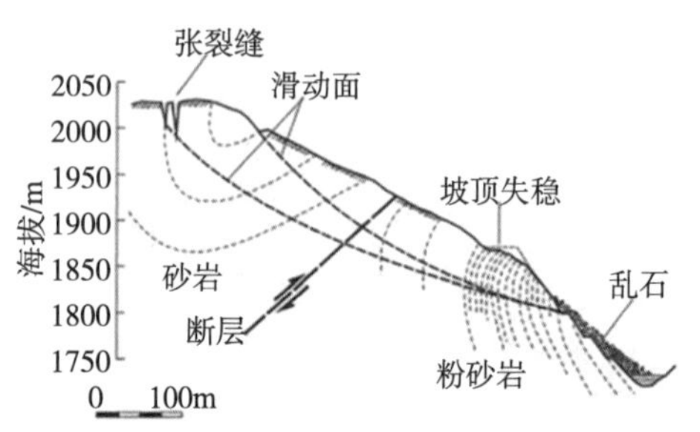

(a)矿坑和边坡剖面图显示了地质条件和边坡破坏程度

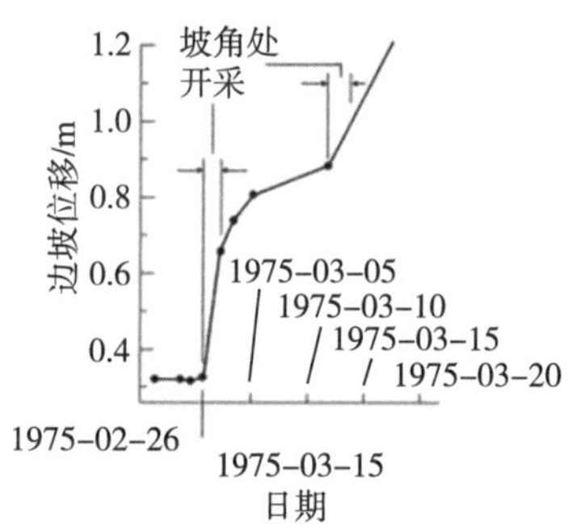

(b)高程1840m开采时边坡位移减速

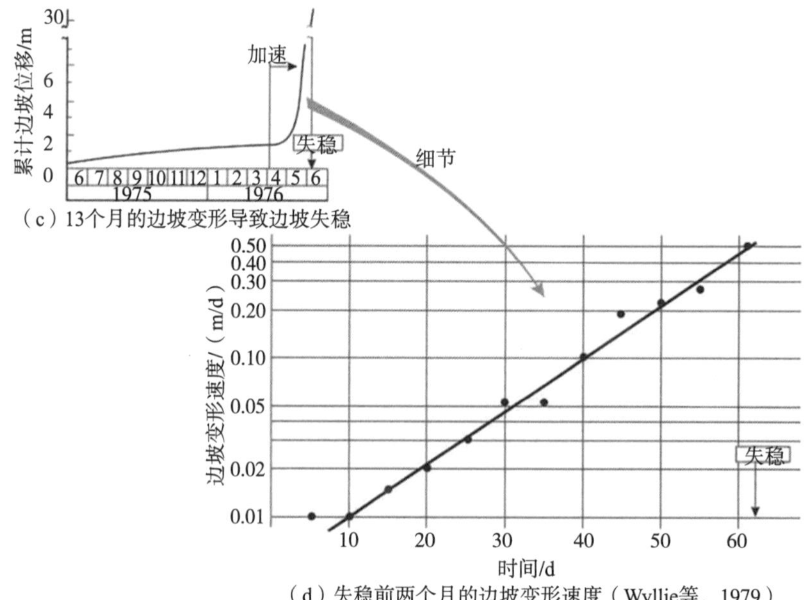

(c)13个月的边坡变形导致边坡失稳

(d)失稳前两个月的边坡变形速度(Wyllie等,1979)

图 15.6 露天煤矿的变形监测

对图 15.6(c)和图 15.6(d)所示的位移监测数据类型进行分析,可以帮助预测边坡位移出现渐进阶段后的失稳时间(Zavodni 等,1980)。图 15.7 为在 Liberty Pit 的边坡失稳之前每天的半对数时间—速度曲线。

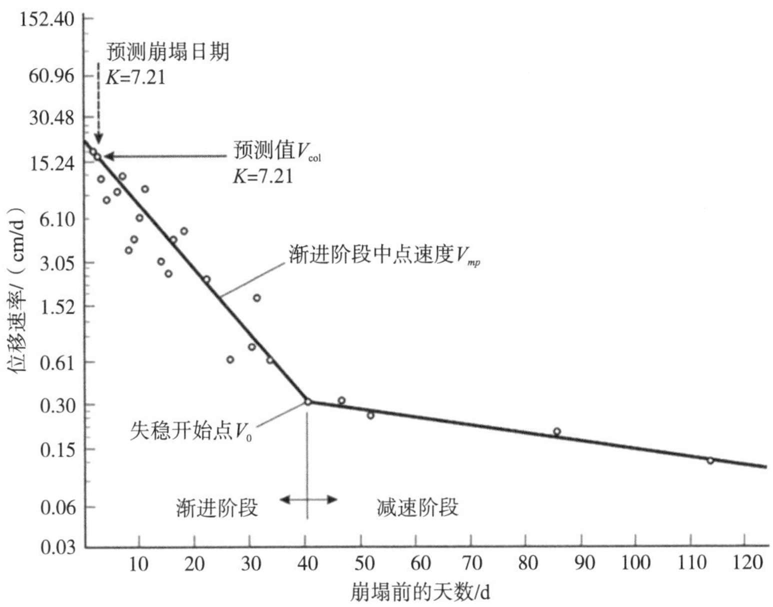

图 15.7 Liberty Pit 矿坑边坡位移速率曲线和失稳预测(Zavodni 等,1980)

在该图上,可以确定变形渐进阶段的起点 V_0 和中点 V_{mp} 处的速度。常数 K 为

$$K = \frac{V_{mp}}{V_0} \tag{15.2}$$

对 6 个详细记录的边坡失稳的研究表明,K 的平均值为-7.21,标准差为 2.11。例如,图 15.6(d)显示的 K 值约为$-7(-0.07/0.01)$。

半对数直线图的一般形式为

$$V = C \cdot e^{S \cdot t} \tag{15.3}$$

式中:V ——速度;

C ——时间轴上线的截距;

e——自然对数的底;

S ——直线斜率;

t ——时间。

因此,任意时刻的速度为

$$V = V_0 \cdot e^{S \cdot t} \tag{15.4}$$

根据式(15.2)和式(15.4)得到了崩塌速度 V_{col}:

$$V_{col} = K^2 \cdot V_0 \tag{15.5}$$

将式(15.5)与时间—速度曲线结合使用可以估算崩塌时间。例如,根据图 15.6(d),$K = -7$, $V_0 = 0.01$m/d, $V_{col} = 0.49$m/d。推算速度—时间曲线表明崩塌速度将出现在大约第 61 天,这非常接近边坡实际崩塌的时间。

发生崩塌的速度在一定程度上取决于滑动面上的地质条件。例如,图 15.6(a)中滑动面是完整岩石中的断裂面,失稳发展的速度较慢;如果边坡中存在明显的结构面,比如沿出露在坡面的断层滑动，那么失稳速度就会很快。因为与穿过岩体的破坏面相比，在沿断层滑动时，相对较小的位移就会使剪切强度从峰值减小到残余值。

15.8 边坡破坏机制

图 15.8 是一些分析变形监测结果的方法，这些方法有助于识别边坡失稳机理。在应用适当的稳定性分析方法和设计加固措施时，这些信息非常有用。

图 15.8(a)是一个组合的位移和速度曲线，显示在第 5 天后边坡位移速度不变。在速度曲线上清晰可见第 5 天后速度为恒定值。相比之下，在位移曲线上斜率变化并不明显。这种边坡为典型的减速失稳。

图 15.8(b)显示了滑坡顶部、中部和底部测点测得的位移矢量的大小和角度。角度约等于滑动面倾角，表明发生了圆弧破坏，其中靠近顶部的滑动面较陡而靠近底部的接近水平。这些信息还会显示滑动面底部的位置，图 15.6(a)所示滑坡中滑动面底部不是边坡底部。图 15.8(c)是典型的倾倒失稳的位移矢量，其中位于顶部倒转地层上的测点可能向外位移，也可能向上移动一小段，而在坡顶部以下基本不发生位移。

图 15.8(d)是在矿坑平面图上绘制边坡位移速度等值线。这些图显示了滑坡范围和位移最快的区域。定期更新这些图有助于确定滑坡规模的增加和/或快速位移区域的变化。这些信息将有助于规划采矿作业，如在发生失稳之前完成矿井东南角的采矿。另外，如果运输道路位于滑坡位移相对缓慢的部分，那就有时间修筑新的进坑道路。

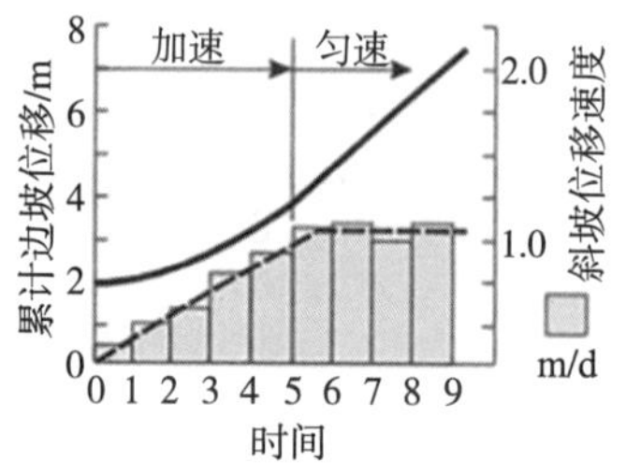

（a）位移和速度曲线显示减速位移的开始

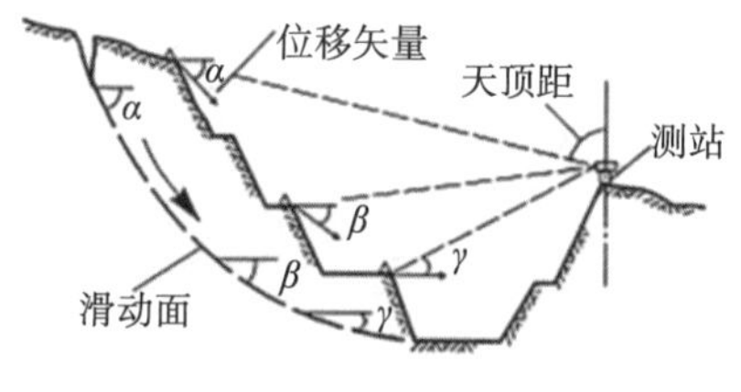

（b）显示圆弧失稳机理的变形矢量

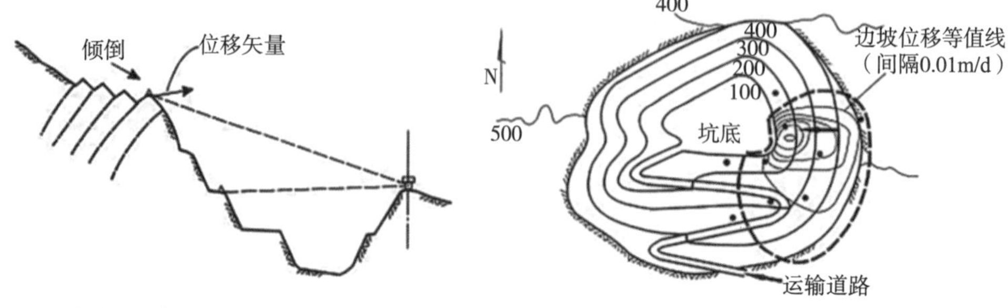

（c）显示倾倒失稳机理的变形矢量　（d）边坡变形速度等值线表明边坡变形的程度（Wyllie等，1979）

图 15.8　变形监测的数据解释

15.9　点云的解释

使用 LiDAR、雷达和 InSAR 等扫描方法以及数字图像进行边坡变形监测，要求将每次连续扫描产生的点云进行覆盖，以此比较扫描范围内的同一点，并测量它们之间的距离以及三维位移矢量。如果参考点位于边坡上，点云数据的匹配会更好。随着时间变化的不同场地条件，如降水、积雪或植被生长等均可能影响点云位置。

点云的解译数据可以绘制在坡面的正视图上，识别向外（积累）和分离（坠石）位移区域，并使用颜色编码来指示位移大小。例如，这些图可能有助于识别滑坡范围增大的区域，而这可能无法通过边坡上的各个测点棱镜轻易获得。通过点云数据也可以得到特定地点的时间—位移曲线。

（高健　王胜波）

第 16 章　土木工程应用

16.1　引言

当一个重要的土木工程结构上方的斜坡不稳定时，通常需要迅速决定采取有效、经济的补救措施。潜在不稳定性的特征包括坡顶后缘的张裂缝、坡脚位移、边坡局部破坏或类似地质条件的相邻边坡破坏。无论是什么原因，一旦对重要边坡的稳定性产生影响，就必须调查其整体稳定性，并在必要时采取适当的补救措施。本章介绍了在各种地质和气候条件下的土木工程项目中的 6 个岩石边坡，以及已实施的边坡加固措施。每一个案例都提供了有关地质、岩石强度和地下水条件的信息以及稳定性分析、治理工程设计和施工问题的相关内容。

案例研究 1 至案例研究 4 描述了由明显的地质构造控制边坡稳定性的例子，包括形成平面破坏(案例研究 1 和案例研究 2)、楔形破坏(案例研究 3)和倾倒破坏(案例研究 4)。相反，案例研究 5 和案例研究 6 描述了结构取向未明确定义的斜坡，其滑动面形成于岩体内部的圆弧面。

这些案例研究的目的是介绍本书前几章所述的调查和设计技术的应用。

16.2　案例研究 1——香港:平面破坏边坡治理措施的选择

16.2.1　现场概述

一个 60m 高的切坡，整体坡度角为 50°，由 3 级 20m 高的台阶组成，台阶坡面为 70°(图 16.1)。附近边坡上的一个小滑坡引起了人们对该坡面的关注，许多人担心该切坡可能会发生一次大型滑坡，从而对切坡底部的重要土木工程结构造成严重损坏。

需要评估该边坡的短期和长期稳定性，并在必要时提出适当补救措施建议。此前没有进行任何地质或工程研究，该地区也没有钻孔。该地点处于高降水强度和低地震活动区域。建议将水平地震系数 $k_H=0.08g$ 作为该边坡可能承受的最大加速度。

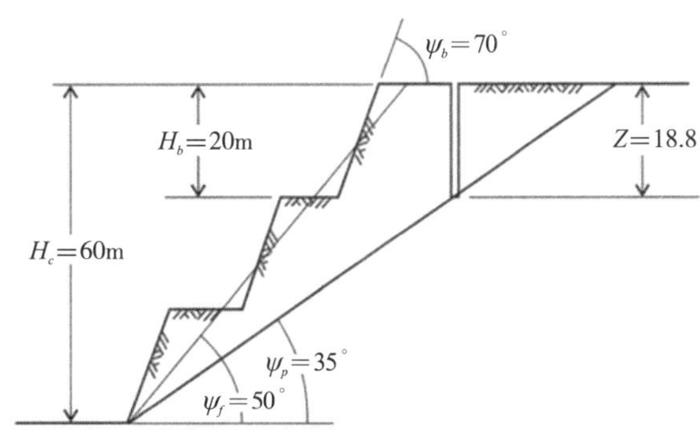

图 16.1　边坡二维平面滑动分析的几何形态

16.2.2　地质情况

边坡位于微风化花岗岩中，包含几组陡倾节理和倾角 35°的页状节理。面对这一问题，由于没有地质或工程数据可供使用，第一步任务是获取具有代表性的构造地质信息，以建立最可能的破坏模式。时间上已经来不及进行钻探工作，因此只能通过地表测绘收集构造地质数据，当然这也是合理的，因为在切坡和自然边坡中有大量岩石露头。

构造地质填图确定了表 16.1 中列出的几何和构造地质特征。

表 16.1　　图 16.1 和 16.2 所示的斜坡和节理组的产状

特征	倾角/°	倾向/°
整体坡面	50	200
每个台阶	70	200
页理	35	190
节理组 J_1	80	233
节理组 J_2	80	040
节理组 J_3	70	325

16.2.3　岩石剪切强度

由于没有形成潜在滑动面的页状节理的抗剪强度信息，因此根据先前花岗岩边坡稳定性的经验估计了设计中使用的强度值。图 5.21 主要从边坡破坏的反分析中得出抗剪强度值的汇总；点“11”最接近现场岩石的强度。根据这一经验，考虑到矿物颗粒的角砾形态，即使是重度高岭土化的花岗岩内摩擦角也为 35°～45°。根据风化程度和节理的延伸性，剪切面的黏聚力可能变化较大；选择的黏聚力范围为 50～200kPa。

这些剪切面的内聚力可能根据其风化程度和结构面的持续性而变化；选择 50～200kPa 的内聚力范围。

16.2.4 地下水

没有地下水情况的相关信息。然而，由于现场所在的区域经历了一段强降水期，预计斜坡内会出现明显的短期地下水压力。

16.2.5 稳定性分析

图 16.1 所示斜坡的几何形态和地质结构数据赤平投影见图 16.2，图中还展示了 35°内摩擦角的圆。注意，尽管 3 个节理组相交产生了许多陡峭的临空面，允许岩块从岩体中剥落，但它们的交线均不在指定的潜在失稳区域内，见图 8.3(b)。另外，代表页状节理面的大圆通过潜在失稳区域。页状节理面的倾向接近切坡面倾向，因此最可能的破坏模式是沿页状节理面平面滑动，其方向见图 16.2。

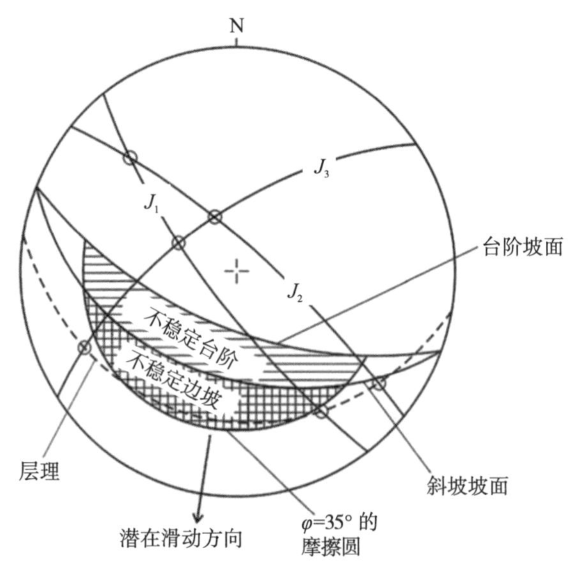

图 16.2 图 16.1 所示斜坡的几何形态和地质结构数据赤平投影

图 16.2 中进行的稳定性检查表明，整个切坡和单个台阶都可能不稳定，因此显然有必要对两者进行进一步分析。

两个陡倾节理组 J_1 和 J_2 的倾向大致平行于坡面，并且这些结构面很可能在坡顶后缘形成张裂缝。一种可能的破坏模式见图 16.3 中的模型Ⅰ。该理论模型假定在干燥状态下，临界位置(参见图 7.6)产生裂缝，并且该裂缝在特大暴雨期间被水填充至 z_w 深度。同时发生的地震使斜坡受到地面运动的影响，用水平地震系数 $k_H=0.08g$ 模拟，产生($k_H \cdot W$) 的力，其中 W 是滑动体的重量。

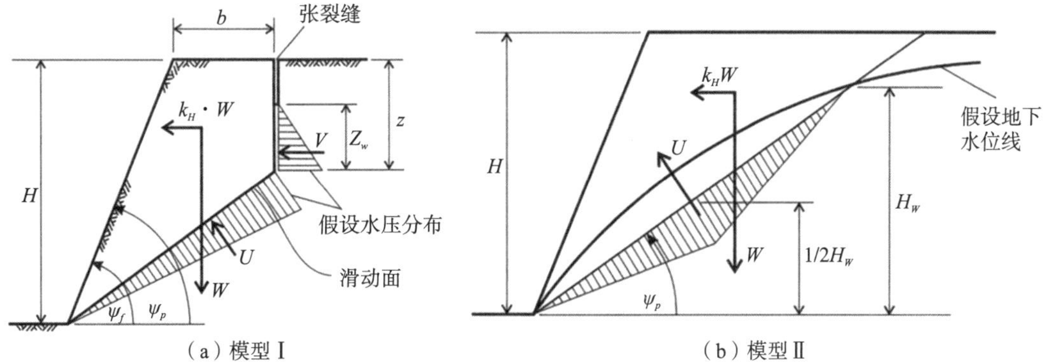

图 16.3 斜坡平面破坏的理论模型

模型Ⅰ：

$$F = cA + \frac{[W(\cos\psi_p - k_H\sin\psi_p) - U - V\sin\psi_p]\tan\varphi}{W(\sin\psi_p + k_H\cos\psi_p) + V\cos\psi_p} \tag{16.1}$$

其中：

$$Z = H[1 - (\cot\psi_p\tan\psi_p)^{\frac{1}{2}}] \tag{16.2}$$

$$A = \frac{H - z}{\sin\psi_p} \tag{16.3}$$

$$W = \frac{1}{2}\gamma H^2[1 - (z/H)^2\cot\psi_p - \psi_f] \tag{16.4}$$

$$U = \frac{1}{2}\gamma_W z_W A \tag{16.5}$$

$$V = \frac{1}{2}\gamma_W z_W{}^2 \tag{16.6}$$

模型 Ⅱ：

$$F = cA + \frac{[W(\cos\psi_p - k_H\sin\psi_p) - U]\tan\varphi}{W(\sin\psi_p + k_H\cos\psi_p)} \tag{16.7}$$

其中：

$$U = \frac{1}{2}\gamma_W H_W{}^2\cos\psi_p \tag{16.8}$$

包含拟静态水平地震荷载的边坡安全系数可由式(16.1)至式(16.8)得到(参考第 11.6 节)。

考虑到可能存在大量地表水，提出了另一种理论模型。见图 16.3 中的模型Ⅱ，该模型还包括拟静态水平地震荷载。

在确定了最可能的失效模式并提出了一个或多个理论模型来表示这种失效模式后，将斜坡参数值的可能变化范围代入安全系数计算公式中，以确定斜坡在不同条件下受到的影响，见表 16.2。

表 16.2　　案例研究 1 平面稳定性分析的输入数据

参数	参数值
切面高度	$H_c = 60\text{m}$
整体坡度角	$\psi_f = 50°$
台阶坡度	$\psi_b = 70°$
台阶高度	$H_b = 20\text{m}$
滑动面倾角	$\psi_p = 35°$
到张裂纹距离(坡面)	$b_s = 15.4\text{m}$
到张裂纹距离(台阶)	$b_b = 2.8\text{m}$
岩石重度	$\gamma_r = 25.5\text{kN/m}^3$
水重度	$\gamma_w = 9.81\text{kN/m}^3$
地震系数	$k_H = 0.08\text{g}$

通过将这些值代入式(16.1)至式(16.8)中的方程式，计算边坡的安全系数，得到如下结果：

整体切坡(模型Ⅰ)：$$FS = \frac{80.2 \cdot c + (18.143 - 39.3 \cdot z_w - 2.81 \cdot z_w^2) \cdot \tan\varphi}{14995 + 4.02 \cdot z_w^2}$$

整体切坡(模型Ⅱ)：$$FS = \frac{104.6 \cdot c + (20.907 - 4.28 \cdot H_w^2) \cdot \tan\varphi}{17279}$$

单个台阶(模型Ⅰ)：$$FS = \frac{17.6 \cdot c + (2815 - 86.3 \cdot z_w - 2.81 \cdot z_w^2) \cdot \tan\varphi}{2327 + 4.02 \cdot z_w^2}$$

单个台阶(模型Ⅱ)：$$FS = \frac{34.9 \cdot c + (4197 - 4.28 \cdot H_w^2) \cdot \tan\varphi}{3469}$$

关于安全系数方程的一个最有用的研究是找出失稳(即 $FS = 1.0$)时对应的抗剪强度。这些分析在一定的水压力范围内研究了整体切坡和单个台阶的安全系数。图 16.4 给出了研究结果，图中编号的曲线表示以下条件(表 16.3)：

表 16.3　　曲线的条件

曲线	条件	水位
曲线 1	整体切坡，模型Ⅰ：干燥	$Z_w = 0\text{m}$
曲线 2	整体切坡，模型Ⅰ：饱和	$Z_w = z = 14\text{m}$
曲线 3	整体切坡，模型Ⅱ：干燥	$H_w = 0\text{m}$
曲线 4	整体切坡，模型Ⅱ：饱和	$H_w = 60\text{m}$
曲线 5	单个台阶，模型Ⅰ：干燥	$Z_w = 0\text{m}$
曲线 6	单个台阶，模型Ⅰ：饱和	$Z_w = z = 9.9\text{m}$
曲线 7	单个台阶，模型Ⅱ：干燥	$H_w = 0\text{m}$
曲线 8	单个台阶，模型Ⅱ：饱和	$H_w = H = 20\text{m}$

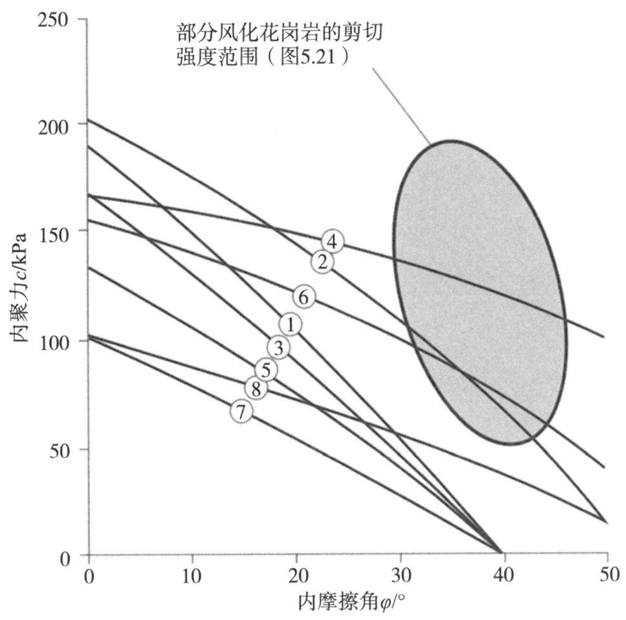

图 16.4　所考虑的边坡失稳时对应的剪切强度

有时，其中某一个条件可能比其余条件更为关键，若想不通过计算并绘制图 16.4而直接发现这一条件往往需要大量经验。

图 16.4 中的椭圆形区域表示部分风化花岗岩的合理抗剪强度范围。如第 16.2.3 节所述，这些值是基于图 5.21 中给出的图。图 16.4 显示，当边坡完全饱和并承受地震荷载（曲线 2、4 和 6）时，作用在滑动面上的下滑力将超过沿滑动面可能的有效抗剪强度，边坡可能发生破坏。相比之下，干燥斜坡是稳定的（曲线 1、3、5、7）。考虑到花岗岩在热带环境中的风化率，在边坡稳定期间内，其有效的黏结强度随时间降低。这些结果表明该切坡不安全，应采取措施提高其稳定性。

此处考虑了 4 种提高切坡稳定性的基本方法：

①降低切坡高度。

②减小切坡角度。

③排水。

④用预应力锚索加固（图 16.5）。

为了比较这些不同方法的有效性，假定页状节理具有 100kPa 的内聚力和 35°的摩擦角。通过一次改变式（16.1）至式（16.8）方程中的一个变量，可以发现减小边坡高度、边坡角度和降低水位后的安全系数增加。

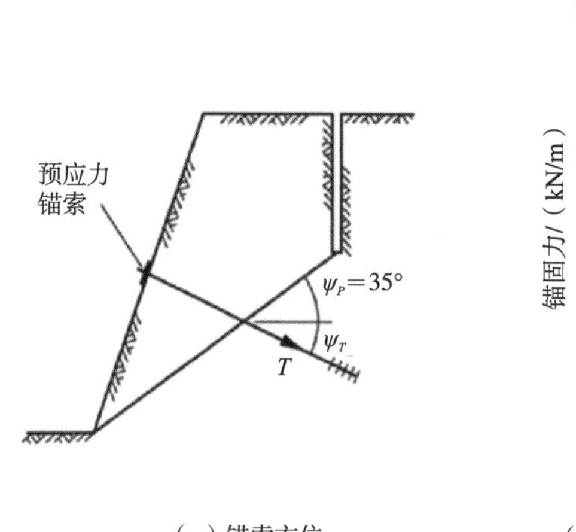

(a) 锚索方位

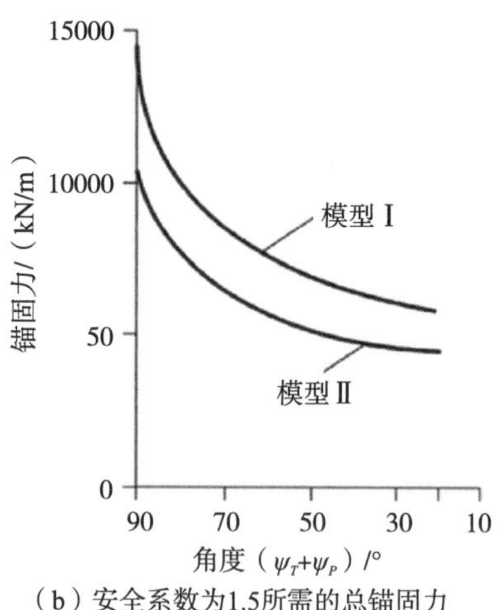

(b) 安全系数为1.5所需的总锚固力

图 16.5 用预应力锚索加固边坡

通过修改这些公式来获得加强切坡的力量,使其包含如式(7.25)所示的螺栓连接力。

模型Ⅰ:

$$FS=\frac{c\cdot A+[W\cdot(\cos\psi_p-k_H\cdot\sin\psi_p)-U-V\cdot\sin\psi_p+T\cdot\sin(\psi_T+\psi_p)]\cdot\tan\varphi}{W\cdot(\sin\psi_p-k_H\cdot\cos\psi_p)+V\cdot\cos\psi_p-T\cdot\cos(\psi_T+\psi_p)} \tag{16.9}$$

模型Ⅱ:

$$FS=\frac{c\cdot A+[W\cdot(\cos\psi_p-k_H\cdot\sin\psi_p)-U+T\cdot\sin(\psi_T+\psi_p)]\cdot\tan\varphi}{W\cdot(\sin\psi_p-k_H\cdot\cos\psi_p)-T\cdot\cos(\psi_T+\psi_p)} \tag{16.10}$$

式中:T——锚索施加的总锚固力(kN/m);

ψ_T——该力向水平面以下的倾斜角度,见图 16.5(a)。

图 16.6 比较了提高整体坡面稳定性的不同方法。在每种情况下,变化量表示为每个变量总范围的百分比:$H=60$m,$\psi_f=50°$,$Z_w/z=1$,$H_w=60$m。但是,锚固力的变化表示为所支护的楔形岩石块体总重量的百分比。在计算锚固效果时,假定锚索水平安装,即 $\psi_T=0°$。图 16.5(b)显示了要达到 1.5 的安全系数时锚索倾角 ψ_T 对锚固力的影响。这表明,相比于垂直于坡面($\psi_T=55°$或 $\psi_T+\psi_p=90°$)安装锚索,水平安装锚索($\psi_T=0°$或 $\psi_T+\psi_P=35°$)可将所需的锚固力减少约一半。如第 7.5.1 节所述,预应力锚索的一般最佳角度由式(7.26)给出。实际上,砂浆锚杆一般安装在水平面以下 10°~15°处,以便于灌浆。

16.2.6 加固措施选择

以下是关于图 16.6 中分析的稳定加固措施选项的讨论。

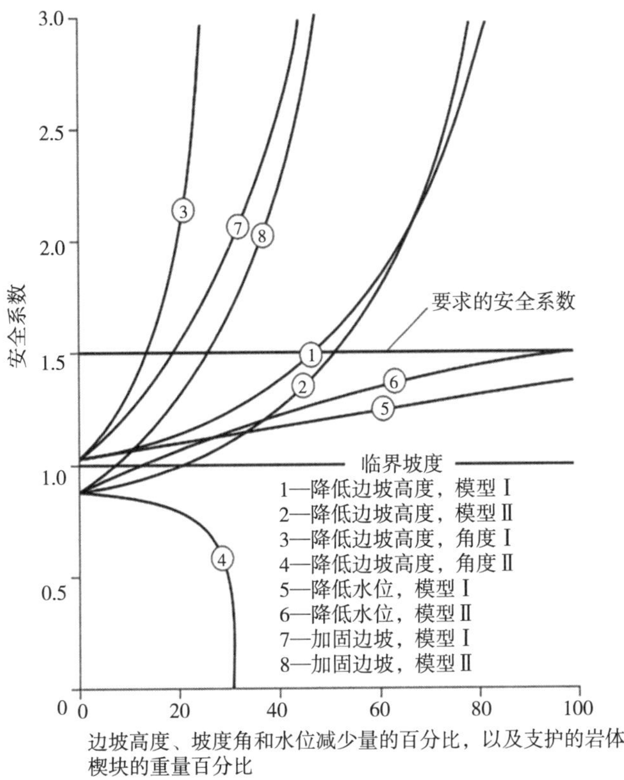

图 16.6　增加整体边坡稳定性的可选方法之间的比较

(1)降低坡高

曲线 1 和 2 表明降低坡高不是解决问题的有效方法。为了达到 1.5 的安全系数，坡高必须降低 50%。如果采用这种解决方案，则更实际的做法是开挖整个边坡，因为要开挖的大部分岩石都在边坡的上半部分。

(2)减小坡度角

如曲线 3 所示，减小坡度角是一种有效的加固措施。坡度角减小不到 25%，安全系数就可以达到 1.5。也就是说，坡面角度应该从 50°降低到 37.5°。这一结论通常是正确的，减小坡面角度往往是一个有效的加固措施。对于正在施工的斜坡，使用平坦的斜坡总是提高稳定性的首选。而实际上，边坡下部空间狭窄，施工设备所能触及的范围有限，因此很难开挖平缓的坡度。

曲线 4(无张裂缝的坡面角度降低)是一种反常现象，表明计算有时会产生不切实际的结果。该曲线所示的安全系数减小是坡度角减小、滑动体重量减小的结果。滑动面上的水压保持不变，因此作用在滑动面上的有效应力减小，从而使摩擦阻力的分量减小。

当滑动体是一块很薄的岩石碎片时，水压力会使它从斜坡上“漂”下来。该分析的问题在于假设该块体完全不透水，且水仍滞留在滑动面下方。事实上，块体在漂浮之前就早已破裂，因此作用在滑动面上的水压会消散。

(3)排水

曲线 5 和 6 表明，对于两个斜坡模型，排水不是一种有效的加固方案。在任何情况下都不能达到 1.5 的安全系数。这令人惊讶，因为排水通常被认为是最具性价比的加固措施之一。在这种情况下排水措施效果不佳的受斜坡几何形状和破坏面剪切强度的组合影响。

(4)锚固

曲线 7 和 8 表明，如果锚索安装在水平面下方，在整个边坡长度方向上用 5000kN/m 的预应力锚索加固坡面，安全系数将达到 1.5。换句话说，100m 长斜坡的加固需要安装 500 根锚索，每根锚索的预应力为 1MN。

两个最有吸引力的长期加固方案是使用预应力锚索或锚杆，以及减小斜坡面角度。由于成本高、钢筋长期耐腐蚀性的不确定性，锚固方案被否决。最终选择的方案是通过将整个边坡向下挖掘到形成滑动面的页理，将坡角减小到 35°。这有效地解决了问题。香港缺乏优质的骨料，因此决定将边坡作为采石场。组织这项活动花了几年时间，在这期间，用水压计监测斜坡的水位。虽然在这段时间内道路关闭了两次，但没有出现重大问题，最终边坡被挖掘回滑动面。

16.3 案例研究 2——平面破坏边坡的锚固

16.3.1 现场概述

在某高速公路上方 38m 高的岩石临空面上有潜在的坠石危险(图 16.7)，因此需要一种加固方案，并要求在该方案实施过程中尽量减少交通中断。坠石规模包括从几百立方米的大面积破坏(由间距较大的贯通结构面形成)到几十厘米大小的破碎岩石。由于视距有限，且岩石边坡的坡脚和公路路肩之间仅有 2m 宽的沟槽，容纳滚石的能力有限，坠石对交通构成威胁(图 16.7)。

边坡沿倾向坡外的页状节理向下位移，并且在岩体中形成了一系列张裂缝，这是边坡不稳定的迹象；同时边坡滑移还在页状节理面上产生了一层碎石。

通过对边坡的调查，结合地表的构造地质填图，确定主要块体的形状和尺寸以及主要节理组的产状。由于地表岩石露头良好，决定不钻取岩芯来采集地质数据。

16.3.2 地质概况

边坡在非常坚硬、粗粒、新鲜、块状花岗岩体中开挖。这些花岗岩体含有 4 组大致正交的结构面。主要的构造地质特征是两组结构面倾向坡外，页状节理倾角 20°～30°（J_1），第二组节理倾角 45°～65°（J_2），第三组（J_3）向坡内陡倾，第四组（J_4）在与坡面垂直的方向上陡倾。图 16.8(a)和图 16.8(b)分别显示了地质填图数据的云图和大圆赤平投影。页状节理的延伸长度为几十米，所有节理面的间距为 5～8m。

岩石在节理 J_1 上滑动，节理组 J_3 在坡面以下形成一系列拉裂缝，而 J_4 板块在块体侧面形成了自由表面(图 16.7)。地质图绘制了宽度在 150mm 以上的张裂缝位置，以及每个大型块体底部沿层理滑移的岩石。大型块体是间距宽、延伸长的结构面作用的结果。

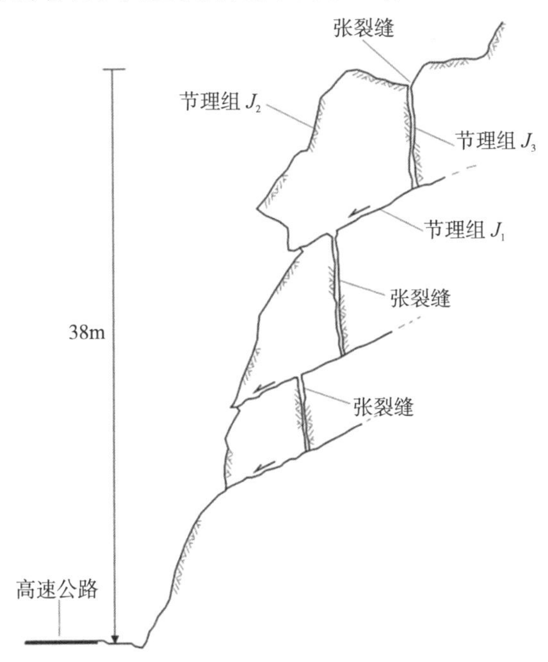

图 16.7 描述沿结构面滑移和张裂缝位置的边坡的横截面

由于页状节理面和坡面倾向相差在 20°以内，该几何形状形成了平面破坏，见图 2.16 和图 2.17。

16.3.3 岩石抗剪强度

图 16.7 所示的块体在连续的页状结构面处滑动，因为岩石非常坚硬，并且不可能通过完整的岩石破裂。因此，块体的稳定性部分取决于缓倾角结构面的剪切强度，其平滑且稍微起伏，并且唯一的填充是表面的轻微风化。对于这些条件，内聚力为零，剪切强度仅包含摩擦力。

由花岗岩的内摩擦角 φ_r 和表面粗糙度 i 组成的总摩擦角按照以下方法计算。现场采集含有张开、未扰动层理的岩石样本，并且切割成边长 100mm 的方块试样。然后进行直接剪切试验以确定花岗岩的摩擦角；使用 150、300、400 和 600kPa 的法向应力 σ 对每个样品进行 4 次试验(图 5.16)。

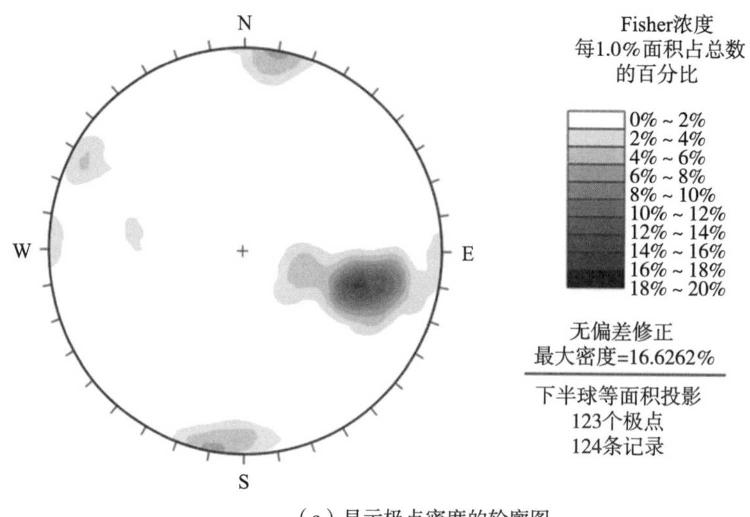

（a）显示极点密度的轮廓图

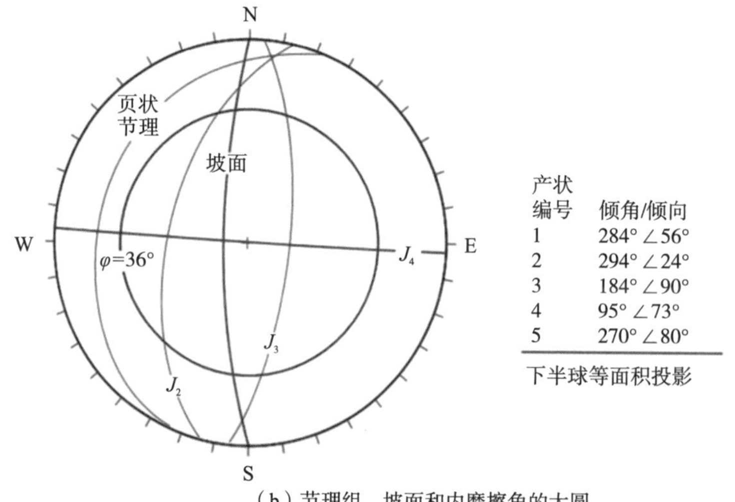

（b）节理组、坡面和内摩擦角的大圆

图 16.8　斜坡构造地质赤平投影

这些法向应力值根据作用在下层层理上的近似应力计算得到，如式(16.11)：

$$\sigma = \gamma_r \cdot H \cdot \cos\psi_p \tag{16.11}$$

对于岩石重度 γ_r 为 26kN/m^3、倾角为 ψ_p 为 25°的平面上岩石厚度 H 为 25m 时，法向应力为 600kPa。

直接剪切试验表明，在 σ =150kPa 时，峰值摩擦角 $\varphi_{峰值}$ 为 47°，但在较高的法向应力下，滑动表面上的剪切位移导致摩擦角减小为残余角 $\varphi_{残余}$ 为 36°(图 16.9)。考虑到原地点已经沿着结构面发生位移，因此在设计中使用残余摩擦角。

沿着发生剪切的节理检查表明，结果发现岩石被压碎，几乎没有完整的岩石接触面。因此，将粗糙度分量添加到摩擦角中并不合适，在设计中决定使用 36°的摩擦角。

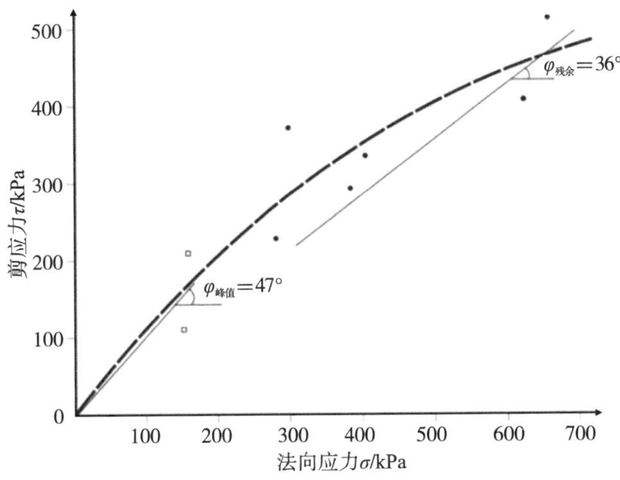

图 16.9　花岗岩页状节理的直剪试验结果

16.3.4　地下水

该场地位于高降水量和降雪量地区。通过观测最底部节理的渗水情况，可以评估地下水位。

岩体的膨胀性会促进排水，故地下水位一般较低。但是，在强降水期间，很可能会出现较高的瞬时水压，这在设计中已经考虑到了。

在设计中，假定水位会在拉裂缝中累积到深度 Z_w，并且在拉裂缝 V 和滑动平面 U 都会产生水压力(图 16.10)。

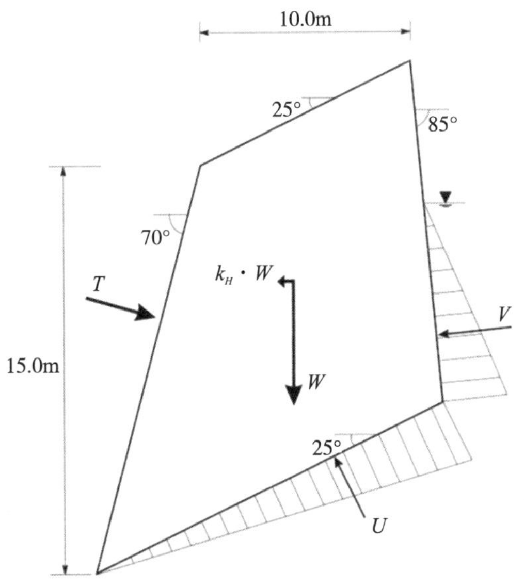

图 16.10　设计中用于模拟岩石体块组合的横截面

16.3.5 地震

该地点位于设计水平地震系数为 $k_H = 0.15 \cdot g$ 的地震活动区域。该系数用于斜坡的拟静态稳定性分析。

16.3.6 稳定性分析

在倾角 25°结构面($\varphi = 36°$)上滑动的单个块体的名义静态安全系数约为 1.56($FS = \tan\varphi / \tan\psi_p = \tan36° / \tan25° = 1.56$)。但是,图 16.7 所示的节理的剪切运动和地表下方的张裂纹表明,在某些条件下,安全系数已降至约 1.0。产生运动的因素包括节理中的水压和冰劈作用,以及某个地质时期的地震作用和施工期的爆破影响等综合因素。此外,随着时间的推移,运动可能是渐进的,并且随着剪切发生,沿着滑动面的岩石粗糙面的压碎减小了摩擦角。

采用平面稳定性模型来研究滑块的稳定性,假设滑动体横截面与坡面成直角,且滑动只发生在向外倾斜的某一个平面上。为了将该模型应用于实际边坡,提出了一个简化假设,即将 3 个块体替换为一个与 3 个块体总重量相同、稳定性特征相同的单个等效块体。

等效单块的形状和尺寸由以下参数定义(图 16.10):

滑动平面倾角 $\psi_p = 25°$;张裂纹倾角 $\psi_t = 85°$;坡面倾角 $\psi_f = 70°$;上坡面倾角 $\psi_s = 25°$;坡面高度 $H = 18\text{m}$;张裂缝与坡顶距离 $b = 10\text{m}$ 后。对于该斜坡,张力裂缝的深度为 13m。

该块体的稳定性分析表明,采用 0.15g 的拟静态地震系数,当张拉裂缝中水深约 2.5m 时,安全系数约为 1.0。在上述条件下静态安全系数为 1.44,当张力裂缝中的水位为裂缝深度的 50%($Z_w = 6.5\text{m}$)时安全系数降至 1.17。

16.3.7 加固方法

考虑了两种备选加固方案:要么通过爆破移除危岩,然后在必要时用锚索加固新坡面,要么通过安装预应力锚索加固现有边坡。选择时考虑的因素是施工期间维持公路交通的要求,以及加固边坡的长期稳定性。

经研究决定首选的加固方案是通过安装一系列预应力锚索,穿过滑动面延伸到坚硬的岩层中来加固边坡。这种方案的优点是稳定性分析的方法更明确,并且锚索施工对交通的影响可以降至最小。

岩锚系统采用图 16.10 所示的斜坡模型进行设计。对于静态条件和一半充满水($Z_w = 6.5\text{m}$)的张拉裂缝,计算得到将静态安全系数增加到 1.69 需要增加 550kN/m 的锚固力。采用拟静态地震系数,安全系数约为 1.1。锚索以低于水平面 15°的角度安装,以便于有效钻孔和灌浆。

锚索的布置取决于要求如何加固 3 个块中的每一个小块,以便与结构面相交,并将锚杆的黏结区定位在完整的岩石中(图 16.11)。由于安装锚索的坡面面积有限,有必要将锚的数量减至最少。

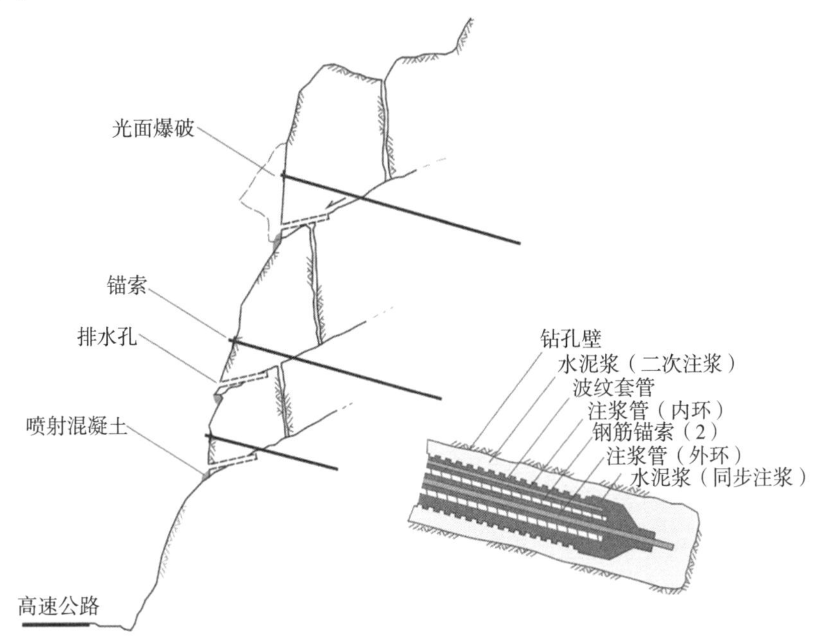

图 16.11 加固边坡的横截面、锚索锚固以及光面爆破、喷射混凝土和排水孔的布局;详细描述锚索下端与注浆管的布置

锚固通过使用钢绞线实现,因为与刚性钢筋相比,钢绞线具有更高的拉伸强度。锚索的另一个优点是它们的安装孔可以用轻型钻机钻进,该钻机将安装在斜坡上,而无须重型起重机的支持,因为重型起重机会妨碍交通。此外,由于钢绞线比钢筋更轻,可以整段进行安装而无须焊接,安装也会更方便。

满足以上设计和施工要求的锚索设计的细节如下:两根钢绞线为一股,直径 15mm,7 股钢绞线为一根锚索,以 50%极限抗拉强度 248kN 为预应力进行张拉。

对于图 16.11 所示布置的 3 排锚索,总支撑力 $T=3\cdot 248=744\text{kN}$。因此,每一竖排之间所需的水平间距(式(7.27)):

$$\text{间距}=\frac{\text{由 3 排锚索提供的锚固力}}{\text{达到安全系数 1.5 所需的锚固力}}$$

$$=\frac{744\text{kN}}{550\text{kN/m}}\approx 1.5\text{m}$$

对于钻孔直径为 80mm、岩石—水泥浆黏结的允许剪切强度为 1000kPa(表 14.8)、锚固张力为 248kN,使用式(14.8)计算锚索所需黏结长度。计算出的黏结长度为 1m,但实际使用的黏结长度为 2m,以考虑黏结区裂隙岩石中的水泥浆损失,并保证钢索-水泥浆黏结不会被破坏。

除了防止大规模失稳所需的锚索外,还应采取其他加固措施,将可能对交通造成危害的坡面坠石风险降至最低，包括手动清除松散岩石、破碎带喷射混凝土、危岩的光面爆破以及钻排水孔(图 16.11)。

16.3.8 施工问题

以下是在施工期间为解决实际遇到的现场条件而处理的若干问题的简要说明：

①使用潜孔锤钻进行钻孔，而不使用套管。

②钻机的推力和旋转部件安装在一个框架上，框架用螺栓固定在岩石表面，只有一台起重机用于在钻孔之间移动设备。这种安排是为了使钻井过程对公路交通的干扰最小。

③由于水泥浆经常流入坡面以下的张开裂缝，注浆孔无法注满。为了确保 2m 长的黏结区完全注浆，将每个孔的下部填充水，并使用测深仪监测水位。在发生裂缝渗漏的地方，将孔用水泥浆密封然后重新钻孔，然后再进行水试验。

④锚索配有波纹塑料护套包裹着钢绞线用于防腐，水泥浆填充护套内部和外部的环形空间。为了便于在陡峭的岩石面上搬运锚索，在锚索安装在孔中后才进行注浆。这涉及两个注浆管和两个阶段的注浆过程。首先，将水泥浆(同步注浆)泵入塑料护套内的管道中，填充护套并密封锚索。其次，将注浆(二次注浆)泵入护套的端盖中，以填充护套和钻孔壁之间的环形空间。

⑤使用第 14.4.2 节第 9 步试验中讨论的程序(后张拉研究所，2006)对锚进行试验，以检查黏结区的承载力。

16.4 案例研究 3——桥梁基础楔形体的稳定性

16.4.1 现场概述

本案例研究描述了一个桥台的稳定性分析，其中地质构造结构面在桥台建基面的陡峭岩石表面上形成了一个楔形体(图 16.12)。分析包括确定楔形体的形状和尺寸、两个滑动面的抗剪强度以及若干外力的大小和方向。在荷载条件下对楔体的稳定性进行了研究，并计算了达到 1.5 的安全系数所需要的锚固力。

本桥为悬索桥，钢索连接位于岩石表面台阶上的混凝土反力砌块。钢索沿桥梁轴线向桥台施加外向力(水平面以下 15°)。场地的构造地质条件包括层理和两组断层，它们在桥台下方的斜坡上共同形成楔形体。采用楔形稳定分析法对边坡进行了稳定性分析，确定了有无岩石锚索情况下的静止和地震安全系数。锚索安装在桥台上坡面，水平面向下 45°倾斜，走向与交线方向成 180°角。在图 16.12 中，构成楔块的 5 个平面按照图 8.18(a)所示的系统编号。

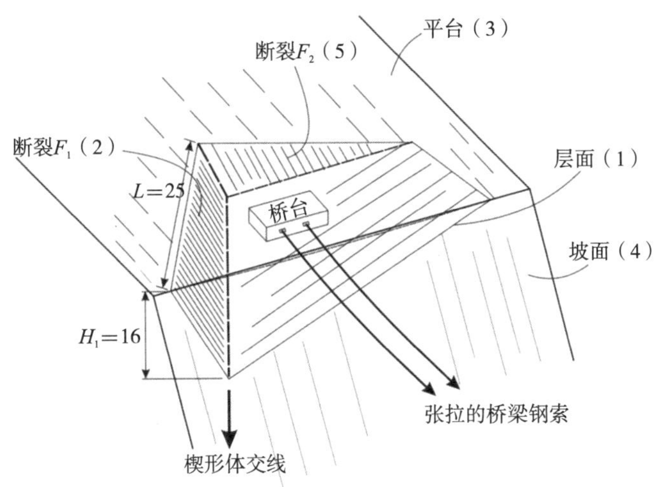

图 16.12　5 个平面形成的桥台下的楔形体

16.4.2　地质情况

岩石为微风化的坚硬块状砂岩，层面倾向正西，倾角 22°(产状 270°∠22°)。现场调查发现，台阶高度以下 16m 深度处有一个贯通的层面，其中含有软弱的页岩夹层(平面 1)。这个平面(平面 1)是形成楔形块的两个滑动平面中较平缓的面。该斜坡还包含两组产状为 150°∠80°(F_1)和 55°∠85°(F_2)的断层。断层是平面的，包含碎石和断层泥，可能有数十米的延伸长度。F_1 断层在楔体左侧形成了第二个滑动面(平面 2)见图 16.12。F_2 断层在楔体背面(平面 5)形成张裂缝，沿 F_1 断层露头测量出张裂缝位于坡顶后 25m 处。

图 16.13 为图 16.12 所示的 5 个在桥台上形成楔形平面的赤平投影图，显示 3 个结构面的大圆的产状，以及坡面(产状 220°∠78°)和上坡面(230°∠2°)。

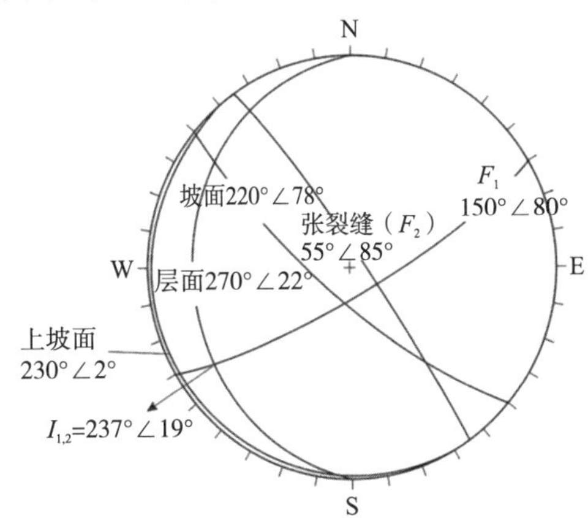

图 16.13　图 16.12 所示的 5 个在桥台上形成楔形平面的赤平投影

16.4.3　岩石强度

稳定性分析需要 F_1 断层和层理的抗剪强度值。这个断层可能在楔形体范围内贯通，并且断层面主要由碎石和断层泥提供摩擦，没有明显的黏聚力。层理面的剪切强度是页岩夹层的剪切强度。上述两者的剪切强度通过室内直剪试验测定(图 5.16)。

对断层充填物的直剪试验表明，摩擦角平均为 25°，内聚力为零，而页岩的摩擦角为 20°，内聚力为 50kPa。尽管断层和层理都是起伏不平的，但这些表面的有效粗糙度不会被纳入摩擦角，因为剪切可能完全发生在软弱的充填物内，而不是在岩石表面上。

16.4.4 地下水

这个地区遭受过强降水的袭击，可能会淹没斜坡顶部的平台。基于这些条件，假定在构成楔体的平面上会产生最大的水压。

16.4.5 地震

场地的地震系数为 $k_H=0.1g$。稳定性分析采用体拟静态法，其中假设地震系数、重力加速度和楔块的重量的乘积产生了一个沿交线向外作用于斜坡的水平力。

16.4.6 外力

作用在楔体上的外力包括平面 1、2 和 5 上的水压力、地震荷载、桥梁荷载和岩石锚索拉力。图 16.14 显示了平面图和截面图中的外力。

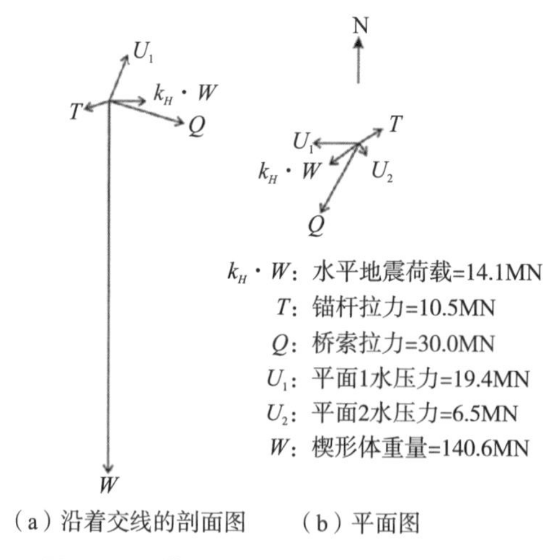

图 16.14 楔形体外力的大小和方向草图

水压力是 1 号和 2 号平面面积与水压强分布的乘积。地震力是水平地震系数和楔块重量的乘积。分析程序是进行稳定性分析，以确定楔形体的重量(体积乘以岩石重度)，从中计算地震力。

对于这座桥而言，由于张拉锚索的作用，桥台上的结构荷载的大小为 30MN，走向和倾角分别为 210°和 15°。该走向与桥轴线一致，桥轴线与岩石表面不成直角，倾角与锚索下垂形成的竖直角一致。

岩石锚索安装在平台的上坡面，并穿过层面延伸至下伏基岩，向层面施加法向和切向（向上）力。

16.4.7 稳定性分析

采用附录Ⅲ所述的综合楔形分析程序和 Roccience 公司的 Swedge 4.01 版计算机程序分析了桥台的稳定性。该分析所需的输入数据包括楔形的形状和尺寸，岩石性质和作用在楔块上的外力。这些输入参数的值和计算结果如下：

（1）楔形的形状和尺寸

楔形的形状由 5 个面定义，见图 16.13：

平面 1（层面）：22°/270°。

平面 2（断层 F_1）：80°/150°。

平面 3（上坡面）：2°/230°。

平面 4（坡面）：78°/220°。

平面 5（张裂纹，断层 F_2）：85°/55°。

计算平面 1 和 2 之间交线的方向为：交线 18.6°/237°。

楔的尺寸由两个长度参数定义：高度 H_1（从交线底部到坡顶）为 16m。长度 L（沿平面 1从坡顶到张裂缝）为 25m。

（2）岩石性质

岩石性质包括平面 1 和 2 的剪切强度，以及岩石单位重量：

含页岩的层面：$c_1 = 50\text{kPa}$，$\varphi_1 = 20°$。

断层 F_1：$c_2 = 0$，$\varphi_2 = 35°$。

岩石的重度：$\gamma_r = 0.026\text{MN/m}^3$。

水的重度：$\gamma_w = 0.01\text{MN/m}^3$。

（3）外力

外力的大小和方向如下。对于完全饱和的条件，水压力对每个平面起作用，计算结果如下：$U_1 = 18.8\text{MN}$。$U_2 = 6.13\text{MN}$。$U_5 = 1.49\text{MN}$。

楔块重力竖直向下，根据楔块体积和岩石重度计算得出：$W = 141\text{MN}$。

地震力的水平分量沿着交线的方向作用，其大小为：$k_H \cdot W = 0.1 \cdot W = 14.1\text{MN}$，产状 0°/237°。

桥梁力 Q 沿桥的中心线以水平向下 15°作用：$Q = 30\text{MN}$，产状 15°/210°。

无预应力锚索支护的支座的安全系数如下：

① $FS=2.58$—干燥，静止，$Q=0$MN。

② $FS=2.25$—饱和，静止，$Q=0$MN。

③ $FS=1.73$—饱和，$k_H=(0.1\cdot g)$，$Q=0$MN。

④ $FS=1.32$—饱和，静止，$Q=30$MN。

⑤ $FS=1.10$—饱和，$k_H=(0.1\cdot g)$，$Q=30$MN。

有观点认为，荷载条件④和⑤的安全系数不足以满足设施运行的临界条件，所需的最小静态和地震安全系数应分别为1.5和1.25。通过施加桥梁荷载并安装预应力锚杆之后，达到上述安全系数，计算结果如下：

① $FS=1.54$，饱和，静止，$T=10.5$MN，$\psi_T=15°$，$\alpha_T=56°$（平行于交线）。

② $FS=1.26$，饱和，$k_H=0.1\cdot g$，$T=10.5$MN，$\psi_T=15°$，$\alpha_T=56°$。

研究发现，通过改变锚索安装的方向可以优化加固楔体的安全系数。如果锚索安装的走向在交线与桥梁荷载的方向之间（即$\alpha_T=035°$），则可以将达到所需安全系数时的锚固力降低至8.75MN。

值得注意的是，本案例研究中的讨论仅涉及楔块的稳定性，而没有讨论将张拉桥索连接至岩石楔块的方法。并且，假设所有外力都通过楔形体的重心作用，因此不会产生力矩。

16.5 案例研究4——倾倒破坏的稳定性

16.5.1 现场概述

铁路上方的岩石边坡高约25m，形成边坡的岩石是块状花岗岩，并且已经发生过倾倒破坏（Wylie，1980）。上部倾覆块体的移动挤压了底部的岩石，导致岩石坠落，对铁路运营造成危害（图16.15和图16.16）。该场地属于高降水量气候，地震地面运动风险中等。已经采取了稳定措施来限制岩石坠落的危害，并防止进一步的倾倒变形。

16.5.2 地质概况

现场的花岗岩新鲜且非常坚硬，包含3组清晰的正交节理。最明显的一组节理J_1倾角约70°，走向与铁路线成直角。

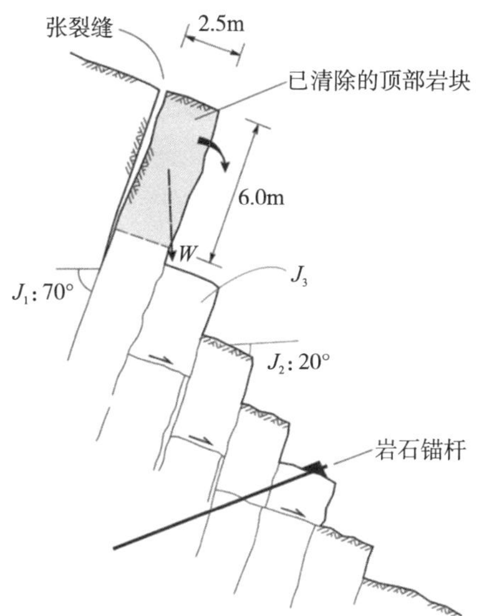

图 16.15 进行开挖和支护后的倾倒体理想效果

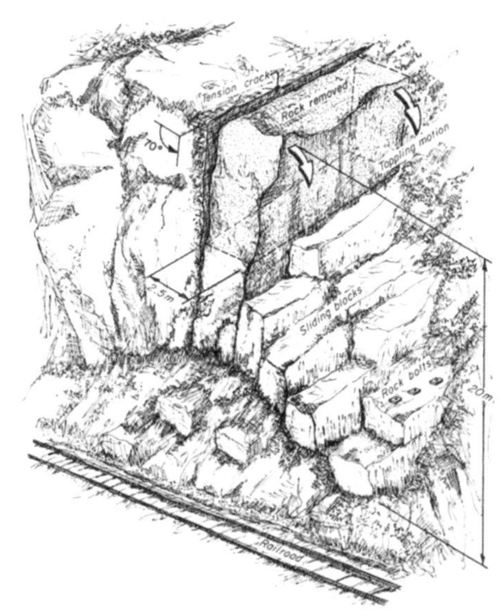

图 16.16 爆破清除的上部倾倒体的范围，以及下部倾倒体安装锚杆的位置

第二组节理 J_2 的走向与第一组相同，倾角 20°左右，而第三组节理 J_3 接近直立，走向平行于铁轨。节理间距为 2～3m，并且 J_1 节理组的延伸长度为 10～40m。节理面平直但比较粗糙，不含充填物。图 16.15 和图 16.16 显示了边坡的草图和由节理切割的块体尺寸。

16.5.3 岩石强度

花岗岩的抗压强度为 50～100MPa，估计结构面的摩擦角为 40°～45°，没有内聚力。由于到达现场以及制定加固方案的时间有限，这些值通过现场估计得到。

16.5.4 地下水

该地区经历了强降水和快速融雪的时期，因此预计斜坡下部会出现短暂的高水压。在斜坡的上部，由于岩石表面的张裂缝无法蓄水，不会出现水压力。

16.5.5 稳定条件

间距和走向均一的结构面 J_1 在斜坡上形成了一系列板状岩石，宽约 2.5m，垂直高度 20m。板状岩石倾角为 70°，当高度超过 6m 时，其重心位于底部岩石的外侧。这是形成倾倒的必要条件(图 1.11)。如图 16.15 所示，上部岩石有一个约 7m 高的临空面，这块板状岩石的倾倒形成了约 200mm 宽的张裂缝。当上部块体倾倒时，它会在下部块体上产生推力。这些较低的岩块长度较短，意味着它们的重心在其底座内，因此不会发生倾倒。但是，其所受推力很大，并足以导致下部块体在结构面 J_2 上滑动。结构面 J_2 倾角为 20°，摩擦角约为 40°；滑块的极限平衡分析表明，导致滑动所需的推力约等于滑块重量的 50%。这种剪切位移导致了一些岩石的断裂和破碎，这就是滚落岩石的来源。

现场失稳机理与第 10 章讨论的理论倾倒机理基本相同，见图 10.8。上层的较长的石板倾倒导致下层较短的石板滑动。在这些情况下，可能的加固方案包括降低倾倒体的高度，使其重心位于底边线内，或在底部的滑移石板中安装支护。采取了这两种措施，其综合作用是减少上板的倾倒趋势，防止下板的移动。

16.5.6 加固方法

为减少坠石危险并改善边坡的长期稳定性，采取了以下 3 种加固措施：

①在铁路上方人工清除松散的岩石。这项工作包括清除在岩石张开裂缝中生长的所有树木，因为这些树木会导致岩石表面的松动。

②在较低的石板上安装一排锚杆。这项工作在顶部开挖之前完成，目的是为了防止由爆破震动造成的进一步扰动破坏。

③采用爆破清除顶部长 6m 的石板，为了降低爆破振动对下部的影响，爆破是分阶段进行的，并且如果块体再次发生位移，可以安装额外的锚杆。爆破模式为在约 0.6m 的范围钻 6m 深的爆破孔，每次引爆 3 排。在爆炸孔中使用 0.4kg/m³ 的轻炸药装药。

16.6 案例研究 5——坠石沟开挖的圆弧破坏分析

16.6.1 现场概述

铁路上方经常出现滚石，一项提高其稳定性的计划被提出(图 16.17)。最初的加固方案涉及手动清除松散岩体和安装锚杆，但发现这些措施只能维持一两年的稳定，而后又会因为风化和节理面上岩石松动而产生新的滚石。

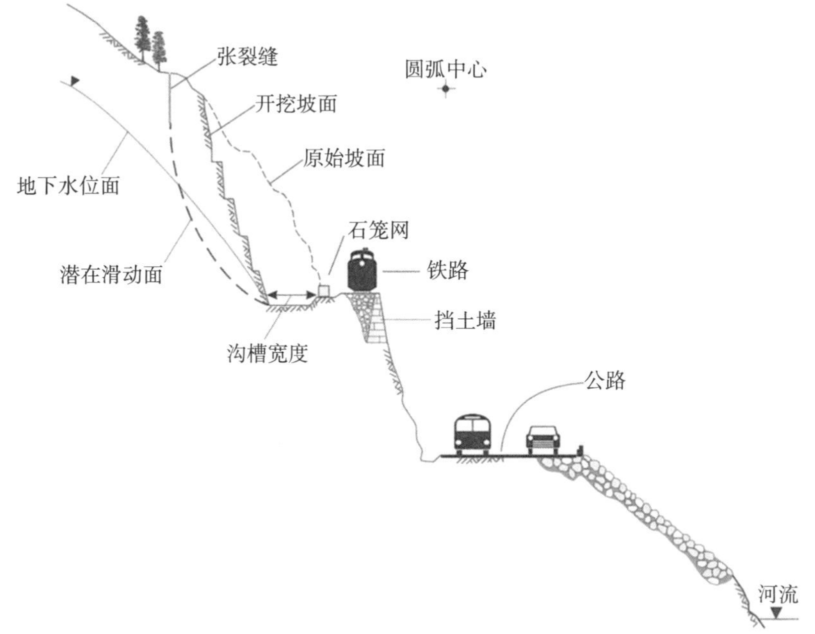

图 16.17　铁路上方斜坡的几何形状。开挖边坡后沟槽的尺寸，以及通过岩体的潜在圆弧滑动面的形状草图

弯曲的铁路线和 2km 的停车距离意味着如果发现坠石，火车就已经无法停下。为了长期有效地防止坠石，决定开挖坡面，设置一条足够宽的沟槽，以容纳新坡面上的大量坠石。这项工作涉及钻孔和爆破作业，将坡面切至 75°，并沿沟槽外缘修建石笼墙，作为阻挡坠石的屏障（Wyllie 等，1981）。

铁路和高速公路位于河道上方的岩石边坡上，在铁路所在平台的上方和下方都有陡峭的岩石坡面；30m 长的轨道由砖石挡土墙支撑（图 16.17）。铁路上方的原始开挖面高度约为 30m，坡面为 60°，坡脚 2m 宽的沟槽不足以容纳坠石（图 14.22）。爆破开挖原始边坡对地表以下的岩石造成了中等程度的破坏。

16.6.2　地质概况

切坡处为中等强度、微—中风化的火山凝灰岩，结构面间距为 0.5～2m，延伸长度可达 3m。一组贯通结构面近直立，与坡面走向约成 45°。然而，其他结构面在短距离内有一定变化。许多结构面都有低强度方解石充填物。

由于在整个边坡长度上结构面的产状变化和延伸长度有限，整个岩石边坡由结构面控制的失稳有限。

16.6.3 地下水

由于该地区降水量低，假设地下水位对整体边坡稳定性影响不大。假设的地下水位面见图 16.17。

16.6.4 岩石剪切强度

该项目的一个重要设计问题是铁路上方整体坡面的稳定性，以及是否可以安全开挖并建造一个坠石沟槽。与本设计相关的岩石强度是岩体的强度，因为潜在的破坏面将部分穿过完整的岩块，部分沿着与破坏面大致平行的某一小型节理面。但实际上无法对代表岩体强度的直径为几米的样品进行试验，也无法确定滑动面中有多少贯穿完整岩石、有多少沿着节理面。因此，采用下述两种经验方法来估算岩体的黏聚力和内摩擦角。

16.6.5 圆弧稳定性分析

由于不存在形成滑动面的地质构造，失稳可能以浅圆弧破坏的形式出现，如第 9 章所述，见图 16.17。

估算岩体强度的第一种方法是对现有铁路上方 30m 高的边坡进行反分析，其中包括以下步骤。第一，没有观察到整体边坡(已存在 100 多年)或附近同一岩石类型的天然边坡不稳定的迹象。第二，这些边坡可能曾经历过地震，偶尔出现高水压。因此，假定现有边坡的安全系数为 1.5～2.0。第三，如第 16.4.3 节所述，地下水位位于边坡的下部(见图 9.4)，使用图 9.7 中算图 2 进行稳定性分析是可行的。第四，对于节理面没有明显黏土的块状岩石，估计摩擦角为 35°；岩石重度为 $26kN/m^3$。基于这些数据，对于坡度为 60°、高为 30m 的边坡，可以使用圆弧破坏设计图来计算岩石的内聚力，大约为 150kPa，其中 $FS=1.75$；$\tan\varphi/FS=0.40$；$c/(\gamma\cdot H\cdot FS)=0.11$。图 5.21 为用于选择剪切强度值的附加准则。

与反分析法相比，确定岩体强度的 Hoek-Brown 强度准则(见第 5.5 节)计算得到内摩擦角为 38°，黏聚力约为 180kPa(输入参数：$\sigma_i=40MPa$)；GSI=45；$m_i=10$；$D=0.9$(实际施工中爆破效果差；边坡高度－30m)，计算机程序以 RocData 4.014 版(RocScience Inc.)为基础。

这两组强度值相当接近，但差异说明了确定岩体强度的不确定性，并且需要进行敏感性分析以评估这个强度对稳定性可能产生的影响。

16.6.6 沟槽和边坡设计

该项目的两个主要设计问题是容纳坠石的沟槽尺寸以及开挖沟槽后边坡的稳定性。

(1)沟槽

容纳坠石的沟槽所需的深度和宽度与边坡的高度和坡度有关，见图 14.22(Ritchie,

1963)。这些设计建议表明,与现有的 60°相比,对于建议的 75°坡度,沟槽所需的尺寸减小。沟槽设计考虑的另一个因素是沟槽外侧坡的坡度。如果这个坡面陡峭并且用缓冲材料建造,那么落在沟底的岩石很可能被控制住。但是,如果外侧坡是缓坡,它们可能会从沟槽中滚出。

对于 30m 高、坡面 75°的岩石边坡,需要 2m 深度和 7m 底部宽度的沟槽。为了减少开挖量,沟槽开挖 1m 深度,沿沟槽的外侧建造 2m 高的石笼墙,以形成一个垂直挡墙。

(2)边坡稳定性

开挖边坡的稳定性采用图 9.7 算图 2 的圆弧进行验算。拟建的开挖方案将坡面从 60°增加到 75°,而不会显著增加高度,并且新边坡的岩体强度和地下水条件将与现有边坡相同。算图 2 显示新边坡的安全系数约为 1.3 ($c/(\gamma \cdot H\tan\varphi) = 0.275$; $\tan\varphi/FS \approx 0.2$)。图 16.15显示了使用图 9.8($X = -0.9 \cdot H; Y = H; b/H = 0.15$)确定的最小安全系数时潜在张裂纹和滑动面的大致位置。

16.6.7 施工问题

岩石强度太高,无法用挖机开挖,因此采用钻爆法进行挖掘。以下是在施工过程中遇到的一些问题:

采用垂直孔在 4.6m 高的升降机上进行爆破。每个平台开始开挖时需要的"台阶"所允许钻头的间隙为 1.2m,所以整体坡度为 75°。在 2.25m^2 上布置直径 63mm 的钻孔,单方炸药量为 0.3kg/m^3。

在最终面上采用控制爆破,以尽量减少对后方岩石的破坏。最后一排孔的间距为 0.6m,并以 0.3kg/m 的荷载系数装填低速炸药。最后一排孔按顺序引爆(缓冲爆破),因为有限荷载下无法进行预裂爆破(见第 13.4 节)。

为了避免爆破岩石滚落在铁路和公路上,并尽量缩短道路封闭时间,成排爆破孔的爆破顺序与坡面成直角。

在每次爆破前,在轨道上放置一层 1m 厚的砾石以保护轨道免受坠石的影响。便于迅速移除,以允许列车运行。

在边坡底部附近,要保护支撑轨道的挡墙免受爆破损坏,通过控制每次延迟的爆炸物重量来实现,从而使挡墙中颗粒振动的峰值速度不超过 100mm/s(见第 13.5 节)。

16.7 案例研究 6——裂隙发育岩石边坡的被动加固

16.7.1 现场概述

为了拓宽运输路线,需要对一边坡进行削坡,开挖形成高达 28m、坡角 76°的新边坡。新边坡上方的自然边坡坡度为 40°。为了限制切坡高度，并尽量减少施工所占用的路面宽度，因此需要 76°的坡度(图 16.18)。

为保证坡面开挖的安全性和长期稳定性，开挖时必须自上而下进行支护。本案例研究介绍了用于支护边坡的全粘结无张拉锚杆(被动锚杆)的设计和安装。

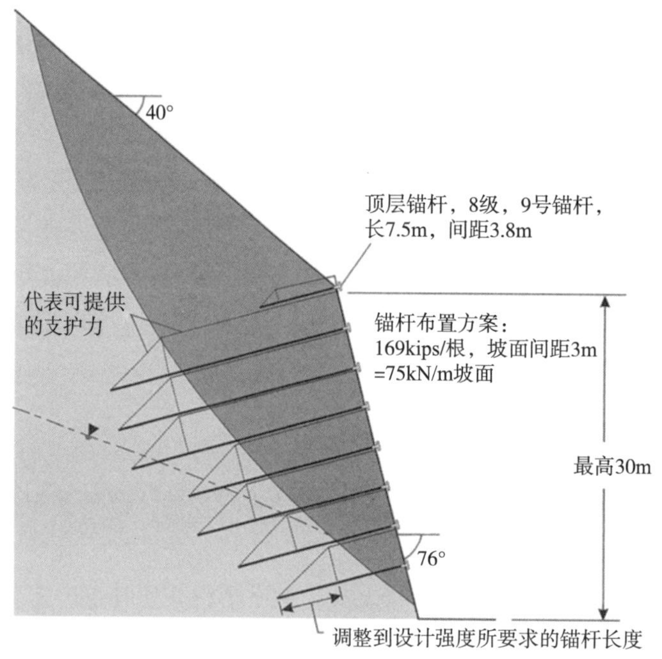

图 16.18 含潜在圆弧滑动面、全粘结锚杆的位置和深度的边坡横剖面

16.7.2 地质概况

该地区地层主要为熔岩和火山碎屑流形成的玄武岩和凝灰岩地层，在短距离内岩性变化显著。另外，浅变质作用和表层风化作用也导致了岩性的变化。和其他常见的火山岩地区一样，该地区结构面规模小，总体上产状随机变化。岩石中—强风化为Ⅰ级至Ⅱ级，完整岩石为中—低强度。岩芯 RQD 小于 50%。

16.7.3 岩石强度

设计中使用的抗剪强度是岩体强度，由完整岩石强度和小规模、随机产状的结构面强度组成。由于无法在实验室中测得岩体强度，通过对假设处于极限稳定状态的现有边坡进行反分析以及按第 5.5 节中所述的 Hoek-Brown 强度标准来估算抗剪强度。

对坡度为 74°、高 15m 的边坡进行反分析，并记录边坡局部失稳的过程，其安全系数估计为 1.06。假设滑动面为圆弧，地下水位位于边坡下部，采用图 9.7 算图 2 进行反分析。对于内摩擦角 35°的岩体，计算得到黏聚力为 45kPa；该强度与图 5.21 所示岩石性质相关的

($c-\varphi$) 值基本一致。

对于 Hoek-Brown 岩体强度,"块状/扰动/裂隙"岩石和"一般/较差"结构面条件的参数 GSI=35;对于由玄武岩和凝灰岩组成的火山岩体,$m_i=18$;完整岩石抗压强度=21MPa;$D=0.9$ 表示首次爆破期间的岩石损伤以及在裂隙岩体中采用控制爆破进行开挖的难度。采用这些参数,计算得到在标准的正应力水平下,岩体抗剪强度值为 $c=120$kPa,$\varphi=32°$。可以认为,反分析和 Hoek-Brown 标准计算的抗剪强度值基本一致。

16.7.4 地下水

该工程项目位于高降水量和降雪量的地区,因此水可能会快速渗入坡内。由于岩石裂隙发育,可根据边坡中的孔压计得到地下水位信息,设计中可以假设水位线位于边坡的下部,见图 16.18。

16.7.5 边坡稳定性分析

图 16.18 所示几何形状的边坡所需的最小安全系数为 1.30。圆弧稳定性分析表明,为了达到该安全系数,有必要对设计的 28m 高、坡度 76°的边坡进行加固。边坡是在一系列水平升降机中开挖的,所以选择的加固方法是从顶部开始安装全粘结无张拉锚杆。用全粘结锚杆加固边坡有以下优点:

①全粘结锚杆能维持裂隙岩体的互锁,防止岩体松弛和抗剪强度损失。当边坡开挖且岩石中出现应变时,锚杆仅在岩体变形的范围内发挥承载力。如果在开挖过程中安装锚杆,则发生上述岩体变形时会使锚杆拉紧,并在需要的位置产生一定强度,以防止出现位移。

②即使在坡面岩石出现松动的情况下,锚杆仍可确保整体支护功能。相比之下,如果是端头锚固的张拉锚杆,当表面的岩石出现松动时,预应力就会松弛,无法再提供支护力。

③由于安装过程简单、快速,全粘结锚杆安装成本比张拉锚杆的安装成本低。

全粘结锚杆已在第 7.5.2 节(全粘结无张拉锚杆加固)和第 14.4 节(岩石加固技术)中讨论。

稳定性分析使用 Slide(Roccience Inc.)进行,岩石抗剪强度和地下水参数在前几段中已经讨论。采用土钉模拟全粘结锚杆,黏结强度为 310kPa。研究发现,用直径为 45mm 的钢筋,以 3.8m 垂直间距和 3m 水平间距安装可达到要求的安全系数。

将完全灌浆的定位锚杆建模为黏结强度为 310kPa 的土钉。研究发现,直径为 45mm 的实心钢定位锚杆以 3.8m 垂直间距和 3m 水平间距的方式安装可达到要求的安全系数。这些锚杆的屈服强度为 750kN,需要 6m 的黏结长度才达到钢筋的全屈服荷载。锚杆总长度需要确保黏结区域超过潜在滑动面。

16.7.6 施工方法

在 5m 的升降机上采用钻爆法开挖边坡,采用光面爆破,以尽量减少对后方岩石的损伤。每层升降机安装两排全粘结锚杆，涂有环氧树脂防腐层。钻孔向下倾斜 15°以便于注浆，钻孔直径为 125mm，将钢筋与对中套管和注浆管一起放置。

除了安装上述锚杆外，在开始开挖前，需要沿顶部安装长 7.5m、直径 28mm、间距为 4m 的锚杆，对顶部的松散风化岩石进行支护。这是一项重要的安全措施。

研究发现，在不安装套管的情况下，锚杆安装孔可以一直保持开放，同时可以进行钢筋焊接。这些长度是标准长度，工厂可以直接生产，从而减少浪费。带对中套管的钢筋在钻孔中可以自动居中，通过附在钢筋上的注浆管从钢筋远端逐渐向上注浆。

安装定位锚杆后，坡面覆盖一层 100mm 厚的钢纤维喷射混凝土，以控制裂隙岩体表面剥落。锚杆外端的钢板和锚头被覆盖于喷射混凝土中，这样可以将喷射混凝土固定在陡峭的表面上。

该项目完成时，在边坡底部钻两排排水孔，深度 25m，间距 7.5m。

（卢树盛　高健）

附录Ⅰ： 手绘构造地质数据的赤平投影

Ⅰ.1 引言

构造地质的产状资料分析，第一步要绘制代表每个结构面倾角和倾向的极点。这将有助于识别结构面集合，可以计算平均产状和离散性。分析的第二步是绘制代表每组结构面、主要结构面如断层平均产状的大圆以及坡面的产状。构造数据的手绘可以在本附录提供的赤平投影网上进行。第 2.5 节提供了更详细的绘图过程。

Ⅰ.2 绘制极点图

极点可以绘制在极射赤平投影(图Ⅰ.1)上，其中圆周表示倾向，半径方向表示倾角，中心表示零度倾角。需要注意的是，图Ⅰ.1 所示的赤平投影是下半球投影，其中倾向刻度从圆底部开始并且沿顺时针方向增加，其中正北方向对应于倾向 180°。以这种方式设置刻度的原因是，如果用地质罗盘测量，数据正好可以直接绘制在下半球赤平投影图上(见第 2.5.2 节)。

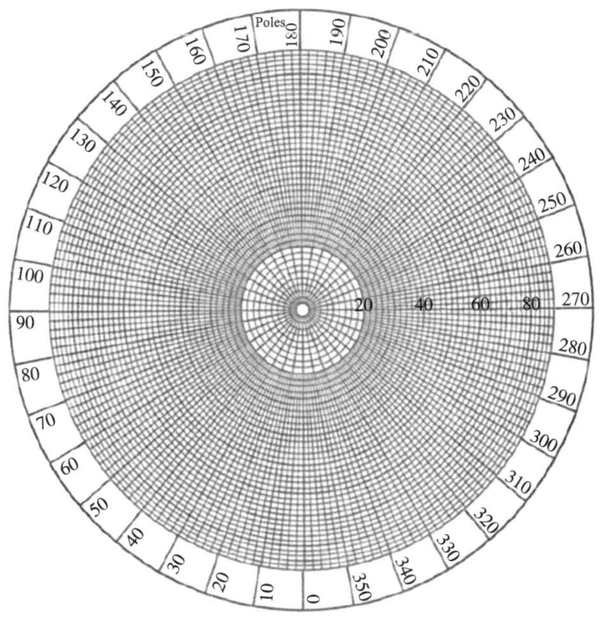

图Ⅰ.1 绘制极点的极射赤平投影网

绘制极点的方法是在印刷好的极坐标网上铺一张描图纸，并在圆的外围标出北方向和各象限的位置。由倾角（和中心点的径向距离）和倾向（圆周位置）表示每条结构面的产状，在图上做标记，代表该产状。倾角较小的结构面标记靠近中心，倾角较大的结构面标记靠近圆周，倾向向北的结构面标记位于下半圆，倾向向南的结构面标记位于上半圆。

Ⅰ.3 极点密度等值线

可以使用如图Ⅰ.2所示的计数网格来判别极坐标点的密度。Kalsbeek网由相互重叠的六边形构成，每个六边形的面积为极坐标全部面积的1/100。通过将计数网格覆盖在极点图上并计算每个六边形中的标记点数来划分轮廓；在网格上标记数字。通过将每个六边形中的点数除以总数并乘以100，将这些点数转换为百分比。极点密度等值线可以通过在每个六边形的百分比值之间进行插值得到（参见第2.5.3节）。

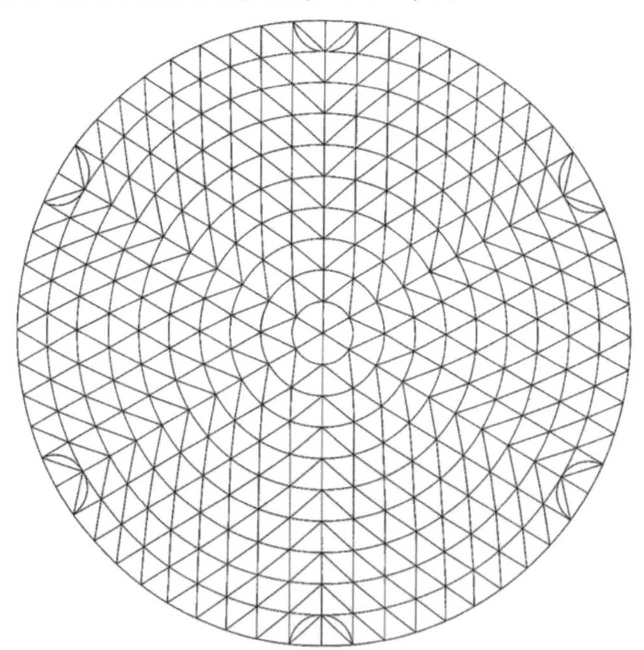

图Ⅰ.2 极点密度等值线的Kalsbeek计数网

Ⅰ.4 绘制大圆

大圆绘制在施密特投影网上（图Ⅰ.3），但不能直接在这张图上绘制，因为真倾角只能绘制在水平轴上。大圆需要按以下步骤绘制（参见第2.5.4节）：

①用图钉通过中心点将一块描图纸固定在投影网上，以便描图纸可以在图上旋转。

②在描图纸上标记投影网的北方向。

③找到平面倾向对应在投影网圆周上的刻度，并在描图纸上标记该点。请注意，绘制大

圆的投影网倾向刻度从圆圈顶部的北极开始，顺时针方向增加。

④旋转描图纸，直到倾向标记与投影网的水平轴之一（即倾向刻度 90°或 180°的点）重合。

⑤在投影网上找到与平面倾角对应的弧线，并将该弧线描到描图纸上。请注意，水平面是和投影网圆周重合的大圆，垂直面是过圆心的直线。

⑥旋转描图纸，使描图纸北极点和投影网北极点重合，大圆正确定向。

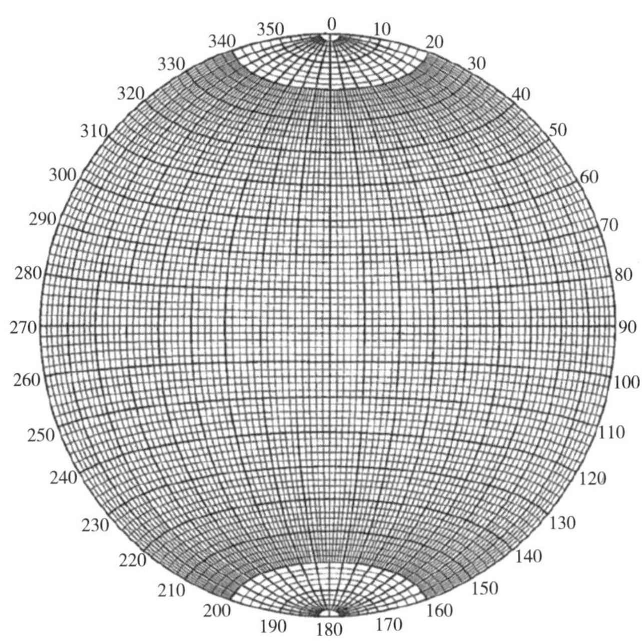

图Ⅰ.3　用于绘制极点和大圆的等面积投影网

Ⅰ.5　交线

两个平面的交线是一条直线，它定义了由这两个平面形成的楔体的滑动方向。确定两平面交线方向的方法如下（见第 2.5.5 节）：

①找出两个大圆的交点，该交点代表两个平面的交线。

②从投影网的中心画一条通过上述交点的直线，并延伸到投影网圆周。

③步骤②中所画的直线对应投影网圆周上的刻度，就是交线走向。

④旋转描图纸，直到步骤②中所画的直线位于投影网的其中一个水平轴上（倾向 90°或 180°）。交线的倾伏角从水平轴上的刻度读出，若交线处于水平方向，则交点位于圆周，若交线处于竖直方向，则交点位于圆心。

（罗仁辉　吴树良）

附录Ⅱ： 定量描述岩体中的结构面

Ⅱ.1 介绍

本附录提供了地质填图和钻探中用于定量描述岩体参数的细节。所提供的信息完全基于国际岩石力学学会(ISRM;1981,2007)制定的规程,本书第4章已对此进行了详细论述。采用ISRM规程进行地质填图和岩芯编录有以下原因:首先,这些规程是定量描述的,所有参数可测,其结果可以直接用于设计或求解。其次,标准化程序能让不同人员按相同的标准工作,并产生可比较的信息。

以下是岩体参数的描述,以及列出用于量化这些参数值的表格。还提供了可用于记录地质填图数据和定向岩芯测井的填图表格。有关地质特征和数据收集方法的详细信息已在第4章中讨论。

Ⅱ.2 岩体特征参数

从图Ⅱ.1中可以看出表征岩体特征的参数,图Ⅱ.2将岩体特征参数划分为与岩石材料及其强度、结构面特征、充填物性质、块体尺寸和形状、地下水条件等因素有关的5类。下面对每个参数进行讨论。

Ⅱ.2.1 岩石材料描述

Ⅱ.2.1.1 A:*岩石类型*

在岩体描述中加入岩石类型描述,其意义在于它定义了岩石形成的过程。例如,砂岩等沉积岩通常包含有序的结构面,它们成层沉积,并且通常受热和被压缩,因此具有中一低等的强度。此外,从一般工程经验角度来看,岩石类型能说明岩石的工程特性。例如,花岗岩强度较高,整体性好,耐风化;而页岩强度较低、易破碎,在干湿循环条件下会加速风化。

通过表Ⅱ.1可以确定岩石类型。这一方法确定了岩石3个主要特征:

①颜色,即以浅色还是暗色矿物为主。

②结构,全晶质、半晶质或隐晶质。

③粒径,从黏粒到砾石(表Ⅱ.2)。

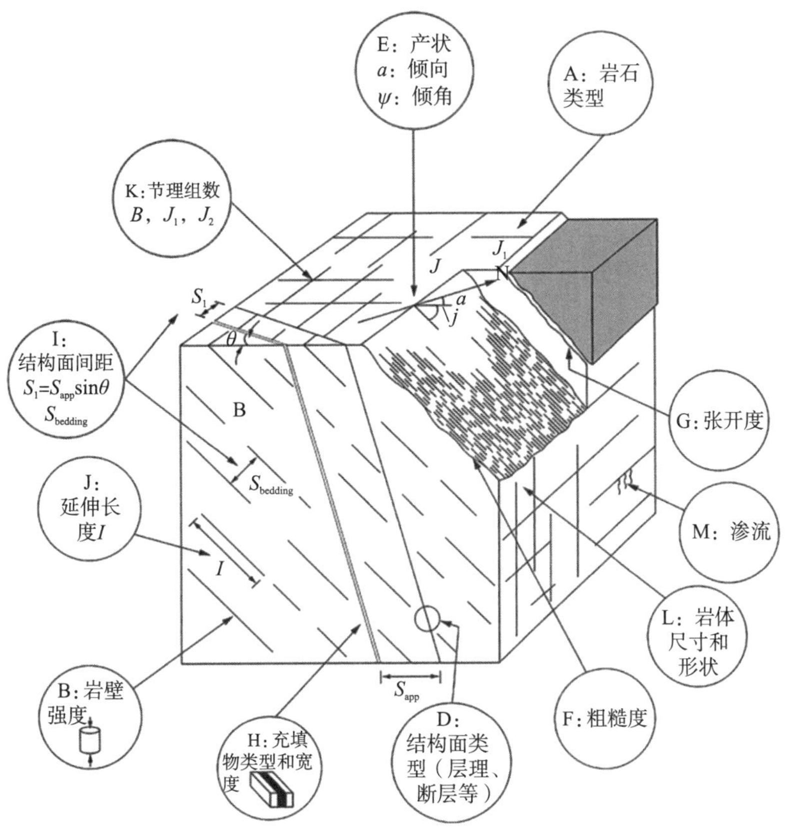

图Ⅱ.1　岩体参数(Wyllie,1999)

Ⅱ.2.1.2　B:岩壁强度

岩体包括完整岩块和其中的结构面,岩石抗压强度是其剪切强度和变形特性的重要组成部分,特别是在无充填节理中,节理面直接接触的情况下。由岩体内剪应力引起的结构面少量剪切位移常形成粗糙面。当局部出现应力集中,接近或超过岩壁材料的抗压强度时,粗糙面会发生磨损。如第 4.4.3 节所述,在计算剪切强度时,将岩壁表面强度取值为节理抗压强度(JCS)。

表Ⅱ.3 定义了对应等级(R_6 到 S_1)的岩石和土强度范围,作为简单的现场判别方法。

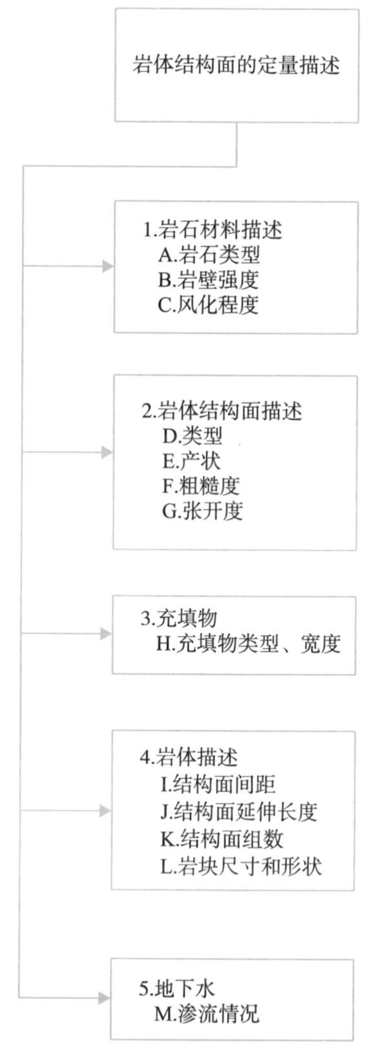

图Ⅱ.2 描述岩体特征的参数

Ⅱ.2.1.3 C:风化程度

岩体在地表附近经常被风化,并且有时因受热引发蚀变作用。暴露在结构面上的岩石风化(和蚀变)通常比岩石内部更明显,因为引起风化的水流会冲刷表面。这种水流冲刷导致结构面上的岩石强度小于岩块内部的新鲜岩石的强度。因此,岩石材料和岩体的风化或蚀变程度的描述是岩体描述的重要部分。

表Ⅱ.1　　岩石类型

成因			碎屑沉积			火山碎屑	有机物	变质岩		火成岩			
结构			层状			层状		片状	块状	块状			
组成										浅色矿物有石英、长石、云母和长石类矿物			暗色矿物
	粒度/mm		石英、长石颗粒和其他矿物质	至少50%的矿物是碳酸盐		至少50%的颗粒是细粒火山岩		石英、长石、云母，针状暗色矿物		酸性岩	中性岩	基性岩	超基性岩
碎石	60	砾	颗粒是岩石碎屑 卵石：砾岩	石灰石（未分化）(20)	砾屑灰岩	火山角砾团块火山角砾岩	盐岩 石盐 无水石膏 石膏	混合岩	角页岩	伟晶岩			辉石岩和橄榄岩
粗粒	2		角砾：角砾岩					片麻岩交替层状颗粒和片状矿物					
中粒	0.06 0.002		砂岩：颗粒主要是岩石碎屑 石英砂岩：95%石英 长石砂岩：75%石英，至多25%长石 泥质砂岩：75%石英，15%+细粒		灰岩	凝灰岩	燧石 燧石	片岩	大理石 变粒岩	花岗岩 细粒花岗岩	闪长岩 细粒闪长岩	辉长岩 辉绿岩	
细粒		泥质或粉质			石灰粉砂岩	细粒凝灰岩	煤炭	千枚岩	石英岩	流纹岩	安山岩	玄武岩	
粉粒	0.06 0.002		泥岩页岩：破碎泥岩 粉砂岩：50%细粒 黏土岩：50%粉粒 钙质泥岩		石灰粉砂岩	细粒凝灰岩		板岩	角闪岩	黑曜石和松脂岩		玻璃玄武岩	蛇纹岩
玻璃质								糜棱岩					

注：改编自地质学会工程团队工作组。

表Ⅱ.2　　颗粒大小

名称	颗粒尺寸/mm
巨石	200～600
卵石	60～200
粗砾	20～60
中砾	6～20
细砾	2～6
粗砂	0.6～2
中砂	0.2～0.6
细砂	0.06～0.2
淤泥，黏土	<0.06

表Ⅱ.3　岩石材料强度分类

等级	描述	判别方法	抗压强度的大致范围	
			MPa	PSI
R_6	极坚硬岩石	标本只能被地质锤敲断	>250	>36000
R_5	很坚硬岩石	标本需要地质锤很多次敲击才破裂	100～250	15000～36000
R_4	坚硬岩	试件需要地质锤数次敲击才破裂	50～100	7000～15000
R_3	中等坚硬岩石	标本无法被小刀刮落或破碎，能被地质锤用力一次击碎	25～50	3500～7000
R_2	软岩	标本可以被小刀艰难地划开，被地质锤的尖头用力敲击会产生浅的凹痕	5～25	725～3500
R_1	很软弱岩石	标本可被地质锤尖头用力击碎，可被小刀划开	1～5	150～725
R_0	极软弱岩石	标本可用指甲刻出印痕	0.25～1	35～150
S_6	坚硬黏土	标本很难用指甲刻出印痕	>0.5	>70
S_5	很硬黏土	标本容易用指甲刻出印痕	0.25～0.5	35～70
S_4	硬黏土	标本容易用指甲刻出印痕但很难压入	0.1～0.25	15～35
S_3	较软黏土	标本能被拇指用力压入几英寸的距离	0.05～0.1	7～15
S_2	软黏土	标本容易被拇指力压入几英寸	0.025～0.05	4～7
S_1	很软黏土	标本能轻易被拳头压入几英寸	<0.025	<4

注：范围取值包含上、下限值。

①物理风化和化学风化是两种主要的风化过程。一般来说，物理风化和化学风化同时发生，这取决于气候和岩性，但化学风化通常占主导地位。物理风化导致结构面开裂，岩石断裂形成新的结构面，晶粒间的界面断开，矿物颗粒断裂或劈裂。化学风化会导致岩石变色，硅酸盐矿物最终分解为黏土矿物；某些矿物，特别是石英，能够抵抗风化侵蚀，并保持不变。对于碳酸盐岩类矿物，化学风化十分重要(第3章)。

②岩石相对较薄的“表皮”影响剪切强度和变形特性，可以对其进行简单测试。岩石单轴抗压强度可以从施密特锤击试验和划痕/地质锤击试验中估算出来，因为后者已经根据大量试验数据进行了近似校准，见表Ⅱ.3。

③表面的矿物会影响结构面的抗剪强度，如果结构面平整光滑，这种影响会更加显著。应尽可能描述矿物的类型。无法确定时应采取样品。

表Ⅱ.4定义了岩石风化的等级。

表Ⅱ.4 岩石风化程度的划分

等级	术语	风化描述
Ⅰ	新鲜	没有岩石风化的明显迹象;可能主要结构面上有轻微变色
Ⅱ	微风化	变色表明岩石和结构面的风化。所有岩石材料可能因风化而变色,风化后的外部岩石强度可能比其新鲜状态时弱
Ⅲ	中风化	一小半的岩石材料分解和/或崩解成土壤。新鲜或变色的岩石要么作为一个不连续的骨架存在,要么作为岩芯存在
Ⅳ	强风化	一大半的岩石材料分解和/或崩解成土壤。新鲜或变色的岩石要么作为连续的骨架存在,要么作为核心存在
Ⅴ	全风化	所有岩石分解和/或崩解成土壤。原始的岩体结构仍然基本完好
Ⅵ	残积土	所有岩石材料都转化为土壤。岩体结构和材料结构被破坏。岩石体积大幅度减少,但转化成的土壤没有被显著搬运

Ⅱ.2.2 结构面描述

Ⅱ.2.2.1 D:结构面类型

结构面类型在描述岩体时很有用,因为每种类型都影响岩体特性。例如,断层可以延伸几千米,并且包含软弱夹层,节理长度通常不超过几米,并且它们通常不含填充物。第 4.3.3 节描述了最常见类型的结构面特征,包括断层、层理、面理、节理、劈理和片理。

Ⅱ.2.2.2 E:产状

①结构面的产状由倾角 ψ 和倾向 α 描述,如 45°/25°。

②工程结构中的结构面产状在很大程度上控制了失稳条件和大变形的产生。当存在其他引起结构变形的条件时,结构面的产状就更加重要。例如,低剪切强度时一定数量的结构面会引起滑坡。

③结构面相互交切决定了构成岩体的各岩块的形状。

Ⅱ.2.2.3 F:粗糙度

①结构面的粗糙度是其剪切强度的潜在重要组成部分,特别是在尚未发生位移并且相互咬合(如节理未填充)的情况下。表面粗糙度的重要性随着空隙大小或充填厚度或位移量的增加而下降。

②粗糙度可以用起伏度和不均匀度或粗糙度来表征。

③起伏度用来描述大尺寸的粗糙度,如果结构面咬合和接触,而锯齿太大又难以被剪断,那么起伏结构面在剪切位移过程中会引起剪胀。不均匀或粗糙描述了小尺度的粗糙度。如果结构面上的岩石强度与法向应力的比值很小,那么在剪切位移过程中,粗糙面将会磨

损，在这种情况下，这些小尺寸粗糙面几乎不会发生剪胀。

④应现场测量起伏度和粗糙度，并且将粗糙度作为直剪试验的一个组成部分。

⑤粗糙度可以沿滑动方向的线性轮廓进行采样，即沿着倾向(倾向矢量)方向。在由两个相交的结构面控制滑动方向的情况下，潜在滑动的方向平行于平面的交线。

⑥所有粗糙度采样的目的是估算或计算剪切强度和剪胀。目前可用的解释粗糙度分布和估算剪切强度的方法包括测量不规则面的粗糙度值或表面粗糙度系数 JRC(图Ⅱ.3)。表面粗糙度对表面总摩擦角的影响已在第 4.4.3 节中详细讨论。

可用于定义粗糙度的描述性术语是小尺寸特征(几厘米尺寸)的组合：粗糙，平滑，光滑；大尺寸特征(几米尺寸)：阶梯式，波浪式，平面式。这些术语可以结合起来描述表Ⅱ.5 所示的粗糙度水平。

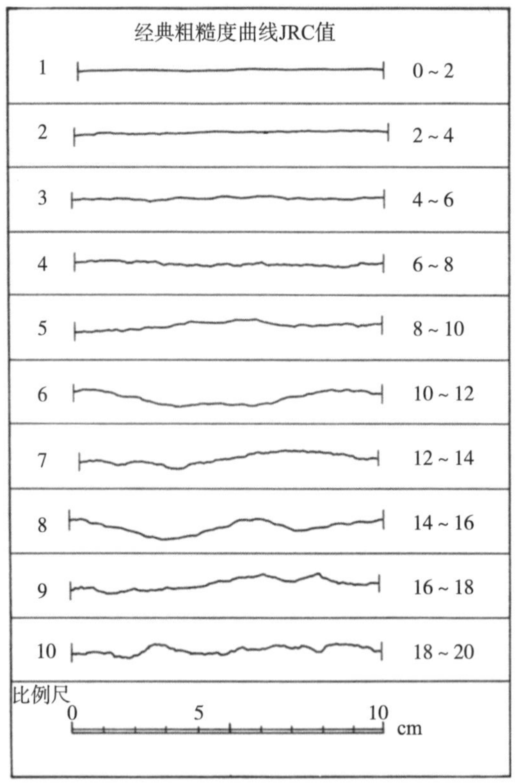

图Ⅱ.3 粗糙度标准剖面和对应的 JRC 值范围(国际岩石力学学会，1981)

表Ⅱ.5 描述粗糙度的术语

粗糙度等级	粗糙度描述
Ⅰ	粗糙，阶梯式
Ⅱ	平滑，阶梯式
Ⅲ	光滑，阶梯式
Ⅳ	粗糙，波浪式

续表

粗糙度等级	粗糙度描述
Ⅴ	平滑，波浪式
Ⅵ	光滑，波浪式
Ⅶ	粗糙，平面式
Ⅷ	平滑，平面式
Ⅸ	光滑，平面式

Ⅱ.2.2.4　G：张开度

①张开度是结构面上相邻岩石表面的垂直距离，由空气或水充填。张开度不同于充填物厚度。含充填（如黏土）结构面中充填物被冲刷后，也属于张开结构面。

②具有一定粗糙度和起伏度的结构面发生剪切位移、受拉张开、充填物被冲刷或溶解等情况均会产生大张开度。由于山谷侵蚀或冰川后退而产生张拉应力形成陡倾结构面，可能形成大型空洞。

③相比于冲蚀成因或延伸较远的结构面的张开度，在大多数浅层岩体中，结构面张开度可能小于半毫米。某一闭合结构面的张开度是0.1mm还是1.0mm对抗剪强度影响并不大，除非结构面非常平滑。但结构面的渗透率受张开度影响较大。

④需要注意的是，除非是钻探孔或隧道钻孔，一般情况下张开度较小时，肉眼观察并不可靠，因为张开度会受到爆破或风化作用的影响。张开度可以通过测试渗透率间接得到。

⑤可以从松散程度和渗透率的角度来记录张开度。节理面水压、水流补给和充填物（液体和气体）的流出都将受到张开度的影响。

张开度可以用表Ⅱ.6中列出的条件来描述。

表Ⅱ.6　　张开度

尺寸/mm	张开度描述	
＜0.1	紧闭	“紧闭”型
0.1～0.25	闭合	
0.25～0.5	部分张开	
0.5～2.5	张开	“裂隙”型
2.5～10	较宽	
＞10	宽	
10～100	很宽	“张开”型
100～1000	极宽	
＞1000	空洞	

注：范围取值包含下限，不包含上限。

Ⅱ.2.3 充填物描述

Ⅱ.2.3.1 H:充填物类型和宽度

①充填物指结构面中相邻岩壁间的充填材料,如方解石、绿泥石、黏土、淤泥、断层泥、角砾岩等。相邻岩壁间的垂直距离被称为充填物厚度,与张开结构面或裂隙的张开度相对应。

②由于充填物种类繁多,含充填结构面的物理性质也有很大差别,特别是在其剪切强度、变形特性和导水率等方面。充填物在短时间和长时间尺度下力学行为可能有很大差别,因此充填物的性质短期内有一定的误导性。

③充填物多样的力学行为取决于许多因素,其中最重要的是:

a. 充填材料的矿物类型(表Ⅱ.1)。

b. 级配或粒度(表Ⅱ.2)。

c. 超固结比。

d. 含水率和导水率(表Ⅱ.12)。

e. 已发生的剪切位移。

f. 表面粗糙度(图Ⅱ.3 和表Ⅱ.5)。

g. 充填物厚度(表Ⅱ.6)。

h. 岩壁断裂或破碎程度。

④应详细记录上述因素,并尽可能使用定量描述,附上重要现象的草图和/或彩色照片。建议进行现场测试,进一步调查对稳定性构成威胁的主要结构面。在特殊情况下,这些现场描述的结果可能需要进行大规模的现场测试佐证,比如在斜坡内部建有重要设施,上方的关键岩体结构特性需要进行现场试验。

Ⅱ.2.4 岩体描述

Ⅱ.2.4.1 I:结构面间距

①相邻结构面的间距在很大程度上控制了完整岩块的大小。结构面间距较小的情况下岩体黏聚力较低,间距较宽时岩体整体性较好。这取决于单条结构面的延伸长度。

②在特殊情况下,密集的间距可能会将岩体的破坏模式从平面或楔形转变为圆弧或甚至流动(如石英岩中的"方糖"剪切带)。当结构面间距较小时,小块岩石可能会旋转和滚动,此时结构面产状的影响很小。

③结构面产状相同的情况下,当存在其他有利于变形的条件时,结构面间距就更加重要,比如低剪切强度和一定数量的结构面组合容易引发滑坡。

④结构面间距对渗透系数和渗流场有很大影响。一般来说,节理张开度一定的情况下,

任意一组节理的渗透系数与间距成反比。

间距可以用表Ⅱ.7中列出的术语来描述。

Ⅱ.2.4.2 J:延伸长度

①延伸长度意味着平面内结构面的面积或大小。可以通过观察出露的结构面迹线长度来粗略估计。它是最重要的岩石参数之一,但也是最难量化的参数之一,见表Ⅱ.7、表Ⅱ.8。

②成组出现的结构面往往更具有连续性。小型节理往往被大型节理所截断,或者被岩块截断。

表Ⅱ.7　　节理间距尺寸

节理间距说明	间距/mm
极小间距	≤20
很小间距	20～60
闭合间距	60～200
中等间距	200～600
宽间距	600～6000
很宽间距	2000～6000
极宽间距	>6000

注:范围取值包含上限,不包含下限。

表Ⅱ.8　　节理延伸长度

节理延伸长度描述	尺寸/m
较短	≤1
短	1～3
中等	3～10
长	10～20
很长	>20

注:范围取值包含上限,不包含下限。

③对岩石边坡,评估那些产状不利于边坡稳定的结构面延伸长度十分重要。如果结构面延伸进入岩石内部,而没有被其他结构面或是完整岩块截断,那么其延伸长度决定了最终破坏时完整岩块的破坏程度。另外,延伸长度决定了相邻结构面之间进一步相互连通形成滑动面的扩展距离。同时,延伸长度也是坡顶后缘张裂缝的重要参数。

④一般来说,与结构面的延伸面积或长度相比,岩石露头较小,故实际延伸范围只能靠猜测。在某些情况下,可以通过记录倾向和走向的出露长度,用概率理论估算结构面沿某一平面贯穿岩石的延伸长度(见第4.5节)。然而,对于大多数岩石露头,野外测量的困难和不

确定性相当大。

延伸性可以用表Ⅱ.8中列出的术语来描述。

Ⅱ.2.4.3 K:节理组数

①岩体的力学行为和表征将受到相交结构面组数的影响。在岩块不破坏的情况下,节理组数决定了岩体可以产生变形的程度,因此对岩体力学行为影响较大。在自然边坡和人工边坡中,节理组数决定了在岩体表面和开挖面上块体的松动和位移,从而影响其外观(图Ⅱ.4)。

②节理组数是影响边坡稳定性的重要参数,仅次于结构面产状和坡面的关系。一组密集分布的节理可能会将边坡破坏形式从滑移或倾倒变为圆弧滑动。

③对于隧道围岩稳定性,3组或更多组结构面将构成三维块体结构,相比少于3组结构面的情况,前者具有更多的变形"自由度"。例如,与含3组宽间距节理的花岗岩相比,仅含一组密集分布节理的高强度层状千枚岩具有同样良好的稳定性。隧道超挖量通常在很大程度上取决于结构面组数。

根据表Ⅱ.9所示的方案,可以描述局部(如沿着隧道的长度方向)节理组数量。

主要的单个结构面不属于某一节理组,应单独记录。

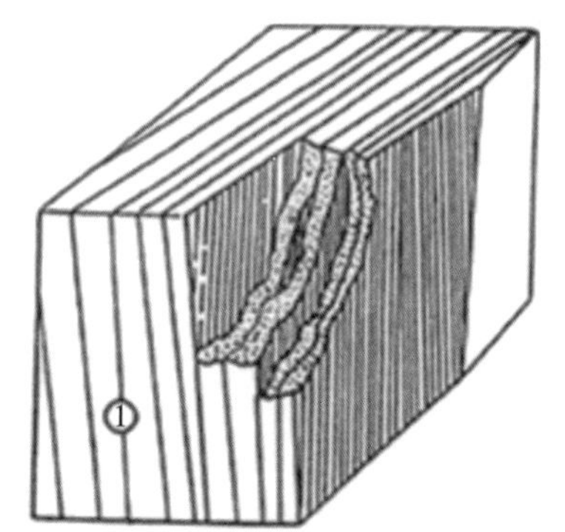

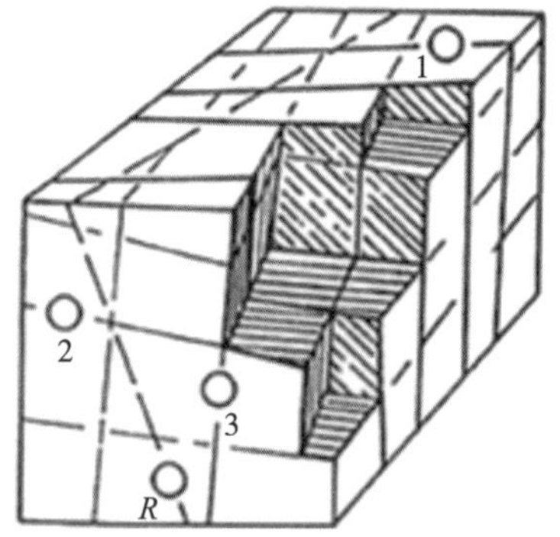

图Ⅱ.4　节理组数对岩体力学行为和外观影响的实例(International Society for Rock Mechanics,1981)

表Ⅱ.9　节理组数

节理组等级	节理组的描述
Ⅰ	大型、单独随机出现的节理
Ⅱ	一组节理
Ⅲ	一组节理加随机节理
Ⅳ	两组节理
Ⅴ	两组节理加随机节理

续表

节理组等级	节理组的描述
Ⅵ	三组节理
Ⅶ	三组节理加随机节理
Ⅷ	四组或更多组节理
Ⅸ	碎石，似土状

Ⅱ.2.4.4 L：岩体尺寸和形状

①尺寸是岩体行为的重要指标。岩体规模由组成岩体的结构面间距、组数和结构面的延伸长度等界定。

②节理组的数量和产状决定了岩体形状，岩体可以是近似的立方体、菱形、四面体、片状等形式。然而，出现规则的几何形状纯属例外，同一节理组的结构面很少相互平行。沉积岩中的节理会切割出最规则的形状。

③在某一应力条件下，块体尺寸和块体间剪切强度的组合性质决定了岩体的力学行为。由大块岩石组成的岩体变形较小，在地下工程施工时会形成稳定的拱形。在边坡中，块体尺寸较小时可能会形成与土层类似的潜在破坏模式（即圆弧滑动），而不是通常破碎岩体中的滑移或倾倒破坏。

在特殊情况下，“块”的尺寸可能会很小，以至于发生流动，如石英岩中的“方糖”剪切带。

④岩石的开采和爆破效率与现场的块体尺寸有关。考虑块体的尺寸分布规律可能会有所帮助，就像土壤按粒径分布进行分类一样。

⑤块体尺寸可以通过典型块体的平均尺寸（块度指数 I_b）来描述，或者通过与单位体积岩体中所含节理总数（体积节理数 J_v）来描述。

表Ⅱ.10 列出了给出岩体大小的描述术语。$J_v>60$ 的值代表碎石，典型的无黏土破碎带。

岩体可以用表Ⅱ.11 中给出的形容词来描述说明块体大小和形状（图Ⅱ.5）。

表Ⅱ.10　　岩体尺寸

块尺寸	J_v（节理条数/m^3）
巨块	≤1.0
大块	1～3
中等块	3～10
小块	10～30
极小块	≥30

注：范围取值包含上限，不包含下限。

表Ⅱ.11　　岩体中块体大小和形状

岩石质量等级	岩体描述
Ⅰ	完整:节理很少或间距很宽
Ⅱ	块状:近似等距
Ⅲ	层状:某一方向尺寸小于另外两个方向
Ⅳ	柱状:某一方向尺寸大于另外两个方向
Ⅴ	不规则:块大小和形状变化较大
Ⅵ	破碎:节理密布,类似“方糖”

Ⅱ.2.5　地下水

Ⅱ.2.5.1　M:渗流

①岩体中渗流主要来自导水结构面(“次要”渗流)。然而,在某些沉积岩(如弱胶结砂岩)中,岩石的“主要”渗透系数可能很高,以至于一部分水沿孔隙渗流。在层流状态下,渗透速率与局部水力梯度和相应渗流方向渗透系数成正比。高速流体通过结构面时形成紊流,出现水头损失。

②地下水位、渗流路径和近似水压的预测往往能为工程稳定性或者施工困难提供预警。在给出现场岩石试验方案建议之前必须先进行岩石现场描述,在现场调查的早期阶段应该详细描述这些内容。

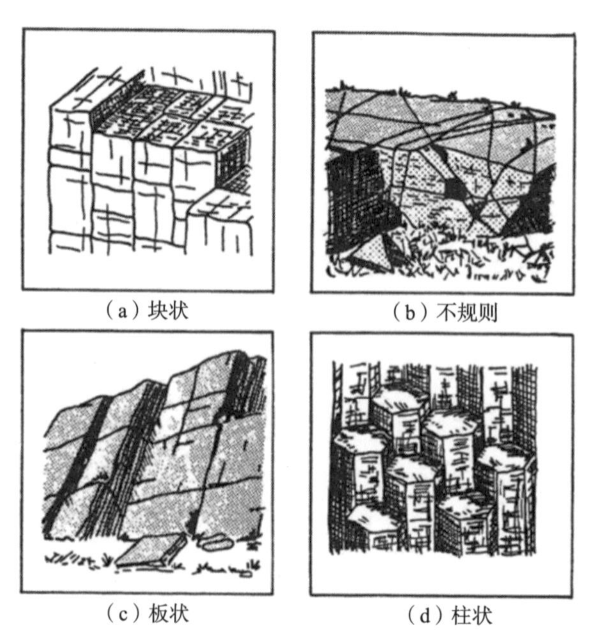
(a) 块状　(b) 不规则　(c) 板状　(d) 柱状

图Ⅱ.5　岩体的草图说明(国际岩石力学学会,1981)

③岩体中可能会出现不规则的地下水位和上层滞水，这些岩体被隔水层分隔，如岩脉、黏土充填的结构面、隔水岩层等。预测这些潜在的隔水层和有水力联系的不规则水位有十分重要的意义，特别是穿越深部隔水层的隧道工程，可能引发涌水事故。

④如果地下水位下降会导致上覆黏土层上的附近构筑物沉降，那么在该地区由开挖涌水引起的渗流将可能会产生大范围的影响。

⑤根据对稳定性的相对重要性，局部水文地质的大致描述应补充单个结构面或某组结构面中对渗流的详细观察。如果知道该地区最近的降水情况，简短的记录将有助于解释这些观测结果。有关地下水动态、降水量和温度记录的其他数据将是有用的补充信息。

⑥对于岩石边坡，一般基于假设的有效正应力值进行初步设计估算。如果现场观测结果表明对水压力的危险假设是合理的，如张裂缝中充满水、岩体不易排水，这些显然影响边坡设计方案。

⑦如果季节性冻土阻断坡面排水通道，可产生高水压，这种情况也需要对岩石边坡现场描述。

根据表Ⅱ.12 和表Ⅱ.13 中的描述，可以评估单一无充填结构面、含充填结构面、隧道围岩出露的结构面以及地表露头结构面的渗流情况。

在隧道开挖等岩体需要排水的情况下，记录各个断面上的流量将很有帮助。这项工作应该在开挖后立刻进行，因为地下水位或岩体内赋存的地下水会很快流尽。表Ⅱ.14 给出了渗流量的描述。

⑧对于重要的岩石边坡，应对地面排水沟、倾斜钻孔或排水通道的有效性进行现场评估。这一评估工作取决于相关的结构面方向、间距和张开度。

⑨冰霜对岩体中渗流路径的潜在影响也应进行评价。在冰点温度下，调查结构面表面的渗流轨迹时可能被误导。应从岩石开挖表面卸荷和整体稳定性的角度来评估结冰堵塞排水通道的可能性。

表Ⅱ.12　　无充填结构面的渗流量

渗流等级	无充填结构面的渗流
Ⅰ	结构面紧闭、干燥，无水流经过
Ⅱ	结构面干燥，没有水流迹象
Ⅲ	结构面干燥，但有水流痕迹，即锈迹
Ⅳ	结构面潮湿，但无自由水
Ⅴ	结构面渗水，偶尔滴水，但没有连续水流
Ⅵ	结构面有连续水流，估算流量并描述水压，即低、中、高

表Ⅱ.13 含充填结构面的渗流量

渗流等级	含充填结构面的渗流
Ⅰ	充填物胶结、干燥,渗流率低,无水流
Ⅱ	充填物潮湿,但无自由水
Ⅲ	充填物潮湿,偶尔滴水
Ⅳ	充填物有冲刷痕迹,有连续水流,估算流量
Ⅴ	充填物局部被冲刷,有一定量水流通过冲刷区域,估计流量并描述水压,即低、中、高
Ⅵ	充填物被完全冲刷,经历非常高的水压,特别是在首次冲刷时,估算流量并描述水压

表Ⅱ.14 隧道渗流量

渗流等级	隧道渗流量
Ⅰ	边墙和顶拱未检测到渗流
Ⅱ	小型渗流,指明某一结构面滴水
Ⅲ	中型渗流,指明某一结构面有持续水流(估计 L/min/10m 开挖长度)
Ⅳ	大型渗流,指明某一结构面有较大流量(估计 L/min/10m 开挖长度)
Ⅴ	特大流量,指明水流来源(估算 L/min/10m 开挖长度)

Ⅱ.3 现场测绘表

本附录包含的两张测绘表提供了记录定性地质数据的方法,见表Ⅱ.15 和表Ⅱ.16。根据岩石的颜色、颗粒大小、强度、岩块的形状、大小、风化程度以及节理组的数量及其间距来描述岩石。

根据类型、产状、延伸、孔径/张开度、填充、表面粗糙度和水流描述了每个结构面的特征。该表可用于记录露头(或隧道)测绘数据和定向岩芯数据(不包括延伸长度和表面形状)。

这些表还包括位置、日期和测绘条件的重要信息。

表Ⅱ.15

岩体质量描述表

基本信息

地点：Gibe Ⅲ　　地点/钻孔编号：左“C”

日期：年 月 日　　检察员：DCW

地点类型：1

1.天然露头
2.施工开挖
3.深坑
4.沟渠
5.平刷
6.隧道
7.钻孔

边坡长度：2000m　　结构面数据补充表格编号：

边坡高度：200m　　草图：0　　照片：1

岩芯尺寸：N/A　　0.无　1.有

记录（出露类型、年代、稳定性条件、设计问题等）

岩石材料信息

颜色：2 | | 9

1.深　2.浅

1.淡粉红　2.淡红　3.淡黄　4.淡褐　5.橄榄色　6.淡绿　7.淡蓝　8.淡灰

1.粉红　2.红色　3.黄色　4.褐色　5.橄榄色　6.绿色　7.蓝色　8.灰色

颗粒大小：3

1.巨粒（>60mm）
2.粗粒（2~60mm）
3.中粒（60μm~2mm）
4.细粒（2~60μm）
5.微粒（≤2μm）

抗压强度：R_4

抗压强度	MPa
S_1 软黏土	<0.025
S_2 较软黏土	0.025~0.05
S_3 天然黏土	0.05~0.10
S_4 较硬黏土	0.10~0.25
S_5 硬黏土	0.25~0.50
S_6 极硬黏土	>0.50
R_0 极软岩石	0.25~1.0
R_1 较软岩石	1.0~5.0
R_2 软岩	5.0~25
R_3 中等硬度岩石	25~50
R_4 较坚硬岩石	50~100
R_5 坚硬岩石	100~250
R_6 极坚硬岩石	>250

抗压强度获取方法：2　　岩性：粗面岩

1.测试
2.估算

岩体定量描述

河流左岸天然陡倾岩石边坡
岩石边坡整体由一组陡倾节理形成，倾角$\psi \approx 75°$。
岩石边坡整体稳定，由于倾倒和平面滑动产生一定位移，但近期未发生位移。
在河流以上 50m 高的边坡范围内为崩积层,坡度35°。

岩体信息

构造：2

1.块状构造
2.层状构造
3.柱状构造
4.散体构造

块体大小：1

1.很大（>8m³）
2.大（0.2~8m³）
3.中等（0.005~0.2m³）
4.小（0.0002~0.008m³）
5.很小（≤0.0002m³）

风化等级：2

1.新鲜
2.微风化
3.中风化
4.强风化
5.全风化
6.残积土

主要结构面组数：3

确定结构面间距/钻孔方向的测线调查

		测线/钻孔走向	测线长度	结构面数量	结构面间距	记录/真间距
测线1	0	200	18	28	5	
测线2						
测线3						

结构面间距

1.极密（≤20mm）
2.很密（20~60mm）
3.密（60~200mm）
4.中等（200~600mm）
5.宽（600~2000mm）
6.很宽（2000~6000mm）
7.极宽（>6000mm）

注：范围取值包含上限，不包含下限。

表Ⅱ.16

结构面调查数据表

基本信息

地点 ______ 地点/钻孔编号 ______ 日期 ____年 ____月 ____日 检察员 ______ 结构面数据表编号 ______ ______

结构面特征与产状

长度或深度	类型	倾角	倾向	延伸性	两端终点	张开宽度	充填物特征	充填物强度	表面粗糙度	表面形态	起伏的波长	起伏的振幅	JRC	水流	间距	描述

类型

0.断层带
1.断层
2.节理
3.解理
4.片理
5.剪切面
6.裂隙
7.张裂缝
8.页理
9.层理

延伸性

1.非常低 ≤1m
2.低 1~3m
3.中等 3~10m
4.高 10~20m
5.非常高 >20m

张开宽度

1.非常紧闭（≤0.1mm）
2.紧闭（0.1~0.25mm）
3.部分张开（0.25~0.5mm）
4.张开（0.5~2.5mm）
5.中等宽度（2.5~10mm）
6.宽（>10mm）
7.非常宽（1~10mm）
8.极宽（10~100cm）
9.空洞（≥1mm）

充填物特征

1.无充填
2.表面侵染
3.松散充填物
4.非膨胀性黏土或黏土基质
5.膨胀性黏土或黏土基质
6.胶结物
7.绿泥石\滑石或石膏
8.其他类型

间距

1.极密间距 ≤20mm
2.较密间距 20~60mm
3.密集间距 60~200mm
4.中等间距 200~600mm
5.宽间距 600~2000mm
6.较宽间距 2000~6000mm
7.极宽间距 >6000mm

充填物抗压强度 MPa

S_1 软黏土 ≤0.025
S_2 较软黏土 0.025~0.05
S_3 天然黏土 0.05~0.10
S_4 较硬黏土 0.10~0.25
S_5 硬黏土 0.25~0.50
S_6 极硬黏土 >0.50
R_0 极软岩石 0.25~1.0
R_1 较软岩石 1.0~5.0
R_2 软岩 5.0~25
R_3 中等硬度岩石 25~50
R_4 较坚硬岩石 50~100
R_5 坚硬岩石 100~250
R_6 极坚硬岩石 >250

水流（无充填）

0.结构面紧闭干燥，不会出现水流
1.结构面干燥，无水流痕迹
2.结构面干燥，但有水流痕迹，即锈迹
3.结构面潮湿，但无自由水
4.结构面渗水，偶尔滴水，但没有连续水流
5.结构面有连续水流（估算L/min并描述水压，即低，中，高）

水流（含充填）

6.充填物强胶结，干燥，渗流率低，无水流
7.充填物潮湿，但无自由水
8.充填物潮湿，偶尔滴水
9.充填物有冲刷痕迹，有连续水流（估算L/min）
10.充填物局部被冲刷，有一定量水流通过冲刷区域（估算L/min并描述水压，即低，中，高）

两端终点

0.两端均不可见
1.一端可见
2.两端均可见

表面形态

1.台阶状
2.波状
3.平面

表面粗糙度

1.粗糙
2.光滑
3.磨光
4.擦痕面

注：范围取值包含上限，不包含下限。

（刘高峰　彭正权）

附录Ⅲ： 楔形体稳定性综合解决方案

Ⅲ.1 介绍

本附录介绍了第 8 章中讨论的用于计算边坡安全系数的方法和步骤。该方法用以求解由 5 个平面定义的边坡几何模型，其中包括倾斜的有张裂缝的上坡面、水压力、抗剪强度不同的两个结构面以及不超过两个外力(图Ⅲ.1)。可能作用于边坡的外力包括锚索张力、基础荷载和地震荷载。这些力由大小、倾伏角和倾伏向定义。多个外力可以组成合力以满足最多两个外力的要求。假定所有的力均通过楔块的重心，不产生力矩，也不发生旋转滑动或倾倒。

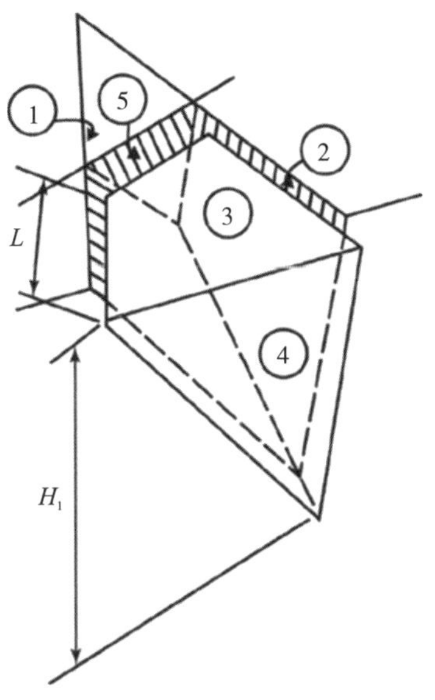

图Ⅲ.1 楔形滑体稳定性分析

Ⅲ.2 分析方法

本附录中的公式与《岩石边坡工程》第 3 版(Hoek 等，1981)附录Ⅱ中的公式相同。这些公式可以计算各种几何条件的岩土体稳定性。不过，该分析方法有两个局限性，这将在

第Ⅲ.3 节中讨论。

当输入的参数较少时，一种简单的求解方法可以替代本附录所提供的综合解法。第 8.3 节和第 8.4 节显示了由平面 1、2、3、4 构成的楔体(图Ⅲ.1)的计算程序，该楔体不含张裂纹。平面 1 和 2 上的黏聚力和内摩擦角不同，假定斜坡处于饱和状态。所有外力不能合并。

第 8 章还提供了一系列表格用于快速计算边坡安全系数，适用于干燥、有摩擦力、无张裂缝的条件。

Ⅲ.3 限制条件

对于本附录中提出的综合稳定性分析，注意以下两个限制。第一，上坡面(平面 3)和滑动面交线的相对坡度有关的几何条件限制，即楔体形状。第二，简化计算仅用于水压修正后的情况。以下是对这两个限制的讨论。

(1)楔体几何形状

对于上坡面坡度(平面 3)大于交线倾伏角的楔体(即 $\psi_3 > \psi_i$)，平面与交线不相交，程序将终止并显示错误信息“张裂缝无效”，见式(Ⅲ.50)至式(Ⅲ.53)。产生这一错误的原因是程序首先计算从坡面到边坡后缘(平面 3 和滑动面交线的交点)的楔形体尺寸，然后计算张裂缝到边坡后缘的尺寸，那么从整体边坡中减去边坡后缘到张裂缝之间的楔体，即可以得到从张裂缝到坡面间的楔体体积。

然而，对于($\psi_3 > \psi_i$)的楔形几何形状，如果存在张拉裂纹(平面 5)，楔体仍然可以形成；可以使用一组不同的方程组(如 Swedge、Rocscience Inc.)来计算这些条件下的安全系数。

(2)水压力

分析结合滑动面上的水压力 (U_1 和U_2) 均值和张裂缝的水压力(U_5) 均值。这些值是在假设楔体完全饱和的情况下计算出的。也就是说，水位与斜坡的上坡面(平面 3)重合，在平面 1、2 与坡面(平面 4)相交处水压下降到零。这些水压力分布模拟如下：在不存在张力裂缝的情况下，平面 1 和 2 上的水压由 $U_1 = U_2 = \gamma_w \cdot H_w/6$ 给出，其中 H_w 是楔体垂直高度。在有张裂缝的情况下，水压力由 $U_1 = U_2 = U_5 = \gamma_w \cdot H_{5w}/3$ 计算，其中 H_{5w} 为上坡面地表以下张裂缝的深度。用水的压强乘以面积即得到水压力大小。

通过减小水的重度 γ_w 模拟水压降低，计算不饱和楔体的稳定性。如果估计张裂缝为 1/3 深度饱和，则输入($\gamma_w/3$) 作为水重度。该方法在大多数情况下是可行的，因为斜坡中的水位是变化并且难以准确描述的。

Ⅲ.4 解决方案的适用范围

下述的求解方法是用于计算岩石边坡中的四面楔体的平面滑动安全系数，楔体由两个相交的结构面(平面 1 和 2)、上坡面(平面 3)、坡面(平面 4)和张裂缝(平面 5)组成。两个滑动面和张裂缝中可能存在水压，两个滑动面上强度参数不同。计算时考虑外荷载 E 和锚索张拉应力 T 的影响。补充的部分用于验算某一外力下的最小安全系数，以及最小安全系数下所需锚索张力。

该算法适用于以下条件：

①平面 1 和平面 2 互换。

②其中一个平面覆盖另一个平面。

③坡顶倒转在坡脚之外的情况(此时 $\eta=-1$)。

④任一平面上接触力为 0(N_1、$N_2<0$)。

Ⅲ.5 符号说明

楔体几何形状见图Ⅲ.1。需要输入以下数据：

ψ,α =平面的倾角和倾向或力的倾伏角和倾伏向。

H_1 =以平面 1 为参照的坡高。

L =坡顶与张裂缝的距离，沿平面 1 测量。

c =滑动面的黏聚力。

φ =滑动面的内摩擦角。

γ =岩石重度。

γ_w =水重度。

T =锚索张力。

E =外荷载。

$\eta=-1$，坡面反倾时；+1 为坡面正倾时。

其他术语：

FS =滑动安全系数，沿交线或平面 1 或平面 2。

A =滑动面或张裂缝的面积。

W =楔体总重量。

V =张裂缝上的水压力(平面 5)。

N_a = 平面 1 的总法向力

S_a = 平面 1 上的剪切力

Q_a = 平面 1 上的抗滑力

（以上三项）仅在平面 1 上保持接触 。

FS_1 =安全系数。

N_b = 平面 1 的总法向力 }
S_b = 平面 1 上的剪切力 } 仅在平面 2 上保持接触 。
Q_b = 平面 1 上的抗滑力 }

FS_2 =安全系数。

N_1、N_2 = 有效法向应力 }
S = 平面 1 和平面 2 上的总剪切力 } 在平面 1 和平面 2 上均保持接触 。
Q = 平面 1 和平面 2 上的总抗滑力 }

FS_3 =安全系数。

当 $T = 0$ 时，N'_1、N'_2、S' 等 = N_1、N_2、S 等的值。

当 $E = 0$ 时，N''_1、N''_2、S'' 等 = N_1、N_2、S 等的值。

$\vec{a}$ =平面 1 的单位法向量。

$\vec{b}$ =平面 2 的单位法向量。

$\vec{d}$ =平面 3 的单位法向量。

$\vec{f}$ =平面 4 的单位法向量。

$\vec{f_5}$ =平面 5 的单位法向量。

$\vec{g}$ =平面 1、4 交线方向上的矢量。

$\vec{g_5}$ =平面 1、5 交线方向上的矢量。

$\vec{i}$ =平面 1、2 交线方向上的矢量。

$\vec{j}$ =平面 3、4 交线方向上的矢量。

$\vec{j_5}$ =平面 3、5 交线方向上的矢量。

$\vec{k}$ =垂直于 $\vec{i}$ 的平面 2 中的矢量。

$\vec{l}$ =垂直于 $\vec{i}$ 的平面 1 中的矢量。

R =矢量 $\vec{i}$ 的大小。

G =矢量 $\vec{g}$ 平方的大小。

G_5 =矢量 $\vec{g_5}$ 平方的大小。

注意：当张拉裂缝倾向与坡面相反时，V 的计算值为负值，但这并不表示拉力。

Ⅲ.6 计算序列

以下部分列出了 3 种条件下计算边坡安全系数的计算顺序，这 3 种条件与外荷载 T 和

E 有关。此外，还提供了一个案例，介绍如何找到预应力锚索的最优方位，以尽量减少达到规定的安全系数所需的支撑力。

Ⅲ.6.1 计算受力时的安全系数，T 和 E 要么是零，要么大小和方向完全给定

(1)平面 1～5 的单位法向量，T 和 E 方向上的单位向量

$$(a_x,a_y,a_z)=(\sin\psi_1\cdot\sin\alpha_1,\sin\psi_1\cdot\cos\alpha_1,\cos\psi_1) \tag{Ⅲ.1}$$

$$(b_x,b_y,b_z)=(\sin\psi_2\cdot\sin\alpha_2,\sin\psi_2\cdot\cos\alpha_2,\cos\psi_1) \tag{Ⅲ.2}$$

$$(d_x,d_y,d_z)=(\sin\psi_3\cdot\sin\alpha_3,\sin\psi_3\cdot\cos\alpha_3,\cos\psi_3) \tag{Ⅲ.3}$$

$$(f_x,f_y,f_z)=(\sin\psi_4\cdot\sin\alpha_4,\sin\psi_4\cdot\cos\alpha_4,\cos\psi_4) \tag{Ⅲ.4}$$

$$(f_{5x},f_{5y},f_{5z})=(\sin\psi_5\cdot\sin\alpha_5,\sin\psi_5\cdot\cos\alpha_5,\cos\psi_5) \tag{Ⅲ.5}$$

$$(t_x,t_y,t_z)=(\cos\psi_t\cdot\sin\alpha_t,\cos\psi_t\cdot\cos\alpha_t,-\sin\psi_t) \tag{Ⅲ.6}$$

$$(e_x,e_y,e_z)=(\cos\psi_e\cdot\sin\alpha_e,\cos\psi_e\cdot\cos\alpha_e,-\sin\psi_e) \tag{Ⅲ.7}$$

(2)各平面交线方向向量

$$(g_x,g_y,g_z)=(f_y\cdot a_z-f_z\cdot a_y),(f_z\cdot a_x-f_x\cdot a_z),(f_x\cdot a_y-f_y\cdot a_x) \tag{Ⅲ.8}$$

$$(g_{5x},g_{5y},g_{5z})=(f_{5y}\cdot a_z-f_{5z}\cdot a_y),(f_{5z}\cdot a_x-f_{5y}\cdot a_z),(f_{5x}\cdot a_y-f_{5y}\cdot a_x) \tag{Ⅲ.9}$$

$$(i_x,i_y,i_z)=(b_y\cdot a_z-b_z\cdot a_y),(b_z\cdot a_x-b_x\cdot a_z),(b_x\cdot a_y-b_y\cdot a_x) \tag{Ⅲ.10}$$

$$(j_x,j_y,j_z)=(f_y\cdot d_z-f_z\cdot d_y),(f_z\cdot d_x-f_x\cdot d_z),(f_x\cdot d_y-f_y\cdot d_x) \tag{Ⅲ.11}$$

$$(j_{5x},j_{5y},j_{5z})=(f_{5y}\cdot d_z-f_{5z}\cdot d_y),(f_{5z}\cdot d_x-f_{5x}\cdot d_z),(f_{5x}\cdot d_y-f_{5y}\cdot d_x) \tag{Ⅲ.12}$$

$$(k_x,k_y,k_z)=(i_y\cdot b_z-i_z\cdot b_y),(i_z\cdot b_x-i_x\cdot b_z),(i_x\cdot b_y-i_y\cdot b_x) \tag{Ⅲ.13}$$

$$(l_x,l_y,l_z)=(a_y\cdot i_z-i_z\cdot b_y),(i_z\cdot b_x-i_x\cdot b_z),(i_x\cdot b_y-i_y\cdot b_x) \tag{Ⅲ.14}$$

(3)以各角度余弦为比例的值

$$m=g_x\cdot d_x+g_y\cdot d_y+g_z\cdot d_z \tag{Ⅲ.15}$$

$$m_5=g_{5x}\cdot d_x+g_{5y}\cdot d_y+g_{5z}\cdot d_z \tag{Ⅲ.16}$$

$$n=b_x\cdot j_x+b_y\cdot j_y+b_z\cdot j_z \tag{Ⅲ.17}$$

$$n_5=b_x\cdot j_{5x}+b_y\cdot j_{5y}+b_z\cdot j_{5z} \tag{Ⅲ.18}$$

$$p=i_x\cdot d_x+i_y\cdot d_y+i_z\cdot d_z \tag{Ⅲ.19}$$

$$q=b_x\cdot g_x+b_y\cdot g_y+b_z\cdot g_z \tag{Ⅲ.20}$$

$$q_5=b_x\cdot g_{5x}+b_y\cdot g_{5y}+b_z\cdot g_{5z} \tag{Ⅲ.21}$$

$$r=a_x\cdot b_x+a_y\cdot b_y+a_z\cdot b_z \tag{Ⅲ.22}$$

$$s = a_x \cdot t_x + a_y \cdot t_y + a_z \cdot t_z \tag{Ⅲ.23}$$

$$v = b_x \cdot t_x + b_y \cdot t_y + b_z \cdot t_z \tag{Ⅲ.24}$$

$$w = i_x \cdot t_x + i_y \cdot t_y + i_z \cdot t_z \tag{Ⅲ.25}$$

$$s_e = a_x \cdot e_x + a_y \cdot e_y + a_z \cdot e_z \tag{Ⅲ.26}$$

$$v_e = b_x \cdot e_x + b_y \cdot e_y + b_z \cdot e_z \tag{Ⅲ.27}$$

$$w_e = i_x \cdot e_x + i_y \cdot e_y + i_z \cdot e_z \tag{Ⅲ.28}$$

$$s_5 = a_x \cdot f_{5x} + a_y \cdot f_{5y} + a_z \cdot f_{5z} \tag{Ⅲ.29}$$

$$v_5 = b_x \cdot f_{5x} + b_y \cdot f_{5y} + b_z \cdot f_{5z} \tag{Ⅲ.30}$$

$$w_5 = i_x \cdot f_{5x} + i_y \cdot f_{5y} + i_z \cdot f_{5z} \tag{Ⅲ.31}$$

$$\lambda = i_x \cdot g_x + i_y \cdot g_y + i_z \cdot g_z \tag{Ⅲ.32}$$

$$\lambda_5 = i_x \cdot g_{5x} + i_y \cdot g_{5y} + i_z \cdot g_{5z} \tag{Ⅲ.33}$$

$$\varepsilon = f_x \cdot f_{5x} + f_y \cdot f_{5y} + f_z \cdot f_{5z} \tag{Ⅲ.34}$$

(4)其他参数

$$R = \sqrt{(1 - r^2)} \tag{Ⅲ.35}$$

$$\rho = \frac{1}{R^2} \cdot \frac{n \cdot q}{|n \cdot q|} \tag{Ⅲ.36}$$

$$\mu = \frac{1}{R^2} \frac{m \cdot q}{|m \cdot q|} \tag{Ⅲ.37}$$

$$\nu = \frac{1}{R} \cdot \frac{p}{|p|} \tag{Ⅲ.38}$$

$$G = g_x^2 + g_y^2 + g_z^2 \tag{Ⅲ.39}$$

$$G_5 = g_{5x}^2 + g_{5y}^2 + g_{5z}^2 \tag{Ⅲ.40}$$

$$M = (G \cdot p^2 - 2 \cdot |m \cdot p| \cdot \lambda + m^2 \cdot R^2)^{1/2} \tag{Ⅲ.41}$$

$$M_5 = (G_5 \cdot p^2 - 2 \cdot |m_5 \cdot p| \cdot \lambda_5 + m_5^2 \cdot R^2)^{1/2} \tag{Ⅲ.42}$$

$$h = \frac{H_1}{|g_z|} \tag{Ⅲ.43}$$

$$h_5 = \frac{M \cdot h - |p| \cdot L}{M_5} \tag{Ⅲ.44}$$

$$B = \frac{\tan^2\varphi_1 + \tan^2\varphi_2 - 2 \cdot \left(\frac{\mu \cdot r}{\rho}\right) \cdot \tan\varphi_1 \cdot \tan\varphi_2}{R^2} \tag{Ⅲ.45}$$

(5)平面 1 和平面 2 交线的倾伏角和倾伏向

$$\psi_i = \arcsin(v \cdot i_z) \tag{Ⅲ.46}$$

$$\alpha_i = \arctan\left(\frac{-v \cdot i_x}{-v \cdot i_y}\right) \tag{Ⅲ.47}$$

式(Ⅲ.47)中应保留 $-v$，因为在计算倾向 α_i 的值时需要确定其象限。

(6)检查楔体几何形状

未形成楔形时终止计算 若 $(p \cdot i_z) < 0$ (Ⅲ.48)

若 $(\eta \cdot q \cdot i_z) < 0$ (Ⅲ.49)

张拉裂缝不存在时终止计算

若 $(\varepsilon \cdot \eta \cdot q_5 \cdot i_z) < 0$ (Ⅲ.50)

若 $h_5 < 0$ (Ⅲ.51)

若 $\left[\left|\dfrac{m_5 \cdot h_5}{m \cdot h}\right|\right] > 1$ (Ⅲ.52)

若 $\left[\left|\dfrac{n \cdot q_5 \cdot m_5 \cdot h_5}{n_5 \cdot q \cdot m \cdot h}\right|\right] > 1$ (Ⅲ.53)

(7)楔体表面积和重量

$$A_1 = \frac{|m \cdot q| \cdot h^2 - |m_5 \cdot q_5| \cdot h_5^2}{2 \cdot |p|} \tag{Ⅲ.54}$$

$$A_2 = \frac{[(|q| \cdot m^2 \cdot h^2)/(|n|) - (|q_5| \cdot m_5^2)/(|n_2|)]}{2 \cdot |p|} \tag{Ⅲ.55}$$

$$A_5 = \frac{|m_5 \cdot q_5| \cdot h_5^2}{2 \cdot |n_5|} \tag{Ⅲ.56}$$

$$W = \frac{\gamma[(q^2 \cdot m^2 \cdot h^3)/(|n|) - (q_5^2 \cdot m_5^2 \cdot h_5^3)/(|n_5|)]}{6 \cdot |p|} \tag{Ⅲ.57}$$

(8)水压力

1)无张拉裂缝

$$u_1 = u_2 = \frac{\gamma_w \cdot h \cdot |m_5 \cdot i_z|}{6 \cdot |p|} \tag{Ⅲ.58}$$

2)有张拉裂缝

$$u_1 = u_2 = u_5 = \frac{\gamma_w \cdot h_5 \cdot |h_5|}{3 \cdot d_z} \tag{Ⅲ.59}$$

$$V = u_5 \cdot A_5 \cdot \eta\left(\frac{\varepsilon}{|\varepsilon|}\right) \tag{Ⅲ.60}$$

(9)假设两个平面上都有接触，则平面 1 和平面 2 上的有效正应力

$$N_1 = \rho\{W \cdot k_z + T(r \cdot v - s) + E(r \cdot v_e - s_e) + V(r \cdot v_5 - s_5)\} - u_1 \cdot A_1 \tag{Ⅲ.61}$$

$$N_2 = \mu\{W \cdot l_z + T(r \cdot s - v) + E(r \cdot s_e - v_e) + V(r \cdot s_5 - v_5)\} - u_2 \cdot A_2 \tag{Ⅲ.62}$$

(10)当 $N_1 < 0$ 且 $N_2 < 0$ 时(两平面均无接触)

$$FS = 0 \tag{Ⅲ.63}$$

(11)当 $N_1 > 0$ 且 $N_2 < 0$,仅在平面 1 上有接触,安全系数计算

$$N_a = W \cdot a_z - T \cdot s - E \cdot s_e - V \cdot s_5 - u_1 \cdot A_1 \cdot r \tag{Ⅲ.64}$$

$$S_x = (T \cdot t_x + E \cdot e_x + N_a \cdot a_x + V \cdot f_{5x} + u_1 \cdot A_1 \cdot b_x) \tag{Ⅲ.65}$$

$$S_y = (T \cdot t_y + E \cdot e_y + N_a \cdot a_y + V \cdot f_{5y} + u_1 \cdot A_1 \cdot b_y) \tag{Ⅲ.66}$$

$$S_z = (T \cdot t_z + E \cdot e_z + N_a \cdot a_z + V \cdot f_{5z} + u_1 \cdot A_1 \cdot b_z) + W \tag{Ⅲ.67}$$

$$S_a = (S_x^2 + S_y^2 + S_z^2)^{1/2} \tag{Ⅲ.68}$$

$$Q_a = (N_a - u_1 \cdot A_1) \cdot \tan\varphi_1 + c_1 \cdot A_1 \tag{Ⅲ.69}$$

$$FS_1 = \frac{Q_a}{S_a} \tag{Ⅲ.70}$$

(12)当 $N_1 < 0$ 且 $N_2 > 0$,仅在平面 2 上有接触,安全系数计算

$$N_b = (W \cdot b_z - T \cdot v - E \cdot v_e - V \cdot v_5 - u_2 \cdot A_2 \cdot r) \tag{Ⅲ.71}$$

$$S_x = -(T \cdot t_x + E \cdot e_x + N_b \cdot b_x + V \cdot f_{5x} + u_2 \cdot A_2 \cdot a_x) \tag{Ⅲ.72}$$

$$S_y = -(T \cdot t_y + E \cdot e_y + N_b \cdot b_y + V \cdot f_{5y} + u_2 \cdot A_2 \cdot a_y) \tag{Ⅲ.73}$$

$$S_z = -(T \cdot t_z + E \cdot e_z + N_b \cdot b_z + V \cdot f_{5z} + u_z \cdot A_2 \cdot a_z) + W \tag{Ⅲ.74}$$

$$S_b = (S_x^2 + S_y^2 + S_z^2)^{1/2} \tag{Ⅲ.75}$$

$$Q_b = (N_b - u_2 \cdot A_2) \cdot \tan\varphi_2 + c_2 \cdot A_2 \tag{Ⅲ.76}$$

$$FS_2 = \frac{Q_b}{S_b} \tag{Ⅲ.77}$$

(13)当 $N_1 > 0$ 且 $N_2 > 0$,在两平面均有接触,安全系数计算

$$S = v(W \cdot i_z - T \cdot w - E \cdot w_e - V \cdot w_5) \tag{Ⅲ.78}$$

$$Q = N_1 \cdot \tan\varphi_1 + N_2 \cdot \tan\varphi_2 + c_1 \cdot A_1 + c_2 \cdot A_2 \tag{Ⅲ.79}$$

$$FS_3 = \frac{Q}{S} \tag{Ⅲ.80}$$

Ⅲ.6.2 计算产生最小安全系数时,给定外部荷载 E 的方向

根据式(Ⅲ.61)、式(Ⅲ.62)、式(Ⅲ.78)、式(Ⅲ.80),计算 $E = 0$ 时的 N''_1、N''_2、S''、Q''、FS_3''。

如果在施加 E 之前,$N''_1 < 0$ 且 $N''_2 < 0$,$FS = 0$,计算终止。

$$D = \left(N''^{\,2}_1 + N''^{\,2}_2 + 2\frac{mn}{|m|} \cdot N''_1 \cdot N''_2 \cdot r\right)^{1/2} \tag{Ⅲ.81}$$

$$\psi_e = \arcsin\left(-\frac{1}{G}\frac{m}{|m|}\cdot N''_1\cdot a_z+\frac{n}{|n|}\cdot N''_2\cdot b_z\right) \tag{Ⅲ.82}$$

$$\alpha_e = \arctan\left(\frac{\frac{m}{|m|}\cdot N''_1\cdot a_x+\frac{n}{|n|}\cdot N''_2\cdot b_x}{\frac{m}{|m|}\cdot N''_1\cdot a_y+\frac{n}{|n|}\cdot N''_2\cdot b_y}\right) \tag{Ⅲ.83}$$

如果 $E>D$，并且 E 按照 ψ_e、α_e 施加，或在围绕此方向的某个范围内施加，则两个平面上均无接触，$FS=0$。终止计算。

如果 $N''_1>0$ 且 $N''_2<0$，假设仅在施加外部荷载 E 后平面 1 才产生接触。根据式(Ⅲ.65)至式(Ⅲ.70)，将 $E=0$ 代入计算 S''_x、S''_y、S''_z、S''_a、Q''_a、FS''_1。

若 $FS''_1<1$，计算终止。

若 $FS''_1>1$，有：

$$FS_1=\frac{S''_a\cdot Q''_a-E\{Q''^2_a+(S''^2_a-E^2)\tan^2\varphi_1\}^{1/2}}{S''^2_a-E^2} \tag{Ⅲ.84}$$

外力 E 的方向：

$$\psi_{e1}=\arcsin\frac{S''_z}{S''_a}-\arctan\frac{\tan\varphi_1}{FS_1} \tag{Ⅲ.85}$$

$$\alpha_{e1}=\arctan\frac{S''_x}{S''_y}+180 \tag{Ⅲ.86}$$

如果 $N''_1<0$ 且 $N''_2>0$，假设仅在施加外部荷载 E 后平面 2 才产生接触。根据式(Ⅲ.72)至式(Ⅲ.77)，将 $E=0$ 代入计算 S''_x、S''_y、S''_x、S''_b、Q''_b、FS''_2。

若 $FS''_2<1$，计算终止。

若 $FS''_2>1$，有：

$$FS_2=\frac{S''_b\cdot Q''_b-E\{Q''^2_b+(S''^2_b-E^2)\tan^2\varphi_2\}^{1/2}}{S''_b-E^2} \tag{Ⅲ.87}$$

外力 E 的方向：

$$\psi_{e2}=\arcsin\frac{S''_z}{S''_b}-\arctan\left(\frac{\tan\varphi_2}{FS_2}\right) \tag{Ⅲ.88}$$

$$\alpha_{e2}=\arctan\frac{S''_x}{S''_y}+180^\circ \tag{Ⅲ.89}$$

如果 $N''_1>0$ 且 $N''_2>0$，假设仅在施加外部荷载 E 后两个平面才产生接触。

若 $FS''_3<1$，计算终止。

若 $FS''_3>1$，参数 v 由式(Ⅲ.38)定义时：

$$FS_3=\frac{S''\cdot Q''-E[Q''^2+B(S''^2_2-E^2)]^{1/2}}{S''^2-E^2} \tag{Ⅲ.90}$$

$$\chi=\sqrt{B+FS_3^2} \tag{Ⅲ.91}$$

$$e_x=-\frac{(FS_3\cdot v\cdot i_x-\rho\cdot k_x\cdot\tan\varphi_1-\mu\cdot l_x\cdot\tan\varphi_2)}{\chi} \tag{Ⅲ.92}$$

$$e_y = -\frac{(FS_3 \cdot v \cdot i_y - \rho \cdot k_y \cdot \tan\varphi_1 - \mu \cdot l_y \cdot \tan\varphi_2)}{\chi} \tag{Ⅲ.93}$$

$$e_z = -\frac{(FS_3 \cdot v \cdot i_z - \rho \cdot k_z \cdot \tan\varphi_1 - \mu \cdot l_z \cdot \tan\varphi_2)}{\chi} \tag{Ⅲ.94}$$

外力 E 的方向：

$$\psi_{e3} = \arcsin e_z \tag{Ⅲ.95}$$

$$\alpha_{e3} = \arctan \frac{e_x}{e_y} \tag{Ⅲ.96}$$

根据式(Ⅲ.26)和式(Ⅲ.27)计算 s_e 和 v_e：

$$N_1 = N''_1 + E \cdot \rho(r \cdot v_e - s_e) \tag{Ⅲ.97}$$

$$N_2 = N''_2 + E \cdot \mu(r \cdot s_e - v_e) \tag{Ⅲ.98}$$

注意此时 $N_1 \geqslant 0, N_2 \geqslant 0$。

Ⅲ.6.3 给定安全系数下锚索需要的最小张力 T_{min}

①将 $T = 0$ 代入式(Ⅲ.61)、式(Ⅲ.62)、式(Ⅲ.78)、式(Ⅲ.79)，计算 N'_1、N'_2、S'、Q'。

②若 $N'_2 < 0$，则 $T = 0$ 时平面 2 无接触。在施加拉力 T 后，假设仅平面 1 接触。根据式(Ⅲ.65) 至式(Ⅲ.69)，代入 $T = 0$，计算 S'_x、S'_y、S'_z、S'_a 和 Q'_a。

$$T_1 = \frac{[(FS)S'_a - Q'_a]}{\sqrt{(FS)^2 + \tan^2\varphi_1}} \tag{Ⅲ.99}$$

外力 T 的方向：

$$\psi_{t1} = \arctan\left(\frac{\tan\varphi_1}{FS}\right) - \arcsin\frac{S'_z}{S'_a} \tag{Ⅲ.100}$$

$$\alpha_{t1} = \arctan\frac{S'_x}{S'_y} \tag{Ⅲ.101}$$

③若 $N'_1 < 0$，则 $T = 0$ 时平面 1 无接触。在施加拉力 T 后，假设仅平面 2 接触。根据式(Ⅲ.72) 至式(Ⅲ.76)，代入 $T = 0$，计算 S'_x、S'_y、S'_z、S'_b 和 Q'_b。

$$T_2 = \frac{[(FS)S'_b - Q'_b]}{\sqrt{FS^2 + \tan^2\varphi_2}} \tag{Ⅲ.102}$$

外力 T 的方向：

$$\psi_{t2} = \arctan\left(\frac{\tan\varphi_2}{FS}\right) - \arcsin\frac{S'_z}{S'_b} \tag{Ⅲ.103}$$

$$\alpha_{t2} = \arctan\frac{S'_x}{S'_y} \tag{Ⅲ.104}$$

④更一般的情况，对 N'_1 和 N'_2 为任意值，在施加拉力 T 后，假设两平面接触。

$$\chi = \sqrt{FS^2 + B} \tag{Ⅲ.105}$$

$$T_3 = \frac{[(FS)S' - Q']}{\chi} \tag{Ⅲ.106}$$

$$t_x = \frac{(FS \cdot v \cdot i_x - \rho \cdot k_x \cdot \tan\varphi_1 - \mu \cdot l_x \cdot \tan\varphi_2)}{\chi} \tag{Ⅲ.107}$$

$$t_y = \frac{(FS \cdot v \cdot i_y - \rho \cdot k_y \cdot \tan\varphi_1 - \mu \cdot l_y \cdot \tan\varphi_2)}{\chi} \tag{Ⅲ.108}$$

$$t_z = \frac{(FS \cdot v \cdot i_z - \rho \cdot k_z \cdot \tan\varphi_1 - \mu \cdot l_z \cdot \tan\varphi_2)}{\chi} \tag{Ⅲ.109}$$

外力 T 的方向：

$$\psi_{t3} = \arcsin(-t_z) \tag{Ⅲ.110}$$

$$\alpha_{t3} = \arctan\left(\frac{t_x}{t_y}\right) \tag{Ⅲ.111}$$

由式(Ⅲ.23)和式(Ⅲ.24)计算 s 和 v 。

$$N_1 = N'_1 + T_3 \cdot \rho(r \cdot v - s) \tag{Ⅲ.112}$$

$$N_2 = N'_2 + T_3 \cdot \mu(r \cdot s - v) \tag{Ⅲ.113}$$

若 $N_1 < 0$ 或 $N_2 < 0$,则忽略本节计算结果。

若 $N'_1 > 0, N'_2 > 0$,则 $T_{\min} = T_3$ 。

若 $N'_1 > 0, N'_2 < 0$,则 $T_{\min} = \min(T_1, T_3)$ 。

若 $N'_1 < 0, N'_2 > 0$,则 $T_{\min} = \min(T_2, T_3)$ 。

若 $N'_1 < 0, N'_2 < 0$,则 $T_{\min} = \min(T_1, T_2, T_3)$ 。

Ⅲ.6.4 算例

本节提供了 4 个算例,演示了饱和和干燥状态下斜坡安全系数的计算结果,以及计算给定安全系数下锚固力 T 的最佳方位的方法。

定义楔体的参数如下(表Ⅲ.1)：

表Ⅲ.1　定义楔体的参数

平面	1	2	3	4	5
ψ	45	70	12	65	70
α	105	235	195	185	165

$H_1 = 100\text{ft}$, $L = 40\text{ft}$, $c_1 = 500\text{lb/ft}^2$, $c_2 = 1000\text{lb/ft}^2$。

$\eta = +1$ 表示坡面正倾向。

$\varphi_1 = 20°$, $\varphi_2 = 30°$, $\gamma = 160\text{lb/ft}^3$。

①饱和边坡,无外部荷载。

由式(Ⅲ.59)得 $U_1 = U_2 = U_5$(饱和)；

$T = E = 0$；

$(a_x, a_y, a_z) = (0.683, -0.183, 0.707)$；

$(b_x, b_y, b_z) = (-0.697, -0.539, 0.342)$；

$(d_x, d_y, d_z) = (-0.054, -0.201, 0.978)$;

$(f_x, f_y, f_z) = (-0.079, -0.903, 0.423)$;

$(f_{5x}, f_{5y}, f_{5z}) = (0.243, -0.908, 0.342)$;

$(g_x, g_y, g_z) = (-0.561, 0.345, 0.631)$;

$(g_{5x}, g_{5y}, g_{5x}) = (-0.579, 0.0616, 0.575)$;

$(i_x, i_y, i_z) = (-0.319, 0.778, 0.509)$;

$(j_x, j_y, j_z) = (-0.789, 0.05, -0.033)$;

$(j_{5x}, j_{5y}, j_{5z}) = (-0.819, -0.256, -0.098)$;

$(k_x, k_y, k_z) = (0.540, -0.283, 0.770)$;

$(l_x, l_y, l_z) = (-0.643, -0.573, 0.473)$;

$m = 0.578$;

$m_5 = 0.582$;

$n = 0.574$;

$n_5 = 0.735$;

$p = 0.359$;

$q = 0.462$;

$q_5 = 0.609$;

$r = -0.185$;

$s_5 = 0.574$;

$v_5 = 0.419$;

$w_5 = -0.609$;

$\lambda = 0.768$;

$\lambda_5 = 0.525$;

$\varepsilon = 0.945$;

$R = 0.983$;

$\rho = 1.036$;

$\mu = 1.036$;

$\nu = 1.018$;

$G = 0.832$;

$G_5 = 0.670$;

$M = 0.334$;

$M_5 = 0.440$;

$h = 158.45$;

$h_5 = 87.52$;

$B=0.563$。

交线方向：

$\psi_i=31.20°$；

$\alpha_i=157.73°$；

$\left.\begin{array}{l} p\cdot i_z>0 \\ n\cdot q\cdot i_z>0 \end{array}\right\}$楔体形成。

$\left.\begin{array}{l} \varepsilon\cdot\eta\cdot q_5\cdot i_z>0 \\ h_5>0 \\ \dfrac{|m_5\cdot h_5|}{|m\cdot h|}=0.55<1 \end{array}\right\}$拉裂缝存在。

$\dfrac{|n\cdot q_5\cdot m_5\cdot h_5|}{|n_5\cdot q\cdot m\cdot h|}=0.57<1$。

平面面积、楔体重量和水压力：

$A_1=5565.01\text{ft}^2$；

$A_2=6428.1\text{ft}^2$；

$A_5=1846.6\text{ft}^2$；

$W=2.8272\times10^7\text{lb}$；

$U_1=U_2=U_5=1084.3\text{lb/ft}^2$；

$V=2.0023\times10^6\text{lb}$；

$\left.\begin{array}{l} N_1=1.5171\times10^7\text{lb} \\ N_2=5.7892\times10^6\text{lb} \end{array}\right\}$均为正值，因此在平面1和2上接触。

$S=1.5886\times10^7\text{lb}$；

$Q=1.8075\times10^7\text{lb}$；

安全系数：$FS=1.14$。

②没有外部荷载的干燥斜坡。

$U_1=U_2=U_5=0$（干燥）；$T=E=0$。除以下参数外，其余参数同①。

$V=0$；

$\left.\begin{array}{l} N_1=2.2565\times10^7\text{lb} \\ N_2=1.3853\times10^7\text{lb} \end{array}\right\}$均为正值，因此在两个平面1和2上都接触。

$S=1.4644\times10^7\text{lb}$；

$Q=2.5422\times10^7\text{lb}$；

安全系数 $FS_3=1.74$。

这表明斜坡排水后，安全系数从1.14提高到1.74。

③施加外部负载 E 的干燥斜坡。

$U_1 = U_2 = U_5 = 0$(干燥);

$T = 0$;

$E = 8 \times 10^6 \text{lb}$。

求出最小安全系数的值,以及外荷载的方向。

②中已经给出的 N''_1、N''_2、S''、Q''、FS''_3 的值。$N''_1 > 0$、$N''_2 > 0$、$FS''_3 > 1$,继续计算。

$B = 0.563$;

最小安全系数 $FS_3 = 1.04$;

$\chi = 1.280$;

$e_x = 0.121$;

$e_y = -0.992$;

$e_z = 0.028$;

力的方向 E:

$\psi_{e3} = -1.62°$—力的倾伏角(向上)。

$\alpha_{e3} = 173.03°$—力的倾伏向(指向坡外)。

$$\left.\begin{array}{l} N_1 = 1.9517 \times 10^7 \times \text{lb} \\ N_2 = 9.6793 \times 10^6 \text{lb} \end{array}\right\}$$ 两者均为正值,因此两平面均保持接触。

这表明,安全系数最小值为 1.04,此时外力 E 按照上述方向施加。

④安全系数为 1.5 时,施加最小支护力 T 的饱和边坡。

条件如①中所述,找到将安全系数提高到 1.5 所需的最小支护力 T 的最佳方向。①中给出了 N'_1、N'_2、S' 和 Q'。

$\chi = 1.6772$;

$T_3 = 3.4307 \times 106 \text{lb}-T_{min}$(最小锚索张力);

$t_x = -0.182$;

$t_y = 0.975$;

$t_z = 0.121$;

$\psi_{t3} = -6.98°$(锚索安装角度向上);

$\alpha_{t3} = 349.43°$(锚索安装方向指向坡内)。

注意,锚索的最佳倾角和方向约为:

$$\psi_{t3} \approx \psi_i + 180° - 1/2(\varphi_1 + \varphi_2) = 31.2 + 180° - 25 = -6.2°(\text{向上})$$

$$\alpha_{t3} \approx \alpha_i \pm 180° = 157.73° + 180° = 337.73°(\text{指向坡内})$$

也就是说,加固边坡楔体时安装锚索的最佳方向为:

从斜坡底部观察,锚索与两平面的交线对齐,并且与交线的夹角为平均内摩擦角(图Ⅲ.2)。

注意,对于全粘结锚杆或土钉,一般在水平面以下约 15°的位置进行灌浆。

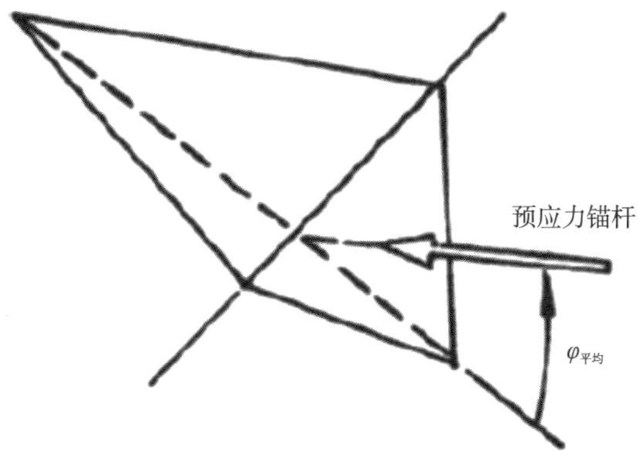

图Ⅲ.2　以最小力达到指定安全系数的支护力(预应力锚索或土钉)最佳方位

（李爱国　彭正权）

附录Ⅳ　单位换算

单位换算

英制单位	国际单位	国际单位符号	转换系数(英制到国际)	转换系数(国际到英制)
长度				
英里	千米	km	1mile=1.609km	1km=0.6214mile
英尺	米	m	1ft=0.3048m	1m=3.2808ft
	毫米	mm	1ft=304.80mm	1mm=0.003281ft
英寸	毫米	mm	1in=25.40mm	1mm=0.03937in
面积				
平方英里	平方千米	km^2	$1mile^2=2.590km^2$	$1km^2=0.3861mile^2$
	公顷	ha	$1mile^2=259.0ha$	$1ha=0.003861mile^2$
英亩	公顷	ha	$1acre^2=0.4047ha$	1ha=2.4710acre
	平方米	m^2	$1acre^2=4047m^2$	$1m^2=0.0002471acre$
平方英尺	平方米	m^2	$1ft^2=0.09290m^2$	$1m^2=10.7639ft^2$
平方英寸	平方毫米	mm^2	$1in^2=645.2mm^2$	$1mm^2=0.001550in^2$
体积				
立方码	立方米	m^3	$1yd^3=0.7646m^3$	$1m^3=1.3080yd^3$
立方英尺	立方米	m^3	$1ft^3=0.02832m^3$	$1m^3=35.3147ft^3$
	升	L	$1ft^3=28.32L$	$1L=0.03531ft^3$
立方英寸	立方毫米	mm^3	$1in^3=16387mm^3$	$1mm^3=61.024\times10^{-6}in^3$
	立方厘米	cm^3	$1in^3=16.387cm^3$	$1cm^3=0.0612in^3$
	升	L	$1in^3=0.01639L$	$1L=61.02in^3$
英制加仑	立方米	m^3	$1gal=0.00455m^3$	$1m^3=220.0gal$
	升	L	1gal=4.546L	1L=0.220gal
品脱	升	L	1pt=0.568L	1L=1.7598pt
美国加仑	立方米	m^3	$1USgal=0.0038m^3$	$1m^3=264.2USgal$
	升	L	1USgal=3.8L	1L=0.264USgal

续表

英制单位	SI 单位	SI 单位符号	转换系数(英制到 SI)	转换系数(SI 到英制)
质量				
吨	公吨	t	1t=0.9072ton	1tonne=1.1023t
吨(2000 磅)(美国)	kg	kg	1t=907.19kg	1kg=0.001102t
吨(2240 磅)(英国)			1t=1016.0kg	1kg=0.000984t
基普	kg	kg	1kip=453.59kg	1kg=0.0022046kip
磅	kg	kg	1lb=0.4536kg	1kg=2.2046lb
密度				
吨每立方码(2000 磅)(美国)	千克每立方米	kg/m^3	$1ton/yd^3=1186.55kg/m^3$	$1kg/m^3=0.0008428ton/yd^3$
	吨每立方米	t/m^3	$1ton/yd^3=1.1866ton/m^3$	$1ton/m^3=0.8428ton/yd^3$
吨每立方码(2240 磅)(英国) 磅每立方英尺	千克每立方米	kg/m^3	$1ton/yd^3=1328.9kg/m^3$ $1lb/ft^3=16.02kg/m^3$	$1kg/m^3=0.00075ton/yd^3$ $1kg/cm^3=0.06242lb/ft^3$
	吨每立方米	t/m^3	$1lb/ft^3=0.01602ton/ft^3$	$1ton/m^3=62.42lb/ft^3$
磅每立方英寸	克每立方厘米	g/cm^3	$1lb/in^3=27.68g/cm^3$	$1g/cm^3=0.03613lb/in^3$
	吨每立方米	t/m^3	$1lb/in^3=27.68ton/ft^3$	$1ton/m^3=0.03613lb/in^3$
力				
吨力(2000 磅)(美国)	千牛	kN	1ton=8.896kN	1kN=0.1124tonf(美国)
吨力(2240 磅)(英国)			1ton=9.964kN	1kN=0.1004tonf(英国)
千磅力	千牛	kN	1kipf=4.448kN	1kN=0.2248kipf
磅力	牛	N	1lb=4.448N	1N=0.2248lbf
吨力/ft(2000 磅)(美国)	千牛每米	kN/m	1tonf/ft=29.189kN/m	1kN/m=0.03426tonf/ft(美国)
吨力/ft(2240 磅)(英国)	千牛每米		1tonf/ft=32.68kN/m	1kN/m=0.0306tonf/ft(英国)
每英尺磅力	牛每米	N/m	1lbf/ft=14.59N/m	1N/m=0.06852lbf/ft

续表

英制单位	SI 单位	SI 单位符号	转换系数(英制到 SI)	转换系数(SI 到英制)
		流量		
立方英尺每分钟	立方米每秒	m^3/s	$1ft^3/min=0.0004719m^3/s$	$1m^3/s=2118.880ft^3/min$
	升每秒	L/S	$1ft^3/min=0.4719L/s$	$1L/s=2.1189ft^3/min$
立方英尺每秒	立方米每秒	m^3/s	$1ft^3/s=0.02832m^3/s$	$1m^3/s=35.315ft^3/s$
	升每秒	L/s	$1ft^3/s=28.32L/s$	$1L/s=0.03531ft^3/s$
加仑每分钟	升每秒	L/s	1gal/min=0.07577L/s	1L/s=13.2gal/min
		压力,应力		
Tonforce 每平方英尺(2000 磅)(美国)	千帕	kPa	$1Tonforce/ft^2=95.76kPa$	$1kPa=0.01044tonf/ft^2$
Tonforce 每平方英尺(2240 磅)(英国)			$1Tonforce/ft^2=107.3kPa$	$1kPa=0.00932ton/ft^2$
磅力每平方英尺	帕斯卡		$1lbf/ft^2=47.88Pa$	$1Pa=0.02089lbf/ft^2$
	千帕	kPa	$1lbf/ft^2=0.04788kPa$	$1kPa=20.89lbf/ft^2$
磅力每平方英寸	帕斯卡		$1lbf/in^2=6895Pa$	$1Pa=0.0001450lbf/in^2$
	千帕	kPa	$1lbf/in^2=6.895kPa$	$1kPa=0.1450lbf/in^2$
		重度		
磅力每立方英尺	千牛每立方米	kN/m^3	$1lbf/ft^3=0.157kN/m^3$	$1kN/m^3=6.37lbf/ft^3$
		能量		
英尺磅	焦耳	J	1ftlbf=1.356J	1J=0.7376ftlbf

注:假设重力加速度为 $9.807m/s^2$。

(李保继　刘宇　胡钢)

主要参考文献

[1] Abellán, A., Oppikofer, T., Jaboyedoff, M., Rosser, N. J., Lim, M. and Lato, M. J. 2014. Terrestrial laser scanning of rock slope instabilities. *Earth Surface Processes Landforms*, 39(1):80-97.

[2] Abrahamson, N. A. 2000. State of the practice of seismic hazard evaluation. *Proc. Geoeng*2000, Melbourne, Australia, pp. 659-85.

[3] Adhikary, D. P., Dyskin, A. V., Jewell, R. J. and Stewart, D. P. 1997. A study of the mechanism of flexural toppling failures of rock slopes. *Rock Mech. Rock Eng.*, 30(2):75-93.

[4] Adhikary, D. P. and Guo, H. 2002. An orthotropic cosserat elasto-plastic model for layered rocks. *Rock Mech. Rock Eng.*, 35(3):161-70.

[5] Alzo'ubi, A. M. 2009. *The effect of tensile strength on the instability of rock slopes*, PhD thesis, University of Alberta, Canada.

[6] American Association of State Highway and Transportation Officials (AASHTO) 1984. *A Policy on Geometric Design of Highways and Streets*. AASHTO, Washington, DC.

[7] American Association of State Highway and Transportation Officials (AASHTO) 2012. *LRFD Bridge Design Specifications, Customary US Units*. AASHTO, Washington, DC, Contract No.: LRFDUS-6.

[8] American Concrete Institute (ACI) (Revised 1995). Specifications for materials, proportioning and application of shotcrete. ACI Report 506. 2-95.

[9] Anderson, R. A. and Schuster, R. L. 1970. Stability of clay shales interbedded with Columbia River basalt. *Proceedings of the 8th Annual Engineering Geology and Soils Engineering Symposium*, Pocatello, Idaho, pp. 273-84.

[10] Andrew, R. D. 1992a. Restricting rock falls. *Civil Eng.* ASCE, Washington, DC, October, 62(10):66-7.

[11] Andrew, R. D. 1992b. *Selection of Rock Fall Mitigation Techniques Based on Colorado Rock Fall Simulation Program.* Transportation Research Record 1343, Transportation Research Board, National Research Council, Washington, DC, pp. 20-2.

[12] Ashby, J. 1971. *Sliding and toppling modes of failure in models and jointed rock slopes.* MSc thesis, London University, Imperial College, UK.

[13] Athanasiou-Grivas, D. 1979. Probabilistic evaluation of safety of soil structures. *J. Geotech. Eng. ASCE*, 105(GT9):109-15.

[14] Athanasiou-Grivas, D. 1980. A reliability approach to the design of geotechnical systems. Rensselaer Polytechnic Institute Research Paper, *Transportation Research Board Conference*, Washington, DC.

[15] Atkinson, L. C. 2000. The role and mitigation of groundwater in slope stability. In: *Slope Stability in Surface Mines*, Chapter 9, Society of Mining Engineers of AIME, Englewood, CO, pp. 89-96.

[16] Atlas Powder Company. 1987. *Explosives and Rock Blasting.* Atlas Powder Company, Dallas, TX.

[17] Australian Center for Geomechanics (ACG). 1998. Integrated monitoring systems for open pit wall deformation. X. Ding, S. B. Montgomery, M. Tsakiri, C. F. Swindells and R. J. Jewell, eds., MERIWA Project M236, Report ACG:1005-98.

[18] Australian Drilling Industry (ADI). 1996. *Drilling: Manual of Methods, Applications and Management*, 4th edition. Australian Drilling Industry Training Committee, CRC Press LLC, Boca Raton, FL, 615pp.

[19] Aycock, J. H. 1981. Construction problems involving shale in a geologically complex environment - State Route 32, Grainger County, Tennessee. *Proceedings of the 32nd Highway Geology Symposium*, Gatlinburg, TN.

[20] Azzoni, A. and de Freitas, M. H. 1995. Experimentally gained parameters decisive for rock fall analysis. *Rock Mech. Rock Eng.*, 28(2):111-24.

[21] Baecher, G. B., Lanney, N. A. and Einstein, H. 1977. Statistical description of rock properties and sampling. *Proceedings of the 18th U. S. Symposium on Rock Mechanics.* Johnson Publishing Co., Keystone, CO.

[22] Baker, D. G. 1991. Wahleach power tunnel monitoring. In: *Field Measurements in Geotechnics.* CRC/Balkema, Leiden, Netherlands, Rotterdam, pp. 467-79.

[23] Baker, W. E. 1973. *Explosives in Air.* University of Texas Press, Austin, TX.

[24] Balmer, G. 1952. A general analytical solution for Mohr's envelope. *Am. Soc.*

Test. Mat., 52:1260-71.

[25] Bandis, S. C. 1993. Engineering properties and characterization of rock discontinuities. In: *Comprehensive Rock Engineering: Principles, Practice and Projects*, J. A. Hudson, ed., Pergamon Press, Oxford, Vol. 1, pp. 155-83.

[26] Barrett, R. K. and White, J. L. 1991. Rock fall prediction and control. *Proceedings of the National Symposium on Highway and Railway Slope Maintenance*, Association of Engineering Geology, Chicago, pp. 23-40.

[27] Barton, N. and Bandis, S. 1983. Effects of block size on the shear behaviour of jointed rock. *Issues in Rock Mechanics - Proceedings of the 23rd U. S. Symposium on Rock Mechanics*, Berkeley, CA, Society of Mining Engineers of AIME, Englewood, CO, pp. 739-60.

[28] Barton, N. R. 1971. *A model study of the behavior of excavated slopes*. PhD thesis, University of London, Imperial College, 520pp.

[29] Barton, N. R. 1973. Review of a new shear strength criterion for rock joints. *Eng. Geol.*, 7:287-322. Barton, N. R. 1974. A review of the shear strength of filled discontinuities in rock. Norwegian Geotechnical Institute, Pub. No. 105.

[30] Baxter, D. A. 1997. Rockbolt corrosion under scrutiny. *Tunnels Tunneling Int.*, July, 35-8.

[31] Beale, G. and Read, J. 2013. *Guidelines for Evaluating Water in Pit Slope Stability*. CSIRO Publishing, Melbourne, Australia.

[32] Bieniawski, Z. T. 1976. Rock mass classification in rock engineering. In: *Exploration for Rock Engineering, Proceedings of Symposium*, Z. T. Bieniawski, ed., CRC/Balkema, Cape Town, Leiden, Netherlands, Vol. 1, pp. 97-106.

[33] Birch, J. S. 2008. Using 3DM analyst mine mapping suite for underground mapping. In: *Laser and Photogrammetric Methods for Rock Tunnel Characterization*, F. Tonon, ed. 42nd U. S. Rock Mechanics Symposium, San Francisco, CA.

[34] Bishop, A. W. 1955. The use of the slip circle in the stability analysis of earth slopes. *Geotechnique*, 5:7-17.

[35] Bishop, A. W. and Bjerrum, L. 1960. The relevance the triaxial test to the solution of stability problems. *Proceedings of the ASCE Conference Shear Strength of Cohesive Soils*, Boulder, CO, pp. 437-501.

[36] Black, W. H., Smith, H. R. and Patton, F. D. 1986. Multi-level ground water monitoring with the MP system. *Proceedings of the NWWA-AGU Conference on Surface and Borehole Geophysical Methods and Groundwater Instrumentation*, Den-

ver, CO, pp. 41-61.

[37] Bobet, A. 1999. Analytical solutions for toppling failure (Technical Note). *Int. J. Rock Mech. Min. Sci.*, 36:971-80.

[38] Branner, J. C. 1895. Decomposition of rocks in Brazil. *Geol. Soc. Am. Bull.*, 7(1):255-314.

[39] Brawner, C. O. and Kalejta, J. 2002. Rock fall control in surface mining with cable ringnet fences. *Proceedings of the Annual Meeting*, Society of Mining Engineers of AIME, Phoenix, AZ, 10pp.

[40] Brawner, C. O., Pentz, D. L. and Sharp, J. C. 1971. Stability studies of a footwall slope in layered coal deposit. *13th Symposium on Rock Mechanics - Stability of Rock Slopes*, University of Illinois, Urbana, ASCE, pp. 329-65.

[41] Brawner, C. O., Stacey, P. F. and Stark, R. 1975. A successful application of mining with pitwall movement. *Proceedings of the Canadian Institute of Mining, Annual Western Meeting*, Edmonton, October, 20pp.

[42] Brawner, C. O. and Wyllie, D. C. 1975. Rock slope stability on railway projects. *Proceedings of the American Railway Engineering Association, Regional Meeting*, Vancouver, BC.

[43] Bray, J. D. and Travasarou, T. 2009. Pseudostatic coefficient for use in simplified seismic slope stability evaluation. *J. Geotech. Geoenviron. Eng.*, 135(9):1336-40.

[44] Brideau, M.-A. 2010. *Three-dimensional kinematic controls on rock slope stability conditions*. PhD thesis, Simon Fraser University, Burnaby, Canada.

[45] British Standards Institute (BSI). 1989. *British Standard Code of Practice for Ground Anchorages*, *BS* 8081: 1989. BSI, 2 Park Street, London, W1A 2BS, 176pp.

[46] Broadbent, C. D. and Zavodni, Z. M. 1982. Influence of rock structure on stability. In: *Stability in Surface Mining*, Chapter 2, C. O. Brawner, ed., Society of Mining Engineers of AIME, Englewood, CO, Vol. 3.

[47] Brock, R. W., Grount, F. F. and Swanson, C. O. 1943. Weathering of igneous rocks near Hong Kong. *Geol. Soc. Am. Bull.*, 54(6):717-38.

[48] Brooker, E. W. and Anderson, I. H. 1979. Rock mechanics in damsite location. *Proceedings of the 5th Canadian Rock Mechanics Symposium*, Toronto, Canada, 75-90.

[49] Brown, E. T. 1970. Strength of models of rock with intermittent joints. *J. Soil Mech. Found. Eng. Div. ASCE*, 96(SM6):1935-49.

[50] Byerly, D. W. and Middleton, L. M. 1981. Evaluation of the acid drainage potential of certain Precambrian rocks in the Blue Ridge Province. *32nd Annual Highway Geology Symposium*, Gatlinburg, TN, pp. 174-85.

[51] Byrne, R. J. 1974. *Physical and numerical models in rock and soil slope stability*. PhD thesis, James Cook University of North Queensland, Australia.

[52] Cala, M., Kowalski, M. and Stopkowicz, A. 2014. The three-dimensional (3D) numerical stability analysis of Hyttemalmen open-pit. *Arch. Min. Sci.*, 59(3):609-20.

[53] California Department of Conservation, C. G. S. 2008. *Guidelines for Evaluating and Mitigating Seismic Hazards in California*. California Geological Survey, Sacramento. Special Publication 117A.

[54] California Division of Mines and Geology (CDMG). 1997. *Guildelines for Evaluating and Mitigating Seismic Hazards in California*. Califiornia Div. of Mines and Geology. Special Report 117. www/consrv. ca. gov/dmg/pubs/sp/117/.

[55] Call, R. D. 1982. Monitoring pit slope behaviour. In: *Stability in Surface Mining*, Chapter 9, C. O. Brawner, ed., Society of Mining Engineers of AIME, Englewood, CO, Vol. 3, pp. 42-62.

[56] Call, R. D. 1992. Slope stability. In: *SME Mining Engineering Handbook*. Society of Mining Engineers of AIME, Englewood, CO, Vol. 1, pp. 881-96.

[57] Call, R. D., Saverly, J. P. and Pakalnis, R. 1982. A simple core orientation device. In: *Stability in Surface Mining*, C. O. Brawner, ed., Society of Mining Engineers of AIME, Englewood, CO, pp. 465-81.

[58] Canada Department of Energy, Mines and Resources. 1978. *Pit Slope Manual*. DEMR, Ottawa, Canada.

[59] Canadian Geotechnical Society. 1992. *Canadian Foundation Engineering Manual*. BiTech Publishers Ltd., Vancouver, Canada.

[60] Canadian Standards Association. 1988. *Design of Highway Bridges*. CAN/CSA-56-88, Rexdale, Ontario.

[61] Carvajal, H. E. M., Restrepo, P. A. I. and Azevedo, G. F. 2012. Landslide risk management in Medellin, Colombia. In: *Extreme Rainfall Induced Landslides*, W. A. Lacerda, E. M. Palmeira, A. L. Netto and M. Ehrlich, eds., Oficina de Textos, Brazil, pp. 299-323.

[62] Carvalho, J. L., Kennard, D. T. and Lorig, L. 2002. Numerical analysis of the east wall of Toquepala Mine, Southern Andes of Peru. In: *EUROCK* 2002, C. Dinas

da Gama and L. Ribeiro e Sousa, eds., Sociedade Portuguesa de Geotecnica, Maderia, Portugal, pp. 615-25.

[63] Casagrande, L. 1934. Näherungsverfahren zur Ermittlung der Sickerung in gesch tteten Dämmen auf underchläassiger Sohle. *Die Bautechnik*, Heft 15.

[64] Caterpillar Inc. 2015. *Caterpillar Performance Handbook*, 29th Edition. Peoria, IL, 1014 pages.

[65] Caterpillar Tractor Co. 2015. *Caterpillar Performance Handbook*, 32nd edition. Caterpillar Tractor Co, Peoria, IL.

[66] Cavers, D. S. 1981. Simple methods to analyze buckling of rock slopes. *Rock Mech.*, 14(2):87-104.

[67] Cedergren, H. R. 1989. *Seepage, Drainage and Flow Nets*, 3rd edition. John Wiley & Sons, New York, 465pp.

[68] Chen, Z. 1995a. Keynote Lecture: Recent developments in slope stability analysis. *Proceedings of the 8th International Congress on Rock Mechanics*, ISRM, Tokyo, Japan, Vol. 3, pp. 1041-8.

[69] Chen, Z. editor in chief. 1995b. Transactions of the stability analysis and software for steep slopes in China. Vol. 3. 1: Rock classification, statistics of database of failed and natural slopes. China Institute of Water Resources and Hydroelectric Power Research (in Chinese).

[70] Cheng, Y. and Liu, S. 1990. Power caverns of the Mingtan Pumped Storage Project, Taiwan. In: *Comprehensive Rock Engineering*, J. A. Hudson, ed., Pergamon Press, Oxford, Vol. 5, pp. 111-32.

[71] Christensen Boyles Corp. 2000. *Diamond Drill Products - Field Specifications*. CBC, Salt Lake City, UT.

[72] Ciarla, M. 1986. Wire netting for rock fall protection. *Proceedings of the 37th Annual Highway Geology Symposium*, Helena, Montana, Montana Department of Highways, pp. 100-18.

[73] C. I. L. 1983. *Blaster's Handbook*. Canadian Industries Limited, Montréal, Québec.

[74] Clark, I. 1979. *Practical Geostatistics*, 1st edition. Elsevier Applied Science, Amsterdam.

[75] Clayton, M. A. 2014. *Characterization and analysis of the Mitchell Creek Landslide: A large-scale rock slope instability in north-western British Columbia*. MSc thesis, Simon Fraser University, Burnaby, Canada.

[76] Clayton, M. A. and Stead, D. 2015. A discontinuum numerical modelling investiga-

tion of failure mechanisms at the Mitchell Creek landslide, B. C. , Canada. *13th International Congress of Rock Mechanics, Montreal*, Canada, Canadian Institute of Mining, Metallurgy and Petroleum.

[77] Cluff, L. S. , Hansen, W. R. , Taylor, C. L. , Weaver, K. D. , Brogan, G. E. , Idress, I, M. , McClure, F. E. and Bayley, J. A. 1972. Site evaluation in seismically active regions - An interdisciplin- ary team approach. *Proceedings of the International Conference on Microzonation for Safety, Construction, Research and Application*, Seattle, WA, Vol. 2, pp. 9-57-9-87.

[78] Coates, D. F. , Gyenge, M. and Stubbins, J. B. 1965. Slope stability studies at Knob Lake. *Proceedings of the Rock Mechanics Symposium*, Toronto, pp. 35-46.

[79] Colog Inc. 1995. *Borehole Image Processing System (BIP)*. Golden, Colorado, and Raax Co. Ltd. , Australia.

[80] Commonwealth Scientific and Industrial Research Organization CSIRO. 2001. *SIRO-JOINT Geological Mapping Software*. CSIRO Mining and Exploration, Pullenvale, Queensland, Australia.

[81] Commonwealth Scientific and Industrial Research Organization (CSIRO). 2009. *Guidelines for Open Pit Slope Design*, J. Read and P. F. Stacey, eds. , CRC/Balkema, Leiden, Netherlands, 496pp.

[82] Corominas, J. 1996. The angle of reach as a mobility index for small and large landslides. *Can. Geotech. J.*, 33:260-71.

[83] Costa, J. E. and Schuster, R. L. 1988. The formation and failure of natural dams. *Geological Society of America Bulletin*, 100(7):1054-68.

[84] Coulomb, C. A. 1773. Sur une application des règles de Maximis et Minimis a quelques problèmes de statique relatifs *à* l'Architechture. *Acad. Roy. des Sciences Memoires de math. et de physique par divers savans*, 7:343-82.

[85] Cruden, D. M. 1977. Describing the size of discontinuities. *Int. J. Rock Mech. Min. Sci. Geomech. Abstr.*, 14:133-7.

[86] Cruden, D. M. 1997. Estimating the risks from landslides using historical data. In: *Proceedings of the International Workshop on Landslide Risk Assessment*, D. M. Cruden and R. Fell, eds. , Honolulu, HI, CRC/Balkema, Leiden, Netherlands, pp. 177-84.

[87] Cundall, P. A. 1971. A computer model for simulating progressive, large scale movements in blocky rock systems. *Proceedings of the International Symposium on Rock Fracture*, Nancy, France, paper 11-8.

[88] Cundall, P. A. and Damjanac, B. 2009. A comprehensive 3D model for rock slopes based on micromechanics. *Proceedings of the Slope Stability* 2009 *Conference*, Santiago, Chile, 10pp.

[89] Davies, J. N. and Smith, P. L. P. 1993. Flexural toppling of siltstones during a temporary excavation for a bridge foundation in North Devon. In: *Comprehensive Rock Engineering*, J. Hudson, ed., Chapter 31, Pergamon Press, Oxford, UK, Vol. 5, pp. 759-75.

[90] Davis, G. H. and Reynolds, S. J. 1996. *Structural Geology of Rocks and Regions*, 2nd edition. John Wiley & Sons, New York, 776pp.

[91] Davis, S. N. and DeWiest, R. J. M. 1966. *Hydrogeology*. John Wiley & Sons, New York.

[92] Dawson, E. M., Roth, W. H. and Drescher, A. 1999. Slope stability analysis by strength reduction. *Géotechnique*, 49(6):835-40.

[93] De Freitas, M. H. and Watters, R. J. 1973. Some field examples of toppling failure. *Géotechnique*, 23(4):495-513.

[94] Deere, D. U. and Miller, R. P. 1966. *Engineering classification and index properties of intact rock*. Technical Report No. AFWL-TR-65-116, Air Force Weapons Laboratory, Kirkland Air Force Base, New Mexico.

[95] Deere, D. U. and Patton, F. D. 1971. Slope stability in residual soils. *4th PanAmerican Conference on Soil Mechanics and Foundation Engineering*, San Juan, Puerto Rico.

[96] Dehls, J. F., Farina, P., Martin, D. and Froese, C. 2010. Monitoring Turtle Mountain using groundbased synthetic aperture radar (GB-InSAR). GEO2010 - 63*rd Canadian Geotechnical Conference*, Calgary, Alberta, Canadian Geotechnical Society (CGS).

[97] Dershowitz, W. S. and Einstein, H. H. 1988. Characterizing rock joint geometry with joint system models. *Rock Mech. Rock Eng.*, 20(1):21-51.

[98] Dershowitz, W. S., Lee, G., Geier, J., Foxford, T., LaPointe, P. and Thomas, A. 2004. *FracMan - Interactive Discrete Feature Data Analysis, Geometric Modeling, and Exploration Simulation*, User documentation. Golder Associates Inc., Seattle, WA.

[99] Dershowitz, W. S., Lee, G., Geier, J., Hitchcock, S. and LaPointe, P. 1994. *FRACMAN Interactive Discrete Feature Data Analysis, Geometric Modeling, and Exploration Simulation*. User documentation V. 2.4, Golder Associates Inc., Red-

mond, WA.

[100] Descoeudres, F. and Zimmerman, T. 1987. Three-dimensional calculation of rock falls. *Proceedings of the International Conference Rock Mechanics*, Montreal, Canada.

[101] Deutsch, C. V. 2002. *Geostatistical Reservoir Modeling*. Oxford University Press, Oxford, UK, 400pp.

[102] Dowding, C. H. 1985. *Blast Vibration Monitoring and Control*. Prentice-Hall, Upper Saddle River, NJ.

[103] Duffy, J. D. and Haller, B. 1993. Field tests of flexible rock fall barriers. *Proceedings of the International Conference on Transportation Facilities through Difficult Terrain*, Aspen, CO, CRC/Balkema, Leiden, Netherlands, pp. 465-73.

[104] Duncan, J. M. 1996. *Landslides: Investigation and Mitigation*. Transportation Research Board, Special Report 247, Washington, DC, Chapter 13, Soil Slope Stability Analysis, pp. 337-71.

[105] Dunnicliff, J. 1993. *Geotechnical Instrumentation for Monitoring Field Performance*, 2nd edition. John Wiley & Sons, New York, 577pp.

[106] Duran, J. and Douglas, L. H. 1999. Do rock slopes designed with empirical rock mass strength stand up? *9th Congress of the International Society of Rock Mechanics*, Paris, pp. 87-90.

[107] Dyno Nobel. 2013. Product technical information. Dyno Nobel, http://www.dynonobel.com.

[108] Eberhardt, E., Stead D. and Coggan, J. S. 2004. Numerical analysis of initiation and progressive failure in natural rock slopes - The 1991 Randa rockslide. *Int. J. Rock Mech.*, 41:69-87.

[109] Einstein, H. H. 1993. Modern developments in discontinuity analysis. In: *Comprehensive Rock Engineering*, J. Hudson, ed., Chapter 9, Pergamon Press, Oxford, UK, Vol. 3, pp. 193-213.

[110] Einstein, H. H., Veneziano, D., Baecher, G. B. and O'Reilly, K. J. 1983. The effect of discontinuity persistence on slope stability. *Int. J. Rock Mech. Min. Sci. Geomech. Abstr.*, 20:227-36.

[111] Elmo, D. 2006. *Evaluation of a hybrid FEM/DEM approach for determination of rock mass strength using a combination of discontinuity mapping and fracture mechanics modelling, with particular emphasis on modelling of jointed pillars*. PhD thesis, University of Exeter, Exeter, UK.

[112] Elmo, D. , Clayton, C. , Rogers, S. , Beddoes, R. and Greer, S. 2011. Numerical simulations of potential rock bridge failure within a naturally fractured rock mass. *Proceedings of the 2011 International Symposium on Slope Stability in Mining and Civil Engineering*, Vancouver, pp. 18-21.

[113] Erban, P. J. and Gill, K. 1988. Consideration of the interaction between dam and bedrock in a coupled mechanic-hydraulic FE program. *Rock Mech. Rock Engineering*, 21(2):99-118.

[114] European Committee for Standardization. 1995. *Eurocode 1: Basis of Design and Actions on Structures - Part 1. Basis of Design*. Central Secretariat, Brussels.

[115] Farmer, I. W. 1975. Stress distribution along a resin grouted anchor. *Int. J. Rock Mech. Geomech. Abstr.*, 12(11):347-51.

[116] Fecker, E. and Rengers, N. 1971. Measurement of large scale roughness of rock planes by means of profilometer and geological compass. *Proceedings of the Symposium on Rock Fracture*, Nancy, France, Paper 1-18.

[117] Federal Highway Administration (FHWA). 1982. *Tiebacks*. U. S. Department of Transportation, Washington, DC, Contract No. FHWA/RD-82/047.

[118] Federal Highway Administration (FHWA). 1991. Rock *Blasting and Overbreak Control*. U. S. Department of Transportation, Washington, DC, Contract No. DT-FW 61-90-R-00058.

[119] Federal Highway Administration (FHWA). 1993. *Rockfall Hazard Mitigation Methods*. U. S. Department of Transportation, Washington, DC, Publication No. FHWA SA-95-085, Washington, DC.

[120] Federal Highway Administration (FHWA). 1998a. *Geotechnical Earthquake Engineering*. U. S. Department of Transportation, Washington, DC, Contract No. FHWA-HI-99-012, 265pp.

[121] Federal Highway Administration (FHWA). 1998b. *Rock Slopes*. U. S. Department of Transportation, Washington, DC, Publication No. FHWA-HI-99-007, FHWA, Washington, DC.

[122] Federal Highway Administration (FHWA). 2011. *LRFD seismic analysis and design of transportation geotechnical features and structural foundations*. NHI Course No. 130094 Reference Manual. J. E. Kavazanjian, J. -N. J. Wang, G. R. Martin, A. Shamsabadi, I. P. Lam and S. E. Dickenson, eds. , U. S. Department of Transportation, Washington, DC, Report No. : FHWA-NHI-11-032.

[123] Federico, A. , Popescu, M. and Murianni, A. 2015. Temporal prediction of land-

slide occurence: A possibility or a challenge? *Italian J. of Engineering Geology and Environment*, 1:41-60.

[124] Fekete, S., Diederichs, M., Lato, M. and Grimstad, E. 2008. HD laser scanning in active tunnels: Challenges, solutions, applications. *Tunnelling Association of Canada, Annual Conference*, Toronto.

[125] Fell, R. 1994. Landslide risk assessment and acceptable risk. *Can. Geotech. J.*, 31(2):261-72.

[126] Fenton, G. A., Naghibi, F., Dundas, D., Bathurst, R. J. and Griffiths, D. V. 2015. Reliability-based geotechnical design in 2014 Canadian Highway Bridge Design Code. *Can. Geotech. J.*, 53(2):236-51.

[127] Fisher, B. R. 2009. *Improved characterization and analysis of biplanar dip slope failures to limit model and parameter uncertainty in the determination of setback distances*. PhD thesis, University of British Columbia, Vancouver, BC.

[128] Fisher, B. R. and Eberhardt, E. 2012. Assessment of parameter uncertainty associated with dip slope stability analyses as a means to improve site investigations. *J. Geotech. Geoenviron. Eng.*, 138(2):166-73.

[129] Fleming, R. W., Spencer, G. S. and Banks, D. C. 1970. *Empirical study of the behaviour of clay shale slopes*. U. S. Army Nuclear Cratering Group Technical Report, No. 15.

[130] Flores, G. and Karzulovic, A. 2000. The role of the geotechnical group in an open pit: Chuquicamata Mine, Chile. *Proceedings of the Slope Stability in Surface Mining*, Society of Mining Engineers of AIME, Englewood, CO, pp. 141-52.

[131] Fookes, P. G. and Sweeney, M. 1976. Stabilization and control of local rock falls and degrading rock slopes. *Quart. J. Eng. Geol.*, 9:37-55.

[132] Forster, J. W. 1986. *Geological problems overcome at Revelstoke, Part* 2. Water Power and Dam Construction, August.

[133] Fredlund, M. 2014. Is there a movement toward three-dimensional slope stability analyses? *GeoStrata*, 18(4):22-5.

[134] Freeze, R. A. and Cherry, J. A. 1979. *Groundwater*. Prentice-Hall, Upper Saddle River, NJ, 604pp. Frohlich, O. K. 1955. General theory of the stability of slopes. Geotechnique, 5:37-47.

[135] Fukuzono, T. 1985. Method to predict failure time of slope collapse using inverse of surface moving velocity by precipitation, *Landslide*, 22:8-13 (in Japanese).

[136] Gaffney, S. P., White, J. and Ellis, W. L. 2002. Instrumentation of the Debeque

Canyon Landslide at Interstate 70 in West Central Colorado. 2002 *Denver Annual Meeting*, *Sunday*, *October* 27, 2002, Colorado Convention Center, The Geological Society of America (GSA).

[137] Gao, F. Q. and Stead, D. 2014. The application of a modified Voronoi logic to brittle fracture model- ling at the laboratory and field scale. *Int. J. Rock Mech. Min. Sci.*, 68:1-14.

[138] Geological Society Engineering Group Working Party. 1977. Report on the logging of rock cores forengineering purposes. J. L. Knill, C. R. Cratchley, K. R. Early, R. W. Gallois, J. D. Humphreys and J. Newbery, eds., *Quart. J. Eng. Geol. Hydrogeol.*, 3(1):1-24.

[139] Geomechanica Inc. 2015. Irazu, http://www. geomechanica. com/services-slope-stab. html.

[140] Gischig, V. S. 2011. *Kinematics and failure mechanisms of the Randa rock slope instability (Switzerland)*. PhD thesis, ETH, Zurich, Switzerland.

[141] Glass, C. E. 2000. The influence of seismic events on slope stability. In: *Proceedings of the Slope Stability in Surface Mining*, W. A. Hustrulid, M. K. McCarter and D. J. A. Van Zyl, eds., Society of Mining Engineers of AIME, Englewood, CO, pp. 97-105.

[142] Golder, H. Q. 1972. The stability of natural and man-made slopes in soil and rock. In: *Geotechnical Practice for Stability in Open Pit Mining*, C. O. Brawner and V. Milligan, eds., Society of Mining Engineers of AIME, Englewood, CO, pp. 79-85.

[143] Goldich, S. S. 1938. A study in rock weathering. *J. Geol.*, 46(1):17-58.

[144] Goodman, R. E. 1964. The resolution of stresses in rock using stereographic projection. *Int. J. Rock Mech. Min. Sci.*, 1:93-103.

[145] Goodman, R. E. 1970. The deformability of joints. In: *Determination of the In Situ Modulus of Deformation of Rock*. American Society for Testing and Materials Publications, Washington, DC, No. 477, pp. 174-96.

[146] Goodman, R. E. 1976. *Methods of Geological Engineering in Discontinuous Rocks*. West Publishing Co., St. Paul, MN, 472pp.

[147] Goodman, R. E. 1980. *Introduction to Rock Mechanics*. John Wiley & Sons, New York, 478pp.

[148] Goodman, R. E. and Bray, J. 1976. Toppling of rock slopes. ASCE, *Proceedings of the Specialty Conference on Rock Engineering for Foundations and Slopes*,

Boulder, CO, Vol. 2, pp. 201-34.

[149] Goodman, R. E. and Shi, G. 1985. *Block Theory and Its Application to Rock Engineering*. PrenticeHall, Upper Saddle River, NJ.

[150] Griffiths, J. S., Stokes, M., Stead, D. and Giles, D. 2012. Landscape evolution and engineering geology: Results from IAEG Commission 22. *Bull. Eng. Geol. Environ.*, 71:605-36.

[151] Grimod, A. and Giacchetti, G. 2013. Protection from high energy impacts using reinforced soil embankments: Design and experiences. In: *Landslide Science and Practice*, C. Margottini, P. Canuti and K. Sassa, eds., Springer-Verlag, Rome, pp. 189-96.

[152] Grøneng, G., Lu, M., Nilsen, B. and Jenssen, A. K. 2010. Modelling of time-dependent behaviour of the basal sliding surface of the Åknes rockslide area in western Norway. *Eng. Geol.*, 114:412-22.

[153] Guthrie, R. H. and Nicksiar, M. 2016. Time of failure - practical improvements of an analytical tool. *Proc. GeoVancouver* 2016 *Conf.*, Canadian Geotechnical Society, Vancouver, September, paper 3742, pp. 7.

[154] Haar, M. E. 1962. *Ground Water and Seepage*. McGraw-Hill Co., New York.

[155] Hagan, T. N. 1975. Blasting physics - What the operator can use in 1975. *Proceedings of the Australian Institute of Mining and Metallurgy, Annual Conference*, Adelaide, Part B, pp. 369-86.

[156] Hagan, T. N. and Bulow, B. 2000. Blast designs to protect pit walls. In: *Slope Stability in Surface Mining*. Society Mining Engineers of AIME, Englewood, CO, pp. 125-30.

[157] Haines, A. and Terbrugge, P. J. 1991. Preliminary estimate of rock slope stability using rock mass classification. *7th Congress of the International Society of Rock Mechanics*, Aachen, Germany, pp. 887-92.

[158] Hamdi, P., Stead, D., Elmo, D., Töyrä, J. and Stöckel, B-M. 2014. Use of an integrated finite/discrete element method-discrete fracture network approach (FDEM-DFN) in characterizing surface subsidence associated with sub-level caving. *Proceedings of the DFNE* 2014, Vancouver, Canada, Paper DFN 2014-268, 8pp.

[159] Hamel, J. V. 1970. The Pima Mine slide, Pima County, Arizona. *Geological Society of America, Abstracts with Programs*, 2(5):335.

[160] Hamel, J. V. 1971a. The slide at Brilliant cut. *Proceedings of the 13th Symposium on Rock Mechanics*, Urbana, IL, pp. 487-510.

[161] Hamel, J. V. 1971b. Kimberley Pit slope failure. *Proceedings of the 4th Pan-American Conference on Soil Mechanics and Foundation Engineering*, Puerto Rico, Vol. 2, pp. 117-27.

[162] Hammett, R. D. 1974. *A study of the behaviour of discontinuous rock masses*. PhD thesis, James Cook University of North Queensland, Australia.

[163] Han, C. 1972. *Technique for obtaining equipotential lines of ground water flow in slopes using electrically conducting paper*. MSc thesis, University of London (Imperial College), UK.

[164] Hanna, T. H. 1982. *Foundations in Tension - Ground Anchors*. Trans Tech Publications/McGrawHill Book Co., Clausthal-Zellerfeld, West Germany.

[165] Harp, E. L. and Jibson, R. W. 2002. Anomalous concentrations of seismically triggered rock falls in Pacoima Canyon: Are they caused by highly susceptible slopes or local amplification of seismic shaking? *Bull. Seismol. Soc. Am.*, 92(8):3180-9.

[166] Harp, E. L., Jibson, R. W., Kayen, R. E., Keefer, D. S., Sherrod, B. L., Collings, B. D., Moss, R. E. S. and Sitar, N. 2003. Landslides and liquefaction triggered by the M7.9 Denali Fault earthquake of 3 November 2002. *GSA Today (Geological Society of America)*, August, 4-10.

[167] Harp, E. L. and Noble, M. A. 1993. An engineering rock classification to evaluate seismic rock fall susceptibility and its application to the Wasatch Front. *Bull. Assoc. Eng. Geol.*, XXX(3):293-319.

[168] Harp, E. L. and Wilson, R. C. 1995. Shaking intensity thresholds for rock falls and slides: Evidence from the 1987 Whittier Narrows and Superstition Hills earthquake strong motion records. *Bull. Seismol. Soc. Am.*, 85(6):1739-57.

[169] Harr, M. E. 1977. *Mechanics of Particulate Matter - A Probabilistic Approach*. McGraw-Hill, New York, 543pp.

[170] Harries, G. and Merce, J. K. 1975. The science of blasting and its use to minimize costs. *The Australasian Institute of Mining and Metallurgy Conference (AusIMM)*, June 1975, Adelaide.

[171] Havaej, M. 2015. *Characterisation of high rock slopes using an integrated numerical modelling - Remote sensing approach*. PhD thesis, Simon Fraser University, Canada.

[172] Havaej, M., Coggan, J., Stead, D. and Elmo, D. 2016a. A combined remote sensing-numerical modelling approach to the stability analysis of Delabole Slate Quarry, *Rock Mech. Rock Eng.*, 49(4):1227-45.

[173] Havaej, M. , Stead, D. , Coggan, J. and Elmo, D. 2016b. Application of discrete fracture networks in the stability analysis of Delabole Slate Quarry, Cornwall, UK, *Proc. ARMA* 2016, Houston, TX, Paper#40, 10pp.

[174] Havaej, M. , Stead, D. , Eberhardt, E. and Fisher, B. 2014a. Characterization of bi-planar and plough- ing failure mechanisms in footwall slopes using numerical modelling. *Eng. Geol.* , 178:109-20.

[175] Havaej, M. , Stead, D. , Mayer, J. and Wolter, A. 2014b. Modelling the relation between failure kinematics and slope damage in high rock slopes using a lattice scheme approach, *Proc. ARMA* 2014, Minneapolis, Paper #14-7374, 8pp.

[176] Hemphill, G. B. 1981. *Blasting Operations*. McGraw-Hill Inc. , New York, 258pp.

[177] Hencher, S. R. and Richards, L. R. 1989. Laboratory direct shear testing of rock discontinuities. *Ground Eng.* , March, 24-31.

[178] Hendron, A. J. and Patton, F. D. 1985. *The Vajont slide: A geotechnical analysis based on new geological observations of the failure surface*. Waterways Experiment Station Technical Report, U. S. Army Corps of Engineers, Vicksburg, MS, Vol. 1, p. 104.

[179] Heuer, R. E. 1995. Estimating ground water flow in tunnels. *Proceedings of the Rapid Excavation and Tunneling Conference*, San Francisco, pp. 41-80.

[180] Hiltunen D. R. , Hudyma N. ,Quigley T. P. 2007. Ground proving three seismic refraction tomography programs. Transportation Research Board. J. Transport. Res. Board, 2016,110-120.

[181] Hocking G. 1976. A method for distinguishing between single and double plane sliding of tetrahedral wedges. *International Journal of Rock Mechanics and Mining Sciences*,13(7):225-226.

[182] Hoek E. 1968. Brittle failure of rock In: *Rock Mechanics in Engineering Practice* K. G. Stagg ,O. C. Zienkiewicz. John Wiley & Sons, London, pp. 99-124.

[183] Hoek, E. 1970. Estimating the stability of excavated slopes in opencast mines. *Trans. Inst. Min. Metall.* , London, 79:A109-32.

[184] Hoek, E. 1974. Progressive caving induced by mining an inclined ore body. *Trans. Int. Min. Metall.* , London, 83:A133-39.

[185] Hoek, E. 1983. Strength of jointed rock masses, 23rd Rankine Lecture. *Géotechnique*, 33(3):187-223.

[186] Hoek, E. 1990. Estimating Mohr-Coulomb friction and cohesion values from the

Hoek-Brown failure criterion. *Int. J. Rock Mech. Min. Sci. Geomech. Abstr.*, 12 (3):227-29.

[187] Hoek, E. 1994. Strength of rock and rock masses. *ISRM News J.*, 2(2):4-16.

[188] Hoek, E. and Bray, J. 1981. *Rock Slope Engineering*, 3rd edition. Institute of Mining and Metallurgy, London, UK.

[189] Hoek, E., Bray, J. and Boyd, J. 1973. The stability of a rock slope containing a wedge resting on two intersecting discontinuities. *Quart. J. Eng. Geol.*, 6(1):22-35.

[190] Hoek, E. and Brown, E. T. 1980a. Empirical strength criterion for rock masses. *J. Geotech. Eng Div.* ASCE, 106(GT9):1013-35.

[191] Hoek, E. and Brown, E. T. 1980b. *Underground Excavations in Rock*, Institute of Mining and Metallurgy, London, UK, 527pp.

[192] Hoek, E. and Brown, E. T. 1988. The Hoek-Brown failure criterion - A 1988 update. In: *Proceedings of the 15th Canadian Rock Mechanics Symposium*, J. C. Curran, ed., Department of Civil Engineering, University of Toronto, Toronto, pp. 31-8.

[193] Hoek, E. and Brown, E. T. 1997. Practical estimates of rock mass strength. *Int. J. Rock Mech. Min. Sci.* Geomech. Abstr., 34(8):1165-86.

[194] Hoek, E., Carranza-Torres, C. and Corkum, B. 2002. Hoek-Brown Failure Criterion - 2002 edition. *Proceedings of the North American Rock Mechanics Society Meeting*, Toronto, Canada, July, pp. 267-73.

[195] Hoek, E., Hutchinson, J., Kalenchuk, K. and Diederichs, M. 2009. Influence of in situ stresses on open pit design. In: *Guidelines for Open Pit Slope Design*, *App.* 3, J. Read and P. Stacey, eds., CSIRO, Brisbane, Australia.

[196] Hoek, E., Kaiser, P. K. and Bawden, W. F. 1995. *Support of Underground Excavations in Hard Rock*. CRC/Balkema, Leiden, Netherlands, 215pp.

[197] Hoek, E. and Marinos, P. 2000. Predicting Tunnel Squeezing. Tunnels and Tunnelling International. Part 1 - November 2000, Part 2 - December, 2000.

[198] Hoek, E., Marinos, P. and Benissi, M. 1998. Applicability of the Geological Strength Index (GSI) classification for very weak and sheared rock masses. The case of the Athens Schist Formation. *Bull. Eng. Geol. Environ.*, 57(2):151-60.

[199] Hoek, E. and Richards, L. R. 1974. *Rock Slope Design Review*. Golder Associates Report to the Principal Government Highway Engineer, Hong Kong, 150pp.

[200] Hoek, E., Wood, D. F. and Shah, S. 1992. A modified Hoek-Brown criterion for

jointed rock masses. In: *Proceedings of the Rock Characterization, Symposium of International Society of Rock Mechanics: Eurock'92*, J. A. Hudson, ed., British Geotechnical Society, London, pp. 209-14.

[201] Hofmann, H. 1972. Kinematische Modellstudien zum Boschungs-problem in regalmassig geklüfteten Medien. Veröffentlichungen des Institutes für Bodenmechanik und Felsmechanik. Kalsruhe, Hetf 54.

[202] Hong Kong Geotechnical Engineering Office. 2000. *Highway Slope Manual*. Civil Engineering Department, Govt., Hong Kong, Special Administrative Region, 114pp.

[203] Hosseinian, A., Rasouli, V., Utikar, R. 2010. Fluid flow response of JRC exemplar profiles. In: EUROCK 2010, T. F. G. London, ed., *ISRM International* Symposium, Lausanne, Switzerland. Huat, B. B. K., Toll, D. G. and Prasad, A. 2012. *Handbook of Tropical Residual Soils Engineering*. CRC Press, Boca Raton, FL, 536pp.

[204] Hudson, J. A. and Priest, S. D. 1979. Discontinuities and rock mass geometry. *Int. J. Rock Mech. Min. Sci. Geomech. Abstr.*, 16:336-62.

[205] Hudson, J. A. and Priest, S. D. 1983. Discontinuity frequency in rock masses. *Int. J. Rock Mech. Min. Sci. Geomech. Abstr.*, 20:73-89.

[206] Huitt, J. L. 1956. Fluid flow in a simulated fracture. *J. Am. Inst. Chem. Eng.*, 2:259-64.

[207] Hungr, O. 1987. An extension of Bishop's simplified method of slope stability to three dimensions. *Geotechnique*, 37:113-7.

[208] Hungr, O. 1995. A model for the runout analysis of rapid flow slides, debris flows, and avalanches. *Can. Geotech. J.*, 32:610-23.

[209] Hungr, O. 2005. Entrainment of material by debris flows. In: *Debris-Flow Hazards and Related Phenomena*, Chapter 7, M. Jakob and O. Hungr, eds., Praxis Springer, Berlin, pp. 305-24.

[210] Hungr, O. 2014. *North Peak of Turtle Mountain, Frank, Alberta - Runout analyses of two potential landslides*, Report submitted to AER-Alberta Geological Survey, 19pp.

[211] Hungr, O. and Amann, F. 2011. Limit equilibrium of asymmetric laterally constrained rockslides. *Int. J. Rock Mech. Min. Sci.*, 48(5):748-58.

[212] Hungr, O. and Evans, S. G. 1988. Engineering evaluation of fragmental rock fall hazards. *Proceedings of the 5th International Symposium on Landslides*, Lau-

sanne, Switzerland, July, pp. 685-90.

[213] Hungr, O. and Evans, S. G. 1996. Rock avalanche runout prediction using a dynamic model. In: *Landslides*, Senneset, ed., Balkema, Rotterdam, pp. 233-38, ISBN 9054108185.

[214] Hungr, O., Evans, S. G. and Hazzard, J. 1999. Magnitude and frequency of rock falls and rock slides along the main transportation corridors of south-western British Columbia. *Can. Geotech. J.*, 36:224-38.

[215] Hungr, O., Morgan, G. C. and Kellerhals, R. 1984. Quantitative analysis of debris torrent hazards for design or remedial measures. *Can. Geotech. J.*, 21:663-77.

[216] Husid, R. L. 1969. Analisis de terremotos: Analysis general. Revista del IDEM. No. 8, Santiago, Chile, 21-42.

[217] Hutchinson, J. N. 1970. Field and laboratory studies of a fall in upper chalk cliffs at Joss Bay, Isle of Thanet. In: *Proceedings of the Roscoe Memorial Symposium*, R. H. G. Parry, ed., Cambridge University, March 29-31.

[218] IAEG Commission on Landslides. 1990. Suggested nomenclature for landslides. *Bull. Int. Assoc. Eng. Geol.*, 41:13-6.

[219] International Society of Explosives Engineers (ISEE). 2015. *Blaster's Handbook*, 18th edition. ISEE, Cleveland, OH, 742pp.

[220] International Society for Rock Mechanics (ISRM). 1981a. *Suggested Methods for the Quantitative Description of Discontinuities in Rock Masses*. E. T. Brown, ed., Pergamon Press, Oxford, UK, 211pp.

[221] International Society of Rock Mechanics (ISRM). 1981b. Basic geological description of rock masses. *Int. J. Int. J. Rock Mech. Min. Sci. Geomech. Abstr.*, 18: 85-110.

[222] International Society of Rock Mechanics (ISRM). 1985. Suggested methods for determining point load strength. *Int. J. Rock Mech. Min. Sci. Geomech. Abstr.*, 22 (2):53-60.

[223] International Society of Rock Mechanics (ISRM). 1991. Suggested methods of blast vibration monitoring. (co-ordinator: C. H. Dowding). *Int. J. Rock Mech. Min. Sci. Geomech. Abstr.*, 129(2):143-216.

[224] International Society for Rock Mechanics (ISRM). 2007-2014. *Suggested Methods for Rock Characterization, Testing and Monitoring*, R. Ulusay, ed., Springer-Verlag, Switzerland, 293pp.

[225] Isaaks, E. H. and Srivastava, R. M. 1989. *An Introduction to Applied Geostatis-*

tics, 1st edition. Oxford University Press, Oxford, UK, 592pp.

[226] Ishikawa, N. 1999. Recent progress on rock shed studies in Japan. *Proceedings of the Joint Japan- Swiss Scientific Seminar on Impact Loading by Rock Falls and Design of Protection Measures*, *Japan Society of Civil Engineers*, Kanazawa, Japan, pp. 1-6.

[227] Itasca Consulting Group, Inc. 2012. *FLAC3D — Fast Lagrangian Analysis of Continua in Three- Dimensions*, *Ver*. 5.0. Minneapolis, MN.

[228] Itasca Consulting Group, Inc. 2013. *3DEC - Three-Dimensional Distinct Element Code*, *Ver*. 5.0. Minneapolis, MN.

[229] Itasca Consulting Group, Inc. 2014. *PFC2D - Particle Flow Code in Two Dimensions*, *Ver*. 5.0. Minneapolis, MN.

[230] Itasca Consulting Group, Inc. 2014a. *PFC Suite - Particle Flow Code in Two and Three Dimensions*, *Ver*. 5.0. Minneapolis, MN.

[231] ItascaConsulting Group, Inc. 2014b. *UDEC - Universal Distinct Element Code*, *Ver*. 6.0 *User's Manual*. Minneapolis, MN.

[232] Itasca Consulting Group, Inc. 2015. *KUBRIX*©, *Ver*. 15.0. Minneapolis, MN.

[233] Itasca Consulting Group, Inc. 2016. *FLAC - Fast Lagrangian Analysis of Continua*, *Ver*. 8.0. Minneapolis, MN.

[234] Jacob, C. E. 1950. Flow of ground water. In: *Engineering Hydraulics*, H. Rouse, ed., John Wiley & Sons, New York, pp. 321-86.

[235] Jaegar, J. C. 1970. The behaviour of closely jointed rock. *Proceedings of the 11th Symposium on Rock Mechanics*, Berkeley, CA, 57-68.

[236] Jaeger, J. C. and Cook, N. G. W. 1976. *Fundamentals of Rock Mechanics*, 2nd edition. Chapman & Hall, London, UK, 585pp.

[237] Janbu, N. 1954. Application of composite slide circles for stability analysis. *Proceedings of the European Conference on Stability of Earth Slopes*, Stockholm, Vol. 3, pp. 43-9.

[238] Janbu, N., Bjerrum, L. and Kjaernsli, B. 1956. Soil mechanics applied to some engineering problems (in Norwegian with English summary). Norwegian Geotech. Inst., Publication 16.

[239] Japan Ministry of Construction. 1983. *Reference Manual on Erosion Control Works (in Japanese)*. Japan Erosion Control Department, Tokyo, Japan.

[240] Jefferies, M., Lorig, L. and Alvarez, C. 2008. Influence of rock-strength spatial variability on slope stability. In: *Continuum and Distinct Element Numerical Mod-*

eling in Geo-Engineering - 2008, R. Hart, C. Detournay and P. Cundall, eds., CRC Press, Boca Raton, FL, Paper 01-05.

[241] Jennings, J. E. 1970. A mathematical theory for the calculation of the stability of open cast mines. In: *Proceedings of the Symposium on Planning of Open Pit Mines*, P. W. J. van Rensberg, ed., Johannesburg, South Africa, CRC/Balkema, Leiden, Netherlands, pp. 87-102.

[242] Jibson, R. W. 1993. *Predicting Earthquake-Induced Landslide Displacements Using Newark's Sliding Block Analysis*. Transportation Research Record 1411, Transportation Research Board, Washington, DC, pp. 9-17.

[243] Jibson, R. W. 2007. Regression models for estimating coseismic landslide displacement. *Eng. Geol.*, 91(2-4):209-18.

[244] Jibson, R. W. 2011. Methods for assessing the stability of slopes during earthquakes - A retrospective. Eng. Geol., 122(1-2):43-50.

[245] Jibson, R. W. 2013. Mass-movement causes: Earthquakes. In: *Treatise on Geomorphology*, R. Marston and M. Stoffel, eds., Elsevier Inc., San Diego, 223-9.

[246] Jibson, R. W. and Harp, E. L. 1995. *Inventory of landslides triggered by the 1994 Northridge, California Earthquake*. Department of the Interior, U. S. G. S., Open-File 95-213, 17pp.

[247] Jibson, R. W., Harp, E. L. and Michael, J. A. 1998. *A method for producing digital probabilistic seismic landslide hazard map: An example from the Los Angeles, California Area*. Department of the Interior, U. S. G. S., Open-File Report 98-113, 17pp.

[248] Jibson, R. W., Harp, E. L., Schulz, W. and Keefer, D. K. 2004. Landslides triggered by the 2002 Denali fault, Alaska, earthquake and the inferred nature of the strong shaking. *Earthquake Spectra*, 20(3):669-91.

[249] Jibson, R. W., Rathje, E. M., Jibson, M. W. and Lee, Y. W. 2013. SLAMMER: Seismic LAndslide Movement Modeled using Earthquake Records. U. S. *Geological Survey Techniques and Methods* 12-B1, 1.1 edition, United States Department of the Interior, USGS.

[250] John, K. W. 1970. Engineering analysis of three-dimensional stability problems utilizing the reference hemisphere. *Proceedings of the 2nd Congress - International Society of Rock Mechanics*, September 21-26, International Society for Rock Mechanics, Belgrade, Yugoslavia, Vol. 2, pp. 314-21.

[251] Kalenchuk, K. S. 2010. *Multi-dimensional analysis of large, complex slope insta-*

bility. PhD thesis, Queen's University, Canada.

[252] Kane, W. F. and Beck, T. J. 1996. Rapid slope monitoring. *Civil Eng*. ASCE, 66(6):56-8.

[253] Kazerani, R. and Zhao J. 2010. Micromechanical parameters in bonded particle method for modelling of brittle material failure. *Int. J. Numer. Anal. Methods Geomech.*, 34:1877-95.

[254] Keefer, D. L. 1984. Landslides caused by earthquakes. *Geol. Soc. Am. Bull.*, 95(4):406-21.

[255] Keefer, D. L. 1992. The susceptibility of rock slopes to earthquake-induced failure. In: *Proceedings of the 35th Annual Meeting of the Association of Engineering Geologists*, M. L. Stout, ed., Ass. of Engineering Geologists, Long Beach, CA, pp. 529-38.

[256] Kemeny, J. 2003. The time-dependent reduction of sliding cohesion due to rock bridges along discontinuities: A fracture mechanics approach. *Rock Mech. Rock Eng.*, 36(1):27-38.

[257] Kennedy, B. A. and Neimeyer, K. E. 1970. Slope monitoring systems used in the prediction of a major slope failure at the Chuquicamata Mine, Chile. In: *Proceedings of the Symposium on Planning Open Pit Mines*, P. W. J. van Rensberg, ed., Johannesburg, South Africa, CRC/Balkema, Leiden, Netherlands, pp. 215-25.

[258] Kiersch, G. A. 1963. Vajont reservoir disaster. *Civil Eng.*, 34(3):32-9.

[259] Kikuchi, K., Kuroda, H. and Mito, Y. 1987. Stochastic estimation and modeling of rock joint distribution based on statistical sampling. *6th International Congress on Rock Mechanics*, Montreal, CRC/Balkema, Leiden, Netherlands, pp. 425-8.

[260] King, R. A. 1977. *A review of soil corrosiveness with particular reference to reinforced earth*. Supplementary Report No. 316, Transport and Road Research Laboratory, Crowthorne, UK.

[261] Kobayashi, Y. Harp, E. L. and Hagawa, T. 1990. Simulation of rock falls triggered by earthquakes. *Rock Mech. Rock Eng.*, 23(1):1-20.

[262] Konya, C. J. and Walter, E. J. 1991. *Rock Blasting and Overbreak Control*. U. S. Department of Transportation, Federal Highway Administration, Contract No.: FHWA-HI-92-001.

[263] Kreyszig, E. 1976. *Advanced Engineering Mathematics*. John Wiley & Sons, New York, 898pp.

[264] Kulatilake, P. H. S. 1988. State of the art in stochastic joint geometry modeling.

In: *Proceedings of the 29th U. S. Symposium on Rock Mechanics*, P. A. Cundall, J. Sterling and A. M. Starfield, eds., CRC/Balkema, Leiden, Netherlands, pp. 215-29.

[265] Kulatilake, P. H. S. and Wu, T. H. 1984. Estimation of the mean length of discontinuities. *Rock Mech. Rock Eng.*, 17(4):215-32.

[266] Ladegaard-Pedersen, A. and Dally, J. W. 1975. *A review of factors affecting damage in blasting*. Report to the National Science Foundation. Mechanical Engineering Department, University of Maryland, 170pp.

[267] Lambe, W. T. and Whitman, R. V. 1969. *Soil Mechanics*. John Wiley & Sons, New York.

[268] Langefors, U. and Kihlstrom, B. 1973. *The Modern Technique of Rock Blasting*, 2nd edition. John Wiley & Sons, New York, 405pp.

[269] Lau, J. S. O. 1983. The determination of true orientations of fractures in rock cores. *Can. Geotech. J.*, 20:221-7.

[270] Lee, J. and Green, R. A. 2008. Predictive relations for significant durations in stable continental regions. *14th World Conference on Earthquake Engineering*, October, Beijing, China.

[271] Lee, S.-G. 2012. Lessons learned from extreme rainfall-induced landslides in South Korea. In: *Extreme Rainfall Induced Landslides - An International Perspective*, W. A. Lacerda, E. M. Palmeira, A. L. C. Netto and M. Ehrlich, eds., Brazil: Oficina de Textos, Brazil, pp. 141-59.

[272] Ley, G. M. M. 1972. *The properties of hydrothermally altered granite and their application to slope stability in open cast mining*. MSc thesis, University of London, Imperial College, UK.

[273] Leyshon, P. R. and Lisle, R. J. 1996. *Stereographic Projection Techniques in Structural Geology*. Butterworth and Heinemann, Oxford, UK, 104pp.

[274] Lin, J-S. and Whitman, R. V. 1986. Earthquake induced displacement of sliding blocks. J. *Geotech. Eng. Div.* ASCE, 112(1):44-59.

[275] Ling, H. I. and Cheng, A. H-D. 1997. Rock sliding induced by seismic forces. *Int. J. Rock Mech. Min. Sci.*, 34(6):1021-9.

[276] Lisjak, A. and Grasselli, G. 2011. Rock slope stability under dynamic loading using a combined finite-discrete element approach. *Proceedings of the Pan-Am CGS Geotechnical Conference*, Toronto.

[277] Littlejohn, G. S. and Bruce, D. A. 1977. *Rock Anchors - State of the Art*. Foun-

dation Publications Ltd., Brentwod, Essex, UK.

[278] Liu, K.-S. and Tsai, Y.-B. 2005. Attenuation relationships of peak ground acceleration and velocity for crustal earthquakes in Taiwan. *Bull. Seismol. Soc. Am.*, 95(3):1045-58.

[279] Londe, P. 1965. Une method d'analyse a trois dimensions de la stabilite d'une rive rocheuse. *Annales des Ponts et Chaussees*, *Paris*, 1(1):37-60.

[280] Londe, P., Vigier, G. and Vormeringer, R. 1969. Stability of rock slopes - Graphical methods. *J. Soil Mech. Found. Eng. Div. ASCE*, 96(SM4):1411-34.

[281] Londe, P., Vigier, G. and Vormeringer, R. 1970. Stability of rock slopes - A three-dimensional study. *J. Soil Mech. Found. Eng. Div. ASCE*, 95(SM1):235-62.

[282] Lorig, L. and Varona, P. 2001. Practical slope-stability analysis using finite-difference codes. In: *Slope Stability in Surface Mining*, W. A. Hustrulid, M. J. McCarter and D. J. A. Van Zyl, eds., Society of Mining Engineers of AIME, Englewood, CO, pp. 115-24.

[283] Lorig, L. and Varona, P. 2004. Numerical Analysis. In: *Rock Slope Engineering*, 4th edition, Chapter 10, D. C. Wyllie and C. W. Mah, eds., Taylor & Francis, London, UK, 431pp.

[284] Lorig, L., Stacey, P. and Read, J. 2009. Slope design methods. In: *Guidelines for Open Pit Slope Design*, Chapter 10, J. Read and P. F. Stacey, eds., CSIRO Publishing, Brisbane, Australia, pp. 237-64.

[285] Louis, C. 1969. *A study of ground water flow in jointed rock and its influence on the stability of rock masses*. Doctoral thesis, University of Karlsruhe (in German). English translation: Imperial College Rock Mechanics Research Report No. 10, 50pp.

[286] Lowry, B., Gomez, F., Zhou, W., Mooney, M. A., Held, B. and Grasmick, J. 2013. High resolution displacement monitoring of a slow velocity slide using ground based radar interferometry. *Eng. Geol.*, 166:160-9.

[287] Lutton, R. J. and Banks, D. C. 1970. Study of clay shales along the Panama Canal, Report 1, East Culebra and West Culebra Cuts and the model slope. The U. S. Army Corps of Engineers, Vicksburg, Mississippi. Report S-70-0, 285 pages.

[288] Mahtab, M. A. and Yegulalp, T. M. 1982. A rejection criterion for definition of clusters in orientation data. *Proceedings of the 22nd Symposium on Rock Mechanics*, Berkeley, CA, Society of Mining Engineers of AIME, Englewood, CO, pp.

116-24.

[289] Maini, Y. N. 1971. *In situ parameters in jointed rock - Their measurement and interpretation*, PhD thesis, University of London, UK.

[290] Mamaghani, I. H. P., Yoshida, H. and Obata, Y. 1999. Reinforced expanded polystyrene stryrofoam covering rock sheds under impact of falling rock. *Proceedings of the Joint Japan-Swiss Scientific Seminar on Impact Loading by Rock Falls and Design of Protection Measures*, Japan Society of Civil Engineers, Kanazawa, Japan, pp. 79-89.

[291] Marinos, P. and Hoek, E. 2000. GSI - A geologically friendly tool for rock mass strength estimation. *Proceedings of the GeoEng2000 Conference*, Melbourne, Australia.

[292] Marinos. P. and Hoek, E. 2001. Estimating the geotechnical properties of heterogeneous rock masses such as flysch. Accepted for publication in *Bull. Int. Assoc. Eng. Geol.*, 60:85-91.

[293] Markland, J. T. 1972. *A useful technique for estimating the stability of rock slopes when the rigid wedge sliding type of failure is expected.* Imperial College Rock Mechanics Research Report No. 19, 10pp.

[294] Marsal, R. J. 1967. Large scale testing of rockfill materials. *J. Soil Mech. Found. Div. ASCE*, 93(SM2):27-44.

[295] Marsal, R. J. 1973. Mechanical properties of rock fill. In: *Embankment Dam Engineering, Casagrande Volume*, John Wiley & Sons, New York, 109-200.

[296] Martin, D. C. 1993. *Time-dependent deformation of rock slopes*, PhD thesis, University of London, UK.

[297] Mas Ivars, D., Pierce, M. E., Darcel, C., Reyes-Montes, J., Potyondy, D. O., Young, P. and Cundall, P. A. 2011. The synthetic rock mass approach for jointed rock mass modelling. *Int. J. Rock Mech. Min. Sci.*, 48:219-44. doi: 10.1016/j.ijrmms.2010.11.014.

[298] Massey, C. I., McSaveney, M. J., Taig, T. et al. 2014. Determining rock fall risk in Christchurch using rockfalls triggered by the 2010-2011 Canterbury earthquake sequence. *Earthquake Spectra*, 30(1):155-81.

[299] Mayer, J. M. 2015. *Applications of uncertainty theory to rock mechanics and geotechnical mine design*, MSc thesis, Simon Fraser University, Canada, 237pp.

[300] Mayer, J. M., Stead, D., de Bruyn, I. and Nowak, M. 2014. A sequential Gaussian simulation approach to modelling rock mass heterogeneity. In: *Proceed-*

ings of the ARMA Geomechanics Symposium, Minneapolis, MN.

[301] McCauley, M. L., Works, B. W. and Naramore, S. A. 1985. *Rockfall mitigation*. Report FHWA/CA/TL-85/12. FHWA, U. S. Department of Transportation, Washington, DC.

[302] McDougall, S., Boultbee, N., Hungr, O., Stead, D. and Schwab, J. W. 2006. The Zymoetz River landslide, British Columbia, Canada: Description and dynamic analysis of a rock slide-debris flow. *Landslides*, 3(3):195-204.

[303] McDougall, S. and Hungr, O. 2004. A model for the analysis of rapid landslide runout motion across three-dimensional terrain. *Can. Geotech. J.*, 41:1084-97.

[304] McDougall, S., McKinnon, M. and Hungr, O. 2012. Developments in *landslide runout prediction. In Landslides: Types, Mechanisms and Modelling*, Chapter 16, J. Clague and D. Stead, eds., Cambridge University Press, UK, pp. 187-95.

[305] McGuffey, V., Athanasiou-Grivas, D., Iori, J. and Kyfor, Z. 1980. *Probabilistic Embankment Design - A Case Study*. Transportation Research Board, Washington, DC.

[306] McKinnon, M. 2010. *Landslide runout: Statistical analysis of physical characteristics and model parameters*, MSc thesis, University of British Columbia, Canada.

[307] McKinstry, R., Floyd, J. and Bartley, D. 2002. Electronic detonator performance evaluation at Barrick Goldstrike Mines Inc. *J. Explosives Eng.*, International Society of Explosives Engineers, Cincinnati, OH, May/June, 12-21.

[308] McMahon, B. K. 1982. *Probabilistic Design in Geotechnical Engineering*. Australian Mineral Foundation, AMF Course 187/82, Sydney.

[309] McNeel, R. and Associates. 2016. *Rhino 5 for Windows*. Robert McNeel & Associates, Seattle.

[310] Mearz, N. H., Franklin, J. A. and Bennett, C. P. 1990. Joint roughness measurements using shadow profilometry. *Int. J. Rock Mech. Min. Sci. Geomech. Abstr.*, 27(5):329-43.

[311] Merrien-Soukatchoff, V., Korini, T. and Thoraval, A. 2011. Use of an integrated discrete fracture network code for stochastic stability analyses of fractured rock masses. *Rock Mech. Rock Eng.*, 45(2):159-81.

[312] Meyerhof, G. G. 1984. Safety factors and limit states analysis in geotechnical engineering. *Can. Geotech. J.*, 21:1-7.

[313] Middlebrook, T. A. 1942. Fort Peck slide. *Proceedings of the ASCE*, Vol. 107, Paper 2144, pp. 723-64.

[314] Ministry of Construction, Japan. 1983. *Reference Manual on Erosion Control Works (in Japanese)*, Erosion Control Department, Tokyo, Japan, 386pp.

[315] Mitchell, J. K. 1976. *Fundamentals of Soil Behavior*. John Wiley & Sons, New York. 422pp.

[316] Mohr, O. 1900. Welche Umstände bedingen die Elastizitätsgrenze und den Bruch eines Materials. *Z. Ver. dt. Ing.*, 44:1524-30; 1572-7.

[317] Moore, D. P. and Imrie, A. S. 1982. Rock slope stabilization at Revelstoke damsite. *Transactions of the 14th International Congress on Large Dams, ICOLD*, Paris, Vol. 2, pp. 365-85.

[318] Moore, D. P., Imrie, A. S. and Enegren, E. G. 1997. Evaluation and management of Revelstoke reservoir slopes. *International Commission on Large Dams, Proceedings of the 19th Congress*, Florence, Italy, Q74, R1, pp. 1-23.

[319] Moore, H. 1986. Construction of a shot-in-place rock buttress for landslide stabilization. *Proceedings of the 37th Highway Geology Symposium*, Helena, MT, 21pp.

[320] Morgan, D. R., Heere, R., McAskill, N. and Chan, C. 1999. Comparative evaluation of system ductility of mesh and fibre reinforced shotcretes. *Proceedings of the Conference on Shotcrete for Underground Support VIII*, Engineering Foundation (New York) Campos do Jordao, Brazil, 23pp.

[321] Morgan, D. R., McAskill, N., Richardson, B. W. and Zellers, R. C. 1989. A comparative study of plain, polypropylene fiber, steel fiber, and wire mesh reinforced shotcretes. *Transportation Research Board, Annual Meeting*, Washington, DC, 32pp (plus appendices).

[322] Morgenstern, N. R. 1971. The influence of ground water on stability. *Proceedings of the 1st Symposium on Stability in Open Pit Mining*, Vancouver, Canada, Society of Mining Engineers of AIME, Englewood, CO, pp. 65-82.

[323] Morgenstern, N. R. 1992. The role of analysis in the evaluation of slope stability. In: *Proceedings of the 6th International Symposium on Landslides*, D. H. Bell, ed., Christchurch, NZ, A. A. Balkema, Rotterdam, Vol. 3, pp. 1615-29.

[324] Morgenstern, N. R. and Price, V. E. 1965. The analysis of the stability of general slide surfaces. *Geotechnique*, 15:79-93.

[325] Morris, A. J. and Wood, D. F. 1999. Rock slope engineering and management process on the Canadian Pacific Railway. *50th Highway Geology Symposium*, Roanoke, Virginia.

[326] Morriss, P. 1984. Notes on the probabilistic design of rock slopes. *Australian Mineral Foundation*, Notes for course on rock slope engineering, Adelaide, April.

[327] Mufundirwa, A., Fujii, Y. and Kodama, J. 2010. A new practical method for prediction of geomechanical failure-time, *Int. J. Rock Mech. Mining Sci.*, 47(7): 1079-1090.

[328] Muller, L. 1968. New considerations of the Vajont slide. *Felsmechanik und engenieurgeologie*, 6(1): 1-91.

[329] Munjiza, A., Owen, D. R. J. and Bicanic, N. 1995. A combined finite-discrete element method in transient dynamics of fracturing solids. *Eng. Comput.*, 12: 145-74.

[330] Nahon, D. B. 1991. *Introduction to the Petrology of Soils and Chemical Weathering*. John Wiley & Sons, New York.

[331] Narendranathan, S., Thomas, R. D. H. and Neilsen, J. M. 2013. The effect of slope curvature in rock mass shear strength derivations for stability modelling of foliated rock masses. In: *Proceedings of the International Symposium on Slope Stability in Open Pit Mining and Civil Engineering*, P. Dight, ed., Australian Centre for Geomechanics, Brisbane, pp. 719-32.

[332] Newmark, N. M. 1965. Effects of earthquakes on dams and embankments. *Geotechnique*, 15(2):139-60.

[333] Nonveiller, E. 1965. The stability analysis of slopes with a slide surface of general shape. *Proceedings of the 6th International Conference Soil Mechanics and Foundation Engineering*, Montreal, Vol. 2, p. 522.

[334] Norrish, N. I. and Lowell, S. M. 1988. Aesthetic and safety issues for highway rock slope design. *Proceedings of the 39th Annual Highway Geology Symposium*, Park City, Utah.

[335] Office of Surface Mining (OSM). 2001. Use of explosives: Preblasting surveys. U. S. Department of the Interior, Surface Mining Law Regulations, Subchapter K, 30 CRF, Section 816. 62, Washington, DC.

[336] Oregon Department of Transportation. 2001. *Rock fall catchment area design guide*. ODOT Research Group Report SPR-3(032), Salem, OR, 77pp. with appendices.

[337] Oriard, L. L. 1971. Blasting effects and their control in open pit mining. *Proceedings of the 2nd International Conference on Stability in Open Pit Mining*, Vancouver, Society of Mining Engineers of AIME, Englewood, CO, pp. 197-222.

[338] Oriard, L. L. 2002. *Explosives Engineering*, *Construction Vibrations and Geotechnology*. International. Society of Explosives Engineers, Cleveland, OH, 680pp.

[339] Oriard, L. L. and Coulson, J. H. 1980. Blast vibration criteria for mass concrete. In: *Minimizing Detrimental Construction Vibrations*. ASCE, New York, NY, Preprint 80-175, pp. 103-23.

[340] Pahl, P. J. 1981. Estimating the mean length of discontinuity traces. *Int. J. Rock Mech. Min. Sci. Geomech. Abstr.*, 18:221-8.

[341] Palisades Corp. 2012. *@Risk* 5.0 - *Risk Analysis Using Monte Carlo Simulation*. Palisades Corp., Ithaca, NY.

[342] PanTechnica Corp. 2002. *KbSlope Slope Stability Program for KeyBlock Analysis*. PanTechnica Corporation, Caska, MN, www.pantechnica.com.

[343] Patton, F. D. 1966. Multiple modes of shear failure in rock. *Proceedings of the 1st International Congress on Rock Mechanics*, Lisbon, Vol. 1, pp. 509-13.

[344] Patton, F. D. and Deere, D. U. 1971. Geologic factors controlling slope stability in open pit mines. *Proceedings of the 1st Symposium on Stability in Open Pit Mining*, Vancouver, Canada, Society of Mining Engineers of AIME, Englewood, CO, pp. 23-48.

[345] Paulding, B. W. Jr. 1970. Coefficient of friction of natural rock surfaces. *J. Soil Mech. Found. Div. ASCE*, 96(SM2):385-94.

[346] Peck, R. B. 1967. Stability of natural slopes. *Proc. ASCE*, 93(SM 4):403-17.

[347] Peckover, F. L. 1975. *Treatment of rock falls on railway lines*. American Railway Engineering Association, Bulletin 653, Washington, DC, pp. 471-503.

[348] Peel, M. C., Finlayson, B. L. and McMahon, T. A. 2007. Up-dated world map of the Koppen-Geiger climate classification. *Hydrol. Earth System Sci.*, 11:1633-44.

[349] PEER, P. E. E. R. C. 2015. Gorkha (Nepal) Earthquake: PEER strong motion records. In: *PEER Strong Motion Database Records*. University of California, Berkeley, CA.

[350] Pentz, D. L. 1981. Slope stability analysis techniques incorporating uncertainty in the critical parameters. *3rd International Conference on Stability in Open Pit Mining*, Vancouver, Canada. Society of Mining Engineers of AIME, Englewood, CO.

[351] Persson, P. A. 1975. Bench drilling - An important first step in the rock fragmentation process. *Atlas Copco Bench Drilling Symposium*, Stockholm.

[352] Persson, P. A., Holmburg, R. and Lee, J. 1993. *Rock Blasting and Explosive*

Engineering. CRC Press, Boca Raton, FL.

[353] Peterson, J. E., Sullivan, J. T. and Tater, G. A. 1982. The use of computer enhanced satellite imagery for geologic reconnaissance of dam sites. ICOLD, *14th Congress on Large Dams*, Rio de Janeiro, Q53, R26, Vol. II, pp. 449-71.

[354] Pfeiffer, T. J. and Bowen, T. D. 1989. Computer simulation of rock falls. *Bull. Assoc. Eng. Geol.*, XXVI(1):135-46.

[355] Pfeiffer, T. J., Higgins, J. D. and Turner, A. K. 1990. Computer aided rock fall hazard analysis. *Proceedings of the 6th International Congress International Association of Engineering Geology*, Amsterdam. CRC/Balkema, Leiden, Netherlands, pp. 93-103.

[356] Phillips, F. C. 1971. *The Use of Stereographic Projections in Structural Geology*. Edward Arnold, London, UK, 90pp.

[357] Pierce, M., Brandshaug, T. and Ward, M. 2001. Slope stability assessment at the Main Cresson Mine. In: *Slope Stability in Surface Mining*, W. A. Hustralid, M. J. McCarter and D. J. A. Van Zyl, eds., Society of Mining Engineers of AIME, Englewood, CO, pp. 239-50.

[358] Pierson, L., Davis, S. A. and Van Vickle, R. 1990. *The rock fall hazard rating system, implementation manual*. Technical Report #FHWA-OR-EG-90-01, Washington, DC.

[359] Poisel, R. and Preh, A. 2008. Modifications of PFC3D for rock mass fall modeling, continuum and distinct element numerical modeling. In: *Geo-Engineering* - 2008, R. Hart, C. Detournay and P. Cundall, eds., CRC Press, Boca Raton, FL, Paper: 01-04, 10pp, ISBN 978-0-9767577-1-9.

[360] Post Tensioning Institute (PTI). 2006. *Post-Tensioning Manual*, 6th edition. PTI, Phoenix, AZ, 70pp.

[361] Priest, S. D. and Hudson, J. A. 1976. Discontinuity spacings in rock. *Int. J. Rock Mech. Min. Sci. Geomech. Abstr.*, 13:135-48.

[362] Priest, S. D. and Hudson, J. A. 1981. Estimation of discontinuity spacing and trace length using scanline surveys. *Int. J. Rock Mech. Min. Sci. Geomech. Abstr.*, 18:183-97.

[363] Pritchard, M. A. and Savigny, K. W. 1990. Numerical modelling of toppling. *Can. Geotech. J.*, 27:823-34.

[364] Pritchard, M. A. and Savigny, K. W. 1991. The Heather Hill landslide: An example of a large scale toppling failure in a natural slope. *Can. Geotech. J.*, 28:410-

22.

[365] Protec Engineering. 2002. Rock fall caused by earthquake and construction of Geo-Rock Wall in Niijima Island, Japan, http://www. proteng. co. jp.

[366] Pyke, R. 1999. Selection of seismic coefficients for use in pseudo-static slope stability analysis, http:// www. tagasoft. com/opinion/article2. hmtl, 3pp.

[367] Read, R. S. , Langenberg, W. , Cruden, D. M. , Field, M. , Stewart, R. , Bland, H. 2005. Frank slide a century later: The Turtle Mountain monitoring project. In: *Landslide Risk Management*, O. Hungr, R. Fell, R. Couture and E. Eberhardt, eds. , Vancouver, Canada, CRC/Balkema, Leiden, Netherlands, pp. 702-12.

[368] Rengers, N. 1971. *Roughness and friction properties of separation planes in rock. Thesis*, Tech. Hochschule Fredericiana, Karlsruhe, Inst Bodenmech. Felsmech. Veröff, Vol. 47, 129pp.

[369] Rickemann, D. 2005. Runout prediction methods. In: *Debris-Flow Hazards and Related Phenomena*, Chapter 13, M. Jakob and O. Hungr, eds. , Praxis Springer, Berlin, pp. 305-24.

[370] Ritchie, A. M. 1963. *Evaluation of Rock Fall and Its Control*. Highway Research Record 17, Highway Research Board, NRC, Washington, DC, pp. 13-28.

[371] Roberds, W. J. 1984. Risk-based decision making in geotechnical engineering: Overview of case studies. *Engineering Foundation Conference on Risk-Based Decision Making in Water Resources*, Santa Barbara, CA.

[372] Roberds, W. J. 1986. Applications of decision theory to hazardous waste disposal. *ASCE Specialty Conference GEOTECH IV*, Boston, MA.

[373] Roberds, W. J. 1990. Methods of developing defensible subjective probability assessments. *Transportation Research Board*, *Annual Meeting*, Washington, DC.

[374] Roberds, W. J. 1991. Methodology for optimizing rock slope preventative maintenance programs. *ASCE*, *Geotechnical Engineering Congress*, Boulder, CO, Geotechnical Special Publication 27, pp. 634-45.

[375] Roberds, W. J. , Ho, K. K. S. and Leroi, E. 2002. *Quantitative Risk Assessment of Landslides*. Transportation Research Record 1786, Paper No. 02-3900, 69-75, Transportation Research Board, Washington, DC.

[376] Roberts, D. and Hoek, E. 1971. A study of the stability of a disused limestone quarry face in the Mendip Hills, England. *Proceedings of the 1st International Conference on Stability in Open Pit Mining*, Vancouver, Canada, Society of Mining Engineers of AIME, Englewood, CO, pp. 239-56.

[377] Rockfield Software. 2016. *ELFEN Software*. Rockfield Software Ltd. Technium, Kings Road, Prince of Wales Dock, Swansea, SA1 8PH, UK.

[378] Rocscience. *Dips* 7. 0-*Stereographic Analysis of Structural Geology*. Rocscience Inc., Toronto, Canada, www. rocscience. com.

[379] Rocscience. *RocFall* 5. 0-*Analysis of Two-Dimensional Rock Fall Behaviour*. Rocscience Inc., Toronto, Canada, www. rocscience. com.

[380] Rocscience. *RocTopple* 1. 0-*Analysis of Toppling Slope Stability*. Rocscience Inc., Toronto, Canada, www. rocscience. com.

[381] Rocscience. *RocPlane* 3. 0-*Two-Dimensional Analysis of Planar Slope Stability*. Rocscience Inc., Toronto, Canada, www. rocscience. com.

[382] Rocscience. *Swedge* 7. 0-*Probabilistic Analysis of the Geometry and Stability of Surface Wedges*. Rocscience Inc., Toronto, Canada, www. rocscience. com.

[383] Rocscience Inc. *RS*2 (*Phase*2 *Ver*. 9. 0), Rocscience Inc., Toronto, Ontario, Canada.

[384] Rocscience Inc. *Slide* 7. 0-*Two-Dimensional Slope Stability Analysis for Rock and Soil Slopes*. Rocscience Inc., Toronto, Ontario, www. rocscience. com.

[385] Rocscience Inc. *RocData* 5. 0-*Software for Calculating Hoek-Brown Rock Mass Strength*. Rocscience Inc., Toronto, Ontario, www. rocscience. com.

[386] Rocscience Inc. *RS*2 (*PHASE*)2 9. 0-*Two-Dimensional Finite Element Analysis for Slopes and Tunnels*. Rocscience Inc., Toronto, Ontario, www. rocscience. com.

[387] Rodriguez, A. R., Castillo, H. D. and Sowers, G. 1988. *Soil Mechanics in Highway Engineering*. Trans Tech Publications, London, 843pp.

[388] Rohrbaugh, J. 1979. Improving the quality of group judgment: Social judgment analysis and the Delphi technique. *Organ. Behav. Hum. Perform.*, 24:73-92.

[389] Ross-Brown, D. R. 1973. *Slope design in open cast mines*, PhD thesis, University of London, UK, 250pp.

[390] Sagaseta, C., Sánchez, J. M. and Cañizal, J. 2001. A general solution for the required anchor force in rock slopes with toppling failure. *Int. J. Rock Mech. Min. Sci.*, 38:421-35.

[391] Sainsbury, B., Pierce, M. E. and Mas Ivars, D. 2008. Analysis of caving behaviour using a synthetic rock mass-ubiquitous joint rock mass modelling technique. *Proceedings of the* 1st *Southern Hemisphere International Rock Mechanics Symposium*, Perth, Australia, Vol. 1, pp. 243-53.

[392] Sainsbury, D. P., Sainsbury, B. and Sweeney, E. 2016. Three-dimensional analy-

sis of complex anisotropic slope instability at MMG's Century Mine. In: *Proceedings of Slope Stability* 2013, *Mining Technology*, *Section A*, P. M. Dight, ed., Australian Centre for Geomechanics, Perth, pp. 683-96.

[393] Salmon, G. M. and Hartford, N. D. 1995. Risk analysis for dam safety. *Int. Water Power Dam Constr.*, 21:38-9.

[394] Sarma, S. K. 1979. Stability analysis of embankments and slopes. *J. Geotech. Eng. Div. ASCE*, 105(GT12):1511-24.

[395] Savely, J. P. 1987. Probabilistic analysis of intensely fractured rock masses. *6th International Congress on Rock Mechanics*, Montreal, 509-14.

[396] Scheidegger, A. E. 1960. *The Physics of Flow through Porous Media*. Macmillan, New York.

[397] Scholtes, L. and Donze, F. V. 2012. Modelling progressive failure in fractured rock masses using a 3D discrete element method. *Int. J. Rock Mech. Min. Sci.* 52:18-30.

[398] Schuster, R. L. 1992. Keynote paper: Recent advances in slope stabilization. *Session G3*, *Proceedings of the 6th International Symposium on Landslides*, Auckland, New Zealand, CRC/Balkema, Leiden, Netherlands.

[399] Seed, H. B. 1979. Considerations in the earthquake-resistant design of earth and rockfill dams. *Geotechnique*, 29(3):215-63.

[400] Sepulveda, S. A., Murphy, W., Jibson, R. W. and Petley, D. N. 2005. Seismically induced rock slope failures resulting from topographic amplification of strong ground motions: The case of Pacoima Canyon, California. *Eng. Geol.*, 80(3-4): 336-48.

[401] Sharma, J. S., Chu, J. and Zhao, J. 1999. Geological and geotechnical features of Singapore: An overview. *Tunnel. Underground Space Technol.*, 14(4):419-31.

[402] Sharma, S. 1991. *XSTABL, an Integrated Slope Stability Analysis Method for Personal Computers*, *Version* 4.00. Interactive Software Designs Inc., Moscow, Idaho, USA.

[403] Sharp, J. C. 1970. *Fluid flow through fractured media*, PhD thesis, University of London, UK.

[404] Siskind, D. D., Stachura, V. J. and Raddiffe, K. S. 1976. *Noise and vibrations in residential structures from quarry production blasting*. U. S. Bureau of Mines, Report of Investigations 8168.

[405] Siskind, D. E., Staff, M. S., Kopp, J. W. and Dowding, C. H. 1980. *Structure*

response and damage produced by ground vibrations from surface blasting. U. S. Bureau of Mines, Report of Investigations 8507.

[406] Sitar, N., MacLaughlin, M. M. and Doolin, D. M. 2005. Influence of kinematics on landslide mobility and failure mode. *J. Geotech. Geoenviron. Eng.*, 131(6): 716-78.

[407] Sjöberg, J. 2000. Failure mechanism for high slopes in hard rock. In: *Slope Stability in Surface Mining*, W. A. Hustralid, M. J. McCarter and D. J. A. Van Zyl, eds., Society of Mining Engineers of AIME, Englewood, CO, pp. 71-80.

[408] Sjöberg, J., Sharp, J. C. and Malorey, D. J. 2001. Slope stability at Aznalcóllar. In: *Slope Stability in Surface Mining*, W. A. Hustralid, M. J. McCarter and D. J. A. Van Zyl, eds., Society of Mining Engineers of AIME, Englewood, CO, pp. 183-202.

[409] Sjöborg, J. 1999. *Analysis of large scale rock slopes*, *Doctoral thesis* 1999:01, Division of Rock Mechanics, Luleå University of Technology.

[410] Skempton, A. W. 1948. The $\phi = 0$ analysis for stability and its theoretical basis. *Proceedings of the 2nd International Conference on Soil Mechanics and Foundation Engineering*, Rotterdam, Vol. 1, 72pp.

[411] Skempton, A. W. and Hutchinson, J. N. 1948. Stability of natural slopes and embankment foundations. State of the art report. *Proceedings of the 7th International Conference on Soil Mechanics*, Mexico, Vol. 1, pp. 291-340.

[412] Smith, D. D. and Duffy, J. D. 1990. *Field Tests and Evaluation of Rock Fall Restraining Nets*. Division of Transportation Materials and Research, Engineering Geology Branch, California Department of Transportation, Sacramento, CA.

[413] Smithyman, M. 2007. *Distinct-element modelling of time-dependent deformation in two large rock- slides*, MSc thesis, University of British Columbia, Canada.

[414] Snow, D. T. 1968. Rock fracture spacings, openings, and porosities. *J. Soil Mech. Found. Div.* American Society of Civil Engineers, 94(1):77-92.

[415] Sonmez, H. and Ulusay, R. 1999. Modifications to the geological strength index (GSI) and their applicability to the stability of slopes. *Int. J. Rock Mech. Min. Sci.*, 36(6):743-60.

[416] Soto, C. 1974. *A comparative study of slope modelling techniques for fractured ground*. MSc thesis. London University, Imperial College.

[417] Spang, K. and Egger, P. 1990. Action of fully-grouted bolts in jointed rock and factors of influence. *Rock Mech. Rock Eng.*, 23(3):201-29.

[418] Spang, R. M. 1987. Protection against rock fall - Stepchild in the design of rock slopes. *Proceedings of the International Conference on Rock Mechanics*, Montreal, Canada, ISRM, Lisbon, Portugal, pp. 551-7.

[419] Spencer, E. 1967. A method of analysis of the stability of embankments assuming parallel inter-slice forces. *Geotechnique*, 17:11-26.

[420] Spencer, E. 1969. Circular and logarithmic spiral slide surfaces. *J. Soil Mech. Found. Div.* ASCE, 95(SM1):227-34.

[421] Srivastava, R. M. and Parker, H. M. 1989. Robust measures of spatial continuity. In: *Geostatistics*, M. Armstrong, ed., Kluwer Academic Publishers, Alphen aan den Rijn, Netherlands, Vol. 1, pp. 295-308.

[422] Stacey, P. F. 1996. Second Workshop on Large Scale Slope Stability. September 13, Las Vegas (no proceedings).

[423] Stagg, M. S., Siskind, D. E., Stevens, M. G. and Dowding, C. H. 1984. *Effects of repeated blasting on a wood frame house*. U. S. Bureau of Mines, Report of Investigations 8896.

[424] Starfield, A. M. and Cundall, P. A. 1988. Towards a methodology for rock slope modelling. *Int. J. Rock Mech. Min. Sci. Geomech. Abstr.*, 25(3):99-106.

[425] Staub, I., Fredriksson, A. and Outters, O. 2002. *Strategy for a Rock Mechanics Site Descriptive Model Development and Testing of the Theoretical Approach*. Swedish Nuclear Fuel and Waste Management Co, Stockholm, Sweden, 219pp.

[426] Stauffer, M. R. 1966. An empirical-statistical study of three-dimensional fabric diagrams as used in structural analysis. *Can. J. Earth Sci.*, 3:473-98.

[427] Stead, D. and Eberhardt, E. 1997. Developments in the analysis of footwall slopes in surface coal mining. *Eng. Geol.*, 46(1):41-61.

[428] Stead, D. and Eberhardt, E. 2013. Understanding the mechanics of large landslides. Invited keynote and paper, Inter. Conf. on Vajont 1963-2013. - Thoughts and analyses after 50 years since the catastrophic landslide, Padua, Italy. *Ital. J. Eng. Geol. Environ. - Book Series*, (6):85-112. doi: 10.4408/IJEGE.2013-06.B-07.

[429] Steffan, O. K. H., Terbrugge, P. J., Wesseloo, J. and Venter, J. 2015. A risk consequence approach to open pit slope design. *Proceedings of the International Symposium on Stability of Rock Slopes in Open Pit Mining and Civil Engineering*, South African Institute of Mining and Metallurgy, Cape Town, South Africa, pp. 81-96.

[430] Strouth, A. and Eberhardt, E. 2009. Integrated back and forward analysis of rock slope stability and rockslide runout at Afternoon Creek, Washington. *Can. Geotech. J.*, 46(10):1116-32.

[431] Sullivan, T. D. 1993. Understanding pit slope movements. In: *Proceedings of the Geotechnical Instrumentation and Monitoring in Open Pit and Underground Mining*, T. Szwedzicki, ed., A. A. Balkema, Rotterdam, pp. 435-45.

[432] TagaSoft 2016. *Three Dimensional Slope Stability Analysis Software, TSlope.* Wellington, New Zealand.

[433] Tang, C., Li, L., Xu, N. and Ma, K. 2015. Microseismic monitoring and numerical simulation on the stability of high-steep rock slopes in hydropower engineering. *J. Rock Mech. Geotech. Eng.*, 7:493-508.

[434] Taylor, D. W. 1937. Stability of earth slopes. *J. Boston Soc. Civil Eng.*, 24:197.

[435] Terzaghi, K. 1943. *Theoretical Soil Mechanics*. John Wiley & Sons, New York.

[436] Terzaghi, K. 1962. Stability of steep slopes on hard unweathered rock. *Geotechnique*, 12(4):1-20.

[437] Terzaghi, K. and Peck R. 1967. *Soil Mechanics in Engineering Practice*. John Wiley & Sons, New York.

[438] Terzaghi, R. 1965. Sources of errors in joint surveys. *Geotechnique*, 15:287-304.

[439] Theis, C. V. 1935. The relation of the lowering of the piezometric surface, and the rate and duration of discharge of a well using ground water storage. *Trans. Am. Geophys. Union*, 16:519-24.

[440] Thomas, M. F. 1966. Some geomorphological implications of deep weathering patterns in cystalline rocks in Nigeria. *Trans. Inst. Br. Geographers*, 40:173-93.

[441] Threadgold, L. and McNichol, D. P. 1984. *Design and Construction of Polymer Grid Boulder Barriers to Protect a Large Public Housing Site for Hong Kong Housing Authority. Polymer Grid Reinforcement.* Thomas Telford, London, UK.

[442] Todd, D. K. 1959. *Ground Water Hydrology*. John Wiley & Sons, New York.

[443] Transportation Research Board (TRB). 1996. *Landslides, investigation and mitigation*. National Research Council, Special Report 247, Washington, DC, 673pp.

[444] Transportation Research Board (TRB). 1999. *Geotechnical related development and implementation of load and resistance factor design (LRFD) methods.* NCHRP Synthesis No. 276, Washington, DC, 69pp.

[445] Transportation Research Board (TRB). 2002. *Evaluation of metal tensioned systems in geotechnical applications*. NCHRP Project No. 24-13, Washington, DC, 102 pages plus figures and appendices.

[446] Transportation Research Board (TRB). 2008a. *Seismic analysis and design of retaining walls, buried structures, slopes, and embankments*. D. G. Anderson, G. R. Martin, I. P. Lam and J. N. J. Wang, authors, NCHRP Report 611, National Cooperative Highway Research Program, Washington, DC.

[447] Transportation Research Board (TRB). 2008b. *Seismic analysis and design of retaining walls, buried structures, slopes, and embankments; recommended specs, commentaries, example problems*. NCHRP Report 12-70, National Cooperative Highway Research Program, Washington, DC.

[448] Travasarou, T., Bray, J. D., Abrahamson, N. A. 2003. Empirical attenuation relationship for Arias intensity. *Earthquake Eng. Struct. Dyn.*, 32(7):1133-55.

[449] Trollope, D. H. 1980. The Vajont slope failure. *Rock Mech.*, 13(2):71-88.

[450] Tse, R. and Cruden, D. M. 1979. Estimating joint roughness coefficients. *Int. J. Rock Mech.* Min. Sci. Geomech. Abstr., 16:303-7.

[451] Tuckey, Z. 2012. *An integrated field mapping-numerical modelling approach to characterising discontinuity persistence and intact rock bridges in large open pit slopes*. MSc thesis, Simon Fraser University, Burnaby, Canada.

[452] Tuckey, Z., Stead, D. and Eberhardt, E. 2013. An integrated approach for understanding uncertainty of discontinuity persistence and intact rock bridges in large open pit slopes. In: *Proceedings of the Slope Stability* 2013, P. M. Dight, ed., Australian Centre for Geomechanics, Brisbane, pp. 189-204.

[453] Ucar, R. 1986. Determination of shear failure envelope in rock masses. *J. Geotech. Eng. Div. ASCE*, 112(3):303-15.

[454] University of Utah. 1984. Flooding and Landslides in Utah—An Economic Impact Analysis. University of Utah Bureau of Economic and Business Research, Utah Department of Community and Economic Development, and Utah Office of Planning and Budget, Salt Lake City, 123pp.

[455] Ureel, S., Momayez, M. and Oberling, Z. 2013. Rock core orientation for mapping discontinuities and slope stability analysis. *Int. J. Res. Eng.* Technol., 2(7):1-7.

[456] USEPA, 1993. *Technical Manual: Solid Waste Disposal Facility Criterea*. U. S. Environmental Protection Agency, EPA/530/R-93/017, Washington, DC.

[457] Vamosi, S and Berube, M. 1987. Is Parliament Hill moving? Canadian Department Energy Mines and Resources, *Geos Mag.*, 4:18-22.

[458] Van Velsor, J. E. and Walkinshaw, J. L. 1992. *Accelerated Movement of a Large Coastal Landslide Following the October* 17, 1989 *Loma Prieta Earthquake in California*. Transportation Research Record 1343, Transportation Research Board, Washington, DC, pp. 63-71.

[459] Vaz, L. F. 1998. A new rock weathering classification system for tropical regions. 8*th International Conference for Engineering Geology and the Environment*, Vancouver, Canada, pp. 299-306.

[460] Vivas Becerra, J. 2014. *Groundwater characterization and modelling in natural and open pit rock slopes*, MSc thesis, Simon Fraser University, Burnaby, Canada.

[461] Vivas Becerra, J., Hunt, C., Stead, D., Allen, D. and Elmo, D. 2015. Characterising groundwater in rock slopes using a combined remote sensing-numerical modelling approach. *Proceedings of the International Congress of Rock Mechanics*, ISRM, Montreal, Canada, Paper No. 670.

[462] Vogel, T., Labiouse, V. and Masuya, H. 2009. Rockfall protection as an integral task. *Struct. Eng. Int.*, 19(3):301-12.

[463] Vyazmensky, A., Stead D., Elmo D. and Moss A. 2010. Numerical analysis of block caving-induced instability in large open pit slopes: A finite element/discrete element approach. *Rock Mech. Rock Eng.*, 43(1):21-39.

[464] Wallace, J. M. and Marcum, D. R. 2015. History and mechanisms of rock slope instability along Telegraph Hill, San Francisco, California. *American Rock Mechanics Association*, 49*th US Rock Mechanics/Geomechanics Symposium*, San Francisco.

[465] Wang, C., Tannant, D. D. and Lilly, P. A. 2003. Numerical analysis of the stability of heavily jointed rock slopes using PFC2D. *Int. J. Rock Mech. Min. Sci.*, 40:415-24.

[466] Watson, J. 2002. ISEE 2002. Electronic blast initiation - A practical users guide. *J. Explosives Eng.*, International Society of Explosives Engineers, Cincinnati, OH, May/June, 6-10.

[467] Wei, Z. Q., Egger, P. and Descoeudres, F. 1995. Permeability predictions for jointed rock masses. *Int. J. Rock Mech. Min. Sci.*, 32(3):251-61.

[468] Whitman, R. V. 1984. Evaluating calculated risk in geotechnical engineering. *J. Geotech. Eng. ASCE*, 110(2):145-88.

[469] Whitman, R. V. and Bailey, W. A. 1967. The use of computers in slope stability analysis. *J. Soil Mech. Found. Eng. ASCE*, 93(SM4):475-98.

[470] Whittall, J. 2015. *Runout exceedance prediction for open pit slope failures*, MSc thesis, University of British Columbia, Canada.

[471] Whyte, R. J. 1973. *A study of progressive hanging wall caving at Chambishi copper mine in Zambia using the base friction model concept*, MSc thesis. London University, Imperial College.

[472] Wiss, J. F. 1981. Construction vibrations: State-of-the-art. *J. Geotech. Eng. Div. ASCE*, 107(2):167-81.

[473] Wittke, W. W. 1965. Method to analyze the stability of rock slopes with and without additional loading (in German). *Felsmechanick und Ingenieurgeolgie*, 30 (Supp. II): 52-79. English translation in Imperial College Rock Mechanics Research Report No. 6, July 1971.

[474] Wolter, A., Gischig, V., Eberhardt, E., Stead, D. and Clague, J. J. 2015. Simulation of progressive rock slope failure due to seismically induced damage. *Proceedings of the Slope Stability* 2015, *SAIMM*, Cape Town, South Africa, pp. 529-41.

[475] Wright, E. M. 1997. State of the art of rock cut design in eastern Kentucky. *Proceedings of the Highway Geology Symposium*, Knoxville, TN, pp. 167-73.

[476] Wu, S-S. 1984. *Rock Fall Evaluation by Computer Simulation*. Transportation Research Record No. 1031, Transportation Research Board, Washington, DC.

[477] Wu, T. H., Ali, E. M. and Pinnaduwa, H. S. W. 1981. *Stability of slopes in shale and colluvium*. Ohio Department of Transportation and Federal Highway Administration, Prom. No. EES 576. Research Report prepared by Ohio State University, Department of Civil Engineering. www. terrainsar. com. 2002. Webpage describing features of Synthetic Aperture Radar.

[478] Wyllie, D. C. 1980. Toppling rock slope failures, examples of analysis and stabilization. *Rock Mech.*, 13:89-98.

[479] Wyllie, D. C. 1987. Rock slope inventory system. *Proceedings of the Federal Highway Administration Rock Fall Mitigation Seminar*, FHWA, Region 10, Portland, Oregon.

[480] Wyllie, D. C. 1991. Rock slope stabilization and protection measures. *Association of Engineering Geologists*, *National Symposium on Highway and Railway Slope Stability*, Chicago, IL.

[481] Wyllie, D. C. 1999. *Foundations on Rock*, 2nd edition. Taylor & Francis, London, UK, 401pp.

[482] Wyllie, D. C. 2014a. Calibration of rock fall modeling parameters. *Int. J. Rock Mech. Min. Sci.*, 67:170-80.

[483] Wyllie, D. C. 2014b. *Rock Fall Engineering*. Taylor & Francis, Boca Raton, FL, 213pp.

[484] Wyllie, D. C., McCammon, N. R. and Brumund, W. F. 1979. *Use of Risk Analysis in Planning Slope Stabilization Programs on Transportation Routes*. Research Record 749, Transportation Research Board, Washington, DC.

[485] Wyllie, D. C. and Munn, F. J. 1979. Use of movement monitoring to minimize production losses due to pit slope failure. *Proceedings of the 1st International Symposium on Stability in Coal Mining*, Vancouver, Canada, Miller Freeman Publications, pp. 75-94.

[486] Wyllie, D. C. and Wood, D. F. 1981. *Preventative Rock Blasting Protects Track*. Railway Track and Structures, Simon-Boardman Publishers, New York, pp. 34-40.

[487] Xanthakos, P. P. 1991. *Ground Anchorages and Anchored Structures*. John Wiley & Sons, New York, 686pp.

[488] Xu, C. and Dowd, P. 2010. A new computer code for discrete fracture network modelling. *Comput. Geosci.*, 36(3):292-301.

[489] Yoshida, H., Ushiro, T., Masuya, H. and Fujii, T. 1991. An evaluation of impulsive design load of rock sheds taking into account slope properties (in Japanese). J. Struct. Eng., 37A(March):1603-16.

[490] Youd, T. L. 1978. Major cause of earthquake damage is ground movement. *Civil Eng. ASCE*, 48(4):47-51.

[491] Youngs, R. R., Chiou, S.-J., Silva, W. J., Humphrey, J. R. 1997. Strong ground motion attenuation relationships for subduction zone earthquakes. *Seismol. Res. Lett.*, 68(1):58-73.

[492] Yu, X. and Vayassde, B. 1991. Joint profiles and their roughness parameters. Technical note, *Int. J. Rock Mech. Min. Sci. Geomech. Abstr.*, 16(4):333-6.

[493] Zanbak, C. 1983. Design charts for rock slope susceptible to toppling. *J. Geotech. Eng. ASCE*, 109(8):1039-62.

[494] Zavodni, Z. M. 2000. Time-dependent movements of open-pit slopes. In: *Proceedings of the Slope Stability in Surface Mining*, W. A. Hustrulid, M. K. McCart-

er and D. J. A. Van Zyl, eds., Society of Mining, Metallurgy and Exploration, Littleton, CO, pp. 81-7.

[495] Zavodni, Z. M. and Broadbent, C. D. 1980. Slope failure kinematics. *Can. Inst. Min. Bull.*, 73:816.

[496] Zhang, X., Powrie, W., Harness, R. and Wang, S. 1999. Estimation of permeability for the rock mass around the ship locks at the Three Gorges Project, China. *Int. J. Rock Mech. Min. Sci.*, 36:381-97.

[497] Zienkiewicz, O. C., Humpheson, C. and Lewis, R. W. 1975. Associated and non-associated viscoplasticity and plasticity in soil mechanics. *Géotechnique*, 25(4):671-89.

（雷世兵　刘宇）